평가원 기출의 또 다른 이름,

너기출

| For 2026 |

2025
수능 반영

미적분

**수능코드에 최적화된 최신 21개년 평가원 기출
500문항을 빠짐없이 담았다!**

- 수능형 개념이 체화되는 34개의 너기출 수능 개념코드 **너코**
- 기출학습에 최적화된 37개의 유형 분류

이투스북

| STAFF |

발행인 정선욱

퍼블리싱 총괄 남형주

개발 김태원 김한길 김진솔 김민정 김유진 오소현 이경미 우주리

기획·디자인·마케팅 조비호 김정인

유통·제작 서준성 김경수

너기출 For 2026 미적분 | 202412 제11판 1쇄

펴낸곳 이투스에듀㈜ 서울시 서초구 남부순환로 2547

고객센터 1599-3225 **등록번호** 제2007-000035호 **ISBN** 979-11-389-2791-8 [53410]

2024년 이투스북 수학 연간검토단

※ 지역명, 이름은 가나다순입니다.

◇― 강원 ―◇

고민정	로이스 물맷돌 수학
고승희	고수수학
구영준	하이탑수학과학학원
김보건	영탑학원
김성영	빨리 강해지는 수학 과학
김정은	아이탑스터디
김지영	김지영 수학
김진수	MCR융합학원/PF수학
김호동	하이탑수학학원
김희수	이투스247원주
남정훈	으뜸장원학원
노명훈	노명훈쌤의 알수학학원
노명희	탑클래스
박미경	수올림수학전문학원
박상윤	박상윤수학
배형진	화천학습관
백경수	이코수학
서아영	스텝영수단과학원
신동혁	이코수학
심수경	Pf math
안현지	전문과외
양광석	원주고등학교
오준환	수학다움학원
유선형	Pf math
이윤서	더자람교실
이태현	하이탑 수학학원
이현우	베스트수학과학학원
장해연	영탑학원
정복인	하이탑수학과학학원
정인혁	수학과통하다학원
최수남	강릉 영.수배움교실
최재현	원탑M학원
홍지선	홍수학교습소

◇― 경기 ―◇

강명식	매쓰온수학학원
강민정	한진홈스쿨
강민종	필에듀학원
강소미	솜수학
강수정	노마드 수학학원
강신충	원리탐구학원
강영미	쌤과통하는학원
강유정	더배움학원
강정희	쓱보고싹푼다
강진욱	고밀도 학원
강태희	한민고등학교
강하나	강하나수학
강현숙	루트엠수학교습소
경유진	오늘부터수학학원
경지현	화서탑이지수학
고규혁	고동국수학학원
고동국	고동국수학학원
고명지	고쌤수학학원

고상준	준수학교습소
고안나	기찬에듀기찬수학
고지윤	고수학전문학원
고진희	지니Go수학
곽병무	뉴파인 동탄 특목관
곽진영	전문과외
구재희	오성학원
구창숙	이룸학원
권영미	에스이마고수학학원
권영아	늘봄수학
권은주	나만수학
권준환	와이솔루션수학
권지우	수학앤마루
기소연	지혜의 틀 수학기지
김강환	뉴파인 동탄고등1관
김강희	수학전문 일비충천
김경민	평촌 바른길수학학원
김경오	더하다학원
김경진	경진수학학원 다산점
김경태	함께수학
김경훈	행복한학생학원
김관태	케이스 수학학원
김국환	전문과외
김덕락	준수학 수학학원
김도완	프라매쓰 수학 학원
김도현	유캔매스수학교습소
김동수	김동수학원
김동은	수학의힘 평택지제캠퍼스
김동현	JK영어수학전문학원
김미선	안양예일영수학원
김미옥	알프 수학교실
김민겸	더퍼스트수학교습소
김민경	경화여자중학교
김민경	더원수학
김민석	전문과외
김보경	새로운희망 수학학원
김보람	효성 스마트해법수학
김복현	시온고등학교
김상욱	Wook Math
김상윤	막강한수학학원
김새로미	뉴파인동탄특목관
김서림	엠베스트갈매
김서영	다인수학교습소
김석호	푸른영수학원
김선혜	분당파인만학원 중등부
김선홍	고밀도학원
김성은	블랙박스수학과학전문학원
김세준	SMC수학학원
김소영	김소영수학학원
김소영	호매실 예스셈올림피아드
김소희	도촌동멘토해법수학
김수림	전문과외
김수연	김포셀파우등생학원
김수진	봉담 자이 라피네 진샘수학
김슬기	용죽 센트로학원
김승현	대치매쓰포유 동탄캠퍼스학원
김시훈	smc수학학원
김연진	수학메디컬센터
김영아	브레인캐슬 사고력학원

김완수	고수학
김용덕	(주)매쓰토리수학학원
김용환	수학의아침
김용희	솔로몬학원
김유리	미사페르마수학
김윤경	구리국빈학원
김윤재	코스매쓰 수학학원
김은미	탑브레인수학과학학원
김은영	세교수학의힘
김은채	채채 수학 교습소
김은향	의왕하이클래스
김정현	채움스쿨
김종균	케이수학
김종남	제너스학원
김종화	퍼스널개별지도학원
김주영	정진학원
김주용	스타수학
김지선	고산원탑학원
김지선	다산참수학영어2관학원
김지영	수이학원
김지윤	광교오드수학
김지현	엠코드수학과학원
김지효	로고스에이
김진만	아빠수학엄마영어학원
김진민	에듀스템수학전문학원
김진영	예미지우등생교실
김창영	하이포스학원
김태익	설봉중학교
김태진	프라임리만수학학원
김태학	평택드림에듀
김하영	막강수학학원
김하현	로지플 수학
김학준	수담 수학 학원
김학진	별을셀수학
김현자	생각하는수학공간학원
김현정	생각하는Y.와이수학
김현주	서부세종학원
김현지	프라임대치수학교습소
김형숙	가우스수학학원
김혜정	수학을말하다
김혜지	전문과외
김혜진	동탄자이교실
김호숙	호수학원
나영우	평촌에듀플렉스
나혜림	마녀수학
남선규	로지플수학
노영하	노크온 수학학원
노진석	고밀도학원
노혜숙	지혜숲수학
도건민	목동 LEN
류은경	매쓰랩수학교습소
마소영	스터디MK
마정이	정이 수학
마지희	이안의학원 화정캠퍼스
문다영	평촌 에듀플렉스
문장원	에스원 영수학원
문재웅	수학의 공간
문제승	성공수학
문지현	문쌤수학

문진희	플랜에이수학학원
민건홍	칼수학학원 중.고등관
민동건	전문과외
민윤기	배곧 알파수학
박강희	끝장수학
박경훈	리버스수학학원
박규진	김포 하이스트
박대수	대수학
박도솔	도솔샘수학
박도현	진성고등학교
박민서	칼수학전문학원
박민정	악어수학
박민주	카라Math
박상일	생각의숲 수풀림수학학원
박성찬	성찬쌤's 수학의공간
박소연	이투스기숙학원
박수민	유레카 영수학원
박수현	용인능원 씨앗학원
박수현	리더가되는수학교습소
박신태	디엘수학전문학원
박연지	상승에듀
박영주	일산 후곡 쉬운수학
박우희	푸른보습학원
박유승	스터디모드
박윤호	이룸학원
박은주	은주쌤샘 수학공부방
박은주	스마일수학
박은진	지오수학학원
박은희	수학에빠지다
박장군	수리연학원
박재연	아이셀프수학교습소
박재현	LETS
박재홍	열린학원
박정화	우리들의 수학원
박종림	박쌤수학
박종필	정석수학학원
박주리	수학에반하다
박지영	마이엠수학학원
박지윤	파란수학학원
박지혜	수이학원
박진한	엡실론학원
박진홍	상위권을 만드는 고밀도 학원
박찬б	박종호수학학원
박태수	전문과외
박하늘	일산 후곡 쉬운수학
박현숙	전문과외
박현정	빡꼼수학학원
박현정	탑수학 공부방
박혜림	림스터디 수학
박희동	미르수학학원
방미양	JMI 수학학원
방혜정	리더스수학영어
배재준	연세영어고려수학 학원
배정혜	이화수학
배준용	변화의시작
배탐스	안양 삼성학원
백흥룡	성공수학학원
변상선	바른샘수학전문보습학원
서장호	로켓수학학원

서정환 아이디수학
서지은 지은쌤수학
서효언 아이콘수학
서희원 함께하는수학 학원
설성환 설쌤수학학원
설성희 설쌤수학
성기주 이젠수학과학학원
성인영 정석 공부방
성지희 snt 수학학원
손동학 자호수학학원
손정현 참교육
손지영 엠베스트에스이프라임학원
손진아 포스엠수학학원
송빛나 원수학학원
송치호 대치명인학원
송태원 송태원1프로수학학원
송혜빈 인재와고수 학원
송호석 수학세상
신경성 한수학전문학원
신수연 동탄 신수연 수학과학
신일호 바른수학교육 한 학원
신정임 정수학학원
신정화 SnP수학학원
신준효 열정과의지 수학보습학원
심은지 고수학학원
심재현 웨이메이커 수학학원
안대호 독강수학학원
안하성 안쌤수학
안현경 전문과외
안효자 진수학
안효정 수학상상수학교습소
안희애 에이엔 수학학원
양병철 우리수학학원
양유열 고수학전문학원
양은진 수플러스 수학교습소
어성웅 어쌤수학학원
엄은희 엄은희스터디
염승호 전문과외
염철호 하비투스학원
오종숙 함께하는 수학
오지혜 ◆수톡수학학원
용다혜 에듀플렉스 동백점
우선혜 HSP수학학원
원준희 수학의 아침
유기정 STUDYTOWN 수학의신
유남기 의치한학원
유대호 플랜지 에듀
유소현 웨이메이커수학학원
유현종 SMT수학전문학원
유혜리 유혜리수학
유호애 지윤 수학
윤고은 윤고은수학
윤덕환 여주비상에듀기숙학원
윤도형 PST CAMP 입시학원
윤명희 사랑셈교실
윤문성 평촌 수학의 봄날 입시학원
윤미영 수주고등학교
윤여태 103수학
윤재은 놀이터수학교실

윤재현 윤수학학원
윤지영 의정부수학공부방
윤채린 전문과외
윤혜원 고수학전문학원
윤 희 희쌤수학과학학원
윤희용 매트릭스 수학학원
이건도 아론에듀학원
이경민 차앤국수학국어전문학원
이광후 수학의 아침 광교 캠퍼스 특목 자사관
이규상 유클리드 수학
이근표 정진학원
이나래 토리103수학학원
이나현 엠브릿지 수학
이다정 능수능란 수학전문학원
이대훈 밀알두레학교
이동희 이쌤 최상위수학교습소
이명환 다산 더원 수학학원
이무송 유투엠수학학원주엽점
이민아 민수학학원
이민영 목동 엘리엔학원
이민하 보듬교육학원
이보형 매쓰코드1학원
이봉주 분당성지수학
이상윤 엘에스수학전문학원
이상일 캔디학원
이상준 E&T수학전문학원
이상철 G1230 옥길
이상형 수학의이상형
이서령 더바른수학전문학원
이서윤 곰수학 학원 (동탄)
이성희 피타고라스 셀파수학교실
이세복 퍼스널수학
이수동 부천 E&T수학전문학원
이수정 매쓰투미수학학원
이슬기 대치깊은생각
이승진 안중 호연수학
이승환 우리들의 수학원
이승훈 알찬교육학원
이아현 전문과외
이애경 M4더메타학원
이연숙 최상위권수학영어 수지관
이연주 수학연주수학교습소
이영현 대치명인학원
이영훈 펜타수학학원
이예빈 아이콘수학
이우선 효성고등학교
이원녕 대치명인학원
이유림 수학의 아침
이은미 봄수학교습소
이은아 이은아 수학학원
이은지 수학대가 수지캠퍼스
이재욱 KAMI
이재환 칼수학학원
이정은 이루다영수전문학원
이정희 JH영어수학학원
이종익 분당파인만 고등부
이주혁 수학의아침(플로우교육)
이 준 준수학고등관학원

이지연 브레인리그
이지영 GS112 수학 공부방
이지예 대치명인 이매캠퍼스
이지은 리쌤앤탑경시수학학원
이지혜 이자경수학학원 권선관
이진주 분당 원수학학원
이창수 와이즈만 영재교육 일산화정 센터
이창훈 나인에듀학원
이채열 하제입시학원
이철호 파스칼수학
이태희 펜타수학학원 청계관
이한솔 더바른수학전문학원
이현이 함께하는수학
이현희 폴리아에듀
이형강 HK수학학원
이혜민 대감학원
이혜수 송산고등학교
이혜진 S4국영수학원고덕국제점
이화원 탑수학학원
이희연 이엠원학원
임길홍 셀파우등생학원
임동진 S4 고덕국제점학원
임명진 서연고학원
임소미 Sem 영수학원
임율인 탑수학교습소
임은정 마테마티카 수학학원
임재현 임수학교습소
임정혁 하이엔드 수학
임지원 누나수학
임찬혁 차수학동삭캠퍼스
임현주 온수학교습소
임현지 위너스 하이
임형석 전문과외
장미선 하우투스터디학원
장민수 신미주수학
장종민 열정수학학원
장찬수 전문과외
장혜련 푸른나비수학 공부방
장혜민 수학의 아침
전경진 M&S 아카데미
전미영 영재수학
전 일 생각하는수학공간학원
전지원 원프로교육
전진우 플랜지에듀
전혜나 대치명인학원 이매캠퍼스
정국재 혜윰수학전문학원
정다해 에픽수학
정미숙 쑥쑥수학교실
정미윤 함께하는수학 학원
정민정 정쌤수학 과외방
정승호 이프수학
정양진 올림피아드학원
정연순 탑클래스 영수학원
정영진 공부의자신감학원
정예쉴 수이학원
정용석 수학마녀학원
정유정 수학VS영어학원
정은선 아이원수학
정장선 생각하는 황소 동탄점

정재경 산돌수학학원
정지영 SJ대치수학학원
정지훈 수지최상위권수학영어학원
정진욱 수원메가스터디학원
정하준 2H수학학원
정한울 경기도 포천
정해도 목동혜윰수학교습소
정현주 삼성영어쎈수학은계학원
정혜정 JM수학
조기민 일산동고등학교
조민석 마이엠수학학원 철산관
조병욱 PK독학재수학원 미금
조상숙 수학의 아침
조성철 매트릭스수학학원
조성화 SH수학
조연주 YJ수학학원
조 은 전문과외
조은정 최강수학
조의상 메가스터디
조이정 필탑학원
조현웅 추담교육컨설팅
조현정 깨단수학
주소연 알고리즘 수학 연구소
주정례 청운학원
주태빈 수학을 권하다
지슬기 지수학학원
진동준 지트에듀케이션 중등관
진민하 인스카이학원
차동희 수학전문공감학원
차무근 차원이다른수학학원
차일훈 대치엠에스학원
채준혁 인재의 창
천기분 이지(EZ)수학교습소
최경희 최강수학학원
최근정 SKY영수학원
최다혜 싹수학학원
최동훈 고수학 전문학원
최명길 우리학원
최문채 문산 열린학원
최범균 유투엠수학학원 부천옥길점
최보람 꿈꾸는수학연구소
최서현 이룸수학
최소영 키움수학
최수지 싹수학학원
최수진 재밌는수학
최승권 스터디올킬학원
최영성 에이블수학영어학원
최영식 수학의신학원
최영철 고밀도학원
최용희 대치명인학원
최웅용 유타스 수학학원
최유미 분당파인만교육
최윤형 청운수학전문학원
최은혜 전문과외
최재원 하이탑에듀 고등대입전문관
최재원 이지수학
최정아 딱풀리는수학 다산하늘초점
최종찬 초당필탑학원

이헌기 보문고등학교
임태관 매쓰멘토수학전문학원
장광현 장쌤수학
장민경 일대일코칭수학학원
장영진 새움수학전문학원
전주현 전문과외
정다원 광주인성고등학교
정다희 다희쌤수학
정수인 더최선학원
정원섭 수리수학학원
정인용 일품수학학원
정종규 에스원수학학원
정태규 가우스수학전문학원
정형진 BMA롱맨영수학원
조일양 서안수학
조현진 조현진수학학원
조형서 조형서 수학교습소
채소연 마하나임 영수학원
천지선 고수학학원
최지웅 미라클학원
최혜정 이루다전문학원

◇— 대구 —◇

강민영 매씨지수학학원
고민정 전문과외
곽미선 좀다른수학
구정모 제니스클래스
구현태 대치깊은생각수학학원 시지본원
권기현 이렇게좋은수학교습소
권보경 학문당입시학원
권혜진 폴리아수학2호관학원
김기연 스텝업수학
김대운 그릿수학831
김도영 땡큐수학학원
김동영 통쾌한 수학
김득현 차수학 교습소 사월 보성점
김명서 샘수학
김미경 풀린다수학교습소
김미랑 랑쌤수해
김미소 전문과외
김미정 일등수학학원
김상우 에이치투수학교습소
김선영 수학학원 바른
김성무 김성무수학 수학교습소
김수영 봉덕김쌤수학학원
김수진 지니수학
김연정 유니티영어
김유진 S.M과외교습소
김재홍 경북여자상업고등학교
김정우 이룸수학학원
김종희 학문당 입시학원
김지연 찐수학
김지영 김지영수학교습소
김지은 정화여자고등학교
김채영 전문과외
김태진 스카이루트 수학과학학원
김태환 로고스수학학원(성당원)
김해은 한상철수학과학학원 상인원

김현숙 메타매쓰
남인제 미쓰매쓰수학학원
노현진 트루매쓰 수학학원
민병문 선택과 집중
박경득 파란수학
박도희 전문과외
박민석 아크로수학학원
박민정 빡쎈수학교습소
박산성 Venn수학
박수연 쌤통수학학원
박순찬 찬스수학
박옥기 매쓰플랜수학학원
박장호 대구혜화여자고등학교
박정욱 연세스카이수학학원
박지훈 더엠수학학원
박태호 프라임수학교습소
박현주 매쓰플래너
방소연 대치깊은생각수학학원
     시지본원
백승대 백박사학원
백승환 수학의봄 수학교습소
백재규 필즈수학공부방
백태민 학문당입시학원
백현식 바른입시학원
변용기 라온수학학원
서경도 서경도수학교습소
서재은 절대등급수학
성웅경 더빡쎈수학학원
소현주 정S과학수학학원
손승연 스카이수학
손태수 트루매쓰 학원
송영배 수학의정원
신묘숙 매쓰매티카 수학교습소
신수진 폴리아수학학원
신은경 황금라온수학
신은주 하이매쓰학원
양강일 양쌤수학과학학원
양은실 제니스 클래스
오세욱 IP수학과학학원
윤기호 샤인수학학원
이규철 좋은수학
이남희 이남희수학
이만희 오로라수학전문학원
이명희 잇츠생각수학 학원
이상훈 명석수학학원
이수현 하이매쓰 수학교습소
이원경 엠제이통수학영어학원
이인호 본투비수학교습소
이일균 수학의달인 수학교습소
이종환 이꼼수학
이준우 깊을준수학
이지민 아이플러스 수학
이진영 소나무학원
이진욱 시지이룸수학학원
이창우 강철FM수학학원
이태형 가토수학과학학원
이한조 닥터엠에스
이효진 진선생수학학원
임신옥 KS수학학원

임유진 박진수학
장두영 바움수학학원
장세완 장선생수학학원
장시현 전문과외
전동형 땡큐수학학원
전수민 전문과외
전준현 매쓰플랜수학학원
전지영 전지영수학
정민호 스테듀입시학원
정재현 율사학원
조미란 엠투엠수학 학원
조성애 조성애세움학원
조연호 Cho is Math
조유정 다원MDS
조인혁 루트원수학과학 학원
조지연 연쌤영수학원
주기환 송현여자고등학교
진수정 마틸다수학
최대진 엠프로수학학원
최은미 수학다움 학원
최정이 탑수학교습소(국우동)
최현정 MQ멘토수학
최현희 다온수학학원
하태호 팀하이퍼 수학학원
한원기 한쌤수학
홍은아 탄탄수학교실
황가영 루나수학
황지현 위드제스트수학학원

◇— 대전 —◇

강유식 연세제일학원
강홍규 최강학원
고지훈 고지훈수학 지적공감입시학원
김 일 더브레인코어 학원
김근아 닥터매쓰205
김근하 엠씨스터디수학학원
김남홍 대전종로학원
김덕한 더칸수학학원
김동근 엠투오영재학원
김민지 (주)청명에페보스학원
김복응 더브레인코어 학원
김상현 세종입시학원
김수빈 제타수학전문학원
김승환 청운학원
김윤혜 슬기로운수학교습소
김주성 양영학원
김지현 파스칼 대덕학원
김 진 발상의전환 수학전문학원
김진수 김진수학
김태형 청명대입학원
김하은 전문과외
김한솔 시대인재 대전
김해찬 전문과외
김휘식 양영학원 고등관
나효명 열린아카데미
류재원 양영학원
박가와 마스터플랜 수학전문학원
박솔비 매쓰톡수학 교습소

박주희 빡쌤의 빡센수학
박지성 엠아이큐수학학원
배용제 굿티쳐강남학원
백승정 오르고 수학학원
서동원 수학의 중심 학원
서영준 힐탑학원
선진규 로하스학원
송규성 하이클래스학원
송다인 더브라이트학원
송인석 송인석수학학원
송정은 바른수학전문교실
신성철 도안베스트학원
신성호 수학과학하다
신원진 공감수학학원
신익주 신 수학 교습소
심훈호 일인주의학원
양지연 자람수학
오우진 양영학원
우현석 EBS 수학우수학원
유수림 수림수학학원
유준호 더브레인코어 학원
윤석주 윤석주수학전문학원
윤찬근 오르고 수학학원
이국빈 케이플러스수학
이규영 쉐마수학학원
이민호 매쓰플랜수학학원 반석지점
이성재 알파수학학원
이소현 바칼로레아영수학원
이수진 대전관저중학교
이용희 수림학원
이일녕 양영학원
이재옥 청명대입학원
이준희 전문과외
이희도 전문과외
인승열 신성 수학나무 공부방
임병수 모티브
임현호 전문과외
장용훈 프라임수학
전병전 더브레인코어 학원
전하윤 전문과외
정순영 공부방,여기
정지윤 더브레인코어 학원
조용호 오르고 수학학원
조창희 시그마수학교습소
조충현 로하스학원
차영진 연세언더우드수학
차지훈 모티브에듀학원
홍진국 저스트학원
황은실 나린학원

◇— 부산 —◇

고경희 대연고등학교
권병국 케이스학원
권순석 남천다수인
권영린 과사람학원
김건우 4퍼센트의 논리 수학
김경희 해운대영수전문y-study
김대현 해운대중학교
김도현 해신수학학원

김도형	명작수학	조아영	플레이팩토 오션시티교육원
김민규	다비드수학학원	조우영	위드유수학학원
김민영	정모클입시학원	조은영	MIT수학교습소
김성민	직관수학학원	조 훈	캔필학원
김승호	과사람학원	주유미	엠투수학공부방
김애랑	채움수학교습소	채송화	채송화수학
김원진	수성초등학교	천현민	키움스터디
김지연	김지연수학교습소	최광은	럭스 (Lux) 수학학원
김초록	수날다수학교습소	최수정	이루다수학
김태영	뉴스터디학원	최운교	삼성영어수학전문학원
김태진	한빛단과학원	최준승	주감학원
김효상	코스터디학원	하 현	하현수학교습소
나기열	프로매스수학교습소	한주환	으뜸나무수학학원
노지연	수학공간학원	한혜경	한수학 교습소
노향희	노쌤수학학원	허영재	자하연 학원
류형수	연산 한샘학원	허윤정	올림수학전문학원
박대성	키움수학교습소	허정은	전문과외
박성찬	프라임학원	황영찬	수피움 수학
박연주	매쓰메이트수학학원	황진영	진심수학
박재용	해운대영수전문y-study	황하남	과학수학의봄날학원
박주형	삼성에듀학원		
배철우	명지 명성학원	◇─ 서울 ─◇	
백융일	과사람학원	강동은	반포 세정학원
부종민	부종민수학	강성철	목동 일타수학학원
서유진	다올수학	강수진	블루플랜
서은지	ESM영수전문학원	강영미	슬로비매쓰수학학원
서자현	과사람학원	강은녕	탑수학학원
서평승	신의학원	강종철	쿠메수학교습소
손희옥	매쓰폴수학학원	강주석	염광고등학교
송다슬	전문과외	강태윤	미래탐구 대치 중등센터
심현섭	과사람학원	강현욱	유니크학원
심혜정	명품수학	계훈범	MathK 공부방
안남희	명지 실력을키움수학	고수환	상승곡선학원
안애경	오메가 수학 학원	고재일	대치 토브(TOV)수학
안찬종	전문과외	고지영	황금열쇠학원
양인희	에센셜수학교습소	고 현	네오 수학학원
오인혜	하단초등학교	공정현	대공수학학원
오희영		곽슬기	목동매쓰원수학학원
옥승길	옥승길수학학원	구난영	셀프스터디수학학원
이가연	엠오엠수학학원	구순모	세진학원
이경덕	수학으로 물들어 가다	권가영	커스텀(CUSTOM)수학
이경수	경:수학	권경아	청담해법수학학원
이명희	조이수학학원	권민경	전문과외
이아름누리	청어람학원	권상호	수학은권상호 수학학원
이정화	수학의 힘 가야캠퍼스	권용만	은광여자고등학교
이지영	오늘도,영어그리고수학	권은진	참수학뿌리국어학원
이지은	한수연하이매쓰	김가희	에이원수학학원
이 철	과사람학원	김강현	구주이배수학학원 송파점
이효정	해 수학	김경진	덕성여자중학교
장지원	해신수학학원	김경희	전문과외
장진권	오메가수학	김규보	메리트수학원
전경훈	대치명인학원	김규연	수력발전소학원
전완재	강앤전 수학학원	김금화	그루터기 수학학원
전우빈	과사람학원	김기덕	메가 매쓰 수학학원
전찬용	다이나믹학원	김나래	전문과외
정운용	정쌤수학교습소	김나영	대치 새움학원
정의진	남천다수인	김도규	김도규수학학원
정휘수	제이매쓰수학방	김동균	더채움 수학학원
정희정	정쌤수학		

김명후	김명후 수학학원	김정아	지올수학
김미란	퍼펙트수학	김지선	수학전문 순수
김미아	일등수학교습소	김지숙	김쌤수학의숲
김미애	스카이맥에듀	김지영	구주이배수학학원
김미영	명수학교습소	김지은	티포인트 에듀
김미영	정일품 수학학원	김지은	수학대장
김미진	채움수학	김지은	분석수학 선두학원
김미희	행복한수학쌤	김지훈	드림에듀학원
김민수	대치 원수학	김지훈	형설학원
김민정	전문과외	김지훈	마타수학
김민지	강북 메가스터디학원	김진규	서울바움수학(역삼럭키)
김민창	김민창 수학	김진영	이대부속고등학교
김병수	중계 학림학원	김찬열	라엘수학
김병호	국선수학학원	김창재	중계세일학원
김보민	이투스수학학원 상도점	김창주	고등부관 스카이학원
김부환	압구정정보강북수학학원	김태헌	SMC 세곡관
김상철	미래탐구마포	김태훈	성북 페르마
김상호	압구정 파인만 이촌특별관	김하늘	역경패도 수학전문
김선정	이룸학원	김하민	서강학원
김성숙	써큘러스리더 러닝센터	김하연	전문과외
김성현	하이탑수학학원	김향기	동대문중학교
김성호	개념상상(서초관)	김현미	김현미수학학원
김수민	통수학학원	김현욱	리마인드수학
김수정	유니크 수학	김현유	혜성여자고등학교
김수진	싸인매쓰수학학원	김현정	미래탐구 중계
김수진	깊은수학학원	김현주	숙명여자고등학교
김승원	솔(sol)수학학원	김현지	전문과외
김승훈	하이스트 염창관	김현혁	◆성북학림
김양식	송파영재센터GTG	김형진	소자수학학원
김여옥	매쓰홀릭학원	김혜연	수학작가
김연정	전문과외	김호영	장학학원
김연주	목동쌤올림수학	김홍수	김홍학원
김영란	일심수학학원	김효선	토이300컴퓨터교습소
김영미	제로미수학교습소	김효정	블루스카이학원 반포점
김영숙	수 플러스학원	김후광	압구정파인만
김영재	한그루수학	김희연	이룸공부방
김영준	강남매쓰탑학원	김희원	대일외국어고등학교
김영철	세움수학학원	김희진	엑시엄 수학학원
김 유	전문과외	나은영	메가스터리 러셀중계
김유진	전문과외	나태산	중계 학림학원
김윤태	두각학원, 김종철 국어수학 전문학원	남식훈	수학만
김윤희	유니수학교습소	남호성	퍼씰수학전문학원
김은숙	전문과외	노동일	형설학원
김은영	선우수학	류도현	서초구 방배동
김은영	와이즈만은평	류정민	사사모플러스수학학원
김은영	휘경여자고등학교	목영훈	목동 일타수학학원
김은찬	엑시엄수학학원	목지아	수리티수학학원
김은현	김쌤깨알수학	문근실	시리우스수학
김의진	서울 성북구 채움수학	문성호	차원이다른수학학원
김이슬	전문과외	문소정	대치명인학원
김이현	에듀플렉스 고덕지점	문용근	올림 고등수학
김인기	중계 학림학원	문지훈	문지훈수학
김재산	목동 일타수학학원	박경보	최고수챌린지에듀학원
김재성	티포인트에듀학원	박경원	대치메이드 반포관
김재연	규연 수학 학원	박광남	올마이티캠퍼스
김재현	Creverse 고등관	박교국	백인대장
김정민	청어람 수학학원	박근백	대치멘토스학원
김정민		박동진	더힐링수학 교습소
		박리안	CMS서초고등부

박명훈 김샘학원 성북캠퍼스	신은숙 마곡펜타곤학원	이성재 지앤정 학원	임현우 선덕고등학교
박미라 매쓰몽	신은진 상위권수학학원	이소윤 목동선수학	장석진 이덕재수학이미선국어학원
박민정 목동 깡수학과학학원	신정훈 STEP EDU	이수지 전문과외	장성훈 미독수학
박상길 대길수학	신지영 아하 김일래 수학 전문학원	이수호 준토에듀수학학원	장세영 스펀지 영어수학 학원
박상후 강북 메가스터디학원	신지현 대치미래탐구	이슬기 예친에듀	장승희 명품이앤엠학원
박설아 수학을삼키다학원 흑석2관	신채민 오스카 학원	이시현 SKY미래연수학학원	장영신 송례중학교
박성재 매쓰플러스수학학원	신현수 현수쌤의 수학해설	이어진 신목중학교	장은영 목동깡수학과학학원
박소영 창동수학	심창섭 피앤에스수학학원	이영하 키움수학	장지식 피큐브아카데미
박소윤 제이커브학원	심혜진 반포파인만학원	이용우 올림피아드 학원	장희준 대치 미래탐구
박수견 비채수학원	안나연 전문과외	이원용 필과수 학원	전기열 유니크학원
박연주 물댄동산	안도연 목동정도수학	이원희 수학공작소	전상현 뉴클리어 수학 교습소
박연희 박연희깨침수학교습소	안주은 채움수학	이유예 스카이플러스학원	전성식 맥스전성식수학학원
박연희 열방수학	양원규 일신학원	이윤주 와이제이수학교습소	전은나 상상수학학원
박영규 하이스트핏 수학 교습소	양지애 전문과외	이은경 신길수학	전지수 전문과외
박영욱 태산학원	양창진 수학의 숲 수림학원	이은숙 포르테수학 교습소	전진남 지니어스 논술 교습소
박용진 푸름을말하다학원	양해영 청출어람학원	이은영 은수학교습소	전진아 메가스터디
박정아 한신수학과외방	엄시온 올마이티캠퍼스	이재봉 형설에듀이스트	정광조 로드맵수학
박정훈 전문과외	엄유빈 유빈쌤 수학	이재용 이재용the쉬운수학학원	정다운 정다운수학교습소
박종선 스터디153학원	엄지희 티포인트에듀학원	이정석 CMS서초영재관	정대영 대치파인만
박종원 상아탑학원 / 대치오르비	엄태웅 엄선생수학	이정섭 은지호 영감수학	정명련 유니크 수학학원
박종태 일타수학학원	여혜연 성북미래탐구	이정호 정샘수학교습소	정무웅 강동드림보습학원
박주현 장훈고등학교	염승훈 이가 수학학원	이제현 막강수학	정문정 연세수학원
박준하 전문과외	오명석 대치 미래탐구 영재 경시 특목센터	이종혁 유인어스 학원	정민교 진학학원
박진희 박선생수학전문학원		이종호 MathOne수학	정민준 사과나무학원(양천관)
박 현 상일여자고등학교	오재경 성북 학림학원	이종환 카이수학전문학원	정수정 대치수학클리닉 대치본점
박현주 나는별학원	오재현 강동파인만 고덕 고등관	이주연 목동 하이씨앤씨	정슬기 티포인트에듀학원
박혜진 강북수재학원	오종택 에이원수학학원	이준석 이가수학학원	정승희 뉴파인
박혜진 진매쓰	오한별 광문고등학교	이지연 단디수학학원	정연화 풀우리수학
박흥식 송파연세수보습학원	우동훈 헤파학원	이지우 제이 앤 수 학원	정영아 정이수학교습소
방정은 백인대장 훈련소	위명훈 대치명인학원(마포)	이지혜 세레나영어수학학원	정유미 휴브레인압구정학원
방효건 서준학원 지혜관	위성웅 시대인재수학스쿨	이지혜 대치파인만	정은경 제이수학
배재형 배재형수학	위형채 에이치앤제이형설학원	이지훈 백향목에듀수학학원	정은영 CMS
백아름 아름쌤수학공부방	유가영 탑솔루션 수학 교습소	이 진 수박에듀학원	정재윤 성덕고등학교
서근환 대진고등학교	유시준 목동깡수학과학학원	이진덕 카이스트수학학원	정진아 정선생수학
서다인 수학의봄학원	유정연 장훈고등학교	이진희 서준학원	정찬민 목동매쓰원수학학원
서민국 시대인재	유환승 강북청솔학원	이창석 핵수학 수학전문학원	정화진 진화수학학원
서민재 서준학원	윤상문 청어람수학원	이채윤 전문과외	정환동 씨앤씨0.1%의대수학
서수연 수학전문 순수	윤석원 공감수학	이충안 ◆채움수학	정효석 최상위하다학원
서승희 딥브레인수학	윤여균 전문과외	이충호 QANDA	조경미 레벨업수학(feat.과학)
서용준 와이제이학원	윤영숙 윤영숙수학학원	이학송 뷰티풀마인드 수학학원	조병훈 꿈을담는수학
서원준 잠실 시그마 수학학원	윤인영 전문과외	이 혁 강동메르센수학학원	조아라 유일수학
서은애 하이탑수학학원	윤형중 씨알학당	이현주 그레잇에듀	조아라 수학의시점
서중은 블루플렉스학원	은 현 목동 cms 입시센터 과고대비반	이형수 피앤아이수학영어학원	조아람 서울 양천구 목동
서한나 라엘수학학원	이경복 매스타트 수학학원	이혜림 다오른수학학원	조원해 연세YT학원
석현욱 잇올스파르타	이경용 열공학원	이혜림 대동세무고등학교	조재묵 천광학원
선 철 일신학원	이경주 생각하는 황소수학 서초학원	이혜수 대치수학원	조정은 조수학교습소
설세령 뉴파인 용산중고등관	이경환 전문과외	이호준 형설학원	조한진 새미기픈수학
손권민경 원인학원	이광락 펜타곤학원	이효준 다원교육	조햇봄 너의일등급수학
손민정 두드림에듀	이규만 수퍼매쓰학원	이효진 올토 수학학원	조현탁 전문가집단
손전모 다원교육	이동규 형설학원	이희선 브리스톨	주용호 아찬수학교습소
손정화 4퍼센트수학학원	이동훈 PGA	임규철 원수학 대치	주은재 주은재수학학원
손충모 공감수학	이루마 김샘학원	임기호 대치 원수학	주정미 수학의꽃수학교습소
송경호 스마트스터디 학원	이명미 ◆대치위더스	임다혜 시대인재 수학스쿨	지명훈 선덕고등학교
송동인 송동인수학명가	이민호 강안교육	임민정 전문과외	지민경 고래수학교습소
송재혁 엑시엄수학전문학원	이상영 대치명인학원 은평캠퍼스	임상혁 임상혁수학학원	진임진 전문과외
송준민 송수학	이상훈 골든벨수학학원	임소영 123수학	진혜원 더올라수학교습소
송진우 도진우 수학 연구소	이서경 엘리트탑학원	임영주 송파 세빛학원	차민준 이투스수학학원 중계점
송해선 불곰에듀	이성용 수학의원리학원	임정빈 임정빈수학	차성철 목동깡수학과학학원
신연우 개념폴리아 삼성청담관		임지혜 위드수학교습소	차슬기 사과나무학원 은평관

평가원 기출의 또 다른 이름,

너기출

| For 2026 |

미적분

평가원 기출부터 제대로 !

2025학년도 대학수학능력시험 수학영역은 9월 모의평가의 출제 기조와 유사하게 지나치게 어려운 문항이나 불필요한 개념으로 실수를 유발하는 문항을 배제하면서도 공통과목과 선택과목 모두 각 단원별로 난이도의 배분이 균형 있게 출제되면서 최상위권 학생부터 중하위권 학생들까지 충분히 변별할 수 있도록 출제되었습니다.

최상위권 학생을 변별하는 문항들을 살펴보면 수학I, 확률과 통계 과목에서는 추론능력, 수학II, 미적분, 기하 과목에서는 문제해결 능력을 요구하는 문항이 출제되었습니다. 문제의 출제 유형은 이전에 최고난도 문항으로 출제되었던 문항의 출제 유형과 다르지 않지만 새로운 표현으로 조건을 제시하는 문항, 다양한 상황을 고려하면서 조건을 만족시키는 상황을 찾는 과정에서 시행착오를 유발할 수 있는 문항, 두 가지 이상의 수학적 개념을 동시에 적용시켜야 해결 가능한 문항들이 출제되면서 체감 난이도를 높이는 방향으로 출제되었습니다.

수험생들에게 체감난이도가 높았던 익숙하지 않은 유형의 문항을 구체적으로 살펴보면 완전히 새로운 유형이라고 할 수는 없습니다. 기존에 출제된 유형의 문제 표현 방식, 조건 제시 방식을 적은 폭으로 변경하면서 보기에는 다른 문항처럼 보이지만, 기본개념과 원리를 이해한 학생들에게는 어렵지 않게 문제 풀이 해법을 찾아나갈 수 있는 문항으로 출제되었습니다. 이렇듯 대학수학능력시험이 생긴 이후 몇 차례 교육과정과 시험 체재가 바뀌고, 출제되는 문제의 경향성이 조금씩 변화하였지만 큰 틀에서는 여전히 유사한 형태를 유지하고 있음을 알 수 있습니다.

따라서 수능 대비를 하는 수험생이라면 기출문제를 최우선으로 공부하는 것이 가장 효율적인 방법이며, 특히 평가원이 출제한 기출문제 분석은 감히 필수라고 말할 수 있습니다. 수능 시험에 대비하여 공부하려면 그 시험의 출제자인 평가원의 생각을 읽어야 하기 때문입니다. 평가원이 제시하는 학습 방향을 해석해야 한다는 것이지요. 이에 평가원 기출문제가 어떻게 진화되어 왔는지 분석하고 완벽하게 체화하는 과정이 선행되어야 합니다. 즉,

평가원 기출문제로 기출 학습의 중심을 잡은 후 수능 대비의 방향성을 찾아야 하는 것입니다.

지금까지 늘 그래왔던 것처럼 이투스북에서는 매년 수능, 평가원 기출문제를 교육과정에 근거하여 풀어보면서 면밀히 검토하고 심층 논의하여, 수험생들의 기출 분석에 도움을 주는 "너기출"을 출시하고자 노력하고 있습니다. '평가원 코드'를 담아낸 〈너기출 For 2026〉로 평가원 기출부터 제대로 공부할 수 있도록 도와드리겠습니다.

2005학년도~2025학년도 평가원 주관 수능 및 모의평가 기출(일부 단원 1994~) 전체 문항 中
2015 교육과정에 부합하고 최근 수능 경향에 맞는 문항을 빠짐없이 수록

일부 문항의 경우 2015 교육과정에 맞게 용어 및 표현 수정 / 변형 문항 수록

CONTENTS

※ 수능 공통과목은 별도 판매합니다.

너기출 미적분 이렇게 개발하였습니다

1 〈수학II〉와의 연계 학습 최적화

교과 내용으로 볼 때, 〈수학II〉는 〈미적분〉의 선수과목으로 볼 수 있으므로 〈미적분〉을 공부하면서 중간 중간 〈수학II〉의 내용을 확인해야 하는 경우가 많습니다. 너기출 〈미적분〉은 〈수학II〉와의 연계 학습이 가능하도록 너코를 활용하여 기출 문항마다 〈수학II〉와의 연계성을 빠지지 않게 체크해 놓았습니다.

1 평가원 기출 중 2015 개정 교육과정에 부합하고 최근 수능 경향에 맞는 문항을 빠짐없이 수록하였습니다. 이 책에 없는 평가원 기출은 풀지 않아도 됩니다.

2005학년도~2025학년도 평가원 수능 및 모의고사 기출 전체 문항 중 **교육과정에 부합하며 최근 수능 경향에 맞는 문항을 빠짐없이** 담았고, 부합하지 않는 문항은 과감히 수록하지 않았습니다. 일부 단원의 경우 최근 10여 년간 출제된 문항 중 2015 개정 교육과정에 부합하는 것이 적었기 때문에, 전체적인 학습 밸런스를 위하여 1994학년도~2004학년도 평가원 수능 및 모의평가 기출문항을 선별하여 수록하였습니다. 2015 개정 교육과정에서 사용하는 용어 및 기호뿐만 아니라 수학적 논리 전개 과정에서 달라지는 부분을 엄밀히 분석하여 '변형' 문항을 수록하였습니다.

2 수능형 개념의 핵심 정리를 너기출 개념코드(너코)로 담아내고 너코 번호를 문제, 해설에 모두 연결하여 평가원 코드에 최적화된 학습을 할 수 있도록 구성하였습니다.

수능에서 출제될 때 어떻게 심화되고 통합되는지를 분석하여 수능형 개념 정리를 너기출 수능 개념코드(너코)로 담아냈습니다. 평가원 기출문제에서 자주 활용되는 개념들을 좀 더 자세하게 설명하고, 거의 출제되지 않는 부분은 가볍게 정리하여 학생들이 수능에 꼭 맞춘 개념 학습을 할 수 있게 하였습니다. 또한 내용마다 너코 번호를 부여하고 이 너코 번호를 해당 개념이 사용되는 문제와 해설에 모두 연결하여, 문제풀이와 개념을 유기적으로 학습할 수 있도록 하였습니다.

3 단원별, 유형별 세분화한 문항 배열과 친절하고 자세한 풀이로 처음 기출문제를 공부하는 학생들에게 편리하게 구성하였습니다.

2015 개정 교육과정의 단원 구성에 맞추어 기출학습에 최적화된 유형으로 분류하고, 각 유형 내에서는 난이도 순·출제년도 순으로 문항을 배열하였습니다. 쉬운 문제부터 어려운 문제까지 차근차근 풀어가면서 시간의 흐름에 따라 평가원 기출문제가 어떻게 진화했는지도 함께 학습할 수 있게 하였습니다. 고난이도 문항의 경우 문제의 실마리인 Hidden Point 를 제공하여 포기하지 않고 접근해볼 수 있도록 하였습니다.

4 혼자 기출 학습을 하는 학생들도 쉽게 이해할 수 있도록 친절하고 자세한 풀이를 제공하였습니다.

딱딱하거나 불친절한 해설이 아닌 학생들이 자학으로 공부할 때도 불편함이 없도록 자세하면서 친절한 풀이를 제공하였습니다. 여러 가지 풀이로 다양한 접근법을 제시하였고, 엄밀하고 까다로운 내용도 생략없이 설명하여 이해를 돕고자 했습니다. 학생들이 어려워하는 몇몇 문제의 경우 풀이 전체 과정을 간단히 도식화하여 알기 쉽게 하였고, 이러닝에서 질문이 많았던 부분에 대하여 문답 형식의 설명을 제공하였습니다.

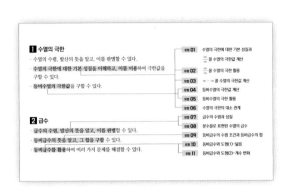

◎ 개정 교육과정의 포인트

해당 단원의 2015 개정 교육과정 원문과 함께 각 유형이 어떻게 연결되는지 보여주었습니다. 교육과정 상의 용어와 기호를 정확히 사용하였고, 교수·학습상의 유의점을 깊이 있게 분석하여 부합한 문항을 빠짐없이 담았습니다.

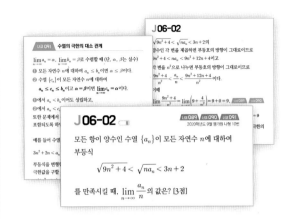

◎ 너기출 개념 코드를 활용한 개념, 문제, 해설의 유기적 학습

평가원 기출문항의 핵심 개념을 담아낸 너기출 개념코드(너코)를 제공하고 너코 번호를 문제와 해설에 모두 연결하여 실제 수능 및 평가원 기출문항에서 어떻게 적용되는지 통합적으로 학습하도록 하였습니다.

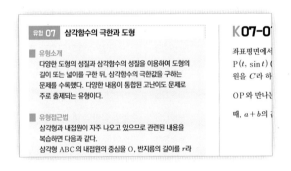

◎ 유형별 기출문제

기출문항의 핵심 개념에 따른 내용을 세분화하여 모든 문제들을 유형별로 정리하였습니다. 어떤 문항을 분류하였는지, 해당 유형에서 어떤 점을 유의해야 할지 아울러 볼 수 있도록 유형 소개를 적었습니다. 각 유형 안에서는 난이도 순·출제년도 순으로 문항을 정렬하여 학습이 용이하도록 하였습니다.

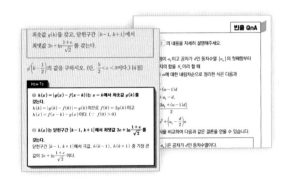

◎ 정답과 풀이

각 문항을 독립적으로 이해할 수 있도록 친절하고 자세하게 작성하였고, 피상적인 문구의 나열이 아닌 각 유형별로 핵심적이고 실전적인 접근법을 서술하였습니다. 여러 가지 풀이가 있는 경우 풀이 2 , 풀이 3 으로, 풀이가 길고 복잡한 경우 풀이 과정을 간단히 도식화한 How To 로, 이러닝에서 학생들이 자주 질문하는 내용에 대한 답을 빈출 QnA 로 제공하여 풍부한 해설을 담았습니다.

J 수열의 극한

학습요소

· 급수, 부분합, 급수의 합, 등비급수, $\displaystyle\lim_{n \to \infty} a_n$, $\displaystyle\sum_{n=1}^{\infty} a_n$

교수·학습상의 유의점

· 수열의 극한에 대한 정의와 성질은 직관적으로 이해하는 수준에서 다룬다.
· 수열의 수렴, 발산은 수렴의 정의와 성질을 바탕으로 예측하고 설명해 보게 한다.
· 수열이나 급수의 수렴, 발산은 공학적 도구를 이용하여 이해하게 할 수 있다.
· 수열의 극한에 대한 기본 성질은 구체적인 예를 통해 직관적으로 이해하게 한다.
· 급수를 활용하여 여러 가지 문제를 해결함으로써 극한의 유용성과 가치를 인식하게 한다.
· 기호 $\displaystyle\lim_{n \to \infty} S_n$은 교수·학습 상황에서 사용할 수 있다.

평가방법 및 유의사항

· 급수의 합의 계산에서는 일반항이 등차수열과 등비수열의 곱으로 표현되는 경우와 같이 지나치게 복잡한 문제는 다루지 않는다.

1 수열의 극한

너코 088 수열의 수렴과 발산

수열 $\{a_n\}$에 대하여

n의 값이 1, 2, 3, 4, $\cdots$ 로 한없이 커질 때

a_n의 값이

계속 α이거나 또는 α에 한없이 가까워지면

수열 $\{a_n\}$은 α에 수렴한다고 한다.

이를 기호로 다음과 같이 나타낸다.

$$n \to \infty \text{일 때 } a_n \to \alpha \text{ 또는 } \lim_{n \to \infty} a_n = \alpha$$

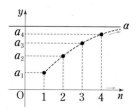

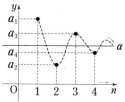

또한 수열 $\{a_n\}$이 수렴하면 수열 $\{a_{n+1}\}$도 수렴하며
두 수열의 극한값은 서로 같다. 즉,

$$\lim_{n \to \infty} a_n = \alpha \text{이면 } \lim_{n \to \infty} a_{n+1} = \alpha \text{이다.}$$

한편 n의 값이 한없이 커질 때 a_n의 값이
한없이 커지면 **양의 무한대로 발산**한다고 하고
$\lim\limits_{n \to \infty} a_n = \infty$로 나타내며,
한없이 작아지면 **음의 무한대로 발산**한다고 하고
$\lim\limits_{n \to \infty} a_n = -\infty$로 나타낸다.

수열 $\{a_n\}$이 수렴하지도 않고, 양의 무한대 또는 음의
무한대로 발산하지도 않으면 진동한다고 한다.

예를 들어

$a_n = \dfrac{1}{n}$이면 a_n의 값이 1, $\dfrac{1}{2}$, $\dfrac{1}{3}$, $\dfrac{1}{4}$, $\cdots$과 같이 0에

한없이 가까워지므로 $\lim\limits_{n \to \infty} a_n = 0$이다.

$a_n = n^3$이면 a_n의 값이 1, 8, 27, 64, $\cdots$와 같이
양수이면서 한없이 커지므로 $\lim\limits_{n \to \infty} a_n = \infty$이다.

$a_n = (-1)^n$이면 a_n의 값이 -1, 1, -1, 1, $\cdots$과 같이
수렴하지도 않고, 양의 무한대 또는 음의 무한대로
발산하지도 않으므로 수열 $\{a_n\}$은 진동한다.

너코 089 수열의 극한에 대한 기본 성질

$\lim\limits_{n \to \infty} a_n = \alpha$, $\lim\limits_{n \to \infty} b_n = \beta$로 수렴할 때 (단, α, β는 실수)

❶ $\lim\limits_{n \to \infty} ca_n = c \lim\limits_{n \to \infty} a_n = c\alpha$ (단, c는 상수)

❷ $\lim\limits_{n \to \infty} (a_n \pm b_n) = \lim\limits_{n \to \infty} a_n \pm \lim\limits_{n \to \infty} b_n = \alpha \pm \beta$

❸ $\lim\limits_{n \to \infty} a_n b_n = \lim\limits_{n \to \infty} a_n \times \lim\limits_{n \to \infty} b_n = \alpha\beta$

❹ $\lim\limits_{n \to \infty} \dfrac{a_n}{b_n} = \dfrac{\lim\limits_{n \to \infty} a_n}{\lim\limits_{n \to \infty} b_n} = \dfrac{\alpha}{\beta}$ (단, $b_n \neq 0$, $\beta \neq 0$)

복잡한 모양의 수열의 극한값을 구할 때는 알고 있는

수렴하는 수열들의 실수배, 합, 차, 곱, 몫

의 형태로 식을 변형한 후 수열의 극한에 대한 기본 성질을
이용하면 수월하다.

너코 090 $\dfrac{\infty}{\infty}$꼴 수열의 극한값 계산

$\lim\limits_{n \to \infty} a_n = \infty$, $\lim\limits_{n \to \infty} b_n = \infty$이고

a_n, b_n이 n에 대한 다항식 또는 무리식일 때

$\lim\limits_{n \to \infty} \dfrac{a_n}{b_n}$ 을 $\dfrac{\infty}{\infty}$꼴의 극한,

$\lim\limits_{n \to \infty} (a_n - b_n)$ 을 $\infty - \infty$꼴의 극한이라 하자.

① $\frac{\infty}{\infty}$ 꼴 수열의 극한 구하기

분모, 분자의 최고차항의 차수를 비교하여 다음과 같이 극한값을 구할 수 있다.

❶ (분모)＞(분자) : 0으로 수렴한다.

❷ (분모)＜(분자) : 발산한다.

❸ (분모)＝(분자) : $\dfrac{분자의\ 최고차항의\ 계수}{분모의\ 최고차항의\ 계수}\ (\neq 0)$

예를 들어 $\displaystyle\lim_{n\to\infty}\dfrac{6n^2-3}{2n^2+5n}$ 은

(분모)$\to\infty$, (분자)$\to\infty$ 이므로 $\frac{\infty}{\infty}$ 꼴의 극한이다.

이때 분모와 분자를 각각 분모의 최고차항 n^2 으로 나누어 준 뒤

$$\lim_{n\to\infty}\frac{5}{n}=0,\ \lim_{n\to\infty}\frac{3}{n^2}=0\ \text{등의 극한값을 대입한다.}$$

$$\lim_{n\to\infty}\frac{6-\dfrac{3}{n^2}}{2+\dfrac{5}{n}}=\frac{6-0}{2+0}=3$$

② $\infty-\infty$ 꼴 수열의 극한 구하기

무리식이 포함된 $\infty-\infty$ 꼴은 유리화하여

$\frac{\infty}{\infty}$ 꼴로 바꾼 뒤, 극한을 구한다.

예를 들어

$$\lim_{n\to\infty}(\sqrt{n^2+28n}-n)$$

$$=\lim_{n\to\infty}\frac{\sqrt{n^2+28n}-n}{1}$$

$$=\lim_{n\to\infty}\frac{(\sqrt{n^2+28n}-n)(\sqrt{n^2+28n}+n)}{\sqrt{n^2+28n}+n}$$

$$=\lim_{n\to\infty}\frac{28n}{\sqrt{n^2+28n}+n}$$

$$=\lim_{n\to\infty}\frac{28}{\sqrt{1+\dfrac{28}{n}}+1}$$

$$=\frac{28}{\sqrt{1+0}+1}=14$$

너코 091 수열의 극한의 대소 관계

$\displaystyle\lim_{n\to\infty}a_n=\alpha$, $\displaystyle\lim_{n\to\infty}b_n=\beta$ 로 수렴할 때 (단, α, β는 실수)

❶ 모든 자연수 n에 대하여 $a_n\leq b_n$ 이면 $\alpha\leq\beta$ 이다.

❷ 수열 $\{c_n\}$이 모든 자연수 n에 대하여

$a_n\leq c_n\leq b_n$ 이고 $\alpha=\beta$ 이면 $\displaystyle\lim_{n\to\infty}c_n=\alpha$ 이다.

❶에서 $a_n<b_n$ 이어도 성립하고,

❷에서 $a_n<c_n<b_n$ 이어도 성립한다.

또한 문제에서 주어진 부등식을 변형하여 구하는 답이 포함되도록 하면 ❷를 이용하여 극한값을 구할 수 있다.

예를 들어 수열 $\{a_n\}$이 모든 자연수 n에 대하여

$3n^2+2n<a_n<3n^2+3n$ 일 때 $\displaystyle\lim_{n\to\infty}\dfrac{5a_n}{n^2+2n}$ 의 값은

부등식을 변형한 후 수열의 극한의 대소 관계를 이용하여 극한값을 구할 수 있다.

$$\frac{5(3n^2+2n)}{n^2+2n}<\frac{5a_n}{n^2+2n}<\frac{5(3n^2+3n)}{n^2+2n}$$

$$\lim_{n\to\infty}\frac{5(3n^2+2n)}{n^2+2n}=\lim_{n\to\infty}\frac{15+\dfrac{10}{n}}{1+\dfrac{2}{n}}=\frac{15+0}{1+0}=15,$$

$$\lim_{n\to\infty}\frac{5(3n^2+3n)}{n^2+2n}=\lim_{n\to\infty}\frac{15+\dfrac{15}{n}}{1+\dfrac{2}{n}}=\frac{15+0}{1+0}=15\text{이므로}$$

$$\lim_{n\to\infty}\frac{5a_n}{n^2+2n}=15\text{이다.}$$

너코 092 등비수열의 극한

등비수열 $\{r^n\}$의 수렴과 발산

❶ $r \leq -1$일 때, 수열 $\{r^n\}$은 진동한다.

❷ $-1 < r < 1$일 때, $\lim\limits_{n \to \infty} r^n = 0$이다.

❸ $r = 1$일 때, $\lim\limits_{n \to \infty} r^n = 1$이다.

❹ $r > 1$일 때, 수열 $\{r^n\}$은 발산한다.

따라서 **등비수열 $\{r^n\}$이 수렴할 필요충분조건은**
'$-1 < r \leq 1$'이고,

등비수열 $\{ar^{n-1}\}$이 수렴할 필요충분조건은
'$a = 0$ 또는 $-1 < r \leq 1$'이다.

거듭제곱이 포함된 $\dfrac{\infty}{\infty}$ 꼴의 극한값은 ❷, ❸을 이용하기 위해
밑의 절댓값이 가장 큰 거듭제곱으로 나누어 식을 변형하면
된다.

예를 들어 $\lim\limits_{n \to \infty} \dfrac{3 \times 4^n + 2^n}{4^n + 3}$에서
분자와 분모를 각각 밑의 절댓값이 가장 큰 거듭제곱인
4^n으로 나눈 뒤
$\lim\limits_{n \to \infty} \left(\dfrac{1}{4}\right)^n = 0$, $\lim\limits_{n \to \infty} \left(\dfrac{1}{2}\right)^n = 0$ **등의 극한값을 대입한다.**

$$\lim_{n \to \infty} \frac{3 \times 4^n + 2^n}{4^n + 3} = \lim_{n \to \infty} \frac{3 + \left(\dfrac{1}{2}\right)^n}{1 + 3 \times \left(\dfrac{1}{4}\right)^n}$$

$$= \frac{3 + 0}{1 + 3 \times 0} = 3$$

2 급수

너코 093 급수의 뜻과 수렴, 발산

수열 $\{a_n\}$의 각 항을 덧셈 기호($+$)로 연결한 식

$$a_1 + a_2 + a_3 + \cdots + a_n + \cdots$$

을 **급수**라 하고, 기호 $\sum$를 사용하여

$$\sum_{n=1}^{\infty} a_n$$

으로 나타낼 수 있다.
급수의 제n항까지의 합

$$a_1 + a_2 + a_3 + \cdots + a_n$$

을 **제n항까지의 부분합**이라 하고, 기호 $\sum$를 사용하여

$$\sum_{k=1}^{n} a_k$$

으로 나타낼 수 있다.
급수의 수렴, 발산은 부분합의 극한으로 구할 수 있다.

즉, $\sum\limits_{n=1}^{\infty} a_n = \lim\limits_{n \to \infty} \sum\limits_{k=1}^{n} a_k$이다.

예를 들어
$$\sum_{n=1}^{\infty} \frac{1}{n(n+1)}$$

$$= \lim_{n \to \infty} \sum_{k=1}^{n} \frac{1}{k(k+1)} = \lim_{n \to \infty} \sum_{k=1}^{n} \left(\frac{1}{k} - \frac{1}{k+1}\right)$$

$$= \lim_{n \to \infty} \left\{ \left(\frac{1}{1} - \frac{1}{2}\right) + \left(\frac{1}{2} - \frac{1}{3}\right) + \left(\frac{1}{3} - \frac{1}{4}\right) \right.$$
$$\left. + \cdots + \left(\frac{1}{n} - \frac{1}{n+1}\right) \right\}$$

$$= \lim_{n \to \infty} \left(1 - \frac{1}{n+1}\right) = 1 - 0 = 1$$

로 수렴한다.

$$\sum_{n=1}^{\infty} (\sqrt{n+1} - \sqrt{n})$$

$$= \lim_{n \to \infty} \sum_{k=1}^{n} (\sqrt{k+1} - \sqrt{k})$$

$$= \lim_{n \to \infty} \{ (\sqrt{2} - 1) + (\sqrt{3} - \sqrt{2}) + (\sqrt{4} - \sqrt{3})$$
$$+ \cdots + (\sqrt{n+1} - \sqrt{n}) \}$$

$$= \lim_{n \to \infty} (\sqrt{n+1} - 1) = \infty$$

로 발산한다.

너코 094 급수와 수열의 극한값 사이의 관계

❶ 급수 $\displaystyle\sum_{n=1}^{\infty} a_n$이 수렴하면 $\displaystyle\lim_{n\to\infty} a_n = 0$이다.

❷ $\displaystyle\lim_{n\to\infty} a_n \neq 0$이면 급수 $\displaystyle\sum_{n=1}^{\infty} a_n$은 발산한다.

❶의 역은 성립하지 않는다.

즉, $\displaystyle\lim_{n\to\infty} a_n = 0$이라고 해서 급수 $\displaystyle\sum_{n=1}^{\infty} a_n$이 반드시 수렴하는 것은 아니다.

예를 들어

$\displaystyle\lim_{n\to\infty} \frac{1}{\sqrt{n+1}+\sqrt{n}} = 0$이지만

$\displaystyle\sum_{n=1}^{\infty} \frac{1}{\sqrt{n+1}+\sqrt{n}}$, 즉 $\displaystyle\sum_{n=1}^{\infty} (\sqrt{n+1}-\sqrt{n})$은

너코 093 의 두 번째 예에 의하여 발산한다.

❷를 이용하면 부분합의 극한값 $\displaystyle\lim_{n\to\infty}\sum_{k=1}^{n} a_k$를 구하지 않고도 급수의 발산을 판단할 수 있다.
예를 들어

$\displaystyle\lim_{n\to\infty} \frac{n}{3n+1} = \lim_{n\to\infty} \frac{1}{3+\frac{1}{n}} = \frac{1}{3+0} = \frac{1}{3} \neq 0$이므로

$\displaystyle\sum_{n=1}^{\infty} \frac{n}{3n+1}$이 발산함을 빠르게 파악할 수 있다.

너코 095 급수의 성질

급수 $\displaystyle\sum_{n=1}^{\infty} a_n$, $\displaystyle\sum_{n=1}^{\infty} b_n$이 각각 수렴할 때 다음과 같은 성질이 성립한다.

너코 089 , **너코 093** 에 의하여

❶ $\displaystyle\sum_{n=1}^{\infty} ca_n = \lim_{n\to\infty}\sum_{k=1}^{n} ca_k = c\lim_{n\to\infty}\sum_{k=1}^{n} a_k$

$\qquad = c\displaystyle\sum_{n=1}^{\infty} a_n$(단, c는 상수)

❷ $\displaystyle\sum_{n=1}^{\infty} (a_n \pm b_n) = \lim_{n\to\infty}\sum_{k=1}^{n} (a_k \pm b_k)$

$\qquad = \displaystyle\lim_{n\to\infty}\left(\sum_{k=1}^{n} a_k \pm \sum_{k=1}^{n} b_k\right)$

$\qquad = \displaystyle\lim_{n\to\infty}\sum_{k=1}^{n} a_k \pm \lim_{n\to\infty}\sum_{k=1}^{n} b_k$

$\qquad = \displaystyle\sum_{n=1}^{\infty} a_n \pm \sum_{n=1}^{\infty} b_n$

너코 096 등비급수의 뜻과 수렴, 발산

첫째항이 a, 공비가 r인 등비수열 $\{ar^{n-1}\}$의 각 항을 덧셈 기호(+)로 연결한 급수

$$\sum_{n=1}^{\infty} ar^{n-1} = a + ar + ar^2 + \cdots + ar^{n-1} + \cdots$$

를 **등비급수**라 한다.

$a = 0$인 경우 $\displaystyle\sum_{n=1}^{\infty} ar^{n-1} = 0$으로 수렴하고,

$a \neq 0$인 경우

❶ $|r| < 1$일 때, $\displaystyle\sum_{n=1}^{\infty} ar^{n-1} = \lim_{n\to\infty} \frac{a(1-r^n)}{1-r} = \frac{a}{1-r}$

❷ $|r| \geq 1$일 때, 발산한다.

따라서 등비급수 $\displaystyle\sum_{n=1}^{\infty} ar^{n-1}$이 수렴할 필요충분조건은
'$a = 0$ 또는 $-1 < r < 1$'이다.

또한 ❶에 의하여 등비급수의 합은 부분합의 극한값을 구하지 않아도 첫째항과 공비를 알고 있다면 빠르게 구할 수 있다.

예를 들어 같은 과정을 반복하여 일정한 비율로 감소하는 닮은 도형을 얻었을 때 n번째 얻은 도형의 길이를 l_n, 넓이를 S_n이라 하면

첫째항 l_1과 닮음비 $a:b$, 즉 공비 $\dfrac{b}{a}$를 구한 뒤

길이의 급수 $\displaystyle\sum_{n=1}^{\infty} l_n = \frac{l_1}{1-\dfrac{b}{a}}$을 구할 수 있고,

첫째항 S_1과 닮음비 $a:b$ (넓이의 비 $a^2:b^2$), 즉 공비 $\dfrac{b^2}{a^2}$을 구한 뒤

넓이의 급수 $\displaystyle\sum_{n=1}^{\infty} S_n = \frac{S_1}{1-\dfrac{b^2}{a^2}}$을 구할 수 있다. (단, $a > b$)

1 수열의 극한

유형 01 **수열의 극한에 대한 기본 성질과 $\frac{\infty}{\infty}$꼴 수열의 극한값 계산**

■ 유형소개

복잡한 수열을 수렴하는 수열의 합, 차, 곱, 몫, 실수배한 꼴로 바꿔 수열의 극한값을 구하는 기본유형이다.

$\frac{\infty}{\infty}$꼴 수열의 극한값은 분자와 분모가 각각 n에 대한 다항식 또는 무리식일 때 분모의 최고차항으로 분자와 분모를 각각 나누면 수렴하는 수열의 기본 성질을 이용할 수 있다.

■ 유형접근법

✓ $\frac{\infty}{\infty}$꼴 수열의 극한값

분모, 분자의 최고차항의 차수를 비교하여 다음과 같이 극한값을 구할 수 있다.

❶ (분모)>(분자) : 0으로 수렴한다.

❷ (분모)<(분자) : 발산한다.

❸ (분모)=(분자) : $\dfrac{분자의 최고차항의 계수}{분모의 최고차항의 계수}$

✓ 수열 $\{a_n\}$ 이 수렴하면 수열 $\{a_{n+1}\}$도 수렴하며 그 극한값이 같다.

즉, $\lim\limits_{n\to\infty} a_n = \alpha$ 일 때 $\lim\limits_{n\to\infty} a_{n+1} = \alpha$ 이다.

J01-01

너코 088 │ 너코 089
2008학년도 6월 평가원 나형 7번

수렴하는 수열 $\{a_n\}$ 에 대하여 $\lim\limits_{n\to\infty}\dfrac{2a_n-3}{a_n+1}=\dfrac{3}{4}$일 때, $\lim\limits_{n\to\infty} a_n$의 값은? [3점]

① 1   ② 2   ③ 3

④ 4   ⑤ 5

J01-02

너코 089 │ 너코 090
2008학년도 수능 나형 3번

$\lim\limits_{n\to\infty}\dfrac{n}{\sqrt{4n^2+1}+\sqrt{n^2+2}}$의 값은? [2점]

① 1   ② $\dfrac{1}{2}$ ③ $\dfrac{1}{3}$

④ $\dfrac{1}{4}$ ⑤ $\dfrac{1}{5}$

J01-03

너코 089 │ 너코 090
2010학년도 6월 평가원 나형 3번

$\lim\limits_{n\to\infty}\dfrac{2n+1}{\sqrt{9n^2+1}-n}$의 값은? [2점]

① 1   ② 2   ③ 3

④ 4   ⑤ 5

J01-04

너코 089 │ 너코 090
2010학년도 수능 나형 3번

$\lim\limits_{n\to\infty}\dfrac{(n+1)(3n-1)}{2n^2+1}$의 값은? [2점]

① $\dfrac{3}{2}$ ② 2   ③ $\dfrac{5}{2}$

④ 3   ⑤ $\dfrac{7}{2}$

J01-05

$\lim\limits_{n \to \infty} \dfrac{3n^2 + n + 1}{2n^2 + 1}$ 의 값은? [2점]

① $\dfrac{1}{2}$ ② 1 ③ $\dfrac{3}{2}$

④ 2 ⑤ $\dfrac{5}{2}$

J01-06

$\lim\limits_{n \to \infty} \dfrac{6n^2 - 3}{2n^2 + 5n}$ 의 값은? [2점]

① 5 ② 4 ③ 3

④ 2 ⑤ 1

J01-07

$\lim\limits_{n \to \infty} \dfrac{\sqrt{9n^2 + 4n + 1}}{2n + 5}$ 의 값은? [2점]

① $\dfrac{1}{2}$ ② 1 ③ $\dfrac{3}{2}$

④ 2 ⑤ $\dfrac{5}{2}$

J01-08

$\lim\limits_{n \to \infty} \dfrac{\sqrt{9n^2 + 4}}{5n - 2}$ 의 값은? [2점]

① $\dfrac{1}{5}$ ② $\dfrac{2}{5}$ ③ $\dfrac{3}{5}$

④ $\dfrac{4}{5}$ ⑤ 1

J01-09

$\lim\limits_{n \to \infty} \dfrac{(2n+1)^2 - (2n-1)^2}{2n + 5}$ 의 값은? [2점]

① 1 ② 2 ③ 3

④ 4 ⑤ 5

J01-10

$\lim\limits_{n \to \infty} \dfrac{\dfrac{5}{n} + \dfrac{3}{n^2}}{\dfrac{1}{n} - \dfrac{2}{n^3}}$ 의 값은? [2점]

① 1 ② 2 ③ 3

④ 4 ⑤ 5

J01-11

너코 089 너코 090
2023학년도 9월 평가원 (미적분) 25번

수열 $\{a_n\}$에 대하여 $\lim_{n\to\infty}\frac{a_n+2}{2}=6$일 때,

$\lim_{n\to\infty}\frac{na_n+1}{a_n+2n}$의 값은? [3점]

① 1　② 2　③ 3　④ 4　⑤ 5

J01-12

너코 089 너코 090
2012학년도 9월 평가원 25번

수열 $\{a_n\}$과 $\{b_n\}$이

$$\lim_{n\to\infty}(n+1)a_n=2,\ \lim_{n\to\infty}(n^2+1)b_n=7$$

을 만족시킬 때, $\lim_{n\to\infty}\frac{(10n+1)b_n}{a_n}$의 값을 구하시오.

(단, $a_n\neq 0$) [3점]

J01-13

너코 089 너코 090
2013학년도 6월 평가원 나형 23번

두 상수 a, b에 대하여 $\lim_{n\to\infty}\frac{an^2+bn+7}{3n+1}=4$일 때,

$a+b$의 값을 구하시오. [3점]

J01-14

너코 088 너코 089
2005학년도 6월 평가원 나형 15번

수렴하는 두 수열 $\{a_n\}$, $\{b_n\}$이

$$\begin{cases} a_{n+1}=-\frac{1}{2}b_n+\frac{3}{2} \\ b_{n+1}=-\frac{1}{2}a_n+\frac{3}{2} \end{cases}\quad (n=1,\ 2,\ 3,\ \cdots)$$

을 만족시킬 때, 〈보기〉에서 옳은 것만을 있는 대로 고른 것은? [4점]

〈보 기〉

ㄱ. $a_1=b_1$일 때, $a_n=b_n$이다.

ㄴ. $a_1=0$, $b_1=1$일 때, $a_{n+1}>a_n$이다.

ㄷ. $\lim_{n\to\infty}a_n=\lim_{n\to\infty}b_n=1$

① ㄱ　② ㄴ　③ ㄱ, ㄷ　④ ㄴ, ㄷ　⑤ ㄱ, ㄴ, ㄷ

J 02-02

이차함수 $f(x) = 3x^2$의 그래프 위의 두 점 $P(n, f(n))$과 $Q(n+1, f(n+1))$ 사이의 거리를 a_n이라 할 때,

$\lim\limits_{n \to \infty} \dfrac{a_n}{n}$의 값은? (단, n은 자연수이다.) [4점]

① 9   ② 8   ③ 7

④ 6   ⑤ 5

유형 02 $\dfrac{\infty}{\infty}$꼴 수열의 극한 활용

유형소개

〈수학〉, 〈수학 I〉, 〈수학 II〉 과목에서 배운 내용이 통합된 유형이다. 함수의 그래프, 도형의 방정식, 수열 등의 수학 내적 상황을 해석하여 일반항을 구한 뒤 **유형01** 과 동일한 방법으로 $\dfrac{\infty}{\infty}$꼴의 극한을 계산하면 된다.

유형접근법

일반항을 구하는 과정에서 〈수학〉 과목에서 배웠던 공식이 이용되는 문제가 많으므로 다음 공식을 기억해두자.

✓ 좌표평면 위의 두 점 (x_1, y_1), (x_2, y_2) 사이의 거리
$$\sqrt{(x_2 - x_1)^2 + (y_2 - y_1)^2}$$

✓ 좌표평면 위의 두 점 (x_1, y_1), (x_2, y_2)를 지나는 직선의 방정식(단, $x_1 \neq x_2$)
$$y = \frac{y_2 - y_1}{x_2 - x_1}(x - x_1) + y_1$$

✓ 두 직선 $l : y = mx + n$, $l' : y = m'x + n'$의 평행·수직 조건
l과 l'이 서로 평행하다. $\Leftrightarrow$ $m = m'$이고 $n \neq n'$이다.
l과 l'이 서로 수직이다. $\Leftrightarrow$ $mm' = -1$

✓ 점 (x_1, y_1)과 직선 $ax + by + c = 0$ 사이의 거리
$$\frac{|ax_1 + by_1 + c|}{\sqrt{a^2 + b^2}}$$

✓ 원 $x^2 + y^2 = r^2$에 접하고 기울기가 m인 접선의 방정식
$$y = mx \pm r\sqrt{m^2 + 1}$$

✓ 원 $x^2 + y^2 = r^2$ 위의 점 (x_1, y_1)에서의 접선의 방정식
$$x_1 x + y_1 y = r^2$$

J 02-03

수열 $\{a_n\}$의 첫째항부터 제n항까지의 합 S_n이

$S_n = 2n^2 - n$일 때, $\lim\limits_{n \to \infty} \dfrac{na_n}{S_n}$의 값은? [3점]

① 1   ② 2   ③ 3

④ 4   ⑤ 5

J 02-01

수열 $\{a_n\}$은 첫째항이 1이고 공차가 6인 등차수열이다.

수열 $\{b_n\}$의 일반항이 $b_n = \dfrac{a_n + a_{n+1}}{3}$일 때,

$\lim\limits_{n \to \infty} \dfrac{b_n}{a_n}$의 값은? [3점]

① $\dfrac{1}{3}$ ② $\dfrac{2}{3}$ ③ 1

④ 2   ⑤ 3

J02-04

등차수열 $\{a_n\}$에서

$$a_1 = 4, \ a_1 - a_2 + a_3 - a_4 + a_5 = 28$$

일 때, $\displaystyle\lim_{n \to \infty} \frac{a_n}{n}$의 값을 구하시오. [4점]

J02-05

수열 $\{a_n\}$에서 $a_n = \log\dfrac{n+1}{n}$일 때,

$\displaystyle\lim_{n \to \infty} \dfrac{n}{10^{a_1 + a_2 + \cdots + a_n}}$의 값은? [3점]

① 1   ② 2   ③ 3

④ 4   ⑤ 5

J02-06

좌표평면에서 자연수 n에 대하여 기울기가 n이고
y절편이 양수인 직선이 원 $x^2 + y^2 = n^2$에 접할 때, 이
직선이 x축, y축과 만나는 점을 각각 P_n, Q_n이라 하자.

$l_n = \overline{\mathrm{P}_n \mathrm{Q}_n}$이라 할 때, $\displaystyle\lim_{n \to \infty} \dfrac{l_n}{2n^2}$의 값은? [4점]

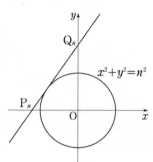

① $\dfrac{1}{8}$ ② $\dfrac{1}{4}$ ③ $\dfrac{3}{8}$

④ $\dfrac{1}{2}$ ⑤ $\dfrac{5}{8}$

J 02-07

2 이상의 자연수 n에 대하여 함수 $y = \log_3 x$의 그래프 위의 x좌표가 $\dfrac{1}{n}$인 점을 A_n이라 하자. 그래프 위의 점 B_n과 x축 위의 점 C_n이 다음 조건을 만족시킨다.

(가) 점 C_n은 선분 $A_n B_n$과 x축의 교점이다.

(나) $\overline{A_n C_n} : \overline{C_n B_n} = 1 : 2$

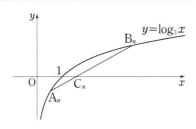

점 C_n의 x좌표를 x_n이라 할 때, $\displaystyle\lim_{n \to \infty} \dfrac{x_n}{n^2}$의 값은? [4점]

① $\dfrac{1}{3}$
② $\dfrac{1}{2}$
③ $\dfrac{2}{3}$

④ $\dfrac{5}{6}$
⑤ 1

J 02-08

자연수 n에 대하여 직선 $y = 2nx$ 위의 점 $\mathrm{P}(n, 2n^2)$을 지나고 이 직선과 수직인 직선이 x축과 만나는 점을 Q라 할 때, 선분 OQ의 길이를 l_n이라 하자. $\displaystyle\lim_{n \to \infty} \dfrac{l_n}{n^3}$의 값은?

(단, O는 원점이다.) [3점]

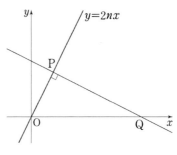

① 1
② 2
③ 3

④ 4
⑤ 5

J02-09

너코 089 너코 090
2016학년도 수능 A형 14번

자연수 n에 대하여 좌표가 $(0, 2n+1)$인 점을 P라 하고, 함수 $f(x) = nx^2$의 그래프 위의 점 중 y좌표가 1이고 제1사분면에 있는 점을 Q라 하자. 점 R$(0, 1)$에 대하여 삼각형 PRQ의 넓이를 S_n, 선분 PQ의 길이를 l_n이라 할 때, $\lim\limits_{n \to \infty} \dfrac{(S_n)^2}{l_n}$의 값은? [4점]

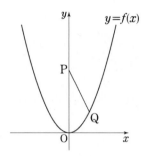

① $\dfrac{3}{2}$　　② $\dfrac{5}{4}$　　③ 1

④ $\dfrac{3}{4}$　　⑤ $\dfrac{1}{2}$

J02-10

너코 025 너코 089 너코 090
2009학년도 6월 평가원 나형 29번

자연수 n에 대하여 집합 $\{k \,|\, 1 \le k \le 2n,\ k는 자연수\}$의 세 원소 $a, b, c\ (a < b < c)$가 등차수열을 이루는 집합 $\{a, b, c\}$의 개수를 T_n이라 하자. $\lim\limits_{n \to \infty} \dfrac{T_n}{n^2}$의 값은? [4점]

① $\dfrac{1}{2}$　　② 1　　③ $\dfrac{3}{2}$

④ 2　　⑤ $\dfrac{5}{2}$

J02-11

너코 028 너코 029 너코 089 너코 090
2009학년도 9월 평가원 나형 29번

자연수 n에 대하여 이차함수 $f(x) = \sum\limits_{k=1}^{n} \left(x - \dfrac{k}{n}\right)^2$의 최솟값을 a_n이라 할 때, $\lim\limits_{n \to \infty} \dfrac{a_n}{n}$의 값은? [4점]

① $\dfrac{1}{12}$　　② $\dfrac{1}{6}$　　③ $\dfrac{1}{3}$

④ $\dfrac{1}{2}$　　⑤ 1

자연수 n에 대하여 두 점 P_{n-1}, P_n이 함수 $y = x^2$의 그래프 위의 점일 때, 점 P_{n+1}을 다음 규칙에 따라 정한다.

(가) 두 점 P_0, P_1의 좌표는 각각 $(0, 0)$, $(1, 1)$이다.

(나) 점 P_{n+1}은 점 P_n을 지나고 직선 $P_{n-1}P_n$에

수직인 직선과 함수 $y = x^2$의 그래프의 교점이다.

(단, P_n과 P_{n+1}은 서로 다른 점이다.)

$l_n = \overline{P_{n-1}P_n}$이라 할 때, $\displaystyle\lim_{n \to \infty} \frac{l_n}{n}$의 값은? [3점]

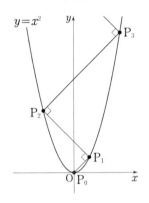

① $2\sqrt{3}$ ② $2\sqrt{2}$ ③ 2

④ $\sqrt{3}$ ⑤ $\sqrt{2}$

자연수 n에 대하여 점 P_n이 x축 위의 점일 때, 점 P_{n+1}을 다음 규칙에 따라 정한다.

(가) 점 P_1의 좌표는 $(a_1, 0)\,(0 < a_1 < 2)$이다.

(나) (1) 점 P_n을 지나고 y축에 평행한 직선이 직선

$y = -x + 2$와 만나는 점을 A_n이라 한다.

(2) 점 A_n을 지나고 x축에 평행한 직선이 직선

$y = 4x + 4$와 만나는 점을 B_n이라 한다.

(3) 점 B_n을 지나고 y축에 평행한 직선이 x축과

만나는 점을 C_n이라 한다.

(4) 점 C_n을 y축에 대하여 대칭이동한 점을

P_{n+1}이라 한다.

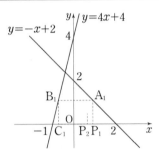

점 P_n의 x좌표를 a_n이라 할 때, $\displaystyle\lim_{n \to \infty} a_n$의 값은? [4점]

① $\dfrac{2}{9}$ ② $\dfrac{1}{3}$ ③ $\dfrac{4}{9}$

④ $\dfrac{5}{9}$ ⑤ $\dfrac{2}{3}$

좌표평면에서 자연수 n에 대하여 두 직선 $y = \dfrac{1}{n}x$와 $x = n$이 만나는 점을 A_n, 직선 $x = n$과 x축이 만나는 점을 B_n이라 하자. 삼각형 $\mathrm{A}_n\mathrm{OB}_n$에 내접하는 원의 중심을 C_n이라 하고, 삼각형 $\mathrm{A}_n\mathrm{OC}_n$의 넓이를 S_n이라 하자. $\displaystyle\lim_{n\to\infty} \dfrac{S_n}{n}$의 값은? [4점]

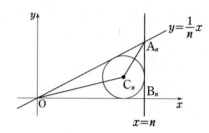

① $\dfrac{1}{12}$ ② $\dfrac{1}{6}$ ③ $\dfrac{1}{4}$

④ $\dfrac{1}{3}$ ⑤ $\dfrac{5}{12}$

닫힌구간 $[-2,\ 5]$에서 정의된 함수 $y = f(x)$의 그래프가 그림과 같다.

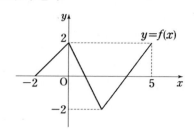

$\displaystyle\lim_{n\to\infty} \dfrac{|nf(a)-1|-nf(a)}{2n+3} = 1$을 만족시키는 상수 a의 개수는? [4점]

① 1   ② 2   ③ 3

④ 4   ⑤ 5

함수

$$f(x) = \begin{cases} x + 2 & (x \leq 0) \\ -\dfrac{1}{2}x & (x > 0) \end{cases}$$

의 그래프가 그림과 같다.

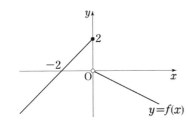

수열 $\{a_n\}$은 $a_1 = 1$이고

$$a_{n+1} = f(f(a_n)) \ (n \geq 1)$$

을 만족시킬 때, $\lim\limits_{n \to \infty} a_n$의 값은? [4점]

① $\dfrac{1}{3}$ ② $\dfrac{2}{3}$ ③ 1

④ $\dfrac{4}{3}$ ⑤ $\dfrac{5}{3}$

그림은 곡선 $y = x^2$과 꼭짓점의 좌표가 $O(0, 0)$, $A(n, 0)$, $B(n, n^2)$, $C(0, n^2)$인 직사각형 $OABC$를 나타낸 것이다.

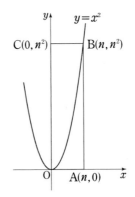

자연수 n에 대하여, x좌표와 y좌표가 모두 정수인 점 중에서 두 선분 OC, BC와 곡선 $y = x^2$으로 둘러싸인 부분의 내부 또는 그 경계에 포함되는 모든 점의 개수를 a_n이라 하자. $\lim\limits_{n \to \infty} \dfrac{a_n}{n^3}$의 값은? [4점]

① $\dfrac{1}{2}$ ② $\dfrac{7}{12}$ ③ $\dfrac{2}{3}$

④ $\dfrac{3}{4}$ ⑤ $\dfrac{5}{6}$

J 02-18

너코 089 너코 090
2015학년도 9월 평가원 A형 28번

자연수 n에 대하여 점 $(3n,\ 4n)$을 중심으로 하고 y축에 접하는 원 O_n이 있다. 원 O_n 위를 움직이는 점과 점 $(0,\ -1)$ 사이의 거리의 최댓값을 a_n, 최솟값을 b_n이라 할 때, $\displaystyle\lim_{n\to\infty}\frac{a_n}{b_n}$의 값을 구하시오. [4점]

유형 03   ∞ − ∞꼴 수열의 극한값 계산

■ 유형소개

무리식의 형태가 포함된 수열 중에서도

∞ − ∞꼴(각각의 차수가 서로 같고, 계수가 서로 같은 꼴)의 극한값의 계산을 다루는 유형이다.

■ 유형접근법

∞ − ∞꼴은 유리화를 통해 $\dfrac{\infty}{\infty}$꼴로 변형한 후

유형 01 에서 다룬 방법으로 극한값을 구하면 된다.

❶ $\displaystyle\lim_{n\to\infty}(\sqrt{A}-\sqrt{B})$

$=\displaystyle\lim_{n\to\infty}\frac{\sqrt{A}-\sqrt{B}}{1}$ (분모를 1로 보고 유리화)

$=\displaystyle\lim_{n\to\infty}\frac{(\sqrt{A}-\sqrt{B})(\sqrt{A}+\sqrt{B})}{\sqrt{A}+\sqrt{B}}$

$=\displaystyle\lim_{n\to\infty}\frac{A-B}{\sqrt{A}+\sqrt{B}}$

❷ $\displaystyle\lim_{n\to\infty}\frac{C}{\sqrt{A}-\sqrt{B}}$

$=\displaystyle\lim_{n\to\infty}\frac{C(\sqrt{A}+\sqrt{B})}{(\sqrt{A}-\sqrt{B})(\sqrt{A}+\sqrt{B})}$

$=\displaystyle\lim_{n\to\infty}\frac{C(\sqrt{A}+\sqrt{B})}{A-B}$

J 03-01

너코 089 너코 090
2021학년도 6월 평가원 가형 2번

$\displaystyle\lim_{n\to\infty}(\sqrt{9n^2+12n}-3n)$의 값은? [2점]

① 1   ② 2   ③ 3

④ 4   ⑤ 5

J **03-02**

$$\lim_{n \to \infty} \frac{1}{\sqrt{4n^2 + 2n + 1} - 2n}$$ 의 값은? [2점]

① 1   ② 2   ③ 3

④ 4   ⑤ 5

J **03-03**

$$\lim_{n \to \infty} \frac{1}{\sqrt{n^2 + n + 1} - n}$$ 의 값은? [2점]

① 1   ② 2   ③ 3

④ 4   ⑤ 5

J **03-04**

$$\lim_{n \to \infty} \frac{1}{\sqrt{n^2 + 3n} - \sqrt{n^2 + n}}$$ 의 값은? [2점]

① 1   ② $\frac{3}{2}$ ③ 2

④ $\frac{5}{2}$ ⑤ 3

J **03-05**

$$\lim_{n \to \infty} (\sqrt{n^2 + 9n} - \sqrt{n^2 + 4n})$$ 의 값은? [2점]

① $\frac{1}{2}$ ② 1   ③ $\frac{3}{2}$

④ 2   ⑤ $\frac{5}{2}$

J **03-06**

$$\lim_{n \to \infty} \frac{\sqrt{kn + 1}}{n(\sqrt{n + 1} - \sqrt{n - 1})} = 5$$ 일 때, 상수 k의 값을 구하시오. [4점]

이차함수 $f(x) = (x-3)^2$의 그래프가 그림과 같다.
자연수 n에 대하여 방정식 $f(x) = n$의 두 근이 α, β일
때, $h(n) = |\alpha - \beta|$라 하자.

$$\lim_{n \to \infty} \sqrt{n} \{h(n+1) - h(n)\}$$

의 값은? [4점]

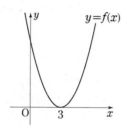

① $\dfrac{1}{2}$ ② 1 ③ $\dfrac{3}{2}$

④ 2 ⑤ $\dfrac{5}{2}$

자연수 n에 대하여 x에 대한 이차방정식

$$x^2 + 2nx - 4n = 0$$

의 양의 실근을 a_n이라 하자. $\displaystyle\lim_{n \to \infty} a_n$의 값을 구하시오.

[3점]

수열 $\{a_n\}$에 대하여 $\displaystyle\lim_{n \to \infty} \dfrac{na_n}{n^2 + 3} = 1$일 때,

$\displaystyle\lim_{n \to \infty} \left(\sqrt{a_n^2 + n} - a_n \right)$의 값은? [3점]

① $\dfrac{1}{3}$ ② $\dfrac{1}{2}$ ③ 1

④ 2 ⑤ 3

J03-10

양수 a와 실수 b에 대하여

$$\lim_{n \to \infty} \left(\sqrt{an^2 + 4n} - bn \right) = \frac{1}{5}$$

일 때, $a + b$의 값을 구하시오. [4점]

유형 04 등비수열의 극한값 계산

유형소개

등비수열이 수렴하기 위한 조건을 묻는 문제, 등비수열의 일반항 꼴이 포함된 극한을 구하는 문제를 담은 기본유형이다. 대부분 쉬운 난이도의 계산문제로 이루어져있으니 빠르게 계산할 수 있도록 숙달하자.

유형접근법

✓ 첫째항이 a이고 공비가 r인 등비수열 $\{ar^{n-1}\}$이 수렴할 필요충분조건은
'$a = 0$ 또는 $-1 < r \leq 1$'이다.

✓ 거듭제곱이 포함된 $\dfrac{\infty}{\infty}$ 꼴의 극한값

예를 들어 $\displaystyle\lim_{n \to \infty} \dfrac{a^n + c^n}{b^n + c^{n+1}}$ 의 극한값을 구할 때

밑의 절댓값이 가장 큰 거듭제곱을 c^n이라 하면 극한값은 c^n에 곱해진 상수의 비이다. (단, $c \neq 0$)

$$\lim_{n \to \infty} \frac{a^n + c^n}{b^n + c^{n+1}} = \lim_{n \to \infty} \frac{\left(\dfrac{a}{c}\right)^n + 1}{\left(\dfrac{b}{c}\right)^n + c} = \frac{0+1}{0+c} = \frac{1}{c}$$

J04-01

첫째항이 3이고 공비가 3인 등비수열 $\{a_n\}$에 대하여

$$\lim_{n \to \infty} \frac{3^{n+1} - 7}{a_n}$$ 의 값은? [3점]

① 1　　　　② 2　　　　③ 3

④ 4　　　　⑤ 5

J04-02

너코 089 너코 092
2016학년도 6월 평가원 A형 3번

$\lim\limits_{n \to \infty} \left\{ 6 + \left(\dfrac{5}{9} \right)^n \right\}$ 의 값은? [2점]

① 6   ② 7   ③ 8

④ 9   ⑤ 10

J04-03

너코 089 너코 092
2017학년도 6월 평가원 나형 8번

$\lim\limits_{n \to \infty} \left(2 + \dfrac{1}{3^n} \right) \left(a + \dfrac{1}{2^n} \right) = 10$ 일 때, 상수 a의 값은? [3점]

① 1   ② 2   ③ 3

④ 4   ⑤ 5

J04-04

너코 089 너코 092
2018학년도 9월 평가원 나형 4번

$\lim\limits_{n \to \infty} \dfrac{4 \times 3^{n+1} + 1}{3^n}$ 의 값은? [3점]

① 8   ② 9   ③ 10

④ 11   ⑤ 12

J04-05

너코 089 너코 092
2018학년도 수능 나형 3번

$\lim\limits_{n \to \infty} \dfrac{5^n - 3}{5^{n+1}}$ 의 값은? [2점]

① $\dfrac{1}{5}$ ② $\dfrac{1}{4}$ ③ $\dfrac{1}{3}$

④ $\dfrac{1}{2}$ ⑤ 1

J04-06

너코 089 너코 092
2019학년도 9월 평가원 나형 3번

$\lim\limits_{n \to \infty} \dfrac{3 \times 4^n + 2^n}{4^n + 3}$ 의 값은? [2점]

① 1   ② 2   ③ 3

④ 4   ⑤ 5

J04-07

너코089 너코092
2022학년도 9월 평가원 (미적분) 23번

$\lim\limits_{n \to \infty} \dfrac{2 \times 3^{n+1} + 5}{3^n + 2^{n+1}}$ 의 값은? [2점]

① 2   ② 4   ③ 6

④ 8   ⑤ 10

J04-08

너코089 너코092
2025학년도 6월 평가원 (미적분) 23번

$\lim\limits_{n \to \infty} \dfrac{\left(\frac{1}{2}\right)^n + \left(\frac{1}{3}\right)^{n+1}}{\left(\frac{1}{2}\right)^{n+1} + \left(\frac{1}{3}\right)^n}$ 의 값은? [2점]

① 1   ② 2   ③ 3

④ 4   ⑤ 5

J04-09

너코027 너코089 너코092
2005학년도 수능 나형 7번

수열 $\{a_n\}$의 첫째항부터 제n항까지의 합 S_n이

$S_n = 2n + \dfrac{1}{2^n}$ 일 때, $\lim\limits_{n \to \infty} a_n$의 값은? [3점]

① 2   ② 1   ③ $\dfrac{1}{2}$

④ $\dfrac{1}{4}$ ⑤ 0

J04-10

너코092
2007학년도 수능 나형 20번

수열 $\left\{\left(\dfrac{2x-1}{4}\right)^n\right\}$이 수렴하기 위한 정수 x의 개수를

k라 할 때, $10k$의 값을 구하시오. [3점]

J04-11

수열 $\{a_n\}$의 첫째항부터 제n항까지의 합 S_n이

$S_n = 2^n + 3^n$일 때, $\lim\limits_{n \to \infty} \dfrac{a_n}{S_n}$의 값은? [3점]

① $\dfrac{1}{6}$ ② $\dfrac{1}{3}$ ③ $\dfrac{1}{2}$

④ $\dfrac{2}{3}$ ⑤ $\dfrac{5}{6}$

J04-12

공비가 3인 등비수열 $\{a_n\}$의 첫째항부터 제n항까지의 합 S_n이

$$\lim_{n \to \infty} \frac{S_n}{3^n} = 5$$

를 만족시킬 때, 첫째항 a_1의 값은? [3점]

① 8 ② 10 ③ 12
④ 14 ⑤ 16

J04-13

첫째항이 1이고 공비가 $r\,(r > 1)$인 등비수열 $\{a_n\}$에

대하여 $S_n = \sum\limits_{k=1}^{n} a_k$일 때, $\lim\limits_{n \to \infty} \dfrac{a_n}{S_n} = \dfrac{3}{4}$이다. r의 값을

구하시오. [3점]

J04-14

정수 k에 대하여 수열 $\{a_n\}$의 일반항을

$$a_n = \left(\frac{|k|}{3} - 2 \right)^n$$

이라 하자. 수열 $\{a_n\}$이 수렴하도록 하는 모든 정수 k의
개수는? [3점]

① 4 ② 8 ③ 12
④ 16 ⑤ 20

J04-15

너코 026 너코 089 너코 092
2023학년도 수능 (미적분) 25번

등비수열 $\{a_n\}$에 대하여 $\lim\limits_{n \to \infty} \dfrac{a_n + 1}{3^n + 2^{2n-1}} = 3$일 때,

a_2의 값은? [3점]

① 16　　　　　② 18　　　　　③ 20

④ 22　　　　　⑤ 24

J04-16

너코 089 너코 092
2024학년도 9월 평가원 (미적분) 29번

두 실수 a, b $(a > 1,\ b > 1)$이

$$\lim_{n \to \infty} \frac{3^n + a^{n+1}}{3^{n+1} + a^n} = a, \quad \lim_{n \to \infty} \frac{a^n + b^{n+1}}{a^{n+1} + b^n} = \frac{9}{a}$$

를 만족시킬 때, $a + b$의 값을 구하시오. [4점]

J04-17

너코 026 너코 089 너코 092
2025학년도 9월 평가원 (미적분) 25번

등비수열 $\{a_n\}$에 대하여

$$\lim_{n \to \infty} \frac{4^n \times a_n - 1}{3 \times 2^{n+1}} = 1$$

일 때, $a_1 + a_2$의 값은? [3점]

① $\dfrac{3}{2}$　　　　　② $\dfrac{5}{2}$　　　　　③ $\dfrac{7}{2}$

④ $\dfrac{9}{2}$　　　　　⑤ $\dfrac{11}{2}$

J04-18

너코 088 | 너코 089 | 너코 092
2010학년도 6월 평가원 나형 28번

수열 $\{a_n\}$에 대하여 $\lim\limits_{n \to \infty} \dfrac{5^n a_n}{3^n + 1}$이 0이 아닌 상수일 때,

$\lim\limits_{n \to \infty} \dfrac{a_n}{a_{n+1}}$의 값은? [3점]

① $\dfrac{2}{3}$　　　② $\dfrac{4}{5}$　　　③ $\dfrac{5}{3}$

④ $\dfrac{9}{5}$　　　⑤ $\dfrac{8}{3}$

J04-19

너코 028 | 너코 029 | 너코 089 | 너코 092
2015학년도 수능 A형 28번

자연수 k에 대하여

$$a_k = \lim_{n \to \infty} \dfrac{\left(\dfrac{6}{k}\right)^{n+1}}{\left(\dfrac{6}{k}\right)^n + 1}$$

이라 할 때, $\sum\limits_{k=1}^{10} k a_k$의 값을 구하시오. [4점]

유형 05　등비수열의 극한 활용

■ 유형소개

〈수학〉, 〈수학Ⅰ〉, 〈수학Ⅱ〉 과목에서 배운 내용이 통합된 유형이다. 다양한 수학 내적 상황을 해석하여 등비수열의 일반항을 구한 뒤 유형 04 와 동일한 방법으로 극한값을 계산하면 된다. 또한 함수가 등비수열의 극한이 포함된 식으로 정의되어 있는 문제도 이 유형으로 분류하였다.

■ 유형접근법

예를 들어 $f(x) = \lim\limits_{n \to \infty} \dfrac{ax^{2n} + b}{cx^{2n+1} + d}$ 와 같이 정의될 때

이 함수를 '구간별로 다르게 정의된 함수'로 해석하면 된다.

(단, $c \neq 0$이고 $|c| \neq |d|$)

$|x| < 1$일 때 $f(x) = \dfrac{0+b}{0+d} = \dfrac{b}{d}$,

$x = -1$일 때 $f(x) = \dfrac{a \times 1 + b}{c \times (-1) + d} = \dfrac{a+b}{-c+d}$,

$x = 1$일 때 $f(x) = \dfrac{a \times 1 + b}{c \times 1 + d} = \dfrac{a+b}{c+d}$,

$|x| > 1$일 때

$$f(x) = \lim_{n \to \infty} \dfrac{a + \dfrac{b}{x^{2n}}}{cx + \dfrac{d}{x^{2n}}} = \dfrac{a+0}{cx+0} = \dfrac{a}{cx} \text{ 이므로}$$

$$f(x) = \begin{cases} \dfrac{b}{d} & (|x| < 1) \\[2mm] \dfrac{a+b}{-c+d} & (x = -1) \\[2mm] \dfrac{a+b}{c+d} & (x = 1) \\[2mm] \dfrac{a}{cx} & (|x| > 1) \end{cases} \text{ 이다.}$$

J 05-01

함수

$$f(x) = \lim_{n \to \infty} \frac{2 \times \left(\dfrac{x}{4}\right)^{2n+1} - 1}{\left(\dfrac{x}{4}\right)^{2n} + 3}$$

에 대하여 $f(k) = -\dfrac{1}{3}$ 을 만족시키는 정수 k의 개수는?

[3점]

① 5   ② 7   ③ 9

④ 11   ⑤ 13

J 05-02

그림과 같이 x축 위에 $\overline{OA_1} = 1$, $\overline{A_1A_2} = \dfrac{1}{2}$,

$\overline{A_2A_3} = \left(\dfrac{1}{2}\right)^2$, $\cdots$, $\overline{A_nA_{n+1}} = \left(\dfrac{1}{2}\right)^n$, $\cdots$을

만족시키는 점 A_1, A_2, A_3, $\cdots$에 대하여, 제1사분면에
선분 OA_1, A_1A_2, A_2A_3, $\cdots$을 한 변으로 하는
정사각형 $OA_1B_1C_1$, $A_1A_2B_2C_2$, $A_2A_3B_3C_3$, $\cdots$을
계속하여 만든다. 원점과 점 B_n을 지나는 직선의

방정식을 $y = a_n x$라 할 때, $\displaystyle\lim_{n \to \infty} 2^n a_n$의 값은? [4점]

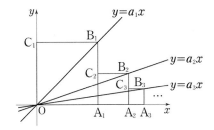

① $\dfrac{1}{4}$ ② $\dfrac{1}{2}$ ③ 1

④ 2   ⑤ 4

자연수 n에 대하여 다항식 $f(x) = 2^n x^2 + 3^n x + 1$을 $x-1$, $x-2$로 나눈 나머지를 각각 a_n, b_n이라 할 때, $\displaystyle\lim_{n\to\infty} \frac{a_n}{b_n}$의 값은? [3점]

① 0 ② $\dfrac{1}{4}$ ③ $\dfrac{1}{3}$

④ $\dfrac{1}{2}$ ⑤ 1

자연수 n에 대하여 원점 O와 점 $(n, 0)$을 이은 선분을 밑변으로 하고, 높이가 h_n인 삼각형의 넓이를 a_n이라 하자. 수열 $\{a_n\}$은 첫째항이 $\dfrac{1}{2}$인 등비수열일 때, 〈보기〉에서 옳은 것만을 있는 대로 고른 것은? [4점]

――― 〈보 기〉―――

ㄱ. 모든 자연수 n에 대하여 $a_n = \dfrac{1}{2}$이면 $h_n = \dfrac{1}{n}$이다.

ㄴ. $h_2 = \dfrac{1}{4}$이면 $a_n = \left(\dfrac{1}{2}\right)^n$이다.

ㄷ. $h_2 < \dfrac{1}{2}$이면 $\displaystyle\lim_{n\to\infty} nh_n = 0$이다.

① ㄱ ② ㄴ ③ ㄷ
④ ㄱ, ㄴ ⑤ ㄱ, ㄴ, ㄷ

J 05-05

자연수 n에 대하여 좌표평면 위의 점 $P_n(n, 2^n)$에서 x축, y축에 내린 수선의 발을 각각 Q_n, R_n이라 하자. 원점 O와 점 $A(0, 1)$에 대하여 사각형 AOQ_nP_n의 넓이를 S_n, 삼각형 AP_nR_n의 넓이를 T_n이라 할 때, $\lim\limits_{n\to\infty}\dfrac{T_n}{S_n}$의 값은? [3점]

① 1

② $\dfrac{3}{4}$

③ $\dfrac{1}{2}$

④ $\dfrac{1}{4}$

⑤ 0

J 05-06

자연수 n에 대하여 좌표평면 위의 세 점 $A_n(x_n, 0)$, $B_n(0, x_n)$, $C_n(x_n, x_n)$을 꼭짓점으로 하는 직각이등변삼각형 T_n을 다음 조건에 따라 그린다.

(가) $x_1 = 1$이다.
(나) 변 $A_{n+1}B_{n+1}$의 중점이 C_n이다.
$$(n = 1, 2, 3, \cdots)$$

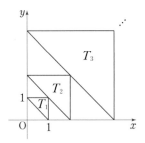

삼각형 T_n의 넓이를 a_n, 삼각형 T_n의 세 변 위에 있는 점 중에서 x좌표와 y좌표가 모두 정수인 점의 개수를 b_n이라 할 때, $\lim\limits_{n\to\infty}\dfrac{2^n b_n}{a_n + 2^n}$의 값을 구하시오. [4점]

J05-07

함수 $f(x) = x^2 - 4x + a$와 함수

$g(x) = \lim_{n \to \infty} \dfrac{2|x-b|^n + 1}{|x-b|^n + 1}$에 대하여

$h(x) = f(x)g(x)$라 하자. 함수 $h(x)$가 모든 실수 x에서 연속이 되도록 하는 두 상수 a, b의 합 $a+b$의 값은? [3점]

① 3   ② 4   ③ 5

④ 6   ⑤ 7

J05-08

자연수 n에 대하여 직선 $x = n$이 두 곡선 $y = 2^x$,

$y = 3^x$과 만나는 점을 각각 P_n, Q_n이라 하자. 삼각형

$\mathrm{P}_n\mathrm{Q}_n\mathrm{P}_{n-1}$의 넓이를 S_n이라 하고, $T_n = \displaystyle\sum_{k=1}^{n} S_k$라 할 때,

$\displaystyle\lim_{n \to \infty} \dfrac{T_n}{3^n}$의 값은? (단, 점 P_0의 좌표는 $(0,\ 1)$이다.) [4점]

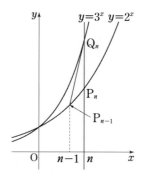

① $\dfrac{5}{8}$ ② $\dfrac{11}{16}$ ③ $\dfrac{3}{4}$

④ $\dfrac{13}{16}$ ⑤ $\dfrac{7}{8}$

J05-09

너코 089 너코 092
2012학년도 6월 평가원 나형 28번

자연수 n에 대하여 두 직선 $2x + y = 4^n$, $x - 2y = 2^n$이 만나는 점의 좌표를 (a_n, b_n)이라 할 때, $\lim\limits_{n \to \infty} \dfrac{b_n}{a_n} = p$이다. $60p$의 값을 구하시오. [4점]

J05-10

너코 037 너코 092
2014학년도 6월 평가원 A형 10번

함수

$$f(x) = \begin{cases} x + a & (x \le 1) \\ \lim\limits_{n \to \infty} \dfrac{2x^{n+1} + 3x^n}{x^n + 1} & (x > 1) \end{cases}$$

이 실수 전체의 집합에서 연속일 때, 상수 a의 값은? [3점]

① 2   ② 4   ③ 6

④ 8   ⑤ 10

J05-11

너코 089 너코 092
2015학년도 수능 B형 13번

$a > 3$인 상수 a에 대하여 두 곡선 $y = a^{x-1}$과 $y = 3^x$이 점 P에서 만난다.

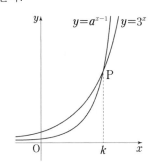

점 P의 x좌표를 k라 할 때, $\lim\limits_{n \to \infty} \dfrac{\left(\dfrac{a}{3}\right)^{n+k}}{\left(\dfrac{a}{3}\right)^{n+1} + 1}$의 값은?

[3점]

① 1   ② 2   ③ 3

④ 4   ⑤ 5

J05-12

자연수 n에 대하여 직선 $x = 4^n$이 곡선 $y = \sqrt{x}$와 만나는 점을 P_n이라 하자. 선분 $\mathrm{P}_n\mathrm{P}_{n+1}$의 길이를 L_n이라 할 때, $\lim\limits_{n \to \infty} \left(\dfrac{L_{n+1}}{L_n} \right)^2$의 값을 구하시오. [4점]

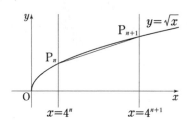

J05-13

두 함수 $f(x) = \lim\limits_{n \to \infty} \dfrac{2x^{2n+2} + 1}{x^{2n} + 2}$, $g(x) = \sin(k\pi x)$

에 대하여 방정식 $f(x) = g(x)$가 실근을 갖지 않을 때, $60k$의 최댓값을 구하시오. [4점]

J 05-14

너코 039 | 너코 089 | 너코 092
2010학년도 6월 평가원 가형 23번

최고차항의 계수가 1인 이차함수 $f(x)$와 두 함수

$$g(x) = \lim_{n \to \infty} \frac{x^{2n-1} - 1}{x^{2n} + 1},$$

$$h(x) = \begin{cases} \dfrac{|x|}{x} & (x \neq 0) \\ 0 & (x = 0) \end{cases}$$

에 대하여 함수 $f(x)g(x)$와 함수 $f(x)h(x)$가 모두 연속함수일 때, $f(10)$의 값을 구하시오. [4점]

J 05-15

너코 089 | 너코 092
2021학년도 수능 가형 18번

실수 a에 대하여 함수 $f(x)$를

$$f(x) = \lim_{n \to \infty} \frac{(a-2)x^{2n+1} + 2x}{3x^{2n} + 1}$$

라 하자. $(f \circ f)(1) = \dfrac{5}{4}$가 되도록 하는 모든 a의 값의 합은? [4점]

① $\dfrac{11}{2}$　　　② $\dfrac{13}{2}$　　　③ $\dfrac{15}{2}$

④ $\dfrac{17}{2}$　　　⑤ $\dfrac{19}{2}$

■ 유형소개

일명 '샌드위치 정리'로 불리는 수열의 극한의 대소 관계를
이용하여 주어진 수열의 극한값을 구하는 문제이다.
부등식이 직접적으로 주어지는 간단한 계산문제부터 문제의
조건을 해석하여 부등식을 스스로 세워야 하는 어려운
문제까지 출제되고 있다.

■ 유형접근법

수열의 극한의 대소 관계

[1단계] 극한값을 구하고자 하는 수열의 꼴이 가운데
　　　　 포함되도록 주어진 부등식을 변형한다.

[2단계] [1단계]에서 얻은 부등식에서 양 끝 변의 극한값을
　　　　 각각 구한다.

[3단계] [2단계]에서 구한 극한값이 서로 같으면 구하고자
　　　　 하는 수열의 극한값도 이와 같다.

J 06-01 ▭

너코 089 ▾ 너코 090 ▾ 너코 091
2014학년도 6월 평가원 A형 24번

수열 $\{a_n\}$이 모든 자연수 n에 대하여 부등식

$$3n^2 + 2n < a_n < 3n^2 + 3n$$

을 만족시킬 때, $\displaystyle\lim_{n \to \infty} \frac{5a_n}{n^2 + 2n}$의 값을 구하시오. [3점]

J 06-02 ▭

너코 089 ▾ 너코 090 ▾ 너코 091
2020학년도 9월 평가원 나형 10번

모든 항이 양수인 수열 $\{a_n\}$이 모든 자연수 n에 대하여
부등식

$$\sqrt{9n^2 + 4} < \sqrt{na_n} < 3n + 2$$

를 만족시킬 때, $\displaystyle\lim_{n \to \infty} \frac{a_n}{n}$의 값은? [3점]

① 6　　　　　② 7　　　　　③ 8

④ 9　　　　　⑤ 10

J 06-03 ▭

너코 025 ▾ 너코 089 ▾ 너코 090 ▾ 너코 091
2006학년도 수능 나형 7번

수열 $\{a_n\}$이 모든 자연수 n에 대하여 $n < a_n < n+1$을

만족시킬 때, $\displaystyle\lim_{n \to \infty} \frac{n^2}{a_1 + a_2 + \cdots + a_n}$의 값은? [3점]

① 1　　　　　② 2　　　　　③ 3

④ 4　　　　　⑤ 5

J 06-04 ▭

너코 089 ▾ 너코 090 ▾ 너코 091
2010학년도 6월 평가원 나형 5번

두 수열 $\{a_n\}$, $\{b_n\}$이 모든 자연수 n에 대하여 다음
조건을 만족시킬 때, $\displaystyle\lim_{n \to \infty} b_n$의 값은? [3점]

$$\text{(가) } 20 - \frac{1}{n} < a_n + b_n < 20 + \frac{1}{n}$$

$$\text{(나) } 10 - \frac{1}{n} < a_n - b_n < 10 + \frac{1}{n}$$

① 3　　　　　② 4　　　　　③ 5

④ 6　　　　　⑤ 7

J 06-05

너코 089 너코 090 너코 091
2016학년도 수능 A형 10번

수열 $\{a_n\}$에 대하여 곡선 $y = x^2 - (n+1)x + a_n$은 x축과 만나고, 곡선 $y = x^2 - nx + a_n$은 x축과 만나지 않는다. $\lim\limits_{n \to \infty} \dfrac{a_n}{n^2}$의 값은? [3점]

① $\dfrac{1}{20}$

② $\dfrac{1}{10}$

③ $\dfrac{3}{20}$

④ $\dfrac{1}{5}$

⑤ $\dfrac{1}{4}$

J 06-06

너코 020 너코 028 너코 091
2005학년도 6월 평가원 나형 9번

$\lim\limits_{n \to \infty} \dfrac{1}{n}\left\{ \sum\limits_{k=1}^{n} \sin\left(\dfrac{k}{2}\pi\right) \right\}$의 값은? [3점]

① 0

② $\dfrac{1}{2}$

③ $\dfrac{1}{\sqrt{2}}$

④ $\dfrac{\sqrt{3}}{2}$

⑤ 1

J 06-07

너코 089 너코 090 너코 091
2014학년도 수능 B형 18번

자연수 n에 대하여 직선 $y = n$과 함수 $y = \tan x$의 그래프가 제1사분면에서 만나는 점의 x좌표를 작은 수부터 크기순으로 나열할 때, n번째 수를 a_n이라 하자.

$\lim\limits_{n \to \infty} \dfrac{a_n}{n}$의 값은? [4점]

① $\dfrac{\pi}{4}$

② $\dfrac{\pi}{2}$

③ $\dfrac{3}{4}\pi$

④ π

⑤ $\dfrac{5}{4}\pi$

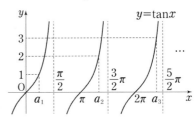

■ 유형소개
수렴하는 급수의 성질 및 급수와 수열의 극한값 사이의
관계를 알고, 급수의 합이 주어졌을 때 수열의 극한을 구하여
앞에서 배운 수열의 극한의 성질 또는 계산으로 해결하는
유형이다.

■ 유형접근법
✓ 급수와 수열의 극한값 사이의 관계

❶ 급수 $\displaystyle\sum_{n=1}^{\infty} \bigstar$ 가 수렴하면 $\displaystyle\lim_{n \to \infty} \bigstar = 0$ 이다.

❷ $\displaystyle\lim_{n \to \infty} \bigstar \neq 0$ 이면 급수 $\displaystyle\sum_{n=1}^{\infty} \bigstar$ 는 발산한다.

✓ 급수의 성질

두 급수 $\displaystyle\sum_{n=1}^{\infty} \bigstar$, $\displaystyle\sum_{n=1}^{\infty} \blacktriangle$ 가 각각 수렴하면

❶ $\displaystyle\sum_{n=1}^{\infty} (\bigstar + \blacktriangle) = \sum_{n=1}^{\infty} \bigstar + \sum_{n=1}^{\infty} \blacktriangle$

❷ $\displaystyle\sum_{n=1}^{\infty} k\bigstar = k\sum_{n=1}^{\infty} \bigstar$ (단, k 는 상수)

J07-01 ▭

너코 089 너코 090 너코 094
2015학년도 6월 평가원 A형 25번

수열 $\{a_n\}$ 에 대하여 급수 $\displaystyle\sum_{n=1}^{\infty} \left(a_n - \dfrac{5n}{n+1}\right)$ 이 수렴할 때,

$\displaystyle\lim_{n \to \infty} a_n$ 의 값을 구하시오. [3점]

J07-02 ▭

너코 095
2015학년도 수능 A형 24번

두 수열 $\{a_n\}$, $\{b_n\}$ 에 대하여

$$\sum_{n=1}^{\infty} a_n = 4, \quad \sum_{n=1}^{\infty} b_n = 10$$

일 때, $\displaystyle\sum_{n=1}^{\infty} (a_n + 5b_n)$ 의 값을 구하시오. [3점]

J07-03 ▭

너코 089 너코 094
2021학년도 6월 평가원 가형 5번

수열 $\{a_n\}$ 에 대하여 $\displaystyle\sum_{n=1}^{\infty} \dfrac{a_n}{n} = 10$ 일 때,

$\displaystyle\lim_{n \to \infty} \dfrac{a_n + 2a_n^2 + 3n^2}{a_n^2 + n^2}$ 의 값은? [3점]

① 3   ② $\dfrac{7}{2}$ ③ 4

④ $\dfrac{9}{2}$ ⑤ 5

J07-04

너코 089 너코 090 너코 094
2025학년도 6월 평가원 (미적분) 25번

수열 $\{a_n\}$ 이

$$\sum_{n=1}^{\infty} \left(a_n - \frac{3n^2 - n}{2n^2 + 1} \right) = 2$$

를 만족시킬 때, $\lim_{n \to \infty} (a_n^{\ 2} + 2a_n)$ 의 값은? [3점]

① $\dfrac{17}{4}$ ② $\dfrac{19}{4}$ ③ $\dfrac{21}{4}$

④ $\dfrac{23}{4}$ ⑤ $\dfrac{25}{4}$

J07-06

너코 089 너코 092 너코 094
2011학년도 6월 평가원 21번

모든 항이 양수인 수열 $\{a_n\}$ 에 대하여 $\displaystyle\sum_{n=1}^{\infty} (3^n a_n - 2)$ 가

수렴할 때, $\displaystyle\lim_{n \to \infty} \dfrac{6a_n + 5 \times 4^{-n}}{a_n + 3^{-n}}$ 의 값을 구하시오. [3점]

J07-07

너코 089 너코 090 너코 094
2011학년도 9월 평가원 나형 11번

두 수열 $\{a_n\}$, $\{b_n\}$ 에 대하여 급수 $\displaystyle\sum_{n=1}^{\infty} \left(a_n - \frac{3n}{n+1} \right)$ 과

$\displaystyle\sum_{n=1}^{\infty} (a_n + b_n)$ 이 모두 수렴할 때, $\displaystyle\lim_{n \to \infty} \dfrac{3 - b_n}{a_n}$ 의 값은?

(단, $a_n \neq 0$) [3점]

① 1   ② 2   ③ 3

④ 4   ⑤ 5

J07-05

너코 089 너코 092 너코 094
2008학년도 수능 나형 21번

수열 $\{a_n\}$ 에 대하여 $\displaystyle\sum_{n=1}^{\infty} \frac{a_n}{4^n} = 2$ 일 때,

$\displaystyle\lim_{n \to \infty} \frac{a_n + 4^{n+1} - 3^{n-1}}{4^{n-1} + 3^{n+1}}$ 의 값을 구하시오. [3점]

J07-08

수열 $\{a_n\}$에 대하여

$$\sum_{n=1}^{\infty} \left(na_n - \frac{n^2+1}{2n+1} \right) = 3$$

일 때, $\lim_{n \to \infty} \{(a_n)^2 + 2a_n + 2\}$의 값은? [4점]

① $\dfrac{13}{4}$ ② 3 ③ $\dfrac{11}{4}$

④ $\dfrac{5}{2}$ ⑤ $\dfrac{9}{4}$

J07-09

수열 $\{a_n\}$이 $\displaystyle\sum_{n=1}^{\infty} (2a_n - 3) = 2$를 만족시킨다.

$\lim_{n \to \infty} a_n = r$일 때, $\lim_{n \to \infty} \dfrac{r^{n+2} - 1}{r^n + 1}$의 값은? [3점]

① $\dfrac{7}{4}$ ② 2 ③ $\dfrac{9}{4}$

④ $\dfrac{5}{2}$ ⑤ $\dfrac{11}{4}$

유형 08 분수꼴로 표현된 수열의 급수

유형소개

급수의 일반항이 분수꼴일 때, 두 분수의 차로 바꾸어 급수의 합을 구하는 유형이다.
간단한 계산 문제부터 일반항을 직접 세운 뒤 두 분수의 차로 바꾸는 과정을 필요로 하는 문제까지 출제되고 있다.

유형접근법

급수 $\displaystyle\sum_{n=1}^{\infty} a_n$에서 일반항 a_n이 분수꼴일 때 다음과 같은 과정으로 계산한다.

[1단계] a_n을 $\dfrac{B-A}{BA} = \dfrac{1}{A} - \dfrac{1}{B}$ $(A \neq B)$임을 이용하여 두 분수의 차의 꼴로 바꾼다.

[2단계] 이 급수의 첫째항부터 제n항까지의 부분합 $\displaystyle\sum_{k=1}^{n} a_k$를 구한다. (크기가 같고 부호가 반대인 항끼리 소거시켜 간단히 나타낸다.)

[3단계] [2단계]에서 구한 부분합의 극한값을 구한다.

J08-01

등차수열 $\{a_n\}$에 대하여 $a_1 = 4$, $a_4 - a_2 = 4$일 때,

$$\sum_{n=1}^{\infty} \frac{2}{na_n}$$의 값은? [3점]

① 1 ② $\dfrac{3}{2}$ ③ 2

④ $\dfrac{5}{2}$ ⑤ 3

J08-02

$\displaystyle\sum_{n=1}^{\infty} \frac{2}{n(n+2)}$ 의 값은? [3점]

① 1

② $\dfrac{3}{2}$

③ 2

④ $\dfrac{5}{2}$

⑤ 3

J08-03

자연수 n에 대하여 x에 관한 이차방정식

$(4n^2 - 1)x^2 - 4nx + 1 = 0$의 두 근이

α_n, β_n $(\alpha_n > \beta_n)$일 때, $\displaystyle\sum_{n=1}^{\infty} (\alpha_n - \beta_n)$의 값은? [3점]

① 1

② 2

③ 3

④ 4

⑤ 5

J08-04

첫째항과 공차가 같은 등차수열 $\{a_n\}$에 대하여

$S_n = \displaystyle\sum_{k=1}^{n} a_k$라 할 때, 〈보기〉에서 옳은 것만을 있는 대로

고른 것은? (단, $a_1 > 0$) [3점]

〈보 기〉

ㄱ. 수열 $\{S_n\}$이 수렴한다.

ㄴ. 급수 $\displaystyle\sum_{n=1}^{\infty} \dfrac{1}{S_n}$이 수렴한다.

ㄷ. $\displaystyle\lim_{n \to \infty} (\sqrt{S_{n+1}} - \sqrt{S_n})$이 존재한다.

① ㄴ

② ㄷ

③ ㄱ, ㄴ

④ ㄱ, ㄷ

⑤ ㄴ, ㄷ

J08-05

자연수 n에 대하여 $3^n \times 5^{n+1}$의 모든 양의 약수의

개수를 a_n이라 할 때, $\displaystyle\sum_{n=1}^{\infty} \dfrac{1}{a_n}$의 값은? [3점]

① $\dfrac{1}{2}$　　　　② $\dfrac{7}{12}$　　　　③ $\dfrac{2}{3}$

④ $\dfrac{3}{4}$　　　　⑤ $\dfrac{5}{6}$

J08-06

첫째항이 4인 등차수열 $\{a_n\}$에 대하여 급수

$$\sum_{n=1}^{\infty} \left(\dfrac{a_n}{n} - \dfrac{3n+7}{n+2} \right)$$

이 실수 S에 수렴할 때, S의 값은? [3점]

① $\dfrac{1}{2}$　　　　② 1　　　　③ $\dfrac{3}{2}$

④ 2　　　　⑤ $\dfrac{5}{2}$

J08-07

너코 089 너코 090 너코 093
2006학년도 9월 평가원 나형 26번

좌표평면에서 직선 $x - 3y + 3 = 0$ 위에 있는 점 중에서 x좌표와 y좌표가 자연수인 모든 점의 좌표를 각각

$$(a_1, b_1), (a_2, b_2), \cdots, (a_n, b_n), \cdots$$

이라 할 때, 급수 $\displaystyle\sum_{n=1}^{\infty} \frac{1}{a_n b_n}$의 값은?

(단, $a_1 < a_2 < \cdots < a_n < \cdots$이다.) [3점]

① 1 ② $\dfrac{1}{2}$ ③ $\dfrac{1}{3}$

④ $\dfrac{1}{4}$ ⑤ $\dfrac{1}{5}$

J08-08

너코 089 너코 090 너코 093
2008학년도 수능 나형 24번

$n \geq 2$인 자연수 n에 대하여 중심이 원점이고 반지름의 길이가 1인 원 C를 x축 방향으로 $\dfrac{2}{n}$만큼 평행이동시킨 원을 C_n이라 하자. 원 C의 현과 원 C_n의 현 중에서 공통인 것의 길이를 l_n이라 할 때, $\displaystyle\sum_{n=2}^{\infty} \frac{1}{(nl_n)^2} = \frac{q}{p}$이다. $p + q$의 값을 구하시오.

(단, p와 q는 서로소인 자연수이다.) [4점]

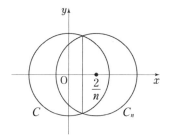

수열 $\{a_n\}$의 첫째항부터 제 m항까지의 합을 S_m이라 하자. 모든 자연수 m에 대하여

$$S_m = \sum_{n=1}^{\infty} \frac{m+1}{n(n+m+1)}$$

일 때, $a_1 + a_{10} = \dfrac{q}{p}$이다. $p+q$의 값을 구하시오.

(단, p와 q는 서로소인 자연수이다.) [4점]

유형 09 등비급수의 수렴 조건과 등비급수의 합

유형소개

첫째항과 공비에 따라 등비급수의 수렴/발산을 판정하는 문제, 등비급수의 수렴 조건을 찾는 문제, 수렴하는 등비급수의 합을 구하는 문제를 분류하였다. 단순 계산문제뿐 아니라 응용문제까지 함께 분류하였다.

유형접근법

등비급수 $\sum\limits_{n=1}^{\infty} ar^{n-1}$에 대하여

$a=0$인 경우 $\sum\limits_{n=1}^{\infty} ar^{n-1}=0$으로 수렴하고,

$a \neq 0$인 경우

❶ $|r| < 1$일 때,

$$\sum_{n=1}^{\infty} ar^{n-1} = \lim_{n \to \infty} \frac{a(1-r^n)}{1-r} = \frac{a}{1-r}$$이다.

❷ $|r| \geq 1$일 때, 발산한다.

공비가 $\dfrac{1}{5}$인 등비수열 $\{a_n\}$에 대하여 $\sum\limits_{n=1}^{\infty} a_n = 15$일 때, 첫째항 a_1의 값을 구하시오. [3점]

J 09-02

너코 026 너코 096
2010학년도 9월 평가원 나형 21번

등비수열 $\{a_n\}$이 $a_5 = 2^8$, $a_8 = 2^5$을 만족시킬 때,

$\displaystyle\sum_{n=9}^{\infty} a_n$의 값을 구하시오. [3점]

J 09-03

너코 026 너코 096
2015학년도 수능 A형 11번 / B형 7번

등비수열 $\{a_n\}$에 대하여 $a_1 = 3$, $a_2 = 1$일 때,

$\displaystyle\sum_{n=1}^{\infty} (a_n)^2$의 값은? [3점]

① $\dfrac{81}{8}$ ② $\dfrac{83}{8}$ ③ $\dfrac{85}{8}$

④ $\dfrac{87}{8}$ ⑤ $\dfrac{89}{8}$

J 09-04

너코 096
2019학년도 6월 평가원 나형 11번

급수 $\displaystyle\sum_{n=1}^{\infty} \left(\dfrac{x}{5}\right)^n$이 수렴하도록 하는 모든 정수 x의

개수는? [3점]

① 1   ② 3   ③ 5

④ 7   ⑤ 9

J 09-05

너코 092 너코 096
2021학년도 9월 평가원 가형 8번

등비수열 $\{a_n\}$에 대하여 $\displaystyle\lim_{n\to\infty} \dfrac{3^n}{a_n + 2^n} = 6$일 때,

$\displaystyle\sum_{n=1}^{\infty} \dfrac{1}{a_n}$의 값은? [3점]

① 1   ② 2   ③ 3

④ 4   ⑤ 5

J09-06

원 $x^2 + y^2 = \dfrac{1}{2^n}$ 에 대하여 기울기가 -1이고

제1사분면을 지나는 접선이 x축과 만나는 점의 좌표를

$(a_n, 0)$이라 할 때, $\displaystyle\sum_{n=1}^{\infty} a_n$의 값은? [4점]

① 2   ② $2 + \sqrt{2}$ ③ $2\sqrt{2}$

④ 4   ⑤ $4 + \sqrt{2}$

J09-07

수열 $\{a_n\}$은 첫째항 1, 공비 $\dfrac{1}{3}$인 등비수열이고, 수열

$\{b_n\}$은 첫째항 1, 공비 $\dfrac{1}{2}$인 등비수열이다. 수렴하지 <u>않는</u>

급수는? [3점]

① $\displaystyle\sum_{n=1}^{\infty} 2a_n$ ② $\displaystyle\sum_{n=1}^{\infty} (a_n - b_n)$

③ $\displaystyle\sum_{n=1}^{\infty} (-1)^n b_n$ ④ $\displaystyle\sum_{n=1}^{\infty} a_n b_n$

⑤ $\displaystyle\sum_{n=1}^{\infty} \dfrac{b_n}{a_n}$

J09-08

공비가 같은 두 등비수열 $\{a_n\}$, $\{b_n\}$에 대하여

$a_1 - b_1 = 1$이고 $\displaystyle\sum_{n=1}^{\infty} a_n = 8$, $\displaystyle\sum_{n=1}^{\infty} b_n = 6$일 때,

$\displaystyle\sum_{n=1}^{\infty} a_n b_n$의 값을 구하시오. [3점]

J09-09

수열 $\{a_n\}$에서 $a_1 = 1$이고, 자연수 n에 대하여

$$a_n a_{n+1} = \left(\dfrac{1}{5}\right)^n$$

이다. $\displaystyle\sum_{n=1}^{\infty} a_{2n}$의 값은? [4점]

① $\dfrac{1}{6}$ ② $\dfrac{1}{5}$ ③ $\dfrac{1}{4}$

④ $\dfrac{1}{3}$ ⑤ $\dfrac{1}{2}$

J 09-10

너코 026 너코 096
2010학년도 수능 23번

등비수열 $\{a_n\}$이 $a_2 = \dfrac{1}{2}$, $a_5 = \dfrac{1}{6}$을 만족시킨다.

$\displaystyle\sum_{n=1}^{\infty} a_n a_{n+1} a_{n+2} = \dfrac{q}{p}$일 때, $p+q$의 값을 구하시오.

(단, p와 q는 서로소인 자연수이다.) [4점]

J 09-11

너코 027 너코 096
2011학년도 6월 평가원 나형 12번

수열 $\{a_n\}$이

$$7a_1 + 7^2 a_2 + \cdots + 7^n a_n = 3^n - 1$$

을 만족시킬 때, $\displaystyle\sum_{n=1}^{\infty} \dfrac{a_n}{3^{n-1}}$의 값은? [4점]

① $\dfrac{1}{3}$ ② $\dfrac{4}{9}$ ③ $\dfrac{5}{9}$

④ $\dfrac{2}{3}$ ⑤ $\dfrac{7}{9}$

J 09-12

너코 001 너코 096
2013학년도 6월 평가원 18번

2보다 큰 자연수 n에 대하여 $(-3)^{n-1}$의 n제곱근 중

실수인 것의 개수를 a_n이라 할 때, $\displaystyle\sum_{n=3}^{\infty} \dfrac{a_n}{2^n}$의 값은? [4점]

① $\dfrac{1}{6}$ ② $\dfrac{1}{4}$ ③ $\dfrac{1}{3}$

④ $\dfrac{5}{12}$ ⑤ $\dfrac{1}{2}$

J 09-13

너코 026 너코 096
2015학년도 6월 평가원 B형 25번

공비가 양수인 등비수열 $\{a_n\}$이

$$a_1 + a_2 = 20, \quad \sum_{n=3}^{\infty} a_n = \dfrac{4}{3}$$

를 만족시킬 때, a_1의 값을 구하시오. [3점]

J 09-14

등비수열 $\{a_n\}$에 대하여

$$\sum_{n=1}^{\infty}(a_{2n-1}-a_{2n})=3, \quad \sum_{n=1}^{\infty}a_n^2=6$$

일 때, $\displaystyle\sum_{n=1}^{\infty}a_n$의 값은? [3점]

① 1   ② 2   ③ 3

④ 4   ⑤ 5

J 09-15

공차가 양수인 등차수열 $\{a_n\}$과 등비수열 $\{b_n\}$에 대하여
$a_1=b_1=1$, $a_2b_2=1$이고

$$\sum_{n=1}^{\infty}\left(\frac{1}{a_na_{n+1}}+b_n\right)=2$$

일 때, $\displaystyle\sum_{n=1}^{\infty}b_n$의 값은? [3점]

① $\dfrac{7}{6}$ ② $\dfrac{6}{5}$ ③ $\dfrac{5}{4}$

④ $\dfrac{4}{3}$ ⑤ $\dfrac{3}{2}$

J 09-16

너코 095 너코 096
2005학년도 9월 평가원 20번

다음 등식을 만족시키는 소수 p는 2개 존재한다.

$$\frac{1}{p} = \sum_{n=1}^{\infty} \left(\frac{a}{6^{2n-1}} + \frac{b}{6^{2n}} \right)$$

$$= \frac{a}{6} + \frac{b}{6^2} + \frac{a}{6^3} + \frac{b}{6^4} + \cdots$$

(단, $0 \le a < 6$, $0 \le b < 6$, a와 b는 정수이다.)

위 등식을 만족시키는 두 소수의 합을 구하시오. [4점]

J 09-17

너코 094 너코 096
2005학년도 수능 나형 26번

등비수열 $\{a_n\}$에 대하여 〈보기〉에서 옳은 것만을 있는 대로 고른 것은? [3점]

─── 〈보 기〉 ───

ㄱ. 등비급수 $\displaystyle\sum_{n=1}^{\infty} a_n$이 수렴하면 $\displaystyle\sum_{n=1}^{\infty} a_{2n}$도 수렴한다.

ㄴ. 등비급수 $\displaystyle\sum_{n=1}^{\infty} a_n$이 발산하면 $\displaystyle\sum_{n=1}^{\infty} a_{2n}$도 발산한다.

ㄷ. 등비급수 $\displaystyle\sum_{n=1}^{\infty} a_{2n}$이 수렴하면 $\displaystyle\sum_{n=1}^{\infty} \left(a_n + \frac{1}{2} \right)$도 수렴한다.

① ㄱ   ② ㄴ   ③ ㄱ, ㄴ
④ ㄱ, ㄷ   ⑤ ㄴ, ㄷ

J09-18

너기출 020 | 너기출 095 | 너기출 096
2006학년도 수능 13번

두 수열 $\{a_n\}$, $\{b_n\}$이 각각

$$a_n = \frac{1}{2^{n-1}} \cos \frac{(n-1)\pi}{2},$$

$$b_n = \frac{1 + (-1)^{n-1}}{2^n}$$

일 때, 〈보기〉에서 옳은 것만을 있는 대로 고른 것은? [4점]

─── 〈보 기〉 ───

ㄱ. 모든 자연수 k에 대하여 $a_{3k} < 0$이다.

ㄴ. 모든 자연수 k에 대하여 $a_{4k-1} + b_{4k-1} = 0$이다.

ㄷ. $\displaystyle\sum_{n=1}^{\infty} a_n = \frac{3}{5} \sum_{n=1}^{\infty} b_n$

① ㄱ   ② ㄴ   ③ ㄷ

④ ㄱ, ㄴ   ⑤ ㄴ, ㄷ

J09-19

너기출 095 | 너기출 096
2007학년도 6월 평가원 나형 28번

두 등비수열 $\{a_n\}$, $\{b_n\}$에 대하여 〈보기〉에서 옳은 것만을 있는 대로 고른 것은? [4점]

─── 〈보 기〉 ───

ㄱ. 두 등비급수 $\displaystyle\sum_{n=1}^{\infty} a_n$, $\displaystyle\sum_{n=1}^{\infty} b_n$이 수렴하면

$$\sum_{n=1}^{\infty} a_n b_n \text{은 수렴한다.}$$

ㄴ. 두 등비급수 $\displaystyle\sum_{n=1}^{\infty} a_n$, $\displaystyle\sum_{n=1}^{\infty} b_n$이 발산하면

$$\lim_{n \to \infty} (a_n + b_n) \neq 0 \text{이다.}$$

ㄷ. 두 등비급수 $\displaystyle\sum_{n=1}^{\infty} (a_n)^3$, $\displaystyle\sum_{n=1}^{\infty} (b_n)^3$이 수렴하면

$$\sum_{n=1}^{\infty} (a_n + b_n) \text{은 수렴한다.}$$

① ㄱ   ② ㄴ   ③ ㄱ, ㄴ

④ ㄱ, ㄷ   ⑤ ㄴ, ㄷ

모든 항이 양수인 수열 $\{a_n\}$이 모든 자연수 n에 대하여 다음 조건을 만족시킨다.

> (가) $\log a_n - \log a_{n+1}$의 값은 정수이다.
>
> (나) $1 < \dfrac{a_n}{a_{n+1}} < 100$

$\displaystyle\sum_{n=1}^{\infty} a_n = 500$일 때, a_1의 값을 구하시오. [4점]

자연수 n에 대하여 직선 $y = \left(\dfrac{1}{2}\right)^{n-1}(x-1)$과 이차함수 $y = 3x(x-1)$의 그래프가 만나는 두 점을 $A(1, 0)$과 P_n이라 하자. 점 P_n에서 x축에 내린 수선의 발을 H_n이라 할 때, $\displaystyle\sum_{n=1}^{\infty} \overline{P_n H_n}$의 값은? [4점]

① $\dfrac{3}{2}$ ② $\dfrac{14}{9}$ ③ $\dfrac{29}{18}$

④ $\dfrac{5}{3}$ ⑤ $\dfrac{31}{18}$

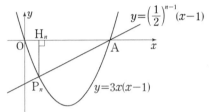

수열 $\{a_n\}$은 등비수열이고, 수열 $\{b_n\}$을 모든 자연수 n에 대하여

$$b_n = \begin{cases} -1 & (a_n \leq -1) \\ a_n & (a_n > -1) \end{cases}$$

이라 할 때, 수열 $\{b_n\}$은 다음 조건을 만족시킨다.

(가) 급수 $\displaystyle\sum_{n=1}^{\infty} b_{2n-1}$은 수렴하고 그 합은 -3이다.

(나) 급수 $\displaystyle\sum_{n=1}^{\infty} b_{2n}$은 수렴하고 그 합은 8이다.

$b_3 = -1$일 때, $\displaystyle\sum_{n=1}^{\infty} |a_n|$의 값을 구하시오. [4점]

첫째항과 공비가 각각 0이 아닌 두 등비수열 $\{a_n\}$, $\{b_n\}$에 대하여 두 급수 $\displaystyle\sum_{n=1}^{\infty} a_n$, $\displaystyle\sum_{n=1}^{\infty} b_n$이 각각 수렴하고

$$\sum_{n=1}^{\infty} a_n b_n = \left(\sum_{n=1}^{\infty} a_n\right) \times \left(\sum_{n=1}^{\infty} b_n\right),$$

$$3 \times \sum_{n=1}^{\infty} |a_{2n}| = 7 \times \sum_{n=1}^{\infty} |a_{3n}|$$

이 성립한다. $\displaystyle\sum_{n=1}^{\infty} \frac{b_{2n-1} + b_{3n+1}}{b_n} = S$일 때, $120S$의 값을 구하시오. [4점]

J09-24

등비수열 $\{a_n\}$ 이

$$\sum_{n=1}^{\infty} (|a_n| + a_n) = \frac{40}{3}, \quad \sum_{n=1}^{\infty} (|a_n| - a_n) = \frac{20}{3}$$

을 만족시킨다. 부등식

$$\lim_{n \to \infty} \sum_{k=1}^{2n} \left((-1)^{\frac{k(k+1)}{2}} \times a_{m+k} \right) > \frac{1}{700}$$

을 만족시키는 모든 자연수 m 의 값의 합을 구하시오. [4점]

유형 **10** **등비급수와 도형(1) – 닮음**

■ **유형소개**

닮은 도형의 길이의 급수 또는 넓이의 급수를 구하는 기본 문제를 분류하였다. 구하는 값이 등비급수임을 알면 첫째항과 공비만 구한 뒤 유형 **09** 에서 다룬 문제들과 동일하게 급수의 합을 구하면 되는 문제이다.

■ **유형접근법**

일반화하여 n 번째, $(n+1)$ 번째로 그려지는 도형의 닮음비로 공비를 구해도 되지만 다음과 같이 첫 번째, 두 번째로 그려지는 도형의 닮음비를 이용하여 공비를 구하는 것이 간단한 경우가 많다.

✔ 닮은 도형의 길이의 급수 $\displaystyle\sum_{n=1}^{\infty} l_n$ 구하기

[1단계] 첫째항(길이) l_1 을 구한다.

[2단계] 첫 번째, 두 번째로 그려지는 도형의 닮음비 $a:b$, 즉 공비 $\dfrac{b}{a}$ 를 구한다. (단, $a > b$)

[3단계] $\displaystyle\sum_{n=1}^{\infty} l_n = \dfrac{l_1}{1 - \dfrac{b}{a}}$

✔ 닮은 도형의 넓이의 급수 $\displaystyle\sum_{n=1}^{\infty} S_n$ 구하기

[1단계] 첫째항(넓이) S_1 을 구한다.

[2단계] 첫 번째, 두 번째로 그려지는 도형의 닮음비 $a:b$ 를 구한다. (단, $a > b$)

[3단계] 넓이의 비 $a^2 : b^2$, 즉 공비 $\dfrac{b^2}{a^2}$ 을 구한다.

[4단계] $\displaystyle\sum_{n=1}^{\infty} S_n = \dfrac{S_1}{1 - \dfrac{b^2}{a^2}}$

단, 닮은 도형의 길이의 '합'을 l_n 또는 넓이의 '합'을 S_n 이라 하는 경우 묻는 꼴이 극한이더라도 누적되어 더해지므로 등비급수로 해석해야 한다.

$$\lim_{n \to \infty} l_n = \frac{l_1}{1 - \dfrac{b}{a}}, \quad \lim_{n \to \infty} S_n = \frac{S_1}{1 - \dfrac{b^2}{a^2}}$$

J 10-01

그림과 같이 $\overline{A_1B_1}=3$, $\overline{B_1C_1}=1$인 직사각형 $OA_1B_1C_1$이 있다. 중심이 C_1이고 반지름의 길이가 $\overline{B_1C_1}$인 원과 선분 OC_1의 교점을 D_1, 중심이 O이고 반지름의 길이가 $\overline{OD_1}$인 원과 선분 A_1B_1의 교점을 E_1이라 하자. 직사각형 $OA_1B_1C_1$에 호 B_1D_1, 호 D_1E_1, 선분 B_1E_1로 둘러싸인 ▽ 모양의 도형을 그리고 색칠하여 얻은 그림을 R_1이라 하자.

그림 R_1에 선분 OA_1 위의 점 A_2와 호 D_1E_1 위의 점 B_2, 선분 OD_1 위의 점 C_2와 점 O를 꼭짓점으로 하고 $\overline{A_2B_2}:\overline{B_2C_2}=3:1$인 직사각형 $OA_2B_2C_2$를 그리고, 그림 R_1을 얻은 것과 같은 방법으로 직사각형 $OA_2B_2C_2$에 ▽ 모양의 도형을 그리고 색칠하여 얻은 그림을 R_2라 하자.

이와 같은 과정을 계속하여 n번째 얻은 그림 R_n에 색칠되어 있는 부분의 넓이를 S_n이라 할 때, $\lim\limits_{n\to\infty}S_n$의 값은? [4점]

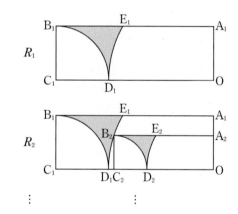

① $4-\dfrac{2\sqrt{3}}{3}-\dfrac{7}{9}\pi$ ② $5-\dfrac{5\sqrt{3}}{6}-\dfrac{35}{36}\pi$

③ $6-\sqrt{3}-\dfrac{7}{6}\pi$ ④ $7-\dfrac{7\sqrt{3}}{6}-\dfrac{49}{36}\pi$

⑤ $8-\dfrac{4\sqrt{3}}{3}-\dfrac{14}{9}\pi$

J 10-02

그림과 같이 $\overline{OA_1}=4$, $\overline{OB_1}=4\sqrt{3}$인 직각삼각형 OA_1B_1이 있다. 중심이 O이고 반지름의 길이가 $\overline{OA_1}$인 원이 선분 OB_1과 만나는 점을 B_2라 하자. 삼각형 OA_1B_1의 내부와 부채꼴 OA_1B_2의 내부에서 공통된 부분을 제외한 ↘ 모양의 도형에 색칠하여 얻은 그림을 R_1이라 하자.

그림 R_1에서 점 B_2를 지나고 선분 A_1B_1에 평행한 직선이 선분 OA_1과 만나는 점을 A_2, 중심이 O이고 반지름의 길이가 $\overline{OA_2}$인 원이 선분 OB_2와 만나는 점을 B_3이라 하자. 삼각형 OA_2B_2의 내부와 부채꼴 OA_2B_3의 내부에서 공통된 부분을 제외한 ↘ 모양의 도형에 색칠하여 얻은 그림을 R_2라 하자.

이와 같은 과정을 계속하여 n번째 얻은 그림 R_n에 색칠되어 있는 부분의 넓이를 S_n이라 할 때, $\lim\limits_{n\to\infty}S_n$의 값은? [4점]

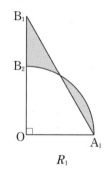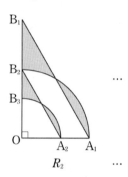

① $\dfrac{3}{2}\pi$ ② $\dfrac{5}{3}\pi$ ③ $\dfrac{11}{6}\pi$

④ 2π ⑤ $\dfrac{13}{6}\pi$

그림과 같이 한 변의 길이가 4인 정사각형 $A_1B_1C_1D_1$이 있다. 선분 C_1D_1의 중점을 E_1이라 하고, 직선 A_1B_1 위에 두 점 F_1, G_1을 $\overline{E_1F_1} = \overline{E_1G_1}$, $\overline{E_1F_1} : \overline{F_1G_1} = 5 : 6$이 되도록 잡고 이등변삼각형 $E_1F_1G_1$을 그린다. 선분 D_1A_1과 선분 E_1F_1의 교점을 P_1, 선분 B_1C_1과 선분 G_1E_1의 교점을 Q_1이라 할 때, 네 삼각형 $E_1D_1P_1$, $P_1F_1A_1$, $Q_1B_1G_1$, $E_1Q_1C_1$로 만들어진 ⛰ 모양의 도형에 색칠하여 얻은 그림을 R_1이라 하자.

그림 R_1에 선분 F_1G_1 위의 두 점 A_2, B_2와 선분 G_1E_1 위의 점 C_2, 선분 E_1F_1 위의 점 D_2를 꼭짓점으로 하는 정사각형 $A_2B_2C_2D_2$를 그리고, 그림 R_1을 얻는 것과 같은 방법으로 정사각형 $A_2B_2C_2D_2$에 ⛰ 모양의 도형을 그리고 색칠하여 얻은 그림을 R_2라 하자.

이와 같은 과정을 계속하여 n번째 얻은 그림 R_n에 색칠되어 있는 부분의 넓이를 S_n이라 할 때, $\lim\limits_{n \to \infty} S_n$의 값은? [4점]

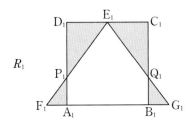

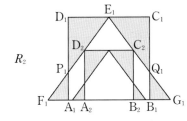

① $\dfrac{61}{6}$ ② $\dfrac{125}{12}$ ③ $\dfrac{32}{3}$

④ $\dfrac{131}{12}$ ⑤ $\dfrac{67}{6}$

그림과 같이 $\overline{OA_1} = \sqrt{3}$, $\overline{OC_1} = 1$인 직사각형 $OA_1B_1C_1$이 있다. 선분 B_1C_1 위의 $\overline{B_1D_1} = 2\overline{C_1D_1}$인 점 D_1에 대하여 중심이 B_1이고 반지름의 길이가 $\overline{B_1D_1}$인 원과 선분 OA_1의 교점을 E_1, 중심이 C_1이고 반지름의 길이가 $\overline{C_1D_1}$인 원과 선분 OC_1의 교점을 C_2라 하자. 부채꼴 $B_1D_1E_1$의 내부와 부채꼴 $C_1C_2D_1$의 내부로 이루어진 ⑧ 모양의 도형에 색칠하여 얻은 그림을 R_1이라 하자.

그림 R_1에서 선분 OA_1 위의 점 A_2, 호 D_1E_1 위의 점 B_2와 점 C_2, 점 O를 꼭짓점으로 하는 직사각형 $OA_2B_2C_2$를 그리고, 그림 R_1을 얻은 것과 같은 방법으로 직사각형 $OA_2B_2C_2$에 ⑧ 모양의 도형을 그리고 색칠하여 얻은 그림을 R_2라 하자.

이와 같은 과정을 계속하여 n번째 얻은 그림 R_n에 색칠되어 있는 부분의 넓이를 S_n이라 할 때, $\lim\limits_{n \to \infty} S_n$의 값은? [3점]

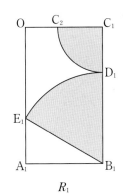

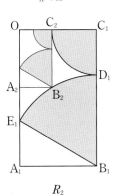

R_1 R_2 ...

① $\dfrac{5 + 2\sqrt{3}}{12}\pi$ ② $\dfrac{2 + \sqrt{3}}{6}\pi$

③ $\dfrac{3 + 2\sqrt{3}}{12}\pi$ ④ $\dfrac{1 + \sqrt{3}}{6}\pi$

⑤ $\dfrac{1 + 2\sqrt{3}}{12}\pi$

그림과 같이 중심이 O_1, 반지름의 길이가 1이고 중심각의

크기가 $\dfrac{5\pi}{12}$ 인 부채꼴 $O_1A_1O_2$가 있다. 호 A_1O_2 위에

점 B_1을 $\angle A_1O_1B_1 = \dfrac{\pi}{4}$ 가 되도록 잡고, 부채꼴

$O_1A_1B_1$에 색칠하여 얻은 그림을 R_1이라 하자.

그림 R_1에서 점 O_2를 지나고 선분 O_1A_1에 평행한

직선이 직선 O_1B_1과 만나는 점을 A_2라 하자. 중심이

O_2이고 중심각의 크기가 $\dfrac{5\pi}{12}$ 인 부채꼴 $O_2A_2O_3$을

부채꼴 $O_1A_1B_1$과 겹치지 않도록 그린다. 호 A_2O_3 위에

점 B_2를 $\angle A_2O_2B_2 = \dfrac{\pi}{4}$ 가 되도록 잡고, 부채꼴

$O_2A_2B_2$에 색칠하여 얻은 그림을 R_2라 하자.

이와 같은 과정을 계속하여 n번째 얻은 그림 R_n에 색칠되어

있는 부분의 넓이를 S_n이라 할 때, $\displaystyle\lim_{n\to\infty} S_n$의 값은? [3점]

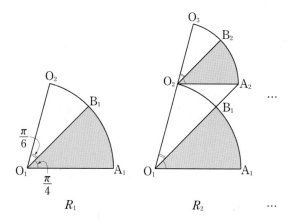

① $\dfrac{3\pi}{16}$ ② $\dfrac{7\pi}{32}$ ③ $\dfrac{\pi}{4}$

④ $\dfrac{9\pi}{32}$ ⑤ $\dfrac{5\pi}{16}$

그림과 같이 $\overline{AB_1} = 1$, $\overline{B_1C_1} = 2$인 직사각형

$AB_1C_1D_1$이 있다. $\angle AD_1C_1$을 삼등분하는 두 직선이

선분 B_1C_1과 만나는 점 중 점 B_1에 가까운 점을 E_1,

점 C_1에 가까운 점을 F_1이라 하자. $\overline{E_1F_1} = \overline{F_1G_1}$,

$\angle E_1F_1G_1 = \dfrac{\pi}{2}$이고 선분 AD_1과 선분 F_1G_1이

만나도록 점 G_1을 잡아 삼각형 $E_1F_1G_1$을 그린다.

선분 E_1D_1과 선분 F_1G_1이 만나는 점을 H_1이라 할 때,

두 삼각형 $G_1E_1H_1$, $H_1F_1D_1$로 만들어진 $/\!\!/$ 모양의

도형에 색칠하여 얻은 그림을 R_1이라 하자.

그림 R_1에 선분 AB_1 위의 점 B_2, 선분 E_1G_1 위의 점

C_2, 선분 AD_1 위의 점 D_2와 점 A를 꼭짓점으로 하고

$\overline{AB_2} : \overline{B_2C_2} = 1 : 2$인 직사각형 $AB_2C_2D_2$를 그린다.

직사각형 $AB_2C_2D_2$에 그림 R_1을 얻은 것과 같은 방법으로

$/\!\!/$ 모양의 도형을 그리고 색칠하여 얻은 그림을 R_2라

하자.

이와 같은 과정을 계속하여 n번째 얻은 그림 R_n에 색칠되어

있는 부분의 넓이를 S_n이라 할 때, $\displaystyle\lim_{n\to\infty} S_n$의 값은? [3점]

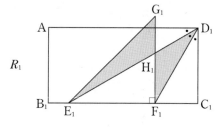

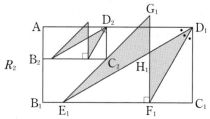

① $\dfrac{2\sqrt{3}}{9}$ ② $\dfrac{5\sqrt{3}}{18}$ ③ $\dfrac{\sqrt{3}}{3}$

④ $\dfrac{7\sqrt{3}}{18}$ ⑤ $\dfrac{4\sqrt{3}}{9}$

그림과 같이 $\overline{A_1 B_1} = 2$, $\overline{B_1 A_2} = 3$이고

$\angle A_1 B_1 A_2 = \dfrac{\pi}{3}$인 삼각형 $A_1 A_2 B_1$과 이 삼각형의

외접원 O_1이 있다.

점 A_2를 지나고 직선 $A_1 B_1$에 평행한 직선이 원 O_1과

만나는 점 중 A_2가 아닌 점을 B_2라 하자. 두 선분 $A_1 B_2$,

$B_1 A_2$가 만나는 점을 C_1이라 할 때, 두 삼각형 $A_1 A_2 C_1$,

$B_1 C_1 B_2$로 만들어진 ≷ 모양의 도형에 색칠하여 얻은

그림을 R_1이라 하자.

그림 R_1에서 점 B_2를 지나고 직선 $B_1 A_2$에 평행한

직선이 직선 $A_1 A_2$와 만나는 점을 A_3이라 할 때, 삼각형

$A_2 A_3 B_2$의 외접원을 O_2라 하자. 그림 R_1을 얻은 것과

같은 방법으로 두 점 B_3, C_2를 잡아 원 O_2에 ≷ 모양의

도형을 그리고 색칠하여 얻은 그림을 R_2라 하자.

이와 같은 과정을 계속하여 n번째 얻은 그림 R_n에 색칠되어

있는 부분의 넓이를 S_n이라 할 때, $\displaystyle\lim_{n \to \infty} S_n$의 값은? [3점]

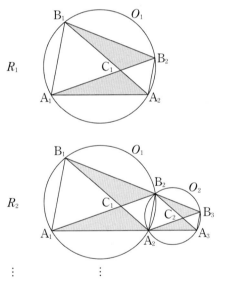

① $\dfrac{11\sqrt{3}}{9}$ ② $\dfrac{4\sqrt{3}}{3}$ ③ $\dfrac{13\sqrt{3}}{9}$

④ $\dfrac{14\sqrt{3}}{9}$ ⑤ $\dfrac{5\sqrt{3}}{3}$

그림과 같이 $\overline{A_1 B_1} = 4$, $\overline{A_1 D_1} = 1$인 직사각형

$A_1 B_1 C_1 D_1$에서 두 대각선의 교점을 E_1이라 하자.

$\overline{A_2 D_1} = \overline{D_1 E_1}$, $\angle A_2 D_1 E_1 = \dfrac{\pi}{2}$이고 선분 $D_1 C_1$과

선분 $A_2 E_1$이 만나도록 점 A_2를 잡고, $\overline{B_2 C_1} = \overline{C_1 E_1}$,

$\angle B_2 C_1 E_1 = \dfrac{\pi}{2}$이고 선분 $D_1 C_1$과 선분 $B_2 E_1$이

만나도록 점 B_2를 잡는다. 두 삼각형 $A_2 D_1 E_1$, $B_2 C_1 E_1$을

그린 후 ⋈ 모양의 도형에 색칠하여 얻은 그림을 R_1이라

하자.

그림 R_1에서 $\overline{A_2 B_2} : \overline{A_2 D_2} = 4 : 1$이고 선분 $D_2 C_2$가 두

선분 $A_2 E_1$, $B_2 E_1$과 만나지 않도록 직사각형

$A_2 B_2 C_2 D_2$를 그린다. 그림 R_1을 얻은 것과 같은

방법으로 세 점 E_2, A_3, B_3을 잡고 두 삼각형 $A_3 D_2 E_2$,

$B_3 C_2 E_2$를 그린 후 ⋈ 모양의 도형에 색칠하여 얻은

그림을 R_2라 하자.

이와 같은 과정을 계속하여 n번째 얻은 그림 R_n에 색칠되어

있는 부분의 넓이를 S_n이라 할 때, $\displaystyle\lim_{n \to \infty} S_n$의 값은? [3점]

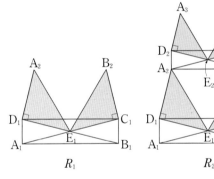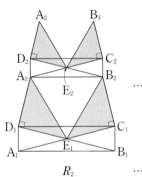

① $\dfrac{68}{5}$ ② $\dfrac{34}{3}$ ③ $\dfrac{68}{7}$

④ $\dfrac{17}{2}$ ⑤ $\dfrac{68}{9}$

그림과 같이 중심이 O, 반지름의 길이가 1이고 중심각의 크기가 $\frac{\pi}{2}$인 부채꼴 OA_1B_1이 있다. 호 A_1B_1 위에 점 P_1, 선분 OA_1 위에 점 C_1, 선분 OB_1 위에 점 D_1을 사각형 $OC_1P_1D_1$이 $\overline{OC_1}:\overline{OD_1}=3:4$인 직사각형이 되도록 잡는다. 부채꼴 OA_1B_1의 내부에 점 Q_1을 $\overline{P_1Q_1}=\overline{A_1Q_1}$, $\angle P_1Q_1A_1=\frac{\pi}{2}$가 되도록 잡고, 이등변삼각형 $P_1Q_1A_1$에 색칠하여 얻은 그림을 R_1이라 하자.

그림 R_1에서 선분 OA_1 위의 점 A_2와 선분 OB_1 위의 점 B_2를 $\overline{OQ_1}=\overline{OA_2}=\overline{OB_2}$가 되도록 잡고, 중심이 O, 반지름의 길이가 $\overline{OQ_1}$, 중심각의 크기가 $\frac{\pi}{2}$인 부채꼴 OA_2B_2를 그린다. 그림 R_1을 얻은 것과 같은 방법으로 네 점 P_2, C_2, D_2, Q_2를 잡고, 이등변삼각형 $P_2Q_2A_2$에 색칠하여 얻은 그림을 R_2라 하자.

이와 같은 과정을 계속하여 n번째 얻은 그림 R_n에 색칠되어 있는 부분의 넓이를 S_n이라 할 때, $\lim\limits_{n\to\infty}S_n$의 값은? [3점]

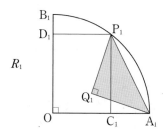

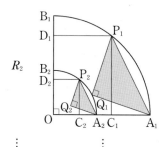

① $\frac{9}{40}$ ② $\frac{1}{4}$ ③ $\frac{11}{40}$

④ $\frac{3}{10}$ ⑤ $\frac{13}{40}$

그림과 같이 $\overline{A_1B_1}=1$, $\overline{A_1D_1}=2$인 직사각형 $A_1B_1C_1D_1$이 있다. 선분 A_1D_1 위의 $\overline{B_1C_1}=\overline{B_1E_1}$, $\overline{C_1B_1}=\overline{C_1F_1}$인 두 점 E_1, F_1에 대하여 중심이 B_1인 부채꼴 $B_1E_1C_1$과 중심이 C_1인 부채꼴 $C_1F_1B_1$을 각각 직사각형 $A_1B_1C_1D_1$ 내부에 그리고, 선분 B_1E_1과 선분 C_1F_1의 교점을 G_1이라 하자. 두 선분 G_1F_1, G_1B_1과 호 F_1B_1로 둘러싸인 부분과 두 선분 G_1E_1, G_1C_1과 호 E_1C_1로 둘러싸인 부분인 ⋈ 모양의 도형에 색칠하여 얻은 그림을 R_1이라 하자.

그림 R_1에서 선분 B_1G_1 위의 점 A_2, 선분 C_1G_1 위의 점 D_2와 선분 B_1C_1 위의 두 점 B_2, C_2를 꼭짓점으로 하고 $\overline{A_2B_2}:\overline{A_2D_2}=1:2$인 직사각형 $A_2B_2C_2D_2$를 그리고, 그림 R_1을 얻는 것과 같은 방법으로 직사각형 $A_2B_2C_2D_2$ 내부에 ⋈ 모양의 도형을 그리고 색칠하여 얻은 그림을 R_2라 하자.

이와 같은 과정을 계속하여 n번째 얻은 그림 R_n에 색칠되어 있는 부분의 넓이를 S_n이라 할 때, $\lim\limits_{n\to\infty}S_n$의 값은? [4점]

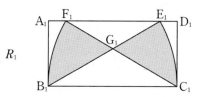

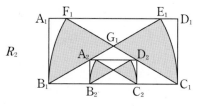

① $\dfrac{3\sqrt{3}\,\pi-7}{9}$ ② $\dfrac{4\sqrt{3}\,\pi-12}{9}$

③ $\dfrac{3\sqrt{3}\,\pi-5}{9}$ ④ $\dfrac{4\sqrt{3}\,\pi-10}{9}$

⑤ $\dfrac{4\sqrt{3}\,\pi-8}{9}$

그림과 같이 한 변의 길이가 5인 정사각형 ABCD에 중심이 A이고 중심각의 크기가 90°인 부채꼴 ABD를 그린다. 선분 AD를 $3:2$로 내분하는 점을 A_1, 점 A_1을 지나고 선분 AB에 평행한 직선이 호 BD와 만나는 점을 B_1이라 하자. 선분 A_1B_1을 한 변으로 하고 선분 DC와 만나도록 정사각형 $A_1B_1C_1D_1$을 그린 후, 중심이 D_1이고 중심각의 크기가 90°인 부채꼴 $D_1A_1C_1$을 그린다. 선분 DC가 호 A_1C_1, 선분 B_1C_1과 만나는 점을 각각 E_1, F_1이라 하고, 두 선분 DA_1, DE_1과 호 A_1E_1로 둘러싸인 부분과 두 선분 E_1F_1, F_1C_1과 호 E_1C_1로 둘러싸인 부분인 ◿ 모양의 도형에 색칠하여 얻은 그림을 R_1이라 하자.

그림 R_1에서 정사각형 $A_1B_1C_1D_1$에 중심이 A_1이고 중심각의 크기가 90°인 부채꼴 $A_1B_1D_1$을 그린다. 선분 A_1D_1을 $3:2$로 내분하는 점을 A_2, 점 A_2를 지나고 선분 A_1B_1에 평행한 직선이 호 B_1D_1과 만나는 점을 B_2라 하자. 선분 A_2B_2를 한 변으로 하고 선분 D_1C_1과 만나도록 정사각형 $A_2B_2C_2D_2$를 그린 후, 그림 R_1을 얻은 것과 같은 방법으로 정사각형 $A_2B_2C_2D_2$에 ◿ 모양의 도형을 그리고 색칠하여 얻은 그림을 R_2라 하자.

이와 같은 과정을 계속하여 n번째 얻은 그림 R_n에 색칠되어 있는 부분의 넓이를 S_n이라 할 때, $\lim_{n \to \infty} S_n$의 값은? [4점]

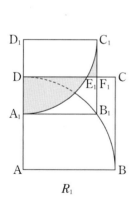
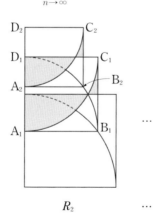

R_1 R_2 ...

① $\dfrac{50}{3}\left(3 - \sqrt{3} + \dfrac{\pi}{6}\right)$ ② $\dfrac{100}{9}\left(3 - \sqrt{3} + \dfrac{\pi}{3}\right)$

③ $\dfrac{50}{3}\left(2 - \sqrt{3} + \dfrac{\pi}{3}\right)$ ④ $\dfrac{100}{9}\left(3 - \sqrt{3} + \dfrac{\pi}{6}\right)$

⑤ $\dfrac{100}{9}\left(2 - \sqrt{3} + \dfrac{\pi}{3}\right)$

그림과 같이 $\overline{AB_1} = 3$, $\overline{AC_1} = 2$이고 $\angle B_1AC_1 = \dfrac{\pi}{3}$인 삼각형 AB_1C_1이 있다. $\angle B_1AC_1$의 이등분선이 선분 B_1C_1과 만나는 점을 D_1, 세 점 A, D_1, C_1을 지나는 원이 선분 AB_1과 만나는 점 중 A가 아닌 점을 B_2라 할 때, 두 선분 B_1B_2, B_1D_1과 호 B_2D_1로 둘러싸인 부분과 선분 C_1D_1과 호 C_1D_1로 둘러싸인 부분인 ◠ 모양의 도형에 색칠하여 얻은 그림을 R_1이라 하자.

그림 R_1에서 점 B_2를 지나고 직선 B_1C_1에 평행한 직선이 두 선분 AD_1, AC_1과 만나는 점을 각각 D_2, C_2라 하자. 세 점 A, D_2, C_2를 지나는 원이 선분 AB_2와 만나는 점 중 A가 아닌 점을 B_3이라 할 때, 두 선분 B_2B_3, B_2D_2와 호 B_3D_2로 둘러싸인 부분과 선분 C_2D_2와 호 C_2D_2로 둘러싸인 부분인 ◠ 모양의 도형에 색칠하여 얻은 그림을 R_2라 하자.

이와 같은 과정을 계속하여 n번째 얻은 그림 R_n에 색칠되어 있는 부분의 넓이를 S_n이라 할 때, $\lim_{n \to \infty} S_n$의 값은? [4점]

R_1
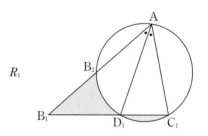

R_2
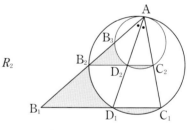

$\vdots$ $\vdots$

① $\dfrac{27\sqrt{3}}{46}$ ② $\dfrac{15\sqrt{3}}{23}$ ③ $\dfrac{33\sqrt{3}}{46}$

④ $\dfrac{18\sqrt{3}}{23}$ ⑤ $\dfrac{39\sqrt{3}}{46}$

그림과 같이 $\overline{AB_1} = 2$, $\overline{AD_1} = 4$인 직사각형 $AB_1C_1D_1$이 있다. 선분 AD_1을 $3 : 1$로 내분하는 점을 E_1이라 하고, 직사각형 $AB_1C_1D_1$의 내부에 점 F_1을 $\overline{F_1E_1} = \overline{F_1C_1}$, $\angle E_1F_1C_1 = \dfrac{\pi}{2}$ 가 되도록 잡고 삼각형 $E_1F_1C_1$을 그린다. 사각형 $E_1F_1C_1D_1$을 색칠하여 얻은 그림을 R_1이라 하자. 그림 R_1에서 선분 AB_1 위의 점 B_2, 선분 E_1F_1 위의 점 C_2, 선분 AE_1 위의 점 D_2와 점 A를 꼭짓점으로 하고 $\overline{AB_2} : \overline{AD_2} = 1 : 2$인 직사각형 $AB_2C_2D_2$를 그린다. 그림 R_1을 얻은 것과 같은 방법으로 직사각형 $AB_2C_2D_2$에 삼각형 $E_2F_2C_2$를 그리고 사각형 $E_2F_2C_2D_2$를 색칠하여 얻은 그림을 R_2라 하자.

이와 같은 과정을 계속하여 n번째 얻은 그림 R_n에 색칠되어 있는 부분의 넓이를 S_n이라 할 때, $\displaystyle\lim_{n\to\infty} S_n$의 값은? [4점]

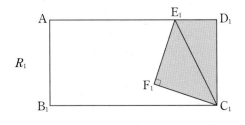

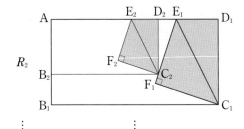

① $\dfrac{441}{103}$ ② $\dfrac{441}{109}$ ③ $\dfrac{441}{115}$

④ $\dfrac{441}{121}$ ⑤ $\dfrac{441}{127}$

유형 11   등비급수와 도형(2) - 개수 변화

■ 유형소개

등비급수의 도형 활용 문제 중 닮음인 도형의 개수가 일정한 비율로 늘어나는 경우 또는 닮음이 아닌 도형의 넓이의 급수를 구하는 문제를 분류하였다.

유형 10 과 비교하여 자주 출제되는 유형은 아니나 공비를 잘못 구하거나 닮음인 도형으로 오해하는 등의 실수를 하기 쉬운 유형이므로 주의하여 학습하고 넘어가자.

■ 유형접근법

✓ 닮음비가 $a : b$인 도형의 개수가 k배씩 늘어날 때

(단, $a > b$)

유형 10 과 접근방법은 비슷하나

길이의 급수의 공비는 $\dfrac{b}{a} \times k$,

넓이의 급수의 공비는 $\dfrac{b^2}{a^2} \times k$로 구한다.

✓ 닮음이 아닌 도형의 넓이의 급수 $\displaystyle\sum_{n=1}^{\infty} S_n$

닮음은 아니더라도 넓이가 일정한 비율로 감소하면

공비는 $\dfrac{S_2}{S_1}$로 구한다.

그림과 같이 길이가 4인 선분 AB를 지름으로 하는 원 O가 있다. 원의 중심을 C라 하고, 선분 AC의 중점과 선분 BC의 중점을 각각 D, P라 하자. 선분 AC의 수직이등분선과 선분 BC의 수직이등분선이 원 O의 위쪽 반원과 만나는 점을 각각 E, Q라 하자. 선분 DE를 한 변으로 하고 원 O와 점 A에서 만나며 선분 DF가 대각선인 정사각형 DEFG를 그리고, 선분 PQ를 한 변으로 하고 원 O와 점 B에서 만나며 선분 PR가 대각선인 정사각형 PQRS를 그린다. 원 O의 내부와 정사각형 DEFG의 내부의 공통부분인 ◁ 모양의 도형과 원 O의 내부와 정사각형 PQRS의 내부의 공통부분인 ▷ 모양의 도형에 색칠하여 얻은 그림을 R_1이라 하자.

그림 R_1에서 점 F를 중심으로 하고 반지름의 길이가 $\frac{1}{2}\overline{\text{DE}}$인 원 O_1, 점 R를 중심으로 하고 반지름의 길이가 $\frac{1}{2}\overline{\text{PQ}}$인 원 O_2를 그린다. 두 원 O_1, O_2에 각각 그림 R_1을 얻은 것과 같은 방법으로 만들어지는 ◁ 모양의 2개의 도형과 ▷ 모양의 2개의 도형에 색칠하여 얻은 그림을 R_2라 하자.

이와 같은 과정을 계속하여 n번째 얻은 그림 R_n에 색칠되어 있는 부분의 넓이를 S_n이라 할 때, $\lim_{n\to\infty} S_n$의 값은? [4점]

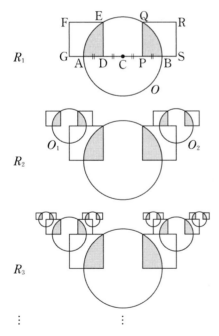

① $\dfrac{12\pi - 9\sqrt{3}}{10}$ ② $\dfrac{8\pi - 6\sqrt{3}}{5}$

③ $\dfrac{32\pi - 24\sqrt{3}}{15}$ ④ $\dfrac{28\pi - 21\sqrt{3}}{10}$

⑤ $\dfrac{16\pi - 12\sqrt{3}}{5}$

그림과 같이 중심이 O, 반지름의 길이가 2이고 중심각의 크기가 90°인 부채꼴 OAB가 있다. 선분 OA의 중점을 C, 선분 OB의 중점을 D라 하자. 점 C를 지나고 선분 OB와 평행한 직선이 호 AB와 만나는 점을 E, 점 D를 지나고 선분 OA와 평행한 직선이 호 AB와 만나는 점을 F라 하자. 선분 CE와 선분 DF가 만나는 점을 G, 선분 OE와 선분 DG가 만나는 점을 H, 선분 OF와 선분 CG가 만나는 점을 I라 하자. 사각형 OIGH를 색칠하여 얻은 그림을 R_1이라 하자.

그림 R_1에 중심이 C, 반지름의 길이가 $\overline{\text{CI}}$, 중심각의 크기가 90°인 부채꼴 CJI와 중심이 D, 반지름의 길이가 $\overline{\text{DH}}$, 중심각의 크기가 90°인 부채꼴 DHK를 그린다. 두 부채꼴 CJI, DHK에 그림 R_1을 얻는 것과 같은 방법으로 두 개의 사각형을 그리고 색칠하여 얻은 그림을 R_2라 하자.

이와 같은 과정을 계속하여 n번째 얻은 그림 R_n에 색칠되어 있는 부분의 넓이를 S_n이라 할 때, $\lim_{n\to\infty} S_n$의 값은? [4점]

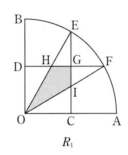

R_1

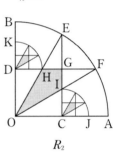

R_2

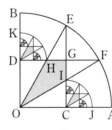

R_3 ...

① $\dfrac{2(3-\sqrt{3})}{5}$ ② $\dfrac{7(3-\sqrt{3})}{15}$

③ $\dfrac{8(3-\sqrt{3})}{15}$ ④ $\dfrac{3(3-\sqrt{3})}{5}$

⑤ $\dfrac{2(3-\sqrt{3})}{3}$

K 미분법

· 자연로그, 덧셈정리, 매개변수, 음함수, 이계도함수, 변곡점,

$$e\ ,\ e^x,\ \ln x,\ \sec x,\ \csc x,\ \cot x,\ f''(x),\ y''\,,\ \frac{d^2 y}{dx^2},\ \frac{d^2}{dx^2}f(x)$$

교수·학습상의 유의점

· 지수함수와 로그함수의 극한은 지수함수 e^x 와 로그함수 $\ln x$ 의 도함수를 구하는 데 필요한 정도로 간단히 다룬다.
· 삼각함수의 덧셈정리와 관련하여 복잡한 문제는 다루지 않는다.
· 삼각함수의 극한은 삼각함수 $\sin x$, $\cos x$ 의 도함수를 구하는 데 필요한 정도로 간단히 다룬다.
· 유리함수와 탄젠트함수의 미분은 함수의 몫의 미분에서 다룬다.
· 간단한 곡선을 매개변수나 음함수를 이용하여 나타내 봄으로써 매개변수로 나타낸 함수와 음함수는 곡선을 표현하는 방법의 하나임을 이해하게 한다.
· 매개변수로 나타낸 함수와 음함수는 간단한 것만 다룬다.
· 함수 $y = x^n(n$은 실수$)$의 도함수를 구할 수 있게 한다.
· 삼계도함수 이상은 다루지 않는다.
· 도함수의 다양한 활용을 통해 미분의 유용성과 가치를 인식하게 한다.

평가방법 및 유의사항

· 여러 가지 미분법과 도함수의 활용에서 지나치게 복잡한 문제는 다루지 않는다.

1 여러 가지 함수의 미분

너코 097 **지수·로그함수의 극한과 e의 정의**

지수함수 $y = a^x \, (a > 0, \, a \neq 1)$의 그래프를 통해
지수함수의 극한을 구할 수 있다.

$a > 1$일 때
$$\lim_{x \to \infty} a^x = \infty, \ \lim_{x \to -\infty} a^x = 0 \text{이고}$$
$0 < a < 1$일 때
$$\lim_{x \to \infty} a^x = 0, \ \lim_{x \to -\infty} a^x = \infty \text{이다.}$$

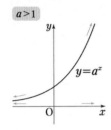
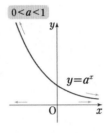

로그함수 $y = \log_a x \, (a > 0, \, a \neq 1)$의 그래프를 통해
로그함수의 극한을 구할 수 있다.

$a > 1$일 때
$$\lim_{x \to 0+} \log_a x = -\infty, \ \lim_{x \to \infty} \log_a x = \infty \text{이고}$$
$0 < a < 1$일 때
$$\lim_{x \to 0+} \log_a x = \infty, \ \lim_{x \to \infty} \log_a x = -\infty \text{이다.}$$

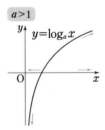
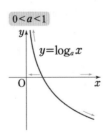

☐ 무리수 e와 자연로그 $\ln x$의 정의

$\displaystyle\lim_{x \to 0} (1 + x)^{\frac{1}{x}}$과 $\displaystyle\lim_{x \to \infty} \left(1 + \frac{1}{x}\right)^x$은 같은 값으로 수렴하고
이 값을 **무리수 e**라 한다. ($e = 2.718 \cdots$)
이때 다음과 같이 ★ 부분의 형태를 일치시키면 다양한
형태의 함수의 극한값을 구할 수 있다.
(단, $x \to 0$일 때 ★$\to 0$이다.)

$$\lim_{x \to 0} (1 + \bigstar)^{\frac{1}{\bigstar}} = e$$

한편 무리수 e를 밑으로 하는 로그 $\log_e x$를
자연로그라 하고 간단히 $\ln x$로 나타낸다.
또한 두 함수 $y = e^x$, $y = \ln x$는 역함수 관계이며
두 곡선 $y = e^x$, $y = \ln x$는 직선 $y = x$에 대하여 대칭이다.

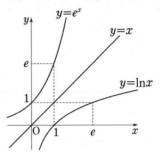

☐ ☐을 이용한 여러 가지 함수의 극한

❶ $\displaystyle\lim_{x \to 0} \frac{\log_a(1 + x)}{x} = \lim_{x \to 0} \frac{1}{x} \log_a(1 + x)$

$$= \lim_{x \to 0} \log_a(1 + x)^{\frac{1}{x}}$$

$$= \log_a \left\{ \lim_{x \to 0} (1 + x)^{\frac{1}{x}} \right\}$$

$$= \log_a e = \frac{\ln e}{\ln a} = \frac{1}{\ln a}$$

❷ $\displaystyle\lim_{x \to 0} \frac{a^x - 1}{x} = \lim_{t \to 0} \frac{t}{\log_a(1 + t)}$

$$= \ln a$$

($a^x - 1 = t$라 놓으면 $x = \log_a(1 + t)$이고 $x \to 0$일 때
$t \to 0$이므로)

특히 ❶, ❷에서 $a = e$인 경우
$$\lim_{x \to 0} \frac{\ln(x + 1)}{x} = 1, \ \lim_{x \to 0} \frac{e^x - 1}{x} = 1 \text{이다.}$$
이때 다음과 같이 ★ 부분의 형태를 일치시키면 다양한 형태의
함수의 극한값을 구할 수 있다. (단, $x \to 0$일 때 ★$\to 0$이다.)

$$\lim_{x \to 0} \frac{\ln(1 + \bigstar)}{\bigstar} = 1$$

$$\lim_{x \to 0} \frac{e^{\bigstar} - 1}{\bigstar} = 1$$

예를 들어 $\lim\limits_{x\to 0}(1+3x)^{\frac{1}{6x}}$, $\lim\limits_{x\to 0}\dfrac{\ln(1+5x)}{e^{2x}-1}$와 같이 복잡한 식의 극한도 형태를 일치시켜 수월하게 극한값을 구할 수 있다.

$$\lim_{x\to 0}(1+3x)^{\frac{1}{6x}}=\lim_{x\to 0}\left\{(1+3x)^{\frac{1}{3x}}\right\}^{\frac{1}{2}}$$

$$=\left\{\lim_{x\to 0}(1+3x)^{\frac{1}{3x}}\right\}^{\frac{1}{2}}=e^{\frac{1}{2}}$$

$$\lim_{x\to 0}\frac{\ln(1+5x)}{e^{2x}-1}=\lim_{x\to 0}\left\{\frac{\ln(1+5x)}{5x}\times\frac{2x}{e^{2x}-1}\times\frac{5}{2}\right\}$$

$$=1\times 1\times\frac{5}{2}=\frac{5}{2}$$

너코 098   지수함수와 로그함수의 미분

$a>0$, $a\neq 1$일 때

❶ $(a^x)'=\lim\limits_{h\to 0}\dfrac{a^{x+h}-a^x}{h}$

    $=\lim\limits_{h\to 0}\dfrac{a^x(a^h-1)}{h}$

    $=a^x\ln a$

  특히 $a=e$인 경우 $(e^x)'=e^x$

❷ $(\log_a x)'=\lim\limits_{h\to 0}\dfrac{\log_a(x+h)-\log_a x}{h}$

    $=\lim\limits_{h\to 0}\dfrac{1}{h}\log_a\left(1+\dfrac{h}{x}\right)$

    $=\dfrac{1}{x}\lim\limits_{h\to 0}\log_a\left(1+\dfrac{h}{x}\right)^{\frac{x}{h}}$

    $=\dfrac{1}{x}\log_a e=\dfrac{1}{x\ln a}$

  특히 $a=e$인 경우 $(\ln x)'=\dfrac{1}{x}$

너코 099   삼각함수의 덧셈정리

1️⃣ 삼각함수 $\csc\theta$, $\sec\theta$, $\cot\theta$의 정의

점 $\mathrm{P}(x,\,y)$에서 원점 O에 이르는 거리를 $d=\sqrt{x^2+y^2}$라 하자.

반직선 OP가 양의 방향의 x축으로부터 시계 반대 방향으로 회전한 각의 크기가 θ일 때

$\csc\theta=\dfrac{d}{y}\ (y\neq 0)$

$\sec\theta=\dfrac{d}{x}\ (x\neq 0)$

$\cot\theta=\dfrac{x}{y}\ (y\neq 0)$

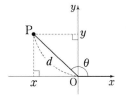

로 여러 가지 **삼각함수를 정의**한다.

이와 같은 함수를 코시컨트함수, 시컨트함수, 코탄젠트함수라고 하며 각각 사인함수, 코사인함수, 탄젠트함수의 역수로 나타낼 수 있다.

$$\csc\theta=\frac{1}{\sin\theta},\ \sec\theta=\frac{1}{\cos\theta},\ \cot\theta=\frac{1}{\tan\theta}$$

또한 너코 018 에서 삼각함수 사이의 관계 $\sin^2\theta+\cos^2\theta=1$이 성립함을 배웠고, 이것을 이용하여 또 다른 삼각함수 사이의 관계를 얻는다.

양변을 $\sin^2\theta$로 나눴을 때 $1+\cot^2\theta=\csc^2\theta$이고, 양변을 $\cos^2\theta$로 나눴을 때 $\tan^2\theta+1=\sec^2\theta$이다.

2️⃣ 삼각함수의 덧셈정리

$\alpha\pm\beta$의 삼각함수의 값은 두 각 α, β의 삼각함수의 값으로 계산할 수 있다.

❶ $\sin(\alpha\pm\beta)=\sin\alpha\cos\beta\pm\cos\alpha\sin\beta$

  특히 $\alpha=\beta$인 경우

  $\sin(2\alpha)=\sin(\alpha+\alpha)=2\sin\alpha\cos\alpha$

❷ $\cos(\alpha\pm\beta)=\cos\alpha\cos\beta\mp\sin\alpha\sin\beta$

  특히 $\alpha=\beta$인 경우

  $\cos(2\alpha)=\cos(\alpha+\alpha)=\cos^2\alpha-\sin^2\alpha$

          $=2\cos^2\alpha-1=1-2\sin^2\alpha$

               $(\because\ \sin^2\alpha+\cos^2\alpha=1)$

❸ $\tan(\alpha\pm\beta)=\dfrac{\tan\alpha\pm\tan\beta}{1\mp\tan\alpha\tan\beta}$

  특히 $\alpha=\beta$인 경우

  $\tan(2\alpha)=\tan(\alpha+\alpha)=\dfrac{2\tan\alpha}{1-\tan^2\alpha}$

너코 **100** **삼각함수의 극한**

삼각함수의 그래프를 통해 삼각함수의 극한을 구할 수 있다.
$\lim\limits_{x \to a} \sin x = \sin a$이고 $\lim\limits_{x \to \pm\infty} \sin x$는 진동한다.

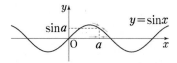

$\lim\limits_{x \to a} \cos x = \cos a$이고 $\lim\limits_{x \to \pm\infty} \cos x$는 진동한다.

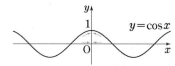

정수 n에 대하여 $a \neq \dfrac{2n-1}{2}\pi$이면 $\lim\limits_{x \to a} \tan x = \tan a$이다.

$\lim\limits_{x \to \frac{\pi}{2}\mp} \tan x = \pm\infty$이고 $\lim\limits_{x \to \pm\infty} \tan x$는 진동한다.

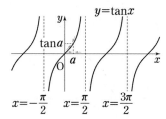

$\lim\limits_{x \to 0} \dfrac{\sin x}{x}$ 의 값과 이를 활용한 극한은 다음과 같다.

❶ $\lim\limits_{x \to 0} \dfrac{\sin x}{x} = 1$

❷ $\lim\limits_{x \to 0} \dfrac{\tan x}{x} = \lim\limits_{x \to 0} \dfrac{\sin x}{x \cos x} = \lim\limits_{x \to 0} \left(\dfrac{\sin x}{x} \times \dfrac{1}{\cos x} \right)$
$\qquad = 1 \times 1 = 1$

❸ $\lim\limits_{x \to 0} \dfrac{1-\cos x}{x} = \lim\limits_{x \to 0} \dfrac{(1-\cos x)(1+\cos x)}{x(1+\cos x)}$
$\qquad = \lim\limits_{x \to 0} \left(\dfrac{1-\cos^2 x}{x^2} \times \dfrac{x}{1+\cos x} \right)$
$\qquad = \lim\limits_{x \to 0} \left\{ \left(\dfrac{\sin x}{x} \right)^2 \times \dfrac{x}{1+\cos x} \right\}$
$\qquad = 1^2 \times \dfrac{0}{2} = 0$

❹ $\lim\limits_{x \to 0} \dfrac{1-\cos x}{x^2} = \lim\limits_{x \to 0} \dfrac{(1-\cos x)(1+\cos x)}{x^2(1+\cos x)}$
$\qquad = \lim\limits_{x \to 0} \left(\dfrac{1-\cos^2 x}{x^2} \times \dfrac{1}{1+\cos x} \right)$
$\qquad = \lim\limits_{x \to 0} \left\{ \left(\dfrac{\sin x}{x} \right)^2 \times \dfrac{1}{1+\cos x} \right\}$
$\qquad = 1^2 \times \dfrac{1}{2} = \dfrac{1}{2}$

이때 다음과 같이 ★ 부분의 형태를 일치시키면 다양한 형태의 함수의 극한값을 구할 수 있다. (단, $x \to 0$일 때 ★$\to 0$이다.)

$$\lim\limits_{x \to 0} \frac{\sin \bigstar}{\bigstar} = 1, \quad \lim\limits_{x \to 0} \frac{\tan \bigstar}{\bigstar} = 1$$
$$\lim\limits_{x \to 0} \frac{1-\cos \bigstar}{\bigstar} = 0, \quad \lim\limits_{x \to 0} \frac{1-\cos \bigstar}{\bigstar^2} = \frac{1}{2}$$

너코 **101** **삼각함수의 미분**

삼각함수의 덧셈정리, 삼각함수의 극한, 도함수의 정의를 이용하여 삼각함수를 미분할 수 있다.

❶ $(\sin x)' = \lim\limits_{h \to 0} \dfrac{\sin(x+h) - \sin x}{h}$
$\qquad = \lim\limits_{h \to 0} \dfrac{\sin x \cos h + \cos x \sin h - \sin x}{h}$
$\qquad = \lim\limits_{h \to 0} \dfrac{\sin x(\cos h - 1) + \cos x \sin h}{h}$
$\qquad = \sin x \times \lim\limits_{h \to 0} \dfrac{\cos h - 1}{h} + \cos x \times \lim\limits_{h \to 0} \dfrac{\sin h}{h}$
$\qquad = \sin x \times 0 + \cos x \times 1$
$\qquad = \cos x$

❷ $(\cos x)' = \lim\limits_{h \to 0} \dfrac{\cos(x+h) - \cos x}{h}$
$\qquad = \lim\limits_{h \to 0} \dfrac{\cos x \cos h - \sin x \sin h - \cos x}{h}$
$\qquad = \lim\limits_{h \to 0} \dfrac{\cos x(\cos h - 1) - \sin x \sin h}{h}$
$\qquad = \cos x \times \lim\limits_{h \to 0} \dfrac{\cos h - 1}{h} - \sin x \times \lim\limits_{h \to 0} \dfrac{\sin h}{h}$
$\qquad = \cos x \times 0 - \sin x \times 1$
$\qquad = -\sin x$

한편 함수 $\tan x$, $\csc x$, $\sec x$, $\cot x$의 도함수는 몫의 미분법에서 다룬다.

2 여러 가지 미분법

너코 102 **함수의 몫의 미분법**

두 함수 $f(x)$, $g(x)$ $(g(x) \neq 0)$가 미분가능할 때
도함수의 정의와 곱의 미분법을 이용하면
다음과 같이 함수의 몫을 미분할 수 있다.

❶ $\left\{ \dfrac{1}{g(x)} \right\}' = \lim\limits_{h \to 0} \dfrac{\dfrac{1}{g(x+h)} - \dfrac{1}{g(x)}}{h}$

$\qquad = \lim\limits_{h \to 0} \dfrac{\dfrac{g(x) - g(x+h)}{g(x+h)g(x)}}{h}$

$\qquad = \lim\limits_{h \to 0} \left\{ \dfrac{g(x+h) - g(x)}{h} \times \dfrac{-1}{g(x+h)g(x)} \right\}$

$\qquad = -\dfrac{g'(x)}{\{g(x)\}^2}$

❷ $\left\{ \dfrac{f(x)}{g(x)} \right\}' = f'(x) \times \dfrac{1}{g(x)} + f(x) \times \left\{ \dfrac{1}{g(x)} \right\}'$

$\qquad = f'(x) \times \dfrac{1}{g(x)} + f(x) \times \left[-\dfrac{g'(x)}{\{g(x)\}^2} \right]$

$\qquad = \dfrac{f'(x)g(x) - f(x)g'(x)}{\{g(x)\}^2}$

[1] 함수 x^n (n은 정수)의 도함수

$(x^n)' = \left(\dfrac{1}{x^{-n}} \right)' = \dfrac{-(-nx^{-n-1})}{x^{-2n}} = nx^{n-1}$

[2] 여러 가지 삼각함수의 도함수

너코 101 에서 다루지 않았던 삼각함수의 도함수를 몫의
미분법을 이용해 구할 수 있다.

$(\tan x)' = \left(\dfrac{\sin x}{\cos x} \right)' = \dfrac{\cos^2 x + \sin^2 x}{\cos^2 x}$

$\qquad = \dfrac{1}{\cos^2 x} = \sec^2 x$

$(\csc x)' = \left(\dfrac{1}{\sin x} \right)' = -\dfrac{\cos x}{\sin^2 x}$

$\qquad = -\dfrac{1}{\sin x} \times \dfrac{\cos x}{\sin x} = -\csc x \cot x$

$(\sec x)' = \left(\dfrac{1}{\cos x} \right)' = \dfrac{\sin x}{\cos^2 x}$

$\qquad = \dfrac{1}{\cos x} \times \dfrac{\sin x}{\cos x} = \sec x \tan x$

$(\cot x)' = \left(\dfrac{\cos x}{\sin x} \right)' = \dfrac{-\sin^2 x - \cos^2 x}{\sin^2 x}$

$\qquad = -\dfrac{1}{\sin^2 x} = -\csc^2 x$

너코 103 **합성함수의 미분법**

복잡한 형태의 함수를 미분가능한 두 함수(도함수를 알고
있는 두 함수)가 합성된 형태로 나타낼 수 있다면 도함수를
구할 수 있다.
즉, 미분가능한 두 함수 $y = f(u)$, $u = g(x)$에 대하여
합성함수 $y = f(g(x))$의 도함수는 다음과 같이 구할 수 있다.

$$\dfrac{dy}{dx} = \dfrac{dy}{du} \times \dfrac{du}{dx} \text{ 또는}$$
$$\{f(g(x))\}' = f'(g(x)) \times g'(x)$$

[1] 지수·로그함수 또는 삼각함수가 합성된 함수의 도함수
미분가능한 함수 $f(x)$가 $f(x) \neq 0$이고 $a > 0$, $a \neq 1$일 때
지수·로그함수 또는 삼각함수가 합성된 함수의 도함수를
다음과 같이 구할 수 있다.

❶ $\left\{ a^{f(x)} \right\}' = a^{f(x)} \ln a \times f'(x)$

$\quad$ 특히 $a = e$인 경우 $\left\{ e^{f(x)} \right\}' = e^{f(x)} \times f'(x)$

❷ $(\log_a |x|)' = \begin{cases} \left(\dfrac{\ln x}{\ln a} \right)' & (x > 0) \\ \left(\dfrac{\ln(-x)}{\ln a} \right)' & (x < 0) \end{cases} = \dfrac{1}{x \ln a}$

$\quad$ 특히 $a = e$인 경우 $(\ln |x|)' = \dfrac{1}{x}$

❸ $(\log_a |f(x)|)' = \left(\dfrac{\ln |f(x)|}{\ln a} \right)' = \dfrac{1}{f(x) \ln a} \times f'(x)$

$\qquad = \dfrac{f'(x)}{f(x) \ln a}$

$\quad$ 특히 $a = e$인 경우 $(\ln |f(x)|)' = \dfrac{f'(x)}{f(x)}$

❹ $\{\sin f(x)\}' = \cos f(x) \times f'(x)$
$\quad \{\cos f(x)\}' = -\sin f(x) \times f'(x)$
$\quad \{\tan f(x)\}' = \sec^2 f(x) \times f'(x)$

❺ 2 이상의 자연수 n에 대하여
$\quad \{\sin^n x\}' = n \sin^{n-1} x \times \cos x$
$\quad \{\cos^n x\}' = n \cos^{n-1} x \times (-\sin x)$
$\quad \{\tan^n x\}' = n \tan^{n-1} x \times \sec^2 x$

[2] x^n (n은 실수)의 도함수

$x^n = e^{\ln x^n} = e^{n \ln x}$이므로

$(x^n)' = (e^{n \ln x})' = e^{n \ln x} \times \dfrac{n}{x} = x^n \times \dfrac{n}{x} = nx^{n-1}$

특히 $n = \dfrac{1}{2}$인 경우 $(\sqrt{x})' = \dfrac{1}{2\sqrt{x}}$

③ 도함수의 대칭성

실수 전체의 집합에서 미분가능한 함수 $f(x)$는
합성함수의 미분법에 의하여

$$\{f(-x)\}' = f'(-x) \times (-1)$$

을 만족시키므로 다음과 같은 관계가 성립한다.

❶ 모든 실수 x에 대하여
   $f(-x) = f(x)$이면 $f'(-x) = -f'(x)$이다.
   즉, 함수 $y = f(x)$의 그래프가 y축에 대하여 대칭이면
   도함수 $y = f'(x)$의 그래프는 원점에 대하여 대칭이다.

❷ 모든 실수 x에 대하여
   $f(-x) = -f(x)$이면 $f'(-x) = f'(x)$이다.
   즉, 함수 $y = f(x)$의 그래프가 원점에 대하여 대칭이면
   도함수 $y = f'(x)$의 그래프는 y축에 대하여 대칭이다.

❶의 역은 성립하지만

❷의 역은 성립하지 않는 예로

$f(x) = x^3 + 1$, $f'(x) = 3x^2$이 있다.

너코 104 **매개변수로 나타낸 함수의 미분법**

두 변수 x, y 사이의 관계가 변수 t를 매개로 하여

$$\begin{cases} x = f(t) \\ y = g(t) \end{cases}$$

의 꼴로 나타날 때, 변수 t를 **매개변수**라 하며 이 함수를
매개변수로 나타낸 함수라고 한다.

이때 일반적으로 점 $(f(t), g(t))$를 좌표평면 위에 나타내는
것은 곡선을 표현하는 방법이다.

예를 들어 원 $x^2 + y^2 = 1$을 매개변수 t를 이용하여

$\begin{cases} x = \cos t \\ y = \sin t \end{cases}$로 나타낼 수 있고, 이 역과정도 가능하다.

매개변수로 나타낸 함수 $\begin{cases} x = f(t) \\ y = g(t) \end{cases}$에서

두 함수 $f(t)$, $g(t)$가 t에 대하여 미분가능하고
$f'(t) \neq 0$이면

$$\frac{dy}{dx} = \frac{\dfrac{dy}{dt}}{\dfrac{dx}{dt}} = \frac{g'(t)}{f'(t)}$$

매개변수의 미분법은 매개변수 t를 소거하여 y를 x에 대한
식으로 나타내기 어려울 때 유용하게 사용된다.

예를 들어 매개변수 t로 나타내어진 곡선 $\begin{cases} x = t^2 + 2 \\ y = t^3 + t - 1 \end{cases}$에서

$\dfrac{dx}{dt} = 2t$, $\dfrac{dy}{dt} = 3t^2 + 1$이므로 $t = 1$일 때

$\dfrac{dy}{dx} = \dfrac{4}{2} = 2$이다.

너코 105 **음함수의 미분법**

**방정식 $f(x, y) = 0$에서 y를 x에 대한 함수로 생각할 때,
y는 x의 음함수로 표현되었다고 한다.**

이때 일반적으로 방정식을 만족시키는 점 (x, y)를
좌표평면 위에 나타내는 것은 곡선을 표현하는 방법이다.

예를 들어 원 $x^2 + y^2 = 1$은 닫힌구간 $[-1, 1]$에서
x의 값에 대하여 대응하는 y의 값이 2개가 되는 경우가
있으므로 y는 x에 대한 함수가 아니다.

그러나 y의 값의 범위를 적절히 정하면

$y \geq 0$일 때 $y = \sqrt{1-x^2}$, $y < 0$일 때 $y = -\sqrt{1-x^2}$인
함수이고

방정식 $x^2 + y^2 = 1$은 두 함수를 동시에 나타낸 것과 같다.

방정식 $f(x, y) = 0$에서 $\dfrac{dy}{dx}$의 값은 **y를 x에 대한**

함수로 보고, 각 항을 x에 대해 미분하여 구한다.
특히 y가 포함된 항은 합성함수의 미분법이 이용된다.

예를 들어 곡선 $x^2 y + y^2 = 2$ 위의 점 $(1, 1)$에서의 접선의
기울기를 구하기 위하여 각 항을 x에 대하여 미분한 후
정리하면 다음과 같다.

$2x \times y + x^2 \times \dfrac{d}{dy}(y) \times \dfrac{dy}{dx} + \dfrac{d}{dy}(y^2) \times \dfrac{dy}{dx} = 0$,

$2xy + x^2 \times \dfrac{dy}{dx} + 2y \times \dfrac{dy}{dx} = 0$,

$(x^2 + 2y) \dfrac{dy}{dx} = -2xy$

이때 $x = 1$, $y = 1$을 대입하면 $3 \times \dfrac{dy}{dx} = -2$이므로

점 $(1, 1)$에서의 접선의 기울기는 $-\dfrac{2}{3}$이다.

너코 106 역함수의 미분법

미분가능한 함수 $f(x)$의 역함수 $g(x)$가 존재하고
미분가능할 때,
$f(g(x))=x$에서 양변을 x에 대하여 미분하면
$f'(g(x)) \times g'(x)=1$이므로 역함수 $g(x)$의 도함수는
다음과 같다.

$$g'(x)=\frac{1}{f'(g(x))}$$

역함수의 미분법은 역함수를 구하지 않고 역함수의
미분계수를 구하는데 유용하게 사용된다.
예를 들어 함수 $f(x)=x^3+5x+3$의 역함수 $g(x)$에 대하여
$g'(3)$의 값을 구하면
$f(0)=3$에서 $g(3)=0$이고
$f'(x)=3x^2+5$에서 $f'(0)=5$이므로
$g'(3)=\dfrac{1}{f'(g(3))}=\dfrac{1}{f'(0)}=\dfrac{1}{5}$ 이다.

너코 107 이계도함수

미분가능한 함수 $f(x)$의 도함수 $f'(x)$가 미분가능할 때,
$f'(x)$의 도함수는 다음과 같이 구할 수 있다.

$$\frac{d}{dx}f'(x)=\lim_{h \to 0}\frac{f'(x+h)-f'(x)}{h}$$

이를 **함수 $f(x)$의 이계도함수**라고 하며, 기호로

$$f''(x),\ y'',\ \frac{d^2y}{dx^2},\ \frac{d^2}{dx^2}f(x)$$

와 같이 나타낸다.

3 도함수의 활용

너코 108 접선의 방정식

〈수학Ⅱ〉 **너코 047** 에서 다룬 내용이다.
〈미적분〉에서는 접선의 기울기를 구할 때
지수·로그함수, 삼각함수, 몫·합성함수·역함수의 미분법을
활용할 수 있다.

곡선 $y=f(x)$에 접하는 직선의 방정식을 다음과 같이
구한다.

주어진 값	구해야할 값	접선의 방정식
접점의 x좌표 a $y=f(x)$ $(a, f(a))$	$f(a),\ f'(a)$	$y=f'(a)(x-a)+f(a)$
접선의 기울기 m $y=f(x)$ $y=mx+\cdots$	$f'(\square)=m$	$y=m(x-\square)+f(\square)$
접선이 지나는 접점이 아닌 점 (p,q) $y=f(x)$ (p,q)	$f'(\square)$ $=\dfrac{f(\square)-q}{\square-p}$	$y=f'(\square)(x-\square)+f(\square)$

너코 109 이계도함수를 이용한 판정

어떤 구간에서 곡선 위의 임의의 서로 다른 두 점 P, Q를
잇는 곡선 부분이 항상 선분 PQ의 아래쪽에 있으면 곡선이
아래로 볼록(또는 위로 오목)하다고 하고, 항상 선분 PQ의
위쪽에 있으면 곡선이 위로 볼록(또는 아래로 오목)하다고
한다.

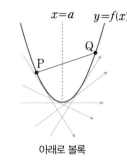

아래로 볼록

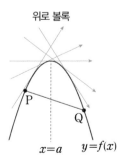

위로 볼록

어떤 열린구간에 포함된 임의의 두 실수 x_1, $x_2 (x_1 < x_2)$에 대하여 식으로 나타내면 다음과 같다.

$$f\left(\frac{x_1+x_2}{2}\right) < \frac{f(x_1)+f(x_2)}{2} \Leftrightarrow \text{아래로 볼록}$$
$$\text{(또는 위로 오목)}$$

$$f\left(\frac{x_1+x_2}{2}\right) > \frac{f(x_1)+f(x_2)}{2} \Leftrightarrow \text{위로 볼록}$$
$$\text{(또는 아래로 오목)}$$

1 오목·볼록 또는 극대·극소의 판정

이계도함수가 존재하는 함수 $f(x)$에 대하여

❶ 어떤 구간에서 $f''(x) > 0$이면
   이 구간에서 접선의 기울기가 증가하므로
   아래로 볼록(또는 위로 오목)하다.

❷ 어떤 구간에서 $f''(x) < 0$이면
   이 구간에서 접선의 기울기가 감소하므로
   위로 볼록(또는 아래로 오목)하다.

❸ $f'(a) = 0$, $f''(a) < 0$이면 $x = a$에서 극대이다.

❹ $f'(a) = 0$, $f''(a) > 0$이면 $x = a$에서 극소이다.

2 변곡점의 정의와 변곡점의 판정

곡선의 모양이 곡선 $y = f(x)$ 위의 점 $P(a, f(a))$를 경계로 볼록성이 바뀔 때, 점 P를 곡선 $y = f(x)$의 변곡점이라 한다.

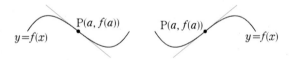

이계도함수가 존재하는 함수 $f(x)$에 대하여 다음과 같은 내용이 성립한다.

❶ 점 $(a, f(a))$가 곡선 $y = f(x)$의 변곡점이면 $f''(a) = 0$이다.

❷ $f''(a) = 0$이고, $x = a$의 좌우에서 $f''(x)$의 부호가 바뀌면 점 $(a, f(a))$는 곡선 $y = f(x)$의 변곡점이다.

❸ $f''(a) = 0$인 a를 포함한 어떤 구간에서 $f''(x)$의 부호가 음에서 양으로 바뀌면 이 구간에서 접선의 기울기의 최솟값은 변곡점에서의 접선의 기울기 $f'(a)$이고,

x	$\cdots$	a	$\cdots$
$f''(x)$	$-$	0	$+$
$f'(x)$		최소	

부호가 양에서 음으로 바뀌면 이 구간에서 접선의 기울기의 최댓값은 변곡점에서의 접선의 기울기 $f'(a)$이다.

x	$\cdots$	a	$\cdots$
$f''(x)$	$+$	0	$-$
$f'(x)$		최대	

너코 110 **함수의 그래프의 개형**

함수 $y = f(x)$의 그래프의 개형은 다음을 고려한다.
❶ 함수의 정의역과 치역
❷ 곡선의 대칭성과 주기
❸ 좌표축과의 교점
❹ 함수의 증가와 감소, 극대와 극소
❺ 곡선의 볼록성과 변곡점
❻ $\lim\limits_{x \to -\infty} f(x)$, $\lim\limits_{x \to \infty} f(x)$

예를 들어 함수 $f(x) = (x^2 - 4x + 4)e^x$의 그래프의 개형은 다음을 고려한다.

❶ 함수 $f(x)$의 정의역은 실수 전체의 집합이고,
   실수 전체의 집합에서 $f(x) \geq 0$이다.

❷ 함수 $y = f(x)$의 그래프는 대칭적이지 않고, 같은 모양이 반복되지도 않는다.

❸ 방정식 $f(x) = 0$의 해는 $x = 2$이고 $f(0) = 4$이므로 함수 $y = f(x)$의 그래프의 x절편은 2, y절편은 4이다.

❹ $f'(x) = (x^2 - 2x)e^x$에서
   방정식 $f'(x) = 0$의 해는 $x = 0$, $x = 2$이다.

❺ $f''(x) = (x^2 - 2)e^x$이므로
   방정식 $f''(x) = 0$의 해는 $x = -\sqrt{2}$, $x = \sqrt{2}$이다.

❹, ❺를 토대로 $f'(x)$, $f''(x)$의 부호를 조사하여 함수 $f(x)$의 증가, 감소와 함수 $y = f(x)$의 그래프의 볼록성을 표로 나타내면 다음과 같다.

x	$\cdots$	$-\sqrt{2}$	$\cdots$	0	$\cdots$	$\sqrt{2}$	$\cdots$	2	$\cdots$
$f'(x)$	$+$	$+$	$+$	0	$-$	$-$	$-$	0	$+$
$f''(x)$	$+$	0	$-$	$-$	$-$	0	$+$	$+$	$+$
$f(x)$	↗	변곡점	↗	극대	↘	변곡점	↘	극소	↗

❻ $\lim\limits_{x \to -\infty} f(x) = 0$, $\lim\limits_{x \to \infty} f(x) = \infty$이므로
   함수 $y = f(x)$의 그래프는 x축을 점근선으로 갖는다.
따라서 함수 $y = f(x)$의 그래프는 다음 그림과 같다.

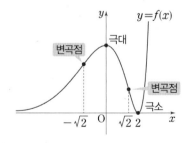

너코 052 에서 수직선 위를 움직이는 점의 속도, 가속도를
다뤘었고, 이를 좌표평면 위를 움직이는 점으로 확장할 수
있다.

점 P의 시각 t에서의 위치를 $(f(t), g(t))$라 하고

점 P에서 x축, y축에 내린 수선의 발을 각각 P_x, P_y라 하면

점 P가 움직일 때

점 P_x는 x축 위에서 $x = f(t)$로 주어지는 직선 운동을 하고,

점 P_y는 y축 위에서 $y = g(t)$로 주어지는 직선 운동을 한다.

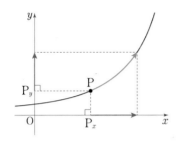

이때 시각 t에서의 점 P의 속도, 가속도와 각각의 크기는
다음과 같다.

❶ 속도 : $v(t) = (f'(t), g'(t))$

　속력(속도의 크기) : $\sqrt{\{f'(t)\}^2 + \{g'(t)\}^2}$

❷ 가속도 : $a(t) = (f''(t), g''(t))$

　가속도의 크기 : $\sqrt{\{f''(t)\}^2 + \{g''(t)\}^2}$

1 여러 가지 함수의 미분

유형 01 **지수·로그함수의 극한과 e의 정의**

■ 유형소개

무리수 e, 자연로그 $\ln x$의 정의를 알고 이를 응용하여
극한값을 구하는 간단한 계산 위주의 문제를 수록했다.
출제 빈도는 높은 편이었으나 대체적으로 난이도는 낮았다.

■ 유형접근법

★ 부분의 형태를 일치시키면 다양한 형태의 함수의 극한값을
구할 수 있다. (단, $x \to 0$일 때 ★$\to 0$, $x \to \infty$일 때
★$\to \infty$이다.)

$$\lim_{x \to 0}(1+\bigstar)^{\frac{1}{\bigstar}} = e, \ \lim_{x \to \infty}\left(1+\frac{1}{\bigstar}\right)^{\bigstar} = e$$

$$\lim_{x \to 0}\frac{\ln(1+\bigstar)}{\bigstar} = 1, \ \lim_{x \to 0}\frac{e^{\bigstar}-1}{\bigstar} = 1$$

K01-01

너코 097
2012학년도 6월 평가원 가형 2번

$\lim\limits_{x \to 0}(1+3x)^{\frac{1}{6x}}$ 의 값은? [2점]

① $\dfrac{1}{e^2}$ 　　② $\dfrac{1}{e}$ 　　③ $\sqrt{e}$

④ e 　　⑤ e^2

K01-02

너코 033 너코 097
2014학년도 6월 평가원 B형 23번

$\lim\limits_{x \to 0}\dfrac{e^{2x}+10x-1}{x}$ 의 값을 구하시오. [3점]

K01-03

너코 033 너코 097
2014학년도 9월 평가원 B형 22번

$\lim\limits_{x \to 0}\dfrac{\ln(1+3x)+9x}{2x}$ 의 값을 구하시오. [3점]

K01-04

너코 033 너코 097
2015학년도 9월 평가원 B형 2번

$\lim\limits_{x \to 0}(1+x)^{\frac{5}{x}}$ 의 값은? [2점]

① $\dfrac{1}{e^5}$ 　　② $\dfrac{1}{e^3}$ 　　③ 1

④ e^3 　　⑤ e^5

K01-05

너코 033 너코 097
2017학년도 6월 평가원 가형 4번

$\lim\limits_{x \to 0}\dfrac{e^{5x}-1}{3x}$ 의 값은? [3점]

① $\dfrac{4}{3}$ 　　② $\dfrac{5}{3}$ 　　③ 2

④ $\dfrac{7}{3}$ 　　⑤ $\dfrac{8}{3}$

K01-06

너코 033 너코 097
2018학년도 수능 가형 2번

$\lim\limits_{x \to 0} \dfrac{\ln(1+5x)}{e^{2x}-1}$ 의 값은? [2점]

① 1   ② $\dfrac{3}{2}$ ③ 2

④ $\dfrac{5}{2}$ ⑤ 3

K01-07

너코 033 너코 097
2019학년도 6월 평가원 가형 2번

$\lim\limits_{x \to 0} \dfrac{\ln(1+12x)}{3x}$ 의 값은? [2점]

① 1   ② 2   ③ 3

④ 4   ⑤ 5

K01-08

너코 033 너코 097
2019학년도 9월 평가원 가형 2번

$\lim\limits_{x \to 0} \dfrac{e^x-1}{x(x^2+2)}$ 의 값은? [2점]

① 1   ② $\dfrac{1}{2}$ ③ $\dfrac{1}{3}$

④ $\dfrac{1}{4}$ ⑤ $\dfrac{1}{5}$

K01-09

너코 033 너코 097
2019학년도 수능 가형 2번

$\lim\limits_{x \to 0} \dfrac{x^2+5x}{\ln(1+3x)}$ 의 값은? [2점]

① $\dfrac{7}{3}$ ② 2   ③ $\dfrac{5}{3}$

④ $\dfrac{4}{3}$ ⑤ 1

K01-10

너코 033 너코 097
2020학년도 6월 평가원 가형 3번

$\lim\limits_{x \to 0} \dfrac{e^{2x}+e^{3x}-2}{2x}$ 의 값은? [2점]

① $\dfrac{1}{2}$ ② 1   ③ $\dfrac{3}{2}$

④ 2   ⑤ $\dfrac{5}{2}$

K01-11

너코 033 너코 097
2020학년도 9월 평가원 가형 2번

$\lim\limits_{x \to 0} \dfrac{e^{6x}-e^{4x}}{2x}$ 의 값은? [2점]

① 1   ② 2   ③ 3

④ 4   ⑤ 5

K01-12

너코 033 너코 097
2020학년도 수능 가형 2번

$\lim\limits_{x \to 0} \dfrac{6x}{e^{4x} - e^{2x}}$ 의 값은? [2점]

① 1   ② 2   ③ 3

④ 4   ⑤ 5

K01-13

너코 033 너코 097
2023학년도 9월 평가원 (미적분) 23번

$\lim\limits_{x \to 0} \dfrac{4^x - 2^x}{x}$ 의 값은? [2점]

① $\ln 2$ ② 1   ③ $2\ln 2$

④ 2   ⑤ $3\ln 2$

K01-14

너코 033 너코 097
2023학년도 수능 (미적분) 23번

$\lim\limits_{x \to 0} \dfrac{\ln(x+1)}{\sqrt{x+4} - 2}$ 의 값은? [2점]

① 1   ② 2   ③ 3

④ 4   ⑤ 5

K01-15

너코 033 너코 097
2024학년도 9월 평가원 (미적분) 23번

$\lim\limits_{x \to 0} \dfrac{e^{7x} - 1}{e^{2x} - 1}$ 의 값은? [2점]

① $\dfrac{1}{2}$ ② $\dfrac{3}{2}$ ③ $\dfrac{5}{2}$

④ $\dfrac{7}{2}$ ⑤ $\dfrac{9}{2}$

K01-16

너코 033 너코 097
2024학년도 수능 (미적분) 23번

$\lim\limits_{x \to 0} \dfrac{\ln(1+3x)}{\ln(1+5x)}$ 의 값은? [2점]

① $\dfrac{1}{5}$ ② $\dfrac{2}{5}$ ③ $\dfrac{3}{5}$

④ $\dfrac{4}{5}$ ⑤ 1

K01-17

너코 033 너코 097
2006학년도 6월 평가원 가형 (미분과 적분) 26번

연속함수 $f(x)$가 $\lim\limits_{x \to 0} \dfrac{f(x)}{\ln(1-x)} = 4$를 만족할 때,

$\lim\limits_{x \to 0} \dfrac{f(x)}{x}$의 값은? [3점]

① -4 ② -1 ③ 1

④ 2 ⑤ 4

K01-18

너코 005 너코 010 너코 033 너코 097
2008학년도 6월 평가원 가형 (미분과 적분) 26번

양수 a가 $\lim\limits_{x \to 0} \dfrac{(a+12)^x - a^x}{x} = \ln 3$을 만족시킬 때, a의

값은? [3점]

① 2 ② 3 ③ 4

④ 5 ⑤ 6

K01-19

너코 033 너코 097
2009학년도 6월 평가원 가형 (미분과 적분) 27번

함수 $f(x) = \left(\dfrac{x}{x-1}\right)^x$ $(x > 1)$에 대하여 〈보기〉에서

옳은 것만을 있는 대로 고른 것은? [3점]

――――― 〈보 기〉 ―――――

ㄱ. $\lim\limits_{x \to \infty} f(x) = e$

ㄴ. $\lim\limits_{x \to \infty} f(x)f(x+1) = e^2$

ㄷ. $k \geq 2$일 때, $\lim\limits_{x \to \infty} f(kx) = e^k$이다.

① ㄱ   ② ㄷ   ③ ㄱ, ㄴ

④ ㄴ, ㄷ   ⑤ ㄱ, ㄴ, ㄷ

K01-20

함수 $f(x)$가 $x > -1$인 모든 실수 x에 대하여 부등식

$$\ln(1+x) \le f(x) \le \frac{1}{2}(e^{2x}-1)$$

을 만족시킬 때, $\lim_{x \to 0} \dfrac{f(3x)}{x}$의 값은? [3점]

① 1   ② e ③ 3

④ 4   ⑤ $2e$

K01-21

함수

$$f(x) = \begin{cases} \dfrac{e^{2x}+a}{x} & (x \ne 0) \\ b & (x = 0) \end{cases}$$

이 $x = 0$에서 연속이 되도록 두 상수 a, b의 값을 정할 때, $a+b$의 값은? [2점]

① 1   ② $e-1$ ③ 2

④ e ⑤ 3

K01-22

이차항의 계수가 1인 이차함수 $f(x)$와 함수

$$g(x) = \begin{cases} \dfrac{1}{\ln(x+1)} & (x \ne 0) \\ 8 & (x = 0) \end{cases}$$

에 대하여 함수 $f(x)g(x)$가 구간 $(-1, \infty)$에서 연속일 때, $f(3)$의 값은? [3점]

① 6   ② 9   ③ 12

④ 15   ⑤ 18

K 01-23

너코 003 │ 너코 004 │ 너코 097
2020학년도 9월 평가원 가형 15번

함수 $y = e^x$ 의 그래프 위의 x 좌표가 양수인 점 A 와 함수 $y = -\ln x$ 의 그래프 위의 점 B 가 다음 조건을 만족시킨다.

(가) $\overline{OA} = 2\overline{OB}$
(나) $\angle AOB = 90°$

직선 OA 의 기울기는? (단, O 는 원점이다.) [4점]

① e ② $\dfrac{3}{\ln 3}$ ③ $\dfrac{2}{\ln 2}$

④ $\dfrac{5}{\ln 5}$ ⑤ $\dfrac{e^2}{2}$

K 01-24

너코 033 │ 너코 097
2021학년도 6월 평가원 가형 16번

양수 t 에 대하여 다음 조건을 만족시키는 실수 k 의 값을 $f(t)$ 라 하자.

직선 $x = k$ 와 두 곡선 $y = e^{\frac{x}{2}}$, $y = e^{\frac{x}{2}+3t}$ 이 만나는 점을 각각 P, Q 라 하고, 점 Q 를 지나고 y 축에 수직인 직선이 곡선 $y = e^{\frac{x}{2}}$ 과 만나는 점을 R 라 할 때, $\overline{PQ} = \overline{QR}$ 이다.

함수 $f(t)$ 에 대하여 $\lim\limits_{t \to 0+} f(t)$ 의 값은? [4점]

① $\ln 2$ ② $\ln 3$ ③ $\ln 4$

④ $\ln 5$ ⑤ $\ln 6$

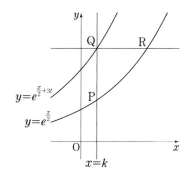

Hidden Point

K 01-23 두 점 A, B 에서 y 축에 내린 수선의 발을 각각 H, I 라 할 때 직각삼각형 OHA, BIO 가 서로 닮음임을 이끌어내는 것이 핵심인 문항이다. 이를 참고하여 접근해 보도록 하자.

K 01-25

$\lim\limits_{x \to 0} \dfrac{2^{ax+b}-8}{2^{bx}-1} = 16$일 때, $a+b$의 값은?

(단, a와 b는 0이 아닌 상수이다.) [3점]

① 9　　　　　② 10　　　　　③ 11

④ 12　　　　　⑤ 13

K 01-26

양수 t에 대하여 곡선 $y = e^{x^2} - 1 \,(x \geq 0)$이 두 직선 $y = t$, $y = 5t$와 만나는 점을 각각 A, B라 하고, 점 B에서 x축에 내린 수선의 발을 C라 하자.

삼각형 ABC의 넓이를 $S(t)$라 할 때, $\lim\limits_{t \to 0+} \dfrac{S(t)}{t\sqrt{t}}$의 값은? [3점]

① $\dfrac{5}{4}(\sqrt{5}-1)$　　　　② $\dfrac{5}{2}(\sqrt{5}-1)$

③ $5(\sqrt{5}-1)$　　　　④ $\dfrac{5}{4}(\sqrt{5}+1)$

⑤ $\dfrac{5}{2}(\sqrt{5}+1)$

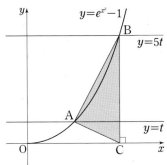

$a > 0$, $b > 0$, $a \neq 1$, $b \neq 1$일 때, 함수

$$f(x) = \frac{b^x + \log_a x}{a^x + \log_b x}$$

에 대하여 〈보기〉에서 옳은 것만을 있는 대로 고른 것은?

[4점]

────── 〈보 기〉 ──────

ㄱ. $1 < a < b$이면 $x > 1$인 모든 x에 대하여
$f(x) > 1$이다.

ㄴ. $b < a < 1$이면 $\lim\limits_{x \to \infty} f(x) = 0$이다.

ㄷ. $\lim\limits_{x \to 0+} f(x) = \log_a b$

① ㄱ   ② ㄴ   ③ ㄱ, ㄷ

④ ㄴ, ㄷ   ⑤ ㄱ, ㄴ, ㄷ

함수 $f(x)$에 대하여 〈보기〉에서 옳은 것만을 있는 대로 고른 것은? [4점]

────── 〈보 기〉 ──────

ㄱ. $f(x) = x^2$이면 $\lim\limits_{x \to 0} \dfrac{e^{f(x)} - 1}{x} = 0$이다.

ㄴ. $\lim\limits_{x \to 0} \dfrac{e^x - 1}{f(x)} = 1$이면 $\lim\limits_{x \to 0} \dfrac{3^x - 1}{f(x)} = \ln 3$이다.

ㄷ. $\lim\limits_{x \to 0} f(x) = 0$이면 $\lim\limits_{x \to 0} \dfrac{e^{f(x)} - 1}{x}$이 존재한다.

① ㄱ   ② ㄷ   ③ ㄱ, ㄴ

④ ㄴ, ㄷ   ⑤ ㄱ, ㄴ, ㄷ

K

미분법

K01-29

너코 004 너코 034 너코 097
2011학년도 6월 평가원 가형 (미분과 적분) 29번

세 양수 a, b, c에 대하여 $\lim\limits_{x \to \infty} x^a \ln\left(b + \dfrac{c}{x^2}\right) = 2$일 때, $a + b + c$의 값은? [4점]

① 5　　　　　② 6　　　　　③ 7

④ 8　　　　　⑤ 9

유형 02　**지수·로그함수의 미분**

■ 유형소개

간단한 계산 문제로 꾸준히 출제되는 지수·로그함수의 미분 기본 문제를 수록했다. 〈수학 II〉 E 미분 단원에서 학습한 '함수의 실수배, 합, 차, 곱의 미분법'이 기본적으로 쓰이므로 앞서 배운 내용까지도 제대로 알고 적용해야 한다.

■ 유형접근법

$a > 0$, $a \neq 1$일 때
$(a^x)' = a^x \ln a$이고, 특히 $a = e$인 경우 $(e^x)' = e^x$이다.
$(\log_a x)' = \dfrac{1}{x \ln a}$이고, 특히 $a = e$인 경우
$(\ln x)' = \dfrac{1}{x}$이다.

K02-01

너코 041 너코 098
2017학년도 9월 평가원 가형 11번

함수 $f(x) = \log_3 x$에 대하여
$\lim\limits_{h \to 0} \dfrac{f(3+h) - f(3-h)}{h}$의 값은? [3점]

① $\dfrac{1}{2\ln 3}$　　　② $\dfrac{2}{3\ln 3}$　　　③ $\dfrac{5}{6\ln 3}$

④ $\dfrac{1}{\ln 3}$　　　⑤ $\dfrac{7}{6\ln 3}$

K02-02

너코 045 너코 098
2018학년도 6월 평가원 가형 5번

함수 $f(x) = e^x(2x + 1)$에 대하여 $f'(1)$의 값은? [3점]

① $8e$　　　　② $7e$　　　　③ $6e$

④ $5e$　　　　⑤ $4e$

K 02-03

너코 098
2020학년도 6월 평가원 가형 2번

함수 $f(x) = 7 + 3\ln x$에 대하여 $f'(3)$의 값은? [2점]

① 1   ② 2   ③ 3

④ 4   ⑤ 5

K 02-04

너코 045 너코 098
2020학년도 수능 가형 22번

함수 $f(x) = x^3 \ln x$에 대하여 $\dfrac{f'(e)}{e^2}$의 값을 구하시오.

[3점]

K 02-05

너코 005 너코 045 너코 098
2015학년도 6월 평가원 B형 26번

양의 실수 전체의 집합에서 미분가능한 함수 $f(x)$에 대하여 함수 $g(x)$를 $g(x) = f(x)\ln x^4$이라 하자. 곡선 $y = f(x)$ 위의 점 $(e, -e)$에서의 접선과 곡선 $y = g(x)$ 위의 점 $(e, -4e)$에서의 접선이 서로 수직일 때, $100f'(e)$의 값을 구하시오. [4점]

유형 03 삼각함수 사이의 관계와 덧셈정리

유형소개

삼각함수 사이의 관계와 삼각함수의 덧셈정리를 이용한 간단한 계산문제를 수록했다. 뒤에서 다뤄지는 고난이도 문제 풀이과정에서 자주 사용되므로 이 유형에서 빠르고 정확하게 푸는 연습을 충분히 하자.

유형접근법

✓ 삼각함수 사이의 관계

$$\csc\theta = \frac{1}{\sin\theta}, \ \sec\theta = \frac{1}{\cos\theta}, \ \cot\theta = \frac{1}{\tan\theta}$$

$$\sin^2\theta + \cos^2\theta = 1$$

$$1 + \cot^2\theta = \csc^2\theta, \ \tan^2\theta + 1 = \sec^2\theta$$

✓ 삼각함수의 덧셈정리

$$\sin(\alpha \pm \beta) = \sin\alpha\cos\beta \pm \cos\alpha\sin\beta$$

$$\sin(2\alpha) = 2\sin\alpha\cos\alpha$$

$$\cos(\alpha \pm \beta) = \cos\alpha\cos\beta \mp \sin\alpha\sin\beta$$

$$\cos(2\alpha) = \cos^2\alpha - \sin^2\alpha$$

$$= 2\cos^2\alpha - 1 = 1 - 2\sin^2\alpha$$

$$\tan(\alpha \pm \beta) = \frac{\tan\alpha \pm \tan\beta}{1 \mp \tan\alpha\tan\beta}$$

$$\tan(2\alpha) = \frac{2\tan\alpha}{1 - \tan^2\alpha}$$

K 03-01

너코 018 너코 099
2005학년도 수능 가형 (미분과 적분) 26번

$\sin\alpha = \dfrac{1}{3}$일 때, $\cos\left(\dfrac{\pi}{3} + \alpha\right)$의 값은? (단, $0 < \alpha < \dfrac{\pi}{2}$)

[3점]

① $\dfrac{2\sqrt{2} - \sqrt{3}}{6}$ ② $\dfrac{2 - \sqrt{3}}{6}$ ③ $\dfrac{\sqrt{2} - 1}{3}$

④ $\dfrac{\sqrt{3} - \sqrt{2}}{3}$ ⑤ $\dfrac{\sqrt{3} - 1}{3}$

K 03-02

너코 099
2011학년도 수능 가형 (미분과 적분) 26번

$\tan\dfrac{\theta}{2} = \dfrac{\sqrt{2}}{2}$ 일 때, $\sec\theta$의 값은? (단, $0 < \theta < \dfrac{\pi}{2}$)

[3점]

① 3 ② $\dfrac{10}{3}$ ③ $\dfrac{11}{3}$

④ 4 ⑤ $\dfrac{13}{3}$

K 03-05

너코 020 너코 099
2016학년도 9월 평가원 B형 11번

좌표평면에서 두 직선 $x - y - 1 = 0$, $ax - y + 1 = 0$이 이루는 예각의 크기를 θ라 하자. $\tan\theta = \dfrac{1}{6}$일 때, 상수 a의 값은? (단, $a > 1$) [3점]

① $\dfrac{11}{10}$ ② $\dfrac{6}{5}$ ③ $\dfrac{13}{10}$

④ $\dfrac{7}{5}$ ⑤ $\dfrac{3}{2}$

K 03-03

너코 018 너코 099
2015학년도 6월 평가원 B형 3번

$\sin\theta = \dfrac{2}{3}$ 일 때, $\cos(2\theta)$의 값은? [2점]

① $\dfrac{1}{18}$ ② $\dfrac{1}{9}$ ③ $\dfrac{1}{6}$

④ $\dfrac{2}{9}$ ⑤ $\dfrac{5}{18}$

K 03-06

너코 018 너코 099
2017학년도 6월 평가원 가형 7번

$\tan\left(\alpha + \dfrac{\pi}{4}\right) = 2$일 때, $\tan\alpha$의 값은? [3점]

① $\dfrac{1}{3}$ ② $\dfrac{4}{9}$ ③ $\dfrac{5}{9}$

④ $\dfrac{2}{3}$ ⑤ $\dfrac{7}{9}$

K 03-04

너코 018 너코 099
2016학년도 6월 평가원 B형 4번

$\tan\theta = \dfrac{1}{7}$ 일 때, $\sin(2\theta)$의 값은? [3점]

① $\dfrac{1}{5}$ ② $\dfrac{11}{50}$ ③ $\dfrac{6}{25}$

④ $\dfrac{13}{50}$ ⑤ $\dfrac{7}{25}$

K 03-07

너코 099
2017학년도 9월 평가원 가형 5번

$\cos(\alpha + \beta) = \dfrac{5}{7}$, $\cos\alpha\cos\beta = \dfrac{4}{7}$일 때, $\sin\alpha\sin\beta$의 값은? [3점]

① $-\dfrac{1}{7}$ ② $-\dfrac{2}{7}$ ③ $-\dfrac{3}{7}$

④ $-\dfrac{4}{7}$ ⑤ $-\dfrac{5}{7}$

K 03-08

너코 018 | 너코 099
2020학년도 6월 평가원 가형 23번

$\cos\theta = \dfrac{1}{7}$일 때, $\csc\theta \times \tan\theta$의 값을 구하시오. [3점]

K 03-09

너코 018 | 너코 020 | 너코 099
2020학년도 9월 평가원 가형 9번

$\dfrac{\pi}{2} < \theta < \pi$인 θ에 대하여 $\cos\theta = -\dfrac{3}{5}$일 때,

$\csc(\pi + \theta)$의 값은? [3점]

① $-\dfrac{5}{2}$ ② $-\dfrac{5}{3}$ ③ $-\dfrac{5}{4}$

④ $\dfrac{5}{4}$ ⑤ $\dfrac{5}{3}$

K 03-10

너코 018 | 너코 099
2022학년도 9월 평가원 (미적분) 24번

$2\cos\alpha = 3\sin\alpha$이고 $\tan(\alpha + \beta) = 1$일 때, $\tan\beta$의 값은? [3점]

① $\dfrac{1}{6}$ ② $\dfrac{1}{5}$ ③ $\dfrac{1}{4}$

④ $\dfrac{1}{3}$ ⑤ $\dfrac{1}{2}$

K 03-11

너코 018 | 너코 099
2008학년도 9월 평가원 가형 (미분과 적분) 26번

두 실수 x, y에 대하여 $\sin x + \sin y = 1$,

$\cos x + \cos y = \dfrac{1}{2}$일 때, $\cos(x - y)$의 값은? [3점]

① $\dfrac{5}{8}$ ② $\dfrac{3}{8}$ ③ $\dfrac{1}{8}$

④ $-\dfrac{3}{8}$ ⑤ $-\dfrac{5}{8}$

■ 유형소개

삼각함수가 포함된 방정식의 해를 구하거나 함수의
최대·최소를 구할 때, 삼각함수의 덧셈정리의 공식을
이용하는 문제를 수록했다. 〈수학 I〉B 삼각함수 단원에서
다뤘던 삼각함수의 성질이 이용되므로 앞서 배운 내용까지도
제대로 알고 적용해야 한다.

■ 유형접근법

주어진 방정식이나 함수를 삼각함수의 덧셈정리를 이용하여
정리했을 때

✓ $\sin x =$상수, $\cos x =$상수, $\tan x =$상수 꼴인 경우
  특수각에 대한 삼각비를 이용하여 답을 구하거나,
  삼각함수의 그래프의 대칭성을 이용하여 답을 구한다.

✓ $\sin^2 x$, $\cos^2 x$가 포함된 방정식인 경우
  주어진 범위에 따라 사인함수, 코사인함수는 최댓값과
  최솟값을 가지므로
  삼각함수를 t로 치환하면 t의 값의 범위가 생긴다.
  이때 이 범위에서 t에 대한 이차방정식의 해를 구한다.

✓ $\sin^2 x$, $\cos^2 x$가 포함된 함수의 최대·최소를 구하는 경우
  주어진 범위에 따라 사인함수, 코사인함수는 최댓값과
  최솟값을 가지므로
  삼각함수를 t로 치환하면 t의 값의 범위가 생긴다.
  이때 이 범위의 양 끝 값의 함숫값, 극값 중 가장 큰 값이
  최댓값이고 가장 작은 값이 최솟값이다.

K04-01 ▮▮

너코 018 너코 021 너코 099
2005학년도 6월 평가원 가형 (미분과 적분) 26번

함수 $y = 5\sin x + \cos(2x)$의 최댓값은? [3점]

① 1　　　　② 2　　　　③ 3

④ 4　　　　⑤ 5

K04-02 ▮▮

너코 018 너코 021 너코 099
2013학년도 6월 평가원 가형 23번

$0 < x < 2\pi$일 때, 방정식
$\{\cos(2x) - \cos x\}\sin x = 0$을 만족시키는 모든 해의
합은 $k\pi$ 이다. $10k$ 의 값을 구하시오. [3점]

K04-03

$0 \le x \le \pi$일 때, 방정식 $\sin x = \sin (2x)$의 모든 해의 합은? [3점]

① π

② $\dfrac{7}{6}\pi$

③ $\dfrac{5}{4}\pi$

④ $\dfrac{4}{3}\pi$

⑤ $\dfrac{3}{2}\pi$

유형 05 덧셈정리와 도형

■ 유형소개
이 유형은 여러 가지 도형의 성질과 삼각함수의 덧셈정리가 통합된 문제로 구성되었다. 도형에 대한 이해도가 낮다면 체감 난이도는 더 높아지므로 중학교 때 학습했던 도형의 성질부터 충분히 복습하도록 하자.

■ 유형접근법
도형의 성질 중 자주 다루어지는 내용을 정리하면 다음과 같다.

✓ 부채꼴의 반지름의 길이를 r, 중심각의 크기를 θ, 호의 길이를 l, 넓이를 S라 하면 다음과 같다.
$$l = r\theta,$$
$$S = \frac{1}{2}r^2\theta = \frac{1}{2}rl$$

✓ 한 호에 대한 원주각의 크기는 중심각의 크기의 $\dfrac{1}{2}$이다.

(특히 반원에 대한 원주각의 크기는 $\dfrac{\pi}{2}$이다.)

✓ 원과 직선이 접할 때(한 점에서만 만날 때) 접점과 원의 중심을 지나는 직선은 접선과 수직으로 만난다.

✓ 삼각형의 한 외각의 크기는 그와 이웃하지 않는 두 내각의 크기의 합과 같다.

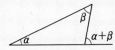

✓ 삼각형 ABC에 대하여 다음은 모두 같은 의미를 갖는다.

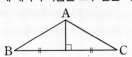

$\overline{AB} = \overline{AC}$
$\Leftrightarrow \angle ABC = \angle ACB$
$\Leftrightarrow$ 점 A에서 선분 BC에 내린 수선의 발은 선분 BC의 중점이다.
$\Leftrightarrow$ 선분 BC의 수직이등분선이 점 A를 지난다.

✓ 두 변의 길이가 a, b이고 끼인각의 크기가 $\theta \,(0 < \theta < \pi)$인 삼각형의 넓이는 $\dfrac{1}{2}ab\sin\theta$이다.

K05-01

너코 020 너코 099
2020학년도 수능 가형 10번

$\overline{AB} = \overline{AC}$ 인 이등변삼각형 ABC에서 $\angle A = \alpha$,

$\angle B = \beta$라 하자. $\tan(\alpha + \beta) = -\dfrac{3}{2}$일 때, $\tan \alpha$의

값은? [3점]

① $\dfrac{21}{10}$ ② $\dfrac{11}{5}$ ③ $\dfrac{23}{10}$

④ $\dfrac{12}{5}$ ⑤ $\dfrac{5}{2}$

K05-02

너코 099
2006학년도 6월 평가원 가형 (미분과 적분) 28번

그림과 같이 y축 위의 두 점 $A(0, 4)$, $B(0, 2)$와 x축
위의 점 $C(1, 0)$에 대하여 $\angle CAO = \alpha$, $\angle CBO = \beta$라
하자. 양의 y축 위의 점 $P(0, y)$에 대하여 $\angle CPO = \gamma$라
할 때, $\alpha + \beta = \gamma$가 되는 점 P의 y좌표는? [4점]

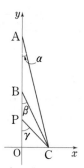

① $\dfrac{5}{4}$ ② $\dfrac{6}{5}$ ③ $\dfrac{7}{6}$

④ $\dfrac{8}{7}$ ⑤ $\dfrac{9}{8}$

K05-03

너코 099
2007학년도 수능 가형 (미분과 적분) 28번

그림과 같이 원 $x^2 + y^2 = 1$ 위의 점 P_1에서의 접선이
x축과 만나는 점을 Q_1이라 할 때, 삼각형 P_1OQ_1의

넓이는 $\dfrac{1}{4}$이다. 점 P_1을 원점 O를 중심으로 $\dfrac{\pi}{4}$만큼

회전시킨 점을 P_2라 하고, 점 P_2에서의 접선이 x축과
만나는 점을 Q_2라 하자. 삼각형 P_2OQ_2의 넓이는?

(단, 점 P_1은 제1사분면 위의 점이다.) [3점]

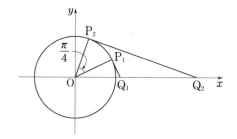

① 1   ② $\dfrac{5}{4}$ ③ $\dfrac{3}{2}$

④ $\dfrac{7}{4}$ ⑤ 2

좌표평면에서 원점 O를 중심으로 하고 반지름의 길이가 각각 1, $\sqrt{2}$ 인 두 원 C_1, C_2가 있다. 직선 $y = \dfrac{1}{2}$ 이 원 C_1, C_2와 제1사분면에서 만나는 점을 각각 P , Q 라 하자. 점 $A(\sqrt{2}, 0)$에 대하여 $\angle QOP = \alpha$, $\angle AOQ = \beta$라고 할 때, $\sin(\alpha - \beta)$의 값은? [3점]

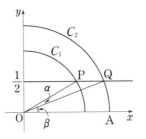

① $\dfrac{3 - \sqrt{14}}{8}$ ② $\dfrac{\sqrt{7} - \sqrt{14}}{8}$

③ $\dfrac{\sqrt{6} - \sqrt{14}}{8}$ ④ $\dfrac{3 - \sqrt{21}}{8}$

⑤ $\dfrac{\sqrt{7} - \sqrt{21}}{8}$

그림과 같이 직선 $y = 1$ 위의 점 P 에서 원 $x^2 + y^2 = 1$에 그은 접선이 x축과 만나는 점을 A 라 하고, $\angle AOP = \theta$라 하자. $\overline{OA} = \dfrac{5}{4}$일 때, $\tan(3\theta)$의 값은?

(단, $0 < \theta < \dfrac{\pi}{4}$이다.) [4점]

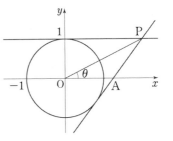

① 4   ② $\dfrac{9}{2}$ ③ 5

④ $\dfrac{11}{2}$ ⑤ 6

곡선 $y = 1 - x^2 \, (0 < x < 1)$ 위의 점 P에서 y축에 내린 수선의 발을 H라 하고, 원점 O와 점 $A(0, 1)$에 대하여 $\angle APH = \theta_1$, $\angle HPO = \theta_2$라 하자. $\tan\theta_1 = \dfrac{1}{2}$일 때, $\tan(\theta_1 + \theta_2)$의 값은? [4점]

① 2   ② 4   ③ 6
④ 8   ⑤ 10

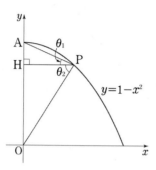

그림과 같이 $\overline{AB} = 5$, $\overline{AC} = 2\sqrt{5}$ 인 삼각형 ABC의 꼭짓점 A에서 선분 BC에 내린 수선의 발을 D라 하자. 선분 AD를 $3:1$로 내분하는 점 E에 대하여 $\overline{EC} = \sqrt{5}$ 이다. $\angle ABD = \alpha$, $\angle DCE = \beta$라 할 때, $\cos(\alpha - \beta)$의 값은? [4점]

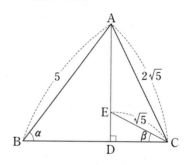

① $\dfrac{\sqrt{5}}{5}$ ② $\dfrac{\sqrt{5}}{4}$ ③ $\dfrac{3\sqrt{5}}{10}$

④ $\dfrac{7\sqrt{5}}{20}$ ⑤ $\dfrac{2\sqrt{5}}{5}$

곡선 $y = \dfrac{1}{4}x^2$ 위의 두 점 $\mathrm{P}\left(\sqrt{2},\, \dfrac{1}{2}\right)$, $\mathrm{Q}\left(a,\, \dfrac{a^2}{4}\right)$에서의 두 접선과 x축으로 둘러싸인 삼각형이 이등변삼각형일 때, a^2의 값을 구하시오. (단, $a > \sqrt{2}$) [4점]

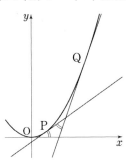

그림과 같이 중심이 O이고 반지름의 길이가 1인 원 위의 서로 다른 두 점 P, Q에 대하여 $\angle \mathrm{POQ}$를 이등분하는 직선이 호 PQ와 만나는 점을 R라 하자. 삼각형 POQ의 넓이와 삼각형 ROQ의 넓이의 비가 $3 : 2$이고 $\angle \mathrm{ROQ} = \theta$라 할 때, $16\cos\theta$의 값을 구하시오. [4점]

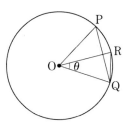

눈높이가 $1\,\mathrm{m}$인 어린이가 나무로부터 $7\,\mathrm{m}$ 떨어진 지점에서 나무의 꼭대기를 바라본 선과 나무가 지면에 닿는 지점을 바라본 선이 이루는 각이 θ이었다. 나무로부터 $2\,\mathrm{m}$ 떨어진 지점까지 다가가서 나무를 바라보았더니 나무의 꼭대기를 바라본 선과 나무가 지면에 닿는 지점을 바라본 선이 이루는 각이 $\theta + \dfrac{\pi}{4}$가 되었다. 나무의 높이는 $a(\mathrm{m})$ 또는 $b(\mathrm{m})$이다. $a + b$의 값은? [4점]

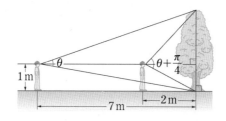

① 12 ② 14 ③ 16
④ 18 ⑤ 20

함수 $y = \dfrac{\sqrt{x}}{10}$의 그래프와 함수 $y = \tan x$의 그래프가 만나는 모든 점의 x좌표를 작은 수부터 크기순으로 나열할 때, n번째 수를 a_n이라 하자.

$$\frac{1}{\pi^2} \times \lim_{n \to \infty} a_n{}^3 \tan^2(a_{n+1} - a_n)$$

의 값을 구하시오. [4점]

유형 06 삼각함수의 극한

유형소개

삼각함수의 극한을 이용하는 계산 위주의 문제를 수록했다.
〈수학Ⅱ〉 D 함수의 극한과 연속 단원에서 학습한 '함수의
극한에 대한 성질'이 사용되므로 앞서 배운 내용까지도
제대로 알고 적용해야 한다.

유형접근법

★ 부분의 형태를 일치시키면 다양한 형태의 함수의 극한값을
구할 수 있다. (단, $x \to 0$일 때 $\bigstar \to 0$)

$$\lim_{x \to 0} \frac{\sin \bigstar}{\bigstar} = 1, \ \lim_{x \to 0} \frac{\tan \bigstar}{\bigstar} = 1,$$

$$\lim_{x \to 0} \frac{1 - \cos \bigstar}{\bigstar} = 0, \ \lim_{x \to 0} \frac{1 - \cos \bigstar}{\bigstar^2} = \frac{1}{2}$$

K06-01

너코 033 너코 037 너코 100
2005학년도 6월 평가원 가형 (미분과 적분) 27번

실수 x에 대하여 함수 $f(x)$를

$$f(x) = \begin{cases} \dfrac{\sin\{2(x-1)\}}{x-1} & (x \neq 1) \\ a & (x = 1) \end{cases}$$

로 정의한다. $x = 1$에서 $f(x)$가 연속일 때, a의 값은?

[3점]

① 0   ② 1   ③ 2

④ $\dfrac{1}{2}$ ⑤ $\dfrac{3}{2}$

K06-02

너코 033 너코 097 너코 100
2005학년도 수능 가형 (미분과 적분) 27번

$\lim\limits_{x \to 0} \dfrac{e^{2x} - 1}{\tan x}$의 값은? [3점]

① -2 ② -1 ③ 1

④ 2   ⑤ 4

K06-03

너코 033 너코 097 너코 100
2011학년도 6월 평가원 가형 (미분과 적분) 26번

$\lim\limits_{x \to 0} \dfrac{e^{2x^2} - 1}{\tan x \sin(2x)}$의 값은? [3점]

① $\dfrac{1}{4}$ ② $\dfrac{1}{2}$ ③ 1

④ 2   ⑤ 4

K06-04

너코 033 너코 097 너코 100
2016학년도 9월 평가원 B형 2번

$\lim\limits_{x \to 0} \dfrac{\tan x}{x e^x}$의 값은? [2점]

① 1   ② 2   ③ 3

④ 4   ⑤ 5

K06-05

$\lim\limits_{x \to 0} \dfrac{\ln(1+5x)}{\sin(3x)}$ 의 값은? [2점]

① 1

② $\dfrac{4}{3}$

③ $\dfrac{5}{3}$

④ 2

⑤ $\dfrac{7}{3}$

K06-06

$\lim\limits_{x \to 0} \dfrac{\sin(2x)}{x\cos x}$ 의 값을 구하시오. [3점]

K06-07

$\lim\limits_{x \to 0} \dfrac{\sin(7x)}{4x}$ 의 값은? [2점]

① $\dfrac{3}{4}$

② 1

③ $\dfrac{5}{4}$

④ $\dfrac{3}{2}$

⑤ $\dfrac{7}{4}$

K06-08

$\lim\limits_{x \to 0} \dfrac{\sin 5x}{x}$ 의 값은? [2점]

① 1

② 2

③ 3

④ 4

⑤ 5

K06-09

$\lim\limits_{x \to 0} \dfrac{3x^2}{\sin^2 x}$ 의 값은? [2점]

① 1

② 2

③ 3

④ 4

⑤ 5

〈보기〉의 함수 중에서 극한값 $\lim\limits_{x \to 0} \dfrac{e^x - 1}{f(x)}$ 이 존재하는 것을 있는 대로 고른 것은? [3점]

$$\boxed{\begin{array}{l} \text{〈보 기〉} \\[4pt] \text{ㄱ. } f(x) = 2x \\[4pt] \text{ㄴ. } f(x) = e^{2x} - 1 \\[4pt] \text{ㄷ. } f(x) = 1 - \cos x \end{array}}$$

① ㄱ   ② ㄷ   ③ ㄱ, ㄴ

④ ㄴ, ㄷ   ⑤ ㄱ, ㄴ, ㄷ

$\lim\limits_{\theta \to 0} \dfrac{\sec(2\theta) - 1}{\sec\theta - 1}$ 의 값은? [3점]

① 1   ② 2   ③ 3

④ 4   ⑤ 5

함수 $f(x)$가 $\lim\limits_{x \to 0} \dfrac{f(x)}{\ln(1+x)} = 1$을 만족시킬 때, 〈보기〉에서 옳은 것만을 있는 대로 고른 것은? [3점]

$$\boxed{\begin{array}{l} \text{〈보 기〉} \\[6pt] \text{ㄱ. } \lim\limits_{x \to 0} \dfrac{\sin x}{f(x)} = 0 \\[8pt] \text{ㄴ. } \lim\limits_{x \to 0} \dfrac{f(x) + x}{\ln(1+x)} = 2 \\[8pt] \text{ㄷ. } \lim\limits_{x \to 0} \dfrac{\{f(x)\}^2}{\ln(1+x)} = 0 \end{array}}$$

① ㄱ   ② ㄴ   ③ ㄷ

④ ㄴ, ㄷ   ⑤ ㄱ, ㄴ, ㄷ

K06-13

$\lim\limits_{x \to a} \dfrac{2^x - 1}{3\sin(x-a)} = b\ln 2$를 만족시키는 두 상수 a, b에 대하여 $a + b$의 값은? [3점]

① $\dfrac{1}{6}$　　　② $\dfrac{1}{5}$　　　③ $\dfrac{1}{4}$

④ $\dfrac{1}{3}$　　　⑤ $\dfrac{1}{2}$

K06-14

연속함수 $f(x)$가 $\lim\limits_{x \to 0} \dfrac{f(x)}{1 - \cos(x^2)} = 2$를 만족시킬 때, $\lim\limits_{x \to 0} \dfrac{f(x)}{x^p} = q$이다. $p + q$의 값은?

(단, $p > 0$, $q > 0$이다.) [3점]

① 4　　　② 5　　　③ 6

④ 7　　　⑤ 8

K06-15

$\lim\limits_{x \to 0} \dfrac{e^{1 - \sin x} - e^{1 - \tan x}}{\tan x - \sin x}$의 값은? [3점]

① $\dfrac{1}{e}$　　　② $\dfrac{2}{e}$　　　③ 1

④ e　　　⑤ $2e$

K06-16

실수 전체의 집합에서 연속인 함수 $f(x)$가 모든 실수 x에 대하여

$$(e^{2x} - 1)^2 f(x) = a - 4\cos\frac{\pi}{2}x$$

를 만족시킬 때, $a \times f(0)$의 값은? (단, a는 상수이다.) [3점]

① $\dfrac{\pi^2}{6}$　　　② $\dfrac{\pi^2}{5}$　　　③ $\dfrac{\pi^2}{4}$

④ $\dfrac{\pi^2}{3}$　　　⑤ $\dfrac{\pi^2}{2}$

K 06-17

너코 099 너코 100 너코 101
2024학년도 6월 평가원 (미적분) 27번

실수 t $(0 < t < \pi)$에 대하여 곡선 $y = \sin x$ 위의 점 $\mathrm{P}(t,\ \sin t)$에서의 접선과 점 P를 지나고 기울기가 -1인 직선이 이루는 예각의 크기를 θ라 할 때,

$\lim\limits_{t \to \pi-} \dfrac{\tan\theta}{(\pi - t)^2}$의 값은? [3점]

① $\dfrac{1}{16}$ ② $\dfrac{1}{8}$ ③ $\dfrac{1}{4}$

④ $\dfrac{1}{2}$ ⑤ 1

K 06-18

너코 034 너코 036 너코 037 너코 097 너코 100
2008학년도 6월 평가원 가형 (미분과 적분) 29번

다항함수 $g(x)$에 대하여 함수 $f(x) = e^{-x}\sin x + g(x)$가

$$\lim_{x \to 0} \frac{f(x)}{x} = 1,\ \lim_{x \to \infty} \frac{f(x)}{x^2} = 1$$

을 만족시킬 때, 〈보기〉에서 옳은 것만을 있는 대로 고른 것은? [4점]

〈보 기〉

ㄱ. $g(0) = 0$

ㄴ. $\lim\limits_{x \to \infty} \dfrac{g(x)}{x^2} = 1$

ㄷ. $\lim\limits_{x \to 0} \dfrac{f(x)}{g(x)} = 1$

---

① ㄱ   ② ㄴ   ③ ㄱ, ㄴ

④ ㄴ, ㄷ   ⑤ ㄱ, ㄴ, ㄷ

■ 유형소개

다양한 도형의 성질과 삼각함수의 성질을 이용하여 도형의 길이 또는 넓이를 구한 뒤, 삼각함수의 극한값을 구하는 문제를 수록했다. 다양한 내용이 통합된 고난이도 문제로 주로 출제되는 유형이다.

■ 유형접근법

삼각형과 내접원이 자주 나오고 있으므로 관련된 내용을 복습하면 다음과 같다.

삼각형 ABC의 내접원의 중심을 O, 반지름의 길이를 r라 하고 점 O에서 선분 BC에 내린 수선의 발을 H라 하자.

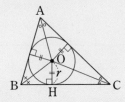 

❶ (점 O에서 세 변에 이르는 거리)=r

❷ 세 내각의 이등분선은 원의 중심 O에서 만난다.

❸ 내접하는 원의 반지름의 길이 r를 구하는 방법1

$$\overline{BC}=\overline{BH}+\overline{CH}=r\left(\dfrac{1}{\tan\dfrac{B}{2}}+\dfrac{1}{\tan\dfrac{C}{2}}\right)$$

❹ 내접하는 원의 반지름의 길이 r를 구하는 방법2

(삼각형 ABC의 넓이)

=(높이가 r인 세 삼각형의 넓이)

=$\dfrac{r}{2}\times$(삼각형 ABC의 둘레의 길이)

❺ 특히 삼각형 ABC가 한 변의 길이가 a인 정삼각형일 때

(삼각형의 높이)=$\dfrac{\sqrt{3}}{2}a$이고

점 O는 선분 AH를 $2:1$로 내분하므로 내접하는 원의 반지름의 길이 r는 다음과 같이 구할 수 있다.

$r=\dfrac{\sqrt{3}}{2}a\times\dfrac{1}{3}=\dfrac{\sqrt{3}}{6}a$ 또는

$r=\dfrac{a}{2}\tan\dfrac{\pi}{6}=\dfrac{\sqrt{3}}{6}a$

K07-01

좌표평면에서 곡선 $y=\sin x$ 위의 점 $\mathrm{P}(t,\sin t)\,(0<t<\pi)$를 중심으로 하고 x축에 접하는 원을 C라 하자. 원 C가 x축에 접하는 점을 Q, 선분 OP와 만나는 점을 R라 하자. $\displaystyle\lim_{t\to0+}\dfrac{\overline{\mathrm{OQ}}}{\overline{\mathrm{OR}}}=a+b\sqrt{2}$일 때, $a+b$의 값을 구하시오.

(단, O는 원점이고, a, b는 정수이다.) [3점]

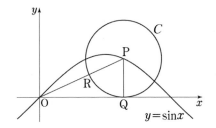

K07-02

그림과 같이 $\overline{AB} = 2$, $\angle B = \dfrac{\pi}{2}$인 직각삼각형 ABC에서 중심이 A, 반지름의 길이가 1인 원이 두 선분 AB, AC와 만나는 점을 각각 D, E라 하자. 호 DE의 삼등분점 중 점 D에 가까운 점을 F라 하고, 직선 AF가 선분 BC와 만나는 점을 G라 하자. $\angle BAG = \theta$라 할 때, 삼각형 ABG의 내부와 부채꼴 ADF의 외부의 공통부분의 넓이를 $f(\theta)$, 부채꼴 AFE의 넓이를 $g(\theta)$라 하자. $40 \times \lim\limits_{\theta \to 0+} \dfrac{f(\theta)}{g(\theta)}$의 값을 구하시오. (단, $0 < \theta < \dfrac{\pi}{6}$) [3점]

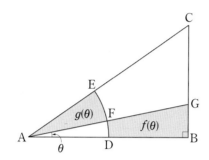

K07-03

그림과 같이 반지름의 길이가 1이고 중심각의 크기가 $\dfrac{\pi}{2}$인 부채꼴 OAB가 있다. 호 AB 위의 점 P에서 선분 OA에 내린 수선의 발을 H라 하고, 호 BP 위에 점 Q를 $\angle POH = \angle PHQ$가 되도록 잡는다. $\angle POH = \theta$일 때, 삼각형 OHQ의 넓이를 $S(\theta)$라 하자. $\lim\limits_{\theta \to 0+} \dfrac{S(\theta)}{\theta}$의 값은? (단, $0 < \theta < \dfrac{\pi}{6}$) [4점]

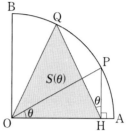

① $\dfrac{1 + \sqrt{2}}{2}$ ② $\dfrac{2 + \sqrt{2}}{2}$ ③ $\dfrac{3 + \sqrt{2}}{2}$

④ $\dfrac{4 + \sqrt{2}}{2}$ ⑤ $\dfrac{5 + \sqrt{2}}{2}$

K07-04

자연수 n에 대하여 중심이 원점 O이고 점 $P(2^n, 0)$을 지나는 원 C가 있다. 원 C 위에 점 Q를 호 PQ의 길이가 π가 되도록 잡는다. 점 Q에서 x축에 내린 수선의 발을 H라 할 때, $\lim\limits_{n\to\infty}(\overline{OQ}\times\overline{HP})$의 값은? [4점]

① $\dfrac{\pi^2}{2}$ ② $\dfrac{3}{4}\pi^2$ ③ π^2

④ $\dfrac{5}{4}\pi^2$ ⑤ $\dfrac{3}{2}\pi^2$

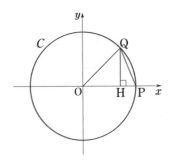

K07-05

그림과 같이 $\overline{AB}=1$, $\angle B=\dfrac{\pi}{2}$인 직각삼각형 ABC에서 $\angle C$를 이등분하는 직선과 선분 AB의 교점을 D, 중심이 A이고 반지름의 길이가 $\overline{AD}$인 원과 선분 AC의 교점을 E라 하자. $\angle A=\theta$일 때, 부채꼴 ADE의 넓이를 $S(\theta)$, 삼각형 BCE의 넓이를 $T(\theta)$라 하자. $\lim\limits_{\theta\to 0+}\dfrac{\{S(\theta)\}^2}{T(\theta)}$의 값은? [4점]

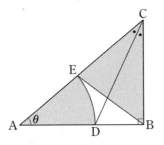

① $\dfrac{1}{4}$ ② $\dfrac{1}{2}$ ③ $\dfrac{3}{4}$

④ 1 ⑤ $\dfrac{5}{4}$

K07-06

그림과 같이 길이가 2인 선분 AB를 지름으로 하는 반원의 호 AB 위에 점 P가 있다. 중심이 A이고 반지름의 길이가 $\overline{AP}$인 원과 선분 AB의 교점을 Q라 하자.

호 PB 위에 점 R를 호 PR와 호 RB의 길이의 비가 3 : 7이 되도록 잡는다. 선분 AB의 중점을 O라 할 때, 선분 OR와 호 PQ의 교점을 T, 점 O에서 선분 AP에 내린 수선의 발을 H라 하자.

세 선분 PH, HO, OT와 호 TP로 둘러싸인 부분의 넓이를 S_1, 두 선분 RT, QB와 두 호 TQ, BR로 둘러싸인 부분의 넓이를 S_2라 하자. $\angle PAB = \theta$라 할 때,

$$\lim_{\theta \to 0+} \frac{S_1 - S_2}{\overline{OH}} = a$$이다. 50a의 값을 구하시오.

(단, $0 < \theta < \dfrac{\pi}{4}$) [4점]

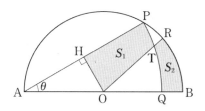

K07-07

그림과 같이 반지름의 길이가 1이고 중심각의 크기가 $\dfrac{\pi}{2}$인 부채꼴 OAB가 있다. 호 AB 위의 점 P에서 선분 OA에 내린 수선의 발을 H, 점 P에서 호 AB에 접하는 직선과 직선 OA의 교점을 Q라 하자. 점 Q를 중심으로 하고 반지름의 길이가 $\overline{QA}$인 원과 선분 PQ의 교점을 R라 하자. $\angle POA = \theta$일 때, 삼각형 OHP의 넓이를 $f(\theta)$, 부채꼴 QRA의 넓이를 $g(\theta)$라 하자. $\displaystyle\lim_{\theta \to 0+} \frac{\sqrt{g(\theta)}}{\theta \times f(\theta)}$의 값은? (단, $0 < \theta < \dfrac{\pi}{2}$) [4점]

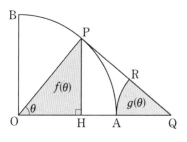

① $\dfrac{\sqrt{\pi}}{5}$　　② $\dfrac{\sqrt{\pi}}{4}$　　③ $\dfrac{\sqrt{\pi}}{3}$

④ $\dfrac{\sqrt{\pi}}{2}$　　⑤ $\sqrt{\pi}$

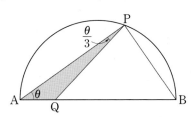
그림과 같이 길이가 2인 선분 AB를 지름으로 하는 반원의 호 위에 점 P가 있고, 선분 AB 위에 점 Q가 있다.

$\angle PAB = \theta$이고 $\angle APQ = \dfrac{\theta}{3}$일 때, 삼각형 PAQ의 넓이를 $S(\theta)$, 선분 PB의 길이를 $l(\theta)$라 하자.

$\displaystyle \lim_{\theta \to 0+} \dfrac{S(\theta)}{l(\theta)}$의 값은? (단, $0 < \theta < \dfrac{\pi}{4}$) [4점]

① $\dfrac{1}{12}$　　　② $\dfrac{1}{6}$　　　③ $\dfrac{1}{4}$

④ $\dfrac{1}{3}$　　　⑤ $\dfrac{5}{12}$

그림과 같이 길이가 2인 선분 AB를 지름으로 하는 반원의 호 AB 위에 점 P가 있다. 선분 AB의 중점을 O라 할 때, 점 B를 지나고 선분 AB에 수직인 직선이 직선 OP와 만나는 점을 Q라 하고, $\angle OQB$의 이등분선이 직선 AP와 만나는 점을 R라 하자. $\angle OAP = \theta$일 때, 삼각형 OAP의 넓이를 $f(\theta)$, 삼각형 PQR의 넓이를 $g(\theta)$라 하자. $\displaystyle \lim_{\theta \to 0+} \dfrac{g(\theta)}{\theta^4 \times f(\theta)}$의 값은? (단, $0 < \theta < \dfrac{\pi}{4}$) [4점]

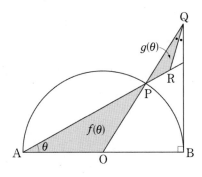

① 2　　　② $\dfrac{5}{2}$　　　③ 3

④ $\dfrac{7}{2}$　　　⑤ 4

K07-10

그림과 같이 반지름의 길이가 1이고 중심각의 크기가 $\frac{\pi}{2}$인 부채꼴 OAB가 있다. 호 AB 위의 점 P에서 선분 OA에 내린 수선의 발을 H라 하고, $\angle$OAP를 이등분하는 직선과 세 선분 HP, OP, OB의 교점을 각각 Q, R, S라 하자. $\angle$APH $= \theta$일 때, 삼각형 AQH의 넓이를 $f(\theta)$, 삼각형 PSR의 넓이를 $g(\theta)$라 하자. $\displaystyle\lim_{\theta \to 0+} \frac{\theta^3 \times g(\theta)}{f(\theta)} = k$일 때, $100k$의 값을 구하시오. (단, $0 < \theta < \frac{\pi}{4}$) [4점]

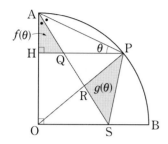

K07-11

그림과 같이 반지름의 길이가 1이고 중심각의 크기가 $\frac{\pi}{2}$인 부채꼴 OAB가 있다. 호 AB 위의 점 P에 대하여 $\overline{PA} = \overline{PC} = \overline{PD}$가 되도록 호 PB 위에 점 C와 선분 OA 위에 점 D를 잡는다. 점 D를 지나고 선분 OP와 평행한 직선이 선분 PA와 만나는 점을 E라 하자. $\angle$POA $= \theta$일 때, 삼각형 CDP의 넓이를 $f(\theta)$, 삼각형 EDA의 넓이를 $g(\theta)$라 하자. $\displaystyle\lim_{\theta \to 0+} \frac{g(\theta)}{\theta^2 \times f(\theta)}$의 값은?

(단, $0 < \theta < \frac{\pi}{4}$) [4점]

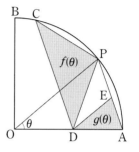

① $\frac{1}{8}$ ② $\frac{1}{4}$ ③ $\frac{3}{8}$

④ $\frac{1}{2}$ ⑤ $\frac{5}{8}$

K07-12 🔋

너코 018 너코 033 너코 100
2023학년도 수능 (미적분) 28번

그림과 같이 중심이 O이고 길이가 2인 선분 AB를 지름으로 하는 반원 위에 $\angle AOC = \dfrac{\pi}{2}$인 점 C가 있다. 호 BC 위에 점 P와 호 CA 위에 점 Q를 $\overline{PB} = \overline{QC}$가 되도록 잡고, 선분 AP 위에 점 R를 $\angle CQR = \dfrac{\pi}{2}$가 되도록 잡는다. 선분 AP와 선분 CO의 교점을 S라 하자. $\angle PAB = \theta$일 때, 삼각형 POB의 넓이를 $f(\theta)$, 사각형 $CQRS$의 넓이를 $g(\theta)$라 하자. $\displaystyle\lim_{\theta \to 0+} \dfrac{3f(\theta) - 2g(\theta)}{\theta^2}$의 값은? (단, $0 < \theta < \dfrac{\pi}{4}$) [4점]

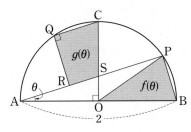

① 1   ② 2   ③ 3

④ 4   ⑤ 5

K07-13 🔋

너코 004 너코 033 너코 097 너코 100
2016학년도 수능 B형 28번

그림과 같이 좌표평면에서 원 $x^2 + y^2 = 1$과 곡선 $y = \ln(x+1)$이 제1사분면에서 만나는 점을 A라 하자. 점 $B(1, 0)$에 대하여 호 AB 위의 점 P에서 y축에 내린 수선의 발을 H, 선분 PH와 곡선 $y = \ln(x+1)$이 만나는 점을 Q라 하자. $\angle POB = \theta$라 할 때, 삼각형 OPQ의 넓이를 $S(\theta)$, 선분 HQ의 길이를 $L(\theta)$라 하자.

$\displaystyle\lim_{\theta \to 0+} \dfrac{S(\theta)}{L(\theta)} = k$일 때, $60k$의 값을 구하시오.

(단, $0 < \theta < \dfrac{\pi}{6}$이고, O는 원점이다.) [4점]

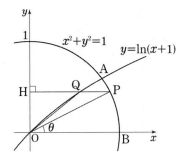

K07-14

너코 018 너코 020 너코 033 너코 100

2021학년도 6월 평가원 가형 28번

그림과 같이 $\overline{AB}=1$, $\overline{BC}=2$인 두 선분 AB, BC에 대하여 선분 BC의 중점을 M, 점 M에서 선분 AB에 내린 수선의 발을 H라 하자. 중심이 M이고 반지름의 길이가 $\overline{MH}$인 원이 선분 AM과 만나는 점을 D, 선분 HC가 선분 DM과 만나는 점을 E라 하자.

$\angle ABC = \theta$라 할 때, 삼각형 CDE의 넓이를 $f(\theta)$, 삼각형 MEH의 넓이를 $g(\theta)$라 하자.

$\lim\limits_{\theta \to 0+} \dfrac{f(\theta)-g(\theta)}{\theta^3}=a$일 때, $80a$의 값을 구하시오.

(단, $0 < \theta < \dfrac{\pi}{2}$) [4점]

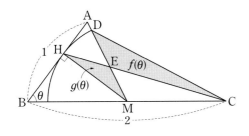

K07-15

너코 017 너코 033 너코 100

2021학년도 9월 평가원 가형 28번

그림과 같이 길이가 2인 선분 AB를 지름으로 하는 반원이 있다. 선분 AB의 중점을 O라 할 때, 호 AB 위에 두 점 P, Q를 $\angle POA = \theta$, $\angle QOB = 2\theta$가 되도록 잡는다. 두 선분 PB, OQ의 교점을 R라 하고, 점 R에서 선분 PQ에 내린 수선의 발을 H라 하자. 삼각형 POR의 넓이를 $f(\theta)$, 두 선분 RQ, RB와 호 QB로 둘러싸인 부분의 넓이를 $g(\theta)$라 할 때, $\lim\limits_{\theta \to 0+} \dfrac{f(\theta)+g(\theta)}{\overline{RH}}=\dfrac{q}{p}$이다.

$p+q$의 값을 구하시오. (단, $0 < \theta < \dfrac{\pi}{3}$이고, p와 q는 서로소인 자연수이다.) [4점]

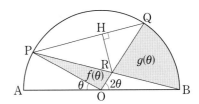

Hidden Point

K07-14 두 삼각형의 넓이인 $f(\theta)$, $g(\theta)$의 값을 구하기 까다로운 상황에서 두 삼각형의 넓이의 차 $f(\theta)-g(\theta)$의 값을 묻고 있다. 이때 삼각형 EMC를 공통부분으로 갖는 두 삼각형 CDM, MCH의 넓이는 비교적 구하기 수월하며 이 두 삼각형의 넓이의 차가 $f(\theta)-g(\theta)$와 같으므로 이를 이용하여 접근해 보자.

Hidden Point

K07-15 $f(\theta)$, $g(\theta)$의 값을 각각 구하기 까다로운 상황에서 두 도형의 넓이의 합 $f(\theta)+g(\theta)$의 값을 묻고 있다. 이때 삼각형 OBR를 공통부분으로 갖는 삼각형 OBP과 부채꼴 OBQ의 넓이는 비교적 구하기 수월하며 이 두 도형의 넓이의 합에서 (삼각형 OBR의 넓이)$\times 2$를 뺀 것이 $f(\theta)+g(\theta)$와 같으므로 이를 이용하여 접근해 보자.

K07-16

너코 017 너코 018 너코 023 너코 033 너코 100
2022학년도 수능 (미적분) 29번

그림과 같이 길이가 2인 선분 AB를 지름으로 하는 반원이 있다. 호 AB 위에 두 점 P, Q를 ∠PAB = θ, ∠QBA = 2θ가 되도록 잡고, 두 선분 AP, BQ의 교점을 R라 하자. 선분 AB 위의 점 S, 선분 BR 위의 점 T, 선분 AR 위의 점 U를 선분 UT가 선분 AB에 평행하고 삼각형 STU가 정삼각형이 되도록 잡는다. 두 선분 AR, QR와 호 AQ로 둘러싸인 부분의 넓이를 $f(\theta)$, 삼각형 STU의 넓이를 $g(\theta)$라 할 때,

$$\lim_{\theta \to 0+} \frac{g(\theta)}{\theta \times f(\theta)} = \frac{q}{p}\sqrt{3}$$ 이다. $p+q$의 값을 구하시오.

(단, $0 < \theta < \dfrac{\pi}{6}$이고, p와 q는 서로소인 자연수이다.) [4점]

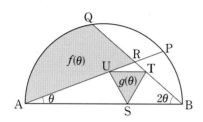

유형 08 삼각함수의 미분

유형소개

삼각함수의 미분계수와 도함수를 찾는 유형을 수록하였다. 뒤에서 다뤄지는 고난이도 문제 풀이과정에서 자주 사용되므로 이 유형에서 빠르고 정확하게 푸는 연습을 충분히 하자.

유형접근법

$(\sin x)' = \cos x$
$(\cos x)' = -\sin x$

K08-01

너코 101
2015학년도 9월 평가원 B형 3번

함수 $f(x) = \sin x - 4x$에 대하여 $f'(0)$의 값은? [2점]

① -5 ② -4 ③ -3
④ -2 ⑤ -1

K08-02

너코 045 너코 098 너코 101
2015학년도 수능 B형 23번

함수 $f(x) = \cos x + 4e^{2x}$에 대하여 $f'(0)$의 값을 구하시오. [3점]

K08-03

너코 045 너코 101
2018학년도 9월 평가원 가형 23번

함수 $f(x) = -\cos^2 x$에 대하여 $f'\left(\dfrac{\pi}{4}\right)$의 값을 구하시오.

[3점]

---

2 여러 가지 미분법

유형 09 몫의 미분법

유형소개

이 유형은 미분가능한 함수를 나누어서 만든 새로운 함수의 도함수를 구하는 기본문제로 구성되었다. 뒤에서 다뤄지는 고난이도 문제 풀이과정에서 자주 사용되므로 이 유형에서 빠르고 정확하게 푸는 연습을 충분히 하자.

유형접근법

✓ 두 함수 $f(x)$, $g(x)\,(g(x) \neq 0)$가 미분가능할 때 다음이 성립한다.

$$\left\{\frac{1}{g(x)}\right\}' = -\frac{g'(x)}{\{g(x)\}^2}$$

$$\left\{\frac{f(x)}{g(x)}\right\}' = \frac{f'(x)g(x) - f(x)g'(x)}{\{g(x)\}^2}$$

✓ 몫의 미분법에 의하여 다음이 성립한다.

$(x^n)' = nx^{n-1}$ (n은 정수)

$(\tan\theta)' = \sec^2\theta$

$(\sec\theta)' = \sec\theta\tan\theta$

$(\csc\theta)' = -\csc\theta\cot\theta$

$(\cot\theta)' = -\csc^2\theta$

K09-01

너코 033 너코 041 너코 098 너코 102
2020학년도 9월 평가원 가형 8번

함수 $f(x) = \dfrac{\ln x}{x^2}$에 대하여

$\displaystyle\lim_{h \to 0} \dfrac{f(e+h) - f(e-2h)}{h}$의 값은? [3점]

① $-\dfrac{2}{e}$ ② $-\dfrac{3}{e^2}$ ③ $-\dfrac{1}{e}$

④ $-\dfrac{2}{e^2}$ ⑤ $-\dfrac{3}{e^3}$

K09-02

실수 전체의 집합에서 미분가능한 함수 $f(x)$에 대하여
함수 $g(x)$를

$$g(x) = \frac{f(x)}{(e^x + 1)^2}$$

라 하자. $f'(0) - f(0) = 2$일 때, $g'(0)$의 값은? [3점]

① $\dfrac{1}{4}$ ② $\dfrac{3}{8}$ ③ $\dfrac{1}{2}$

④ $\dfrac{5}{8}$ ⑤ $\dfrac{3}{4}$

K09-03

함수 $f(x) = \dfrac{x^2 - 2x - 6}{x - 1}$에 대하여 $f'(0)$의 값을
구하시오. [3점]

K09-04

실수 전체의 집합에서 미분가능한 함수 $f(x)$에 대하여
함수 $g(x)$를

$$g(x) = \frac{f(x)\cos x}{e^x}$$

라 하자. $g'(\pi) = e^\pi g(\pi)$일 때, $\dfrac{f'(\pi)}{f(\pi)}$의 값은?

(단, $f(\pi) \neq 0$) [4점]

① $e^{-2\pi}$ ② 1 ③ $e^{-\pi} + 1$

④ $e^\pi + 1$ ⑤ $e^{2\pi}$

유형 10 합성함수의 미분법

유형소개
'합성함수'를 이용하여 복잡한 형태의 새로운 함수를 만들 수 있다. 이 유형은 앞서 학습한 다양한 함수의 미분법과 합성함수의 미분법을 이용하여 계산하는 문제로 구성되었다.

유형접근법
자주 나오는 계산은 다음과 같다.

❶ $\{e^{f(x)}\}' = e^{f(x)} \times f'(x)$

❷ $(\ln|x|)' = \dfrac{1}{x}$

❸ $(\ln|f(x)|)' = \dfrac{f'(x)}{f(x)}$

❹ $\{\sin f(x)\}' = \cos f(x) \times f'(x)$
   $\{\cos f(x)\}' = -\sin f(x) \times f'(x)$
   $\{\tan f(x)\}' = \sec^2 f(x) \times f'(x)$

❺ $(\sqrt{x})' = \dfrac{1}{2\sqrt{x}}$

K 10-01 ▱
너코 098 너코 103
2016학년도 9월 평가원 B형 5번

함수 $f(x) = (2e^x + 1)^3$ 에 대하여 $f'(0)$ 의 값은? [3점]

① 48   ② 51   ③ 54
④ 57   ⑤ 60

K 10-02 ▱
너코 044 너코 103
2016학년도 수능 B형 23번

함수 $f(x) = 4\sin(7x)$ 에 대하여 $f'(2\pi)$의 값을 구하시오. [3점]

K 10-03 ▱
너코 044 너코 103
2018학년도 6월 평가원 가형 23번

함수 $f(x) = \sqrt{x^3 + 1}$ 에 대하여 $f'(2)$의 값을 구하시오. [3점]

K 10-04 ▱
너코 044 너코 103
2018학년도 수능 가형 23번

함수 $f(x) = \ln(x^2 + 1)$ 에 대하여 $f'(1)$의 값을 구하시오. [3점]

K 10-05 ▱
너코 044 너코 103
2019학년도 6월 평가원 가형 3번

함수 $f(x) = e^{3x-2}$에 대하여 $f'(1)$의 값은? [2점]

① e ② $2e$ ③ $3e$
④ $4e$ ⑤ $5e$

K10-06

함수 $f(x) = x \ln(2x-1)$에 대하여 $f'(1)$의 값을 구하시오. [3점]

K10-07

실수 전체의 집합에서 미분가능한 함수 $f(x)$가 모든 실수 x에 대하여

$$f(x^3 + x) = e^x$$

을 만족시킬 때, $f'(2)$의 값은? [3점]

① e ② $\dfrac{e}{2}$ ③ $\dfrac{e}{3}$

④ $\dfrac{e}{4}$ ⑤ $\dfrac{e}{5}$

K10-08

이계도함수를 갖는 함수 $f(x)$가 모든 실수 x에 대하여 $f(-x) = -f(x)$를 만족시킬 때, 〈보기〉에서 옳은 것만을 있는 대로 고른 것은? [3점]

─────〈보 기〉─────
ㄱ. $f'(-x) = f'(x)$
ㄴ. $\displaystyle\lim_{x \to 0} f'(x) = 0$
ㄷ. $f(x)$의 도함수 $f'(x)$가 $x = a\,(a \neq 0)$에서 극댓값을 가지면 $f'(x)$는 $x = -a$에서 극솟값을 갖는다.

① ㄱ   ② ㄴ   ③ ㄱ, ㄴ
④ ㄱ, ㄷ   ⑤ ㄱ, ㄴ, ㄷ

K10-09

함수 $f(x) = (x+1)^{\frac{3}{2}}$과 실수 전체의 집합에서 미분가능한 함수 $g(x)$에 대하여 함수 $h(x)$를 $h(x) = (g \circ f)(x)$라 하자. $h'(0) = 15$일 때, $g'(1)$의 값을 구하시오. [4점]

K 10-10

열린구간 $(0, 5)$에서 미분가능한 두 함수 $f(x)$, $g(x)$의 그래프가 그림과 같다. 합성함수 $h(x) = (f \circ g)(x)$에 대하여 옳은 것만을 〈보기〉에서 있는 대로 고른 것은? [4점]

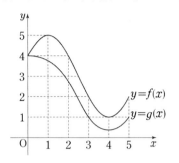

〈보 기〉
ㄱ. $h(3) = 4$
ㄴ. $h'(2) \geq 0$
ㄷ. 함수 $h(x)$는 구간 $(3, 4)$에서 감소한다.

① ㄱ   ② ㄴ   ③ ㄷ
④ ㄱ, ㄴ   ⑤ ㄴ, ㄷ

K 10-11

점 $A(1, 0)$을 지나고 기울기가 양수인 직선 l이 곡선 $y = 2\sqrt{x}$와 만나는 점을 B, 점 B에서 x축에 내린 수선의 발을 C라 하자.

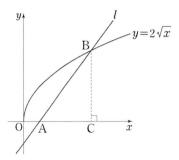

점 $B(t, 2\sqrt{t})$에 대하여 삼각형 BAC의 넓이를 $f(t)$라 할 때, $f'(9)$의 값은? [3점]

① 3   ② $\dfrac{10}{3}$ ③ $\dfrac{11}{3}$

④ 4   ⑤ $\dfrac{13}{3}$

K10-12

너코 041 너코 098 너코 101 너코 103
2017학년도 6월 평가원 가형 15번

두 함수 $f(x) = \sin^2 x$, $g(x) = e^x$에 대하여

$\displaystyle\lim_{x \to \frac{\pi}{4}} \frac{g(f(x)) - \sqrt{e}}{x - \frac{\pi}{4}}$의 값은? [4점]

① $\dfrac{1}{e}$ ② $\dfrac{1}{\sqrt{e}}$ ③ 1

④ $\sqrt{e}$ ⑤ e

K10-13

너코 034 너코 041 너코 102 너코 103
2018학년도 수능 가형 9번

실수 전체의 집합에서 미분가능한 함수 $f(x)$에 대하여 함수 $g(x)$를

$$g(x) = \frac{f(x)}{e^{x-2}}$$

라 하자. $\displaystyle\lim_{x \to 2} \frac{f(x) - 3}{x - 2} = 5$일 때, $g'(2)$의 값은? [3점]

① 1 ② 2 ③ 3

④ 4 ⑤ 5

K10-14

너코 033 너코 041 너코 101 너코 103
2019학년도 6월 평가원 가형 6번

함수 $f(x) = \tan(2x) + 3\sin x$에 대하여

$\displaystyle\lim_{h \to 0} \frac{f(\pi + h) - f(\pi - h)}{h}$의 값은? [3점]

① -2 ② -4 ③ -6

④ -8 ⑤ -10

K10-15

너코 004 너코 033 너코 041 너코 098 너코 103
2020학년도 6월 평가원 가형 9번

함수 $f(x) = \dfrac{2^x}{\ln 2}$과 실수 전체의 집합에서 미분가능한 함수 $g(x)$가 다음 조건을 만족시킬 때, $g(2)$의 값은? [3점]

> (가) $\displaystyle\lim_{h \to 0} \frac{g(2 + 4h) - g(2)}{h} = 8$
>
> (나) 함수 $(f \circ g)(x)$의 $x = 2$에서의 미분계수는 10이다.

① 1 ② $\log_2 3$ ③ 2

④ $\log_2 5$ ⑤ $\log_2 6$

함수 $f(x) = \sin(x+\alpha) + 2\cos(x+\alpha)$에 대하여
$f'\left(\dfrac{\pi}{4}\right) = 0$일 때, $\tan\alpha$의 값은? (단, α는 상수이다.) [3점]

① $-\dfrac{5}{6}$ ② $-\dfrac{2}{3}$ ③ $-\dfrac{1}{2}$

④ $-\dfrac{1}{3}$ ⑤ $-\dfrac{1}{6}$

$t > 2e$인 실수 t에 대하여 함수 $f(x) = t(\ln x)^2 - x^2$이
$x = k$에서 극대일 때, 실수 k의 값을 $g(t)$라 하면 $g(t)$는
미분가능한 함수이다. $g(\alpha) = e^2$인 실수 α에 대하여
$\alpha \times \{g'(\alpha)\}^2 = \dfrac{q}{p}$일 때, $p+q$의 값을 구하시오.

(단, p와 q는 서로소인 자연수이다.) [4점]

$t > \dfrac{1}{2}\ln 2$인 실수 t에 대하여 곡선

$y = \ln(1 + e^{2x} - e^{-2t})$과 직선 $y = x + t$가 만나는 서로
다른 두 점 사이의 거리를 $f(t)$라 할 때,

$f'(\ln 2) = \dfrac{q}{p}\sqrt{2}$이다. $p+q$의 값을 구하시오.

(단, p와 q는 서로소인 자연수이다.) [4점]

실수 전체의 집합에서 미분가능한 함수 $f(x)$가 모든 실수 x에 대하여

$$f(x) + f\left(\frac{1}{2}\sin x\right) = \sin x$$

를 만족시킬 때, $f'(\pi)$의 값은? [3점]

① $-\dfrac{5}{6}$ ② $-\dfrac{2}{3}$ ③ $-\dfrac{1}{2}$

④ $-\dfrac{1}{3}$ ⑤ $-\dfrac{1}{6}$

다음 그림은 직선 $y = x$와 다항함수 $y = f(x)$의 그래프의 일부이다. 모든 실수 x에 대하여 $f'(x) \geq 0$이고 $f(0) = \dfrac{1}{5}$, $f(1) = 1$일 때, 〈보기〉에서 옳은 것만을 있는 대로 고른 것은? [4점]

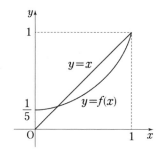

〈보 기〉

ㄱ. $f'(x) = \dfrac{4}{5}$인 x가 열린구간 $(0, 1)$에 존재한다.

ㄴ. $\displaystyle\int_0^1 f(x)dx + \int_{\frac{1}{5}}^1 f^{-1}(x)dx = 1$

ㄷ. $g(x) = (f \circ f)(x)$일 때, $g'(x) = 1$인 x가 열린구간 $(0, 1)$에 존재한다.

① ㄱ   ② ㄷ   ③ ㄱ, ㄴ

④ ㄴ, ㄷ   ⑤ ㄱ, ㄴ, ㄷ

K 10-21 너코 017 너코 020 너코 103

2008학년도 9월 평가원 가형 (미분과 적분) 28번

좌표평면 위에 그림과 같이 중심각의 크기가 $\dfrac{\pi}{2}$이고 반지름의 길이가 10인 부채꼴 OAB가 있다. 점 P가 점 A에서 출발하여 호 AB를 따라 매초 2의 일정한 속력으로 움직일 때, $\angle AOP = \dfrac{\pi}{6}$가 되는 순간 점 P의 y좌표의 시간(초)에 대한 변화율은? [3점]

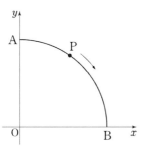

① $-\dfrac{1}{2}$ ② $-\dfrac{\sqrt{2}}{2}$ ③ $-\dfrac{\sqrt{3}}{2}$

④ -1 ⑤ -2

K 10-22 너코 017 너코 018 너코 020 너코 045 너코 103

2008학년도 수능 가형 (미분과 적분) 29번

그림과 같이 좌표평면에서 원 $x^2 + y^2 = 1$ 위의 점 P는 점 $A(1, 0)$에서 출발하여 원 둘레를 따라 시계 반대 방향으로 매초 $\dfrac{\pi}{2}$의 일정한 속력으로 움직이고 있다.

점 Q는 점 A에서 출발하여 점 $B(-1, 0)$을 향하여 매초 1의 일정한 속력으로 x축 위를 움직이고 있다. 점 P와 점 Q가 동시에 점 A에서 출발하여 t초가 되는 순간, 선분 PQ, 선분 QA, 호 AP로 둘러싸인 어두운 부분의 넓이를 S라 하자. 출발한 지 1초가 되는 순간, 넓이 S의 시간(초)에 대한 변화율은? [4점]

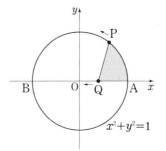

① $\dfrac{\pi}{4} - 1$ ② $\dfrac{\pi}{4}$ ③ $\dfrac{\pi}{4} + \dfrac{1}{3}$

④ $\dfrac{\pi}{4} + \dfrac{1}{2}$ ⑤ $\dfrac{\pi}{4} + 1$

K10-23

너코 017 | 너코 018 | 너코 099 | 너코 103
변형문항(2015학년도 6월 평가원 B형 21번)

양의 실수 t에 대하여 좌표평면에서 원
$x^2 + (y-1)^2 = 1$이 직선 $y = tx$에 의해 두 도형으로
나누어질 때, 점 $(0, 1)$을 포함하지 않는 도형의 넓이를
$f(t)$라 하자. 다음은 $f'(2)$의 값을 구하는 과정이다.

원 $C : x^2 + (y-1)^2 = 1$의 중심을 A, 원 C와 직선
$l : y = tx$가 만나는 두 점을 각각 O, B라 하자. 직선
l이 x축의 양의 방향과 이루는 각의 크기를
$\theta \left(0 < \theta < \dfrac{\pi}{2}\right)$라 하면 $\angle \mathrm{OAB} = 2\theta$이다.

오른쪽 그림에서 어둡게
칠해진 도형의 넓이를
$g(\theta)$라 하면
$g(\theta) = \theta - \boxed{\text{(가)}}$
이다. $t = \tan\theta$이므로
$g(\theta) = f(t) = f(\tan\theta)$
이고,
합성함수의 미분법에 의하여
$g'(\theta) = f'(t) \times \boxed{\text{(나)}}$
이다.
$t = 2$일 때, $\tan\theta = 2$이므로 $f'(2) = \boxed{\text{(다)}}$ 이다.

위의 (가), (나)에 알맞은 식을 각각 $h_1(\theta)$, $h_2(\theta)$라 하고
(다)에 알맞은 수를 a라 할 때, $a \times h_1\left(\dfrac{\pi}{4}\right) \times h_2\left(\dfrac{\pi}{4}\right)$의
값은? [4점]

① $\dfrac{8}{25}$ ② $\dfrac{2}{5}$ ③ $\dfrac{12}{25}$

④ $\dfrac{14}{25}$ ⑤ $\dfrac{16}{25}$

K10-24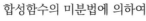

너코 046 | 너코 103
2015학년도 수능 B형 30번

함수 $f(x) = e^{x+1} - 1$과 자연수 n에 대하여 함수 $g(x)$를

$$g(x) = 100|f(x)| - \sum_{k=1}^{n} |f(x^k)|$$

이라 하자. $g(x)$가 실수 전체의 집합에서 미분가능하도록
하는 모든 자연수 n의 값의 합을 구하시오. [4점]

Hidden Point

K10-24 함수 $g(x)$는
실수 전체의 집합에서 미분가능한 함수 $|f(x^2)|$, $|f(x^4)|$, $\cdots$과
$x = -1$에서만 미분가능하지 않은 함수 $|f(x)|$, $|f(x^3)|$, $\cdots$의 합 또는
차로 이루어져 있다.

최고차항의 계수가 1인 사차함수 $f(x)$에 대하여

$$F(x) = \ln|f(x)|$$

라 하고, 최고차항의 계수가 1인 삼차함수 $g(x)$에 대하여

$$G(x) = \ln|g(x)\sin x|$$

라 하자.

$$\lim_{x \to 1}(x-1)F'(x) = 3, \quad \lim_{x \to 0}\frac{F'(x)}{G'(x)} = \frac{1}{4}$$

일 때, $f(3) + g(3)$의 값은? [4점]

① 57　　　　② 55　　　　③ 53

④ 51　　　　⑤ 49

실수 전체의 집합에서 정의된 함수 $f(x)$는 $0 \le x < 3$일 때 $f(x) = |x-1| + |x-2|$이고, 모든 실수 x에 대하여 $f(x+3) = f(x)$를 만족시킨다. 함수 $g(x)$를

$$g(x) = \lim_{h \to 0+}\left|\frac{f(2^{x+h}) - f(2^x)}{h}\right|$$

이라 하자. 함수 $g(x)$가 $x = a$에서 불연속인 a의 값 중에서 열린구간 $(-5, 5)$에 속하는 모든 값을 작은 수부터 크기순으로 나열한 것을 $a_1, a_2, \cdots, a_n(n$은 자연수)라 할

때, $n + \displaystyle\sum_{k=1}^{n}\frac{g(a_k)}{\ln 2}$의 값을 구하시오. [4점]

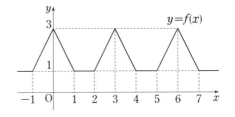

Hidden Point

K 10-25 복잡한 함수식이 주어져 있으나 함수의 극한의 기본성질을 반복적으로 이용하면 두 함수 $f(x)$, $g(x)$에 대한 정보를 얻어낼 수 있다.

먼저 $\lim_{x \to 1}(x-1)F'(x) = 3$, 즉 $\lim_{x \to 1}\frac{(x-1)f'(x)}{f(x)} = 3$에서

$f(x)$가 $(x-1)^3$을 인수로 갖는다는 정보를 얻어낸 후,

$\lim_{x \to 0}\frac{F'(x)}{G'(x)} = \frac{1}{4}$을 적절히 조작하여 얻은 $\lim_{x \to 0}\frac{xg'(x)}{g(x)} = 3$에서

$g(x)$가 x^3을 인수로 갖는다는 정보를 얻어내면 된다.

Hidden Point

K 10-26 함수 $f(x)$는 x가 정수일 때만 미분가능하지 않으므로 함수 $f(2^x)$은 $x = \log_2 m$ (m은 자연수)에서만 미분가능하지 않다. 이때 함수 $g(x)$는 '함수 $f(2^x)$의 우미분계수의 절댓값'으로 정의되었으므로 함수 $g(x)$가 $x = a$에서 불연속인 a의 값이 될 수 있는 후보는 $\log_2 m$꼴임을 이용하여 접근해 보자.

최고차항의 계수가 1인 삼차함수 $f(x)$에 대하여 실수 전체의 집합에서 정의된 함수 $g(x) = f(\sin^2 \pi x)$가 다음 조건을 만족시킨다.

(가) $0 < x < 1$에서 함수 $g(x)$가 극대가 되는 x의 개수가 3이고, 이때 극댓값이 모두 동일하다.

(나) 함수 $g(x)$의 최댓값은 $\dfrac{1}{2}$이고 최솟값은 0이다.

$f(2) = a + b\sqrt{2}$ 일 때, $a^2 + b^2$의 값을 구하시오.

(단, a와 b는 유리수이다.) [4점]

이차함수 $f(x)$에 대하여 함수 $g(x) = \{f(x) + 2\}e^{f(x)}$ 이 다음 조건을 만족시킨다.

(가) $f(a) = 6$인 a에 대하여 $g(x)$는 $x = a$에서 최댓값을 갖는다.

(나) $g(x)$는 $x = b$, $x = b + 6$에서 최솟값을 갖는다.

방정식 $f(x) = 0$의 서로 다른 두 실근을 α, β라 할 때, $(\alpha - \beta)^2$의 값을 구하시오. (단, a, b는 실수이다.) [4점]

함수 $f(x) = 6\pi(x-1)^2$에 대하여 함수 $g(x)$를

$$g(x) = 3f(x) + 4\cos f(x)$$

라 하자. $0 < x < 2$에서 함수 $g(x)$가 극소가 되는 x의 개수는? [4점]

① 6   ② 7   ③ 8

④ 9   ⑤ 10

최고차항의 계수가 $\dfrac{1}{2}$인 삼차함수 $f(x)$에 대하여 함수 $g(x)$가

$$g(x) = \begin{cases} \ln|f(x)| & (f(x) \neq 0) \\ 1 & (f(x) = 0) \end{cases}$$

이고 다음 조건을 만족시킬 때, 함수 $g(x)$의 극솟값은? [4점]

(가) 함수 $g(x)$는 $x \neq 1$인 모든 실수 x에서 연속이다.

(나) 함수 $g(x)$는 $x = 2$에서 극대이고,
　　함수 $|g(x)|$는 $x = 2$에서 극소이다.

(다) 방정식 $g(x) = 0$의 서로 다른 실근의 개수는
　　3이다.

---

① $\ln \dfrac{13}{27}$ ② $\ln \dfrac{16}{27}$ ③ $\ln \dfrac{19}{27}$

④ $\ln \dfrac{22}{27}$ ⑤ $\ln \dfrac{25}{27}$

K

미분법

최고차항의 계수가 양수인 삼차함수 $f(x)$와
함수 $g(x) = e^{\sin \pi x} - 1$에 대하여 실수 전체의 집합에서
정의된 합성함수 $h(x) = g(f(x))$가 다음 조건을
만족시킨다.

(가) 함수 $h(x)$는 $x = 0$에서 극댓값 0을 갖는다.

(나) 열린구간 $(0, 3)$에서 방정식 $h(x) = 1$의 서로
다른 실근의 개수는 7이다.

$f(3) = \dfrac{1}{2}$, $f'(3) = 0$일 때, $f(2) = \dfrac{q}{p}$이다. $p + q$의
값을 구하시오. (단, p와 q는 서로소인 자연수이다.) [4점]

길이가 10인 선분 AB를 지름으로 하는 원과 선분 AB
위에 $\overline{\mathrm{AC}} = 4$인 점 C가 있다. 이 원 위의 점 P를
$\angle \mathrm{PCB} = \theta$가 되도록 잡고, 점 P를 지나고 선분 AB에
수직인 직선이 이 원과 만나는 점 중 P가 아닌 점을 Q라
하자. 삼각형 PCQ의 넓이를 $S(\theta)$라 할 때,

$-7 \times S'\left(\dfrac{\pi}{4}\right)$의 값을 구하시오. (단, $0 < \theta < \dfrac{\pi}{2}$) [4점]

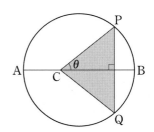

함수 $f(x) = \dfrac{1}{3}x^3 - x^2 + \ln(1+x^2) + a$ (a는 상수)와

두 양수 b, c에 대하여 함수

$$g(x) = \begin{cases} f(x) & (x \geq b) \\ -f(x-c) & (x < b) \end{cases}$$

는 실수 전체의 집합에서 미분가능하다.

$a + b + c = p + q\ln 2$일 때, $30(p+q)$의 값을 구하시오.

(단, p, q는 유리수이고, $\ln 2$는 무리수이다.) [4점]

유형 **11** 매개변수로 나타낸 함수 또는 음함수의 미분법

■ 유형소개

이 유형은 교육과정이 바뀌면서 과목의 이동은 있었으나
학습의 내용에서는 크게 변한 부분은 없으므로 앞서
출제되어온 바와 같이 기본 계산 문제로 출제될 것으로
예상된다.

■ 유형접근법

✓ 매개변수로 나타낸 함수의 미분법

두 함수 $x = f(t)$, $y = g(t)$가 t에 대하여 미분가능하고
$f'(t) \neq 0$일 때

함수 $\begin{cases} x = f(t) \\ y = g(t) \end{cases}$의 도함수는 $\dfrac{dy}{dx} = \dfrac{\frac{dy}{dt}}{\frac{dx}{dt}} = \dfrac{g'(t)}{f'(t)}$ 이다.

✓ 음함수의 미분법

방정식 $f(x, y) = 0$에서 y를 x에 대한 함수로 보고,

각 항을 x에 대해 미분하여 $\dfrac{dy}{dx}$의 값을 구한다.

특히 y가 포함된 항은 합성함수의 미분법을 이용한다.

K **11-01** 너코 102 너코 104
2017학년도 9월 평가원 가형 14번

매개변수 t ($t > 0$)로 나타내어진 함수

$$x = t - \frac{2}{t}, \; y = t^2 + \frac{2}{t^2}$$

에서 $t = 1$일 때, $\dfrac{dy}{dx}$의 값은? [4점]

① $-\dfrac{2}{3}$ ② -1 ③ $-\dfrac{4}{3}$

④ $-\dfrac{5}{3}$ ⑤ -2

K 11-02

곡선 $e^x - xe^y = y$ 위의 점 $(0, 1)$에서의 접선의
기울기는? [3점]

① $3 - e$ ② $2 - e$ ③ $1 - e$

④ $-e$ ⑤ $-1 - e$

K 11-03

곡선 $x^2 + xy + y^3 = 7$ 위의 점 $(2, 1)$에서의 접선의
기울기는? [3점]

① -5 ② -4 ③ -3

④ -2 ⑤ -1

K 11-04

곡선 $\pi x = \cos y + x \sin y$ 위의 점 $\left(0, \dfrac{\pi}{2}\right)$에서의 접선의
기울기는? [3점]

① $1 - \dfrac{5}{2}\pi$ ② $1 - 2\pi$ ③ $1 - \dfrac{3}{2}\pi$

④ $1 - \pi$ ⑤ $1 - \dfrac{\pi}{2}$

K 11-05

곡선 $x^2 - 3xy + y^2 = x$ 위의 점 $(1, 0)$에서의 접선의
기울기는? [3점]

① $\dfrac{1}{12}$ ② $\dfrac{1}{6}$ ③ $\dfrac{1}{4}$

④ $\dfrac{1}{3}$ ⑤ $\dfrac{5}{12}$

K 11-06
너코 098 너코 105
2021학년도 6월 평가원 가형 25번

곡선 $x^3 - y^3 = e^{xy}$ 위의 점 $(a, 0)$에서의 접선의 기울기가 b일 때, $a + b$의 값을 구하시오. [3점]

K 11-07
너코 044 너코 098 너코 104
2021학년도 9월 평가원 가형 7번

매개변수 $t \, (t > 0)$으로 나타내어진 함수

$$x = \ln t + t, \ y = -t^3 + 3t$$

에 대하여 $\dfrac{dy}{dx}$가 $t = a$에서 최댓값을 가질 때, a의 값은?

[3점]

① $\dfrac{1}{6}$ ② $\dfrac{1}{5}$ ③ $\dfrac{1}{4}$

④ $\dfrac{1}{3}$ ⑤ $\dfrac{1}{2}$

K 11-08
너코 098 너코 101 너코 104
2022학년도 6월 평가원 (미적분) 24번

매개변수 t로 나타내어진 곡선

$$x = e^t + \cos t, \ y = \sin t$$

에서 $t = 0$일 때, $\dfrac{dy}{dx}$의 값은? [3점]

① $\dfrac{1}{2}$ ② 1 ③ $\dfrac{3}{2}$

④ 2 ⑤ $\dfrac{5}{2}$

K 11-09
너코 098 너코 103 너코 104
2022학년도 9월 평가원 (미적분) 25번

매개변수 t로 나타내어진 곡선

$$x = e^t - 4e^{-t}, \ y = t + 1$$

에서 $t = \ln 2$일 때, $\dfrac{dy}{dx}$의 값은? [3점]

① 1 ② $\dfrac{1}{2}$ ③ $\dfrac{1}{3}$

④ $\dfrac{1}{4}$ ⑤ $\dfrac{1}{5}$

K 11-10

곡선 $x^2 - y\ln x + x = e$ 위의 점 (e, e^2)에서의 접선의 기울기는? [3점]

① $e+1$ ② $e+2$ ③ $e+3$
④ $2e+1$ ⑤ $2e+2$

K 11-11

매개변수 t로 나타내어진 곡선

$$x = \frac{5t}{t^2+1}, \ y = 3\ln(t^2+1)$$

에서 $t = 2$일 때, $\dfrac{dy}{dx}$의 값은? [3점]

① -1 ② -2 ③ -3
④ -4 ⑤ -5

K 11-12

매개변수 t로 나타내어진 곡선

$$x = t + \cos 2t, \ y = \sin^2 t$$

에서 $t = \dfrac{\pi}{4}$일 때, $\dfrac{dy}{dx}$의 값은? [3점]

① -2 ② -1 ③ 0
④ 1 ⑤ 2

K 11-13

매개변수 $t \ (t > 0)$으로 나타내어진 곡선

$$x = \ln(t^3 + 1), \ y = \sin \pi t$$

에서 $t = 1$일 때, $\dfrac{dy}{dx}$의 값은? [3점]

① $-\dfrac{1}{3}\pi$ ② $-\dfrac{2}{3}\pi$ ③ $-\pi$
④ $-\dfrac{4}{3}\pi$ ⑤ $-\dfrac{5}{3}\pi$

K 11-14 너코 044 너코 101 너코 103 너코 105

2025학년도 6월 평가원 (미적분) 24번

곡선 $x \sin 2y + 3x = 3$ 위의 점 $\left(1, \dfrac{\pi}{2}\right)$ 에서의 접선의 기울기는? [3점]

① $\dfrac{1}{2}$　　　② 1　　　③ $\dfrac{3}{2}$

④ 2　　　⑤ $\dfrac{5}{2}$

K 11-15 너코 004 너코 098 너코 105

2019학년도 6월 평가원 가형 9번

곡선 $e^x - e^y = y$ 위의 점 (a, b) 에서의 접선의 기울기가 1일 때, $a + b$의 값은? [3점]

① $1 + \ln(e + 1)$　　② $2 + \ln(e^2 + 2)$

③ $3 + \ln(e^3 + 3)$　　④ $4 + \ln(e^4 + 4)$

⑤ $5 + \ln(e^5 + 5)$

K 11-16 너코 098 너코 104

2022학년도 수능 예시문항 (미적분) 25번

매개변수 t로 나타낸 곡선

$$x = e^t + 2t, \ y = e^{-t} + 3t$$

에 대하여 $t = 0$에 대응하는 점에서의 접선이 점 $(10, a)$를 지날 때, a의 값은? [3점]

① 6　　　② 7　　　③ 8

④ 9　　　⑤ 10

K

미분법

세 실수 a, b, k에 대하여 두 점 $\mathrm{A}(a,\ a+k)$,
$\mathrm{B}(b,\ b+k)$가 곡선 $C : x^2 - 2xy + 2y^2 = 15$ 위에
있다. 곡선 C 위의 점 A에서의 접선과 곡선 C 위의 점
B에서의 접선이 서로 수직일 때, k^2의 값을 구하시오.

$\qquad$ (단, $a+2k \neq 0$, $b+2k \neq 0$) [4점]

지점 O와 지점 E 사이의 거리는 $40\,\mathrm{m}$이다. 그림과 같이
갑은 지점 O에서 출발하여 선분 OE에 수직인 반직선
OS를 따라 초속 $3\,\mathrm{m}$의 일정한 속력으로 달리고, 을은
갑이 출발한 지 10초가 되는 순간 지점 E에서 출발하여
선분 OE에 수직인 반직선 EN을 따라 초속 $4\,\mathrm{m}$의 일정한
속력으로 달리고 있다. 갑과 을의 지점을 연결하여 만든
선분과 선분 OE가 만나서 이루는 각을 θ(라디안)라 할 때,
갑이 출발한 지 20초가 되는 순간 θ의 변화율은? [4점]

① $\dfrac{21}{290}$ 라디안/초 $\qquad$ ② $\dfrac{13}{290}$ 라디안/초

③ $\dfrac{7}{290}$ 라디안/초 $\qquad$ ④ $\dfrac{3}{290}$ 라디안/초

⑤ $\dfrac{1}{290}$ 라디안/초

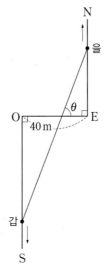

K11-19

너코 098 너코 104
2014학년도 9월 평가원 B형 21번

자연수 n에 대하여 함수 $y = f(x)$를 매개변수 t로 나타내면

$$\begin{cases} x = e^t \\ y = (2t^2 + nt + n)e^t \end{cases}$$

이고, $x \geq e^{-\frac{n}{2}}$ 일 때 함수 $y = f(x)$는 $x = a_n$에서 최솟값 b_n을 갖는다. $\dfrac{b_3}{a_3} + \dfrac{b_4}{a_4} + \dfrac{b_5}{a_5} + \dfrac{b_6}{a_6}$ 의 값은? [4점]

① $\dfrac{23}{2}$ ② 12 ③ $\dfrac{25}{2}$

④ 13 ⑤ $\dfrac{27}{2}$

유형 12 역함수의 미분법

■ 유형소개

역함수를 구하지 않고 원함수의 도함수를 통해 역함수의 미분계수를 구하는 문제를 수록했다.
두 함수가 역함수 관계임을 직접적으로 제시하고 역함수의 미분계수를 묻는 간단한 계산문제부터 서로 역함수 관계인 두 함수를 직접 찾아 문제를 해결해야하는 고난이도 문제까지 출제되고 있다.

■ 유형접근법

미분가능한 함수 $f(x)$의 역함수 $g(x)$가 존재하고 미분가능할 때,
$f(g(x)) = x$에서 양변을 x에 대하여 미분하면
$f'(g(x)) \times g'(x) = 1$, 즉 $g'(x) = \dfrac{1}{f'(g(x))}$ 이다.

K12-01

너코 101 너코 106
2017학년도 9월 평가원 가형 26번

함수 $f(x) = 2x + \sin x$의 역함수를 $g(x)$라 할 때, 곡선 $y = g(x)$ 위의 점 $(4\pi, 2\pi)$에서의 접선의 기울기는 $\dfrac{q}{p}$ 이다. $p + q$의 값을 구하시오.

(단, p와 q는 서로소인 자연수이다.) [4점]

K12-02

너코 045 너코 106
2018학년도 수능 가형 11번

실수 전체의 집합에서 미분가능한 두 함수 $f(x)$, $g(x)$가 있다. $f(x)$가 $g(x)$의 역함수이고 $f(1) = 2$, $f'(1) = 3$이다. 함수 $h(x) = xg(x)$라 할 때, $h'(2)$의 값은? [3점]

① 1 ② $\dfrac{4}{3}$ ③ $\dfrac{5}{3}$

④ 2 ⑤ $\dfrac{7}{3}$

K 12-03

2019학년도 수능 가형 9번

함수 $f(x) = \dfrac{1}{1+e^{-x}}$ 의 역함수를 $g(x)$라 할 때,

$g'(f(-1))$의 값은? [3점]

① $\dfrac{1}{(1+e)^2}$

② $\dfrac{e}{1+e}$

③ $\left(\dfrac{1+e}{e}\right)^2$

④ $\dfrac{e^2}{1+e}$

⑤ $\dfrac{(1+e)^2}{e}$

K 12-04

너코 018　너코 102　너코 103　너코 106

2020학년도 9월 평가원 가형 24번

정의역이 $\left\{ x \,\middle|\, -\dfrac{\pi}{4} < x < \dfrac{\pi}{4} \right\}$ 인 함수 $f(x) = \tan(2x)$

의 역함수를 $g(x)$라 할 때, $100 \times g'(1)$의 값을 구하시오.

[3점]

K 12-05

너코 045　너코 103　너코 106

2020학년도 수능 가형 26번

함수 $f(x) = (x^2 + 2)e^{-x}$에 대하여 함수 $g(x)$가 미분가능하고

$$g\left(\dfrac{x+8}{10}\right) = f^{-1}(x),\ g(1) = 0$$

을 만족시킬 때, $|g'(1)|$의 값을 구하시오. [4점]

K 12-06

너코 044　너코 106

2023학년도 6월 평가원 (미적분) 25번

함수 $f(x) = x^3 + 2x + 3$의 역함수를 $g(x)$라 할 때,

$g'(3)$의 값은? [3점]

① 1

② $\dfrac{1}{2}$

③ $\dfrac{1}{3}$

④ $\dfrac{1}{4}$

⑤ $\dfrac{1}{5}$

K 12-07

너코 004 너코 103 너코 106
2010학년도 9월 평가원 가형 (미분과 적분) 27번

함수 $f(x) = \ln(e^x - 1)$의 역함수를 $g(x)$라 할 때,
양수 a에 대하여 $\dfrac{1}{f'(a)} + \dfrac{1}{g'(a)}$ 의 값은? [3점]

① 2   ② 4   ③ 6

④ 8   ⑤ 10

K 12-08

너코 103 너코 106
2013학년도 6월 평가원 가형 26번

실수 전체의 집합에서 증가하고 미분가능한 함수 $f(x)$가
있다. 곡선 $y = f(x)$ 위의 점 $(2, 1)$에서의 접선의
기울기는 1이다. 함수 $f(2x)$의 역함수를 $g(x)$라 할 때,
곡선 $y = g(x)$ 위의 점 $(1, a)$에서의 접선의 기울기는
b이다. $10(a + b)$의 값을 구하시오. [4점]

K 12-09

너코 033 너코 041 너코 102 너코 103 너코 106
2014학년도 9월 평가원 B형 27번

함수 $f(x) = \ln(\tan x)\ \left(0 < x < \dfrac{\pi}{2}\right)$의 역함수 $g(x)$에

대하여 $\displaystyle\lim_{h \to 0} \dfrac{4g(8h) - \pi}{h}$ 의 값을 구하시오. [4점]

K 12-10

너코 041 너코 101 너코 103 너코 106
2019학년도 6월 평가원 가형 25번

함수 $f(x) = 3e^{5x} + x + \sin x$의 역함수를 $g(x)$라 할 때,
곡선 $y = g(x)$는 점 $(3, 0)$을 지난다.
$\displaystyle\lim_{x \to 3} \dfrac{x - 3}{g(x) - g(3)}$ 의 값을 구하시오. [3점]

K 12-11

너코 033 너코 041 너코 045 너코 098 너코 106
2019학년도 9월 평가원 가형 6번

$x \geq \dfrac{1}{e}$에서 정의된 함수 $f(x) = 3x \ln x$의 그래프가 점 $(e, 3e)$를 지난다. 함수 $f(x)$의 역함수를 $g(x)$라고 할 때, $\displaystyle\lim_{h \to 0} \dfrac{g(3e+h) - g(3e-h)}{h}$의 값은? [3점]

① $\dfrac{1}{3}$ ② $\dfrac{1}{2}$ ③ $\dfrac{2}{3}$

④ $\dfrac{5}{6}$ ⑤ 1

K 12-12

너코 034 너코 097 너코 102 너코 103 너코 106
2021학년도 9월 평가원 가형 15번

열린구간 $\left(-\dfrac{\pi}{2}, \dfrac{\pi}{2} \right)$에서 정의된 함수

$$f(x) = \ln \left(\dfrac{\sec x + \tan x}{a} \right)$$

의 역함수를 $g(x)$라 하자. $\displaystyle\lim_{x \to -2} \dfrac{g(x)}{x+2} = b$일 때, 두 상수 a, b의 곱 ab의 값은? (단, $a > 0$) [4점]

① $\dfrac{e^2}{4}$ ② $\dfrac{e^2}{2}$ ③ e^2

④ $2e^2$ ⑤ $4e^2$

K 12-13

너코 049 너코 054 너코 103 너코 106
2025학년도 수능 (미적분) 27번

최고차항의 계수가 1인 삼차함수 $f(x)$에 대하여 함수 $g(x)$를

$$g(x) = f(e^x) + e^x$$

이라 하자. 곡선 $y = g(x)$ 위의 점 $(0, g(0))$에서의 접선이 x축이고 함수 $g(x)$가 역함수 $h(x)$를 가질 때, $h'(8)$의 값은? [3점]

① $\dfrac{1}{36}$ ② $\dfrac{1}{18}$ ③ $\dfrac{1}{12}$

④ $\dfrac{1}{9}$ ⑤ $\dfrac{5}{36}$

K 12-14 너코 045 너코 103 너코 106

2016학년도 수능 B형 21번

$0 < t < 41$인 실수 t에 대하여 곡선

$y = x^3 + 2x^2 - 15x + 5$와 직선 $y = t$가 만나는 세 점

중에서 x좌표가 가장 큰 점의 좌표를 $(f(t), t)$, x좌표가

가장 작은 점의 좌표를 $(g(t), t)$라 하자.

$h(t) = t \times \{f(t) - g(t)\}$라 할 때, $h'(5)$의 값은? [4점]

① $\dfrac{79}{12}$ ② $\dfrac{85}{12}$ ③ $\dfrac{91}{12}$

④ $\dfrac{97}{12}$ ⑤ $\dfrac{103}{12}$

K 12-15 너코 044 너코 045 너코 046 너코 103 너코 106

2021학년도 수능 가형 28번

두 상수 $a, b\,(a < b)$에 대하여 함수 $f(x)$를

$$f(x) = (x - a)(x - b)^2$$

이라 하자. 함수 $g(x) = x^3 + x + 1$의 역함수 $g^{-1}(x)$에

대하여 합성함수 $h(x) = (f \circ g^{-1})(x)$가 다음 조건을

만족시킬 때, $f(8)$의 값을 구하시오. [4점]

(가) 함수 $(x - 1)|h(x)|$가 실수 전체의 집합에서
    미분가능하다.

(나) $h'(3) = 2$

Hidden Point

K 12-14 $i(x) = x^3 + 2x^2 - 15x + 5$라 할 때

방정식 $i(x) = t$가 $f(t)$, $g(t)$를 해로 가지므로

$i(f(t)) = t$, $i(g(t)) = t$이다.

따라서 문제에서 직접적으로 역함수라는 표현을 주지는 않았지만

역함수의 미분계수를 구하는 것과 같은 방법으로 $f'(5)$, $g'(5)$의 값을 구할

수 있다.

K12-16 너코045 너코098 너코103 너코106

2023학년도 9월 평가원 (미적분) 29번

함수 $f(x) = e^x + x$가 있다. 양수 t에 대하여 점 $(t, 0)$과 점 $(x, f(x))$ 사이의 거리가 $x = s$에서 최소일 때, 실수 $f(s)$의 값을 $g(t)$라 하자. 함수 $g(t)$의 역함수를 $h(t)$라 할 때, $h'(1)$의 값을 구하시오. [4점]

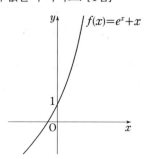

---

3 도함수의 활용

유형 13 접선의 방정식

유형소개

직접적으로 접선을 언급하는 문제뿐만 아니라 문제의 조건을 만족하는 상황이 결국 곡선에 직선이 접할 때임을 해석해야 하는 고난이도 문제까지 꾸준히 출제되고 있다. 따라서 이 유형을 통해 곡선에 직선이 접하는 상황을 간접적으로 드러내는 다양한 표현을 익히도록 하자.

유형접근법

✓ 곡선 $y = f(x)$ 위의 점 $(a, f(a))$에서의 접선의 방정식
$y = f'(a)(x-a) + f(a)$

✓ 곡선 $y = f(x)$와 직선 $y = mx + n$이 접할 때 접점 $(a, f(a))$의 좌표 구하기
$f'(a) = m$, $f(a) = ma + n$을 만족시키는 a의 값을 찾는다.

K13-01 너코103 너코108

2017학년도 6월 평가원 가형 11번

곡선 $y = \ln(x-3) + 1$ 위의 점 $(4, 1)$에서의 접선의 방정식이 $y = ax + b$일 때, 두 상수 a, b의 합 $a + b$의 값은? [3점]

① -2 ② -1 ③ 0
④ 1 ⑤ 2

K 13-02

곡선 $e^y \ln x = 2y + 1$ 위의 점 $(e, 0)$에서의 접선의
방정식을 $y = ax + b$라 할 때, ab의 값은?

(단, a, b는 상수이다.) [3점]

① $-2e$　　　　② $-e$　　　　③ -1

④ $-\dfrac{2}{e}$　　　　⑤ $-\dfrac{1}{e}$

K 13-03

$0 < x < \dfrac{\pi}{4}$인 모든 x에 대하여 부등식 $\tan(2x) > ax$를
만족시키는 a의 최댓값은? [3점]

① $\dfrac{1}{2}$　　　　② 1　　　　③ $\dfrac{3}{2}$

④ 2　　　　⑤ $\dfrac{5}{2}$

K 13-04

곡선 $y = e^x$ 위의 점 $(1, e)$에서의 접선이 곡선
$y = 2\sqrt{x-k}$에 접할 때, 실수 k의 값은? [3점]

① $\dfrac{1}{e}$　　　　② $\dfrac{1}{e^2}$　　　　③ $\dfrac{1}{e^4}$

④ $\dfrac{1}{1+e}$　　　　⑤ $\dfrac{1}{1+e^2}$

K13-05

$a > 3$인 상수 a에 대하여 두 곡선 $y = a^{x-1}$과 $y = 3^x$이 점 P에서 만난다. 점 P의 x좌표를 k라 할 때, 점 P에서 곡선 $y = 3^x$에 접하는 직선이 x축과 만나는 점을 A, 점 P에서 곡선 $y = a^{x-1}$에 접하는 직선이 x축과 만나는 점을 B라 하자. 점 H$(k, 0)$에 대하여 $\overline{\mathrm{AH}} = 2\overline{\mathrm{BH}}$일 때, a의 값은? [4점]

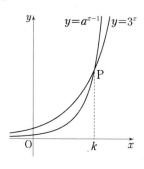

① 6   ② 7   ③ 8

④ 9   ⑤ 10

K13-06

닫힌구간 $[0, 4]$에서 정의된 함수

$$f(x) = 2\sqrt{2}\sin\left(\frac{\pi}{4}x\right)$$

의 그래프가 그림과 같고, 직선 $y = g(x)$가 함수 $y = f(x)$의 그래프 위의 점 A$(1, 2)$를 지난다. 일차함수 $g(x)$가 닫힌구간 $[0, 4]$에서 $f(x) \le g(x)$를 만족시킬 때, $g(3)$의 값은? [4점]

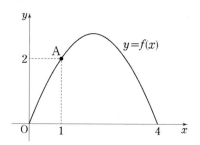

① π ② $\pi + 1$ ③ $\pi + 2$

④ $\pi + 3$ ⑤ $\pi + 4$

K 13-07

너코 034 | 너코 041 | 너코 101 | 너코 103 | 너코 108
2019학년도 9월 평가원 가형 26번

미분가능한 함수 $f(x)$와 함수 $g(x) = \sin x$에 대하여 합성함수 $y = (g \circ f)(x)$의 그래프 위의 점 $(1, (g \circ f)(1))$에서의 접선이 원점을 지난다.

$$\lim_{x \to 1} \frac{f(x) - \dfrac{\pi}{6}}{x - 1} = k$$

일 때, 상수 k에 대하여 $30k^2$의 값을 구하시오. [4점]

K 13-08

너코 041 | 너코 044 | 너코 098
2020학년도 9월 평가원 가형 13번

양수 k에 대하여 두 곡선 $y = ke^x + 1$, $y = x^2 - 3x + 4$가 점 P에서 만나고, 점 P에서 두 곡선에 접하는 두 직선이 서로 수직일 때, k의 값은? [3점]

① $\dfrac{1}{e}$ ② $\dfrac{1}{e^2}$ ③ $\dfrac{2}{e^2}$

④ $\dfrac{2}{e^3}$ ⑤ $\dfrac{3}{e^3}$

K 13-09

너코 098 | 너코 099 | 너코 108
2022학년도 6월 평가원 (미적분) 25번

원점에서 곡선 $y = e^{|x|}$에 그은 두 접선이 이루는 예각의 크기를 θ라 할 때, $\tan\theta$의 값은? [3점]

① $\dfrac{e}{e^2 + 1}$ ② $\dfrac{e}{e^2 - 1}$ ③ $\dfrac{2e}{e^2 + 1}$

④ $\dfrac{2e}{e^2 - 1}$ ⑤ 1

K 13-10

너코 018 너코 021 너코 098 너코 101
2022학년도 6월 평가원 (미적분) 27번

두 함수

$$f(x) = e^x, \; g(x) = k \sin x$$

에 대하여 방정식 $f(x) = g(x)$의 서로 다른 양의 실근의 개수가 3일 때, 양수 k의 값은? [3점]

① $\sqrt{2}\, e^{\frac{3\pi}{2}}$

② $\sqrt{2}\, e^{\frac{7\pi}{4}}$

③ $\sqrt{2}\, e^{2\pi}$

④ $\sqrt{2}\, e^{\frac{9\pi}{4}}$

⑤ $\sqrt{2}\, e^{\frac{5\pi}{2}}$

K 13-11

너코 037 너코 103 너코 108
2018학년도 6월 평가원 가형 16번

실수 k에 대하여 함수 $f(x)$는

$$f(x) = \begin{cases} x^2 + k & (x \le 2) \\ \ln(x-2) & (x > 2) \end{cases}$$

이다. 실수 t에 대하여 직선 $y = x + t$와 함수 $y = f(x)$의 그래프가 만나는 점의 개수를 $g(t)$라 하자. 함수 $g(t)$가 $t = a$에서 불연속인 a의 값이 한 개일 때, k의 값은? [4점]

① -2

② $-\dfrac{9}{4}$

③ $-\dfrac{5}{2}$

④ $-\dfrac{11}{4}$

⑤ -3

양수 t에 대하여 구간 $[1, \infty)$에서 정의된 함수 $f(x)$가

$$f(x) = \begin{cases} \ln x & (1 \le x < e) \\ -t + \ln x & (x \ge e) \end{cases}$$

일 때, 다음 조건을 만족시키는 일차함수 $g(x)$ 중에서
직선 $y = g(x)$의 기울기의 최솟값을 $h(t)$라 하자.

---

1 이상의 모든 실수 x에 대하여
$(x - e)\{g(x) - f(x)\} \ge 0$이다.

미분가능한 함수 $h(t)$에 대하여 양수 a가

$h(a) = \dfrac{1}{e+2}$을 만족시킨다. $h'\left(\dfrac{1}{2e}\right) \times h'(a)$의 값은?

[4점]

① $\dfrac{1}{(e+1)^2}$ ② $\dfrac{1}{e(e+1)}$ ③ $\dfrac{1}{e^2}$

④ $\dfrac{1}{(e-1)(e+1)}$ ⑤ $\dfrac{1}{e(e-1)}$

양의 실수 t에 대하여 곡선 $y = t^3 \ln(x - t)$가 곡선
$y = 2e^{x-a}$과 오직 한 점에서 만나도록 하는 실수 a의
값을 $f(t)$라 하자. $\left\{ f'\left(\dfrac{1}{3}\right) \right\}^2$의 값을 구하시오. [4점]

두 양수 a, b $(b < 1)$에 대하여 함수 $f(x)$를

$$f(x) = \begin{cases} -x^2 + ax & (x \leq 0) \\ \dfrac{\ln(x+b)}{x} & (x > 0) \end{cases}$$

이라 하자. 양수 m에 대하여 직선 $y = mx$와 함수 $y = f(x)$의 그래프가 만나는 서로 다른 점의 개수를 $g(m)$이라 할 때, 함수 $g(m)$은 다음 조건을 만족시킨다.

$\lim\limits_{m \to \alpha-} g(m) - \lim\limits_{m \to \alpha+} g(m) = 1$을 만족시키는 양수 α가 오직 하나 존재하고, 이 α에 대하여 점 $(b, f(b))$는 직선 $y = \alpha x$와 곡선 $y = f(x)$의 교점이다.

$ab^2 = \dfrac{q}{p}$일 때, $p + q$의 값을 구하시오. (단, p와 q는 서로소인 자연수이고, $\lim\limits_{x \to \infty} f(x) = 0$이다.) [4점]

다음 조건을 만족시키는 실수 a, b에 대하여 ab의 최댓값을 M, 최솟값을 m이라 하자.

모든 실수 x에 대하여 부등식
$$-e^{-x+1} \leq ax + b \leq e^{x-2}$$
이 성립한다.

$\left| M \times m^3 \right| = \dfrac{q}{p}$일 때, $p + q$의 값을 구하시오.

(단, p와 q는 서로소인 자연수이다.) [4점]

도함수, 이계도함수와 함수의 그래프의 활용

■ **유형소개**

이 유형에는 도함수, 이계도함수를 구하거나 함수의 그래프의 특징을 파악하여 극댓값·극솟값 또는 최댓값·최솟값 등을 구하는 문제가 수록되어 있다. 함수의 종합적인 특징을 분석해야 하므로 최고난이도 문제가 자주 출제되는 유형이다.

■ **유형접근법**

함수 $y = f(x)$의 그래프의 개형은 다음을 고려한다.

❶ 함수의 정의역과 치역
❷ 곡선의 대칭성과 주기
❸ 좌표축과의 교점
❹ 함수의 증가와 감소, 극대와 극소
❺ 곡선의 볼록성과 변곡점
❻ $\lim\limits_{x \to -\infty} f(x),\ \lim\limits_{x \to \infty} f(x)$

특히 ❹, ❺를 표로 나타내면 다음과 같다.

	$f''(x) > 0$	$f''(x) < 0$
$f'(x) > 0$	↗	↗
$f'(x) < 0$	↘	↘

또한
$f'(a) = 0$, $f''(a) > 0$, 즉 $x = a$의 좌우에서 $f'(x)$의 부호가 음에서 양으로 바뀌면 $x = a$에서 극소이다.
$f'(a) = 0$, $f''(a) < 0$, 즉 $x = a$의 좌우에서 $f'(x)$의 부호가 양에서 음으로 바뀌면 $x = a$에서 극대이다.

K 14-01

너코 098 너코 110
2012학년도 6월 평가원 가형 8번

함수 $f(x) = \dfrac{1}{2}x^2 - a\ln x\ (a > 0)$의 극솟값이 0일 때, 상수 a의 값은? [3점]

① $\dfrac{1}{e}$ ② $\dfrac{2}{e}$ ③ $\sqrt{e}$

④ e ⑤ $2e$

K 14-02

너코 098 너코 103 너코 110
2020학년도 9월 평가원 가형 11번

함수 $f(x) = (x^2 - 3)e^{-x}$의 극댓값과 극솟값을 각각 a, b라 할 때, $a \times b$의 값은? [3점]

① $-12e^2$ ② $-12e$ ③ $-\dfrac{12}{e}$

④ $-\dfrac{12}{e^2}$ ⑤ $-\dfrac{12}{e^3}$

K 14-03

너코 098 너코 110
2021학년도 수능 가형 7번

함수 $f(x) = (x^2 - 2x - 7)e^x$의 극댓값과 극솟값을 각각 a, b라 할 때, $a \times b$의 값은? [3점]

① -32 ② -30 ③ -28

④ -26 ⑤ -24

K14-04

곡선 $y = 2e^{-x}$ 위의 점 $\mathrm{P}\,(t,\ 2e^{-t})\,(t > 0)$에서 y축에 내린 수선의 발을 A라 하고, 점 P에서의 접선이 y축과 만나는 점을 B라 하자. 삼각형 APB의 넓이가 최대가 되도록 하는 t의 값은? [4점]

① 1 ② $\dfrac{e}{2}$ ③ $\sqrt{2}$

④ 2 ⑤ e

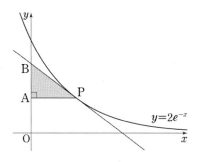

K14-05

상수 $a\,(a > 1)$과 실수 $t\,(t > 0)$에 대하여 곡선 $y = a^x$ 위의 점 $\mathrm{A}(t,\ a^t)$에서의 접선을 l이라 하자. 점 A를 지나고 직선 l에 수직인 직선이 x축과 만나는 점을 B, y축과 만나는 점을 C라 하자. $\dfrac{\overline{\mathrm{AC}}}{\overline{\mathrm{AB}}}$의 값이 $t = 1$에서 최대일 때, a의 값은? [3점]

① $\sqrt{2}$ ② $\sqrt{e}$ ③ 2

④ $\sqrt{2e}$ ⑤ e

K14-06 ▦ᐧᐧᐧᐧ

양수 a에 대하여 닫힌구간 $[-a,\, a]$에서 함수

$$f(x) = \frac{x-5}{(x-5)^2 + 36}$$

의 최댓값을 M, 최솟값을 m이라 할 때, $M + m = 0$이 되도록 하는 a의 최솟값을 구하시오. [4점]

K14-07 ▦ᐧᐧᐧᐧ

함수 $f(x) = kx^2 e^{-x}$ $(k > 0)$과 실수 t에 대하여 곡선 $y = f(x)$ 위의 점 $(t,\, f(t))$에서 x축까지의 거리와 y축까지의 거리 중 크지 않은 값을 $g(t)$라 하자. 함수 $g(t)$가 한 점에서만 미분가능하지 않도록 하는 k의 최댓값은? [4점]

① $\dfrac{1}{e}$ ② $\dfrac{1}{\sqrt{e}}$ ③ $\dfrac{e}{2}$

④ $\sqrt{e}$ ⑤ e

Hidden Point

K 14-06 $[-a,\, a]$에서의 함수 $f(x)$의 최댓값, 최솟값은

$[-a-5,\, a-5]$에서의 함수 $f(x+5) = \dfrac{x}{x^2 + 36}$의 최댓값, 최솟값과 같다.

이와 같이 계산이나 문제 상황을 이해하기 수월하도록 주어진 문제를 변형하여 접근해 보도록 하자.

Hidden Point

K 14-07 곡선 $y = f(x)$ 위의 점 $(t,\, f(t))$에서 x축까지의 거리와 y축까지의 거리가 같으면 이 점은 직선 $y = x$ 또는 직선 $y = -x$ 위에 있다.

따라서 곡선 $y = f(x)$이 직선 $y = x$ 또는 $y = -x$과 만나는 점을 기준으로 함수 $g(t)$를 구하면 된다.

이때 곡선 $y = f(x)$ $(x < 0)$과 직선 $y = -x$는 k의 값에 관계없이 항상 만나고,

곡선 $y = f(x)$ $(x > 0)$과 직선 $y = x$는 k의 값에 따라 교점의 개수가 달라지므로 이점에 유념하여 접근하도록 하자.

K14-08

좌표평면에서 곡선 $y = x^2 + x$ 위의 두 점 A, B의
x좌표를 각각 s, t $(0 < s < t)$라 하자. 양수 k에 대하여
두 직선 OA, OB와 곡선 $y = x^2 + x$로 둘러싸인 부분의
넓이가 k가 되도록 하는 점 (s, t)가 나타내는 곡선을 C라
하자. 곡선 C 위의 점 중에서 점 $(1, 0)$과의 거리가 최소인
점의 x좌표가 $\dfrac{2}{3}$일 때, $k = \dfrac{q}{p}$이다. $p + q$의 값을 구하시오.
(단, O는 원점이고, p와 q는 서로소인 자연수이다.) [4점]

K14-09

최고차항의 계수가 1인 사차함수 $f(x)$와 함수

$$g(x) = |2\sin(x + 2|x|) + 1|$$

에 대하여 함수 $h(x) = f(g(x))$는 실수 전체의 집합에서
이계도함수 $h''(x)$를 갖고, $h''(x)$는 실수 전체의 집합에서
연속이다. $f'(3)$의 값을 구하시오. [4점]

Hidden Point

K14-09 미분가능의 정의, 미분가능과 연속의 관계에 대하여 정확한
이해를 요구한다.
다음 각각의 조건에 해당되는 진리집합을 순서대로
$P1$, $P2$, $P3$, $P4$, $P5$, $P6$이라 할 때,
$P1 \supset P2 \supset P3 \supset P4 \supset P5 \supset P6$인 관계가 성립한다.
$p1$: 함수 $h(x)$는 실수 전체의 집합에서 정의됨
$p2$: 함수 $h(x)$는 실수 전체의 집합에서 연속
$p3$: 함수 $h(x)$는 실수 전체의 집합에서 미분가능
$\Leftrightarrow$ 도함수 $h'(x)$는 실수 전체의 집합에서 정의됨
$p4$: 도함수 $h'(x)$는 실수 전체의 집합에서 연속
$p5$: 도함수 $h'(x)$는 실수 전체의 집합에서 미분가능
$\Leftrightarrow$ 이계도함수 $h''(x)$는 실수 전체의 집합에서 정의됨
$p6$: 이계도함수 $h''(x)$는 실수 전체의 집합에서 연속
따라서 이 관계를 정확히 이해하여
함수 $g(x)$가 미분가능하지 않은 점에서도
함수 $h(x) = f(g(x))$가 $h'(x)$, $h''(x)$의 값을 갖고 연속이 되도록 하는
함수 $f(x)$를 찾도록 하자.

Hidden Point

K14-08 두 직선 OA, OB와 곡선 $y = x^2 + x$로 둘러싸인 부분의 넓이는
직선 OB와 곡선 $y = x^2 + x$로 둘러싸인 부분의 넓이에서
직선 OA와 곡선 $y = x^2 + x$로 둘러싸인 부분의 넓이를 뺀 것과 같다.
이때 직선과 이차함수의 그래프로 둘러싸인 부분의 넓이는
$$\dfrac{|\text{이차함수의 최고차항의 계수}|}{6} \times (\text{두 교점의 } x\text{좌표의 차})^3$$
로 빠르게 구할 수 있음을 참고하도록 하자.

K14-10

너코049 너코050 너코102 너코103
2017학년도 수능 가형 30번

$x > a$에서 정의된 함수 $f(x)$와 최고차항의 계수가 -1인 사차함수 $g(x)$가 다음 조건을 만족시킨다.

(단, a는 상수이다.)

> (가) $x > a$인 모든 실수 x에 대하여
> $(x-a)f(x) = g(x)$이다.
> (나) 서로 다른 두 실수 α, β에 대하여 함수 $f(x)$는
> $x = \alpha$와 $x = \beta$에서 동일한 극댓값 M을 갖는다.
>   (단, $M > 0$)
> (다) 함수 $f(x)$가 극대 또는 극소가 되는 x의 개수는
>   함수 $g(x)$가 극대 또는 극소가 되는 x의 개수보다
>   많다.

$\beta - \alpha = 6\sqrt{3}$일 때, M의 최솟값을 구하시오. [4점]

K14-11

너코018 너코101 너코107 너코109
2018학년도 6월 평가원 가형 26번

그림과 같이 좌표평면에 점 $A(1, 0)$을 중심으로 하고 반지름의 길이가 1인 원이 있다. 원 위의 점 Q에 대하여 $\angle AOQ = \theta \left(0 < \theta < \dfrac{\pi}{3}\right)$라 할 때, 선분 OQ 위에 $\overline{PQ} = 1$인 점 P를 정한다. 점 P의 y좌표가 최대가 될 때 $\cos\theta = \dfrac{a + \sqrt{b}}{8}$이다. $a + b$의 값을 구하시오.

(단, O는 원점이고, a와 b는 자연수이다.) [4점]

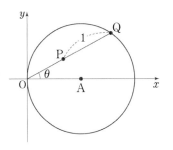

K 14-12 너코 098 너코 102 너코 103 너코 107 너코 109

2018학년도 9월 평가원 가형 30번

함수 $f(x) = \ln(e^x + 1) + 2e^x$에 대하여 이차함수 $g(x)$와 실수 k는 다음 조건을 만족시킨다.

> 함수 $h(x) = |g(x) - f(x - k)|$는 $x = k$에서 최솟값 $g(k)$를 갖고, 닫힌구간 $[k-1, k+1]$에서 최댓값 $2e + \ln\dfrac{1+e}{\sqrt{2}}$를 갖는다.

$g'\left(k - \dfrac{1}{2}\right)$의 값을 구하시오. (단, $\dfrac{5}{2} < e < 3$이다.) [4점]

K 14-13 너코 042 너코 046 너코 100 너코 103 너코 110

2019학년도 6월 평가원 가형 21번

열린구간 $\left(-\dfrac{\pi}{2}, \dfrac{3\pi}{2}\right)$에서 정의된 함수

$$f(x) = \begin{cases} 2\sin^3 x & \left(-\dfrac{\pi}{2} < x < \dfrac{\pi}{4}\right) \\ \cos x & \left(\dfrac{\pi}{4} \le x < \dfrac{3\pi}{2}\right) \end{cases}$$

가 있다. 실수 t에 대하여 다음 조건을 만족시키는 모든 실수 k의 개수를 $g(t)$라 하자.

> (가) $-\dfrac{\pi}{2} < k < \dfrac{3\pi}{2}$
>
> (나) 함수 $\sqrt{|f(x) - t|}$는 $x = k$에서 <u>미분가능하지 않다</u>.

함수 $g(t)$에 대하여 합성함수 $(h \circ g)(t)$가 실수 전체의 집합에서 연속이 되도록 하는 최고차항의 계수가 1인 사차함수 $h(x)$가 있다. $g\left(\dfrac{\sqrt{2}}{2}\right) = a$, $g(0) = b$, $g(-1) = c$라 할 때, $h(a+5) - h(b+3) + c$의 값은?

[4점]

① 96 ② 97 ③ 98

④ 99 ⑤ 100

Hidden Point

K 14-12 문제를 분석하는 것도 쉽진 않지만 계산량이 상당한 문제이다. 계산량을 단축시킬 수 있는 아래의 팁을 적용해 보도록 하자.

❶ 모든 이차함수 $i(x)$에 대하여 $\dfrac{i(\beta) - i(\alpha)}{\beta - \alpha} = i'\left(\dfrac{\alpha + \beta}{2}\right)$이 성립한다.

(단, $\alpha < \beta$)

문제에서 $g(k+1) - g(k-1)$를 계산해야하는 부분이 있는데, 이때 $2g'(k)$로 빠르게 계산을 해결할 수 있다.

❷ 주어진 그래프를 적절히 평행이동시키면 좀 더 수월하게 계산을 할 수 있다.

문제에서 $g'\left(k - \dfrac{1}{2}\right)$의 값을 계산해야하는 부분이 있는데, $g_1(x) = g(x+k) - \ln\sqrt{2}$ 라 하면 $-\ln\sqrt{2}$는 미분계수에 영향을 미치지 않으므로 $g_1'\left(-\dfrac{1}{2}\right)$로 빠르게 계산을 해결할 수 있다.

Hidden Point

K 14-13 $i(x) = |f(x) - t|$, $j(x) = \sqrt{x}$ 라 하면 $j(i(x)) = \sqrt{|f(x) - t|}$ 이다.

$-\dfrac{\pi}{2} < k < \dfrac{3\pi}{2}$ 인 실수 k에 대하여 다음 두 조건을 만족시키는 경우를 생각해 줄 수 있다.

함수 $i(x)$가 $x = k$에서 미분가능하다. ······ ㉠

함수 $j(x)$가 $x = i(k)$에서 미분가능하다. ······ ㉡

㉠, ㉡을 모두 만족시키면 함수 $j(i(x))$는 $x = k$에서 미분가능하다.

㉠ 또는 ㉡을 만족시키지 않으면 함수 $j(i(x))$가 $x = k$에서 미분가능한지 여부는 바로 알 수 없고

$\displaystyle\lim_{x \to k} \dfrac{j(i(x)) - j(i(k))}{x - k}$ 의 값이 존재하는지 확인해 보아야 알 수 있다.

최고차항의 계수가 6π인 삼차함수 $f(x)$에 대하여 함수 $g(x) = \dfrac{1}{2 + \sin f(x)}$ 이 $x = \alpha$에서 극대 또는 극소이고, $\alpha \geq 0$인 모든 α를 작은 수부터 크기순으로 나열한 것을 $\alpha_1,\ \alpha_2,\ \alpha_3,\ \alpha_4,\ \alpha_5,\ \cdots$ 라 할 때, $g(x)$는 다음 조건을 만족시킨다.

> (가) $\alpha_1 = 0$이고 $g(\alpha_1) = \dfrac{2}{5}$이다.
>
> (나) $\dfrac{1}{g(\alpha_5)} = \dfrac{1}{g(\alpha_2)} + \dfrac{1}{2}$

$g'\!\left(-\dfrac{1}{2}\right) = a\pi$라 할 때, a^2의 값을 구하시오.

(단, $0 < f(0) < \dfrac{\pi}{2}$) [4점]

함수 $f(x) = \dfrac{\ln x}{x}$와 양의 실수 t에 대하여 기울기가 t인 직선이 곡선 $y = f(x)$에 접할 때 접점의 x좌표를 $g(t)$라 하자. 원점에서 곡선 $y = f(x)$에 그은 접선의 기울기가 a일 때, 미분가능한 함수 $g(t)$에 대하여 $a \times g'(a)$의 값은? [4점]

① $-\dfrac{\sqrt{e}}{3}$ ② $-\dfrac{\sqrt{e}}{4}$ ③ $-\dfrac{\sqrt{e}}{5}$

④ $-\dfrac{\sqrt{e}}{6}$ ⑤ $-\dfrac{\sqrt{e}}{7}$

Hidden Point

K 14-14 미분가능한 함수 $g(x) = \dfrac{1}{2 + \sin f(x)}$ 가

'함수 $g(x)$가 $x = \alpha$에서 극대 또는 극소이다.'는
'$g'(\alpha) = 0$이고 $x = \alpha$의 좌우에서 $g'(x)$의 부호가 바뀐다.'와 같은 의미를 갖는다.

따라서 방정식 $g'(x) = 0$의 해를 구하는 것부터 시작해 보자.

두 상수 $a\ (a>0)$, b에 대하여 실수 전체의 집합에서 연속인 함수 $f(x)$가 다음 조건을 만족시킬 때, $a \times b$의 값은? [4점]

> (가) 모든 실수 x에 대하여
> $$\{f(x)\}^2 + 2f(x) = a\cos^3 \pi x \times e^{\sin^2 \pi x} + b$$
> 이다.
> (나) $f(0) = f(2) + 1$

① $-\dfrac{1}{16}$ ② $-\dfrac{7}{64}$ ③ $-\dfrac{5}{32}$

④ $-\dfrac{13}{64}$ ⑤ $-\dfrac{1}{4}$

실수 t에 대하여 원점을 지나고 곡선 $y = \dfrac{1}{e^x} + e^t$에 접하는 직선의 기울기를 $f(t)$라 하자. $f(a) = -e\sqrt{e}$ 를 만족시키는 상수 a에 대하여 $f'(a)$의 값은? [3점]

① $-\dfrac{1}{3}e\sqrt{e}$ ② $-\dfrac{1}{2}e\sqrt{e}$ ③ $-\dfrac{2}{3}e\sqrt{e}$

④ $-\dfrac{5}{6}e\sqrt{e}$ ⑤ $-e\sqrt{e}$

함수 $f(x)$가

$$f(x)=\begin{cases} (x-a-2)^2 e^x & (x \geq a) \\ e^{2a}(x-a)+4e^a & (x < a) \end{cases}$$

일 때, 실수 t에 대하여 $f(x)=t$를 만족시키는 x의 최솟값을 $g(t)$라 하자.

함수 $g(t)$가 $t=12$에서만 불연속일 때, $\dfrac{g'(f(a+2))}{g'(f(a+6))}$ 의 값은? (단, a는 상수이다.) [4점]

① $6e^4$ ② $9e^4$ ③ $12e^4$

④ $8e^6$ ⑤ $10e^6$

두 상수 $a\,(1 \leq a \leq 2)$, b에 대하여 함수 $f(x) = \sin(ax+b+\sin x)$가 다음 조건을 만족시킨다.

(가) $f(0) = 0$, $f(2\pi) = 2\pi a + b$
(나) $f'(0) = f'(t)$인 양수 t의 최솟값은 4π이다.

함수 $f(x)$가 $x = \alpha$에서 극대인 α의 값 중 열린구간 $(0, 4\pi)$에 속하는 모든 값의 집합을 A라 하자. 집합 A의 원소의 개수를 n, 집합 A의 원소 중 가장 작은 값을 α_1이라 하면, $n\alpha_1 - ab = \dfrac{q}{p}\pi$이다. $p+q$의 값을 구하시오. (단, p와 q는 서로소인 자연수이다.) [4점]

K

미분법

변곡점과 함수의 그래프

유형소개

유형 14 와 비슷하나, 변곡점 또는 볼록성에 의한 함수의 그래프의 특징을 중요하게 사용하는 문제들로 구성했다. 문제에서 직접적으로 변곡점을 언급하기도 하지만, 간접적으로 변곡점 또는 볼록성에 의한 함수의 특징을 제시한 문제도 출제되고 있다.

유형접근법

이계도함수가 존재하는 함수 $f(x)$에 대하여

❶ 점 $(a, f(a))$가 곡선 $y = f(x)$의 변곡점이면 $f''(a) = 0$이다.

❷ $f''(a) = 0$이고 $x = a$의 좌우에서 $f''(x)$의 부호가 바뀌면 점 $(a, f(a))$는 곡선 $y = f(x)$의 변곡점이다.

❸ $f''(a) = 0$인 a를 포함한 어떤 구간에서 $f''(x)$의 부호에 따른 $f'(x)$의 최소, 최댓값은 다음과 같다.

x	$\cdots$	a	$\cdots$
$f''(x)$	$-$	0	$+$
$f'(x)$		최소	

x	$\cdots$	a	$\cdots$
$f''(x)$	$+$	0	$-$
$f'(x)$		최대	

K15-01 ▭

너코 045 │ 너코 098 │ 너코 107 │ 너코 109
2020학년도 6월 평가원 가형 11번

함수 $f(x) = xe^x$에 대하여 곡선 $y = f(x)$의 변곡점의 좌표가 (a, b)일 때, 두 수 a, b의 곱 ab의 값은? [3점]

① $4e^2$ ② e ③ $\dfrac{1}{e}$

④ $\dfrac{4}{e^2}$ ⑤ $\dfrac{9}{e^3}$

K15-02 ▭

너코 018 │ 너코 097 │ 너코 103 │ 너코 107 │ 너코 109
2009학년도 9월 평가원 가형 (미분과 적분) 27번

좌표평면에서 곡선

$$y = \cos^n x \left(0 < x < \frac{\pi}{2}, \ n = 2, \ 3, \ 4, \ \cdots\right)$$의 변곡점의

y좌표를 a_n이라 할 때, $\displaystyle\lim_{n \to \infty} a_n$의 값은? [3점]

① $\dfrac{1}{e^2}$ ② $\dfrac{1}{e}$ ③ $\dfrac{1}{\sqrt{e}}$

④ $\dfrac{1}{2e}$ ⑤ $\dfrac{1}{\sqrt{2e}}$

K 15-03

너기 102 너기 103 너기 107 너기 109
2011학년도 9월 평가원 가형 (미분과 적분) 27번

곡선 $y = \left(\ln \dfrac{1}{ax} \right)^2$ 의 변곡점이 직선 $y = 2x$ 위에 있을 때, 양수 a 의 값은? [3점]

① e

② $\dfrac{5}{4}e$

③ $\dfrac{3}{2}e$

④ $\dfrac{7}{4}e$

⑤ $2e$

K 15-04

너기 049 너기 103 너기 107 너기 109
2015학년도 9월 평가원 B형 20번

3 이상의 자연수 n에 대하여 함수 $f(x)$가 $f(x) = x^n e^{-x}$일 때, 〈보기〉에서 옳은 것만을 있는 대로 고른 것은? [4점]

―――〈보 기〉―――

ㄱ. $f\left(\dfrac{n}{2} \right) = f'\left(\dfrac{n}{2} \right)$

ㄴ. 함수 $f(x)$는 $x = n$에서 극댓값을 갖는다.

ㄷ. 점 $(0, 0)$은 곡선 $y = f(x)$의 변곡점이다.

① ㄴ

② ㄷ

③ ㄱ, ㄴ

④ ㄱ, ㄷ

⑤ ㄱ, ㄴ, ㄷ

K 15-05

너기 102 너기 103 너기 107 너기 109
2019학년도 6월 평가원 가형 26번

좌표평면에서 점 $(2, a)$가 곡선 $y = \dfrac{2}{x^2 + b}$ $(b > 0)$의

변곡점일 때, $\dfrac{b}{a}$ 의 값을 구하시오. (단, a, b는 상수이다.)

[4점]

K15-06

너코103 너코107 너코109
2020학년도 9월 평가원 가형 26번

함수 $f(x) = 3\sin(kx) + 4x^3$의 그래프가 오직 하나의 변곡점을 가지도록 하는 실수 k의 최댓값을 구하시오. [4점]

K15-07

너코019 너코109
2020학년도 수능 가형 11번

곡선 $y = ax^2 - 2\sin(2x)$가 변곡점을 갖도록 하는 정수 a의 개수는? [3점]

① 4   ② 5   ③ 6

④ 7   ⑤ 8

K15-08

너코049 너코107 너코109 너코110
2006학년도 9월 평가원 가형 (미분과 적분) 29번

5차 다항함수 $f(x)$의 도함수 $f'(x)$의 그래프가 그림과 같을 때, 〈보기〉에서 옳은 것만을 있는 대로 고른 것은?
(단, $f'(4) = 0$이고 $f''(1) = f''(4) = f''(6) = 0$이다.)

[4점]

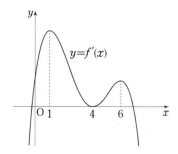

〈보 기〉

ㄱ. $f(x)$는 서로 다른 세 점에서 극값을 갖는다.

ㄴ. $4 < x_1 < x_2 < 6$인 x_1, x_2에 대하여
$$f\left(\frac{x_1 + x_2}{2}\right) < \frac{f(x_1) + f(x_2)}{2}$$ 이다.

ㄷ. $f(0) = 0$일 때, 양의 실수 a에 대하여 함수 $y = f(x)$의 그래프와 직선 $y = a$가 서로 다른 두 점에서 만나면 $f(x)$의 극댓값은 a이다.

① ㄱ   ② ㄴ   ③ ㄷ

④ ㄱ, ㄴ   ⑤ ㄴ, ㄷ

K 15-09 ▭

다항함수 $f(x)$에 대하여 다음 표는 x의 값에 따른 $f(x)$,
$f'(x)$, $f''(x)$의 변화 중 일부를 나타낸 것이다.

x	$x < 1$	$x = 1$	$1 < x < 3$	$x = 3$
$f'(x)$		0		1
$f''(x)$	+		+	0
$f(x)$		$\dfrac{\pi}{2}$		π

함수 $g(x) = \sin f(x)$에 대하여 〈보기〉에서 옳은 것만을
있는 대로 고른 것은? [4점]

─────── 〈보 기〉 ───────
ㄱ. $g'(3) = -1$
ㄴ. $1 < a < b < 3$이면
$-1 < \dfrac{g(b) - g(a)}{b - a} < 0$이다.
ㄷ. 점 $P(1, 1)$은 곡선 $y = g(x)$의 변곡점이다.
──────────────────────

① ㄱ   ② ㄷ   ③ ㄱ, ㄴ
④ ㄴ, ㄷ   ⑤ ㄱ, ㄴ, ㄷ

K 15-10 ▭

양의 실수 전체의 집합을 정의역으로 하는 함수

$$f(x) = \frac{1}{27}(x^4 - 6x^3 + 12x^2 + 19x)$$

에 대하여 $f(x)$의 역함수를 $g(x)$라 하자. 〈보기〉에서
옳은 것만을 있는 대로 고른 것은? [4점]

─────── 〈보 기〉 ───────
ㄱ. 점 $(2, 2)$는 곡선 $y = f(x)$의 변곡점이다.
ㄴ. 방정식 $f(x) = x$의 실근 중 양수인 것은 $x = 2$
하나뿐이다.
ㄷ. 함수 $|f(x) - g(x)|$는 $x = 2$에서 미분가능하다.
──────────────────────

① ㄱ   ② ㄴ   ③ ㄱ, ㄴ
④ ㄱ, ㄷ   ⑤ ㄱ, ㄴ, ㄷ

K

미분법

최고차항의 계수가 1인 삼차함수 $f(x)$의 역함수를 $g(x)$라 할 때, $g(x)$가 다음 조건을 만족시킨다.

(가) $g(x)$는 실수 전체의 집합에서 미분가능하고

$g'(x) \le \dfrac{1}{3}$이다.

(나) $\displaystyle\lim_{x \to 3}\dfrac{f(x) - g(x)}{(x-3)g(x)} = \dfrac{8}{9}$

$f(1)$의 값은? [4점]

① -11 ② -9 ③ -7

④ -5 ⑤ -3

이차함수 $f(x)$에 대하여 함수 $g(x) = f(x)e^{-x}$이 다음 조건을 만족시킨다.

(가) 점 $(1, g(1))$과 점 $(4, g(4))$는 곡선 $y = g(x)$의 변곡점이다.

(나) 점 $(0, k)$에서 곡선 $y = g(x)$에 그은 접선의 개수가 3인 k의 값의 범위는 $-1 < k < 0$이다.

$g(-2) \times g(4)$의 값을 구하시오. [4점]

Hidden Point

K 15-11 최고차항의 계수가 1인 삼차함수 $f(x)$의 역함수가 존재하면 곡선 $y = f(x)$ 위의 점에서의 접선의 기울기는 변곡점의 좌우에서 감소했다 증가하므로 $f'(x)$의 최솟값은 변곡점에서의 접선의 기울기와 같다.

또한 조건 (가)에서 $f'(x) = \dfrac{1}{g'(f(x))} \ge 3$이므로

곡선 $y = f(x)$의 접선의 기울기의 최솟값, 즉 변곡점에서의 접선의 기울기가 3 이상이라는 것을 이끌어낼 수 있다.

Hidden Point

K 15-12 조건 (나)를 해석하는 것이 핵심인 문제이다.

점 $(0, k)$에서 곡선 $y = g(x)$에 그은 접선의 개수가 3이라는 것은 곡선 $y = g(x)$ 위의 점 $(t, g(t))$에서의 접선이 점 $(0, k)$를 지나도록 하는 실수 t의 개수가 3이라는 것이다.

즉, 접선의 방정식 $y = g'(t)(x - t) + g(t)$에 $x = 0$, $y = k$를 대입하여 얻은 t에 대한 방정식 $k = -tg'(t) + g(t)$가 서로 다른 3개의 실근을 갖도록 하는 k의 값의 범위가 $-1 < k < 0$인 것으로 해석할 수 있다.

K15-13

너코 103 너코 107 너코 109
2017학년도 6월 평가원 가형 21번

실수 전체의 집합에서 미분가능한 함수 $f(x)$가 모든 실수 x에 대하여 다음 조건을 만족시킨다.

(가) $f(x) \neq 1$
(나) $f(x)+f(-x)=0$
(다) $f'(x)=\{1+f(x)\}\{1+f(-x)\}$

〈보기〉에서 옳은 것만을 있는 대로 고른 것은? [4점]

〈보 기〉
ㄱ. 모든 실수 x에 대하여 $f(x) \neq -1$이다.
ㄴ. 함수 $f(x)$는 어떤 열린구간에서 감소한다.
ㄷ. 곡선 $y=f(x)$는 세 개의 변곡점을 갖는다.

① ㄱ ② ㄴ ③ ㄱ, ㄷ
④ ㄴ, ㄷ ⑤ ㄱ, ㄴ, ㄷ

K15-14

너코 103 너코 107 너코 110
2018학년도 6월 평가원 가형 20번

양수 a와 실수 b에 대하여 함수 $f(x)=ae^{3x}+be^{x}$이 다음 조건을 만족시킬 때, $f(0)$의 값은? [4점]

(가) $x_1 < \ln\frac{2}{3} < x_2$를 만족시키는 모든 실수 x_1, x_2에 대하여 $f''(x_1)f''(x_2) < 0$이다.
(나) 구간 $[k, \infty)$에서 함수 $f(x)$의 역함수가 존재하도록 하는 실수 k의 최솟값을 m이라 할 때, $f(2m)=-\frac{80}{9}$이다.

① -15 ② -12 ③ -9
④ -6 ⑤ -3

K 미분법

열린구간 $(0, 2\pi)$에서 정의된 함수
$f(x) = \cos x + 2x \sin x$가 $x = \alpha$와 $x = \beta$에서 극값을
가진다. 〈보기〉에서 옳은 것만을 있는 대로 고른 것은?

(단, $\alpha < \beta$) [4점]

――― 〈보 기〉―――

ㄱ. $\tan(\alpha + \pi) = -2\alpha$

ㄴ. $g(x) = \tan x$라 할 때, $g'(\alpha + \pi) < g'(\beta)$이다.

ㄷ. $\dfrac{2(\beta - \alpha)}{\alpha + \pi - \beta} < \sec^2 \alpha$

① ㄱ   ② ㄷ   ③ ㄱ, ㄴ
④ ㄴ, ㄷ   ⑤ ㄱ, ㄴ, ㄷ

점 $\left(-\dfrac{\pi}{2}, 0\right)$에서 곡선 $y = \sin x \ (x > 0)$에 접선을 그어
접점의 x좌표를 작은 수부터 크기순으로 모두 나열할 때,
n번째 수를 a_n이라 하자. 모든 자연수 n에 대하여
〈보기〉에서 옳은 것만을 있는 대로 고른 것은? [4점]

――― 〈보 기〉―――

ㄱ. $\tan a_n = a_n + \dfrac{\pi}{2}$

ㄴ. $\tan a_{n+2} - \tan a_n > 2\pi$

ㄷ. $a_{n+1} + a_{n+2} > a_n + a_{n+3}$

① ㄱ   ② ㄱ, ㄴ   ③ ㄱ, ㄷ
④ ㄴ, ㄷ   ⑤ ㄱ, ㄴ, ㄷ

Hidden Point

K **15-15** ㄴ, ㄷ에서 부등식의 각 변을 '접선의 기울기' 또는 '두 점을 지나는
직선의 기울기'로 해석한 후 삼각함수의 주기성과 볼록성을 이용하여 대소
관계를 비교하도록 하자.

Hidden Point

K **15-16** **15-15**문항과 비슷한 방법으로 삼각함수의 주기성과 볼록성을
이용하면 된다.
ㄴ은 ㄱ에서 얻어낸 정보, ㄷ은 ㄴ에서 얻어낸 정보가 사용되므로
유기적으로 생각해 보도록 하자.

K 15-17

양수 a에 대하여 함수 $f(x)$는

$$f(x) = \frac{x^2 - ax}{e^x}$$

이다. 실수 t에 대하여 x에 대한 방정식

$$f(x) = f'(t)(x - t) + f(t)$$

의 서로 다른 실근의 개수를 $g(t)$라 하자.

$g(5) + \lim\limits_{t \to 5} g(t) = 5$일 때, $\lim\limits_{t \to k-} g(t) \neq \lim\limits_{t \to k+} g(t)$를

만족시키는 모든 실수 k의 값의 합은 $\dfrac{q}{p}$이다. $p + q$의 값을

구하시오. (단, p와 q는 서로소인 자연수이다.) [4점]

유형 16 방정식과 부등식에의 활용

유형소개

유형 14 , 유형 15 와 비슷하나, 이 유형은 함수의 그래프의 개형을 바탕으로 방정식의 서로 다른 실근의 개수 또는 부등식의 해를 구하는 문제로 구성했다.

유형접근법

- 방정식 $f(x) = g(x)$의 실근은 두 함수 $y = f(x)$, $y = g(x)$의 그래프의 교점의 x좌표이다.
  이때 〈수학 II〉 과목에서 학습한 사잇값의 정리가 자주 사용된다.
- 함수 $f(x)$에 대한 부등식이 주어졌을 때 최솟값 또는 최댓값에 대한 조건으로 해석할 수 있다.
  $f(x) \geq 0 \Leftrightarrow$ 함수 $f(x)$의 최솟값이 0 이상이다.
  $f(x) \leq 0 \Leftrightarrow$ 함수 $f(x)$의 최댓값이 0 이하이다.

K16-01

너코048 너코107
2007학년도 수능 가형 (미분과 적분) 29번

실수 전체의 집합에서 이계도함수를 갖는 함수 $f(x)$에 대하여 점 $A(a, f(a))$를 곡선 $y = f(x)$의 변곡점이라 하고, 곡선 $y = f(x)$ 위의 점 A에서의 접선의 방정식을 $y = g(x)$라 하자. 직선 $y = g(x)$가 함수 $f(x)$의 그래프와 점 $B(b, f(b))$에서 접할 때, 함수 $h(x)$를 $h(x) = f(x) - g(x)$라 하자. 〈보기〉에서 옳은 것만을 있는 대로 고른 것은? (단, $a \neq b$이다.) [4점]

─── 〈보 기〉 ───

ㄱ. $h'(b) = 0$
ㄴ. 방정식 $h'(x) = 0$은 3개 이상의 실근을 갖는다.
ㄷ. 점 $(a, h(a))$는 곡선 $y = h(x)$의 변곡점이다.

① ㄱ   ② ㄴ   ③ ㄱ, ㄴ
④ ㄱ, ㄷ   ⑤ ㄱ, ㄴ, ㄷ

K16-02

너코048 너코101 너코103 너코107 너코109
2008학년도 수능 가형 (미분과 적분) 27번

함수 $f(x) = x + \sin x$에 대하여 함수 $g(x)$를 $g(x) = (f \circ f)(x)$로 정의할 때, 〈보기〉에서 옳은 것만을 있는 대로 고른 것은? [3점]

─── 〈보 기〉 ───

ㄱ. 함수 $f(x)$의 그래프는 열린구간 $(0, \pi)$에서 위로 볼록하다.
ㄴ. 함수 $g(x)$는 열린구간 $(0, \pi)$에서 증가한다.
ㄷ. $g'(x) = 1$인 실수 x가 열린구간 $(0, \pi)$에 존재한다.

① ㄱ   ② ㄷ   ③ ㄱ, ㄴ
④ ㄴ, ㄷ   ⑤ ㄱ, ㄴ, ㄷ

K16-03

너코 018 너코 049 너코 101
2012학년도 수능 가형 18번

정의역이 $\{x \mid 0 \leq x \leq \pi\}$인 함수 $f(x) = 2x\cos x$에 대하여 〈보기〉에서 옳은 것만을 있는 대로 고른 것은? [4점]

─── 〈보 기〉 ───

ㄱ. $f'(a) = 0$이면 $\tan a = \dfrac{1}{a}$이다.

ㄴ. 함수 $f(x)$가 $x = a$에서 극댓값을 가지는 a가 구간 $\left(\dfrac{\pi}{4}, \dfrac{\pi}{3}\right)$에 있다.

ㄷ. 구간 $\left[0, \dfrac{\pi}{2}\right]$에서 방정식 $f(x) = 1$의 서로 다른 실근의 개수는 2이다.

① ㄱ   ② ㄷ   ③ ㄱ, ㄴ

④ ㄴ, ㄷ   ⑤ ㄱ, ㄴ, ㄷ

K16-04

너코 107 너코 109
2013학년도 9월 평가원 가형 13번

삼차함수 $y = f(x)$의 그래프가 그림과 같고, $f(x)$는

$$\int_a^b f(x)dx = 3, \quad \int_a^c f(x)dx = 0$$

을 만족시킨다. 함수 $f(x)$의 한 부정적분을 $F(x)$라 할 때, 〈보기〉에서 옳은 것만을 있는 대로 고른 것은? [3점]

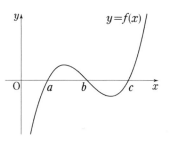

─── 〈보 기〉 ───

ㄱ. $F(b) = F(a) + 3$

ㄴ. 점 $(c, F(c))$는 곡선 $y = F(x)$의 변곡점이다.

ㄷ. $-3 < F(a) < 0$이면 방정식 $F(x) = 0$은 서로 다른 네 실근을 갖는다.

① ㄱ   ② ㄴ   ③ ㄱ, ㄷ

④ ㄴ, ㄷ   ⑤ ㄱ, ㄴ, ㄷ

Hidden Point

K16-03 구간 $\left(0, \dfrac{\pi}{2}\right)$에서 함수 $f(x)$의 도함수를

$$
\begin{aligned}
f'(x) &= 2 \times \cos x + 2x \times (-\sin x) \\
&= 2\cos x - 2x\sin x \\
&= 2x\cos x\left(\frac{1}{x} - \tan x\right)
\end{aligned}
$$

로 정리해 내면 구간 $\left(0, \dfrac{\pi}{2}\right)$에서 $f'(x)$의 부호를 알아낼 때

그래프를 알고 있는 두 함수 $\dfrac{1}{x}$, $\tan x$의 대소 관계를 비교하면 된다.

K (미분법)

K16-05

너코 044 너코 050 너코 098 너코 102 너코 110
2024학년도 6월 평가원 (미적분) 26번

x에 대한 방정식 $x^2-5x+2\ln x=t$의 서로 다른 실근의 개수가 2가 되도록 하는 모든 실수 t의 값의 합은? [3점]

① $-\frac{17}{2}$ ② $-\frac{33}{4}$ ③ -8

④ $-\frac{31}{4}$ ⑤ $-\frac{15}{2}$

K16-06

너코 049 너코 107 너코 109
2009학년도 수능 가형 (미분과 적분) 28번

함수 $f(x)=4\ln x+\ln(10-x)$에 대하여 〈보기〉에서 옳은 것만을 있는 대로 고른 것은? [3점]

〈보 기〉

ㄱ. 함수 $f(x)$의 최댓값은 $13\ln 2$이다.

ㄴ. 방정식 $f(x)=0$은 서로 다른 두 실근을 갖는다.

ㄷ. 함수 $y=e^{f(x)}$의 그래프는 구간 $(4,\ 8)$에서 위로 볼록하다.

① ㄱ ② ㄷ ③ ㄱ, ㄴ

④ ㄴ, ㄷ ⑤ ㄱ, ㄴ, ㄷ

2 이상의 자연수 n에 대하여 실수 전체의 집합에서 정의된 함수

$$f(x) = e^{x+1}\{x^2 + (n-2)x - n + 3\} + ax$$

가 역함수를 갖도록 하는 실수 a의 최솟값을 $g(n)$이라 하자. $1 \le g(n) \le 8$을 만족시키는 모든 n의 값의 합은? [4점]

① 43   ② 46   ③ 49

④ 52   ⑤ 55

양수 a와 두 실수 b, c에 대하여 함수

$$f(x) = (ax^2 + bx + c)e^x \text{은 다음 조건을 만족시킨다.}$$

> (가) $f(x)$는 $x = -\sqrt{3}$과 $x = \sqrt{3}$에서 극값을 갖는다.
>
> (나) $0 \le x_1 < x_2$인 임의의 두 실수 x_1, x_2에 대하여 $f(x_2) - f(x_1) + x_2 - x_1 \ge 0$이다.

세 수 a, b, c의 곱 abc의 최댓값을 $\dfrac{k}{e^3}$라 할 때, $60k$의 값을 구하시오. [4점]

K

미분법

Hidden Point

K 16-07 함수 $f(x)$가 역함수를 가지려면
실수 전체의 집합에서 증가해야 하므로 모든 실수 x에 대하여
$f'(x) \ge 0$이어야 한다.
즉, 함수 $f(x)$가 역함수를 갖도록 하는 실수 a의 값의 범위를
(함수 $f'(x)$의 최솟값) ≥ 0을 만족시키는 a의 값의 범위로 구할 수 있음을
참고하여 접근해 보자.

K16-09 너코044 너코045 너코049 너코103 너코110

2019학년도 9월 평가원 가형 30번

최고차항의 계수가 $\dfrac{1}{2}$이고 최솟값이 0인 사차함수

$f(x)$와 함수 $g(x) = 2x^4 e^{-x}$에 대하여 합성함수
$h(x) = (f \circ g)(x)$가 다음 조건을 만족시킨다.

(가) 방정식 $h(x) = 0$의 서로 다른 실근의 개수는
　　4이다.

(나) 함수 $h(x)$는 $x = 0$에서 극소이다.

(다) 방정식 $h(x) = 8$의 서로 다른 실근의 개수는
　　6이다.

$f'(5)$의 값을 구하시오. (단, $\lim\limits_{x \to \infty} g(x) = 0$) [4점]

유형 17　속도와 가속도

■ 유형소개

〈수학 II〉 E 미분 단원에서 다룬 수직선 위에서의 속도와 가속도 개념을 좌표평면 위로 확장시킨 개념의 문제를 수록했다. 이 유형은 교육과정이 바뀌면서 과목의 이동은 있었으나 학습의 내용에서는 크게 변한 부분은 없으므로 앞서 출제되어온 바와 같이 기본 계산 문제로 출제될 것으로 예상된다.

■ 유형접근법

점 P의 시각 t 위치 $(f(t),\, g(t))$라 할 때

✓ 속도는 $v(t) = (f'(t),\, g'(t))$,
　속력(속도의 크기)은 $\sqrt{\{f'(t)\}^2 + \{g'(t)\}^2}$ 이고,

✓ 가속도는 $a(t) = (f''(t),\, g''(t))$,
　가속도의 크기는 $\sqrt{\{f''(t)\}^2 + \{g''(t)\}^2}$ 이다.

K17-01 너코102 너코104 너코111

2017학년도 수능 가형 10번

좌표평면 위를 움직이는 점 P의 시각 $t\ (t > 0)$에서의 위치 $(x,\, y)$가

$$x = t - \dfrac{2}{t},\ y = 2t + \dfrac{1}{t}$$

이다. 시각 $t = 1$에서 점 P의 속력은? [3점]

① $2\sqrt{2}$　　　　② 3　　　　③ $\sqrt{10}$

④ $\sqrt{11}$　　　　⑤ $2\sqrt{3}$

K 17-02

너코 018 너코 019 너코 101 너코 104 너코 111
2019학년도 9월 평가원 가형 10번

좌표평면 위를 움직이는 점 P 의 시각 $t\,(t \geq 0)$에서의 위치 (x, y)가

$$x = 3t - \sin t,\ y = 4 - \cos t$$

이다. 점 P 의 속력의 최댓값을 M, 최솟값을 m이라 할 때, $M + m$의 값은? [3점]

① 3   ② 4   ③ 5

④ 6   ⑤ 7

K 17-04

너코 103 너코 104 너코 111
2020학년도 6월 평가원 15번

좌표평면 위를 움직이는 점 P 의 시각 $t\,(t > 0)$에서의 위치 (x, y)가

$$x = 2\sqrt{t+1}\,,\ y = t - \ln(t+1)$$

이다. 점 P 의 속력의 최솟값은? [4점]

① $\dfrac{\sqrt{3}}{8}$ ② $\dfrac{\sqrt{6}}{8}$ ③ $\dfrac{\sqrt{3}}{4}$

④ $\dfrac{\sqrt{6}}{4}$ ⑤ $\dfrac{\sqrt{3}}{2}$

K 17-03

너코 019 너코 103 너코 104 너코 107 너코 111
2019학년도 수능 가형 24번

좌표평면 위를 움직이는 점 P 의 시각 $t\,(t \geq 0)$에서의 위치 (x, y)가

$$x = 1 - \cos(4t),\ y = \frac{1}{4}\sin(4t)$$

이다. 점 P 의 속력이 최대일 때, 점 P 의 가속도의 크기를 구하시오. [3점]

K 17-05

너코 018 너코 099 너코 101 너코 104 너코 111
2020학년도 수능 가형 9번

좌표평면 위를 움직이는 점 P 의 시각 $t\left(0 < t < \dfrac{\pi}{2}\right)$ 에서의 위치 (x, y)가

$$x = t + \sin t \cos t,\ y = \tan t$$

이다. $0 < t < \dfrac{\pi}{2}$ 에서 점 P 의 속력의 최솟값은? [3점]

① 1   ② $\sqrt{3}$ ③ 2

④ $2\sqrt{2}$ ⑤ $2\sqrt{3}$

K

미분법

L 적분법

1 여러 가지 적분법

· **치환적분법**을 이해하고, 이를 활용할 수 있다.

· **부분적분법**을 이해하고, 이를 활용할 수 있다.

· **여러 가지 함수의 부정적분과 정적분**을 구할 수 있다.

2 정적분의 활용

· **정적분과 급수의 합 사이의 관계**를 이해한다.

· 곡선으로 둘러싸인 **도형의 넓이**를 구할 수 있다.

· **입체도형의 부피**를 구할 수 있다.

· **속도와 거리**에 대한 문제를 해결할 수 있다.

1 여러 가지 적분법

너코 112 **함수 $y = x^\alpha$ (α는 실수)의 적분**

$\alpha \neq -1$일 때 $\left(\dfrac{1}{\alpha+1} x^{\alpha+1} \right)' = x^\alpha$,

$\alpha = -1$일 때 $(\ln|x|)' = \dfrac{1}{x}$이므로

$\alpha \neq -1$일 때 $\displaystyle\int x^\alpha\, dx = \dfrac{1}{\alpha+1} x^{\alpha+1} + C$

$\alpha = -1$일 때 $\displaystyle\int \dfrac{1}{x}\, dx = \ln|x| + C$

(단, C는 적분상수)

너코 113 **지수함수의 적분**

$a > 0$, $a \neq 1$일 때 $(a^x)' = a^x \ln a$이므로

$$\int a^x\, dx = \dfrac{a^x}{\ln a} + C$$

특히 $a = e$인 경우

$$\int e^x\, dx = e^x + C$$

(단, C는 적분상수)

너코 114 **삼각함수의 적분**

$(\sin x)' = \cos x$
$(\cos x)' = -\sin x$
$(\tan x)' = \sec^2 x$
$(\csc x)' = -\csc x \cot x$
$(\sec x)' = \sec x \tan x$
$(\cot x)' = -\csc^2 x$
$\{-\ln|\cos x|\}' = \dfrac{\sin x}{\cos x} = \tan x$

이므로 삼각함수의 부정적분은 다음과 같다.

❶ $\displaystyle\int \cos x\, dx = \sin x + C$

❷ $\displaystyle\int \sin x\, dx = -\cos x + C$

❸ $\displaystyle\int \sec^2 x\, dx = \tan x + C$

❹ $\displaystyle\int \csc x \cot x\, dx = -\csc x + C$

❺ $\displaystyle\int \sec x \tan x\, dx = \sec x + C$

❻ $\displaystyle\int \csc^2 x\, dx = -\cot x + C$

❼ $\displaystyle\int \tan x\, dx = -\ln|\cos x| + C$

(단, C는 적분상수)

또한 두 상수 a, b에 대하여
$\{\sin(ax+b)\}' = a\cos(ax+b)$,
$\{\cos(ax+b)\}' = -a\sin(ax+b)$이므로

$$\int \cos(ax+b)\, dx = \dfrac{1}{a}\sin(ax+b) + C$$

$$\int \sin(ax+b)\, dx = -\dfrac{1}{a}\cos(ax+b) + C$$

(단, C는 적분상수)

삼각함수의 그래프는 주기성, 대칭성을 가지므로
너코 059 에서 배운 '넓이와 정적분 계산'을 통해
정적분의 값을 빠르게 구할 수 있다.
예를 들어 $f(x) = \sin x$, $g(x) = \cos x$라 하면
모든 실수 x에 대하여

$f(-x) = -f(x)$이므로 $\displaystyle\int_{-a}^{a} f(x)\, dx = 0$이고

$g(-x) = g(x)$이므로 $\displaystyle\int_{-a}^{a} g(x)\, dx = 2\int_{0}^{a} g(x)\, dx$이다.

(단, a는 상수)

또한 $\displaystyle\int_{0}^{\frac{\pi}{2}} \sin x\, dx = \left[-\cos x \right]_{0}^{\frac{\pi}{2}} = 1$,

$\displaystyle\int_{0}^{\frac{\pi}{2}} \cos x\, dx = \left[\sin x \right]_{0}^{\frac{\pi}{2}} = 1$임을 이용하면

다양한 적분 구간에서의 정적분 값을 빠르게 구할 수 있다.

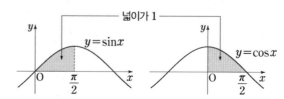

함수 $f(t)$의 한 부정적분을 $F(t)$라 하면

$$\int f(t)\,dt = F(t) + C \text{이다.} \text{ (단, } C \text{는 적분상수)}$$

한편 미분가능한 함수 $g(x)$에 대하여 $g(x) = t$라 놓으면

$F(t) = F(g(x))$이므로 합성함수의 미분법에 의하여

$$\frac{d}{dx}F(t) = \frac{d}{dt}F(t) \times \frac{dt}{dx} = f(g(x)) \times g'(x) \text{이므로}$$

$$\int f(g(x))g'(x)\,dx = F(g(x)) + C = F(t) + C \text{이다.}$$

이로부터 다음이 성립한다.

$$\int f(g(x))g'(x)\,dx = \int f(t)\,dt$$

이처럼 적분이 되는 함수의 식의 일부를 **새로운 변수로 치환**하여 적분하는 방법을 **치환적분법**이라 한다.

① 함수 $\dfrac{f'(x)}{f(x)}$ 의 부정적분

주어진 부정적분이 $\displaystyle\int \frac{f'(x)}{f(x)}\,dx$ 로 주어진 경우

$f(x) = t$라 하면

$f'(x) = \dfrac{dt}{dx}$, 즉 $f'(x)dx = dt$이므로

$$\int \frac{f'(x)}{f(x)}\,dx = \int \frac{1}{t}\,dt = \ln|t| + C = \ln|f(x)| + C$$

(단, C는 적분상수)

또한 자주 나오는 형태 중 하나인 $\displaystyle\int \frac{\ln x}{x}\,dx$ 가 주어진 경우

$\ln x = t$라 하면

$\dfrac{1}{x} = \dfrac{dt}{dx}$, 즉 $\dfrac{1}{x}dx = dt$이므로

$$\int \frac{\ln x}{x}\,dx = \int t\,dt = \frac{t^2}{2} + C = \frac{(\ln x)^2}{2} + C$$

(단, C는 적분상수)

② 정적분의 치환적분법

$\displaystyle\int_a^b f(g(x))g'(x)\,dx$ 에서

미분가능한 함수 $g(x)$를 $g(x) = t$라 놓으면

❶ 적분변수가 바뀌어야 하고

$g'(x) = \dfrac{dt}{dx}$, 즉 $g'(x)\,dx = dt$

❷ 적분구간도 바뀌어야 한다.

$x = a$일 때 $t = g(a)$, $x = b$일 때 $t = g(b)$

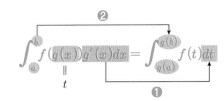

두 함수 $u(x)$, $v(x)$가 미분가능하면 곱의 미분법에 의하여
$\{u(x)v(x)\}' = u'(x)v(x) + u(x)v'(x)$에서
$u'(x)v(x) = \{u(x)v(x)\}' - u(x)v'(x)$이므로

$$\int u'(x)v(x)\,dx = u(x)v(x) - \int u(x)v'(x)\,dx$$

이와 같이 적분하는 방법을 **부분적분법**이라고 한다.
적분 계산이 간단한 함수를 $u'(x)$,
미분한 결과가 간단한 함수를 $v(x)$로 두면 편리하고,
이를 나열하면 다음과 같다.
이는 암기하는 것이 아니라, 경험해보고 스스로 터득해야
한다.

미분 $\longleftarrow$ $\ln x \quad 1 \quad x \quad x^2 \quad \cdots \quad x^n \ \sin x \ \cos x \ e^x$ $\longrightarrow$ 적분

① 함수 $\ln x$의 부정적분

적분이 되는 함수 $\ln x$를 $u'(x)=1$, $v(x)=\ln x$의 곱으로 보면

$$\int 1 \times \ln x\, dx = x \times \ln x - \int x \times \frac{1}{x}\, dx$$

$$= x\ln x - x + C \ (\text{단, } C\text{는 적분상수})$$

② 정적분의 부분적분법

$$\int_a^b u'(x)v(x)dx \text{에서}$$

적분 계산이 간단한 함수 $\underline{u'(x)}$의 부정적분과 미분한 결과가 간단한 함수 $v(x)$의 도함수를 구한 뒤 ❶ $u(x)v(x)$, ❷ $u(x)v'(x)$를 적분구간을 고려하여 계산한다.

$$\int_a^b u'(x)v(x)dx = \left[\, u(x)v(x)\,\right]_a^b - \int_a^b u(x)v'(x)dx$$

$$u(x)v'(x)$$

정적분의 값을 구할 때, 지금까지 배운 여러 가지 적분법을 다양하게 이용할 수 있다.

예를 들어 $\int_0^\pi \sin x \cos x\, dx$를 구해 보자.

❶ 삼각함수의 덧셈정리와 삼각함수의 그래프의 대칭성 이용

$\sin(2x) = 2\sin x \cos x$이고

함수 $y = \sin(2x)$의 그래프는 점 $\left(\dfrac{\pi}{2}, 0\right)$에 대하여 대칭이므로

$$\int_0^\pi \sin x \cos x\, dx = \frac{1}{2}\int_0^\pi \sin(2x)\, dx = \frac{1}{2} \times 0 = 0$$

❷ 치환적분법 이용

$\sin x = t$라 하면

$x = 0$일 때 $t = 0$, $x = \pi$일 때 $t = 0$이고

$\cos x\, dx = dt$이므로

$$\int_0^\pi \sin x \cos x\, dx = \int_0^0 t\, dt = 0$$

❸ 부분적분법 이용

$u'(x) = \cos x$, $v(x) = \sin x$의 곱으로 보면

$$\int_0^\pi \sin x \cos x\, dx = \left[\sin^2 x\right]_0^\pi - \int_0^\pi \cos x \sin x\, dx$$

이므로

$$\int_0^\pi \sin x \cos x\, dx = \frac{1}{2}\left[\sin^2 x\right]_0^\pi = \frac{1}{2} \times 0 = 0$$

너코 117 정적분으로 정의된 함수

너코 057 에서 배운 '적분과 미분의 관계'는 지수·로그함수, 삼각함수 등의 다양한 함수에서도 적용된다.
또한 이를 통해 정적분이 포함된 함수를 다음과 같이 해석해낼 수 있다. (단, a는 상수이다.)

❶ $g(x) = \displaystyle\int_a^x f(t)\,dt$라 주어진 경우

$$g(a) = 0, \ g'(x) = f(x)$$

❷ $g(x) = \displaystyle\int_x^{x+a} f(t)\,dt$라 주어진 경우

$$g'(x) = f(x+a) - f(x)$$

❸ $g(x) = \displaystyle\int_a^x f(x-t)\,dt$라 주어진 경우

❶의 내용을 그대로 적용하여 $g'(x) = f(x-x)$로 풀면 안 된다.

x는 적분의 과정에서 상수의 역할을 하지만 이후 x에 대하여 미분하면서 영향을 미치므로 다음과 같이 $x - t = k$로 치환하여 문제를 해결한다.

$t = a$일 때 $k = x - a$, $t = x$일 때 $k = 0$이고 $-dt = dk$이므로

$$\int_a^x f(x-t)\,dt = -\int_{x-a}^0 f(k)\,dk$$

❹ $f(x)$의 한 부정적분을 $F(x)$라 하면

$$\lim_{x \to 0} \frac{1}{x}\int_a^{a+x} f(t)dt = \lim_{x \to 0} \frac{F(a+x) - F(a)}{x}$$

$$= F'(a) = f(a)$$

2 정적분의 활용

너코 118   **정적분과 급수의 합 사이의 관계**

함수 $f(x)$가 닫힌구간 $[a, b]$에서 연속일 때
다음 그림에서 함수 $y = f(x)$의 그래프와
x축 및 두 직선 $x = a$, $x = b$로 둘러싸인 부분의 넓이는
k ($1 \leq k \leq n$인 자연수)에 대하여
구간 $[a, b]$를 n등분 했을 때

가로, 세로의 길이가 각각 $\dfrac{b-a}{n}$, $f\left(a + \dfrac{b-a}{n}k\right)$인

직사각형들의 넓이의 합으로 어림한 값을 구할 수 있다.

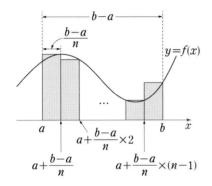

잘게 쪼갤수록, 즉 $n \to \infty$일 때 실제 넓이와 같아지므로
다음이 성립한다.

$$\int_a^b f(x)dx = \lim_{n \to \infty} \sum_{k=1}^n \frac{b-a}{n} f\left(a + \frac{b-a}{n}k\right)$$

따라서 정적분을 이용하여 급수의 합을 구할 수 있다.

$\lim\limits_{n \to \infty} \sum\limits_{k=1}^n \dfrac{b-a}{n} f\left(a + \dfrac{b-a}{n}k\right)$를 정적분으로 나타내는 방법은
다음과 같이 다양하다.

❶ $a + \dfrac{b-a}{n}k = x$라 할 때

적분 구간은 $[a, b]$이고 $\dfrac{b-a}{n}$를 dx로 바꾸면

$$\lim_{n \to \infty} \sum_{k=1}^n \frac{b-a}{n} f\left(a + \frac{b-a}{n}k\right) = \int_a^b f(x)\,dx$$

❷ $\dfrac{b-a}{n}k = x$라 할 때

적분 구간은 $[0, b-a]$이고 $\dfrac{b-a}{n}$를 dx로 바꾸면

$$\lim_{n \to \infty} \sum_{k=1}^n \frac{b-a}{n} f\left(a + \frac{b-a}{n}k\right) = \int_0^{b-a} f(a+x)\,dx$$

❸ $\dfrac{1}{n}k = x$라 할 때

적분 구간은 $[0, 1]$이고, $\dfrac{1}{n}$을 dx로 바꾸면

$$(b-a)\lim_{n \to \infty} \sum_{k=1}^n \frac{1}{n} f\left(a + \frac{b-a}{n}k\right)$$

$$= (b-a) \int_0^1 f(a+(b-a)x)dx$$

예를 들어 다음과 같이 정적분을 이용한 다양한 방법으로

급수 $\lim\limits_{n \to \infty} \dfrac{1}{n} \sum\limits_{k=1}^n \left(1 + \dfrac{2k}{n}\right)^2$을 구할 수 있다.

❶ $1 + \dfrac{2k}{n} = x$라 할 때

적분 구간은 $[1, 3]$이고 $\dfrac{3-1}{n}$을 dx로 바꾸면

$$\frac{1}{2} \lim_{n \to \infty} \sum_{k=1}^n \frac{2}{n} \left(1 + \frac{2k}{n}\right)^2 = \frac{1}{2} \int_1^3 x^2\,dx$$

❷ $\dfrac{2k}{n} = x$라 할 때

적분 구간은 $[0, 2]$이고 $\dfrac{2-0}{n}$을 dx로 바꾸면

$$\frac{1}{2} \lim_{n \to \infty} \sum_{k=1}^n \frac{2}{n} \left(1 + \frac{2k}{n}\right)^2 = \frac{1}{2} \int_0^2 (1+x)^2\,dx$$

❸ $\dfrac{k}{n} = x$라 할 때

적분 구간은 $[0, 1]$이고 $\dfrac{1-0}{n}$을 dx로 바꾸면

$$\lim_{n \to \infty} \sum_{k=1}^n \frac{1}{n} \left(1 + \frac{2k}{n}\right)^2 = \int_0^1 (1+2x)^2\,dx$$

❶과 ❷가 같음은 함수의 평행이동을 통해 설명할 수 있고,
❷와 ❸이 같음은 치환을 통해 설명할 수 있다.
❶의 경우 함수식이 간단한 형태이나, 정적분 계산이
복잡하다.
반대로 ❸의 경우 함수식이 복잡한 형태이나, 정적분의
계산이 간단하다.

너코 119 정적분과 넓이

곡선과 좌표축 사이의 넓이, 두 곡선 사이의 넓이는
〈수학Ⅱ〉 F 적분 단원에서 배운 내용과 같이 정적분을
이용해서 구한다.
단, 다룰 수 있는 함수의 종류와 적분 방법이 다양해졌다.

① 그래프와 x축 사이의 넓이
함수 $f(x)$가 닫힌구간 $[a, b]$에서 연속일 때
함수 $y=f(x)$의 그래프와 x축 및 두 직선 $x=a$, $x=b$로
둘러싸인 도형의 넓이는 $\displaystyle\int_a^b |f(x)|\,dx$이다.

② 그래프와 y축 사이의 넓이
함수 $g(y)$가 닫힌구간 $[c, d]$에서 연속일 때
곡선 $x=g(y)$와 y축 및 두 직선 $y=c$, $y=d$로 둘러싸인
도형의 넓이는 $\displaystyle\int_c^d |g(y)|\,dy$이다.

③ 두 그래프 사이의 넓이
두 함수 $f(x)$, $g(x)$가 닫힌구간 $[a, b]$에서 연속일 때
두 함수 $y=f(x)$, $y=g(x)$의 그래프와 두 직선 $x=a$,
$x=b$로 둘러싸인 도형의 넓이는
$$\int_a^b |f(x)-g(x)|\,dx$$이다.

예를 들어 곡선 $y=\ln x$와 y축 및 두 직선 $y=0$, $y=1$로
둘러싸인 도형의 넓이 S는 다음과 같이 구할 수 있다.

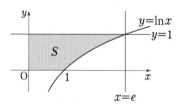

① 을 이용하여 구하기
네 점 $(0, 0)$, $(e, 0)$, $(e, 1)$, $(0, 1)$을 꼭짓점으로 하는
직사각형을 A라 하면
$$S=(\text{직사각형 } A\text{의 넓이})-\int_1^e \ln x\,dx$$
$$=e\times 1-\Big[x\ln x-x\Big]_1^e=e-1$$

② 를 이용해서 구하기
$y=\ln x$에서 $x=e^y$이므로 $S=\displaystyle\int_0^1 e^y\,dy=\Big[e^y\Big]_0^1=e-1$

한편 두 영역의 넓이의 관계가 주어졌을 때, 공통인 넓이를
이용하면 빠르게 문제를 해결할 수 있다.
예를 들어 다음 그림과 같이
어둡게 칠해진 두 영역의 넓이 A, B가 서로 같다고
주어졌을 때

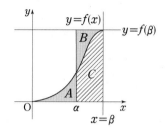

$A=B$, 즉 $\displaystyle\int_0^\alpha f(x)\,dx=(\beta-\alpha)f(\beta)-\int_\alpha^\beta f(x)\,dx$

로 계산하는 것보다 빗금 친 부분의 넓이 C를 이용하여

$A+C=B+C$, 즉 $\displaystyle\int_0^\beta f(x)\,dx=(\beta-\alpha)f(\beta)$

로 계산하는 것이 좀 더 수월하다.

넓이를 계산할 때 유용하게 쓰일 수 있는 또 다른 예는 다음과
같다.

함수 $\sin(kx)$의 주기는 함수 $\sin x$의 주기의 $\dfrac{1}{k}$ 배이므로

그림에서 색칠된 부분의 넓이도 $\dfrac{1}{k}$ 배이다. (단, $k>0$)

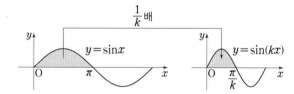

치환적분법으로 증명해 보이면 다음과 같다.

$\displaystyle\int_0^{\frac{\pi}{k}} \sin(kx)\,dx$에서 $kx=t$라 하면

$k\,dx=dt$이고 $x=0$일 때 $t=0$, $x=\dfrac{\pi}{k}$일 때 $t=\pi$이므로

$\displaystyle\int_0^{\frac{\pi}{k}} \sin(kx)\,dx=\dfrac{1}{k}\int_0^\pi \sin t\,dt$이다.

닫힌구간 $[a, b]$에서 x좌표가 x인 점을 지나고
x축에 수직인 평면으로 잘랐을 때의
단면의 넓이가 $S(x)$인 입체도형의 부피 V는
$k \,(1 \le k \le n$인 자연수)에 대하여

단면의 넓이가 $S\left(a + \dfrac{b-a}{n}k\right)$이고 높이가 $\dfrac{b-a}{n}$인

기둥모양의 입체도형들의 합으로 어림한 값을 구할 수 있다.
잘게 쪼갤수록, 즉 $n \to \infty$일 때 실제 부피와 같아지므로
다음이 성립한다.

$$V = \lim_{n \to \infty} \sum_{k=1}^{n} \frac{b-a}{n} S\left(a + \frac{b-a}{n}k\right) = \int_{a}^{b} S(x)dx$$

즉, x좌표가 x인 점을 지나고 x축에 수직인 평면으로
잘랐을 때의 단면의 넓이 $S(x)$를 구한 뒤

$V = \displaystyle\int_{a}^{b} S(x)dx$로 계산한다.

예를 들어 곡선 $y = \sqrt{x}$와 x축 및 두 직선 $x = 1$, $x = 3$으로
둘러싸인 도형을 밑면으로 하는 입체도형이 있다.
이 입체도형을 x축에 수직인 평면으로 자른 단면이 모두
정사각형인 경우
단면인 정사각형의 한 변의 길이가 $\sqrt{x}$이므로
단면의 넓이는 $S(x) = \sqrt{x}^2 = x$이고,
입체도형의 부피는

$$V = \int_{1}^{3} S(x)\, dx = \int_{1}^{3} x\, dx = \left[\frac{1}{2}x^2\right]_{1}^{3} = 4 \text{이다.}$$

좌표평면 위를 움직이는 점 P의 시각 t에서의 위치 (x, y)가
$x = f(t)$, $y = g(t)$일 때,
점 P가 $t = a$에서 $t = b$까지 움직인 거리 s는 다음과 같다.

$$s = \int_{a}^{b} \sqrt{\left(\frac{dx}{dt}\right)^2 + \left(\frac{dy}{dt}\right)^2}\, dt$$
$$= \int_{a}^{b} \sqrt{\{f'(t)\}^2 + \{g'(t)\}^2}\, dt$$

한편 미분가능한 함수 $y = f(x)$에 대하여
좌표평면 위의 점 $P(t, f(t))$가 움직인 경로가 겹치지 않으면
$x = a$에서 $x = b$까지의 곡선 $y = f(x)$의 길이 l은
점 $P(t, f(t))$가 $t = a$에서 $t = b$까지 움직인 거리와 같다.

$$l = \int_{a}^{b} \sqrt{1 + \{f'(x)\}^2}\, dx$$

1 여러 가지 적분법

유형 01 여러 가지 함수의 적분

유형소개

〈수학Ⅰ〉의 A 지수함수와 로그함수, B 삼각함수 단원을
통하여 다항함수가 아닌 함수에 대하여 학습하였고,
K 미분법 단원을 통하여 여러 가지 함수의 특징에 대하여
살펴보았다. 여기에 〈수학Ⅱ〉의 F 적분 단원의 내용을 더하여
여러 가지 함수의 정적분을 계산하는 문제를 이 유형에
수록하였다.

유형접근법

적분은 미분의 역연산이다. 따라서 어떤 함수를 미분했을 때,
주어진 함수가 나오는지를 생각한다면 보다 쉽게 적분할 수
있다. 자주 나오는 계산은 다음과 같다.

❶ $\displaystyle\int x^{\alpha}dx = \frac{1}{\alpha+1}x^{\alpha+1}+C$ (단, $\alpha \neq -1$)

❷ $\displaystyle\int \frac{1}{x}dx = \ln|x|+C$

❸ $\displaystyle\int e^{x}dx = e^{x}+C$

❹ $\displaystyle\int \sin x\,dx = -\cos x+C$

❺ $\displaystyle\int \cos x\,dx = \sin x+C$

(단, C는 적분상수)

L01-01
너코 112
2015학년도 수능 B형 4번

$\displaystyle\int_{0}^{1}3\sqrt{x}\,dx$의 값은? [3점]

① 1 ② 2 ③ 3
④ 4 ⑤ 5

L01-02
너코 112
2016학년도 9월 평가원 B형 22번

$\displaystyle\int_{1}^{16}\frac{1}{\sqrt{x}}dx$의 값을 구하시오. [3점]

L01-03
너코 005 너코 112
2016학년도 수능 B형 4번

$\displaystyle\int_{0}^{e}\frac{5}{x+e}dx$의 값은? [3점]

① $\ln 2$ ② $2\ln 2$ ③ $3\ln 2$
④ $4\ln 2$ ⑤ $5\ln 2$

L01-04
너코 004 너코 113
2020학년도 6월 평가원 가형 5번

$\displaystyle\int_{0}^{\ln 3}e^{x+3}dx$의 값은? [3점]

① $\dfrac{e^{3}}{2}$ ② e^{3} ③ $\dfrac{3}{2}e^{3}$
④ $2e^{3}$ ⑤ $\dfrac{5}{2}e^{3}$

L01-05

$\displaystyle\int_{-\frac{\pi}{2}}^{\pi} \sin x \, dx$ 의 값은? [2점]

① -2　　　　② -1　　　　③ 0

④ 1　　　　　⑤ 2

L01-06

$x > 0$에서 미분가능한 함수 $f(x)$에 대하여

$$f'(x) = 2 - \frac{3}{x^2}, \ f(1) = 5$$

이다. $x < 0$에서 미분가능한 함수 $g(x)$가 다음 조건을 만족시킬 때, $g(-3)$의 값은? [4점]

(가) $x < 0$인 모든 실수 x에 대하여
　　$g'(x) = f'(-x)$이다.
(나) $f(2) + g(-2) = 9$

① 1　　　　② 2　　　　③ 3

④ 4　　　　⑤ 5

L01-07

실수 전체의 집합에서 미분가능하고, 다음 조건을 만족시키는 모든 함수 $f(x)$에 대하여 $\displaystyle\int_{0}^{2} f(x)dx$ 의 최솟값은? [4점]

(가) $f(0) = 1$, $f'(0) = 1$
(나) $0 < a < b < 2$ 이면 $f'(a) \leq f'(b)$ 이다.
(다) 구간 $(0, 1)$ 에서 $f''(x) = e^x$ 이다.

① $\dfrac{1}{2}e - 1$　　　② $\dfrac{3}{2}e - 1$　　　③ $\dfrac{5}{2}e - 1$

④ $\dfrac{7}{2}e - 2$　　　⑤ $\dfrac{9}{2}e - 2$

양의 실수 전체의 집합에서 감소하고 연속인 함수 $f(x)$가 다음 조건을 만족시킨다.

> (가) 모든 양의 실수 x에 대하여 $f(x) > 0$이다.
> (나) 임의의 양의 실수 t에 대하여 세 점 $(0, 0)$,
> $(t, f(t))$, $(t+1, f(t+1))$을 꼭짓점으로 하는
> 삼각형의 넓이가 $\dfrac{t+1}{t}$이다.
> (다) $\displaystyle\int_1^2 \dfrac{f(x)}{x}dx = 2$

$\displaystyle\int_{\frac{7}{2}}^{\frac{11}{2}} \dfrac{f(x)}{x}dx = \dfrac{q}{p}$ 라 할 때, $p+q$의 값을 구하시오.

(단, p와 q는 서로소인 자연수이다.) [4점]

정의역이 $\{x \,|\, 0 \le x \le 8\}$이고 다음 조건을 만족시키는 모든 연속함수 $f(x)$에 대하여 $\displaystyle\int_0^8 f(x)dx$의 최댓값은 $p + \dfrac{q}{\ln 2}$이다. $p+q$의 값을 구하시오.

(단, p, q는 자연수이고, $\ln 2$는 무리수이다.) [4점]

> (가) $f(0) = 1$이고 $f(8) \le 100$이다.
> (나) $0 \le k \le 7$인 각각의 정수 k에 대하여
> $f(k+t) = f(k)\ (0 < t \le 1)$ 또는
> $f(k+t) = 2^t \times f(k)\ (0 < t \le 1)$이다.
> (다) 열린구간 $(0, 8)$에서 함수 $f(x)$가 미분가능하지
> 않은 점의 개수는 2이다.

Hidden Point

L01-09 조건 (나)에 의하여 각 구간 $[0, 1]$, $[1, 2]$, $\cdots$, $[7, 8]$에서 함수 $f(x)$의 그래프의 개형으로 다음의 두 가지가 가능하다.

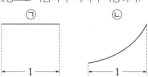

따라서 열린구간 $(0, 8)$에서 함수 $f(x)$가 미분가능하지 않은 점의 개수가 2라는 것을
함수 $f(x)$의 식이 ㉠ → ㉡ → ㉠ 순서로 두 번 바뀌거나, ㉡ → ㉠ → ㉡ 순서로 두 번 바뀌는 것으로 해석할 수 있다.

L01-10

너코 037 너코 056 너코 114
2019학년도 9월 평가원 가형 21번

0이 아닌 세 정수 l, m, n이

$$|l| + |m| + |n| \leq 10$$

을 만족시킨다. $0 \leq x \leq \dfrac{3}{2}\pi$에서 정의된 연속함수

$f(x)$가 $f(0) = 0$, $f\left(\dfrac{3}{2}\pi\right) = 1$이고

$$f'(x) = \begin{cases} l\cos x & \left(0 < x < \dfrac{\pi}{2}\right) \\ m\cos x & \left(\dfrac{\pi}{2} < x < \pi\right) \\ n\cos x & \left(\pi < x < \dfrac{3}{2}\pi\right) \end{cases}$$

를 만족시킬 때, $\displaystyle\int_0^{\frac{3}{2}\pi} f(x)\,dx$의 값이 최대가 되도록 하는

l, m, n에 대하여 $l + 2m + 3n$의 값은? [4점]

① 12   ② 13   ③ 14

④ 15   ⑤ 16

유형 02 치환적분법

유형소개
치환적분법은 꾸준히 출제되어 왔고 단순 계산 문제부터 고난이도 문제까지 다양한 난이도로 출제되고 있으므로 충분히 숙달시키고 넘어가자.

유형접근법
자주 나오는 계산은 다음과 같다.

❶ $\displaystyle\int_a^b \dfrac{f'(x)}{f(x)}\,dx = \int_{f(a)}^{f(b)} \dfrac{1}{t}\,dt$

   $[f(x) = t$라 치환$]$

❷ $\displaystyle\int_a^b \dfrac{\ln x}{x}\,dx = \int_{\ln a}^{\ln b} t\,dt$

   $[\ln x = t$라 치환$]$

❸ $\displaystyle\int_a^b f'(x)e^{f(x)}\,dx = \int_{f(a)}^{f(b)} e^t\,dt$

   $[f(x) = t$라 치환$]$

L02-01

너코 112 너코 115
2017학년도 9월 평가원 가형 6번

$\displaystyle\int_0^3 \dfrac{2}{2x+1}\,dx$의 값은? [3점]

① $\ln 5$ ② $\ln 6$ ③ $\ln 7$

④ $3\ln 2$ ⑤ $2\ln 3$

L02-02

너코 005 너코 113 너코 115
2018학년도 6월 평가원 가형 24번

$\displaystyle\int_2^4 2e^{2x-4}\,dx = k$일 때, $\ln(k+1)$의 값을 구하시오.

[3점]

L02-03

너코 054 | 너코 115
2018학년도 9월 평가원 가형 8번

$\displaystyle\int_1^e \dfrac{3(\ln x)^2}{x}dx$의 값은? [3점]

① 1　　　　② $\dfrac{1}{2}$　　　　③ $\dfrac{1}{3}$

④ $\dfrac{1}{4}$　　　　⑤ $\dfrac{1}{5}$

L02-04

너코 054 | 너코 115
2024학년도 9월 평가원 (미적분) 25번

함수 $f(x) = x + \ln x$에 대하여 $\displaystyle\int_1^e \left(1 + \dfrac{1}{x}\right)f(x)dx$의 값은? [3점]

① $\dfrac{e^2}{2} + \dfrac{e}{2}$　　　② $\dfrac{e^2}{2} + e$　　　③ $\dfrac{e^2}{2} + 2e$

④ $e^2 + e$　　　⑤ $e^2 + 2e$

L02-05

너코 043 | 너코 053 | 너코 112 | 너코 113 | 너코 115
2025학년도 9월 평가원 (미적분) 24번

양의 실수 전체의 집합에서 정의된 미분가능한 함수 $f(x)$가 있다. 양수 t에 대하여 곡선 $y = f(x)$ 위의 점 $(t,\ f(t))$에서의 접선의 기울기는 $\dfrac{1}{t} + 4e^{2t}$이다.

$f(1) = 2e^2 + 1$일 때, $f(e)$의 값은? [3점]

① $2e^{2e} - 1$　　　② $2e^{2e}$　　　③ $2e^{2e} + 1$

④ $2e^{2e} + 2$　　　⑤ $2e^{2e} + 3$

L02-06

너코 056 | 너코 112 | 너코 115
2025학년도 수능 (미적분) 24번

$\displaystyle\int_0^{10} \dfrac{x+2}{x+1}dx$의 값은? [3점]

① $10 + \ln 5$　　　② $10 + \ln 7$　　　③ $10 + 2\ln 3$

④ $10 + \ln 11$　　　⑤ $10 + \ln 13$

1보다 큰 실수 a에 대하여 $f(a) = \int_1^a \dfrac{\sqrt{\ln x}}{x} dx$라 할

때, $f(a^4)$과 같은 것은? [3점]

① $4f(a)$ ② $8f(a)$ ③ $12f(a)$

④ $16f(a)$ ⑤ $20f(a)$

연속함수 $f(x)$가 $f(x) = e^{x^2} + \int_0^1 tf(t)dt$를 만족시킬

때, $\int_0^1 xf(x)dx$의 값은? [3점]

① $e-2$ ② $\dfrac{e-1}{2}$ ③ $\dfrac{e}{2}$

④ $e-1$ ⑤ $\dfrac{e+1}{2}$

함수 $f(x)$가

$$f(x) = \int_0^x \frac{1}{1+e^{-t}} dt$$

일 때, $(f \circ f)(a) = \ln 5$를 만족시키는 실수 a의 값은?

[4점]

① $\ln 11$ ② $\ln 13$ ③ $\ln 15$

④ $\ln 17$ ⑤ $\ln 19$

$\int_1^{\sqrt{2}} x^3 \sqrt{x^2-1}\, dx$의 값은? [3점]

① $\dfrac{7}{15}$ ② $\dfrac{8}{15}$ ③ $\dfrac{3}{5}$

④ $\dfrac{2}{3}$ ⑤ $\dfrac{11}{15}$

$\int_0^{\frac{\pi}{2}} (\cos x + 3\cos^3 x)dx$ 의 값을 구하시오. [3점]

$x > 0$에서 정의된 연속함수 $f(x)$가 모든 양수 x에 대하여

$$2f(x) + \frac{1}{x^2}f\left(\frac{1}{x}\right) = \frac{1}{x} + \frac{1}{x^2}$$

을 만족시킬 때, $\int_{\frac{1}{2}}^{2} f(x)dx$의 값은? [4점]

① $\dfrac{\ln 2}{3} + \dfrac{1}{2}$ ② $\dfrac{2\ln 2}{3} + \dfrac{1}{2}$ ③ $\dfrac{\ln 2}{3} + 1$

④ $\dfrac{2\ln 2}{3} + 1$ ⑤ $\dfrac{2\ln 2}{3} + \dfrac{3}{2}$

좌표평면에서 원점을 중심으로 하고 반지름의 길이가 2인 원 C와 두 점 $A(2, 0)$, $B(0, -2)$가 있다. 원 C 위에 있고 x좌표가 음수인 점 P에 대하여 $\angle PAB = \theta$라 하자. 점 $Q(0, 2\cos\theta)$에서 직선 BP에 내린 수선의 발을 R라 하고, 두 점 P와 R 사이의 거리를 $f(\theta)$라 할 때,

$$\int_{\frac{\pi}{6}}^{\frac{\pi}{3}} f(\theta)d\theta$$의 값은? [4점]

① $\dfrac{2\sqrt{3}-3}{2}$ ② $\sqrt{3}-1$ ③ $\dfrac{3\sqrt{3}-3}{2}$

④ $\dfrac{2\sqrt{3}-1}{2}$ ⑤ $\dfrac{4\sqrt{3}-3}{2}$

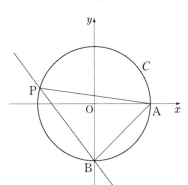

양의 실수 전체의 집합에서 정의되고 미분가능한 두 함수 $f(x)$, $g(x)$가 있다. $g(x)$는 $f(x)$의 역함수이고, $g'(x)$는 양의 실수 전체의 집합에서 연속이다.
모든 양수 a에 대하여

$$\int_{1}^{a} \frac{1}{g'(f(x))f(x)} dx = 2\ln a + \ln(a+1) - \ln 2$$

이고 $f(1) = 8$일 때, $f(2)$의 값은? [3점]

① 36 ② 40 ③ 44

④ 48 ⑤ 52

L 02-15 □□□□

두 연속함수 $f(x)$, $g(x)$가

$$g(e^x) = \begin{cases} f(x) & (0 \le x < 1) \\ g(e^{x-1}) + 5 & (1 \le x \le 2) \end{cases}$$

를 만족시키고, $\displaystyle\int_1^{e^2} g(x)dx = 6e^2 + 4$이다.

$\displaystyle\int_1^e f(\ln x)dx = ae + b$일 때, $a^2 + b^2$의 값을 구하시오.

(단, a, b는 정수이다.) [4점]

L 02-16 □□□□

실수 전체의 집합에서 미분가능한 함수 $f(x)$가 다음 조건을 만족시킬 때, $f(-1)$의 값은? [4점]

> (가) 모든 실수 x에 대하여
> $$2\{f(x)\}^2 f'(x) = \{f(2x+1)\}^2 f'(2x+1)$$
> 이다.
> (나) $f\left(-\dfrac{1}{8}\right) = 1$, $f(6) = 2$

① $\dfrac{\sqrt[3]{3}}{6}$ ② $\dfrac{\sqrt[3]{3}}{3}$ ③ $\dfrac{\sqrt[3]{3}}{2}$

④ $\dfrac{2\sqrt[3]{3}}{3}$ ⑤ $\dfrac{5\sqrt[3]{3}}{6}$

Hidden Point

L 02-15 $g(e^x) = \begin{cases} f(x) & (0 \le x < 1) \\ g(e^{x-1}) + 5 & (1 \le x \le 2) \end{cases}$ 에서

$e^x = t$로 치환해서 얻은 $g(t) = \begin{cases} f(\ln t) & (1 \le t < e) \\ g\left(\dfrac{t}{e}\right) + 5 & (e \le t \le e^2) \end{cases}$ 을

조건 $\displaystyle\int_1^{e^2} g(x)dx = \int_1^e g(x)dx + \int_e^{e^2} g(x)dx = 6e^2 + 4$에 대입하여
정리하자.

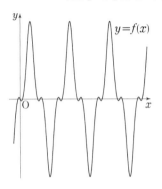
상수 a, b에 대하여 함수 $f(x) = a\sin^3 x + b\sin x$가

$$f\left(\frac{\pi}{4}\right) = 3\sqrt{2},\ f\left(\frac{\pi}{3}\right) = 5\sqrt{3}$$

을 만족시킨다. 실수 t $(1 < t < 14)$에 대하여 함수 $y = f(x)$의 그래프와 직선 $y = t$가 만나는 점의 x좌표 중 양수인 것을 작은 수부터 크기순으로 모두 나열할 때, n번째 수를 x_n이라 하고

$$c_n = \int_{3\sqrt{2}}^{5\sqrt{3}} \frac{t}{f'(x_n)} dt$$

라 하자. $\displaystyle\sum_{n=1}^{101} c_n = p + q\sqrt{2}$ 일 때, $q - p$의 값을 구하시오.

(단, p와 q는 유리수이다.) [4점]

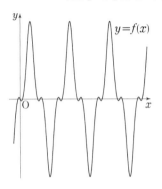

최고차항의 계수가 9인 삼차함수 $f(x)$가 다음 조건을 만족시킨다.

(가) $\displaystyle\lim_{x \to 0} \frac{\sin(\pi \times f(x))}{x} = 0$

(나) $f(x)$의 극댓값과 극솟값의 곱은 5이다.

함수 $g(x)$는 $0 \le x < 1$일 때 $g(x) = f(x)$이고 모든 실수 x에 대하여 $g(x+1) = g(x)$이다. $g(x)$가 실수 전체의 집합에서 연속일 때, $\displaystyle\int_0^5 xg(x)dx = \frac{q}{p}$이다.

$p + q$의 값을 구하시오. (단, p와 q는 서로소인 자연수이다.)

[4점]

최고차항의 계수가 1인 사차함수 $f(x)$와 구간 $(0, \infty)$에서 $g(x) \geq 0$인 함수 $g(x)$가 다음 조건을 만족시킨다.

(가) $x \leq -3$인 모든 실수 x에 대하여
$\quad f(x) \geq f(-3)$이다.
(나) $x > -3$인 모든 실수 x에 대하여
$\quad g(x+3)\{f(x)-f(0)\}^2 = f'(x)$이다.

$\displaystyle\int_4^5 g(x)\,dx = \dfrac{q}{p}$일 때, $p+q$의 값을 구하시오.

(단, p와 q는 서로소인 자연수이다.) [4점]

실수 전체의 집합에서 연속인 함수 $f(x)$가 모든 실수 x에 대하여 $f(x) \geq 0$이고, $x < 0$일 때 $f(x) = -4xe^{4x^2}$이다. 모든 양수 t에 대하여 x에 대한 방정식 $f(x) = t$의 서로 다른 실근의 개수는 2이고, 이 방정식의 두 실근 중 작은 값을 $g(t)$, 큰 값을 $h(t)$라 하자.
두 함수 $g(t)$, $h(t)$는 모든 양수 t에 대하여

$$2g(t) + h(t) = k \ (k는 상수)$$

를 만족시킨다. $\displaystyle\int_0^7 f(x)\,dx = e^4 - 1$일 때, $\dfrac{f(9)}{f(8)}$의 값은?

[4점]

① $\dfrac{3}{2}e^5$ ② $\dfrac{4}{3}e^7$ ③ $\dfrac{5}{4}e^9$

④ $\dfrac{6}{5}e^{11}$ ⑤ $\dfrac{7}{6}e^{13}$

유형소개

부분적분법은 꾸준히 출제되어 왔고 단순 계산 문제부터 고난이도 문제까지 다양한 난이도로 출제되고 있으므로 충분히 숙달시키고 넘어가자.

유형접근법

적분 계산이 간단한 함수 $u'(x)$와 미분한 결과가 간단한 함수 $v(x)$의 곱으로 보고

미분 ⟵ $\ln x \quad 1 \quad x \quad x^2 \quad \cdots \quad x^n \quad \sin x \quad \cos x \quad e^x$ ⟶ 적분

$$\int_a^b u'(x)v(x)dx = \left[u(x)v(x)\right]_a^b - \int_a^b u(x)v'(x)dx$$

로 계산한다.

자주 나오는 계산은 다음과 같다.

❶ $\displaystyle\int \ln x \, dx = x\ln x - x + C$

❷ $\displaystyle\int x\sin x \, dx = -x\cos x + \sin x + C$

❸ $\displaystyle\int x\cos x \, dx = x\sin x + \cos x + C$

(단, C는 적분상수)

└03-01

너코 098 너코 116
2018학년도 6월 평가원 가형 14번

$\displaystyle\int_2^6 \ln(x-1)\,dx$의 값은? [4점]

① $4\ln 5 - 4$ 　　② $4\ln 5 - 3$ 　　③ $5\ln 5 - 4$

④ $5\ln 5 - 3$ 　　⑤ $6\ln 5 - 4$

└03-02

너코 020 너코 101 너코 116
2019학년도 수능 가형 25번

$\displaystyle\int_0^\pi x\cos(\pi - x)\,dx$의 값을 구하시오. [3점]

└03-03

너코 098 너코 116
2020학년도 6월 평가원 가형 10번

$\displaystyle\int_1^e x^3\ln x\,dx$의 값은? [3점]

① $\dfrac{3e^4}{16}$ 　　② $\dfrac{3e^4+1}{16}$ 　　③ $\dfrac{3e^4+2}{16}$

④ $\dfrac{3e^4+3}{16}$ 　　⑤ $\dfrac{3e^4+4}{16}$

너코 098 너코 116
2020학년도 수능 가형 8번

$\displaystyle\int_{e}^{e^2} \dfrac{\ln x - 1}{x^2}\,dx$ 의 값은? [3점]

① $\dfrac{e+2}{e^2}$ ② $\dfrac{e+1}{e^2}$ ③ $\dfrac{1}{e}$

④ $\dfrac{e-1}{e^2}$ ⑤ $\dfrac{e-2}{e^2}$

너코 020 너코 101 너코 116
2023학년도 9월 평가원 (미적분) 24번

$\displaystyle\int_{0}^{\pi} x\cos\!\left(\dfrac{\pi}{2}-x\right)dx$ 의 값은? [3점]

① $\dfrac{\pi}{2}$ ② π ③ $\dfrac{3\pi}{2}$

④ 2π ⑤ $\dfrac{5\pi}{2}$

너코 113 너코 116
2021학년도 9월 평가원 가형 6번

$\displaystyle\int_{1}^{2} (x-1)e^{-x}\,dx$ 의 값은? [3점]

① $\dfrac{1}{e}-\dfrac{2}{e^2}$ ② $\dfrac{1}{e}-\dfrac{1}{e^2}$ ③ $\dfrac{1}{e}$

④ $\dfrac{2}{e}-\dfrac{2}{e^2}$ ⑤ $\dfrac{2}{e}-\dfrac{1}{e^2}$

너코 112 너코 115 너코 116
2012학년도 6월 평가원 가형 19번

정의역이 $\{x\,|\,x>-1\}$ 인 함수 $f(x)$에 대하여

$f'(x)=\dfrac{1}{(1+x^3)^2}$ 이고, 함수 $g(x)=x^2$ 일 때,

$\displaystyle\int_{0}^{1} f(x)g'(x)\,dx=\dfrac{1}{6}$ 이다. $f(1)$의 값은? [4점]

① $\dfrac{1}{6}$ ② $\dfrac{2}{9}$ ③ $\dfrac{5}{18}$

④ $\dfrac{1}{3}$ ⑤ $\dfrac{7}{18}$

L03-08

$\displaystyle\int_1^e x(1-\ln x)\,dx$ 의 값은? [4점]

① $\dfrac{1}{4}(e^2-7)$ ② $\dfrac{1}{4}(e^2-6)$ ③ $\dfrac{1}{4}(e^2-5)$

④ $\dfrac{1}{4}(e^2-4)$ ⑤ $\dfrac{1}{4}(e^2-3)$

L03-09

두 함수 $f(x)$, $g(x)$는 실수 전체의 집합에서 도함수가 연속이고 다음 조건을 만족시킨다.

(가) 모든 실수 x에 대하여 $f(x)g(x)=x^4-1$이다.

(나) $\displaystyle\int_{-1}^1 \{f(x)\}^2 g'(x)\,dx = 120$

$\displaystyle\int_{-1}^1 x^3 f(x)\,dx$의 값은? [4점]

① 12 ② 15 ③ 18

④ 21 ⑤ 24

실수 전체의 집합에서 이계도함수를 갖는 두 함수 $f(x)$와 $g(x)$에 대하여 정적분

$$\int_0^1 \{f'(x)g(1-x) - g'(x)f(1-x)\}\, dx$$

의 값을 k라 하자. 〈보기〉에서 옳은 것만을 있는 대로 고른 것은? [4점]

─── 〈보 기〉 ───

ㄱ. $\int_0^1 \{f(x)g'(1-x) - g(x)f'(1-x)\}\, dx = -k$

ㄴ. $f(0) = f(1)$이고 $g(0) = g(1)$이면, $k = 0$이다.

ㄷ. $f(x) = \ln(1+x^4)$이고 $g(x) = \sin(\pi x)$이면, $k = 0$이다.

① ㄴ   ② ㄷ   ③ ㄱ, ㄴ
④ ㄱ, ㄷ   ⑤ ㄱ, ㄴ, ㄷ

실수 전체의 집합에서 미분가능한 함수 $f(x)$가 있다. 모든 실수 x에 대하여 $f(2x) = 2f(x)f'(x)$이고,

$$f(a) = 0, \quad \int_{2a}^{4a} \frac{f(x)}{x}\, dx = k$$

$$(a > 0,\ 0 < k < 1)$$

일 때, $\int_a^{2a} \dfrac{\{f(x)\}^2}{x^2}\, dx$의 값을 k로 나타낸 것은? [3점]

① $\dfrac{k^2}{4}$ ② $\dfrac{k^2}{2}$ ③ k^2

④ k ⑤ $2k$

L03-12

너고 056 | 너고 102 | 너고 103 | 너고 116
2014학년도 5월 예비 시행 B형 21번

함수 $f(x)$가 다음 조건을 만족시킨다.

> (가) $-1 \le x < 1$일 때 $f(x) = \dfrac{(x^2-1)^2}{x^4+1}$ 이다.
>
> (나) 모든 실수 x에 대하여 $f(x+2) = f(x)$이다.

〈보기〉에서 옳은 것만을 있는 대로 고른 것은? [4점]

─── 〈보 기〉 ───

ㄱ. $\displaystyle\int_{-2}^{2} f(x)\,dx = 4\int_{0}^{1} f(x)\,dx$

ㄴ. $1 < x < 2$일 때 $f'(x) > 0$이다.

ㄷ. $\displaystyle\int_{1}^{3} x|f'(x)|\,dx = 4$

① ㄱ   ② ㄷ   ③ ㄱ, ㄴ

④ ㄴ, ㄷ   ⑤ ㄱ, ㄴ, ㄷ

L03-13

너고 116
2017학년도 9월 평가원 가형 21번

양의 실수 전체의 집합에서 미분가능한 두 함수 $f(x)$와 $g(x)$가 모든 양의 실수 x에 대하여 다음 조건을 만족시킨다.

> (가) $\left\{\dfrac{f(x)}{x}\right\}' = x^2 e^{-x^2}$
>
> (나) $g(x) = \dfrac{4}{e^4}\displaystyle\int_{1}^{x} e^{t^2} f(t)\,dt$

$f(1) = \dfrac{1}{e}$일 때, $f(2) - g(2)$의 값은? [4점]

① $\dfrac{16}{3e^4}$ ② $\dfrac{6}{e^4}$ ③ $\dfrac{20}{3e^4}$

④ $\dfrac{22}{3e^4}$ ⑤ $\dfrac{8}{e^4}$

Hidden Point

L03-13 구하는 값이 $f(2) - g(2)$이므로

우선 조건 (나)에 $x=2$를 대입한 $g(2) = \dfrac{4}{e^4}\displaystyle\int_{1}^{2} e^{t^2} f(t)\,dt$의 값을 구해야 한다.

이때 조건 (가)를 이용하기 위해 우변의 정적분을

$\dfrac{2}{e^2}\displaystyle\int_{1}^{2}\left\{2te^{t^2} \times \dfrac{f(t)}{t}\right\}dt$로 변형하고 부분적분법을 적용하자.

실수 t에 대하여 함수 $f(x)$를

$$f(x) = \begin{cases} 1 - |x-t| & (|x-t| \le 1) \\ 0 & (|x-t| > 1) \end{cases}$$

이라 할 때, 어떤 홀수 k에 대하여 함수

$$g(t) = \int_{k}^{k+8} f(x)\cos(\pi x)dx$$

가 다음 조건을 만족시킨다.

함수 $g(t)$가 $t = \alpha$에서 극소이고 $g(\alpha) < 0$인 모든
α를 작은 수부터 크기순으로 나열한 것을 $\alpha_1, \alpha_2, \cdots,$
α_m (m은 자연수)라 할 때, $\displaystyle\sum_{i=1}^{m} \alpha_i = 45$이다.

$k - \pi^2 \displaystyle\sum_{i=1}^{m} g(\alpha_i)$의 값을 구하시오. [4점]

실수 전체의 집합에서 미분가능한 함수 $f(x)$에 대하여
곡선 $y = f(x)$ 위의 점 $(t, f(t))$에서의 접선의 y절편을
$g(t)$라 하자. 모든 실수 t에 대하여

$$(1+t^2)\{g(t+1) - g(t)\} = 2t$$

이고, $\displaystyle\int_{0}^{1} f(x)dx = -\frac{\ln 10}{4}$, $f(1) = 4 + \frac{\ln 17}{8}$ 일 때,

$2\{f(4) + f(-4)\} - \displaystyle\int_{-4}^{4} f(x)dx$의 값을 구하시오.

[4점]

Hidden Point

L 03-15 $\displaystyle\int_{t}^{t+1} g(x)dx$를 나타내는 두 가지 표현을 얻는 것이 핵심인
문항이다.
특히, 모든 실수 t에 대하여
$(1+t^2)\{g(t+1) - g(t)\} = 2t$라고 주어진 식을
$g(t+1) - g(t) = \dfrac{2t}{1+t^2}$ 라 변형한 뒤 양변을 적분해서
$\displaystyle\int_{t}^{t+1} g(x)dx = \ln(1+t^2) + C$를 얻을 수 있음을 참고하여 접근해 보자.
(단, C는 적분상수)

실수 전체의 집합에서 미분가능한 함수 $f(x)$가 모든 실수 x에 대하여

$$f'(x^2 + x + 1) = \pi f(1)\sin(\pi x) + f(3)x + 5x^2$$

을 만족시킬 때, $f(7)$의 값을 구하시오. [4점]

함수 $f(x) = \pi\sin 2\pi x$에 대하여 정의역이 실수 전체의 집합이고 치역이 집합 $\{0, 1\}$인 함수 $g(x)$와 자연수 n이 다음 조건을 만족시킬 때, n의 값은? [4점]

함수 $h(x) = f(nx)g(x)$는 실수 전체의 집합에서 연속이고

$$\int_{-1}^{1} h(x)dx = 2, \quad \int_{-1}^{1} xh(x)dx = -\frac{1}{32}$$

이다.

---

① 8   ② 10   ③ 12
④ 14   ⑤ 16

Hidden Point

L03-16 $\{f(x^2 + x + 1)\}' = (2x+1)f'(x^2 + x + 1)$임을 이용하기 위해 $f'(x^2 + x + 1) = \pi f(1)\sin(\pi x) + f(3)x + 5x^2$의 양변에 $(2x+1)$을 곱한 후 양변을 각각 부정적분 해보자.

Hidden Point

L03-17 함수 $f(nx)$의 주기가 $\frac{1}{n}$이고, $\int_0^{\frac{1}{2n}} f(nx)\,dx = \frac{1}{n}$임을 통해

$\int_{-1}^{1} h(x)dx = 2$를 만족시키기 위한 함수 $g(x)$를 구할 수 있다.

그 후 함수 $y = xh(x)$의 그래프의 대칭성을 이용하여

$\int_{-1}^{1} xh(x)dx = -\frac{1}{32}$을 만족시키는 자연수 n의 값을 구해 보자.

L03-18 ▭

실수 전체의 집합에서 증가하고 미분가능한 함수 $f(x)$가 다음 조건을 만족시킨다.

> (가) $f(1) = 1$, $\int_1^2 f(x)dx = \dfrac{5}{4}$
>
> (나) 함수 $f(x)$의 역함수를 $g(x)$라 할 때, $x \geq 1$인 모든 실수 x에 대하여 $g(2x) = 2f(x)$이다.

$\int_1^8 xf'(x)dx = \dfrac{q}{p}$ 일 때, $p+q$의 값을 구하시오.

(단, p와 q는 서로소인 자연수이다.) [4점]

L03-19 ▭

함수 $f(x)$는 실수 전체의 집합에서 연속인 이계도함수를 갖고, 실수 전체의 집합에서 정의된 함수 $g(x)$를

$$g(x) = f'(2x)\sin \pi x + x$$

라 하자. 함수 $g(x)$는 역함수 $g^{-1}(x)$를 갖고,

$$\int_0^1 g^{-1}(x)dx = 2\int_0^1 f'(2x)\sin \pi x\, dx + \dfrac{1}{4}$$

을 만족시킬 때, $\int_0^2 f(x)\cos \dfrac{\pi}{2}x\, dx$의 값은? [4점]

① $-\dfrac{1}{\pi}$ ② $-\dfrac{1}{2\pi}$ ③ $-\dfrac{1}{3\pi}$

④ $-\dfrac{1}{4\pi}$ ⑤ $-\dfrac{1}{5\pi}$

L03-20 [] 너코 053 너코 097 너코 103 너코 110 너코 116

2025학년도 9월 평가원 (미적분) 30번

양수 k에 대하여 함수 $f(x)$를

$$f(x) = (k - |x|)e^{-x}$$

이라 하자. 실수 전체의 집합에서 미분가능하고 다음 조건을 만족시키는 모든 함수 $F(x)$에 대하여 $F(0)$의 최솟값을 $g(k)$라 하자.

> 모든 실수 x에 대하여 $F'(x) = f(x)$이고
> $F(x) \geq f(x)$이다.

$g\left(\dfrac{1}{4}\right) + g\left(\dfrac{3}{2}\right) = pe + q$일 때, $100(p+q)$의 값을 구하시오.

(단, $\lim\limits_{x \to \infty} xe^{-x} = 0$이고, p와 q는 유리수이다.) [4점]

유형 04 정적분으로 정의된 함수(1) – 식 정리

유형소개

이 유형은 정적분으로 정의된 함수를 해석하는 문제들로 구성되었다. 간단한 계산 문제로 출제되기도 하지만, 적분변수가 헷갈리게 주어지거나 식을 적절히 조작하는 과정을 필요로 하는 고난이도 문항도 출제되고 있으므로 다양한 난이도의 문제를 훈련하도록 하자.

유형접근법

✔ $g(x) = \displaystyle\int_a^x f(t)dt$라 주어진 경우

$g(a) = 0$, $g'(x) = f(x)$ 를 이용한다.

✔ $g(x) = \displaystyle\int_x^{x+a} f(t)\,dt$라 주어진 경우

$g'(x) = f(x+a) - f(x)$를 이용한다.

✔ $g(x) = \displaystyle\int_a^x f(x-t)dt$라 주어진 경우

$x - t = k$로 치환하여 $-\displaystyle\int_{x-a}^0 f(k)\,dk$로 계산한다.

✔ $\displaystyle\lim_{x \to 0}\frac{1}{x}\int_a^{a+x} f(t)dt$라 주어진 경우

$f(x)$의 한 부정적분을 $F(x)$라 하고
$\displaystyle\lim_{x \to 0}\frac{F(a+x) - F(a)}{x} = F'(a) = f(a)$로 계산한다.

(단, a는 상수이다.)

L04-01 [] 너코 103 너코 117

2018학년도 6월 평가원 가형 12번

양의 실수 전체의 집합에서 연속인 함수 $f(x)$가

$$\int_1^x f(t)dt = x^2 - a\sqrt{x} \ \ (x > 0)$$

를 만족시킬 때, $f(1)$의 값은? (단, a는 상수이다.) [3점]

① 1   ② $\dfrac{3}{2}$ ③ 2

④ $\dfrac{5}{2}$ ⑤ 3

L04-02

함수 $f(x)$를 $f(x) = \int_a^x \{2 + \sin(t^2)\} dt$라 하자.

$f''(a) = \sqrt{3}\,a$일 때, $(f^{-1})'(0)$의 값은?

(단, a는 $0 < a < \sqrt{\dfrac{\pi}{2}}$ 인 상수이다.) [4점]

① $\dfrac{1}{10}$ ② $\dfrac{1}{5}$ ③ $\dfrac{3}{10}$

④ $\dfrac{2}{5}$ ⑤ $\dfrac{1}{2}$

L04-03

함수 $f(x) = \int_0^x \dfrac{1}{1+t^6} dt$에 대하여 상수 a가

$f(a) = \dfrac{1}{2}$ 을 만족시킬 때, $\int_0^a \dfrac{e^{f(x)}}{1+x^6} dx$의 값은? [3점]

① $\dfrac{\sqrt{e}-1}{2}$ ② $\sqrt{e}-1$ ③ 1

④ $\dfrac{\sqrt{e}+1}{2}$ ⑤ $\sqrt{e}+1$

L04-04

실수 전체의 집합에서 연속인 함수 $f(x)$가 모든 실수 t에

대하여 $\int_0^2 x f(tx)\, dx = 4t^2$을 만족시킬 때, $f(2)$의 값은?

[3점]

① 1 ② 2 ③ 3

④ 4 ⑤ 5

L04-05

너기 033 | 너기 041 | 너기 117
2019학년도 6월 평가원 가형 15번

함수 $f(x) = a\cos(\pi x^2)$에 대하여

$$\lim_{x \to 0}\left\{\frac{x^2+1}{x}\int_1^{x+1} f(t)dt\right\} = 3$$

일 때, $f(a)$의 값은? (단, a는 상수이다.) [4점]

① 1　　　　② $\dfrac{3}{2}$　　　　③ 2

④ $\dfrac{5}{2}$　　　　⑤ 3

L04-06

너기 101 | 너기 117
2012학년도 9월 평가원 가형 20번

구간 $\left[0, \dfrac{\pi}{2}\right]$에서 연속인 함수 $f(x)$가 다음 조건을

만족시킬 때, $f\left(\dfrac{\pi}{4}\right)$의 값은? [4점]

(가) $\displaystyle\int_0^{\frac{\pi}{2}} f(t)\,dt = 1$

(나) $\cos x \displaystyle\int_0^x f(t)dt = \sin x \int_x^{\frac{\pi}{2}} f(t)dt$

$$\left(\text{단, } 0 \le x \le \frac{\pi}{2}\right)$$

---

① $\dfrac{1}{5}$　　　　② $\dfrac{1}{4}$　　　　③ $\dfrac{1}{3}$

④ $\dfrac{1}{2}$　　　　⑤ 1

함수 $f(x) = 3(x-1)^2 + 5$에 대하여 함수 $F(x)$를

$F(x) = \int_0^x f(t)dt$라 하자. 미분가능한 함수 $g(x)$가

모든 실수 x에 대하여 $F(g(x)) = \dfrac{1}{2}F(x)$를 만족시킨다.

$g'(2) = p$일 때, $30p$의 값을 구하시오. [4점]

함수 $f(x) = \dfrac{1}{1+x}$에 대하여

$F(x) = \int_0^x tf(x-t)dt \ (x \geq 0)$일 때,

$F'(a) = \ln 10$을 만족시키는 상수 a의 값을 구하시오.

[4점]

함수 $f(x) = 3(x-1)^2 + 5$에 대하여 함수 $F(x)$를

함수 $f(x) = \dfrac{1}{1+x}$에 대하여

L 04-09

너코 116 너코 117
2014학년도 수능 B형 21번

연속함수 $y = f(x)$의 그래프가 원점에 대하여 대칭이고,

모든 실수 x에 대하여 $f(x) = \dfrac{\pi}{2} \displaystyle\int_{1}^{x+1} f(t)dt$이다.

$f(1) = 1$일 때, $\pi^2 \displaystyle\int_{0}^{1} xf(x+1)dx$의 값은? [4점]

① $2(\pi - 2)$ ② $2\pi - 3$ ③ $2(\pi - 1)$

④ $2\pi - 1$ ⑤ 2π

■ 유형소개

　유형 04 와 비슷하나 추가 조건을 해석하여 함수를 추론하거나 미지수의 값을 구하는 등 앞서 배운 내용을 복합적으로 사용해야하는 문제를 수록하였다. 오답률이 높은 고난이도 문항으로 꾸준히 출제되고 있으므로 충분한 시간을 가지고 깊이 있게 학습하자.

■ 유형접근법

　유형 04 와 접근하는 방법은 비슷하며 다양한 내용이 복합적으로 쓰이므로 앞서 배운 유형의 내용을 충분히 숙달시킨 후 이 유형을 풀어보자.

L 05-01

너코 049 너코 117
2016학년도 9월 평가원 B형 21번

함수 $f(x)$를

$$f(x) = \begin{cases} |\sin x| - \sin x & \left(-\dfrac{7}{2}\pi \le x < 0\right) \\ \sin x - |\sin x| & \left(0 \le x \le \dfrac{7}{2}\pi\right) \end{cases}$$

라 하자. 닫힌구간 $\left[-\dfrac{7}{2}\pi, \dfrac{7}{2}\pi\right]$에 속하는 모든 실수

x에 대하여 $\displaystyle\int_{a}^{x} f(t)dt \ge 0$이 되도록 하는 실수 a의

최솟값을 α, 최댓값을 β라 할 때, $\beta - \alpha$의 값은?

$$\left(\text{단, } -\dfrac{7}{2}\pi \le a \le \dfrac{7}{2}\pi\right) \text{[4점]}$$

① $\dfrac{\pi}{2}$ ② $\dfrac{3}{2}\pi$ ③ $\dfrac{5}{2}\pi$

④ $\dfrac{7}{2}\pi$ ⑤ $\dfrac{9}{2}\pi$

　Hidden Point

L 04-09 $f(x) = \dfrac{\pi}{2} \displaystyle\int_{1}^{x+1} f(t)dt$에 대하여

양변에 $x = -1$을 대입하여 얻어지는 $\displaystyle\int_{0}^{1} f(t)\,dt$의 값과,

양변을 x에 대하여 미분하여 얻어지는 $f(x+1)$의 식으로

$\pi^2 \displaystyle\int_{0}^{1} xf(x+1)dx$ 를 간단히 할 수 있다.

그 후 주어진 다른 조건들을 활용하여 답을 구할 수 있다.

실수 전체의 집합에서 연속인 함수 $f(x)$가 다음 조건을 만족시킨다.

(가) $x \leq b$일 때, $f(x) = a(x-b)^2 + c$이다.

(단, a, b, c는 상수이다.)

(나) 모든 실수 x에 대하여

$$f(x) = \int_0^x \sqrt{4 - 2f(t)}\, dt \text{이다.}$$

$\displaystyle\int_0^6 f(x)dx = \dfrac{q}{p}$ 일 때, $p+q$의 값을 구하시오.

(단, p와 q는 서로소인 자연수이다.) [4점]

함수 $f(x) = \dfrac{5}{2} - \dfrac{10x}{x^2+4}$와 함수

$g(x) = \dfrac{4 - |x-4|}{2}$의 그래프가 그림과 같다.

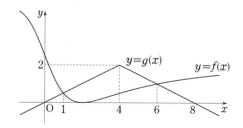

$0 \leq a \leq 8$인 a에 대하여 $\displaystyle\int_0^a f(x)dx + \int_a^8 g(x)dx$의

최솟값은? [4점]

① $14 - 5\ln 5$　　② $15 - 5\ln 10$　　③ $15 - 5\ln 5$

④ $16 - 5\ln 10$　　⑤ $16 - 5\ln 5$

Hidden Point

L05-02 조건 (나)에서 직접적으로 제시하진 않았으나,
주어진 식의 형태를 통해 모든 실수 x에 대하여
$f'(x) \geq 0$이고 $f(x) \leq 2$임을 이끌어내는 것이 핵심인 문항이다.

실수 전체의 집합에서 미분가능한 함수 $f(x)$가 상수 $a\,(0 < a < 2\pi)$와 모든 실수 x에 대하여 다음 조건을 만족시킨다.

(가) $f(x) = f(-x)$

(나) $\displaystyle\int_{x}^{x+a} f(t)dt = \sin\left(x + \frac{\pi}{3}\right)$

닫힌구간 $\left[0, \dfrac{a}{2}\right]$에서 두 실수 b, c에 대하여

$f(x) = b\cos(3x) + c\cos(5x)$일 때 $abc = -\dfrac{q}{p}\pi$이다.

$p + q$의 값을 구하시오. (단, p와 q는 서로소인 자연수이다.)

[4점]

함수 $f(x) = e^{-x}\displaystyle\int_{0}^{x}\sin(t^2)dt$에 대하여 〈보기〉에서 옳은 것만을 있는 대로 고른 것은? [4점]

───〈보 기〉───

ㄱ. $f(\sqrt{\pi}) > 0$

ㄴ. $f'(a) > 0$을 만족시키는 a가 열린구간 $(0, \sqrt{\pi})$에 적어도 하나 존재한다.

ㄷ. $f'(b) = 0$을 만족시키는 b가 열린구간 $(0, \sqrt{\pi})$에 적어도 하나 존재한다.

---

① ㄱ   ② ㄷ   ③ ㄱ, ㄴ

④ ㄴ, ㄷ   ⑤ ㄱ, ㄴ, ㄷ

Hidden Point

L**05-04** 조건 (가)에 의하여

함수 $y = f(x)$의 그래프는 y축에 대하여 대칭이고,

함수 $y = f'(x)$의 그래프는 원점에 대하여 대칭이다.

이러한 함수의 그래프의 대칭성을 활용하기 위하여

조건 (나)의 양변에 $x = -\dfrac{a}{2}$를 대입,

조건 (나)의 양변을 x에 대하여 미분한 후 양변에 $x = -\dfrac{a}{2}$를 대입,

조건 (나)의 양변을 x에 대하여 두 번 미분한 후 양변에 $x = -\dfrac{a}{2}$를 대입해 보자.

L05-06

닫힌구간 $[0, 1]$에서 증가하는 연속함수 $f(x)$가

$$\int_0^1 f(x)\,dx = 2, \quad \int_0^1 |f(x)|\,dx = 2\sqrt{2}$$

를 만족시킨다. 함수 $F(x)$가

$$F(x) = \int_0^x |f(t)|\,dt \ (0 \le x \le 1)$$

일 때, $\int_0^1 f(x)F(x)\,dx$의 값은? [4점]

① $4 - \sqrt{2}$ ② $2 + \sqrt{2}$ ③ $5 - \sqrt{2}$

④ $1 + 2\sqrt{2}$ ⑤ $2 + 2\sqrt{2}$

L05-07

실수 a와 함수 $f(x) = \ln(x^4 + 1) - c$ ($c > 0$인 상수)에 대하여 함수 $g(x)$를

$$g(x) = \int_a^x f(t)\,dt$$

라 하자. 함수 $y = g(x)$의 그래프가 x축과 만나는 서로 다른 점의 개수가 2가 되도록 하는 모든 a의 값을 작은 수부터 크기순으로 나열하면 $\alpha_1, \alpha_2, \cdots, \alpha_m$ (m은 자연수) 이다. $a = \alpha_1$일 때, 함수 $g(x)$와 상수 k는 다음 조건을 만족시킨다.

(가) 함수 $g(x)$는 $x = 1$에서 극솟값을 갖는다.

(나) $\displaystyle\int_{\alpha_1}^{\alpha_m} g(x)\,dx = k\alpha_m \int_0^1 |f(x)|\,dx$

$mk \times e^c$의 값을 구하시오. [4점]

L05-08

너코 019 너코 056 너코 115 너코 117
2018학년도 9월 평가원 가형 21번

수열 $\{a_n\}$이

$$a_1 = -1,\ a_n = 2 - \frac{1}{2^{n-2}}\ (n \geq 2)$$

이다. 구간 $[-1, 2)$에서 정의된 함수 $f(x)$가 모든 자연수 n에 대하여

$$f(x) = \sin(2^n \pi x)\ (a_n \leq x \leq a_{n+1})$$

이다. $-1 < \alpha < 0$인 실수 α에 대하여 $\int_{\alpha}^{t} f(x)dx = 0$을 만족시키는 $t\ (0 < t < 2)$의 값의 개수가 103일 때, $\log_2\{1-\cos(2\pi\alpha)\}$의 값은? [4점]

① -48　② -50　③ -52　④ -54　⑤ -56

L05-09

너코 049 너코 056 너코 103 너코 117
2020학년도 6월 평가원 가형 20번

실수 전체의 집합에서 미분가능한 함수 $f(x)$가 모든 실수 x에 대하여 다음 조건을 만족시킨다.

(가) $f(x) > 0$
(나) $\ln f(x) + 2\int_0^x (x-t)f(t)dt = 0$

<보기>에서 옳은 것만을 있는 대로 고른 것은? [4점]

<보 기>

ㄱ. $x > 0$에서 함수 $f(x)$는 감소한다.
ㄴ. 함수 $f(x)$의 최댓값은 1이다.
ㄷ. 함수 $F(x)$를 $F(x) = \int_0^x f(t)dt$라 할 때, $f(1) + \{F(1)\}^2 = 1$이다.

① ㄱ　② ㄱ, ㄴ　③ ㄱ, ㄷ　④ ㄴ, ㄷ　⑤ ㄱ, ㄴ, ㄷ

2022학년도 수능 예시문항 (미적분) 29번

함수 $f(x) = e^x + x - 1$과 양수 t에 대하여 함수

$$F(x) = \int_0^x \{t - f(s)\}\, ds$$

가 $x = \alpha$에서 최댓값을 가질 때, 실수 α의 값을 $g(t)$라 하자. 미분가능한 함수 $g(t)$에 대하여

$$\int_{f(1)}^{f(5)} \frac{g(t)}{1 + e^{g(t)}}\, dt$$ 의 값을 구하시오. [4점]

2021학년도 9월 평가원 가형 18번

함수

$$f(x) = \begin{cases} 0 & (x \le 0) \\ \{\ln(1 + x^4)\}^{10} & (x > 0) \end{cases}$$

에 대하여 실수 전체의 집합에서 정의된 함수 $g(x)$를

$$g(x) = \int_0^x f(t) f(1 - t)\, dt$$

라 하자. 〈보기〉에서 옳은 것만을 있는 대로 고른 것은?

[4점]

―――――― 〈보 기〉 ――――――
ㄱ. $x \le 0$인 모든 실수 x에 대하여 $g(x) = 0$이다.

ㄴ. $g(1) = 2g\left(\dfrac{1}{2}\right)$

ㄷ. $g(a) \ge 1$인 실수 a가 존재한다.

① ㄱ   ② ㄱ, ㄴ   ③ ㄱ, ㄷ
④ ㄴ, ㄷ   ⑤ ㄱ, ㄴ, ㄷ

함수

함수 $f(x) = \sin(\pi\sqrt{x})$에 대하여 함수

$$g(x) = \int_0^x tf(x-t)dt \ (x \geq 0)$$

이 $x = a$에서 극대인 모든 a를 작은 수부터 크기순으로 나열할 때, n번째 수를 a_n이라 하자.

$k^2 < a_6 < (k+1)^2$인 자연수 k의 값은? [4점]

① 11   ② 14   ③ 17

④ 20   ⑤ 23

실수 $a\,(0 < a < 2)$에 대하여 함수 $f(x)$를

$$f(x) = \begin{cases} 2|\sin 4x| & (x < 0) \\ -\sin ax & (x \geq 0) \end{cases}$$

이라 하자. 함수

$$g(x) = \left| \int_{-a\pi}^x f(t)dt \right|$$

가 실수 전체의 집합에서 미분가능할 때, a의 최솟값은? [4점]

① $\dfrac{1}{2}$ ② $\dfrac{3}{4}$ ③ 1

④ $\dfrac{5}{4}$ ⑤ $\dfrac{3}{2}$

실수 전체의 집합에서 미분가능한 함수 $f(x)$의 도함수 $f'(x)$가

$$f'(x) = |\sin x| \cos x$$

이다. 양수 a에 대하여 곡선 $y = f(x)$ 위의 점 $(a, f(a))$에서의 접선의 방정식을 $y = g(x)$라 하자. 함수

$$h(x) = \int_0^x \{f(t) - g(t)\} dt$$

가 $x = a$에서 극대 또는 극소가 되도록 하는 모든 양수 a를 작은 수부터 크기순으로 나열할 때, n번째 수를 a_n이라 하자. $\dfrac{100}{\pi} \times (a_6 - a_2)$의 값을 구하시오. [4점]

2 정적분의 활용

급수의 합과 정적분의 관계

■ 유형소개

주어진 급수를 변형하여 정적분으로 계산하는 문제를 수록하였다.

■ 유형접근법

급수 $\displaystyle\lim_{n \to \infty} \sum_{k=1}^{n} \frac{b-a}{n} f\left(a + \frac{b-a}{n}k\right)$를 정적분으로 나타내는 방법은 다음과 같다.

❶ $a + \dfrac{b-a}{n}k = x$라 할 때

적분구간은 $[a, b]$이고 $\dfrac{b-a}{n}$를 dx로 바꾸면

$$\lim_{n \to \infty} \sum_{k=1}^{n} \frac{b-a}{n} f\left(a + \frac{b-a}{n}k\right) = \int_a^b f(x)\, dx$$

❷ $\dfrac{b-a}{n}k = x$라 할 때

적분구간은 $[0, b-a]$이고 $\dfrac{b-a}{n}$를 dx로 바꾸면

$$\lim_{n \to \infty} \sum_{k=1}^{n} \frac{b-a}{n} f\left(a + \frac{b-a}{n}k\right) = \int_0^{b-a} f(a+x)\, dx$$

❸ $\dfrac{1}{n}k = x$라 할 때

적분구간은 $[0, 1]$이고, $\dfrac{1}{n}$을 dx로 바꾸면

$$(b-a)\lim_{n \to \infty} \sum_{k=1}^{n} \frac{1}{n} f\left(a + \frac{b-a}{n}k\right)$$
$$= (b-a)\int_0^1 f(a+(b-a)x)\, dx$$

❶과 ❷가 같음은 함수의 평행이동을 통해 설명할 수 있고, ❷와 ❸이 같음은 치환을 통해 설명할 수 있다.

L 06-01

사차함수 $y = f(x)$의 그래프가 그림과 같을 때,

$$\lim_{n \to \infty} \frac{1}{n} \sum_{k=1}^{n} f\left(m + \frac{k}{n}\right) < 0$$

을 만족시키는 정수 m의 개수는? [4점]

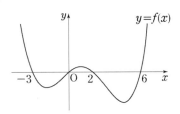

① 3   ② 4   ③ 5

④ 6   ⑤ 7

L 06-02

이차함수 $y = f(x)$의 그래프는 그림과 같고,
$f(0) = f(3) = 0$이다.

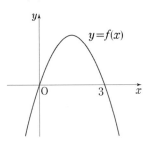

$\lim\limits_{n \to \infty} \dfrac{1}{n} \sum\limits_{k=1}^{n} f\left(\dfrac{k}{n}\right) = \dfrac{7}{6}$ 일 때, $f'(0)$의 값은? [4점]

① $\dfrac{5}{2}$ ② 3   ③ $\dfrac{7}{2}$

④ 4   ⑤ $\dfrac{9}{2}$

L 06-03

함수 $f(x) = 4x^2 + 6x + 32$에 대하여

$$\lim_{n \to \infty} \sum_{k=1}^{n} \frac{k}{n^2} f\left(\frac{k}{n}\right)$$

의 값을 구하시오. [4점]

L 06-04

함수 $f(x) = 4x^4 + 4x^3$에 대하여

$\lim\limits_{n \to \infty} \sum\limits_{k=1}^{n} \dfrac{1}{n+k} f\left(\dfrac{k}{n}\right)$의 값은? [4점]

① 1　　　　　　② 2　　　　　　③ 3
④ 4　　　　　　⑤ 5

L 06-05

함수 $f(x) = 4x^3 + x$에 대하여 $\lim\limits_{n \to \infty} \sum\limits_{k=1}^{n} \dfrac{1}{n} f\left(\dfrac{2k}{n}\right)$의

값은? [3점]

① 6　　　　　　② 7　　　　　　③ 8
④ 9　　　　　　⑤ 10

L 06-06

$\lim\limits_{n \to \infty} \sum\limits_{k=1}^{n} \dfrac{2}{n} \left(1 + \dfrac{2k}{n}\right)^4 = a$일 때, $5a$의 값을 구하시오.

[3점]

L 06-07

$\lim\limits_{n \to \infty} \dfrac{1}{n} \sum\limits_{k=1}^{n} \sqrt{\dfrac{3n}{3n+k}}$ 의 값은? [3점]

① $4\sqrt{3} - 6$　　　② $\sqrt{3} - 1$　　　③ $5\sqrt{3} - 8$
④ $2\sqrt{3} - 3$　　　⑤ $3\sqrt{3} - 5$

$\displaystyle\lim_{n\to\infty}\sum_{k=1}^{n}\frac{k^2+2kn}{k^3+3k^2n+n^3}$ 의 값은? [3점]

① $\ln 5$　　　　② $\dfrac{\ln 5}{2}$　　　　③ $\dfrac{\ln 5}{3}$

④ $\dfrac{\ln 5}{4}$　　　　⑤ $\dfrac{\ln 5}{5}$

$\displaystyle\lim_{n\to\infty}\frac{1}{n}\sum_{k=1}^{n}\sqrt{1+\frac{3k}{n}}$ 의 값은? [3점]

① $\dfrac{4}{3}$　　　　② $\dfrac{13}{9}$　　　　③ $\dfrac{14}{9}$

④ $\dfrac{5}{3}$　　　　⑤ $\dfrac{16}{9}$

함수 $f(x)=x^2$에 대하여 그림과 같이 구간 $[0,\,1]$을 $2n$등분한 후, 구간 $\left[\dfrac{k-1}{2n},\ \dfrac{k}{2n}\right]$를 밑변으로 하고 높이가 $f\left(\dfrac{k}{2n}\right)$인 직사각형의 넓이를 S_k라 하자.

(단, n은 자연수이고 $k=1,\,2,\,3,\,\cdots,\,2n$이다.)

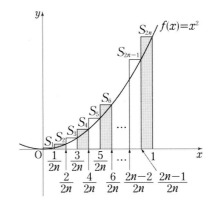

〈보기〉에서 옳은 것만을 있는 대로 고른 것은? [4점]

〈보 기〉

ㄱ. $\displaystyle\lim_{n\to\infty}\sum_{k=1}^{n}S_k=\int_{0}^{\frac{1}{2}}x^2\,dx$

ㄴ. $\displaystyle\lim_{n\to\infty}\sum_{k=1}^{n}(S_{2k}-S_{2k-1})=0$

ㄷ. $\displaystyle\lim_{n\to\infty}\sum_{k=1}^{n}S_{2k}=\frac{1}{2}\int_{0}^{1}x^2\,dx$

① ㄱ　　　　② ㄱ, ㄴ　　　　③ ㄱ, ㄷ

④ ㄴ, ㄷ　　　　⑤ ㄱ, ㄴ, ㄷ

닫힌구간 $[0, 1]$에서 정의된 연속함수 $f(x)$가 $f(0) = 0$, $f(1) = 1$이며, 열린구간 $(0, 1)$에서 이계도함수를 갖고 $f'(x) > 0$, $f''(x) > 0$일 때,

$$\int_0^1 \{f^{-1}(x) - f(x)\}dx$$의 값과 같은 것은? [3점]

① $\lim_{n \to \infty} \sum_{k=1}^{n} \left\{\frac{k}{n} - f\left(\frac{k}{n}\right)\right\}\frac{1}{2n}$

② $\lim_{n \to \infty} \sum_{k=1}^{n} \left\{\frac{k}{n} - f\left(\frac{k}{n}\right)\right\}\frac{2}{n}$

③ $\lim_{n \to \infty} \sum_{k=1}^{n} \left\{\frac{k}{n} - f\left(\frac{k}{n}\right)\right\}\frac{1}{n}$

④ $\lim_{n \to \infty} \sum_{k=1}^{n} \left\{\frac{k}{2n} - f\left(\frac{k}{n}\right)\right\}\frac{1}{n}$

⑤ $\lim_{n \to \infty} \sum_{k=1}^{n} \left\{\frac{2k}{n} - f\left(\frac{k}{n}\right)\right\}\frac{1}{n}$

함수 $f(x) = x^2 + ax + b\,(a \geq 0,\, b > 0)$가 있다. 그림과 같이 2 이상인 자연수 n에 대하여 닫힌구간 $[0, 1]$을 n등분한 각 분점(양 끝점도 포함)을 차례로 $0 = x_0, x_1, x_2, \cdots, x_{n-1}, x_n = 1$이라 하자. 닫힌구간 $[x_{k-1}, x_k]$를 밑변으로 하고 높이가 $f(x_k)$인 직사각형의 넓이를 A_k라 하자. $(k = 1, 2, \cdots, n)$

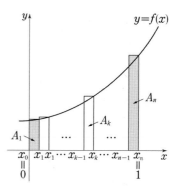

양 끝에 있는 두 직사각형의 넓이의 합이

$A_1 + A_n = \dfrac{7n^2 + 1}{n^3}$ 일 때, $\lim_{n \to \infty} \sum_{k=1}^{n} \dfrac{8k}{n} A_k$의 값을

구하시오. [4점]

L06-13 너코 116 너코 118

2014학년도 6월 평가원 B형 18번

함수 $f(x) = e^x$이 있다. 2 이상인 자연수 n에 대하여 닫힌구간 $[1, 2]$를 n등분한 각 분점(양 끝점도 포함)을 차례로

$$1 = x_0, \, x_1, \, x_2, \, \cdots, \, x_{n-1}, \, x_n = 2$$

라 하자. 세 점 $(0, 0)$, $(x_k, 0)$, $(x_k, f(x_k))$를 꼭짓점으로 하는 삼각형의 넓이를 $A_k \, (k = 1, 2, \cdots, n)$이라 할 때,

$\displaystyle \lim_{n \to \infty} \frac{1}{n} \sum_{k=1}^{n} A_k$의 값은? [4점]

① $\dfrac{1}{2}e^2 - e$ ② $\dfrac{1}{2}(e^2 - e)$ ③ $\dfrac{1}{2}e^2$

④ $e^2 - e$ ⑤ $e^2 - \dfrac{1}{2}e$

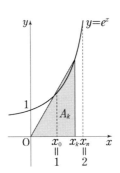

L06-14 너코 018 너코 114 너코 118

2015학년도 9월 평가원 B형 13번

그림과 같이 중심이 O, 반지름의 길이가 1이고 중심각의 크기가 $\dfrac{\pi}{2}$인 부채꼴 OAB가 있다. 자연수 n에 대하여 호 AB를 $2n$등분한 각 분점(양 끝점도 포함)을 차례로 $P_0(= A)$, P_1, P_2, $\cdots$, P_{2n-1}, $P_{2n}(= B)$라 하자.

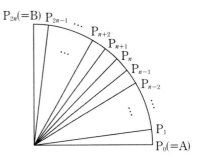

주어진 자연수 n에 대하여 $S_k \, (1 \le k \le n)$를 삼각형 $OP_{n-k}P_{n+k}$의 넓이라 할 때, $\displaystyle \lim_{n \to \infty} \frac{1}{n} \sum_{k=1}^{n} S_k$의 값은?

[3점]

① $\dfrac{1}{\pi}$ ② $\dfrac{13}{12\pi}$ ③ $\dfrac{7}{6\pi}$

④ $\dfrac{5}{4\pi}$ ⑤ $\dfrac{4}{3\pi}$

L06-15

다음은 연속함수 $y = f(x)$의 그래프이다.

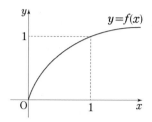

구간 $[0, 1]$에서 함수 $f(x)$의 역함수 $g(x)$가 존재하고

연속일 때, 극한값 $\lim\limits_{n \to \infty} \sum\limits_{k=1}^{n} \left\{ g\left(\dfrac{k}{n}\right) - g\left(\dfrac{k-1}{n}\right) \right\} \dfrac{k}{n}$ 와

같은 값을 갖는 것은? [4점]

① $\displaystyle\int_{0}^{1} g(x)dx$ ② $\displaystyle\int_{0}^{1} xg(x)dx$

③ $\displaystyle\int_{0}^{1} f(x)dx$ ④ $\displaystyle\int_{0}^{1} xf(x)dx$

⑤ $\displaystyle\int_{0}^{1} \{f(x) - g(x)\}dx$

L06-16

실수 전체의 집합에서 연속인 함수 $f(x)$가 있다. 2 이상인 자연수 n에 대하여 닫힌구간 $[0, 1]$을 n등분한 각 분점 (양 끝점도 포함)을 차례대로 $0 = x_0, x_1, \cdots, x_{n-1}$, $x_n = 1$이라 할 때, 〈보기〉에서 옳은 것만을 있는 대로 고른 것은? [3점]

〈보 기〉

ㄱ. $n = 2m$ (m은 자연수)이면

$$\sum_{k=0}^{m-1} \frac{f(x_{2k})}{m} \leq \sum_{k=0}^{n-1} \frac{f(x_k)}{n} \text{이다.}$$

ㄴ. $\displaystyle\lim_{n \to \infty} \sum_{k=1}^{n} \frac{1}{n} \left\{ \frac{f(x_{k-1}) + f(x_k)}{2} \right\}$

$$= \int_{0}^{1} f(x) dx$$

ㄷ. $\displaystyle\sum_{k=0}^{n-1} \frac{f(x_k)}{n} \leq \int_{0}^{1} f(x)dx \leq \sum_{k=1}^{n} \frac{f(x_k)}{n}$

① ㄱ   ② ㄴ   ③ ㄷ

④ ㄱ, ㄴ   ⑤ ㄴ, ㄷ

Hidden Point

L06-16 함수 $f(x)$가 실수 전체의 집합에서 증가하면 ㄱ, ㄷ의 부등식이 성립하지만, 실수 전체의 집합에서 감소하면 성립하지 않으므로 [반례]로 실수 전체의 집합에서 감소하는 함수 $f(x)$에 대해 생각해 보자.

■ 유형소개

이 유형은 〈수학Ⅱ〉에서 학습한 '정적분과 넓이'와 비슷하나 다뤄지는 함수의 종류가 다양해지고 치환적분법, 부분적분법을 이용하는 문제로 구성되어 있다. 그래프의 특징을 적용하거나 자주 나오는 계산을 숙달시키면 풀이 시간을 단축시킬 수 있으므로 충분한 훈련을 하도록 하자.

■ 유형접근법

✓ 그래프와 x축 사이의 넓이 구하기
함수 $f(x)$가 닫힌구간 $[a, b]$에서 연속일 때
함수 $y=f(x)$의 그래프와 x축 및 두 직선 $x=a$,
$x=b$로 둘러싸인 도형의 넓이는 $\int_a^b |f(x)|\,dx$이다.

✓ 그래프와 y축 사이의 넓이 구하기
함수 $g(y)$가 닫힌구간 $[c, d]$에서 연속일 때
곡선 $x=g(y)$와 y축 및 두 직선 $y=c$, $y=d$로
둘러싸인 도형의 넓이는 $\int_c^d |g(y)|\,dy$이다.

✓ 두 그래프 사이의 넓이 구하기
두 함수 $f(x)$, $g(x)$가 닫힌구간 $[a, b]$에서 연속일 때
두 함수 $y=f(x)$, $y=g(x)$의 그래프와 두 직선 $x=a$,
$x=b$로 둘러싸인 부분의 넓이는

$$\int_a^b |f(x)-g(x)|\,dx \text{이다.}$$

L07-01

너코114 너코119
2017학년도 9월 평가원 가형 13번

함수 $y=\cos(2x)$의 그래프와 x축, y축 및 직선

$x=\dfrac{\pi}{12}$로 둘러싸인 영역의 넓이가 직선 $y=a$에 의하여

이등분될 때, 상수 a의 값은? [3점]

① $\dfrac{1}{2\pi}$ ② $\dfrac{1}{\pi}$ ③ $\dfrac{3}{2\pi}$

④ $\dfrac{2}{\pi}$ ⑤ $\dfrac{5}{2\pi}$

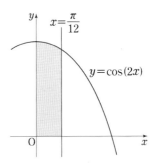

L07-02

너코 113 너코 114 너코 119
2019학년도 9월 평가원 가형 9번

그림과 같이 두 곡선 $y = 2^x - 1$, $y = \left| \sin\left(\dfrac{\pi}{2}x\right) \right|$ 가

원점 O와 점 $(1, 1)$에서 만난다. 두 곡선 $y = 2^x - 1$,

$y = \left| \sin\left(\dfrac{\pi}{2}x\right) \right|$ 로 둘러싸인 부분의 넓이는? [3점]

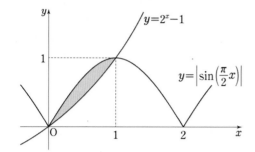

① $-\dfrac{1}{\pi} + \dfrac{1}{\ln 2} - 1$

② $\dfrac{2}{\pi} - \dfrac{1}{\ln 2} + 1$

③ $\dfrac{2}{\pi} + \dfrac{1}{2\ln 2} - 1$

④ $\dfrac{1}{\pi} - \dfrac{1}{2\ln 2} + 1$

⑤ $\dfrac{1}{\pi} + \dfrac{1}{\ln 2} - 1$

L07-03

너코 005 너코 113 너코 119
2021학년도 수능 가형 8번

곡선 $y = e^{2x}$과 x축 및 두 직선 $x = \ln \dfrac{1}{2}$, $x = \ln 2$로

둘러싸인 부분의 넓이는? [3점]

① $\dfrac{5}{3}$

② $\dfrac{15}{8}$

③ $\dfrac{15}{7}$

④ $\dfrac{5}{2}$

⑤ 3

L07-04

너코 056 너코 115 너코 119
2005학년도 9월 평가원 가형 (미분과 적분) 27번

연속함수 $f(x)$의 그래프는 그림과 같다. 이 곡선과 x축으로 둘러싸인 두 부분 A, B의 넓이가 각각 α, β일 때, 정적분

$\int_0^p xf(2x^2)dx$의 값은? (단, $p > \dfrac{1}{2}$) [4점]

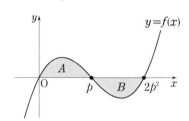

① $\dfrac{1}{2}(\alpha + \beta)$　　② $\dfrac{1}{2}(\alpha - \beta)$　　③ $\alpha + \beta$

④ $\dfrac{1}{4}(\alpha + \beta)$　　⑤ $\dfrac{1}{4}(\alpha - \beta)$

L07-05

너코 103 너코 108 너코 112 너코 119
2005학년도 수능 가형 (미분과 적분) 30번

곡선 $y = 3\sqrt{x - 9}$와 이 곡선 위의 점 $(18, 9)$에서의 접선 및 x축으로 둘러싸인 영역의 넓이를 구하시오. [4점]

L07-06

너코 096 너코 114 너코 119
2007학년도 9월 평가원 가형 (미분과 적분) 30번

자연수 n에 대하여 구간 $[(n-1)\pi, n\pi]$에서 곡선 $y = \left(\dfrac{1}{2}\right)^n \sin x$와 x축으로 둘러싸인 부분의 넓이를 S_n이라 하자. $\displaystyle\sum_{n=1}^{\infty} S_n = \alpha$일 때, 50α의 값을 구하시오. [4점]

적분법

그림과 같이 곡선 $y = x\sin x$ $(0 \le x \le \dfrac{\pi}{2})$에 대하여 이

곡선과 x축, 직선 $x = k$로 둘러싸인 영역을 A, 이 곡선과

직선 $x = k$, 직선 $y = \dfrac{\pi}{2}$로 둘러싸인 영역을 B라 하자.

A의 넓이와 B의 넓이가 같을 때, 상수 k의 값은?

(단, $0 \le k \le \dfrac{\pi}{2}$) [4점]

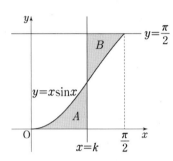

① $\dfrac{\pi}{4} - \dfrac{1}{\pi}$ ② $\dfrac{\pi}{4}$ ③ $\dfrac{\pi}{2} - \dfrac{2}{\pi}$

④ $\dfrac{\pi}{4} + \dfrac{1}{\pi}$ ⑤ $\dfrac{\pi}{2} - \dfrac{1}{\pi}$

그림에서 두 곡선 $y = e^x$, $y = xe^x$과 y축으로 둘러싸인

부분 A의 넓이를 a, 두 곡선 $y = e^x$, $y = xe^x$과 직선

$x = 2$로 둘러싸인 부분 B의 넓이를 b라 할 때, $b - a$의

값은? [4점]

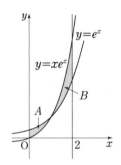

① $\dfrac{3}{2}$ ② $e - 1$ ③ 2

④ $\dfrac{5}{2}$ ⑤ e

좌표평면에서 꼭짓점의 좌표가 $O(0, 0)$, $A(2^n, 0)$, $B(2^n, 2^n)$, $C(0, 2^n)$인 정사각형 $OABC$와 두 곡선 $y = 2^x$, $y = \log_2 x$에 대하여 정사각형 $OABC$와 그 내부는 두 곡선 $y = 2^x$, $y = \log_2 x$에 의하여 세 부분으로 나뉜다. $n = 3$일 때 이 세 부분 중 색칠된 부분의 넓이는? [4점]

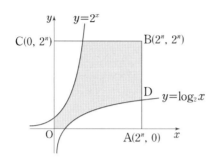

① $14 + \dfrac{12}{\ln 2}$

② $16 + \dfrac{14}{\ln 2}$

③ $18 + \dfrac{16}{\ln 2}$

④ $20 + \dfrac{18}{\ln 2}$

⑤ $22 + \dfrac{20}{\ln 2}$

닫힌구간 $[0, 4]$에서 정의된 함수

$$f(x) = 2\sqrt{2}\sin\left(\frac{\pi}{4}x\right)$$

의 그래프가 그림과 같고, 직선 $y = g(x)$가 곡선 $y = f(x)$ 위의 점 $A(1, 2)$를 지난다. 직선 $y = g(x)$가 x축에 평행할 때, 곡선 $y = f(x)$와 직선 $y = g(x)$에 의해 둘러싸인 부분의 넓이는? [3점]

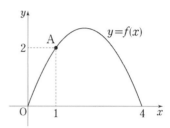

① $\dfrac{16}{\pi} - 4$

② $\dfrac{17}{\pi} - 4$

③ $\dfrac{18}{\pi} - 4$

④ $\dfrac{16}{\pi} - 2$

⑤ $\dfrac{17}{\pi} - 2$

실수 전체의 집합에서 미분가능한 함수 $f(x)$가 $f(0) = 0$ 이고 모든 실수 x에 대하여 $f'(x) > 0$이다. 곡선 $y = f(x)$ 위의 점 $A(t, f(t))$ $(t > 0)$에서 x축에 내린 수선의 발을 B라 하고, 점 A를 지나고 점 A에서의 접선과 수직인 직선이 x축과 만나는 점을 C라 하자. 모든 양수 t에 대하여 삼각형 ABC의 넓이가 $\dfrac{1}{2}(e^{3t} - 2e^{2t} + e^t)$일 때, 곡선 $y = f(x)$와 x축 및 직선 $x = 1$로 둘러싸인 부분의 넓이는? [4점]

① $e - 2$ ② e ③ $e + 2$

④ $e + 4$ ⑤ $e + 6$

곡선 $y = e^{2x}$과 y축 및 직선 $y = -2x + a$로 둘러싸인 영역을 A, 곡선 $y = e^{2x}$과 두 직선 $y = -2x + a$, $x = 1$로 둘러싸인 영역을 B라 하자. A의 넓이와 B의 넓이가 같을 때, 상수 a의 값은? (단, $1 < a < e^2$) [3점]

① $\dfrac{e^2 + 1}{2}$ ② $\dfrac{2e^2 + 1}{4}$ ③ $\dfrac{e^2}{2}$

④ $\dfrac{2e^2 - 1}{4}$ ⑤ $\dfrac{e^2 - 1}{2}$

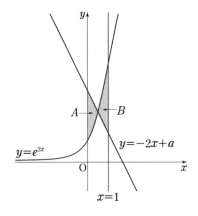

L07-13

곡선 $y = |\sin(2x)| + 1$과 x축 및 두 직선 $x = \dfrac{\pi}{4}$,

$x = \dfrac{5\pi}{4}$로 둘러싸인 부분의 넓이는? [3점]

① $\pi + 1$ ② $\pi + \dfrac{3}{2}$ ③ $\pi + 2$

④ $\pi + \dfrac{5}{2}$ ⑤ $\pi + 3$

L07-14

곡선 $y = x\ln(x^2 + 1)$과 x축 및 직선 $x = 1$로 둘러싸인 부분의 넓이는? [3점]

① $\ln 2 - \dfrac{1}{2}$ ② $\ln 2 - \dfrac{1}{4}$ ③ $\ln 2 - \dfrac{1}{6}$

④ $\ln 2 - \dfrac{1}{8}$ ⑤ $\ln 2 - \dfrac{1}{10}$

곡선 $y = |\sin(2x)| + 1$과 x축 및 두 직선 $x = \dfrac{\pi}{4}$,

$x = \dfrac{5\pi}{4}$로 둘러싸인 부분의 넓이는? [3점]

L07-15

함수 $f(x)=e^{-x}$과 자연수 n에 대하여 점 P_n, Q_n을
각각 $P_n(n, f(n))$, $Q_n(n+1, f(n))$이라 하자. 삼각형
$P_nP_{n+1}Q_n$의 넓이를 A_n, 선분 P_nP_{n+1}과 함수
$y=f(x)$의 그래프로 둘러싸인 도형의 넓이를 B_n이라 할
때, 〈보기〉에서 옳은 것만을 있는 대로 고른 것은? [4점]

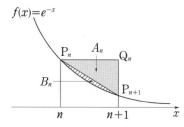

$$\langle 보기\rangle$$

ㄱ. $\displaystyle\int_n^{n+1} f(x)dx = f(n)-(A_n+B_n)$

ㄴ. $\displaystyle\sum_{n=1}^{\infty} A_n = \frac{1}{2e}$

ㄷ. $\displaystyle\sum_{n=1}^{\infty} B_n = \frac{3-e}{2e(e-1)}$

① ㄱ   ② ㄱ, ㄴ   ③ ㄱ, ㄷ

④ ㄴ, ㄷ   ⑤ ㄱ, ㄴ, ㄷ

L07-16

좌표평면에서 곡선 $y=\dfrac{xe^{x^2}}{e^{x^2}+1}$과 직선 $y=\dfrac{2}{3}x$로

둘러싸인 부분의 넓이는? [3점]

① $\dfrac{5}{3}\ln 2 - \ln 3$ ② $2\ln 3 - \dfrac{5}{3}\ln 2$

③ $\dfrac{5}{3}\ln 2 + \ln 3$ ④ $2\ln 3 + \dfrac{5}{3}\ln 2$

⑤ $\dfrac{7}{3}\ln 2 - \ln 3$

함수 $f(x) = \sin\dfrac{x^2}{2}$ 에 대한 설명으로 〈보기〉에서 옳은

것만을 있는 대로 고른 것은? [4점]

――――――〈보 기〉――――――

ㄱ. $0 < x < 1$일 때

$x^2 \sin\dfrac{x^2}{2} < f(x) < \cos\dfrac{x^2}{2}$ 이다.

ㄴ. 구간 $(0, 1)$에서 곡선 $y = f(x)$는 위로 볼록하다.

ㄷ. $\displaystyle\int_0^1 f(x)\,dx \le \dfrac{1}{2}\sin\dfrac{1}{2}$

① ㄱ   ② ㄴ   ③ ㄱ, ㄴ

④ ㄱ, ㄷ   ⑤ ㄴ, ㄷ

양수 a에 대하여 함수 $f(x) = \displaystyle\int_0^x (a - t)e^t\,dt$의

최댓값이 32이다. 곡선 $y = 3e^x$과 두 직선 $x = a$,

$y = 3$으로 둘러싸인 부분의 넓이를 구하시오. [4점]

L07-19

너코 098 너코 107 너코 108 너코 110 너코 119

2020학년도 수능 가형 21번

실수 t에 대하여 곡선 $y = e^x$ 위의 점 (t, e^t)에서의 접선의 방정식을 $y = f(x)$라 할 때, 함수 $y = |f(x) + k - \ln x|$가 양의 실수 전체의 집합에서 미분가능하도록 하는 실수 k의 최솟값을 $g(t)$라 하자.

두 실수 a, $b\,(a < b)$에 대하여 $\displaystyle\int_a^b g(t)\,dt = m$이라 할 때, 〈보기〉에서 옳은 것만을 있는 대로 고른 것은? [4점]

─── 〈보 기〉 ───

ㄱ. $m < 0$이 되도록 하는 두 실수 a, $b\,(a < b)$가 존재한다.

ㄴ. 실수 c에 대하여 $g(c) = 0$이면 $g(-c) = 0$이다.

ㄷ. $a = \alpha$, $b = \beta\,(\alpha < \beta)$일 때 m의 값이 최소이면 $\dfrac{1 + g'(\beta)}{1 + g'(\alpha)} < -e^2$이다.

① ㄱ
② ㄴ
③ ㄱ, ㄴ
④ ㄱ, ㄷ
⑤ ㄱ, ㄴ, ㄷ

L07-20

너코 005 너코 034 너코 115

2023학년도 수능 (미적분) 29번

세 상수 a, b, c에 대하여 함수 $f(x) = ae^{2x} + be^x + c$가 다음 조건을 만족시킨다.

(가) $\displaystyle\lim_{x \to -\infty} \dfrac{f(x) + 6}{e^x} = 1$

(나) $f(\ln 2) = 0$

함수 $f(x)$의 역함수를 $g(x)$라 할 때, $\displaystyle\int_0^{14} g(x)\,dx = p + q\ln 2$이다. $p + q$의 값을 구하시오.

(단, p, q는 유리수이고, $\ln 2$는 무리수이다.) [4점]

─── Hidden Point ───

L07-20 함수 $f(x)$의 역함수의 식을 직접 구할 수 없으므로 함수 $y = f(x)$의 그래프를 그린 후 그래프에서 $\displaystyle\int_0^{14} g(x)\,dx$가 의미하는 넓이를 찾아 접근해 보자.

L07-21

실수 전체의 집합에서 미분가능한 함수 $f(x)$의 도함수
$f'(x)$가

$$f'(x) = -x + e^{1-x^2}$$

이다. 양수 t에 대하여 곡선 $y = f(x)$ 위의 점 $(t, f(t))$
에서의 접선과 곡선 $y = f(x)$ 및 y축으로 둘러싸인
부분의 넓이를 $g(t)$라 하자. $g(1) + g'(1)$의 값은? [4점]

① $\dfrac{1}{2}e + \dfrac{1}{2}$ ② $\dfrac{1}{2}e + \dfrac{2}{3}$ ③ $\dfrac{1}{2}e + \dfrac{5}{6}$

④ $\dfrac{2}{3}e + \dfrac{1}{2}$ ⑤ $\dfrac{2}{3}e + \dfrac{2}{3}$

유형 08   정적분과 부피

유형소개

이 유형은 구분구적법을 이용하여 입체도형의 부피를 구하는
문제로 구성되었다. 구분구적법을 제대로 이해하면 어렵지
않게 해결할 수 있다.

유형접근법

닫힌구간 $[a, b]$에서 x좌표가 x인 점을 지나고 x축에
수직인 평면으로 잘랐을 때의
단면의 넓이가 $S(x)$인 입체도형의 부피 V는 다음 순서로
구할 수 있다.

[1단계] x좌표가 x인 점을 지나고 x축에 수직인 평면으로
잘랐을 때의 단면의 넓이 $S(x)$를 구한다.

[2단계] $V = \displaystyle\int_a^b S(x)\,dx$를 구한다.

그림과 같이 곡선 $y = \sqrt{\dfrac{3x+1}{x^2}}$ $(x > 0)$과 x축 및

두 직선 $x = 1$, $x = 2$로 둘러싸인 부분을 밑면으로 하고
x축에 수직인 평면으로 자른 단면이 모두 정사각형인
입체도형의 부피는? [3점]

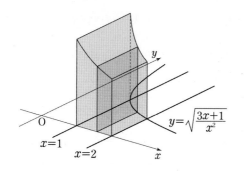

① $3\ln 2$

② $\dfrac{1}{2} + 3\ln 2$

③ $1 + 3\ln 2$

④ $\dfrac{1}{2} + 4\ln 2$

⑤ $1 + 4\ln 2$

어떤 그릇에 물을 넣으면 물의 깊이가 x일 때, 수면은
반지름의 길이가 $5\sqrt{\ln(x+1)}$인 원이 된다고 한다.
그릇에 담긴 물의 부피를 $V(x)$라 할 때, $\dfrac{V(e-1)}{\pi}$의

값을 구하시오. [4점]

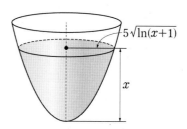

그림과 같이 곡선 $y = \sqrt{\dfrac{3x+1}{x^2}}$ $(x > 0)$과 x축 및

그림과 같이 양수 k에 대하여 함수 $f(x) = 2\sqrt{x}\,e^{kx^2}$의

그래프와 x축 및 두 직선 $x = \dfrac{1}{\sqrt{2k}}$, $x = \dfrac{1}{\sqrt{k}}$로

둘러싸인 부분을 밑면으로 하고 x축에 수직인 평면으로

자른 단면이 모두 정삼각형인 입체도형의 부피가

$\sqrt{3}\,(e^2 - e)$일 때, k의 값은? [4점]

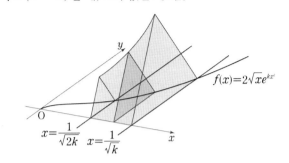

① $\dfrac{1}{12}$ ② $\dfrac{1}{6}$ ③ $\dfrac{1}{4}$

④ $\dfrac{1}{3}$ ⑤ $\dfrac{1}{2}$

그림과 같이 양수 k에 대하여 곡선 $y = \sqrt{\dfrac{e^x}{e^x + 1}}$ 과

x축, y축 및 직선 $x = k$로 둘러싸인 부분을 밑면으로 하고

x축에 수직인 평면으로 자른 단면이 모두 정사각형인

입체도형의 부피가 $\ln 7$일 때, k의 값은? [3점]

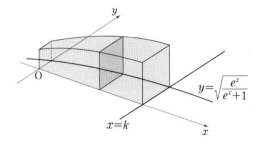

① $\ln 11$ ② $\ln 13$ ③ $\ln 15$
④ $\ln 17$ ⑤ $\ln 19$

L08-05 ⏸

그림과 같이 양수 k에 대하여 곡선 $y = \sqrt{\dfrac{kx}{2x^2+1}}$ 와

x축 및 두 직선 $x=1$, $x=2$로 둘러싸인 부분을 밑면으로 하고 x축에 수직인 평면으로 자른 단면이 모두 정사각형인 입체도형의 부피가 $2\ln 3$일 때, k의 값은? [3점]

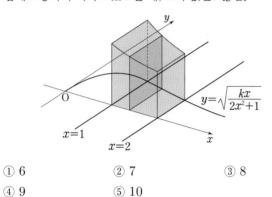

① 6   ② 7   ③ 8

④ 9   ⑤ 10

L08-06 ⏸

그림과 같이 곡선 $y = \sqrt{\sec^2 x + \tan x}\ \left(0 \le x \le \dfrac{\pi}{3} \right)$

와 x축, y축 및 직선 $x = \dfrac{\pi}{3}$로 둘러싸인 부분을 밑면으로 하는 입체도형이 있다. 이 입체도형을 x축에 수직인 평면으로 자른 단면이 모두 정사각형일 때, 이 입체도형의 부피는? [3점]

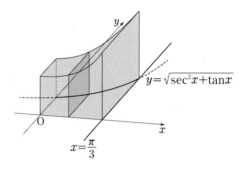

① $\dfrac{\sqrt{3}}{2} + \dfrac{\ln 2}{2}$ ② $\dfrac{\sqrt{3}}{2} + \ln 2$

③ $\sqrt{3} + \dfrac{\ln 2}{2}$ ④ $\sqrt{3} + \ln 2$

⑤ $\sqrt{3} + 2\ln 2$

L08-07 ▪ᵢᵢᵢ

너코114 너코116 너코120

그림과 같이 곡선

$y = \sqrt{(1-2x)\cos x} \left(\dfrac{3}{4}\pi \leq x \leq \dfrac{5}{4}\pi \right)$ 와 x축 및

두 직선 $x = \dfrac{3}{4}\pi$, $x = \dfrac{5}{4}\pi$로 둘러싸인 부분을 밑면으로

하는 입체도형이 있다. 이 입체도형을 x축에 수직인
평면으로 자른 단면이 모두 정사각형일 때, 이 입체도형의
부피는? [3점]

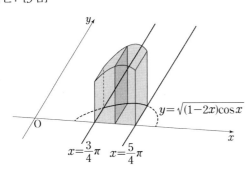

① $\sqrt{2}\,\pi - \sqrt{2}$ ② $\sqrt{2}\,\pi - 1$

③ $2\sqrt{2}\,\pi - \sqrt{2}$ ④ $2\sqrt{2}\,\pi - 1$

⑤ $2\sqrt{2}\,\pi$

L08-08 ▪ᵢᵢᵢ

너코114 너코115 너코116 너코120

그림과 같이 곡선 $y = 2x\sqrt{x\sin x^2}\ (0 \leq x \leq \sqrt{\pi})$와

x축 및 두 직선 $x = \sqrt{\dfrac{\pi}{6}}$, $x = \sqrt{\dfrac{\pi}{2}}$ 로 둘러싸인

부분을 밑면으로 하는 입체도형이 있다. 이 입체도형을
x축에 수직인 평면으로 자른 단면이 모두 반원일 때,
이 입체도형의 부피는? [3점]

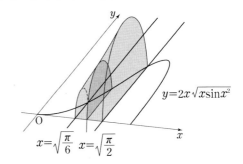

① $\dfrac{\pi^2 + 6\pi}{48}$ ② $\dfrac{\sqrt{2}\,\pi^2 + 6\pi}{48}$

③ $\dfrac{\sqrt{3}\,\pi^2 + 6\pi}{48}$ ④ $\dfrac{\sqrt{2}\,\pi^2 + 12\pi}{48}$

⑤ $\dfrac{\sqrt{3}\,\pi^2 + 12\pi}{48}$

L08-09 ▭▯▮▮

그림과 같이 곡선 $y = \sqrt{\dfrac{x+1}{x(x+\ln x)}}$ 과 x축 및 두 직선

$x = 1$, $x = e$로 둘러싸인 부분을 밑면으로 하는 입체도형이 있다. 이 입체도형을 x축에 수직인 평면으로 자른 단면이 모두 정사각형일 때, 이 입체도형의 부피는? [3점]

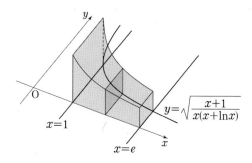

① $\ln(e+1)$ ② $\ln(e+2)$ ③ $\ln(e+3)$

④ $\ln(2e+1)$ ⑤ $\ln(2e+2)$

L08-10 ▮▮▯▯

실수 전체의 집합에서 연속인 함수 $f(x)$가 모든 양수 x에 대하여

$$\int_0^x (x-t)\{f(t)\}^2 dt = 6\int_0^1 x^3(x-t)^2 dt$$

를 만족시킨다. 곡선 $y = f(x)$와 직선 $x = 1$, x축, y축으로 둘러싸인 도형을 밑면으로 하고, x축에 수직인 평면으로 자른 단면이 정사각형인 입체도형의 부피를 구하시오. [4점]

유형소개

평면 위의 점이 움직인 거리, 즉 곡선의 길이를 묻는 문항을
수록하였다.
교육과정이 개정되기 전 〈기하와 벡터〉 과목에서 배웠던
내용이 〈미적분〉 과목으로 이동되었으나 그동안 다뤄졌던
문항과 비슷한 스타일로 계속해서 출제될 것으로 예상된다.

유형접근법

✓ 좌표평면 위를 움직이는 점 P의 시각 t에서의 위치
  (x, y)가 $x = f(t)$, $y = g(t)$일 때,
  점 P가 $t = a$에서 $t = b$까지 움직인 거리는

  $$s = \int_a^b \sqrt{\left(\frac{dx}{dt}\right)^2 + \left(\frac{dy}{dt}\right)^2}\, dt \text{이다.}$$

✓ 미분가능한 함수 $y = f(x)$에 대하여 좌표평면 위의 점
  $P(t, f(t))$가 움직인 경로가 겹치지 않으면
  $x = a$에서 $x = b$까지의 곡선 $y = f(x)$의 길이는

  $$l = \int_a^b \sqrt{1 + \{f'(x)\}^2}\, dx \text{이다.}$$

L 09-01

너코 121
2008학년도 9월 평가원 가형 (미분과 적분) 27번

실수 전체의 집합에서 이계도함수를 갖고 $f(0) = 0$,
$f(1) = \sqrt{3}$ 을 만족시키는 모든 함수 $f(x)$에 대하여
$\int_0^1 \sqrt{1 + \{f'(x)\}^2}\, dx$의 최솟값은? [3점]

① $\sqrt{2}$ ② 2   ③ $1 + \sqrt{2}$

④ $\sqrt{5}$ ⑤ $1 + \sqrt{3}$

L 09-02

너코 054 너코 103 너코 121
2008학년도 수능 가형 (미분과 적분) 30번

$x = 0$에서 $x = 6$까지 곡선 $y = \dfrac{1}{3}(x^2 + 2)^{\frac{3}{2}}$ 의 길이를
구하시오. [4점]

L 09-03

너코 099 너코 101 너코 103 너코 114 너코 121
2010학년도 수능 가형 (미분과 적분) 30번

좌표평면 위를 움직이는 점 P의 시각 t에서의 위치 (x, y)가

$$\begin{cases} x = 4(\cos t + \sin t) \\ y = \cos(2t) \end{cases} (0 \le t \le 2\pi)$$

이다. 점 P가 $t = 0$에서 $t = 2\pi$까지 움직인 거리(경과 거리)
를 $a\pi$라 할 때, a^2의 값을 구하시오. [4점]

L09-04

$x = 0$에서 $x = \ln 2$까지의 곡선 $y = \dfrac{1}{8}e^{2x} + \dfrac{1}{2}e^{-2x}$의 길이는? [3점]

① $\dfrac{1}{2}$ ② $\dfrac{9}{16}$ ③ $\dfrac{5}{8}$

④ $\dfrac{11}{16}$ ⑤ $\dfrac{3}{4}$

L09-05

좌표평면 위를 움직이는 점 P의 시각 t $(t > 0)$에서의 위치가 곡선 $y = x^2$과 직선 $y = t^2 x - \dfrac{\ln t}{8}$가 만나는 서로 다른 두 점의 중점일 때, 시각 $t = 1$에서 $t = e$까지 점 P가 움직인 거리는? [3점]

① $\dfrac{e^4}{2} - \dfrac{3}{8}$ ② $\dfrac{e^4}{2} - \dfrac{5}{16}$ ③ $\dfrac{e^4}{2} - \dfrac{1}{4}$

④ $\dfrac{e^4}{2} - \dfrac{3}{16}$ ⑤ $\dfrac{e^4}{2} - \dfrac{1}{8}$

$x = -\ln 4$에서 $x = 1$까지의 곡선

$y = \dfrac{1}{2}\left(\left|e^x - 1\right| - e^{|x|} + 1\right)$의 길이는? [3점]

① $\dfrac{23}{8}$ ② $\dfrac{13}{4}$ ③ $\dfrac{29}{8}$

④ 4   ⑤ $\dfrac{35}{8}$

양의 실수 전체의 집합에서 이계도함수를 갖는 함수 $f(t)$에 대하여 좌표평면 위를 움직이는 점 P의 시각 $t \ (t \geq 1)$에서의 위치 (x, y)가

$$\begin{cases} x = 2\ln t \\ y = f(t) \end{cases}$$

이다. 점 P가 점 $(0, f(1))$로부터 움직인 거리가 s가 될 때 시각 t는 $t = \dfrac{s + \sqrt{s^2 + 4}}{2}$이고, $t = 2$일 때 점 P의 속도는 $\left(1, \dfrac{3}{4}\right)$이다. 시각 $t = 2$일 때 점 P의 가속도를 $\left(-\dfrac{1}{2}, a\right)$라 할 때, $60a$의 값을 구하시오. [4점]

너기출

| For 2026 | 미적분

수능 수학을 책임지는
이투스북

너기출
평가원 기출
완전 분석

어삼쉬사 Plus配
수능의 허리
완벽 대비

고쟁이 실전⊕수능
실전 대비
고난도 집중 훈련

평가원 기출의 또 다른 이름,

너기출

| For 2026 |

미적분

정답과 풀이

이투스북

변화된 수능 출제 방향

과목별 특별 부록

기출 학습도 전략이 필요해!

기 출 문 제 학 습 **전략** 교 과 서

기출의 바이블

• 이투스북 도서는 전국 서점 및 온라인 서점에서 구매하실 수 있습니다. • 이투스북 온라인 서점 | www.etoosbook.com

이투스북

J 수열의 극한

1 수열의 극한 본문 12~39쪽

01-01 ③	01-02 ③	01-03 ①	01-04 ①
01-05 ③	01-06 ③	01-07 ③	01-08 ③
01-09 ④	01-10 ⑤	01-11 ⑤	01-12 35
01-13 12	01-14 ③		
02-01 ②	02-02 ④	02-03 ②	02-04 12
02-05 ①	02-06 ④	02-07 ①	02-08 ④
02-09 ⑤	02-10 ②	02-11 ①	02-12 ②
02-13 ⑤	02-14 ③	02-15 ②	02-16 ④
02-17 ③	02-18 4		
03-01 ②	03-02 ②	03-03 ②	03-04 ①
03-05 ⑤	03-06 25	03-07 ②	03-08 2
03-09 ②	03-10 110		
04-01 ③	04-02 ①	04-03 ⑤	04-04 ⑤
04-05 ①	04-06 ③	04-07 ③	04-08 ②
04-09 ①	04-10 40	04-11 ④	04-12 ②
04-13 4	04-14 ③	04-15 ⑤	04-16 18
04-17 ④	04-18 ③	04-19 33	
05-01 ②	05-02 ③	05-03 ④	05-04 ⑤
05-05 ①	05-06 12	05-07 ③	05-08 ③
05-09 30	05-10 ②	05-11 ③	05-12 16
05-13 10	05-14 90	05-15 ③	
06-01 15	06-02 ④	06-03 ②	06-04 ③
06-05 ⑤	06-06 ①	06-07 ④	

2 급수 본문 40~63쪽

07-01 5	07-02 54	07-03 ①	07-04 ③
07-05 16	07-06 4	07-07 ②	07-08 ①
07-09 ③			
08-01 ①	08-02 ②	08-03 ①	08-04 ⑤
08-05 ①	08-06 ③	08-07 ③	08-08 19
08-09 57			
09-01 12	09-02 32	09-03 ①	09-04 ⑤
09-05 ③	09-06 ②	09-07 ⑤	09-08 16
09-09 ③	09-10 19	09-11 ①	09-12 ①
09-13 16	09-14 ②	09-15 ⑤	09-16 12
09-17 ③	09-18 ⑤	09-19 ④	09-20 450
09-21 ②	09-22 24	09-23 162	09-24 25
10-01 ②	10-02 ④	10-03 ②	10-04 ⑤
10-05 ③	10-06 ③	10-07 ②	10-08 ③
10-09 ②	10-10 ②	10-11 ⑤	10-12 ①
10-13 ③			
11-01 ③	11-02 ①		

K 미분법

1 여러 가지 함수의 미분
본문 74~107쪽

01-01 ③	01-02 12	01-03 6	01-04 ⑤
01-05 ②	01-06 ④	01-07 ④	01-08 ②
01-09 ③	01-10 ⑤	01-11 ①	01-12 ③
01-13 ①	01-14 ④	01-15 ④	01-16 ③
01-17 ①	01-18 ⑤	01-19 ③	01-20 ③
01-21 ①	01-22 ②	01-23 ③	01-24 ③
01-25 ①	01-26 ②	01-27 ③	01-28 ③
01-29 ①			
02-01 ②	02-02 ④	02-03 ①	02-04 4
02-05 50			
03-01 ①	03-02 ①	03-03 ②	03-04 ⑤
03-05 ④	03-06 ①	03-07 ①	03-08 7
03-09 ③	03-10 ②	03-11 ④	
04-01 ④	04-02 30	04-03 ④	
05-01 ④	05-02 ③	05-03 ③	05-04 ④
05-05 ④	05-06 ④	05-07 ⑤	05-08 32
05-09 12	05-10 ①	05-11 25	
06-01 ③	06-02 ④	06-03 ③	06-04 ①
06-05 ③	06-06 2	06-07 ⑤	06-08 ⑤
06-09 ③	06-10 ③	06-11 ④	06-12 ④
06-13 ④	06-14 ②	06-15 ④	06-16 ⑤
06-17 ③	06-18 ③		
07-01 2	07-02 60	07-03 ①	07-04 ①
07-05 ②	07-06 40	07-07 ④	07-08 ③
07-09 ①	07-10 50	07-11 ④	07-12 ②
07-13 30	07-14 15	07-15 23	07-16 11
08-01 ③	08-02 8	08-03 1	

2 여러 가지 미분법
본문 107~132쪽

09-01 ⑤	09-02 ③	09-03 8	09-04 ④
10-01 ③	10-02 28	10-03 2	10-04 1
10-05 ③	10-06 2	10-07 ④	10-08 ①
10-09 10	10-10 ⑤	10-11 ⑤	10-12 ④
10-13 ②	10-14 ①	10-15 ④	10-16 ④
10-17 17	10-18 11	10-19 ②	10-20 ⑤
10-21 ④	10-22 ④	10-23 ①	10-24 39
10-25 ④	10-26 331	10-27 29	10-28 24
10-29 ②	10-30 ⑤	10-31 31	10-32 32
10-33 55			
11-01 ①	11-02 ③	11-03 ⑤	11-04 ④
11-05 ④	11-06 4	11-07 ⑤	11-08 ②
11-09 ④	11-10 ①	11-11 ④	11-12 ②
11-13 ②	11-14 ③	11-15 ①	11-16 ②
11-17 5	11-18 ③	11-19 ②	
12-01 4	12-02 ③	12-03 ⑤	12-04 25
12-05 5	12-06 ②	12-07 ①	12-08 15
12-09 16	12-10 17	12-11 ①	12-12 ③
12-13 ①	12-14 ④	12-15 72	12-16 3

2 정적분의 활용

06-01 ⑤	06-02 ②	06-03 19	06-04 ①
06-05 ④	06-06 242	06-07 ①	06-08 ③
06-09 ③	06-10 ⑤	06-11 ②	06-12 14
06-13 ③	06-14 ①	06-15 ②	06-16 ②
07-01 ③	07-02 ②	07-03 ②	07-04 ⑤
07-05 27	07-06 100	07-07 ③	07-08 ③
07-09 ②	07-10 ①	07-11 ①	07-12 ①
07-13 ③	07-14 ①	07-15 ⑤	07-16 ①
07-17 ④	07-18 96	07-19 ⑤	07-20 26
07-21 ②			
08-01 ②	08-02 25	08-03 ③	08-04 ②
08-05 ③	08-06 ④	08-07 ③	08-08 ③
08-09 ①	08-10 12		
09-01 ②	09-02 78	09-03 64	09-04 ⑤
09-05 ①	09-06 ①	09-07 15	

평가원 기출의 또 다른 이름,

너기출

| For 2026 |

미적분

정답과 풀이

정답과 풀이

J 수열의 극한

J01-01

풀이 1

수열 $\{a_n\}$ 이 수렴하므로 $\lim_{n \to \infty} a_n = \alpha$ 라 하면 (단, α는 실수)

너코 088

수열의 극한의 성질에 의하여

$\lim_{n \to \infty} \dfrac{2a_n - 3}{a_n + 1} = \dfrac{2\alpha - 3}{\alpha + 1} = \dfrac{3}{4}$ 이다. 너코 089

따라서 $8\alpha - 12 = 3\alpha + 3$ 이므로 $\alpha = 3$ 이다.

$\therefore \lim_{n \to \infty} a_n = \alpha = 3$

풀이 2

$\dfrac{2a_n - 3}{a_n + 1} = b_n$ 이라 하면 $\lim_{n \to \infty} b_n = \dfrac{3}{4}$ 이고

a_n 을 b_n 으로 나타내면

$2a_n - 3 = b_n(a_n + 1)$,

$2a_n - 3 = b_n a_n + b_n$,

$(2 - b_n)a_n = b_n + 3$,

$a_n = \dfrac{b_n + 3}{2 - b_n}$ 이다.

따라서 수열의 극한의 성질에 의하여

$\lim_{n \to \infty} a_n = \lim_{n \to \infty} \dfrac{b_n + 3}{2 - b_n}$

$= \dfrac{\dfrac{3}{4} + 3}{2 - \dfrac{3}{4}} = \dfrac{\dfrac{15}{4}}{\dfrac{5}{4}} = 3$ 너코 089

답 ③

J01-02

무리식의 근호 안의 식의 최고차항의 차수가 2이므로 분모의 최고차항의 차수는 1로 볼 수 있다.

따라서 분모, 분자를 각각 n으로 나누면 수열의 극한의 성질에 의하여 구하는 극한값은 최고차항의 계수의 비와 같다.

$\lim_{n \to \infty} \dfrac{n}{\sqrt{4n^2 + 1} + \sqrt{n^2 + 2}}$

$= \lim_{n \to \infty} \dfrac{1}{\sqrt{\dfrac{4n^2 + 1}{n^2}} + \sqrt{\dfrac{n^2 + 2}{n^2}}}$ ($\because n > 0$이면 $n = \sqrt{n^2}$)

$= \lim_{n \to \infty} \dfrac{1}{\sqrt{4 + \dfrac{1}{n^2}} + \sqrt{1 + \dfrac{2}{n^2}}}$

$= \dfrac{1}{2 + 1} = \dfrac{1}{3}$ 너코 089 너코 090

답 ③

J01-03

무리식의 근호 안의 식의 최고차항의 차수가 2이므로 분모의 최고차항의 차수는 1로 볼 수 있다.

따라서 분모, 분자를 각각 n으로 나누면 수열의 극한의 성질에 의하여 구하는 극한값은 최고차항의 계수의 비와 같다.

$$\lim_{n \to \infty} \frac{2n+1}{\sqrt{9n^2+1}-n}$$

$$= \lim_{n \to \infty} \frac{2+\dfrac{1}{n}}{\sqrt{\dfrac{9n^2+1}{n^2}}-1} \quad (\because \ n > 0 \text{이면} \ n = \sqrt{n^2})$$

$$= \lim_{n \to \infty} \frac{2+\dfrac{1}{n}}{\sqrt{9+\dfrac{1}{n^2}}-1}$$

$$= \frac{2+0}{3-1} = 1 \quad \boxed{\text{너코 089}} \quad \boxed{\text{너코 090}}$$

답 ①

빈출 QnA

Q. $\infty - \infty$꼴이 주어지면 유리화해서 극한값을 구하는 문제를 본 것 같은데 이 문제는 왜 유리화하지 않나요?

A. 물론 이 문제도 다음과 같이 유리화해서 문제를 풀 수도 있습니다. 단지 불필요한 과정이 추가될 뿐이죠.

$$\lim_{n \to \infty} \frac{2n+1}{\sqrt{9n^2+1}-n}$$

$$= \lim_{n \to \infty} \frac{(2n+1)(\sqrt{9n^2+1}+n)}{(\sqrt{9n^2+1}-n)(\sqrt{9n^2+1}+n)}$$

$$= \lim_{n \to \infty} \frac{(2n+1)(\sqrt{9n^2+1}+n)}{(9n^2+1)-n^2}$$

$$= \lim_{n \to \infty} \frac{(2n+1)(\sqrt{9n^2+1}+n)}{8n^2+1}$$

$$= \lim_{n \to \infty} \frac{\left(2+\dfrac{1}{n}\right)\left(\sqrt{9+\dfrac{1}{n^2}}+1\right)}{8+\dfrac{1}{n^2}} \quad (\because \ n > 0 \text{이면} \ n = \sqrt{n^2})$$

$$= \frac{2(3+1)}{8+0} = 1$$

이처럼 무리식이 나왔다고 해서 항상 분모를 유리화할 필요는 없습니다.

대신 유형 03 에서 다뤄질 무리식이 포함되어 있는

$\overbrace{\infty - \infty}$꼴에서 각각의 차수가 서로 같고, 계수가 서로 같을 때는 유리화하여 극한값을 구해야 합니다.

J01-04

분모의 최고차항의 차수가 2이므로 분모와 분자를 각각 n^2으로 나누면 수열의 극한의 성질에 의하여 구하는 극한값은 최고차항의 계수의 비와 같다.

$$\lim_{n \to \infty} \frac{(n+1)(3n-1)}{2n^2+1} = \lim_{n \to \infty} \frac{\left(1+\dfrac{1}{n}\right)\left(3-\dfrac{1}{n}\right)}{2+\dfrac{1}{n^2}}$$

$$= \frac{(1+0)(3-0)}{2+0} = \frac{3}{2}$$

$\boxed{\text{너코 089}} \quad \boxed{\text{너코 090}}$

답 ①

J01-05

분모의 최고차항의 차수가 2이므로 분모와 분자를 각각 n^2으로 나누면 수열의 극한의 성질에 의하여 구하는 극한값은 최고차항의 계수의 비와 같다.

$$\lim_{n \to \infty} \frac{3n^2+n+1}{2n^2+1} = \lim_{n \to \infty} \frac{3+\dfrac{1}{n}+\dfrac{1}{n^2}}{2+\dfrac{1}{n^2}}$$

$$= \frac{3+0+0}{2+0} = \frac{3}{2} \quad \boxed{\text{너코 089}} \quad \boxed{\text{너코 090}}$$

답 ③

J01-06

분모의 최고차항의 차수가 2이므로 분모와 분자를 각각 n^2으로 나누면 수열의 극한의 성질에 의하여 구하는 극한값은 최고차항의 계수의 비와 같다.

$$\lim_{n \to \infty} \frac{6n^2-3}{2n^2+5n} = \lim_{n \to \infty} \frac{6-\dfrac{3}{n^2}}{2+\dfrac{5}{n}}$$

$$= \frac{6-0}{2+0} = 3 \quad \boxed{\text{너코 089}} \quad \boxed{\text{너코 090}}$$

답 ③

J01-07

분모의 최고차항의 차수가 1이므로 분모와 분자를 각각 n으로 나누면 수열의 극한의 성질에 의하여 구하는 극한값은 최고차항의 계수의 비와 같다.

$$\lim_{n \to \infty} \frac{\sqrt{9n^2+4n+1}}{2n+5}$$

$$= \lim_{n \to \infty} \frac{\sqrt{\dfrac{9n^2+4n+1}{n^2}}}{2+\dfrac{5}{n}} \quad (\because \ n > 0 \text{이면} \ n = \sqrt{n^2})$$

$$= \lim_{n \to \infty} \frac{\sqrt{9+\dfrac{4}{n}+\dfrac{1}{n^2}}}{2+\dfrac{5}{n}}$$

$$= \frac{3}{2+0} = \frac{3}{2} \quad \boxed{\text{너코 089}} \quad \boxed{\text{너코 090}}$$

답 ③

J01-08

분모의 최고차항의 차수가 1이므로 분모와 분자를 각각 n으로 나누면 수열의 극한의 성질에 의하여 구하는 극한값은 최고차항의 계수의 비와 같다.

$$\lim_{n\to\infty}\frac{\sqrt{9n^2+4}}{5n-2}=\lim_{n\to\infty}\frac{\sqrt{\dfrac{9n^2+4}{n^2}}}{5-\dfrac{2}{n}}$$

$$(\because\ n>0\text{이면 } n=\sqrt{n^2})$$

$$=\lim_{n\to\infty}\frac{\sqrt{9+\dfrac{4}{n^2}}}{5-\dfrac{2}{n}}$$

$$=\frac{3}{5-0}=\frac{3}{5}\quad\boxed{\text{너코 089}}\quad\boxed{\text{너코 090}}$$

답 ③

J01-09

분모의 최고차항의 차수가 1이므로 분모와 분자를 각각 n으로 나누면 수열의 극한의 성질에 의하여 구하는 극한값은 최고차항의 계수의 비와 같다.

$$\lim_{n\to\infty}\frac{(2n+1)^2-(2n-1)^2}{2n+5}=\lim_{n\to\infty}\frac{8n}{2n+5}=\lim_{n\to\infty}\frac{8}{2+\dfrac{5}{n}}$$

$$=\frac{8}{2+0}=4\quad\boxed{\text{너코 089}}\quad\boxed{\text{너코 090}}$$

답 ④

J01-10

$$\lim_{n\to\infty}\frac{\dfrac{5}{n}+\dfrac{3}{n^2}}{\dfrac{1}{n}-\dfrac{2}{n^3}}=\lim_{n\to\infty}\frac{\left(\dfrac{5}{n}+\dfrac{3}{n^2}\right)\times n}{\left(\dfrac{1}{n}-\dfrac{2}{n^3}\right)\times n}=\lim_{n\to\infty}\frac{5+\dfrac{3}{n}}{1-\dfrac{2}{n^2}}$$

$$=\frac{5+0}{1-0}=5\quad\boxed{\text{너코 089}}\quad\boxed{\text{너코 090}}$$

답 ⑤

J01-11

풀이 1

$$\lim_{n\to\infty}\frac{a_n+2}{2}=6\text{에서 }\frac{a_n+2}{2}=b_n\text{이라 하면}$$

$$\lim_{n\to\infty}b_n=6\text{이고 }a_n=2b_n-2\text{이므로}$$

$$\lim_{n\to\infty}a_n=\lim_{n\to\infty}(2b_n-2)=12-2=10\quad\boxed{\text{너코 089}}$$

$$\therefore\ \lim_{n\to\infty}\frac{na_n+1}{a_n+2n}=\lim_{n\to\infty}\frac{a_n+\dfrac{1}{n}}{\dfrac{1}{n}\times a_n+2}$$

$$=\frac{10+0}{0\times 10+2}=5\quad\boxed{\text{너코 090}}$$

풀이 2

$$\lim_{n\to\infty}\frac{a_n+2}{2}=6\text{에서 }\frac{a_n+2}{2}=b_n\text{이라 하면}$$

$$\lim_{n\to\infty}b_n=6\text{이고 }a_n=2b_n-2\text{이다.}$$

$$\therefore\ \lim_{n\to\infty}\frac{na_n+1}{a_n+2n}=\lim_{n\to\infty}\frac{2nb_n-2n+1}{2b_n+2n-2}$$

$$=\lim_{n\to\infty}\frac{2b_n-2+\dfrac{1}{n}}{2b_n\times\dfrac{1}{n}+2-\dfrac{2}{n}}$$

$$=\frac{2\times 6-2+0}{2\times 6\times 0+2-0}=5\quad\boxed{\text{너코 089}}\quad\boxed{\text{너코 090}}$$

답 ⑤

J01-12

$$\frac{(10n+1)b_n}{a_n}=\frac{1}{(n+1)a_n}\times(n^2+1)b_n\times\frac{(10n+1)(n+1)}{n^2+1}$$

에서

$$\lim_{n\to\infty}\frac{1}{(n+1)a_n}=\frac{1}{2},\ \lim_{n\to\infty}(n^2+1)b_n=7,$$

$$\lim_{n\to\infty}\frac{(10n+1)(n+1)}{n^2+1}=\lim_{n\to\infty}\frac{\left(10+\dfrac{1}{n}\right)\left(1+\dfrac{1}{n}\right)}{1+\dfrac{1}{n^2}}$$

$$=\frac{(10+0)(1+0)}{1+0}=10\quad\boxed{\text{너코 089}}\quad\boxed{\text{너코 090}}$$

으로 각각 수렴한다.

따라서 수열의 극한의 성질에 의하여

$$\lim_{n\to\infty}\frac{(10n+1)b_n}{a_n}$$

$$=\lim_{n\to\infty}\left\{\frac{1}{(n+1)a_n}\times(n^2+1)b_n\times\frac{(10n+1)(n+1)}{n^2+1}\right\}$$

$$=\frac{1}{2}\times 7\times 10=35$$

답 35

빈출 QnA

Q. 다른 풀이 방법은 없나요?

A. $\lim_{n\to\infty}(n+1)a_n=2$, $\lim_{n\to\infty}(n^2+1)b_n=7$을 만족시키는 두

수열 $\{a_n\}$, $\{b_n\}$은 무수히 많으며 조건을 만족시키는 예를 찾아내면 답을 구할 수 있습니다.

간단한 예로 $a_n = \dfrac{2}{n}$, $b_n = \dfrac{7}{n^2}$이라 하면

$$\lim_{n \to \infty} \frac{(10n+1)b_n}{a_n} = \lim_{n \to \infty} \left\{ (10n+1) \times \frac{n}{2} \times \frac{7}{n^2} \right\}$$
$$= \lim_{n \to \infty} \frac{70n^2 + 7n}{2n^2}$$
$$= \lim_{n \to \infty} \left(35 + \frac{7}{2n} \right)$$
$$= 35 + 0 = 35$$

임을 구할 수 있습니다.

이 문제는 예를 찾기 쉬웠으나 모든 조건을 만족시키는 예를 찾는 것이 어려운 문제도 많답니다.

따라서 복잡한 수열을 수렴하는 수열의 합, 차, 곱, 몫, 실수배로 나타내는 본풀이 방법을 정확히 아는 것이 중요하겠습니다.

J01-13

$\lim\limits_{n \to \infty} \dfrac{an^2 + bn + 7}{3n+1} = 4$에서 0이 아닌 값으로 수렴한다.

따라서 (분자의 차수)=(분모의 차수),

즉 $a = 0$이고 $b \neq 0$이어야 하므로　**너코090**

$$\lim_{n \to \infty} \frac{an^2 + bn + 7}{3n+1} = \lim_{n \to \infty} \frac{bn+7}{3n+1}$$이다.

분모의 최고차항의 차수가 1이므로 분모와 분자를 각각 n으로 나누면 수열의 극한의 성질에 의하여

이 극한값은 최고차항의 계수의 비와 같다.

$$\lim_{n \to \infty} \frac{bn+7}{3n+1} = \lim_{n \to \infty} \frac{b + \dfrac{7}{n}}{3 + \dfrac{1}{n}} = \frac{b+0}{3+0} = \frac{b}{3} = 4$$　**너코089**

에서 $b = 12$이다.

$\therefore a + b = 12$

답　12

J01-14

ㄱ. 모든 자연수 n에 대하여

$$a_{n+1} = -\frac{1}{2}b_n + \frac{3}{2}, \quad b_{n+1} = -\frac{1}{2}a_n + \frac{3}{2}$$이므로

두 식의 각 변끼리 각각 빼면

$$a_{n+1} - b_{n+1} = \frac{1}{2}(a_n - b_n)$$이다.

이때 $a_1 = b_1$, 즉 $a_1 - b_1 = 0$이므로

모든 자연수 n에 대하여 $a_n - b_n = 0$이다.

$\therefore a_n = b_n$ (참)

ㄴ. $a_1 = 0$, $b_1 = 1$이므로

$$a_2 = -\frac{1}{2} \times 1 + \frac{3}{2} = 1,$$

$$b_2 = -\frac{1}{2} \times 0 + \frac{3}{2} = \frac{3}{2},$$

$$a_3 = -\frac{1}{2} \times \frac{3}{2} + \frac{3}{2} = \frac{3}{4}$$이다.

따라서 $a_2 > a_3$이다. (거짓)

ㄷ. 두 수열 $\{a_n\}$과 $\{b_n\}$이 수렴하므로

$\lim\limits_{n \to \infty} a_n = \alpha$라 하면 $\lim\limits_{n \to \infty} a_{n+1} = \alpha$,　……㉠

$\lim\limits_{n \to \infty} b_n = \beta$라 하면 $\lim\limits_{n \to \infty} b_{n+1} = \beta$이다.　**너코088**　……㉡

또한 수열의 극한의 성질에 의하여

$$\lim_{n \to \infty} \left(-\frac{1}{2}b_n + \frac{3}{2} \right) = -\frac{1}{2}\beta + \frac{3}{2},$$　……㉢

$$\lim_{n \to \infty} \left(-\frac{1}{2}a_n + \frac{3}{2} \right) = -\frac{1}{2}\alpha + \frac{3}{2}$$이다.　**너코089**　……㉣

이때 $a_{n+1} = -\dfrac{1}{2}b_n + \dfrac{3}{2}$이므로

㉠=㉢에 의하여 $\alpha = -\dfrac{1}{2}\beta + \dfrac{3}{2}$이고

$b_{n+1} = -\dfrac{1}{2}a_n + \dfrac{3}{2}$이므로

㉡=㉣에 의하여 $\beta = -\dfrac{1}{2}\alpha + \dfrac{3}{2}$이다.

따라서 α, β에 대한 두 식을 연립하면 $\alpha = 1$, $\beta = 1$이다.

$\therefore \lim\limits_{n \to \infty} a_n = \lim\limits_{n \to \infty} b_n = 1$ (참)

따라서 보기에서 옳은 것은 ㄱ, ㄷ이다.

답　③

J02-01

풀이 1

첫째항이 1이고 공차가 6인 등차수열 $\{a_n\}$의 일반항은

$a_n = 1 + 6(n-1) = 6n - 5$이므로　**너코025**

$a_{n+1} = 6(n+1) - 5 = 6n + 1$이다.

$$\therefore \frac{b_n}{a_n} = \frac{a_n + a_{n+1}}{3a_n}$$
$$= \frac{(6n-5) + (6n+1)}{3(6n-5)}$$
$$= \frac{12n-4}{18n-15}$$

분모의 최고차항의 차수가 1이므로 분모, 분자를 각각 n으로 나누면 수열의 극한의 성질에 의하여

구하는 극한값은 최고차항의 계수의 비와 같다.

$$\lim_{n \to \infty} \frac{b_n}{a_n} = \lim_{n \to \infty} \frac{12 - \dfrac{4}{n}}{18 - \dfrac{15}{n}} = \frac{12-0}{18-0} = \frac{2}{3}$$　**너코089**　**너코090**

풀이 2

수열 $\{a_n\}$의 공차가 6이므로 수열 $\{a_{n+1}\}$의 공차도 6이다.

너코025

따라서 a_n, a_{n+1}은 모두 최고차항의 계수가 6인 일차식이므로

··· 빈출 QnA

$b_n = \dfrac{a_n + a_{n+1}}{3}$은 최고차항의 계수가 $\dfrac{6+6}{3} = 4$인 일차식이다.

n이 무한대로 발산하고 분자와 분모의 최고차항의 차수가 1로 서로 같으므로

구하는 극한값은 최고차항의 계수의 비와 같다.

$$\therefore \lim_{n \to \infty} \frac{b_n}{a_n} = \frac{4}{6} = \frac{2}{3} \quad \boxed{\text{너코 090}}$$

답 ②

빈출 QnA

Q. 풀이 2 의 내용을 자세히 설명해주세요.

A. 첫째항이 a_1이고 공차가 d인 등차수열 $\{a_n\}$의 첫째항부터 제n항까지의 합을 S_n이라 할 때

a_n, S_n을 n에 대한 내림차순으로 정리한 식은 다음과 같습니다.

$$a_n = a_1 + (n-1)d$$
$$= dn + a_1 - d,$$
$$S_n = \frac{n\{2a_1 + (n-1)d\}}{2}$$
$$= \frac{d}{2}n^2 + \left(a_1 - \frac{d}{2}\right)n$$

이때 두 식을 비교하여 다음과 같은 결론을 얻을 수 있습니다.

> 수열 $\{a_n\}$은 공차가 d인 등차수열이다.
> ⇔ a_n은 최고차항의 계수가 d인 일차식이다.
> ⇔ S_n은 최고차항의 계수가 $\dfrac{d}{2}$이고 상수항이 0인 이차식이다.

J02-02

$P(n, 3n^2)$, $Q(n+1, 3(n+1)^2)$이므로 두 점 P, Q 사이의 거리는

$$a_n = \sqrt{\{(n+1)-n\}^2 + \{3(n+1)^2 - 3n^2\}^2}$$
$$= \sqrt{1^2 + (6n+3)^2} = \sqrt{36n^2 + 36n + 10}$$

이므로 $\dfrac{a_n}{n} = \dfrac{\sqrt{36n^2 + 36n + 10}}{n}$이다.

$$\therefore \lim_{n \to \infty} \frac{a_n}{n} = \lim_{n \to \infty} \sqrt{\frac{36n^2 + 36n + 10}{n^2}}$$

$$(\because \ n > 0이면 \ n = \sqrt{n^2})$$

$$= \lim_{n \to \infty} \sqrt{36 + \frac{36}{n} + \frac{10}{n^2}}$$

$$= \sqrt{36} = 6 \quad \boxed{\text{너코 089}} \ \boxed{\text{너코 090}}$$

답 ④

J02-03

풀이 1

수열 $\{a_n\}$의 첫째항부터 제n항까지의 합이

$S_n = 2n^2 - n$이므로

$n = 1$일 때

$a_1 = S_1 = 1$이고

$n \geq 2$일 때

$a_n = S_n - S_{n-1}$ $\boxed{\text{너코 027}}$

$$= (2n^2 - n) - \{2(n-1)^2 - (n-1)\}$$
$$= (2n^2 - n) - (2n^2 - 5n + 3)$$
$$= 4n - 3$$

이므로 모든 자연수 n에 대하여 $a_n = 4n - 3$이다.

$$\therefore \frac{na_n}{S_n} = \frac{n(4n-3)}{2n^2 - n} = \frac{4n^2 - 3n}{2n^2 - n}$$

분모의 최고차항의 차수가 2이므로 분모, 분자를 각각 n^2으로 나누면 수열의 극한의 성질에 의하여

구하는 극한값은 최고차항의 계수의 비와 같다.

$$\lim_{n \to \infty} \frac{na_n}{S_n} = \lim_{n \to \infty} \frac{4 - \dfrac{3}{n}}{2 - \dfrac{1}{n}} = \frac{4-0}{2-0} = 2 \quad \boxed{\text{너코 089}} \ \boxed{\text{너코 090}}$$

풀이 2

수열 $\{a_n\}$에 대하여

a_n은 최고차항의 계수가 d인 일차식이다.

⇔ S_n은 최고차항의 계수가 $\dfrac{d}{2}$이고 상수항이 0인 이차식이다.

가 성립하므로

수열 $\{a_n\}$의 첫째항부터 제n항까지의 합 S_n이

$S_n = 2n^2 - n$이면

수열 $\{a_n\}$의 일반항 a_n은 최고차항의 계수가 $2 \times 2 = 4$인 일차식이다.

$\displaystyle \lim_{n \to \infty} \frac{na_n}{S_n}$에서 n이 무한대로 발산하고 분자와 분모의

최고차항의 차수가 2로 서로 같으므로

구하는 극한값은 최고차항의 계수의 비와 같다.

$$\therefore \lim_{n \to \infty} \frac{na_n}{S_n} = \frac{4}{2} = 2 \quad \boxed{\text{너코 090}}$$

답 ②

J02-04

풀이

a_3은 a_1, a_5의 등차중항이면서 a_2, a_4의 등차중항이므로

$\boxed{\text{너코 025}}$

$$a_1 - a_2 + a_3 - a_4 + a_5 = (a_1 + a_5) - (a_2 + a_4) + a_3$$
$$= 2a_3 - 2a_3 + a_3 = a_3 = 28$$

이다.

이때 등차수열 $\{a_n\}$의 공차를 d라 하면

$$d = \frac{a_3 - a_1}{2} = \frac{28 - 4}{2} = 12 \text{이다.}$$

따라서 등차수열 $\{a_n\}$의 일반항은

$a_n = 4 + 12(n-1) = 12n - 8$이다.

$$\therefore \lim_{n \to \infty} \frac{a_n}{n} = \lim_{n \to \infty} \frac{12n - 8}{n} = \lim_{n \to \infty}\left(12 - \frac{8}{n}\right)$$
$$= 12 - 0 = 12 \quad \boxed{\text{너코 089}} \quad \boxed{\text{너코 090}}$$

풀이 2

$a_1 = 4$인 등차수열 $\{a_n\}$의 공차를 d라 하면

$a_1 + (-a_2 + a_3) + (-a_4 + a_5) = 4 + d + d = 28$에서

$d = 12$이다. $\boxed{\text{너코 025}}$

따라서 a_n은 최고차항의 계수가 12인 일차식이다.

$\displaystyle\lim_{n \to \infty} \frac{a_n}{n}$에서 n이 무한대로 발산하고 분자와 분모의

최고차항의 차수가 1로 서로 같으므로

구하는 극한값은 최고차항의 계수의 비와 같다.

$$\therefore \lim_{n \to \infty} \frac{a_n}{n} = \frac{12}{1} = 12 \quad \boxed{\text{너코 090}}$$

답 12

J 02-05

풀이 1

$$a_1 + a_2 + a_3 + \cdots + a_n$$
$$= \log\frac{2}{1} + \log\frac{3}{2} + \log\frac{4}{3} + \cdots + \log\frac{n+1}{n} \quad \boxed{\text{너코 007}}$$
$$= \log\left(\frac{2}{1} \times \frac{3}{2} \times \frac{4}{3} \times \cdots \times \frac{n+1}{n}\right) \quad \boxed{\text{너코 005}}$$
$$= \log(n+1)$$

이므로

$$10^{a_1 + a_2 + \cdots + a_n} = 10^{\log(n+1)}$$
$$= (n+1)^{\log 10} \quad \boxed{\text{너코 004}}$$
$$= n+1$$

$$\therefore \frac{n}{10^{a_1 + a_2 + \cdots + a_n}} = \frac{n}{n+1}$$

분모의 최고차항의 차수가 1이므로 분모, 분자를 각각 n으로
나누면 수열의 극한의 성질에 의하여
구하는 극한값은 최고차항의 계수의 비와 같다.

$$\lim_{n \to \infty} \frac{n}{10^{a_1 + a_2 + \cdots + a_n}} = \lim_{n \to \infty} \frac{1}{1 + \frac{1}{n}}$$
$$= \frac{1}{1+0} = 1 \quad \boxed{\text{너코 089}} \quad \boxed{\text{너코 090}}$$

풀이 2

$a_n = \log\dfrac{n+1}{n}$이므로 로그의 정의에 의하여

$10^{a_n} = \dfrac{n+1}{n}$이다. $\boxed{\text{너코 004}} \quad \boxed{\text{너코 007}}$

따라서

$$10^{a_1 + a_2 + \cdots + a_n} = 10^{a_1} \times 10^{a_2} \times \cdots \times 10^{a_n} \quad \boxed{\text{너코 003}}$$
$$= \frac{2}{1} \times \frac{3}{2} \times \frac{4}{3} \times \cdots \times \frac{n+1}{n} = n+1$$

이다.

$$\therefore \frac{n}{10^{a_1 + a_2 + \cdots + a_n}} = \frac{n}{n+1}$$

이때 n이 무한대로 발산하고 분자와 분모의 최고차항의 차수가
1로 서로 같으므로
구하는 극한값은 최고차항의 계수의 비와 같다.

$$\therefore \lim_{n \to \infty} \frac{n}{10^{a_1 + a_2 + \cdots + a_n}} = \frac{1}{1} = 1 \quad \boxed{\text{너코 090}}$$

답 ①

J 02-06

풀이 1

원 $x^2 + y^2 = n^2$에 접하면서 기울기가 n이고 y절편이 양수인
접선의 방정식은

$y = nx + n\sqrt{n^2 + 1}$이다.

따라서 이 직선이 x축, y축과 만나는 점의 좌표는 각각

$P_n(-\sqrt{n^2+1}, 0)$, $Q_n(0, n\sqrt{n^2+1})$이므로

$$l_n = \overline{P_n Q_n}$$
$$= \sqrt{\{0 - (-\sqrt{n^2+1})\}^2 + (n\sqrt{n^2+1} - 0)^2}$$
$$= \sqrt{(n^2+1) + (n^4 + n^2)}$$
$$= \sqrt{n^4 + 2n^2 + 1} = \sqrt{(n^2+1)^2} = n^2 + 1$$

$$\therefore \lim_{n \to \infty} \frac{l_n}{2n^2} = \lim_{n \to \infty} \frac{n^2 + 1}{2n^2} = \lim_{n \to \infty}\left(\frac{1}{2} + \frac{1}{2n^2}\right)$$
$$= \frac{1}{2} + 0 = \frac{1}{2} \quad \boxed{\text{너코 089}} \quad \boxed{\text{너코 090}}$$

풀이 2

기울기가 n이고 y절편이 양수인 직선이 원 $x^2 + y^2 = n^2$에
접할 때
이 직선이 x축, y축과 만나는 점의 좌표를 각각 $P_n(p_n, 0)$,
$Q_n(0, q_n)$이라 하면 (단, $p_n < 0$, $q_n > 0$)

직선의 방정식은 $y = \dfrac{q_n - 0}{0 - p_n}x + q_n$,

즉 $q_n x + p_n y - p_n q_n = 0$이다.

이 직선의 기울기는 n이므로

$$-\frac{q_n}{p_n} = n, \text{ 즉 } q_n = -np_n \text{이고} \qquad \cdots\cdots\text{㉠}$$

원의 중심 $(0, 0)$과 이 직선 사이의 거리는 원의 반지름의
길이와 같으므로

$$\frac{|-p_n q_n|}{\sqrt{(q_n)^2 + (p_n)^2}} = n \text{이다.} \qquad \cdots\cdots\text{㉡}$$

©에 ㉠을 대입하여 정리하면

$$\frac{|n(p_n)^2|}{|p_n|\sqrt{n^2+1}}=n,$$

$$\frac{|p_n|}{\sqrt{n^2+1}}=1,$$

$$\frac{-p_n}{\sqrt{n^2+1}}=1$$이므로 $(\because p_n<0)$

$p_n=-\sqrt{n^2+1}$ 이고 이를 다시 ㉠에 대입하면

$q_n=n\sqrt{n^2+1}$ 이다.

따라서 $P_n(-\sqrt{n^2+1},\,0)$, $Q_n(0,\,n\sqrt{n^2+1})$이므로

$$l_n=\overline{P_nQ_n}$$
$$=\sqrt{\{0-(-\sqrt{n^2+1})\}^2+(n\sqrt{n^2+1}-0)^2}$$
$$=\sqrt{(n^2+1)+(n^4+n^2)}$$
$$=\sqrt{n^4+2n^2+1}$$
$$=\sqrt{(n^2+1)^2}=n^2+1$$

$\displaystyle\lim_{n\to\infty}\frac{l_n}{2n^2}=\lim_{n\to\infty}\frac{n^2+1}{2n^2}$에서 n이 무한대로 발산하고 분자와
분모의 최고차항의 차수가 2로 서로 같으므로
구하는 극한값은 최고차항의 계수의 비와 같다.

$$\therefore \lim_{n\to\infty}\frac{l_n}{2n^2}=\frac{1}{2}\quad \text{너코 090}$$

답 ④

J02-07

너코 풀이 1

함수 $y=\log_3 x$의 그래프 위의 두 점의 좌표를 각각

$A_n\left(\dfrac{1}{n},\,\log_3\dfrac{1}{n}\right)$, $B_n(b_n,\,\log_3 b_n)$이라 하자.

조건 (가)에 의하여
선분 A_nB_n과 x축의 교점 C_n의 y좌표가 0이므로
$C_n(x_n,\,0)$이다.

조건 (나)에 의하여
점 $C_n(x_n,\,0)$은 선분 A_nB_n을 $1:2$로 내분하므로

$$x_n=\frac{2\times\dfrac{1}{n}+1\times b_n}{3}\qquad\cdots\cdots㉠$$

$$0=\frac{2\times\log_3\dfrac{1}{n}+1\times\log_3 b_n}{3}\qquad\cdots\cdots㉡$$

㉡에서 $\log_3 b_n=2\log_3 n$, 즉 $b_n=n^2$이므로 너코 005 너코 010

㉠에 대입하면 $x_n=\dfrac{2}{3n}+\dfrac{n^2}{3}$ 이다.

$$\therefore \lim_{n\to\infty}\frac{x_n}{n^2}=\lim_{n\to\infty}\left(\frac{2}{3n^3}+\frac{1}{3}\right)$$
$$=0+\frac{1}{3}=\frac{1}{3}\quad\text{너코 089}\ \text{너코 090}$$

풀이 2

함수 $y=\log_3 x$의 그래프 위의 두 점의 좌표를 각각

$A_n\left(\dfrac{1}{n},\,-\log_3 n\right)$, $B_n(b_n,\,\log_3 b_n)$이라 하자.

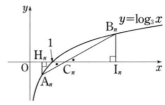

두 점 A_n, B_n에서 x축에 내린 수선의 발을 각각 $H_n\left(\dfrac{1}{n},\,0\right)$,
$I_n(b_n,\,0)$이라 하면
조건 (가), (나)에 의하여 두 직각삼각형 $A_nH_nC_n$, $B_nI_nC_n$의
닮음비는 $1:2$이다.
따라서 $\overline{A_nH_n}:\overline{B_nI_n}=1:2$이므로

$$1\times\log_3 b_n=2\times\log_3 n,$$

$$\log_3 b_n=\log_3 n^2,\quad\text{너코 005}$$

$$b_n=n^2\text{이다.}\quad\text{너코 010}$$

마찬가지로 $\overline{C_nH_n}:\overline{C_nI_n}=1:2$이므로

$$1\times(n^2-x_n)=2\times\left(x_n-\frac{1}{n}\right)$$에서

$$x_n=\frac{2}{3n}+\frac{n^2}{3}\text{이다.}$$

$$\therefore \lim_{n\to\infty}\frac{x_n}{n^2}=\lim_{n\to\infty}\left(\frac{2}{3n^3}+\frac{1}{3}\right)$$
$$=0+\frac{1}{3}=\frac{1}{3}\quad\text{너코 089}\ \text{너코 090}$$

답 ①

J02-08

풀이 1

직선 $y=2nx$ 위의 점 $P(n,\,2n^2)$을 지나고 이 직선과 수직인
직선의 방정식은

$$y=-\frac{1}{2n}(x-n)+2n^2\text{이다.}$$

선분 $\overline{OQ}$의 길이를 l_n이라 하면
직선 $y=-\dfrac{1}{2n}(x-n)+2n^2$이 x축과 만나는 점 Q의 좌표가
$(l_n,\,0)$이므로

$$0=-\frac{1}{2n}(l_n-n)+2n^2$$에서 $l_n=4n^3+n$이다.

$$\therefore \lim_{n\to\infty}\frac{l_n}{n^3}=\lim_{n\to\infty}\frac{4n^3+n}{n^3}=\lim_{n\to\infty}\left(4+\frac{1}{n^2}\right)$$
$$=4+0=4\quad\text{너코 089}\ \text{너코 090}$$

풀이 2

점 $P(n,\,2n^2)$에서 x축에 내린 수선의 발을 H라 하자.

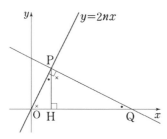

두 직각삼각형 OHP, OPQ는 서로 닮음이므로
$\overline{\mathrm{OP}}:\overline{\mathrm{OH}}=\overline{\mathrm{OQ}}:\overline{\mathrm{OP}}$ 에서
$\overline{\mathrm{OP}}^2=\overline{\mathrm{OH}}\times\overline{\mathrm{OQ}}$ 이다. ......㉠

이때
$$\overline{\mathrm{OP}}^2=(n-0)^2+(2n^2-0)^2$$
$$=n^2+4n^4$$

이고 $\overline{\mathrm{OH}}=n$, $\overline{\mathrm{OQ}}=l_n$이므로

㉠에 대입하면

$n^2+4n^4=n\times l_n$에서 $l_n=n+4n^3$이다.

$\lim\limits_{n\to\infty}\dfrac{l_n}{n^3}=\lim\limits_{n\to\infty}\dfrac{1+4n^2}{n^2}$에서 n이 무한대로 발산하고 분자와

분모의 최고차항의 차수가 2로 서로 같으므로
구하는 극한값은 최고차항의 계수의 비와 같다.

$$\therefore \lim\limits_{n\to\infty}\dfrac{l_n}{n^3}=\dfrac{4}{1}=4 \quad \boxed{\text{너코 090}}$$

답 ④

J 02-09

함수 $f(x)=nx^2$의 그래프 위의 점 중 y좌표가 1이고
제1사분면에 있는 점 Q의 x좌표를 q $(q>0)$라 하면
$1=nq^2$에서 $q=\dfrac{1}{\sqrt{n}}$이다.

따라서 $\mathrm{P}(0,\,2n+1)$, $\mathrm{Q}\left(\dfrac{1}{\sqrt{n}},\,1\right)$, $\mathrm{R}(0,\,1)$이다.

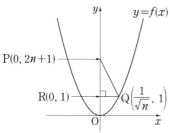

직각삼각형 PRQ의 넓이는
$$S_n=\frac{1}{2}\times\overline{\mathrm{PR}}\times\overline{\mathrm{QR}}=\frac{1}{2}\times 2n\times\frac{1}{\sqrt{n}}=\sqrt{n}$$

이고, 선분 PQ의 길이는
$$l_n=\sqrt{\left(\frac{1}{\sqrt{n}}-0\right)^2+\{1-(2n+1)\}^2}$$
$$=\sqrt{\frac{1}{n}+4n^2}=\sqrt{\frac{n+4n^4}{n^2}}=\frac{\sqrt{n+4n^4}}{n}$$

이다.

$$\therefore \frac{(S_n)^2}{l_n}=\frac{n^2}{\sqrt{n+4n^4}}$$

무리식의 근호 안의 식의 최고차항의 차수가 4이므로 분모의
최고차항의 차수는 2로 볼 수 있다.

따라서 분모, 분자를 각각 n^2으로 나누면 수열의 극한의 성질에
의하여 구하는 극한값은 최고차항의 계수의 비와 같다.

$$\lim\limits_{n\to\infty}\frac{(S_n)^2}{l_n}=\lim\limits_{n\to\infty}\frac{1}{\sqrt{\dfrac{n+4n^4}{n^4}}}\ (\because\ n^2=\sqrt{n^4})$$
$$=\lim\limits_{n\to\infty}\frac{1}{\sqrt{\dfrac{1}{n^3}+4}}=\frac{1}{2} \quad \boxed{\text{너코 089}}\ \boxed{\text{너코 090}}$$

답 ⑤

J 02-10

자연수 n에 대하여 집합 $\{k\,|\,1\le k\le 2n,\ k\text{는 자연수}\}$의
세 원소 a, b, c $(a<b<c)$가 등차수열을 이루는 집합
$\{a,\,b,\,c\}$의 개수를 T_n이라 하자. $\lim\limits_{n\to\infty}\dfrac{T_n}{n^2}$의 값은? [4점]

① $\dfrac{1}{2}$ ② 1   ③ $\dfrac{3}{2}$

④ 2   ⑤ $\dfrac{5}{2}$

How To

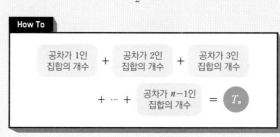

$$\boxed{\begin{array}{c}\text{공차가 1인}\\\text{집합의 개수}\end{array}} + \boxed{\begin{array}{c}\text{공차가 2인}\\\text{집합의 개수}\end{array}} + \boxed{\begin{array}{c}\text{공차가 3인}\\\text{집합의 개수}\end{array}}$$
$$+ \cdots + \boxed{\begin{array}{c}\text{공차가 }n-1\text{인}\\\text{집합의 개수}\end{array}} = T_n$$

풀이 1

세 원소 a, b, c $(a<b<c)$가 등차수열을 이루는 집합
$\{a,b,c\}$는

공차가 1인 경우 $\{1,2,3\}$, $\{2,3,4\}$, $\{3,4,5\}$, $\cdots$,
$\{2n-2,2n-1,2n\}$으로 모두 $2n-2$개

공차가 2인 경우 $\{1,3,5\}$, $\{2,4,6\}$, $\{3,5,7\}$, $\cdots$,
$\{2n-4,2n-2,2n\}$으로 모두 $2n-4$개

공차가 3인 경우 $\{1,4,7\}$, $\{2,5,8\}$, $\{3,6,9\}$, $\cdots$,
$\{2n-6,2n-3,2n\}$으로 모두 $2n-6$개

    ⋮

공차가 $n-1$인 경우 $\{1,n,2n-1\}$, $\{2,n+1,2n\}$으로 모두
2개

공차가 n 이상인 경우는 존재하지 않는다.

이때 $2n-2$, $2n-4$, $2n-6$, $\cdots$, 2의 $n-1$개의 항은 이
순서대로 공차가 -2인 등차수열을 이룬다.

따라서 조건을 만족시키는 집합 $\{a, b, c\}$의 개수는

$$T_n = \frac{(2n-2)+2}{2} \times (n-1) = n^2 - n \text{이다.} \quad \boxed{\text{너코 025}}$$

$$\therefore \lim_{n \to \infty} \frac{T_n}{n^2} = \lim_{n \to \infty} \frac{n^2 - n}{n^2}$$

$$= \lim_{n \to \infty} \left(1 - \frac{1}{n}\right)$$

$$= 1 - 0 = 1 \quad \boxed{\text{너코 089}} \quad \boxed{\text{너코 090}}$$

$\boxed{\text{풀이 2}}$

$2n$ 이하의 세 자연수 a, b, c $(a < b < c)$가 이 순서대로
등차수열을 이루므로
a, c의 값이 모두 홀수이거나 모두 짝수가 되도록 정해주면
b의 값이 $\frac{a+c}{2}$인 자연수로 저절로 결정된다.

따라서 조건을 만족시키는 집합 $\{a, b, c\}$의 개수는
1부터 $2n$까지의 자연수 중에서 2개의 자연수를 선택할 때
모두 홀수이거나 모두 짝수가 되도록 선택하는 경우의 수와 같다.
($\because a < c$인 조건에 의하여 선택된 2개의 자연수 중
작은 수가 a, 큰 수가 c로 저절로 정해진다.)

ⅰ) a, c가 모두 홀수일 때
홀수 n개 중 2개를 선택하는 경우의 수는
$$_n\mathrm{C}_2 = \frac{n(n-1)}{2}$$

ⅱ) a, c가 모두 짝수일 때
짝수 n개 중 2개를 선택하는 경우의 수는
$$_n\mathrm{C}_2 = \frac{n(n-1)}{2}$$

ⅰ), ⅱ)에 의하여
$$T_n = \frac{n(n-1)}{2} + \frac{n(n-1)}{2} = n^2 - n \text{이다.}$$

$\lim\limits_{n \to \infty} \dfrac{T_n}{n^2}$에서 n이 무한대로 발산하고 분자와 분모의
최고차항의 차수가 2로 서로 같으므로
구하는 극한값은 최고차항의 계수의 비와 같다.

$$\therefore \lim_{n \to \infty} \frac{T_n}{n^2} = \frac{1}{1} = 1 \quad \boxed{\text{너코 090}}$$

답 ②

J 02-11

$$f(x) = \sum_{k=1}^{n} \left(x - \frac{k}{n}\right)^2$$

$$= \sum_{k=1}^{n} \left(x^2 - \frac{2x}{n}k + \frac{1}{n^2}k^2\right)$$

$$= \sum_{k=1}^{n} x^2 - \frac{2x}{n}\sum_{k=1}^{n}k + \frac{1}{n^2}\sum_{k=1}^{n}k^2 \quad \boxed{\text{너코 028}}$$

$$= nx^2 - \frac{2x}{n} \times \frac{n(n+1)}{2} + \frac{1}{n^2} \times \frac{n(n+1)(2n+1)}{6}$$

$\boxed{\text{너코 029}}$

$$= nx^2 - (n+1)x + \frac{2n^2+3n+1}{6n}$$

$$= n\left(x - \frac{n+1}{2n}\right)^2 + \frac{n^2-1}{12n}$$

따라서 이차함수 $f(x)$는 $x = \dfrac{n+1}{2n}$일 때

최솟값 $a_n = \dfrac{n^2-1}{12n}$을 갖는다.

$$\therefore \lim_{n \to \infty} \frac{a_n}{n} = \lim_{n \to \infty} \frac{n^2-1}{12n^2}$$

$$= \lim_{n \to \infty} \left(\frac{1}{12} - \frac{1}{12n^2}\right)$$

$$= \frac{1}{12} - 0 = \frac{1}{12} \quad \boxed{\text{너코 089}} \quad \boxed{\text{너코 090}}$$

답 ①

J 02-12

$\boxed{\text{풀이 1}}$

조건 (가)에서 $\mathrm{P}_0(0, 0)$, $\mathrm{P}_1(1, 1)$이고
조건 (나)에서 모든 자연수 n에 대하여
두 직선 $\mathrm{P}_{n-1}\mathrm{P}_n$, $\mathrm{P}_n\mathrm{P}_{n+1}$이 서로 수직이므로
직선 $\mathrm{P}_0\mathrm{P}_1$의 기울기는 1,
직선 $\mathrm{P}_1\mathrm{P}_2$의 기울기는 -1,
직선 $\mathrm{P}_2\mathrm{P}_3$의 기울기는 1,
직선 $\mathrm{P}_3\mathrm{P}_4$의 기울기는 -1,
$\qquad \vdots$
따라서 점 $\mathrm{P}_1(1, 1)$을 지나고 기울기가 -1인 직선 $\mathrm{P}_1\mathrm{P}_2$의
방정식은 $y = -(x-1)+1$이다.
이 직선과 함수 $y = x^2$의 그래프가 점 P_2를 교점으로 가지므로
점 P_2의 좌표를 구하면
$-x + 2 = x^2$,
$(x+2)(x-1) = 0$
$\therefore \mathrm{P}_2(-2, 4)$ ($\because$ 점 P_2와 점 P_1은 서로 다른 점이다.)
점 $\mathrm{P}_2(-2, 4)$를 지나고 기울기가 1인 직선 $\mathrm{P}_2\mathrm{P}_3$의 방정식은
$y = \{x - (-2)\} + 4$이다.
이 직선과 이차함수 $y = x^2$의 그래프가 점 P_3을 교점으로
가지므로 점 P_3의 좌표를 구하면
$x + 6 = x^2$,
$(x-3)(x+2) = 0$
$\therefore \mathrm{P}_3(3, 9)$ ($\because$ 점 P_3과 점 P_2는 서로 다른 점이다.)
$\qquad \vdots$

따라서
$$l_1 = \overline{\mathrm{P}_0\mathrm{P}_1} = \sqrt{(1-0)^2 + (1-0)^2} = \sqrt{2}$$
$$l_2 = \overline{\mathrm{P}_1\mathrm{P}_2} = \sqrt{\{(-2)-1\}^2 + (4-1)^2} = 3\sqrt{2}$$

$$l_3 = \overline{P_2 P_3} = \sqrt{\{3-(-2)\}^2 + (9-4)^2} = 5\sqrt{2}$$
$$\vdots$$
$$l_n = \overline{P_{n-1} P_n} = (2n-1)\sqrt{2}$$
$$\therefore \lim_{n \to \infty} \frac{l_n}{n} = \lim_{n \to \infty} \frac{(2n-1)\sqrt{2}}{n}$$
$$= \lim_{n \to \infty} \left(2\sqrt{2} - \frac{\sqrt{2}}{n} \right)$$
$$= 2\sqrt{2} - 0 = 2\sqrt{2} \quad \boxed{\text{너코089}} \quad \boxed{\text{너코090}}$$

풀이 2

조건 (가)에서 두 점 $P_0(0, 0)$, $P_1(1, 1)$을 지나는 직선
$P_0 P_1$의 기울기가 1이고
조건 (나)에서 모든 자연수 n에 대하여
두 직선 $P_{n-1} P_n$, $P_n P_{n+1}$이 서로 수직이므로
직선 $P_{2n-1} P_{2n}$의 기울기는 -1, 직선 $P_{2n} P_{2n+1}$의 기울기는
1이다.
따라서 두 직선 $P_{2n-1} P_{2n}$, $P_{2n} P_{2n+1}$의 방정식을 각각
$y = -x + a_n$, $y = x + b_n$이라 할 수 있다.
이때 점 P_n의 x좌표를 x_n이라 하면

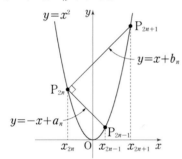

이차함수 $y = x^2$의 그래프와 직선 $y = -x + a_n$의 교점
P_{2n-1}, P_{2n}의 x좌표는 각각 x_{2n-1}, x_{2n}이고
이차함수 $y = x^2$의 그래프와 직선 $y = x + b_n$의 교점
P_{2n}, P_{2n+1}의 x좌표는 각각 x_{2n}, x_{2n+1}이다.
따라서 이차방정식 $x^2 = -x + a_n$이 x_{2n-1}, x_{2n}을 두 근으로
가지므로
근과 계수의 관계에 의하여 $x_{2n-1} + x_{2n} = -1$이고 ······㉠
이차방정식 $x^2 = x + b_n$이 x_{2n}, x_{2n+1}을 두 근으로 가지므로
근과 계수의 관계에 의하여 $x_{2n} + x_{2n+1} = 1$이다. ······㉡
㉡$-$㉠에서 $x_{2n+1} - x_{2n-1} = 2$이므로
수열 $\{x_{2n-1}\}$은 첫째항이 1이고 공차가 2인 등차수열이다.
따라서 $x_{2n-1} = 1 + 2(n-1)$, 즉 $x_{2n-1} = 2n - 1$이고
㉠에 대입하면 $x_{2n} = -2n$이다.

이때 점 P_{n-1}의 x좌표 x_{n-1}을 $n = 1$일 때부터 순서대로
나열하면 다음과 같다.

$$0, \quad 1, \quad -2, \quad 3, \quad -4, \quad 5, \quad -6, \quad 7 \quad \cdots$$
$$+1 \quad -3 \quad +5 \quad -7 \quad +9 \quad -11 \quad +13$$

따라서 점 P_{n-1}과 점 P_n의 x좌표의 차는 $2n-1$이고
직선 $P_{n-1} P_n$의 기울기는 1 또는 -1이므로
다음 그림과 같이 $l_n = \overline{P_{n-1} P_n} = (2n-1)\sqrt{2}$이다.

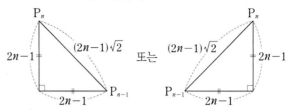

$\lim_{n \to \infty} \dfrac{l_n}{n} = \lim_{n \to \infty} \dfrac{2\sqrt{2}\,n - \sqrt{2}}{n}$ 에서 n이 무한대로 발산하고
분자와 분모의 최고차항의 차수가 1로 서로 같으므로
구하는 극한값은 최고차항의 계수의 비와 같다.

$$\therefore \lim_{n \to \infty} \frac{l_n}{n} = \frac{2\sqrt{2}}{1} = 2\sqrt{2} \quad \boxed{\text{너코090}}$$

답 ②

J02-13

$P_n(a_n, 0)$이라 하면 $P_{n+1}(a_{n+1}, 0)$이고 ······㉠
조건 (나)-(1)에 의하여
직선 $y = -x + 2$ 위의 점 A_n의 x좌표가 a_n이므로 y좌표는
$-a_n + 2$이다.
조건 (나)-(2)에 의하여
직선 $y = 4x + 4$ 위의 점 B_n의 y좌표가 $-a_n + 2$이므로
x좌표는 $\dfrac{(-a_n + 2) - 4}{4} = \dfrac{-a_n - 2}{4}$이다.
조건 (나)-(3)에 의하여
x축 위의 점 C_n의 x좌표는 $\dfrac{-a_n - 2}{4}$이고
조건 (나)-(4)에 의하여
점 C_n을 y축에 대하여 대칭이동시킨 점 P_{n+1}의 x좌표는
$\dfrac{a_n + 2}{4}$이다. ······㉡

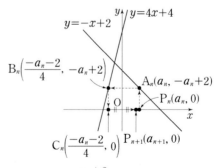

㉠, ㉡에 의하여 $a_{n+1} = \dfrac{a_n + 2}{4}$이다.

이때 $\lim_{n \to \infty} a_n = \alpha$라 하면 $\lim_{n \to \infty} a_{n+1} = \alpha$이므로 $\boxed{\text{너코088}}$

$\lim_{n \to \infty} a_{n+1} = \lim_{n \to \infty} \dfrac{a_n + 2}{4}$에서

$$\alpha = \frac{\alpha+2}{4}, \ \alpha = \frac{2}{3}$$ 너코089

$$\therefore \ \lim_{n \to \infty} a_n = \alpha = \frac{2}{3}$$

답 ⑤

J 02-14

풀이 1

$\overline{\mathrm{OB}_n} = n,$

$\overline{\mathrm{A}_n\mathrm{B}_n} = \dfrac{1}{n} \times n = 1,$

$\overline{\mathrm{OA}_n} = \sqrt{n^2+1}$ 이고

직각삼각형 $\mathrm{A}_n\mathrm{OB}_n$에 내접하는 원의 반지름의 길이를 r_n 이라 하자.

(삼각형 $\mathrm{A}_n\mathrm{OB}_n$의 넓이)

=(세 삼각형 $\mathrm{OB}_n\mathrm{C}_n$, $\mathrm{A}_n\mathrm{B}_n\mathrm{C}_n$, $\mathrm{A}_n\mathrm{OC}_n$의 넓이의 합)에서

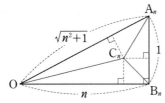

(좌변)$= \dfrac{1}{2} \times \overline{\mathrm{OB}_n} \times \overline{\mathrm{A}_n\mathrm{B}_n} = \dfrac{1}{2} \times n \times 1 = \dfrac{1}{2}n$

이고

(우변)$= \left(\dfrac{1}{2} \times n \times r_n \right) + \left(\dfrac{1}{2} \times 1 \times r_n \right) + \left(\dfrac{1}{2} \times \sqrt{n^2+1} \times r_n \right)$

$= \dfrac{1}{2} \times (n+1+\sqrt{n^2+1}) \times r_n$

이므로

$\dfrac{1}{2}n = \dfrac{1}{2} \times (n+1+\sqrt{n^2+1}) \times r_n$이다.

$\therefore \ r_n = \dfrac{n}{n+1+\sqrt{n^2+1}}$

따라서 삼각형 $\mathrm{A}_n\mathrm{OC}_n$의 넓이는

$S_n = \dfrac{1}{2} \times \overline{\mathrm{OA}_n} \times r_n$

$= \dfrac{1}{2} \times \sqrt{n^2+1} \times \dfrac{n}{n+1+\sqrt{n^2+1}}$

$= \dfrac{n\sqrt{n^2+1}}{2(n+1+\sqrt{n^2+1})}$

$\therefore \ \dfrac{S_n}{n} = \dfrac{\sqrt{n^2+1}}{2n+2+2\sqrt{n^2+1}}$

무리식의 근호 안의 식의 최고차항의 차수가 2이므로 분모의 최고차항의 차수를 1로 볼 수 있다.

따라서 분모, 분자를 각각 n으로 나누면

구하는 극한값은 최고차항의 계수의 비와 같다.

$$\lim_{n \to \infty} \frac{S_n}{n}$$

$$= \lim_{n \to \infty} \frac{\sqrt{\dfrac{n^2+1}{n^2}}}{2 + \dfrac{2}{n} + 2\sqrt{\dfrac{n^2+1}{n^2}}} \quad (\because \ n > 0 \text{이면 } n = \sqrt{n^2})$$

$$= \lim_{n \to \infty} \frac{\sqrt{1+\dfrac{1}{n^2}}}{2 + \dfrac{2}{n} + 2\sqrt{1+\dfrac{1}{n^2}}}$$

$$= \frac{1}{2+0+2\times 1} = \frac{1}{4}$$ 너코089 너코090

풀이 2

$\overline{\mathrm{OB}_n} = n,$

$\overline{\mathrm{A}_n\mathrm{B}_n} = \dfrac{1}{n} \times n = 1,$

$\overline{\mathrm{OA}_n} = \sqrt{n^2+1}$ 이고

직각삼각형 $\mathrm{A}_n\mathrm{OB}_n$에 내접하는 원의 반지름의 길이를 r_n 이라 하고

원이 직각삼각형의 세 변 OB_n, $\mathrm{A}_n\mathrm{B}_n$, OA_n에 접하는 점을 각각 P_n, Q_n, R_n이라 하자.

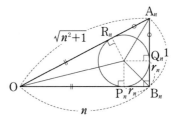

원의 외부에 있는 한 점에서 이 원에 그은 두 접선의 접점까지의 거리는 서로 같으므로

$\overline{\mathrm{OR}_n} = \overline{\mathrm{OP}_n} = \overline{\mathrm{OB}_n} - \overline{\mathrm{P}_n\mathrm{B}_n} = n - r_n,$

$\overline{\mathrm{A}_n\mathrm{R}_n} = \overline{\mathrm{A}_n\mathrm{Q}_n} = \overline{\mathrm{A}_n\mathrm{B}_n} - \overline{\mathrm{Q}_n\mathrm{B}_n} = 1 - r_n$이다.

선분 OA_n의 길이는 두 선분 OR_n, $\mathrm{A}_n\mathrm{R}_n$의 길이의 합과 같으므로

$\sqrt{n^2+1} = (n-r_n) + (1-r_n)$에서

$r_n = \dfrac{n+1-\sqrt{n^2+1}}{2} = \dfrac{(n+1)^2-(n^2+1)}{2(n+1+\sqrt{n^2+1})}$

$= \dfrac{n}{n+1+\sqrt{n^2+1}}$

따라서 삼각형 $\mathrm{A}_n\mathrm{OC}_n$의 넓이는

$S_n = \dfrac{1}{2} \times \overline{\mathrm{OA}_n} \times r_n$

$= \dfrac{1}{2} \times \sqrt{n^2+1} \times \dfrac{n}{n+1+\sqrt{n^2+1}}$

$= \dfrac{n\sqrt{n^2+1}}{2n+2+2\sqrt{n^2+1}}$

$\displaystyle\lim_{n\to\infty}\frac{S_n}{n}=\lim_{n\to\infty}\frac{\sqrt{n^2+1}}{2n+2+2\sqrt{n^2+1}}$ 에서 n이 무한대로

발산하고 분자와 분모의 최고차항의 차수가 1로 서로 같다고
볼 수 있으므로 구하는 극한값은 최고차항의 계수의 비와 같다.

$\therefore \displaystyle\lim_{n\to\infty}\frac{S_n}{n}=\frac{1}{2+2}=\frac{1}{4}$ 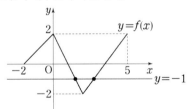너코 090

답 ③

J 02-15

$\displaystyle\lim_{n\to\infty}\frac{|nf(a)-1|-nf(a)}{2n+3}=1$ 에서 0이 아닌 값으로 수렴하므로

(분자의 차수)=(분모의 차수)이어야 한다. 너코 090
즉, $|nf(a)-1|-nf(a)$가 n에 대한 일차식이어야 하므로
$nf(a)-1<0$이다.

$\therefore \dfrac{|nf(a)-1|-nf(a)}{2n+3}=\dfrac{1-2nf(a)}{2n+3}$

분모의 최고차항의 차수가 1이므로 분모, 분자를 각각 n으로
나누면 수열의 극한의 성질에 의하여

$$\lim_{n\to\infty}\frac{|nf(a)-1|-nf(a)}{2n+3}=\lim_{n\to\infty}\frac{1-2nf(a)}{2n+3}$$

$$=\lim_{n\to\infty}\frac{\dfrac{1}{n}-2f(a)}{2+\dfrac{3}{n}}$$

$$=\frac{0-2f(a)}{2+0}\quad\text{너코 089}$$

$$=-f(a)=1$$

따라서 구하는 상수 a의 개수는 $f(a)=-1$을 만족시키는 a의
개수와 같으므로
방정식 $f(x)=-1$의 서로 다른 실근의 개수와 같다.
즉, 다음 그림과 같이 함수 $y=f(x)$의 그래프와 직선 $y=-1$의
서로 다른 교점의 개수를 구하면 된다.

따라서 구하는 상수 a의 개수는 2이다.

답 ②

J 02-16

$0<a_n<4$이면 $\qquad\qquad\qquad\qquad\cdots\cdots\cdots$ ㉠

$a_{n+1}=f(f(a_n))$

$\qquad=f\left(-\dfrac{1}{2}a_n\right)\ (\because a_n>0)$

$\qquad=-\dfrac{1}{2}a_n+2\ \left(\because -\dfrac{1}{2}a_n<0\right)$

이므로 $0<-\dfrac{1}{2}a_n+2<2$, 즉 $0<a_{n+1}<2$이다.

따라서 $a_1=1$인 경우

a_1이 ㉠을 만족시키므로 $a_2=-\dfrac{1}{2}a_1+2$이고 $0<a_2<2$이다.

a_2가 ㉠을 만족시키므로 $a_3=-\dfrac{1}{2}a_2+2$이고 $0<a_3<2$이다.

a_3이 ㉠을 만족시키므로 $a_4=-\dfrac{1}{2}a_3+2$이고 $0<a_4<2$이다.

$\qquad\vdots$

즉, 이 경우 모든 자연수 n에 대하여 $a_{n+1}=-\dfrac{1}{2}a_n+2$를
만족시킨다.

이때 $\displaystyle\lim_{n\to\infty}a_n=\alpha$라 하면 $\displaystyle\lim_{n\to\infty}a_{n+1}=\alpha$이므로 너코 088

$\displaystyle\lim_{n\to\infty}a_{n+1}=\lim_{n\to\infty}\left(-\frac{1}{2}a_n+2\right)$에서

$\alpha=-\dfrac{1}{2}\alpha+2,\ \alpha=\dfrac{4}{3}$ 너코 089

$\therefore \displaystyle\lim_{n\to\infty}a_n=\alpha=\dfrac{4}{3}$

답 ④

J 02-17

x좌표와 y좌표가 모두 정수인 점 중에서 주어진 조건을
만족시키는 점의 x좌표로 가능한 값은 $0,\ 1,\ 2,\ \cdots,\ n$이다.

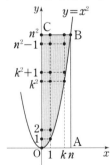

x좌표가 0일 때 y좌표로 가능한 값은 $0^2,\ 1,\ 2,\ \cdots,\ n^2$으로
n^2-0^2+1개,
x좌표가 1일 때 y좌표로 가능한 값은 $1^2,\ 2,\ 3,\ \cdots,\ n^2$으로
n^2-1^2+1개,
x좌표가 2일 때 y좌표로 가능한 값은 $2^2,\ 5,\ 6,\ \cdots,\ n^2$으로
n^2-2^2+1개이다.

$\qquad\vdots$

x좌표가 n일 때 y좌표로 가능한 값은 n^2으로 1개이다.
즉, x좌표가 $k\ (0\le k\le n)$일 때 y좌표로 가능한 값은
n^2-k^2+1개이다.

$$a_n = \sum_{k=0}^{n} (n^2 - k^2 + 1)$$

$$= \sum_{k=0}^{n} (n^2 + 1) - \sum_{k=0}^{n} k^2 \quad \text{너코 028}$$

$$= (n+1)(n^2+1) - \frac{n(n+1)(2n+1)}{6} \quad \text{너코 029}$$

$$= \frac{6(n+1)(n^2+1) - n(n+1)(2n+1)}{6}$$

$$= \frac{4n^3 + 3n^2 + 5n + 6}{6}$$

$$\therefore \lim_{n \to \infty} \frac{a_n}{n^3} = \lim_{n \to \infty} \frac{4n^3 + 3n^2 + 5n + 6}{6n^3}$$

$$= \lim_{n \to \infty} \left(\frac{2}{3} + \frac{1}{2n} + \frac{5}{6n^2} + \frac{1}{n^3} \right)$$

$$= \frac{2}{3} + 0 + 0 + 0 = \frac{2}{3} \quad \text{너코 089} \quad \text{너코 090}$$

답 ③

J 02-18

자연수 n에 대하여 원 O_n의 중심을 $P_n(3n, 4n)$, 반지름의 길이를 r_n이라 하자.

원 O_n이 y축에 접하므로

$r_n = |$ 원 O_n의 중심 P_n의 x좌표$| = 3n$

한편 $Q(0, -1)$이라 할 때

직선 P_nQ와 원 O_n이 만나는 점 중 원점으로부터의 거리가 먼 점을 A_n, 가까운 점을 B_n이라 하자.

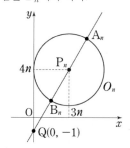

원 O_n 위를 움직이는 점과 점 Q 사이의 거리는

원 O_n 위를 움직이는 점이 점 A_n과 일치할 때 최댓값

$a_n = \overline{QA_n}$,

원 O_n 위를 움직이는 점이 점 B_n과 일치할 때 최솟값

$b_n = \overline{QB_n}$을 갖는다. ⋯ 빈출 QnA

이때

$\overline{QP_n} = \sqrt{(3n - 0)^2 + \{4n - (-1)\}^2} = \sqrt{25n^2 + 8n + 1}$,

$\overline{P_nA_n} = \overline{P_nB_n} = r_n = 3n$이므로

$\overline{QA_n} = \overline{QP_n} + \overline{P_nA_n} = \sqrt{25n^2 + 8n + 1} + 3n$이고

$\overline{QB_n} = \overline{QP_n} - \overline{P_nB_n} = \sqrt{25n^2 + 8n + 1} - 3n$이다.

$$\therefore \frac{a_n}{b_n} = \frac{\overline{QA_n}}{\overline{QB_n}}$$

$$= \frac{\sqrt{25n^2 + 8n + 1} + 3n}{\sqrt{25n^2 + 8n + 1} - 3n}$$

무리식의 근호 안의 식의 최고차항의 차수가 2이므로 분모의 최고차항의 차수를 1로 볼 수 있다.

따라서 분모, 분자를 각각 n으로 나누면 수열의 극한의 성질에 의하여 구하는 극한값은 최고차항의 계수의 비와 같다.

$$\lim_{n \to \infty} \frac{a_n}{b_n}$$

$$= \lim_{n \to \infty} \frac{\sqrt{\dfrac{25n^2 + 8n + 1}{n^2}} + 3}{\sqrt{\dfrac{25n^2 + 8n + 1}{n^2}} - 3} \quad (\because \ n > 0 \text{이면 } n = \sqrt{n^2})$$

$$= \lim_{n \to \infty} \frac{\sqrt{25 + \dfrac{8}{n} + \dfrac{1}{n^2}} + 3}{\sqrt{25 + \dfrac{8}{n} + \dfrac{1}{n^2}} - 3} = \frac{5 + 3}{5 - 3} = 4 \quad \text{너코 089} \quad \text{너코 090}$$

답 4

빈출 QnA

Q. $a_n = \overline{QA_n}$, $b_n = \overline{QB_n}$인 이유를 잘 모르겠어요.

A. 원 O_n 위를 움직이는 점을 R_n이라 할 때 다음 그림과 같이 점 R_n이 점 A_n 또는 점 B_n과 일치하지 않는 경우에 대해서 생각해 봅시다.

이 경우 $\overline{QB_n} < \overline{QR_n} < \overline{QA_n}$임을 보이면

$a_n = \overline{QA_n}$, $b_n = \overline{QB_n}$인 것이 증명됩니다.

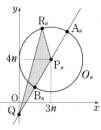

'삼각형의 한 변의 길이는 나머지 두 변의 길이의 합보다 작다.'는 성질을 삼각형 P_nQR_n에 적용하면

i) 변 QR_n의 길이는 나머지 두 변의 길이의 합보다 작다.

$$\overline{QR_n} < \overline{QP_n} + \overline{P_nR_n}$$
$$= (\overline{QA_n} - r_n) + r_n = \overline{QA_n}$$
$$\therefore \ \overline{QR_n} < \overline{QA_n}$$

ii) 변 QP_n의 길이는 나머지 두 변의 길이의 합보다 작다.

$$\overline{QP_n} < \overline{QR_n} + \overline{P_nR_n} \text{에서}$$
$$\overline{QR_n} > \overline{QP_n} - \overline{P_nR_n}$$
$$= (\overline{QB_n} + r_n) - r_n = \overline{QB_n}$$
$$\therefore \ \overline{QR_n} > \overline{QB_n}$$

i), ii)에 의하여 점 R_n이 두 점 A_n, B_n이 아닌 경우

$\overline{QB_n} < \overline{QR_n} < \overline{QA_n}$임이 증명되었습니다.

J03-01

$$\sqrt{9n^2+12n}-3n$$

$$=\frac{(\sqrt{9n^2+12n}-3n)(\sqrt{9n^2+12n}+3n)}{\sqrt{9n^2+12n}+3n}$$

$$=\frac{(9n^2+12n)-9n^2}{\sqrt{9n^2+12n}+3n}=\frac{12n}{\sqrt{9n^2+12n}+3n}$$

무리식의 근호 안의 식의 최고차항의 차수가 2이므로 분모의 최고차항의 차수는 1로 볼 수 있다.

따라서 분모, 분자를 각각 n으로 나누면 수열의 극한의 성질에 의하여 구하는 극한값은 최고차항의 계수의 비와 같다.

$$\lim_{n\to\infty}(\sqrt{9n^2+12n}-3n)$$

$$=\lim_{n\to\infty}\frac{12}{\sqrt{9+\dfrac{12}{n}}+3}$$

$$=\frac{12}{\sqrt{9}+3}=\frac{12}{6}=2 \quad \boxed{\text{너코 089}} \quad \boxed{\text{너코 090}}$$

답 ②

빈출 QnA

Q. 좀 더 빠르게 실전적으로 풀 수 있는 방법은 없나요?

A. $\lim_{n\to\infty}(\sqrt{9n^2+12n}-3n)$과 같이 '√이차식 −(일차식)' 또는 '√이차식 − √이차식'꼴일 때 근호 안의 이차식의 상수항은 다음과 같이 극한값에 영향을 미치지 않습니다.

$$\lim_{n\to\infty}\sqrt{9n^2+12n+\square}-3n=\lim_{n\to\infty}\frac{(9n^2+12n+\square)-9n^2}{\sqrt{9n^2+12n+\square}+3n}$$

$$=\lim_{n\to\infty}\frac{12n+\square}{\sqrt{9n^2+12n+\square}+3n}$$

$$=\frac{12}{\sqrt{9}+3}=\frac{12}{6}=2$$

따라서 상수항을 적당한 수로 바꾸어 근호 안을 완전제곱식이 되도록 한 뒤 극한값을 쉽게 계산할 수 있습니다.
문제에 적용해보면 다음과 같습니다.

$$\lim_{n\to\infty}(\sqrt{9n^2+12n}-3n)=\lim_{n\to\infty}(\sqrt{9n^2+12n+4}-3n)$$

$$=\lim_{n\to\infty}\{\sqrt{(3n+2)^2}-3n\}$$

$$=\lim_{n\to\infty}\{(3n+2)-3n\}=2$$

단, 원리를 정확히 알고 숙달한 후 무리식의 근호 안을 완전제곱식으로 바꾸는 방법으로 빠르게 극한값을 구하도록 합시다.

J03-02

풀이 1

$$\frac{1}{\sqrt{4n^2+2n+1}-2n}$$

$$=\frac{\sqrt{4n^2+2n+1}+2n}{(\sqrt{4n^2+2n+1}-2n)(\sqrt{4n^2+2n+1}+2n)}$$

$$=\frac{\sqrt{4n^2+2n+1}+2n}{(4n^2+2n+1)-4n^2}$$

$$=\frac{\sqrt{4n^2+2n+1}+2n}{2n+1}$$

무리식의 근호 안의 식의 최고차항의 차수가 2이므로 분자의 최고차항의 차수는 1로 볼 수 있다.

따라서 분모, 분자를 각각 n으로 나누면 수열의 극한의 성질에 의하여 구하는 극한값은 최고차항의 계수의 비와 같다.

$$\lim_{n\to\infty}\frac{1}{\sqrt{4n^2+2n+1}-2n}$$

$$=\lim_{n\to\infty}\frac{\sqrt{\dfrac{4n^2+2n+1}{n^2}}+2}{2+\dfrac{1}{n}} \quad (\because\ n>0\text{이면 }n=\sqrt{n^2})$$

$$=\lim_{n\to\infty}\frac{\sqrt{4+\dfrac{2}{n}+\dfrac{1}{n^2}}+2}{2+\dfrac{1}{n}}=\frac{\sqrt{4}+2}{2}=2 \quad \boxed{\text{너코 089}} \quad \boxed{\text{너코 090}}$$

풀이 2

상수항은 극한값에 영향을 미치지 않으므로 근호 안을 완전제곱식이 되도록 한 뒤 극한값을 구해도 된다.

$$\lim_{n\to\infty}(\sqrt{4n^2+2n+1}-2n)$$

$$=\lim_{n\to\infty}\left\{\sqrt{4\left(n+\frac{1}{4}\right)^2}-2n\right\}$$

$$=\lim_{n\to\infty}\left\{2\left(n+\frac{1}{4}\right)-2n\right\}=\frac{1}{2} \quad \boxed{\text{너코 088}}$$

$$\therefore\ \lim_{n\to\infty}\frac{1}{\sqrt{4n^2+2n+1}-2n}=\frac{1}{\dfrac{1}{2}}=2 \quad \boxed{\text{너코 089}}$$

답 ②

J03-03

풀이 1

$$\frac{1}{\sqrt{n^2+n+1}-n}=\frac{\sqrt{n^2+n+1}+n}{(\sqrt{n^2+n+1}-n)(\sqrt{n^2+n+1}+n)}$$

$$=\frac{\sqrt{n^2+n+1}+n}{(n^2+n+1)-n^2}$$

$$=\frac{\sqrt{n^2+n+1}+n}{n+1}$$

무리식의 근호 안의 식의 최고차항의 차수가 2이므로 분자의 최고차항의 차수는 1로 볼 수 있다.
따라서 분모, 분자를 각각 n으로 나누면 수열의 극한의 성질에 의하여 구하는 극한값은 최고차항의 계수의 비와 같다.

$$\lim_{n \to \infty} \frac{1}{\sqrt{n^2+n+1}-n}$$

$$= \lim_{n \to \infty} \frac{\sqrt{\dfrac{n^2+n+1}{n^2}}+1}{1+\dfrac{1}{n}} \quad (\because \ n>0이면 \ n=\sqrt{n^2})$$

$$= \lim_{n \to \infty} \frac{\sqrt{1+\dfrac{1}{n}+\dfrac{1}{n^2}}+1}{1+\dfrac{1}{n}} = \frac{1+1}{1} = 2 \quad \boxed{\text{너코 089}} \quad \boxed{\text{너코 090}}$$

풀이 2

상수항은 극한값에 영향을 미치지 않으므로 근호 안을 완전제곱식이 되도록 한 뒤 극한값을 구해도 된다.

$$\lim_{n \to \infty} (\sqrt{n^2+n+1}-n) = \lim_{n \to \infty} \left\{ \sqrt{\left(n+\frac{1}{2}\right)^2} - n \right\}$$

$$= \lim_{n \to \infty} \left\{ \left(n+\frac{1}{2}\right) - n \right\} = \frac{1}{2} \quad \boxed{\text{너코 088}}$$

$$\therefore \ \lim_{n \to \infty} \frac{1}{\sqrt{n^2+n+1}-n} = \frac{1}{\dfrac{1}{2}} = 2 \quad \boxed{\text{너코 089}}$$

답 ②

J03-04

풀이 1

$$\frac{1}{\sqrt{n^2+3n}-\sqrt{n^2+n}}$$

$$= \frac{\sqrt{n^2+3n}+\sqrt{n^2+n}}{(\sqrt{n^2+3n}-\sqrt{n^2+n})(\sqrt{n^2+3n}+\sqrt{n^2+n})}$$

$$= \frac{\sqrt{n^2+3n}+\sqrt{n^2+n}}{(n^2+3n)-(n^2+n)}$$

$$= \frac{\sqrt{n^2+3n}+\sqrt{n^2+n}}{2n}$$

무리식의 근호 안의 식의 최고차항의 차수가 2이므로 분자의 최고차항의 차수는 1로 볼 수 있다.
따라서 분모, 분자를 각각 n으로 나누면 수열의 극한의 성질에 의하여 구하는 극한값은 최고차항의 계수의 비와 같다.

$$\lim_{n \to \infty} \frac{1}{\sqrt{n^2+3n}-\sqrt{n^2+n}}$$

$$= \lim_{n \to \infty} \frac{\sqrt{\dfrac{n^2+3n}{n^2}}+\sqrt{\dfrac{n^2+n}{n^2}}}{2} \quad (\because \ n>0이면 \ n=\sqrt{n^2})$$

$$= \lim_{n \to \infty} \frac{\sqrt{1+\dfrac{3}{n}}+\sqrt{1+\dfrac{1}{n}}}{2} = \frac{1+1}{2} = 1 \quad \boxed{\text{너코 089}} \quad \boxed{\text{너코 090}}$$

풀이 2

상수항은 극한값에 영향을 미치지 않으므로 근호 안을 완전제곱식이 되도록 한 뒤 극한값을 구해도 된다.

$$\lim_{n \to \infty} (\sqrt{n^2+3n} - \sqrt{n^2+n})$$

$$= \lim_{n \to \infty} \left\{ \sqrt{\left(n+\frac{3}{2}\right)^2} - \sqrt{\left(n+\frac{1}{2}\right)^2} \right\}$$

$$= \lim_{n \to \infty} \left\{ \left(n+\frac{3}{2}\right) - \left(n+\frac{1}{2}\right) \right\} = 1 \quad \boxed{\text{너코 088}}$$

$$\therefore \ \lim_{n \to \infty} \frac{1}{\sqrt{n^2+3n}-\sqrt{n^2+n}} = \frac{1}{1} = 1 \quad \boxed{\text{너코 089}}$$

답 ①

J03-05

풀이 1

$$\sqrt{n^2+9n}-\sqrt{n^2+4n}$$

$$= \frac{\sqrt{n^2+9n}-\sqrt{n^2+4n}}{1}$$

$$= \frac{(\sqrt{n^2+9n}-\sqrt{n^2+4n})(\sqrt{n^2+9n}+\sqrt{n^2+4n})}{\sqrt{n^2+9n}+\sqrt{n^2+4n}}$$

$$= \frac{(n^2+9n)-(n^2+4n)}{\sqrt{n^2+9n}+\sqrt{n^2+4n}}$$

$$= \frac{5n}{\sqrt{n^2+9n}+\sqrt{n^2+4n}}$$

무리식의 근호 안의 식의 최고차항의 차수가 2이므로 분모의 최고차항의 차수는 1로 볼 수 있다.
따라서 분모, 분자를 각각 n으로 나누면 수열의 극한의 성질에 의하여 구하는 극한값은 최고차항의 계수의 비와 같다.

$$\lim_{n \to \infty} (\sqrt{n^2+9n} - \sqrt{n^2+4n})$$

$$= \lim_{n \to \infty} \frac{5}{\sqrt{\dfrac{n^2+9n}{n^2}}+\sqrt{\dfrac{n^2+4n}{n^2}}} \quad (\because \ n>0이면 \ n=\sqrt{n^2})$$

$$= \lim_{n \to \infty} \frac{5}{\sqrt{1+\dfrac{9}{n}}+\sqrt{1+\dfrac{4}{n}}}$$

$$= \frac{5}{1+1} = \frac{5}{2} \quad \boxed{\text{너코 089}} \quad \boxed{\text{너코 090}}$$

풀이 2

상수항은 극한값에 영향을 미치지 않으므로 근호 안을 완전제곱식이 되도록 한 뒤 극한값을 구해도 된다.

$$\therefore \ \lim_{n \to \infty} (\sqrt{n^2+9n} - \sqrt{n^2+4n})$$

$$= \lim_{n \to \infty} \left\{ \sqrt{\left(n+\frac{9}{2}\right)^2} - \sqrt{(n+2)^2} \right\}$$

$$= \lim_{n \to \infty} \left\{ \left(n+\frac{9}{2}\right) - (n+2) \right\} = \frac{5}{2} \quad \boxed{\text{너코 088}}$$

답 ⑤

J 03-06

$$\frac{\sqrt{kn+1}}{n(\sqrt{n+1}-\sqrt{n-1})}$$

$$=\frac{\sqrt{kn+1}(\sqrt{n+1}+\sqrt{n-1})}{n(\sqrt{n+1}-\sqrt{n-1})(\sqrt{n+1}+\sqrt{n-1})}$$

$$=\frac{\sqrt{kn+1}(\sqrt{n+1}+\sqrt{n-1})}{n\{(n+1)-(n-1)\}}$$

$$=\frac{\sqrt{kn+1}(\sqrt{n+1}+\sqrt{n-1})}{2n}$$

분모의 최고차항의 차수가 1이므로 분모, 분자를 각각 n으로 나누면 수열의 극한의 성질에 의하여

주어진 극한값은 최고차항의 계수의 비와 같다.

$$\lim_{n\to\infty}\frac{\sqrt{kn+1}}{n(\sqrt{n+1}-\sqrt{n-1})}$$

$$=\lim_{n\to\infty}\frac{\sqrt{\dfrac{kn+1}{n}}\times\left(\sqrt{\dfrac{n+1}{n}}+\sqrt{\dfrac{n-1}{n}}\right)}{2}$$

$$=\lim_{n\to\infty}\frac{\sqrt{k+\dfrac{1}{n}}\times\left(\sqrt{1+\dfrac{1}{n}}+\sqrt{1-\dfrac{1}{n}}\right)}{2}$$

$$=\frac{\sqrt{k}(1+1)}{2}=\sqrt{k}=5$$ 너코089 너코090

$$\therefore\ k=25$$

답 25

J 03-07

풀이 1

이차방정식 $(x-3)^2=n$, 즉 $x^2-6x+9-n=0$ 의 서로 다른 두 실근을 α, β라 하면

근과 계수의 관계에 의해

$\alpha+\beta=6$이고

$\alpha\beta=9-n$이므로

$$h(n)=|\alpha-\beta|=\sqrt{(\alpha-\beta)^2}=\sqrt{(\alpha+\beta)^2-4\alpha\beta}$$
$$=\sqrt{6^2-4(9-n)}=\sqrt{4n}$$

$$\therefore\ \sqrt{n}\{h(n+1)-h(n)\}$$

$$=\sqrt{n}\{\sqrt{4(n+1)}-\sqrt{4n}\}$$

$$=2\sqrt{n(n+1)}-2n=\frac{2(\sqrt{n^2+n}-n)}{1}$$

$$=\frac{2(\sqrt{n^2+n}-n)(\sqrt{n^2+n}+n)}{\sqrt{n^2+n}+n}$$

$$=\frac{2\{(n^2+n)-n^2\}}{\sqrt{n^2+n}+n}=\frac{2n}{\sqrt{n^2+n}+n}$$

무리식의 근호 안의 식의 최고차항의 차수가 2이므로 분모의 최고차항의 차수는 1로 볼 수 있다.

따라서 분모, 분자를 각각 n으로 나누면 수열의 극한의 성질에 의하여 구하는 극한값은 최고차항의 계수의 비와 같다.

$$\lim_{n\to\infty}\sqrt{n}\{h(n+1)-h(n)\}$$

$$=\lim_{n\to\infty}\frac{2}{\sqrt{\dfrac{n^2+n}{n^2}}+1}\ (\because\ n>0\text{이면 }n=\sqrt{n^2}\,)$$

$$=\lim_{n\to\infty}\frac{2}{\sqrt{1+\dfrac{1}{n}}+1}=\frac{2}{1+1}=1$$ 너코089 너코090

풀이 2

이차방정식 $(x-3)^2=n$, 즉 $x^2-6x+9-n=0$ 의 서로 다른 두 실근을 α, $\beta\,(\alpha<\beta)$라 하면

근의 공식에 의하여

$\alpha=3-\sqrt{9-1\times(9-n)}=3-\sqrt{n}$,

$\beta=3+\sqrt{9-1\times(9-n)}=3+\sqrt{n}$ 이므로

$|\alpha-\beta|=2\sqrt{n}$ 이다.

따라서 $h(n)=\sqrt{4n}$ 이므로

$h(n+1)=\sqrt{4(n+1)}$ 이다.

$$\therefore\ \sqrt{n}\{h(n+1)-h(n)\}=\sqrt{4n^2+4n}-\sqrt{4n^2}$$

상수항은 극한값에 영향을 미치지 않으므로 근호 안을 완전제곱식이 되도록 한 뒤 극한값을 구해도 된다.

$$\lim_{n\to\infty}\sqrt{n}\{h(n+1)-h(n)\}=\lim_{n\to\infty}\{\sqrt{(2n+1)^2}-\sqrt{(2n)^2}\}$$

$$=\lim_{n\to\infty}\{(2n+1)-2n\}$$

$$=1$$ 너코088

답 ②

J 03-08

풀이 1

이차방정식 $x^2+2nx-4n=0$의 양의 실근은 근의 공식에 의하여

$$a_n=-n+\sqrt{n^2-1\times(-4n)}$$

$$=\sqrt{n^2+4n}-n=\frac{\sqrt{n^2+4n}-n}{1}$$

$$=\frac{(\sqrt{n^2+4n}-n)(\sqrt{n^2+4n}+n)}{\sqrt{n^2+4n}+n}$$

$$=\frac{(n^2+4n)-n^2}{\sqrt{n^2+4n}+n}=\frac{4n}{\sqrt{n^2+4n}+n}$$

무리식의 근호 안의 최고차항의 차수가 2이므로 분모의 최고차항의 차수는 1로 볼 수 있다.

따라서 분모, 분자를 각각 n으로 나누면

$$\lim_{n\to\infty}a_n=\lim_{n\to\infty}\frac{4}{\sqrt{\dfrac{n^2+4n}{n^2}}+1}\ (\because\ n>0\text{이면 }n=\sqrt{n^2}\,)$$

$$=\lim_{n\to\infty}\frac{4}{\sqrt{1+\dfrac{4}{n}}+1}=\frac{4}{1+1}=2$$ 너코089 너코090

풀이 2

이차방정식 $x^2 + 2nx - 4n = 0$의 양의 실근은 근의 공식에 의하여

$a_n = -n + \sqrt{n^2 - 1 \times (-4n)} = \sqrt{n^2 + 4n} - n$

상수항은 극한값에 영향을 미치지 않으므로 근호 안을 완전제곱식이 되도록 한 뒤 극한값을 구해도 된다.

$$\therefore \lim_{n \to \infty} a_n = \lim_{n \to \infty} (\sqrt{n^2 + 4n} - n)$$
$$= \lim_{n \to \infty} \{\sqrt{(n+2)^2} - n\}$$
$$= \lim_{n \to \infty} \{(n+2) - n\} = 2 \quad \boxed{\text{너코 088}}$$

답 2

J03-09

$\dfrac{na_n}{n^2 + 3} = b_n$이라 하면 $\lim\limits_{n \to \infty} b_n = 1$이고,

$a_n = b_n \times \dfrac{n^2 + 3}{n}$이므로 $\dfrac{a_n}{n} = b_n \times \left(1 + \dfrac{3}{n^2}\right)$

$$\lim_{n \to \infty} \frac{a_n}{n} = \lim_{n \to \infty} \left\{b_n \times \left(1 + \frac{3}{n^2}\right)\right\} = 1 \times (1 + 0) = 1$$

$\boxed{\text{너코 089}}$ $\boxed{\text{너코 090}}$

$$\therefore \lim_{n \to \infty} \left(\sqrt{a_n^2 + n} - a_n\right) = \lim_{n \to \infty} \frac{n}{\sqrt{a_n^2 + n} + a_n}$$
$$= \lim_{n \to \infty} \frac{1}{\sqrt{\left(\dfrac{a_n}{n}\right)^2 + \dfrac{1}{n}} + \dfrac{a_n}{n}}$$
$$= \frac{1}{\sqrt{1^2 + 0} + 1} = \frac{1}{2}$$

답 ②

빈출 QnA

Q. 다른 풀이 방법은 없나요?

A. $\lim\limits_{n \to \infty} \dfrac{na_n}{n^2 + 3} = 1$을 만족시키는 수열 $\{a_n\}$은 무수히 많으며 조건을 만족시키는 예를 찾아내면 답을 구할 수 있습니다.

간단한 예로 $a_n = n$이라 하면

$$\lim_{n \to \infty} \left(\sqrt{a_n^2 + n} - a_n\right) = \lim_{n \to \infty} \left(\sqrt{n^2 + n} - n\right)$$
$$= \lim_{n \to \infty} \frac{n}{\sqrt{n^2 + n} + n}$$
$$= \lim_{n \to \infty} \frac{1}{\sqrt{1 + \dfrac{1}{n}} + 1}$$
$$= \frac{1}{\sqrt{1 + 0} + 1} = \frac{1}{2}$$

임을 구할 수 있습니다.

J03-10

풀이 1

$b \leq 0$이면 $\lim\limits_{n \to \infty} (\sqrt{an^2 + 4n} - bn)$는 무한대로 발산하므로 $b > 0$이어야 한다. $\boxed{\text{너코 088}}$ ……㉠

$\sqrt{an^2 + 4n} - bn$

$$= \frac{\sqrt{an^2 + 4n} - bn}{1}$$
$$= \frac{(\sqrt{an^2 + 4n} - bn)(\sqrt{an^2 + 4n} + bn)}{\sqrt{an^2 + 4n} + bn}$$
$$= \frac{(an^2 + 4n) - b^2 n^2}{\sqrt{an^2 + 4n} + bn} = \frac{(a - b^2)n^2 + 4n}{\sqrt{an^2 + 4n} + bn}$$

이때 $\lim\limits_{n \to \infty} \dfrac{(a - b^2)n^2 + 4n}{\sqrt{an^2 + 4n} + bn} = \dfrac{1}{5}$에서 0이 아닌 값으로 수렴하므로

(분자의 차수)=(분모의 차수),

즉 $a - b^2 = 0$이어야 한다. ……㉡

$$\therefore \lim_{n \to \infty} \frac{(a - b^2)n^2 + 4n}{\sqrt{an^2 + 4n} + bn}$$
$$= \lim_{n \to \infty} \frac{4n}{\sqrt{b^2 n^2 + 4n} + bn}$$
$$= \lim_{n \to \infty} \frac{4}{\sqrt{\dfrac{b^2 n^2 + 4n}{n^2}} + b} \quad (\because n > 0이면 n = \sqrt{n^2})$$
$$= \lim_{n \to \infty} \frac{4}{\sqrt{b^2 + \dfrac{4}{n}} + b} = \frac{4}{b + b} = \frac{2}{b} = \frac{1}{5} \ (\because ㉠)$$

$\boxed{\text{너코 089}}$ $\boxed{\text{너코 090}}$

따라서 $b = 10$이고 ㉡에 의하여 $a = 100$이다.

$\therefore a + b = 110$

풀이 2

$\lim\limits_{n \to \infty} (\sqrt{an^2 + 4n} - bn) = \dfrac{1}{5}$로 수렴하므로

$\sqrt{an^2 + 4n}$, bn의 최고차항의 차수가 서로 같고 최고차항의 계수도 서로 같아야 한다.

따라서 $b = \sqrt{a}$이고 ……㉠

상수항은 극한값에 영향을 미치지 않으므로 근호 안을 완전제곱식이 되도록 한 뒤 극한값을 구해도 된다.

$$\lim_{n \to \infty} (\sqrt{an^2 + 4n} - bn) = \lim_{n \to \infty} (\sqrt{an^2 + 4n} - \sqrt{a}\,n)$$
$$= \lim_{n \to \infty} \left\{\sqrt{\left(\sqrt{a}\,n + \frac{2}{\sqrt{a}}\right)^2} - \sqrt{a}\,n\right\}$$
$$= \lim_{n \to \infty} \left\{\left(\sqrt{a}\,n + \frac{2}{\sqrt{a}}\right) - \sqrt{a}\,n\right\}$$
$$= \frac{2}{\sqrt{a}} = \frac{1}{5}$$

따라서 $a = 100$이고 ㉠에 의하여 $b = 10$이다.

$\therefore a + b = 110$

답 110

J04-01

첫째항이 3이고 공비가 3인 등비수열 $\{a_n\}$의 일반항은

$a_n = 3 \times 3^{n-1} = 3^n$ 이다. 너코 026

$$\lim_{n\to\infty} \frac{3^{n+1}-7}{a_n} = \lim_{n\to\infty} \frac{3^{n+1}-7}{3^n}$$

$$= \lim_{n\to\infty} \left\{ 3 - 7 \times \left(\frac{1}{3}\right)^n \right\}$$

$$= 3 - 7 \times 0 = 3 \quad \text{너코 089} \quad \text{너코 092}$$

답 ③

J04-02

$$\lim_{n\to\infty} \left\{ 6 + \left(\frac{5}{9}\right)^n \right\} = 6 + 0 = 6 \quad \text{너코 089} \quad \text{너코 092}$$

답 ①

J04-03

$$\lim_{n\to\infty} \left(2 + \frac{1}{3^n}\right)\left(a + \frac{1}{2^n}\right) = (2+0)(a+0) \quad \text{너코 089} \quad \text{너코 092}$$

$$= 2a = 10$$

$\therefore a = 5$

답 ⑤

J04-04

$$\lim_{n\to\infty} \frac{4 \times 3^{n+1} + 1}{3^n} = \lim_{n\to\infty} \left\{ 12 + \left(\frac{1}{3}\right)^n \right\}$$

$$= 12 + 0 = 12 \quad \text{너코 089} \quad \text{너코 092}$$

답 ⑤

J04-05

$$\lim_{n\to\infty} \frac{5^n - 3}{5^{n+1}} = \lim_{n\to\infty} \left(\frac{1}{5} - \frac{3}{5^{n+1}} \right)$$

$$= \frac{1}{5} - 0 = \frac{1}{5} \quad \text{너코 089} \quad \text{너코 092}$$

답 ①

J04-06

밑이 가장 큰 거듭제곱인 4^n으로 분모, 분자를 각각 나누면
$-1 <$ 공비 < 1인 등비수열은 0으로 수렴한다.
따라서 수열의 극한의 성질에 의하여
구하는 극한값은 4^n에 곱해진 상수의 비와 같다.

$$\lim_{n\to\infty} \frac{3 \times 4^n + 2^n}{4^n + 3} = \lim_{n\to\infty} \frac{3 + \left(\frac{1}{2}\right)^n}{1 + 3 \times \left(\frac{1}{4}\right)^n}$$

$$= \frac{3+0}{1 + 3 \times 0} = 3 \quad \text{너코 089} \quad \text{너코 092}$$

답 ③

J04-07

밑이 가장 큰 거듭제곱인 3^n으로 분모, 분자를 각각 나누면
$-1 <$ 공비 < 1인 등비수열은 0으로 수렴한다.
따라서 수열의 극한의 성질에 의하여
구하는 극한값은 3^n에 곱해진 상수의 비와 같다.

$$\lim_{n\to\infty} \frac{2 \times 3^{n+1} + 5}{3^n + 2^{n+1}} = \lim_{n\to\infty} \frac{2 \times 3 + 5 \times \left(\frac{1}{3}\right)^n}{1 + 2 \times \left(\frac{2}{3}\right)^n}$$

$$= \frac{6+0}{1+0} = 6 \quad \text{너코 089} \quad \text{너코 092}$$

답 ③

J04-08

밑이 가장 큰 거듭제곱인 $\left(\frac{1}{2}\right)^n$으로 분모, 분자를 각각 나누면
$-1 <$ 공비 < 1인 등비수열은 0으로 수렴한다.
따라서 수열의 극한의 성질에 의하여
구하는 극한값은 $\left(\frac{1}{2}\right)^n$에 곱해진 상수의 비와 같다.

$$\lim_{n\to\infty} \frac{\left(\frac{1}{2}\right)^n + \left(\frac{1}{3}\right)^{n+1}}{\left(\frac{1}{2}\right)^{n+1} + \left(\frac{1}{3}\right)^n} = \lim_{n\to\infty} \frac{1 + \frac{1}{3} \times \left(\frac{2}{3}\right)^n}{\frac{1}{2} + \left(\frac{2}{3}\right)^n}$$

$$= \frac{1 + \frac{1}{3} \times 0}{\frac{1}{2} + 0} = 2 \quad \text{너코 089} \quad \text{너코 092}$$

답 ②

J04-09

수열 $\{a_n\}$의 첫째항부터 제n항까지의 합이

$S_n = 2n + \frac{1}{2^n}$ 이므로

$n \geq 2$일 때

$$a_n = S_n - S_{n-1} \quad \text{너코 027}$$

$$= \left(2n + \frac{1}{2^n}\right) - \left\{ 2(n-1) + \frac{1}{2^{n-1}} \right\}$$

$$= \frac{1}{2^n} - \frac{1}{2^{n-1}} + 2 = 2 - \left(\frac{1}{2}\right)^n$$

$$\therefore \lim_{n\to\infty} a_n = \lim_{n\to\infty}\left\{2-\left(\frac{1}{2}\right)^n\right\}$$
$$= 2-0 = 2 \quad \boxed{\text{너코 089}} \quad \boxed{\text{너코 092}}$$

답 ①

J04-10

수열 $\left\{\left(\dfrac{2x-1}{4}\right)^n\right\}$ 은 첫째항과 공비가 $\dfrac{2x-1}{4}$ 인 등비수열이다.

따라서 수열이 수렴하려면 $-1 < \dfrac{2x-1}{4} \le 1$,

즉 $-\dfrac{3}{2} < x \le \dfrac{5}{2}$ 이어야 한다. $\boxed{\text{너코 092}}$

이를 만족시키는 정수 x 는 -1, 0, 1, 2 로 4개이다.
$$\therefore 10k = 10 \times 4 = 40$$

답 40

J04-11

수열 $\{a_n\}$ 의 첫째항부터 제 n 항까지의 합이 $S_n = 2^n + 3^n$ 이므로 $n \ge 2$ 일 때
$$a_n = S_n - S_{n-1} \quad \boxed{\text{너코 027}}$$
$$= (2^n + 3^n) - (2^{n-1} + 3^{n-1})$$
$$= 2^{n-1} + 2 \times 3^{n-1}$$
$$\therefore \frac{a_n}{S_n} = \frac{2^{n-1} + 2 \times 3^{n-1}}{2^n + 3^n}$$

이때 밑이 가장 큰 거듭제곱인 3^n 으로 분모, 분자를 각각 나누면 $-1 <$ 공비 < 1 인 등비수열은 0으로 수렴한다.
따라서 수열의 극한의 성질에 의하여 구하는 극한값은 3^n 에 곱해진 상수의 비와 같다.

$$\lim_{n\to\infty}\frac{a_n}{S_n} = \lim_{n\to\infty}\frac{\frac{1}{2}\times\left(\frac{2}{3}\right)^n + \frac{2}{3}}{\left(\frac{2}{3}\right)^n + 1}$$
$$= \frac{\frac{1}{2}\times 0 + \frac{2}{3}}{0+1} = \frac{2}{3} \quad \boxed{\text{너코 089}} \quad \boxed{\text{너코 092}}$$

답 ④

J04-12

공비가 3인 등비수열 $\{a_n\}$ 의 첫째항부터 제 n 항까지의 합은
$$S_n = \frac{a_1(3^n-1)}{3-1} = \frac{a_1}{2}(3^n-1) \text{이므로} \quad \boxed{\text{너코 026}}$$
$$\lim_{n\to\infty}\frac{S_n}{3^n} = \lim_{n\to\infty}\frac{a_1}{2}\left\{1-\left(\frac{1}{3}\right)^n\right\}$$
$$= \frac{a_1}{2}(1-0) = \frac{a_1}{2} = 5 \quad \boxed{\text{너코 089}} \quad \boxed{\text{너코 092}}$$
이다.
$$\therefore a_1 = 10$$

답 ②

J04-13

첫째항이 1이고 공비가 $r\,(r>1)$ 인 등비수열 $\{a_n\}$ 에 대하여
$$a_n = r^{n-1} \text{이고} \quad \boxed{\text{너코 026}}$$
$$S_n = \sum_{k=1}^{n} a_k = \frac{1(r^n-1)}{r-1} = \frac{r^n-1}{r-1} \text{이다.}$$
$$\therefore \frac{a_n}{S_n} = \frac{r^{n-1}}{\frac{r^n-1}{r-1}} = \frac{r^n - r^{n-1}}{r^n-1}$$

이때 밑이 가장 큰 거듭제곱인 r^n 으로 분모, 분자를 각각 나누면 $-1 <$ 공비 < 1 인 등비수열은 수렴한다.
따라서 수열의 극한의 성질에 의하여 구하는 극한값은 r^n 에 곱해진 상수의 비와 같다.

$$\lim_{n\to\infty}\frac{a_n}{S_n} = \lim_{n\to\infty}\frac{1-\frac{1}{r}}{1-\left(\frac{1}{r}\right)^n} = \frac{1-\frac{1}{r}}{1-0} = 1-\frac{1}{r} = \frac{3}{4}$$

$\boxed{\text{너코 089}} \quad \boxed{\text{너코 092}}$

$$\therefore r = 4$$

답 4

J04-14

수열 $\{a_n\}$ 은 첫째항과 공비가 $\dfrac{|k|}{3}-2$ 인 등비수열이다.

따라서 수열이 수렴하려면 $-1 < \dfrac{|k|}{3}-2 \le 1$,

즉 $3 < |k| \le 9$ 이어야 한다. $\boxed{\text{너코 092}}$
이를 만족시키는 정수 k 는 ± 4, ± 5, ± 6, ± 7, ± 8, ± 9 로 12개이다.

답 ③

J04-15

등비수열 $\{a_n\}$ 의 첫째항을 a, 공비를 r 라 하면
$$a_n = ar^{n-1} \text{이고,} \quad \boxed{\text{너코 026}}$$
주어진 극한이 수렴하므로 분모에서 밑이 가장 큰 4^n 으로 분자와 분모를 나누어 정리하면
$$\lim_{n\to\infty}\frac{a_n+1}{3^n+2^{2n-1}} = \lim_{n\to\infty}\frac{ar^{n-1}+1}{3^n+\frac{1}{2}\times 4^n}$$
$$= \lim_{n\to\infty}\frac{\frac{a}{r}\times\left(\frac{r}{4}\right)^n + \left(\frac{1}{4}\right)^n}{\left(\frac{3}{4}\right)^n + \frac{1}{2}} = 3 \quad\cdots\cdots\text{㉠}$$

이때 수열 $\left\{\left(\dfrac{r}{4}\right)^n\right\}$ 이 수렴해야 하므로 $-1 < \dfrac{r}{4} \le 1$, 즉 $-4 < r \le 4$ 이어야 한다. $\boxed{\text{너코 092}}$

i) $-4 < r < 4$일 때

$$\lim_{n \to \infty} \frac{\dfrac{a}{r} \times \left(\dfrac{r}{4}\right)^n + \left(\dfrac{1}{4}\right)^n}{\left(\dfrac{3}{4}\right)^n + \dfrac{1}{2}} = \frac{\dfrac{a}{r} \times 0 + 0}{0 + \dfrac{1}{2}} = 0 \neq 3$$ 너코089

이므로 조건에 모순이다.

ii) $r = 4$일 때

$$\lim_{n \to \infty} \frac{\dfrac{a}{4} \times 1^n + \left(\dfrac{1}{4}\right)^n}{\left(\dfrac{3}{4}\right)^n + \dfrac{1}{2}} = \frac{\dfrac{a}{4} + 0}{0 + \dfrac{1}{2}} = \frac{a}{2} = 3$$

이므로 $a = 6$이다.

i), ii)에 의하여 $a = 6$, $r = 4$이므로
$a_2 = ar = 6 \times 4 = 24$

답 ⑤

J04-16

$$\lim_{n \to \infty} \frac{3^n + a^{n+1}}{3^{n+1} + a^n} = a \qquad \cdots\cdots \text{㉠}$$

이므로 a의 값의 범위에 따라 ㉠의 좌변을 정리해 보면

$1 < a < 3$일 때 $\displaystyle\lim_{n \to \infty} \frac{1 + a \times \left(\dfrac{a}{3}\right)^n}{3 + \left(\dfrac{a}{3}\right)^n} = \dfrac{1}{3} \neq a$이므로 모순이다.

너코089 너코092

$a = 3$일 때 $\displaystyle\lim_{n \to \infty} \frac{3^n + 3^{n+1}}{3^{n+1} + 3^n} = 1 \neq a$이므로 모순이다.

$a > 3$일 때 $\displaystyle\lim_{n \to \infty} \frac{\left(\dfrac{3}{a}\right)^n + a}{3 \times \left(\dfrac{3}{a}\right)^n + 1} = a$이므로 조건을 만족시킨다.

즉, $a > 3$이어야 하고, 이때

$$\lim_{n \to \infty} \frac{a^n + b^{n+1}}{a^{n+1} + b^n} = \frac{9}{a} \qquad \cdots\cdots \text{㉡}$$

이므로 b의 값의 범위에 따라 ㉡의 좌변을 정리해 보면

$a = b$일 때 $\displaystyle\lim_{n \to \infty} \frac{a^n + a^{n+1}}{a^{n+1} + a^n} = 1 = \dfrac{9}{a}$에서 $a = 9$, $b = 9$이다.

$a > b > 1$일 때 $\displaystyle\lim_{n \to \infty} \frac{1 + b \times \left(\dfrac{b}{a}\right)^n}{a + \left(\dfrac{b}{a}\right)^n} = \dfrac{1}{a} \neq \dfrac{9}{a}$이므로 모순이다.

$b > a > 1$일 때 $\displaystyle\lim_{n \to \infty} \frac{\left(\dfrac{a}{b}\right)^n + b}{a \times \left(\dfrac{a}{b}\right)^n + 1} = b = \dfrac{9}{a}$에서 $ab = 9$이다.

그런데 $a > 3$에서 $1 < b < 3$이므로 $b > a > 1$에 모순이다.
따라서 조건을 만족시키는 a, b의 값은
$a = 9$, $b = 9$
$\therefore a + b = 18$

답 18

J04-17

등비수열 $\{a_n\}$의 첫째항을 a, 공비를 r이라 하면

$a_n = ar^{n-1}$이고, 너코026

$$\lim_{n \to \infty} \frac{4^n \times a_n - 1}{3 \times 2^{n+1}} = \lim_{n \to \infty} \frac{4^n \times ar^{n-1} - 1}{3 \times 2^{n+1}}$$

$$= \lim_{n \to \infty} \left\{ \frac{a}{6r} \times (2r)^n - \frac{1}{6} \times \left(\frac{1}{2}\right)^n \right\}$$

이 극한이 수렴하려면 수열 $\{(2r)^n\}$이 수렴해야 하므로

$-1 < 2r \leq 1$, 즉 $-\dfrac{1}{2} < r \leq \dfrac{1}{2}$이어야 한다. 너코092

i) $-\dfrac{1}{2} < r < \dfrac{1}{2}$일 때

$$\lim_{n \to \infty} \left\{ \frac{a}{6r} \times (2r)^n - \frac{1}{6} \times \left(\frac{1}{2}\right)^n \right\} = \frac{a}{6r} \times 0 - \frac{1}{6} \times 0 = 0$$
$$\neq 1 \quad \text{너코089}$$

이므로 조건에 모순이다.

ii) $r = \dfrac{1}{2}$일 때

$$\lim_{n \to \infty} \left\{ \frac{a}{3} \times 1^n - \frac{1}{6} \times \left(\frac{1}{2}\right)^n \right\} = \frac{a}{3} - \frac{1}{6} \times 0 = \frac{a}{3} = 1$$

이므로 $a = 3$이다.

i), ii)에 의하여 $a = 3$, $r = \dfrac{1}{2}$이므로

$a_1 + a_2 = 3 + 3 \times \dfrac{1}{2} = \dfrac{9}{2}$

답 ④

J04-18

수열 $\left\{ \dfrac{a_n}{a_{n+1}} \right\}$에 대하여 다음과 같이 나타낼 수 있다.

$$\frac{a_n}{a_{n+1}} = \frac{5^n a_n}{3^n + 1} \times \frac{3^{n+1} + 1}{5^{n+1} a_{n+1}} \times \frac{5(3^n + 1)}{3^{n+1} + 1}$$

이때

$$\lim_{n \to \infty} \frac{5^n a_n}{3^n + 1} = \alpha$$ 라 하면 (단, $\alpha \neq 0$)

$$\lim_{n \to \infty} \frac{5^{n+1} a_{n+1}}{3^{n+1} + 1} = \alpha, \ \text{즉} \ \lim_{n \to \infty} \frac{3^{n+1} + 1}{5^{n+1} a_{n+1}} = \frac{1}{\alpha}$$ 이다.

너코088 너코089

또한 $\dfrac{5(3^n + 1)}{3^{n+1} + 1}$에서 밑이 가장 큰 거듭제곱인 3^n으로 분모,
분자를 각각 나누면 $-1 <$ 공비 < 1인 등비수열은 0으로
수렴하므로
다음의 극한값은 3^n에 곱해진 상수의 비와 같다.

$$\lim_{n \to \infty} \frac{5(3^n + 1)}{3^{n+1} + 1} = \lim_{n \to \infty} \frac{5 + 5 \times \left(\dfrac{1}{3}\right)^n}{3 + \left(\dfrac{1}{3}\right)^n}$$

$$= \frac{5 + 5 \times 0}{3 + 0} = \frac{5}{3}$$ 너코092

$$\therefore \lim_{n\to\infty}\frac{a_n}{a_{n+1}}=\lim_{n\to\infty}\left\{\frac{5^n a_n}{3^n+1}\times\frac{3^{n+1}+1}{5^{n+1}a_{n+1}}\times\frac{5(3^n+1)}{(3^{n+1}+1)}\right\}$$

$$=\alpha\times\frac{1}{\alpha}\times\frac{5}{3}=\frac{5}{3}$$

답 ③

J04-19

$a_k=\lim\limits_{n\to\infty}\dfrac{\left(\dfrac{6}{k}\right)^{n+1}}{\left(\dfrac{6}{k}\right)^{n}+1}$ 에서 공비 $\dfrac{6}{k}$ 의 값의 범위에 따른

극한값을 구하면 다음과 같다.

(단, k는 자연수이므로 $\dfrac{6}{k}$ 의 값은 0보다 크다.)

i) $0<\dfrac{6}{k}<1$, 즉 $k>6$일 때

$$a_k=\lim_{n\to\infty}\frac{\left(\dfrac{6}{k}\right)^{n+1}}{\left(\dfrac{6}{k}\right)^{n}+1}=\frac{0}{0+1}=0$$ _{너코089} _{너코092}

ii) $\dfrac{6}{k}=1$, 즉 $k=6$일 때

$$a_k=\lim_{n\to\infty}\frac{1^{n+1}}{1^n+1}=\frac{1}{1+1}=\frac{1}{2}$$

iii) $\dfrac{6}{k}>1$, 즉 $k<6$일 때

밑이 가장 큰 거듭제곱인 $\left(\dfrac{6}{k}\right)^{n}$ 으로 분모, 분자를 각각 나누면

$-1<$공비<1인 등비수열은 0으로 수렴한다.

$$a_k=\lim_{n\to\infty}\frac{\dfrac{6}{k}}{1+\left(\dfrac{k}{6}\right)^{n}}=\frac{\dfrac{6}{k}}{1+0}=\frac{6}{k}$$

$$\therefore \sum_{k=1}^{10}ka_k=\sum_{k=1}^{5}ka_k+\sum_{k=6}^{6}ka_k+\sum_{k=7}^{10}ka_k$$ _{너코028}

$$=\sum_{k=1}^{5}\left(k\times\frac{6}{k}\right)+6\times\frac{1}{2}+\sum_{k=7}^{10}(k\times0)$$

$$=6\times5+3+0=33$$ _{너코029}

답 33

J05-01

등비수열 $\left\{\left(\dfrac{x}{4}\right)^{2n}\right\}$ 에 대하여 $\dfrac{x}{4}$ 의 값에 따라 구간을 나누자.

i) $\left|\dfrac{x}{4}\right|<1$일 때

$$\lim_{n\to\infty}\left(\frac{x}{4}\right)^{2n}=\lim_{n\to\infty}\left(\frac{x}{4}\right)^{2n+1}=0$$이므로 _{너코092}

$$f(x)=\frac{0-1}{0+3}=-\frac{1}{3}$$ _{너코089}

ii) $\dfrac{x}{4}=-1$일 때

$$\lim_{n\to\infty}\left(\frac{x}{4}\right)^{2n}=1,\ \lim_{n\to\infty}\left(\frac{x}{4}\right)^{2n+1}=-1$$이므로

$$f(x)=\frac{2\times(-1)-1}{1+3}=-\frac{3}{4}$$

iii) $\dfrac{x}{4}=1$일 때

$$\lim_{n\to\infty}\left(\frac{x}{4}\right)^{2n}=\lim_{n\to\infty}\left(\frac{x}{4}\right)^{2n+1}=1$$이므로

$$f(x)=\frac{2\times1-1}{1+3}=\frac{1}{4}$$

iv) $\left|\dfrac{x}{4}\right|>1$일 때

$$\lim_{n\to\infty}\left(\frac{x}{4}\right)^{2n}=\infty,\ \text{즉}\ \lim_{n\to\infty}\left(\frac{4}{x}\right)^{2n}=0$$이므로

$$f(x)=\lim_{n\to\infty}\frac{\dfrac{x}{2}-\left(\dfrac{4}{x}\right)^{2n}}{1+3\times\left(\dfrac{4}{x}\right)^{2n}}=\frac{\dfrac{x}{2}-0}{1+3\times0}=\frac{x}{2}$$

따라서 $f(k)=-\dfrac{1}{3}$ 을 만족시키려면 $\left|\dfrac{k}{4}\right|<1$, 즉

$-4<k<4$이어야 하므로

주어진 조건을 만족시키는 정수 k는

$-3,-2,-1,0,1,2,3$으로 7개이다.

답 ②

J05-02

원점 O와 점 $B_n(\overline{OA_n},\ \overline{A_nB_n})$을 지나는 직선의 기울기가 a_n이므로

$a_n=\dfrac{\overline{A_nB_n}}{\overline{OA_n}}=\dfrac{\overline{A_{n-1}A_n}}{\overline{OA_n}}$ 이다. (단, 점 A_0을 원점 O라 하자.)

이때 $\overline{OA_1}=1$, $\overline{A_nA_{n+1}}=\left(\dfrac{1}{2}\right)^{n}$ 이라 주어졌으므로

$$\overline{OA_n}=\overline{OA_1}+\overline{A_1A_2}+\overline{A_2A_3}+\cdots+\overline{A_{n-1}A_n}$$

$$=1+\frac{1}{2}+\left(\frac{1}{2}\right)^{2}+\cdots+\left(\frac{1}{2}\right)^{n-1}$$

$$=\frac{1\left\{1-\left(\dfrac{1}{2}\right)^{n}\right\}}{1-\dfrac{1}{2}}=2-\left(\frac{1}{2}\right)^{n-1}$$ _{너코026}

따라서 $a_n=\dfrac{\left(\dfrac{1}{2}\right)^{n-1}}{2-\left(\dfrac{1}{2}\right)^{n-1}}=\dfrac{1}{2^n-1}$ 이다.

$$\therefore \lim_{n\to\infty}2^n a_n=\lim_{n\to\infty}\frac{2^n}{2^n-1}=\lim_{n\to\infty}\frac{1}{1-\dfrac{1}{2^n}}$$

$$=\frac{1}{1-0}=1$$ _{너코089} _{너코092}

답 ③

J05-03

다항식 $f(x)$를 일차식 $x-1$로 나눈 나머지는

$a_n = f(1) = 2^n + 3^n + 1$이고

다항식 $f(x)$를 일차식 $x-2$로 나눈 나머지는

$b_n = f(2) = 4 \times 2^n + 2 \times 3^n + 1$이다.

$$\therefore \frac{a_n}{b_n} = \frac{2^n + 3^n + 1}{4 \times 2^n + 2 \times 3^n + 1}$$

이때 밑이 가장 큰 거듭제곱인 3^n으로 분모, 분자를 각각
나누면 $-1 <$ 공비 < 1인 등비수열은 0으로 수렴한다.
따라서 수열의 극한의 성질에 의하여
구하는 극한값은 3^n에 곱해진 상수의 비와 같다.

$$\lim_{n \to \infty} \frac{a_n}{b_n} = \lim_{n \to \infty} \frac{\left(\frac{2}{3}\right)^n + 1 + \left(\frac{1}{3}\right)^n}{4 \times \left(\frac{2}{3}\right)^n + 2 + \left(\frac{1}{3}\right)^n}$$

$$= \frac{0 + 1 + 0}{4 \times 0 + 2 + 0} = \frac{1}{2}$$ `너코 089` `너코 092`

답 ④

J05-04

밑변의 길이가 n이고 높이가 h_n인 삼각형의 넓이는

$a_n = \frac{1}{2} \times n \times h_n$이다. ······ ㉠

첫째항이 $\frac{1}{2}$인 등비수열 $\{a_n\}$의 공비를 r라 하면

$a_n = \frac{1}{2} r^{n-1}$이다. `너코 026` ······ ㉡

ㄱ. $a_n = \frac{1}{2}$이면

㉠에 의하여 $\frac{1}{2} = \frac{nh_n}{2}$이므로 $h_n = \frac{1}{n}$이다. (참)

ㄴ. $h_2 = \frac{1}{4}$이면

㉠에 $n=2$를 대입했을 때 $a_2 = \frac{1}{2} \times 2 \times \frac{1}{4} = \frac{1}{4}$이다.

㉡에 $n=2$를 대입했을 때 $a_2 = \frac{1}{2} r$이다.

따라서 $\frac{1}{4} = \frac{1}{2} r$이므로 $r = \frac{1}{2}$이다.

$\therefore a_n = \frac{1}{2} \times \left(\frac{1}{2}\right)^{n-1} = \left(\frac{1}{2}\right)^n$ (참)

ㄷ. $0 < h_2 < \frac{1}{2}$이면 ($\because h_n$은 삼각형의 높이이므로 양수이다.)

㉠에 $n=2$를 대입했을 때

$a_2 = \frac{1}{2} \times 2 \times h_2 = h_2$이므로 $0 < a_2 < \frac{1}{2}$이다.

㉡에 $n=2$를 대입했을 때 $a_2 = \frac{1}{2} r$이다.

따라서 $0 < \frac{1}{2} r < \frac{1}{2}$, 즉 등비수열 $\{a_n\}$의 공비가

$0 < r < 1$이므로 $\lim_{n \to \infty} a_n = 0$이다. `너코 092`

㉠에 의하여

$\lim_{n \to \infty} nh_n = \lim_{n \to \infty} (2 \times a_n) = 2 \times 0 = 0$ `너코 089` (참)

따라서 보기에서 옳은 것은 ㄱ, ㄴ, ㄷ이다.

답 ⑤

J05-05

사다리꼴 AOQ_nP_n의 넓이는

$S_n = \frac{(2^n + 1)}{2} \times n = \frac{n(2^n + 1)}{2}$이고

직각삼각형 AP_nR_n의 넓이는

$T_n = \frac{1}{2} \times n \times (2^n - 1) = \frac{n(2^n - 1)}{2}$이다.

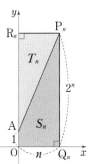

$$\therefore \frac{T_n}{S_n} = \frac{\frac{n(2^n - 1)}{2}}{\frac{n(2^n + 1)}{2}} = \frac{2^n - 1}{2^n + 1}$$

이때 밑이 가장 큰 거듭제곱인 2^n으로 분모, 분자를 각각
나누면 $-1 <$ 공비 < 1인 등비수열은 0으로 수렴한다.
따라서 수열의 극한의 성질에 의하여
구하는 극한값은 2^n에 곱해진 상수의 비와 같다.

$$\lim_{n \to \infty} \frac{T_n}{S_n} = \lim_{n \to \infty} \frac{1 - \left(\frac{1}{2}\right)^n}{1 + \left(\frac{1}{2}\right)^n} = \frac{1 - 0}{1 + 0} = 1$$ `너코 089` `너코 092`

답 ①

J05-06

`풀이 1`

조건 (나)에 의하여

두 점 $A_{n+1}(x_{n+1}, 0)$, $B_{n+1}(0, x_{n+1})$을 이은 선분의 중점이

$C_n(x_n, x_n)$이므로 $\frac{x_{n+1} + 0}{2} = x_n$, 즉 $x_{n+1} = 2x_n$이다.

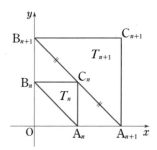

따라서 수열 $\{x_n\}$은 첫째항이 1이고 공비가 2인 등비수열이므로
$x_n = 1 \times 2^{n-1} = 2^{n-1}$이다. [너코 026] ······㉠

∴ $a_n =$ (직각이등변삼각형 T_n의 넓이) $= \dfrac{1}{2}(x_n)^2 = 2^{2n-3}$

한편 직각이등변삼각형 T_n의 세 변 위에 있는 점 중에서
x좌표와 y좌표가 모두 정수인 점은

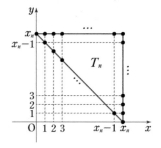

ⅰ) 꼭짓점일 때
  $A_n(x_n, 0)$, $B_n(0, x_n)$, $C_n(x_n, x_n)$으로 3개이다.
ⅱ) 꼭짓점이 아닐 때
  세 변 A_nB_n, B_nC_n, C_nA_n 위에 각각 x_n-1개씩 있으므로
  모두 $3(x_n-1)$개이다.
ⅰ), ⅱ)에 의하여
$b_n = 3 + 3(x_n-1) = 3x_n = 3 \times 2^{n-1}$ ($\because$ ㉠)

$\therefore \dfrac{2^n b_n}{a_n + 2^n} = \dfrac{3 \times 2^{2n-1}}{2^{2n-3} + 2^n}$

이때 밑이 가장 큰 거듭제곱인 $2^{2n} = 4^n$으로 분모, 분자를 각각
나누면 $-1 <$공비< 1인 등비수열은 0으로 수렴한다.
따라서 수열의 극한의 성질에 의하여
구하는 극한값은 4^n에 곱해진 상수의 비와 같다.

$$\lim_{n\to\infty} \dfrac{2^n b_n}{a_n + 2^n} = \lim_{n\to\infty} \dfrac{\dfrac{3}{2}}{\dfrac{1}{8} + \left(\dfrac{1}{2}\right)^n}$$

$$= \dfrac{\dfrac{3}{2}}{\dfrac{1}{8} + 0} = 12$$ [너코 089] [너코 092]

[풀이 2]

조건 (나)에 의하여
두 점 $A_{n+1}(x_{n+1}, 0)$, $B_{n+1}(0, x_{n+1})$을 이은 선분의 중점이
$C_n(x_n, x_n)$이므로

$\dfrac{x_{n+1}+0}{2} = x_n$, 즉 $x_{n+1} = 2x_n$이다.

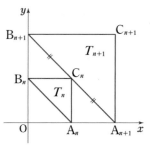

따라서 수열 $\{x_n\}$은 첫째항이 1이고 공비가 2인 등비수열이므로
$x_n = 1 \times 2^{n-1} = 2^{n-1}$이다. [너코 026] ······㉠

∴ $a_n =$ (직각이등변삼각형 T_n의 넓이) $= \dfrac{1}{2}(x_n)^2 = 2^{2n-3}$

직각삼각형 T_n의 세 변 위에 있는 점 중에서 x좌표와 y좌표가
모두 정수인 점의 x좌표로 가능한 값은 $0, 1, 2, \cdots, x_n$이다.

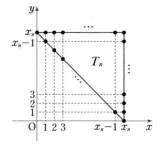

x좌표가 0일 때 y좌표로 가능한 값은 x_n으로 1개,
x좌표가 1일 때 y좌표로 가능한 값은 x_n, x_n-1로 2개,
x좌표가 2일 때 y좌표로 가능한 값은 x_n, x_n-2로 2개,
  $\vdots$
x좌표가 x_n-1일 때 y좌표로 가능한 값은 $x_n, 1$로 2개,
x좌표가 x_n일 때 y좌표로 가능한 값은 $0, 1, 2, \cdots, x_n$으로
x_n+1개이다.

$\therefore b_n = 1 + 2 \times (x_n-1) + (x_n+1) = 3x_n = 3 \times 2^{n-1}$ ($\because$ ㉠)

따라서 $\dfrac{2^n b_n}{a_n + 2^n} = \dfrac{3 \times 2^{2n-1}}{2^{2n-3} + 2^n}$이다.

이때 구하는 극한값은 밑이 가장 큰 거듭제곱인 $2^{2n} = 4^n$에
곱해진 상수의 비와 같다.

$$\therefore \lim_{n\to\infty} \dfrac{2^n b_n}{a_n + 2^n} = \lim_{n\to\infty} \dfrac{\dfrac{3}{2} \times 4^n}{\dfrac{1}{8} \times 4^n + 2^n}$$

$$= \dfrac{\dfrac{3}{2}}{\dfrac{1}{8}} = 12$$ [너코 089] [너코 092]

답 12

J 05-07

등비수열 $\{|x-b|^n\}$의 공비 $|x-b|$의 값에 따라 구간을 나누자.

이때 $|x-b| \geq 0$이므로 $|x-b| = 1$이 되는 점을 기준으로 구간을 나누면 된다.

i) $|x-b| < 1$일 때

$\lim_{n\to\infty} |x-b|^n = 0$이므로 [너코092]

$$g(x) = \lim_{n\to\infty} \frac{2|x-b|^n + 1}{|x-b|^n + 1} = \frac{2\times 0 + 1}{0+1} = 1$$ [너코089]

ii) $|x-b| = 1$일 때

$|x-b|^n = 1$이므로

$$g(x) = \lim_{n\to\infty} \frac{2\times 1^n + 1}{1^n + 1} = \frac{2\times 1 + 1}{1+1} = \frac{3}{2}$$

iii) $|x-b| > 1$일 때

$\lim_{n\to\infty} |x-b|^n = \infty$, 즉 $\lim_{n\to\infty} \dfrac{1}{|x-b|^n} = 0$이므로

$$g(x) = \lim_{n\to\infty} \frac{2 + \dfrac{1}{|x-b|^n}}{1 + \dfrac{1}{|x-b|^n}} = \frac{2+0}{1+0} = 2$$

i)~iii)에 의하여

$$g(x) = \begin{cases} 2 & (x < b-1) \\ \dfrac{3}{2} & (x = b-1) \\ 1 & (b-1 < x < b+1) \\ \dfrac{3}{2} & (x = b+1) \\ 2 & (x > b+1) \end{cases}$$

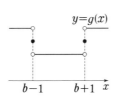

이다.

함수 $f(x) = x^2 - 4x + a$는 모든 실수 x에 대하여 연속이고 함수 $g(x)$는 $x \neq b-1$이고 $x \neq b+1$인 모든 실수에 대하여 연속이다.

따라서 함수 $f(x)g(x)$가 실수 전체의 집합에서 연속이려면 $x = b-1$, $x = b+1$에서 연속이면 된다. [너코039]

x	$f(x)$	$g(x)$	$f(x)g(x)$
$(b-1)-$	$f(b-1)$	2	$2f(b-1)$
$b-1$	$f(b-1)$	$\dfrac{3}{2}$	$\dfrac{3}{2}f(b-1)$
$(b-1)+$	$f(b-1)$	1	$f(b-1)$

위의 표에서 $2f(b-1) = \dfrac{3}{2}f(b-1) = f(b-1)$이어야 하므로 $f(b-1) = 0$이다.

x	$f(x)$	$g(x)$	$f(x)g(x)$
$(b+1)-$	$f(b+1)$	1	$f(b+1)$
$b+1$	$f(b+1)$	$\dfrac{3}{2}$	$\dfrac{3}{2}f(b+1)$
$(b+1)+$	$f(b+1)$	2	$2f(b+1)$

위의 표에서 $f(b+1) = \dfrac{3}{2}f(b+1) = 2f(b+1)$이어야 하므로 $f(b+1) = 0$이다.

따라서 이차방정식 $f(x) = 0$, 즉 $x^2 - 4x + a = 0$의 두 근이 $x = b-1$, $x = b+1$이므로

근과 계수의 관계에 의하여

$4 = (b-1) + (b+1)$이므로 $b = 2$이고

$a = (b-1)(b+1)$이므로 $a = 3$이다.

$\therefore a + b = 5$

답 ③

J 05-08

자연수 n에 대하여 직선 $x = n$이 두 곡선 $y = 2^x$, $y = 3^x$과 만나는 점은 각각 $P_n(n, 2^n)$, $Q_n(n, 3^n)$이다.

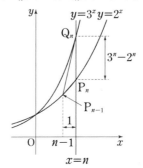

삼각형 $P_n Q_n P_{n-1}$의 넓이는

$$S_n = \frac{1}{2} \times (3^n - 2^n) \times 1$$
$$= \frac{1}{2} \times 3^n - 2^{n-1}$$

이므로

$$T_n = \sum_{k=1}^{n} S_k = \frac{1}{2}\sum_{k=1}^{n} 3^k - \sum_{k=1}^{n} 2^{k-1}$$ [너코028]

$$= \frac{1}{2} \times \frac{3\times(3^n - 1)}{3-1} - \frac{1\times(2^n - 1)}{2-1}$$ [너코026]

$$= \frac{3}{4} \times 3^n - 2^n + \frac{1}{4}$$

이다.

$$\therefore \lim_{n\to\infty} \frac{T_n}{3^n} = \lim_{n\to\infty} \left\{ \frac{3}{4} - \left(\frac{2}{3}\right)^n + \frac{1}{4}\times\left(\frac{1}{3}\right)^n \right\}$$
$$= \frac{3}{4} - 0 + \frac{1}{4}\times 0 = \frac{3}{4}$$ [너코089] [너코092]

답 ③

J 05-09

두 직선 $2x + y = 4^n$, $x - 2y = 2^n$이 만나는 점의 좌표가 (a_n, b_n)이므로

$2a_n + b_n = 4^n$ ······㉠

$a_n - 2b_n = 2^n$ ······㉡

$2\times㉠+㉡$에서

$5a_n = 2\times 4^n + 2^n$이므로 $a_n = \dfrac{2\times 4^n + 2^n}{5}$이고

$\bigcirc - 2 \times \bigcirc$ 에서

$5b_n = 4^n - 2 \times 2^n$ 이므로 $b_n = \dfrac{4^n - 2 \times 2^n}{5}$ 이다.

$\therefore \dfrac{b_n}{a_n} = \dfrac{4^n - 2 \times 2^n}{2 \times 4^n + 2^n}$

이때 밑이 가장 큰 거듭제곱인 4^n으로 분모, 분자를 각각
나누면 $-1 <$ 공비 < 1인 등비수열은 0으로 수렴한다.
따라서 수열의 극한의 성질에 의하여
구하는 극한값은 4^n에 곱해진 상수의 비와 같다.

$$\lim_{n \to \infty} \dfrac{b_n}{a_n} = \lim_{n \to \infty} \dfrac{1 - 2 \times \left(\dfrac{1}{2}\right)^n}{2 + \left(\dfrac{1}{2}\right)^n}$$

$$= \dfrac{1 - 2 \times 0}{2 + 0} = \dfrac{1}{2} = p \quad \text{너코089} \quad \text{너코092}$$

$\therefore 60p = 60 \times \dfrac{1}{2} = 30$

답 30

J 05-10

등비수열 $\{x^n\}$의 공비 x가 $x > 1$이면
$\displaystyle\lim_{n \to \infty} x^n = \infty$, 즉 $\displaystyle\lim_{n \to \infty} \dfrac{1}{x^n} = 0$이므로 너코092

$$\lim_{n \to \infty} \dfrac{2x^{n+1} + 3x^n}{x^n + 1} = \lim_{n \to \infty} \dfrac{2x + 3}{1 + \dfrac{1}{x^n}} = \dfrac{2x + 3}{1 + 0} = 2x + 3$$

이다.

$\therefore f(x) = \begin{cases} x + a & (x \le 1) \\ 2x + 3 & (x > 1) \end{cases}$

$g(x) = x + a$, $h(x) = 2x + 3$이라 하면
두 함수 $g(x)$, $h(x)$는 실수 전체의 집합에서 연속이므로
함수 $f(x)$가 실수 전체의 집합에서 연속이려면 구간의 경계인
$x = 1$에서 연속이면 된다. 너코037
$\displaystyle\lim_{x \to 1-} g(x) = g(1) = \lim_{x \to 1+} h(x)$, 즉 $g(1) = h(1)$이어야
하므로 $1 + a = 5$이다.

$\therefore a = 4$

답 ②

J 05-11

두 곡선 $y = a^{x-1}$, $y = 3^x$의 교점 P의 x좌표를 k라 하면
$a^{k-1} = 3^k$이므로 양변에 $\dfrac{a}{3^k}$를 곱하면

$\left(\dfrac{a}{3}\right)^k = a$이다. $\qquad\qquad \cdots\cdots \bigcirc$

또한 $a > 3$, 즉 $\dfrac{3}{a} < 1$이라 주어졌으므로

$\displaystyle\lim_{n \to \infty} \left(\dfrac{3}{a}\right)^n = 0$이다. 너코092 $\qquad\qquad \cdots\cdots \bigcirc$

$$\therefore \lim_{n \to \infty} \dfrac{\left(\dfrac{a}{3}\right)^{n+k}}{\left(\dfrac{a}{3}\right)^{n+1} + 1} = \lim_{n \to \infty} \dfrac{\left(\dfrac{a}{3}\right)^k}{\dfrac{a}{3} + \left(\dfrac{3}{a}\right)^n}$$

$$= \lim_{n \to \infty} \dfrac{a}{\dfrac{a}{3} + \left(\dfrac{3}{a}\right)^n} \ (\because \ \bigcirc)$$

$$= \dfrac{a}{\dfrac{a}{3} + 0} = 3 \ (\because \ \bigcirc) \quad \text{너코089}$$

답 ③

J 05-12

직선 $x = 4^n$이 곡선 $y = \sqrt{x}$와 만나는 점을 $P_n(4^n, 2^n)$라
하였으므로
점 P_{n+1}의 좌표는 $(4^{n+1}, 2^{n+1})$이다.
$(L_n)^2 = \overline{P_n P_{n+1}}^2 = (4^{n+1} - 4^n)^2 + (2^{n+1} - 2^n)^2$

$\qquad\quad = (3 \times 4^n)^2 + (2^n)^2$

$\qquad\quad = 9 \times 16^n + 4^n$

$$\therefore \left(\dfrac{L_{n+1}}{L_n}\right)^2 = \dfrac{(L_{n+1})^2}{(L_n)^2} = \dfrac{9 \times 16^{n+1} + 4^{n+1}}{9 \times 16^n + 4^n}$$

이때 밑이 가장 큰 거듭제곱인 16^n으로 분모, 분자를 각각
나누면 $-1 <$ 공비 < 1인 등비수열은 0으로 수렴한다.
따라서 수열의 극한의 성질에 의하여
구하는 극한값은 16^n에 곱해진 상수의 비와 같다.

$$\lim_{n \to \infty} \left(\dfrac{L_{n+1}}{L_n}\right)^2 = \lim_{n \to \infty} \dfrac{9 \times 16 + 4 \times \left(\dfrac{1}{4}\right)^n}{9 + \left(\dfrac{1}{4}\right)^n}$$

$$= \dfrac{9 \times 16 + 4 \times 0}{9 + 0} = 16 \quad \text{너코089} \quad \text{너코092}$$

답 16

J 05-13

등비수열 $\{x^{2n}\}$의 공비 x^2의 값에 따라 구간을 나누자.
이때 $x^2 \ge 0$이므로 $x^2 = 1$이 되는 점을 기준으로 구간을
나누면 된다.
i) $|x| < 1$일 때
$\displaystyle\lim_{n \to \infty} x^{2n} = 0$이므로 너코092

$\quad f(x) = \lim_{n \to \infty} \dfrac{2x^2 \times x^{2n} + 1}{x^{2n} + 2} = \dfrac{2x^2 \times 0 + 1}{0 + 2} = \dfrac{1}{2}$ 너코089

ii) $|x| = 1$일 때
$\displaystyle\lim_{n \to \infty} x^{2n} = \lim_{n \to \infty} x^{2n+2} = 1$이므로

$\quad f(x) = \lim_{n \to \infty} \dfrac{2x^{2n+2} + 1}{x^{2n} + 2} = \dfrac{2 \times 1 + 1}{1 + 2} = 1$

iii) $|x| > 1$일 때

$\lim_{n \to \infty} x^{2n} = \infty$, 즉 $\lim_{n \to \infty} \dfrac{1}{x^{2n}} = 0$이므로

$$f(x) = \lim_{n \to \infty} \dfrac{2x^2 + \dfrac{1}{x^{2n}}}{1 + \dfrac{2}{x^{2n}}} = \dfrac{2x^2 + 0}{1 + 2 \times 0} = 2x^2$$

ⅰ)~iii)에 의하여

$$f(x) = \begin{cases} 2x^2 & (x < -1) \\ 1 & (x = -1) \\ \dfrac{1}{2} & (-1 < x < 1) \\ 1 & (x = 1) \\ 2x^2 & (x > 1) \end{cases}$$

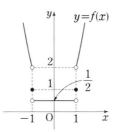

이다.

$60k$는 k의 값이 최대일 때 최댓값을 가지므로 k가 양수인 경우만 고려해도 충분하다.

함수 $g(x)$는 주기가 $\dfrac{2\pi}{|k\pi|} = \dfrac{2}{k}$이고 최댓값 1을 가지므로

함수 $y = g(x)$의 그래프는 다음 그림과 같다. 너코 019

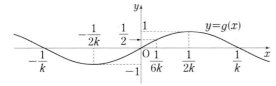

방정식 $f(x) = g(x)$가 실근을 갖지 않으려면
두 함수 $y = f(x)$, $y = g(x)$의 그래프가 서로 만나지 않아야 한다.

이때 $\lim_{x \to 1-} f(x) = \dfrac{1}{2}$, $f(1) = 1$, $g\left(\dfrac{1}{6k}\right) = \dfrac{1}{2}$이므로

$\dfrac{1}{6k} \geq 1$, 즉 $k \leq \dfrac{1}{6}$이면 된다.

따라서 $60k$의 최댓값은 10이다.

답 10

J 05-14

등비수열 $\{x^{2n}\}$의 공비 x^2의 값에 따라 구간을 나누자.
이때 $x^2 \geq 0$이므로 $x^2 = 1$이 되는 점을 기준으로 구간을 나누면 된다.

ⅰ) $|x| < 1$일 때

$\lim_{n \to \infty} x^{2n} = 0$이므로 너코 092

$$g(x) = \lim_{n \to \infty} \dfrac{\dfrac{1}{x} \times x^{2n} - 1}{x^{2n} + 1} = \dfrac{\dfrac{1}{x} \times 0 - 1}{0 + 1} = -1 \quad \text{너코 089}$$

ⅱ) $|x| = 1$일 때

$\lim_{n \to \infty} x^{2n} = 1$이므로

$$g(x) = \lim_{n \to \infty} \dfrac{\dfrac{1}{x} \times x^{2n} - 1}{x^{2n} + 1} = \dfrac{\dfrac{1}{x} \times 1 - 1}{1 + 1} = \dfrac{1}{2x} - \dfrac{1}{2}$$

iii) $|x| > 1$일 때

$\lim_{n \to \infty} x^{2n} = \infty$, 즉 $\lim_{n \to \infty} \dfrac{1}{x^{2n}} = 0$이므로

$$g(x) = \lim_{n \to \infty} \dfrac{\dfrac{1}{x} - \dfrac{1}{x^{2n}}}{1 + \dfrac{1}{x^{2n}}} = \dfrac{\dfrac{1}{x} - 0}{1 + 0} = \dfrac{1}{x}$$

ⅰ)~iii)에 의하여

$$g(x) = \begin{cases} \dfrac{1}{x} & (x < -1) \\ -1 & (-1 \leq x < 1) \\ 0 & (x = 1) \\ \dfrac{1}{x} & (x > 1) \end{cases}$$

이다.

이차함수 $f(x)$는 모든 실수 x에 대하여 연속이고
함수 $g(x)$는 $x \neq 1$인 모든 실수에 대하여 연속이므로
함수 $f(x)g(x)$가 실수 전체의 집합에서 연속이려면
$x = 1$에서 연속이면 된다. 너코 039

x	$f(x)$	$g(x)$	$f(x)g(x)$
$1-$	$f(1)$	-1	$-f(1)$
1	$f(1)$	0	0
$1+$	$f(1)$	1	$f(1)$

위의 표에서 $-f(1) = 0 = f(1)$이어야 하므로
$f(1) = 0$이다. $\cdots\cdots$㉠

한편 $h(x) = \begin{cases} \dfrac{|x|}{x} & (x \neq 0) \\ 0 & (x = 0) \end{cases} = \begin{cases} -1 & (x < 0) \\ 0 & (x = 0) \\ 1 & (x > 0) \end{cases}$이다.

이차함수 $f(x)$는 모든 실수 x에 대하여 연속이고
함수 $h(x)$는 $x \neq 0$인 모든 실수에 대하여 연속이므로
함수 $f(x)h(x)$가 실수 전체의 집합에서 연속이려면
$x = 0$에서 연속이면 된다.

x	$f(x)$	$h(x)$	$f(x)h(x)$
$0-$	$f(0)$	-1	$-f(0)$
0	$f(0)$	0	0
$0+$	$f(0)$	1	$f(0)$

위의 표에서 $-f(0) = 0 = f(0)$이어야 하므로
$f(0) = 0$이다. $\cdots\cdots$㉡

한편 이차함수 $f(x)$의 최고차항의 계수가 1이므로
㉠, ㉡에 의하여 $f(x) = x(x - 1)$이다.

$\therefore f(10) = 10 \times 9 = 90$

답 90

J05-15

$f(x) = \lim\limits_{n\to\infty}\dfrac{(a-2)x^{2n+1}+2x}{3x^{2n}+1}$ 에서

$|x|<1$일 때 $\lim\limits_{n\to\infty}x^{2n}=0$이므로 [너코092]

$f(x) = \dfrac{(a-2)\times 0 + 2x}{0+1} = 2x$ [너코089]

$x=1$일 때 $\lim\limits_{n\to\infty}x^{2n}=\lim\limits_{n\to\infty}x^{2n+1}=1$이므로

$f(1) = \dfrac{(a-2)\times 1 + 2}{3\times 1 + 1} = \dfrac{a}{4}$

$x=-1$일 때 $\lim\limits_{n\to\infty}x^{2n}=1$, $\lim\limits_{n\to\infty}x^{2n+1}=-1$이므로

$f(-1) = \dfrac{(a-2)\times(-1)-2}{3\times 1 + 1} = -\dfrac{a}{4}$

$|x|>1$일 때 $\lim\limits_{n\to\infty}x^{2n}=\infty$, 즉 $\lim\limits_{n\to\infty}\dfrac{1}{x^{2n}}=0$이므로

$f(x) = \lim\limits_{n\to\infty}\dfrac{(a-2)x + \dfrac{2x}{x^{2n}}}{3+\dfrac{1}{x^{2n}}} = \dfrac{a-2}{3}x$이다.

$f(1) = \dfrac{a}{4}$이므로 $(f\circ f)(1)=f(f(1))=f\left(\dfrac{a}{4}\right)=\dfrac{5}{4}$이다.

i) $\left|\dfrac{a}{4}\right|<1$인 경우

$f\left(\dfrac{a}{4}\right) = \dfrac{a}{2} = \dfrac{5}{4}$에서 $a=\dfrac{5}{2}$이다.

ii) $\left|\dfrac{a}{4}\right|>1$인 경우

$f\left(\dfrac{a}{4}\right) = \dfrac{a-2}{3}\times\dfrac{a}{4} = \dfrac{5}{4}$에서

$a^2-2a=15$, $a^2-2a-15=(a+3)(a-5)=0$

$\left|\dfrac{a}{4}\right|>1$을 만족시키는 a의 값은 $a=5$이다.

iii) $\dfrac{a}{4}=1$인 경우

$f\left(\dfrac{a}{4}\right)=f(1)=1\neq\dfrac{5}{4}$이므로 조건을 만족시키지 않는다.

iv) $\dfrac{a}{4}=-1$인 경우

$f\left(\dfrac{a}{4}\right)=f(-1)=1\neq\dfrac{5}{4}$이므로 조건을 만족시키지 않는다.

따라서 조건을 만족시키는 모든 a의 값의 합은

$\dfrac{5}{2}+5=\dfrac{15}{2}$

답 ③

J06-01

$3n^2+2n < a_n < 3n^2+3n$의 각 변에 양수 $\dfrac{5}{n^2+2n}$를 곱하면

부등호의 방향이 그대로이므로

$\dfrac{5(3n^2+2n)}{n^2+2n} < \dfrac{5a_n}{n^2+2n} < \dfrac{5(3n^2+3n)}{n^2+2n}$이다.

이때

$\lim\limits_{n\to\infty}\dfrac{5(3n^2+2n)}{n^2+2n} = \lim\limits_{n\to\infty}\dfrac{15+\dfrac{10}{n}}{1+\dfrac{2}{n}} = \dfrac{15+0}{1+0} = 15,$

[너코089] [너코090]

$\lim\limits_{n\to\infty}\dfrac{5(3n^2+3n)}{n^2+2n} = \lim\limits_{n\to\infty}\dfrac{15+\dfrac{15}{n}}{1+\dfrac{2}{n}} = \dfrac{15+0}{1+0} = 15$

로 수렴하며 두 수열의 극한값이 서로 같으므로 수열의 극한의 대소 관계에 의하여 [너코091]

$\therefore \lim\limits_{n\to\infty}\dfrac{5a_n}{n^2+2n} = 15$

답 15

J06-02

$\sqrt{9n^2+4} < \sqrt{na_n} < 3n+2$의

양수인 각 변을 제곱하면 부등호의 방향이 그대로이므로

$9n^2+4 < na_n < 9n^2+12n+4$이고

각 변을 n^2으로 나누면 부등호의 방향이 그대로이므로

$\dfrac{9n^2+4}{n^2} < \dfrac{a_n}{n} < \dfrac{9n^2+12n+4}{n^2}$이다.

이때

$\lim\limits_{n\to\infty}\dfrac{9n^2+4}{n^2} = \lim\limits_{n\to\infty}\left(9+\dfrac{4}{n^2}\right) = 9+0 = 9,$ [너코089] [너코090]

$\lim\limits_{n\to\infty}\dfrac{9n^2+12n+4}{n^2} = \lim\limits_{n\to\infty}\left(9+\dfrac{12}{n}+\dfrac{4}{n^2}\right) = 9+0+0 = 9$

로 수렴하며 두 수열의 극한값이 서로 같으므로 수열의 극한의 대소 관계에 의하여 [너코091]

$\therefore \lim\limits_{n\to\infty}\dfrac{a_n}{n} = 9$

답 ④

J06-03

모든 자연수 n에 대하여 $n<a_n<n+1$이 성립하므로 다음과 같은 부등식도 모두 성립한다.

$1<a_1<2$

$2<a_2<3$

$3<a_3<4$

$\vdots$

$n<a_n<n+1$

이를 모두 더하면 부등호의 방향이 그대로이므로

$\dfrac{n(1+n)}{2} < a_1+a_2+\cdots+a_n < \dfrac{n\{2+(n+1)\}}{2}$이다.

[너코025]

역수를 취하면 부등호의 방향이 바뀌므로

$$\frac{2}{n^2+3n} < \frac{1}{a_1+a_2+\cdots+a_n} < \frac{2}{n^2+n}$$ 이고

각 변에 양수 n^2을 곱하면 부등호의 방향이 그대로이므로

$$\frac{2n^2}{n^2+3n} < \frac{n^2}{a_1+a_2+\cdots+a_n} < \frac{2n^2}{n^2+n}$$ 이다.

이때

$$\lim_{n\to\infty}\frac{2n^2}{n^2+3n} = \lim_{n\to\infty}\frac{2}{1+\dfrac{3}{n}} = \frac{2}{1+0} = 2,$$ 너코 089 너코 090

$$\lim_{n\to\infty}\frac{2n^2}{n^2+n} = \lim_{n\to\infty}\frac{2}{1+\dfrac{1}{n}} = \frac{2}{1+0} = 2$$

로 수렴하며 두 수열의 극한값이 서로 같으므로 수열의 극한의
대소 관계에 의하여 너코 091

$$\therefore \lim_{n\to\infty}\frac{n^2}{a_1+a_2+\cdots+a_n} = 2$$

답 ②

J06-04

조건 (가)에서 $a_n + b_n$의 값의 범위가 주어져있고
조건 (나)에서 $a_n - b_n$의 값의 범위가 주어져있으므로
$(a_n+b_n) - (a_n-b_n) = 2b_n$의 값의 범위는 다음과 같다.

$$\left(20-\frac{1}{n}\right)-\left(10+\frac{1}{n}\right) < 2b_n < \left(20+\frac{1}{n}\right)-\left(10-\frac{1}{n}\right)$$

··· 빈출 QnA

즉, $10-\dfrac{2}{n} < 2b_n < 10+\dfrac{2}{n}$ 이고

각 변을 2로 나눠도 부등호의 방향은 그대로이므로

$5-\dfrac{1}{n} < b_n < 5+\dfrac{1}{n}$ 이다.

이때

$$\lim_{n\to\infty}\left(5-\frac{1}{n}\right) = 5-0 = 5,$$ 너코 089 너코 090

$$\lim_{n\to\infty}\left(5+\frac{1}{n}\right) = 5+0 = 5$$

로 수렴하며 두 수열의 극한값이 서로 같으므로 수열의 극한의
대소 관계에 의하여 너코 091

$$\therefore \lim_{n\to\infty}b_n = 5$$

답 ③

빈출 QnA

Q. $a<x<b$, $c<y<d$일 때
$x-y$의 범위를 구하는 방법을 자세히 설명해주세요.

A. $a<x<b$, $c<y<d$일 때
$x+y$의 범위는 부등식의 각 변끼리 더하여 얻을 수 있습니다.
즉, $a+c < x+y < b+d$입니다.

한편 $x-y$의 범위를 구할 때에는
부등식 $a<x<b$와
부등식 $c<y<d$에 -1을 곱하여 얻은 부등식
$-d<-y<-c$의 각 변끼리 더하여 얻을 수 있습니다.
즉, $a+(-d) < x+(-y) < b+(-c)$입니다.
정리하면 두 값의 차의 범위는 대각선으로 빼서 얻을 수 있습니다.

$$
\begin{array}{c}
\boxed{20-\frac{1}{n}} < a_n+b_n < \boxed{20+\frac{1}{n}} \\[2mm]
\boxed{10-\frac{1}{n}} < a_n-b_n < \boxed{10+\frac{1}{n}} \\[2mm]
\left(20-\frac{1}{n}\right)-\left(10+\frac{1}{n}\right) < 2b_n < \left(20+\frac{1}{n}\right)-\left(10-\frac{1}{n}\right)
\end{array}
$$

J06-05

곡선 $y = x^2 - (n+1)x + a_n$은 x 축과 만나므로
이차방정식 $x^2 - (n+1)x + a_n = 0$의 판별식을 D_1이라 하면

$$D_1 = (n+1)^2 - 4a_n \geq 0,\ \text{즉}\ a_n \leq \frac{(n+1)^2}{4}$$ 이다. ……㉠

곡선 $y = x^2 - nx + a_n$은 x 축과 만나지 않으므로
이차방정식 $x^2 - nx + a_n = 0$의 판별식을 D_2라 하면

$$D_2 = n^2 - 4a_n < 0,\ \text{즉}\ \frac{n^2}{4} < a_n$$ 이다. ……㉡

㉠, ㉡에 의하여

$$\frac{n^2}{4} < a_n \leq \frac{(n+1)^2}{4}$$ 이고 각 변을 양수 n^2으로 나누면

부등호의 방향이 그대로이므로

$$\frac{n^2}{4n^2} < \frac{a_n}{n^2} \leq \frac{(n+1)^2}{4n^2}$$ 이다.

이때

$$\lim_{n\to\infty}\frac{n^2}{4n^2} = \frac{1}{4},$$ 너코 090

$$\lim_{n\to\infty}\frac{(n+1)^2}{4n^2} = \lim_{n\to\infty}\frac{1+\dfrac{2}{n}+\dfrac{1}{n^2}}{4} = \frac{1+0+0}{4} = \frac{1}{4}$$ 너코 089

로 수렴하며 두 수열의 극한값이 서로 같으므로 수열의 극한의
대소 관계에 의하여 너코 091

$$\therefore \lim_{n\to\infty}\frac{a_n}{n^2} = \frac{1}{4}$$

답 ⑤

J06-06

함수 $\sin x$의 주기는 2π이므로
음이 아닌 모든 정수 m에 대하여

$$\sin\left(\frac{4m+1}{2}\pi\right) = \sin\frac{\pi}{2} = 1,$$

$$\sin\left(\frac{4m+2}{2}\pi\right) = \sin\frac{2\pi}{2} = 0,$$

$$\sin\left(\frac{4m+3}{2}\pi\right)=\sin\frac{3}{2}\pi=-1,$$

$$\sin\left(\frac{4m+4}{2}\pi\right)=\sin\frac{4\pi}{2}=0\text{이다.}\quad\boxed{\text{너코 020}}$$

따라서
$n=4m+1$일 때

$$\sum_{k=1}^{n}\sin\left(\frac{k}{2}\pi\right)=\sum_{k=1}^{4m}\sin\left(\frac{k}{2}\pi\right)+\sin\left(\frac{4m+1}{2}\pi\right)$$
$$=0+1=1\quad\boxed{\text{너코 028}}$$

$n=4m+2$일 때

$$\sum_{k=1}^{n}\sin\left(\frac{k}{2}\pi\right)=\sum_{k=1}^{4m+1}\sin\left(\frac{k}{2}\pi\right)+\sin\left(\frac{4m+2}{2}\pi\right)$$
$$=1+0=1$$

$n=4m+3$일 때

$$\sum_{k=1}^{n}\sin\left(\frac{k}{2}\pi\right)=\sum_{k=1}^{4m+2}\sin\left(\frac{k}{2}\pi\right)+\sin\left(\frac{4m+3}{2}\pi\right)$$
$$=1+(-1)=0$$

$n=4m+4$일 때

$$\sum_{k=1}^{n}\sin\left(\frac{k}{2}\pi\right)=0\text{이므로}$$

모든 자연수 n에 대하여

$$0\le\frac{1}{n}\left\{\sum_{k=1}^{n}\sin\left(\frac{k}{2}\pi\right)\right\}\le\frac{1}{n}\text{이다.}$$

이때 $\displaystyle\lim_{n\to\infty}0=0$, $\displaystyle\lim_{n\to\infty}\frac{1}{n}=0$으로 수렴하며
두 수열의 극한값이 서로 같으므로 수열의 극한의 대소 관계에
의하여 $\boxed{\text{너코 091}}$

$$\therefore\ \lim_{n\to\infty}\frac{1}{n}\left\{\sum_{k=1}^{n}\sin\left(\frac{k}{2}\pi\right)\right\}=0$$

답 ①

J06-07

$$0<a_1<\frac{\pi}{2}$$

$$\pi<a_2<\frac{3}{2}\pi$$

$$2\pi<a_3<\frac{5}{2}\pi$$

$$\vdots$$

즉 모든 자연수 n에 대하여
$(n-1)\pi<a_n<\dfrac{2n-1}{2}\pi$ 이고 각 변을 n으로 나누면
부등호의 방향이 그대로이므로

$$\pi-\frac{\pi}{n}<\frac{a_n}{n}<\pi-\frac{\pi}{2n}\text{이다.}$$

이때

$$\lim_{n\to\infty}\left(\pi-\frac{\pi}{n}\right)=\pi-0=\pi,\quad\boxed{\text{너코 089}}\ \boxed{\text{너코 090}}$$

$$\lim_{n\to\infty}\left(\pi-\frac{\pi}{2n}\right)=\pi-0=\pi$$

로 수렴하며 두 수열의 극한값이 서로 같으므로 수열의 극한의
대소 관계에 의하여 $\boxed{\text{너코 091}}$

$$\therefore\ \lim_{n\to\infty}\frac{a_n}{n}=\pi$$

답 ④

---

2 급수

J07-01

급수 $\displaystyle\sum_{n=1}^{\infty}\left(a_n-\frac{5n}{n+1}\right)$이 수렴하므로

$$\lim_{n\to\infty}\left(a_n-\frac{5n}{n+1}\right)=0\text{이다.}\quad\boxed{\text{너코 094}}$$

또한 $\displaystyle\lim_{n\to\infty}\frac{5n}{n+1}=\lim_{n\to\infty}\frac{5}{1+\dfrac{1}{n}}=\frac{5}{1+0}=5$로 수렴한다.

$\boxed{\text{너코 090}}$

$$\therefore\ \lim_{n\to\infty}a_n=\lim_{n\to\infty}\left\{\left(a_n-\frac{5n}{n+1}\right)+\frac{5n}{n+1}\right\}$$
$$=\lim_{n\to\infty}\left(a_n-\frac{5n}{n+1}\right)+\lim_{n\to\infty}\frac{5n}{n+1}\quad\boxed{\text{너코 089}}$$
$$=0+5=5$$

답 5

J07-02

두 급수가 각각 $\displaystyle\sum_{n=1}^{\infty}a_n=4$, $\displaystyle\sum_{n=1}^{\infty}b_n=10$으로 수렴한다.

$$\therefore\ \sum_{n=1}^{\infty}(a_n+5b_n)=\sum_{n=1}^{\infty}a_n+5\sum_{n=1}^{\infty}b_n\quad\boxed{\text{너코 095}}$$
$$=4+5\times10=54$$

답 54

J07-03

급수 $\displaystyle\sum_{n=1}^{\infty}\frac{a_n}{n}$이 수렴하므로 $\displaystyle\lim_{n\to\infty}\frac{a_n}{n}=0$이다. $\boxed{\text{너코 094}}$

$$\therefore\ \lim_{n\to\infty}\frac{a_n+2a_n^2+3n^2}{a_n^2+n^2}=\lim_{n\to\infty}\frac{\dfrac{a_n}{n^2}+2\times\left(\dfrac{a_n}{n}\right)^2+3}{\left(\dfrac{a_n}{n}\right)^2+1}$$

$$=\frac{0+0+3}{0+1}=3\quad\boxed{\text{너코 089}}$$

답 ①

J07-04

급수 $\displaystyle\sum_{n=1}^{\infty}\left(a_n - \dfrac{3n^2-n}{2n^2+1}\right)$ 이 수렴하므로

$\displaystyle\lim_{n\to\infty}\left(a_n - \dfrac{3n^2-n}{2n^2+1}\right) = 0$ 이다. `너코 094`

또한 $\displaystyle\lim_{n\to\infty}\dfrac{3n^2-n}{2n^2+1} = \lim_{n\to\infty}\dfrac{3-\dfrac{1}{n}}{2+\dfrac{1}{n^2}} = \dfrac{3-0}{2+0} = \dfrac{3}{2}$ 으로 수렴한다.

`너코 090`

따라서

$$\lim_{n\to\infty}a_n = \lim_{n\to\infty}\left\{\left(a_n - \dfrac{3n^2-n}{2n^2+1}\right) + \dfrac{3n^2-n}{2n^2+1}\right\}$$

$$= \lim_{n\to\infty}\left(a_n - \dfrac{3n^2-n}{2n^2+1}\right) + \lim_{n\to\infty}\dfrac{3n^2-n}{2n^2+1} \quad \text{`너코 089`}$$

$$= 0 + \dfrac{3}{2} = \dfrac{3}{2}$$

이다.

$$\therefore \lim_{n\to\infty}(a_n^2 + 2a_n) = \left(\dfrac{3}{2}\right)^2 + 2\times\dfrac{3}{2} = \dfrac{21}{4}$$

답 ③

J07-05

급수 $\displaystyle\sum_{n=1}^{\infty}\dfrac{a_n}{4^n}$ 이 수렴하므로 $\displaystyle\lim_{n\to\infty}\dfrac{a_n}{4^n} = 0$ 이다. `너코 094`

$$\therefore \lim_{n\to\infty}\dfrac{a_n + 4^{n+1} - 3^{n-1}}{4^{n-1} + 3^{n+1}} = \lim_{n\to\infty}\dfrac{\dfrac{a_n}{4^n} + 4 - \dfrac{1}{3}\times\left(\dfrac{3}{4}\right)^n}{\dfrac{1}{4} + 3\times\left(\dfrac{3}{4}\right)^n}$$

$$= \dfrac{0 + 4 - \dfrac{1}{3}\times 0}{\dfrac{1}{4} + 3\times 0} = 16$$

`너코 089` `너코 092`

답 16

J07-06

급수 $\displaystyle\sum_{n=1}^{\infty}(3^n a_n - 2)$ 가 수렴하므로 $\displaystyle\lim_{n\to\infty}(3^n a_n - 2) = 0$ 이다.

`너코 094`

$$\therefore \lim_{n\to\infty}3^n a_n = \lim_{n\to\infty}\left\{(3^n a_n - 2) + 2\right\}$$

$$= 0 + 2 = 2 \quad \text{`너코 089`}$$

$$\therefore \lim_{n\to\infty}\dfrac{6a_n + 5\times 4^{-n}}{a_n + 3^{-n}} = \lim_{n\to\infty}\dfrac{6\times 3^n a_n + 5\times\left(\dfrac{3}{4}\right)^n}{3^n a_n + 1}$$

$$= \dfrac{6\times 2 + 5\times 0}{2 + 1} = 4 \quad \text{`너코 092`}$$

답 4

J07-07

급수 $\displaystyle\sum_{n=1}^{\infty}\left(a_n - \dfrac{3n}{n+1}\right)$ 이 수렴하므로

$\displaystyle\lim_{n\to\infty}\left(a_n - \dfrac{3n}{n+1}\right) = 0$ 이다. `너코 094`

또한 $\displaystyle\lim_{n\to\infty}\dfrac{3n}{n+1} = \lim_{n\to\infty}\dfrac{3}{1+\dfrac{1}{n}} = \dfrac{3}{1+0} = 3$ 으로 수렴한다.

`너코 089` `너코 090`

따라서

$$\lim_{n\to\infty}a_n = \lim_{n\to\infty}\left\{\left(a_n - \dfrac{3n}{n+1}\right) + \dfrac{3n}{n+1}\right\} = 0 + 3 = 3$$ 이다.

또한 급수 $\displaystyle\sum_{n=1}^{\infty}(a_n + b_n)$ 이 수렴하면 $\displaystyle\lim_{n\to\infty}(a_n + b_n) = 0$ 이다.

따라서 $\displaystyle\lim_{n\to\infty}b_n = \lim_{n\to\infty}\left\{(a_n + b_n) - a_n\right\} = 0 - 3 = -3$ 이다.

$$\therefore \lim_{n\to\infty}\dfrac{3 - b_n}{a_n} = \dfrac{3 - (-3)}{3} = 2$$

답 ②

J07-08

$b_n = na_n - \dfrac{n^2+1}{2n+1}$ 이라 하고 a_n 을 b_n 을 포함한 식으로

정리하면

$$na_n = b_n + \dfrac{n^2+1}{2n+1},$$

$$a_n = b_n\times\dfrac{1}{n} + \dfrac{n^2+1}{2n^2+n}$$ 이다.

이때 급수 $\displaystyle\sum_{n=1}^{\infty}b_n$ 이 수렴하므로 $\displaystyle\lim_{n\to\infty}b_n = 0$ 이다. `너코 094`

또한

$$\lim_{n\to\infty}\dfrac{1}{n} = 0, \quad \text{`너코 090`}$$

$$\lim_{n\to\infty}\dfrac{n^2+1}{2n^2+n} = \lim_{n\to\infty}\dfrac{1+\dfrac{1}{n^2}}{2+\dfrac{1}{n}} = \dfrac{1+0}{2+0} = \dfrac{1}{2} \quad \text{`너코 089`}$$

로 수렴하므로

$$\lim_{n\to\infty}a_n = \lim_{n\to\infty}\left(b_n\times\dfrac{1}{n} + \dfrac{n^2+1}{2n^2+n}\right) = 0\times 0 + \dfrac{1}{2} = \dfrac{1}{2}$$

이다.

$$\therefore \lim_{n\to\infty}\left\{(a_n)^2 + 2a_n + 2\right\} = \left(\dfrac{1}{2}\right)^2 + 2\times\dfrac{1}{2} + 2 = \dfrac{13}{4}$$

답 ①

J07-09

급수 $\displaystyle\sum_{n=1}^{\infty}(2a_n - 3)$ 이 수렴하므로 $\displaystyle\lim_{n\to\infty}(2a_n - 3) = 0$ 이다.

`너코 094`

따라서

$$\lim_{n \to \infty} a_n = \lim_{n \to \infty} \left\{ \frac{1}{2}(2a_n - 3) + \frac{3}{2} \right\}$$
$$= \frac{1}{2} \times 0 + \frac{3}{2} = \frac{3}{2} = r \quad \boxed{\text{너코 089}}$$

이다.

$$\therefore \lim_{n \to \infty} \frac{r^{n+2} - 1}{r^n + 1} = \lim_{n \to \infty} \frac{r^2 - \dfrac{1}{r^n}}{1 + \dfrac{1}{r^n}}$$
$$= \frac{r^2 - 0}{1 + 0} \ (\because \ r > 1) \quad \boxed{\text{너코 092}}$$
$$= r^2 = \frac{9}{4}$$

답 ③

J08-01

첫째항이 4인 등차수열 $\{a_n\}$의

공차를 d라 하면 $d = \dfrac{a_4 - a_2}{2} = 2$이므로

일반항은 $a_n = 4 + 2(n-1) = 2(n+1)$이다. $\boxed{\text{너코 025}}$

따라서 $\dfrac{2}{na_n} = \dfrac{1}{n(n+1)} = \dfrac{1}{n} - \dfrac{1}{n+1}$이므로

급수 $\displaystyle\sum_{n=1}^{\infty} \dfrac{2}{na_n}$의 첫째항부터 제$n$항까지의 부분합은

$$\sum_{k=1}^{n} \frac{2}{ka_k} = \sum_{k=1}^{n} \left(\frac{1}{k} - \frac{1}{k+1} \right)$$
$$= \left(\frac{1}{1} - \frac{1}{2} \right) + \left(\frac{1}{2} - \frac{1}{3} \right) + \left(\frac{1}{3} - \frac{1}{4} \right) + \cdots$$
$$+ \left(\frac{1}{n} - \frac{1}{n+1} \right)$$
$$= 1 - \frac{1}{n+1} \quad \boxed{\text{너코 093}}$$

$$\therefore \sum_{n=1}^{\infty} \frac{2}{na_n} = \lim_{n \to \infty} \sum_{k=1}^{n} \frac{2}{ka_k}$$
$$= \lim_{n \to \infty} \left(1 - \frac{1}{n+1} \right)$$
$$= 1 - 0 = 1 \quad \boxed{\text{너코 089}} \ \boxed{\text{너코 090}}$$

답 ①

J08-02

$$\sum_{n=1}^{\infty} \frac{2}{n(n+2)} = \lim_{n \to \infty} \sum_{k=1}^{n} \left(\frac{1}{k} - \frac{1}{k+2} \right)$$
$$= \lim_{n \to \infty} \left\{ \left(\frac{1}{1} - \frac{1}{3} \right) + \left(\frac{1}{2} - \frac{1}{4} \right) + \left(\frac{1}{3} - \frac{1}{5} \right) + \cdots \right.$$
$$\left. + \left(\frac{1}{n-1} - \frac{1}{n+1} \right) + \left(\frac{1}{n} - \frac{1}{n+2} \right) \right\}$$
$$= \lim_{n \to \infty} \left(1 + \frac{1}{2} - \frac{1}{n+1} - \frac{1}{n+2} \right) \quad \boxed{\text{너코 093}}$$
$$= 1 + \frac{1}{2} - 0 - 0 = \frac{3}{2} \quad \boxed{\text{너코 089}} \ \boxed{\text{너코 090}}$$

답 ②

J08-03

폴이 1

이차방정식 $(4n^2 - 1)x^2 - 4nx + 1 = 0$을 인수분해하면

$\{(2n-1)x - 1\}\{(2n+1)x - 1\} = 0$이므로

$x = \dfrac{1}{2n-1}$ 또는 $x = \dfrac{1}{2n+1}$이다.

이때 $\alpha_n > \beta_n$이므로

$\alpha_n = \dfrac{1}{2n-1}$, $\beta_n = \dfrac{1}{2n+1}$

즉, $\alpha_n - \beta_n = \dfrac{1}{2n-1} - \dfrac{1}{2n+1}$이다.

급수 $\displaystyle\sum_{n=1}^{\infty} (\alpha_n - \beta_n)$에서 첫째항부터 제$n$항까지의 부분합은

$$\sum_{k=1}^{n} (\alpha_k - \beta_k) = \sum_{k=1}^{n} \left(\frac{1}{2k-1} - \frac{1}{2k+1} \right)$$
$$= \left(\frac{1}{1} - \frac{1}{3} \right) + \left(\frac{1}{3} - \frac{1}{5} \right) + \left(\frac{1}{5} - \frac{1}{7} \right) + \cdots$$
$$+ \left(\frac{1}{2n-1} - \frac{1}{2n+1} \right)$$
$$= 1 - \frac{1}{2n+1} \quad \boxed{\text{너코 093}}$$

$$\therefore \sum_{n=1}^{\infty} (\alpha_n - \beta_n) = \lim_{n \to \infty} \sum_{k=1}^{n} (\alpha_k - \beta_k)$$
$$= \lim_{n \to \infty} \left(1 - \frac{1}{2n+1} \right)$$
$$= 1 - 0 = 1 \quad \boxed{\text{너코 089}} \ \boxed{\text{너코 090}}$$

폴이 2

이차방정식 $(4n^2 - 1)x^2 - 4nx + 1 = 0$의 근과 계수의 관계에 의하여

$\alpha_n + \beta_n = \dfrac{4n}{4n^2 - 1}$이고 $\alpha_n \beta_n = \dfrac{1}{4n^2 - 1}$이므로

$$(\alpha_n - \beta_n)^2 = (\alpha_n + \beta_n)^2 - 4\alpha_n \beta_n$$
$$= \frac{16n^2}{(4n^2 - 1)^2} - \frac{4}{4n^2 - 1} = \frac{4}{(4n^2 - 1)^2}$$

이다. 이때 $\alpha_n > \beta_n$이므로 $\alpha_n - \beta_n = \dfrac{2}{4n^2 - 1}$이고

이를 두 분수의 차로 나타내면

$\alpha_n - \beta_n = \dfrac{1}{2n-1} - \dfrac{1}{2n+1}$이다.

급수 $\displaystyle\sum_{n=1}^{\infty} (\alpha_n - \beta_n)$에서 첫째항부터 제$n$항까지의 부분합은

$$\sum_{k=1}^{n} (\alpha_k - \beta_k) = \sum_{k=1}^{n} \left(\frac{1}{2k-1} - \frac{1}{2k+1} \right)$$
$$= \left(\frac{1}{1} - \frac{1}{3} \right) + \left(\frac{1}{3} - \frac{1}{5} \right) + \left(\frac{1}{5} - \frac{1}{7} \right) + \cdots$$
$$+ \left(\frac{1}{2n-1} - \frac{1}{2n+1} \right)$$
$$= 1 - \frac{1}{2n+1} \quad \boxed{\text{너코 093}}$$

$$\therefore \sum_{n=1}^{\infty}(\alpha_n - \beta_n) = \lim_{n\to\infty}\sum_{k=1}^{n}(\alpha_k - \beta_k)$$
$$= \lim_{n\to\infty}\left(1 - \frac{1}{2n+1}\right)$$
$$= 1 - 0 = 1 \quad \boxed{\text{너코 089}} \quad \boxed{\text{너코 090}}$$

답 ①

J08-04

첫째항과 공차가 같은 등차수열 $\{a_n\}$의 일반항은

$a_n = na_1$이므로 $\boxed{\text{너코 025}}$

$$S_n = \sum_{k=1}^{n}a_k = \sum_{k=1}^{n}ka_1 = a_1\sum_{k=1}^{n}k \quad \boxed{\text{너코 028}}$$
$$= \frac{a_1 n(n+1)}{2} \quad \boxed{\text{너코 029}}$$

이다.

ㄱ. $a_1 > 0$이므로

$$\lim_{n\to\infty}S_n = \lim_{n\to\infty}\frac{a_1 n(n+1)}{2}\text{은 발산한다. (거짓)} \quad \boxed{\text{너코 090}}$$

ㄴ. $\dfrac{1}{S_n}$을 두 분수의 차로 나타내면

$$\frac{1}{S_n} = \frac{2}{a_1 n(n+1)} = \frac{2}{a_1}\left(\frac{1}{n} - \frac{1}{n+1}\right)\text{이다.}$$

따라서 급수 $\displaystyle\sum_{n=1}^{\infty}\dfrac{1}{S_n}$의 첫째항부터 제$n$항까지의 부분합은

$$\sum_{k=1}^{n}\frac{1}{S_k} = \frac{2}{a_1}\sum_{k=1}^{n}\left(\frac{1}{k} - \frac{1}{k+1}\right)$$
$$= \frac{2}{a_1}\left\{\left(\frac{1}{1} - \frac{1}{2}\right) + \left(\frac{1}{2} - \frac{1}{3}\right) + \left(\frac{1}{3} - \frac{1}{4}\right) + \cdots\right.$$
$$\left. + \left(\frac{1}{n} - \frac{1}{n+1}\right)\right\}$$
$$= \frac{2}{a_1}\left(1 - \frac{1}{n+1}\right) \quad \boxed{\text{너코 093}}$$

$$\therefore \sum_{n=1}^{\infty}\frac{1}{S_n} = \lim_{n\to\infty}\sum_{k=1}^{n}\frac{1}{S_k} = \lim_{n\to\infty}\left\{\frac{2}{a_1}\left(1 - \frac{1}{n+1}\right)\right\}$$
$$= \frac{2}{a_1} \times (1 - 0) = \frac{2}{a_1} \quad \boxed{\text{너코 089}} \quad \boxed{\text{너코 090}}$$

따라서 급수 $\displaystyle\sum_{n=1}^{\infty}\dfrac{1}{S_n}$은 $\dfrac{2}{a_1}$로 수렴한다. (참)

ㄷ. $\sqrt{S_{n+1}} - \sqrt{S_n} = \dfrac{S_{n+1} - S_n}{\sqrt{S_{n+1}} + \sqrt{S_n}}$

$$= \frac{\dfrac{a_1(n+1)(n+2)}{2} - \dfrac{a_1 n(n+1)}{2}}{\sqrt{\dfrac{a_1(n+1)(n+2)}{2}} + \sqrt{\dfrac{a_1 n(n+1)}{2}}}$$
$$= \frac{a_1 n + a_1}{\sqrt{\dfrac{a_1(n+1)(n+2)}{2}} + \sqrt{\dfrac{a_1 n(n+1)}{2}}}$$

이때 n이 무한대로 발산하고 분자와 분모의 최고차항의 차수가 1로 서로 같다고 볼 수 있으므로 구하는 극한값은 최고차항의 계수의 비와 같다.

$$\lim_{n\to\infty}(\sqrt{S_{n+1}} - \sqrt{S_n}) = \frac{a_1}{\sqrt{\dfrac{a_1}{2}} + \sqrt{\dfrac{a_1}{2}}}$$
$$= \frac{a_1}{\sqrt{2a_1}} = \frac{\sqrt{a_1}}{\sqrt{2}}$$

즉, $\displaystyle\lim_{n\to\infty}(\sqrt{S_{n+1}} - \sqrt{S_n})$이 존재한다. (참)

따라서 옳은 것은 ㄴ, ㄷ 이다.

답 ⑤

J08-05

$3^n \times 5^{n+1}$의 양의 약수의 개수의 개수는

$a_n = (n+1)\{(n+1)+1\}$이므로 $\quad \cdots$ 빈출 QnA

$\dfrac{1}{a_n}$을 두 분수의 차로 나타내면

$$\frac{1}{a_n} = \frac{1}{(n+1)(n+2)} = \frac{1}{n+1} - \frac{1}{n+2}\text{이다.}$$

급수 $\displaystyle\sum_{n=1}^{\infty}\dfrac{1}{a_n}$의 첫째항부터 제$n$항까지의 부분합은

$$\sum_{k=1}^{n}\frac{1}{a_k} = \sum_{k=1}^{n}\left(\frac{1}{k+1} - \frac{1}{k+2}\right)$$
$$= \left(\frac{1}{2} - \frac{1}{3}\right) + \left(\frac{1}{3} - \frac{1}{4}\right) + \left(\frac{1}{4} - \frac{1}{5}\right) + \cdots$$
$$+ \left(\frac{1}{n+1} - \frac{1}{n+2}\right)$$
$$= \frac{1}{2} - \frac{1}{n+2} \quad \boxed{\text{너코 093}}$$

$$\therefore \sum_{n=1}^{\infty}\frac{1}{a_n} = \lim_{n\to\infty}\sum_{k=1}^{n}\frac{1}{a_k}$$
$$= \lim_{n\to\infty}\left(\frac{1}{2} - \frac{1}{n+2}\right)$$
$$= \frac{1}{2} - 0 = \frac{1}{2} \quad \boxed{\text{너코 089}} \quad \boxed{\text{너코 090}}$$

답 ①

빈출 QnA

Q. 양의 약수의 개수를 구하는 방법을 설명해 주세요.

A. $3^n \times 5^{n+1}$의 모든 양의 약수를 표로 나타내면 다음과 같이 $(n+1)\{(n+1)+1\}$개임을 알 수 있습니다.

	5^0	5^1	5^2	$\cdots$	5^{n+1}
3^0	$3^0 \times 5^0$	$3^0 \times 5^1$	$3^0 \times 5^2$		$3^0 \times 5^{n+1}$
3^1	$3^1 \times 5^0$	$3^1 \times 5^1$	$3^1 \times 5^2$		$3^1 \times 5^{n+1}$
3^2	$3^2 \times 5^0$	$3^2 \times 5^1$	$3^2 \times 5^2$		$3^2 \times 5^{n+1}$
$\vdots$					
3^n	$3^n \times 5^0$	$3^n \times 5^1$	$3^n \times 5^2$		$3^n \times 5^{n+1}$

$(n+1)+1$개 (위쪽 묶음)
$n+1$개 (왼쪽 묶음)

이를 확장하여 생각해 보면

어떤 자연수가 $(x_1)^{r_1}(x_2)^{r_2}\cdots(x_n)^{r_n}$꼴로 소인수분해 될 때

이 자연수의 모든 양의 약수의 개수는

$(r_1+1)\times(r_2+1)\times\cdots\times(r_n+1)$입니다.

(단, x_1, x_2, $\cdots$, x_n은 각각 서로 다른 소수, r_1, r_2, $\cdots$, r_n은 자연수)

J08-06

급수 $\displaystyle\sum_{n=1}^{\infty}\left(\dfrac{a_n}{n}-\dfrac{3n+7}{n+2}\right)$이 수렴하므로

$\displaystyle\lim_{n\to\infty}\left(\dfrac{a_n}{n}-\dfrac{3n+7}{n+2}\right)=0$이다. `너코 094`

이때 등차수열 $\{a_n\}$의 공차를 d라 하면

$a_n=4+(n-1)d$이므로 `너코 025`

$\displaystyle\lim_{n\to\infty}\left(\dfrac{a_n}{n}-\dfrac{3n+7}{n+2}\right)=\lim_{n\to\infty}\left(\dfrac{dn-d+4}{n}-\dfrac{3n+7}{n+2}\right)$

$\displaystyle\qquad=\lim_{n\to\infty}\left(d+\dfrac{4-d}{n}-\dfrac{3+\dfrac{7}{n}}{1+\dfrac{2}{n}}\right)$

$\displaystyle\qquad=d-3=0$ `너코 089` `너코 090`

에서 $d=3$이다.

따라서 $a_n=3n+1$이므로

$\displaystyle S=\sum_{n=1}^{\infty}\left(\dfrac{a_n}{n}-\dfrac{3n+7}{n+2}\right)$

$\displaystyle\quad=\lim_{n\to\infty}\sum_{k=1}^{n}\left(\dfrac{3k+1}{k}-\dfrac{3k+7}{k+2}\right)$

$\displaystyle\quad=\lim_{n\to\infty}\sum_{k=1}^{n}\left\{3+\dfrac{1}{k}-\left(3+\dfrac{1}{k+2}\right)\right\}$

$\displaystyle\quad=\lim_{n\to\infty}\sum_{k=1}^{n}\left(\dfrac{1}{k}-\dfrac{1}{k+2}\right)$

$\displaystyle\quad=\lim_{n\to\infty}\left\{\left(\dfrac{1}{1}-\dfrac{1}{3}\right)+\left(\dfrac{1}{2}-\dfrac{1}{4}\right)+\left(\dfrac{1}{3}-\dfrac{1}{5}\right)+\cdots\right.$

$\displaystyle\qquad\left.+\left(\dfrac{1}{n-2}-\dfrac{1}{n}\right)+\left(\dfrac{1}{n-1}-\dfrac{1}{n+1}\right)+\left(\dfrac{1}{n}-\dfrac{1}{n+2}\right)\right\}$

$\displaystyle\quad=\lim_{n\to\infty}\left(\dfrac{1}{1}+\dfrac{1}{2}-\dfrac{1}{n+1}-\dfrac{1}{n+2}\right)$ `너코 093`

$\displaystyle\quad=1+\dfrac{1}{2}-0-0=\dfrac{3}{2}$

답 ③

J08-07

직선 $x-3y+3=0$, 즉 $y=\dfrac{x}{3}+1$ 위의 점 중에서

x좌표와 y좌표가 자연수인 점의 x좌표를 작은 순서대로

나타내면 3, 6, 9, $\cdots$이다.

이때 $a_1<a_2<\cdots<a_n<\cdots$에 의하여

$a_n=3n$이고

$b_n=\dfrac{a_n}{3}+1=n+1$이므로

$\dfrac{1}{a_nb_n}$을 두 분수의 차로 나타내면

$\dfrac{1}{a_nb_n}=\dfrac{1}{3n(n+1)}=\dfrac{1}{3}\left(\dfrac{1}{n}-\dfrac{1}{n+1}\right)$이다.

따라서 급수 $\displaystyle\sum_{n=1}^{\infty}\dfrac{1}{a_nb_n}$의 첫째항부터 제$n$항까지의 부분합은

$\displaystyle\sum_{k=1}^{n}\dfrac{1}{a_kb_k}=\dfrac{1}{3}\sum_{k=1}^{n}\left(\dfrac{1}{k}-\dfrac{1}{k+1}\right)$

$\displaystyle\qquad=\dfrac{1}{3}\left\{\left(\dfrac{1}{1}-\dfrac{1}{2}\right)+\left(\dfrac{1}{2}-\dfrac{1}{3}\right)+\left(\dfrac{1}{3}-\dfrac{1}{4}\right)+\cdots\right.$

$\displaystyle\qquad\qquad\left.+\left(\dfrac{1}{n}-\dfrac{1}{n+1}\right)\right\}$

$\displaystyle\qquad=\dfrac{1}{3}\left(1-\dfrac{1}{n+1}\right)$ `너코 093`

$\displaystyle\therefore\sum_{n=1}^{\infty}\dfrac{1}{a_nb_n}=\lim_{n\to\infty}\sum_{k=1}^{n}\dfrac{1}{a_kb_k}$

$\displaystyle\qquad\qquad=\lim_{n\to\infty}\left\{\dfrac{1}{3}\left(1-\dfrac{1}{n+1}\right)\right\}$

$\displaystyle\qquad\qquad=\dfrac{1}{3}\times(1-0)=\dfrac{1}{3}$ `너코 089` `너코 090`

답 ③

J08-08

원 C와 원 C_n이 만나는 두 점을 각각 P_n, Q_n이라 하고

선분 $\mathrm{P}_n\mathrm{Q}_n$이 x축과 만나는 점을 H_n이라 하자.

또한 중심이 원점 O인 원 C를 x축의 방향으로 $\dfrac{2}{n}$만큼

평행이동시킨 원 C_n의 중심을 $\mathrm{O}_n\left(\dfrac{2}{n},\,0\right)$이라 하자.

$\overline{\mathrm{OP}_n}=\overline{\mathrm{O}_n\mathrm{P}_n}=1$인 이등변삼각형 $\mathrm{OP}_n\mathrm{O}_n$에 대하여

선분 $\mathrm{P}_n\mathrm{H}_n$은 선분 OO_n을 수직이등분하므로

$\overline{\mathrm{OH}_n}=\overline{\mathrm{O}_n\mathrm{H}_n}=\dfrac{1}{2}\overline{\mathrm{OO}_n}=\dfrac{1}{2}\times\dfrac{2}{n}=\dfrac{1}{n}$이고

$\overline{\mathrm{P}_n\mathrm{H}_n}=\sqrt{\overline{\mathrm{OP}_n}^2-\overline{\mathrm{OH}_n}^2}=\sqrt{1-\dfrac{1}{n^2}}$이다.

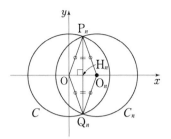

따라서 $l_n = \overline{P_nQ_n} = 2\overline{P_nH_n} = 2\sqrt{1 - \dfrac{1}{n^2}}$ 이다.

$(nl_n)^2 = 4n^2\left(1 - \dfrac{1}{n^2}\right) = 4n^2 - 4$ 이므로

$\dfrac{1}{(nl_n)^2}$ 을 두 분수의 차로 나타내면

$$\dfrac{1}{(nl_n)^2} = \dfrac{1}{4n^2 - 4}$$

$$= \dfrac{1}{4} \times \dfrac{1}{(n-1)(n+1)}$$

$$= \dfrac{1}{8}\left(\dfrac{1}{n-1} - \dfrac{1}{n+1}\right)$$

이다. 따라서 급수 $\displaystyle\sum_{n=2}^{\infty} \dfrac{1}{(nl_n)^2}$ 의 부분합은

$$\sum_{k=2}^{n} \dfrac{1}{(kl_k)^2}$$

$$= \sum_{k=2}^{n} \dfrac{1}{8}\left(\dfrac{1}{k-1} - \dfrac{1}{k+1}\right)$$

$$= \dfrac{1}{8}\left\{\left(\dfrac{1}{1} - \dfrac{1}{3}\right) + \left(\dfrac{1}{2} - \dfrac{1}{4}\right) + \left(\dfrac{1}{3} - \dfrac{1}{5}\right) + \cdots \right.$$
$$\left. + \left(\dfrac{1}{n-3} - \dfrac{1}{n-1}\right) + \left(\dfrac{1}{n-2} - \dfrac{1}{n}\right) + \left(\dfrac{1}{n-1} - \dfrac{1}{n+1}\right)\right\}$$

$$= \dfrac{1}{8}\left(\dfrac{1}{1} + \dfrac{1}{2} - \dfrac{1}{n} - \dfrac{1}{n+1}\right)$$

$$= \dfrac{1}{8}\left(\dfrac{3}{2} - \dfrac{1}{n} - \dfrac{1}{n+1}\right) \quad \boxed{너코 093}$$

$$\therefore \sum_{n=2}^{\infty} \dfrac{1}{(nl_n)^2} = \lim_{n \to \infty} \sum_{k=2}^{n} \dfrac{1}{(kl_k)^2}$$

$$= \lim_{n \to \infty} \left\{\dfrac{1}{8}\left(\dfrac{3}{2} - \dfrac{1}{n} - \dfrac{1}{n+1}\right)\right\}$$

$$= \dfrac{1}{8}\left(\dfrac{3}{2} - 0 - 0\right) = \dfrac{3}{16} \quad \boxed{너코 089} \boxed{너코 090}$$

$$\therefore p + q = 16 + 3 = 19$$

답 19

J08-09

풀이 1

$S_m = \displaystyle\sum_{n=1}^{\infty} \dfrac{m+1}{n(n+m+1)}$ 에서

$$a_1 = S_1 = \sum_{n=1}^{\infty} \dfrac{2}{n(n+2)} \quad \boxed{너코 027}$$

$$= \lim_{n \to \infty} \sum_{k=1}^{n} \dfrac{2}{k(k+2)}$$

$$= \lim_{n \to \infty} \sum_{k=1}^{n} \left(\dfrac{1}{k} - \dfrac{1}{k+2}\right)$$

$$= \lim_{n \to \infty} \left\{\left(\dfrac{1}{1} - \dfrac{1}{3}\right) + \left(\dfrac{1}{2} - \dfrac{1}{4}\right) + \left(\dfrac{1}{3} - \dfrac{1}{5}\right) + \cdots \right.$$
$$\left. + \left(\dfrac{1}{n-1} - \dfrac{1}{n+1}\right) + \left(\dfrac{1}{n} - \dfrac{1}{n+2}\right)\right\}$$

$$= \lim_{n \to \infty} \left(1 + \dfrac{1}{2} - \dfrac{1}{n+1} - \dfrac{1}{n+2}\right) \quad \boxed{너코 093}$$

$$= 1 + \dfrac{1}{2} - 0 - 0 = \dfrac{3}{2} \quad \boxed{너코 089} \boxed{너코 090}$$

$$a_{10} = S_{10} - S_9 = \sum_{n=1}^{\infty} \dfrac{11}{n(n+11)} - \sum_{n=1}^{\infty} \dfrac{10}{n(n+10)}$$

$$= \sum_{n=1}^{\infty} \left\{\dfrac{11}{n(n+11)} - \dfrac{10}{n(n+10)}\right\} \quad \boxed{너코 095}$$

$$= \sum_{n=1}^{\infty} \left\{\left(\dfrac{1}{n} - \dfrac{1}{n+11}\right) - \left(\dfrac{1}{n} - \dfrac{1}{n+10}\right)\right\}$$

$$= \sum_{n=1}^{\infty} \left(\dfrac{1}{n+10} - \dfrac{1}{n+11}\right)$$

$$= \lim_{n \to \infty} \sum_{k=1}^{n} \left(\dfrac{1}{k+10} - \dfrac{1}{k+11}\right)$$

$$= \lim_{n \to \infty} \left\{\left(\dfrac{1}{11} - \dfrac{1}{12}\right) + \left(\dfrac{1}{12} - \dfrac{1}{13}\right) + \left(\dfrac{1}{13} - \dfrac{1}{14}\right) + \cdots \right.$$
$$\left. + \left(\dfrac{1}{n+10} - \dfrac{1}{n+11}\right)\right\}$$

$$= \lim_{n \to \infty} \left(\dfrac{1}{11} - \dfrac{1}{n+11}\right)$$

$$= \dfrac{1}{11} - 0 = \dfrac{1}{11}$$

따라서 $a_1 + a_{10} = \dfrac{3}{2} + \dfrac{1}{11} = \dfrac{35}{22}$ 이다.

$$\therefore p + q = 22 + 35 = 57$$

풀이 2

$$S_m = \sum_{n=1}^{\infty} \dfrac{m+1}{n(n+m+1)}$$

$$= \lim_{n \to \infty} \sum_{k=1}^{n} \dfrac{m+1}{k(k+m+1)}$$

$$= \lim_{n \to \infty} \sum_{k=1}^{n} \left(\dfrac{1}{k} - \dfrac{1}{k+m+1}\right)$$

$$= \lim_{n \to \infty} \left\{\left(\dfrac{1}{1} - \dfrac{1}{m+2}\right) + \left(\dfrac{1}{2} - \dfrac{1}{m+3}\right) + \left(\dfrac{1}{3} - \dfrac{1}{m+4}\right) + \right.$$
$$\left. \cdots + \left(\dfrac{1}{n} - \dfrac{1}{n+m+1}\right)\right\}$$

$$= \lim_{n \to \infty} \left\{\left(\dfrac{1}{1} + \dfrac{1}{2} + \cdots + \dfrac{1}{m+1}\right) \right.$$
$$\left. - \left(\dfrac{1}{n+1} + \dfrac{1}{n+2} + \cdots + \dfrac{1}{n+m+1}\right)\right\} \quad \boxed{너코 093}$$

$$= \frac{1}{1} + \frac{1}{2} + \cdots + \frac{1}{m+1} \quad \text{너코089} \quad \text{너코090}$$

$$= \sum_{k=1}^{m+1} \frac{1}{k}$$

따라서

$$a_1 = S_1 = \sum_{k=1}^{2} \frac{1}{k} = 1 + \frac{1}{2} = \frac{3}{2},$$

$$a_{10} = S_{10} - S_9 = \sum_{k=1}^{11} \frac{1}{k} - \sum_{k=1}^{10} \frac{1}{k} = \frac{1}{11} \quad \text{너코027}$$

이므로

$$a_1 + a_{10} = \frac{3}{2} + \frac{1}{11} = \frac{35}{22} \text{이다.}$$

$$\therefore p + q = 22 + 35 = 57$$

답 57

J 09-01

$\sum_{n=1}^{\infty} a_n$은 공비가 $\frac{1}{5}$인 등비급수이므로

$$\sum_{n=1}^{\infty} a_n = \frac{a_1}{1 - \frac{1}{5}} = \frac{5a_1}{4} = 15 \text{이다.} \quad \text{너코096}$$

$$\therefore a_1 = \frac{4}{5} \times 15 = 12$$

답 12

J 09-02

등비수열 $\{a_n\}$의 공비를 r라 하면

$$r^3 = \frac{a_8}{a_5} = \frac{2^5}{2^8} = \frac{1}{8}, \text{ 즉 } r = \frac{1}{2} \text{이다.} \quad \text{너코026}$$

따라서 $\sum_{n=9}^{\infty} a_n$은 첫째항이 $a_9 = a_8 \times r = 16$이고 공비가 $\frac{1}{2}$인 등비급수이다.

$$\therefore \sum_{n=9}^{\infty} a_n = \frac{16}{1 - \frac{1}{2}} = 32 \quad \text{너코096}$$

답 32

J 09-03

첫째항이 3인 등비수열 $\{a_n\}$의 공비를 r라 하면

$$r = \frac{a_2}{a_1} = \frac{1}{3} \text{이다.} \quad \text{너코026}$$

따라서 $\sum_{n=1}^{\infty} (a_n)^2$은 첫째항이 $3^2 = 9$, 공비가 $r^2 = \frac{1}{9}$인 등비급수이다.

$$\therefore \sum_{n=1}^{\infty} (a_n)^2 = \frac{9}{1 - \frac{1}{9}} = \frac{81}{8} \quad \text{너코096}$$

답 ①

J 09-04

등비급수 $\sum_{n=1}^{\infty} \left(\frac{x}{5} \right)^n$이 수렴하려면

공비가 $-1 < \frac{x}{5} < 1$이어야 한다. 너코096

즉, $-5 < x < 5$를 만족시키는 모든 정수 x의 개수는 9이다.

답 ⑤

J 09-05

풀이 1

등비수열 $\{a_n\}$의 일반항을 $a_n = a \times r^n$이라 하자.

공비 r의 값의 범위에 따른 $\lim_{n \to \infty} \frac{3^n}{a_n + 2^n}$의 값을 구하면 다음과 같다.

i) $-3 < r < 3$일 때

$$\lim_{n \to \infty} \frac{1}{a \times \left(\frac{r}{3} \right)^n + \left(\frac{2}{3} \right)^n} \text{에서}$$

$\lim_{n \to \infty} \left(\frac{r}{3} \right)^n = 0$, $\lim_{n \to \infty} \left(\frac{2}{3} \right)^n = 0$이므로 발산한다. 너코092

ii) $r = -3$일 때

$$\lim_{n \to \infty} \frac{1}{a \times (-1)^n + \left(\frac{2}{3} \right)^n} \text{에서}$$

$\lim_{n \to \infty} \{ a \times (-1)^n \}$은 진동하고, $\lim_{n \to \infty} \left(\frac{2}{3} \right)^n = 0$이므로 발산한다.

iii) $r = 3$일 때

$$\lim_{n \to \infty} \frac{1}{a + \left(\frac{2}{3} \right)^n} = \frac{1}{a+0} = \frac{1}{a} \text{이므로}$$

$a = \frac{1}{6}$이면 $\lim_{n \to \infty} \frac{3^n}{a_n + 2^n} = 6$을 만족시킨다.

iv) $|r| > 3$일 때

$$\lim_{n \to \infty} \frac{\left(\frac{3}{r} \right)^n}{a + \left(\frac{2}{r} \right)^n} = \frac{0}{a+0} = 0$$

i)~iv)에 의하여 $\lim_{n \to \infty} \frac{3^n}{a_n + 2^n} = 6$일 때, $a_n = \frac{1}{6} \times 3^n$이므로 수열 $\left\{ \frac{1}{a_n} \right\}$은 첫째항이 2, 공비가 $\frac{1}{3}$인 등비수열이다.

$$\therefore \sum_{n=1}^{\infty} \frac{1}{a_n} = \frac{2}{1 - \frac{1}{3}} = 3 \quad \text{너코096}$$

풀이 2

$\lim_{n \to \infty} \frac{3^n}{a_n + 2^n} = 6$에서 $\lim_{n \to \infty} \frac{a_n + 2^n}{3^n} = \frac{1}{6}$이므로

$$\lim_{n \to \infty} \frac{a_n}{3^n} = \lim_{n \to \infty} \left\{ \frac{a_n + 2^n}{3^n} - \left(\frac{2}{3} \right)^n \right\} = \frac{1}{6} - 0 = \frac{1}{6}$$ 이다. 너코 089

따라서 $a_n = \dfrac{3^n}{6}$ 이므로 수열 $\left\{ \dfrac{1}{a_n} \right\}$ 은 첫째항이 2, 공비가

$\dfrac{1}{3}$ 인 등비수열이다.

$$\therefore \sum_{n=1}^{\infty} \frac{1}{a_n} = \frac{2}{1 - \dfrac{1}{3}} = 3$$ 너코 096

답 ③

J 09-06

풀이 1

원 $x^2 + y^2 = \dfrac{1}{2^n}$ 에 접하며 기울기가 -1이고 제1사분면을

지나는 접선의 방정식은

$$y = -x + \frac{1}{\sqrt{2^n}} \sqrt{(-1)^2 + 1}, \ \text{즉} \ y = -x + \frac{1}{\sqrt{2^{n-1}}}$$ 이므로

이 직선이 x축과 만나는 점의 x좌표는 $a_n = \dfrac{1}{\sqrt{2^{n-1}}}$ 이다.

따라서 $\displaystyle\sum_{n=1}^{\infty} a_n$ 은 첫째항이 1이고 공비가 $\dfrac{1}{\sqrt{2}}$ 인 등비급수이다.

$$\therefore \sum_{n=1}^{\infty} a_n = \frac{1}{1 - \dfrac{1}{\sqrt{2}}} = \frac{\sqrt{2}}{\sqrt{2} - 1}$$ 너코 096

$$= \frac{\sqrt{2}(\sqrt{2} + 1)}{(\sqrt{2} - 1)(\sqrt{2} + 1)} = 2 + \sqrt{2}$$

풀이 2

원 $x^2 + y^2 = \dfrac{1}{2^n}$ 에 접하며 기울기가 -1이고 제1사분면을

지나는 접선이 원과 접하는 점을 P_n, x축과 만나는 점을 Q_n이라

하자.

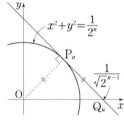

삼각형 OP_nQ_n이 직각이등변삼각형이므로

$$a_n = \overline{OQ_n} = \sqrt{2} \times \overline{OP_n} = \frac{1}{\sqrt{2^{n-1}}}$$ 이다.

따라서 $\displaystyle\sum_{n=1}^{\infty} a_n$ 은 첫째항이 1이고 공비가 $\dfrac{1}{\sqrt{2}}$ 인 등비급수이다.

$$\therefore \sum_{n=1}^{\infty} a_n = \frac{1}{1 - \dfrac{1}{\sqrt{2}}} = \frac{\sqrt{2}}{\sqrt{2} - 1}$$ 너코 096

$$= \frac{\sqrt{2}(\sqrt{2} + 1)}{(\sqrt{2} - 1)(\sqrt{2} + 1)} = 2 + \sqrt{2}$$

답 ②

J 09-07

등비급수는 (첫째항)$= 0$ 또는 |공비|< 1일 때 수렴한다. 너코 096

따라서

① 등비급수 $\displaystyle\sum_{n=1}^{\infty} 2a_n$ 은 공비가 $\dfrac{1}{3}$ 이므로 수렴한다.

② 급수 $\displaystyle\sum_{n=1}^{\infty} (a_n - b_n)$ 은 '수렴하는 두 급수의 차'이므로 급수의

성질에 의하여 수렴한다. 너코 095

③ 등비급수 $\displaystyle\sum_{n=1}^{\infty} (-1)^n b_n$ 은 공비가 $(-1) \times \dfrac{1}{2} = -\dfrac{1}{2}$ 이므로

수렴한다.

④ 등비급수 $\displaystyle\sum_{n=1}^{\infty} a_n b_n$ 은 공비가 $\dfrac{1}{3} \times \dfrac{1}{2} = \dfrac{1}{6}$ 이므로 수렴한다.

⑤ 등비급수 $\displaystyle\sum_{n=1}^{\infty} \dfrac{b_n}{a_n}$ 은 첫째항이 $\dfrac{1}{1} = 1$,

공비가 $\dfrac{\dfrac{1}{2}}{\dfrac{1}{3}} = \dfrac{3}{2}$ 이므로 수렴하지 않는다.

따라서 수렴하지 않는 급수는 ⑤이다.

답 ⑤

J 09-08

두 등비수열 $\{a_n\}$, $\{b_n\}$의 공비를 r라 하자.

두 급수 $\displaystyle\sum_{n=1}^{\infty} a_n$, $\displaystyle\sum_{n=1}^{\infty} b_n$이 모두 0이 아닌 값으로 수렴하므로

$a_1 \neq 0$, $b_1 \neq 0$이고 $|r| < 1$이다.

따라서

$$\sum_{n=1}^{\infty} a_n = \frac{a_1}{1 - r} = 8$$ 에서 $a_1 = 8 - 8r$이고 ······㉠

$$\sum_{n=1}^{\infty} b_n = \frac{b_1}{1 - r} = 6$$ 에서 $b_1 = 6 - 6r$이다. 너코 096 ······㉡

한편 $a_1 - b_1 = 1$이라 주어졌으므로

㉠$-$㉡에서

$1 = 2 - 2r$, 즉 $r = \dfrac{1}{2}$ 이다.

이를 ㉠, ㉡에 각각 대입하면 $a_1 = 4$, $b_1 = 3$이다.

따라서 $\displaystyle\sum_{n=1}^{\infty} a_n b_n$ 은 첫째항이 $a_1 b_1 = 4 \times 3 = 12$이고 공비는

$r^2 = \dfrac{1}{4}$ 인 등비급수이다.

$$\therefore \sum_{n=1}^{\infty} a_n b_n = \frac{12}{1 - \dfrac{1}{4}} = 16$$

답 16

Q. $\displaystyle\sum_{n=1}^{\infty} a_n b_n = \sum_{n=1}^{\infty} a_n \times \sum_{n=1}^{\infty} b_n = 8 \times 6 = 48$로 계산하면 왜 틀린 답이 나오나요?

A. 수렴하는 두 등비급수 $\displaystyle\sum_{n=1}^{\infty} a_n$, $\displaystyle\sum_{n=1}^{\infty} b_n$ 의 공비를 각각 r_1, r_2라 해봅시다. (단, $|r_1| < 1$, $|r_2| < 1$)

이 두 급수가 수렴하면 급수 $\displaystyle\sum_{n=1}^{\infty} a_n b_n$ 이 수렴하는 것은 맞지만

$\displaystyle\sum_{n=1}^{\infty} a_n b_n = \frac{a_1 b_1}{1 - r_1 r_2}$ 이고

$\displaystyle\sum_{n=1}^{\infty} a_n \times \sum_{n=1}^{\infty} b_n = \frac{a_1}{1 - r_1} \times \frac{b_1}{1 - r_2}$ 이므로

일반적으로 $\displaystyle\sum_{n=1}^{\infty} a_n b_n \neq \sum_{n=1}^{\infty} a_n \times \sum_{n=1}^{\infty} b_n$ 입니다.

따라서 풀이처럼 등비급수 $\displaystyle\sum_{n=1}^{\infty} a_n b_n$ 의 첫째항과 공비를 각각 찾은 후 급수의 합을 구해야 합니다.

J09-09

$a_1 = 1$이고

$a_n a_{n+1} = \left(\dfrac{1}{5}\right)^n$ 이므로 $\qquad\cdots\cdots\, \text{㉠}$

㉠에 n 대신 1을 대입하면

$a_2 = \dfrac{1}{5}$ 이다.

한편 ㉠에 n 대신 $n+1$을 대입하면

$a_{n+1} a_{n+2} = \left(\dfrac{1}{5}\right)^{n+1}$ 이므로 $\qquad\cdots\cdots\, \text{㉡}$

㉡÷㉠에 의하여 $\dfrac{a_{n+2}}{a_n} = \dfrac{1}{5}$, 즉 $a_{n+2} = \dfrac{1}{5} a_n$이다.

따라서 $\displaystyle\sum_{n=1}^{\infty} a_{2n}$ 은 첫째항이 $\dfrac{1}{5}$ 이고 공비가 $\dfrac{1}{5}$ 인 등비급수이다.

$\therefore \displaystyle\sum_{n=1}^{\infty} a_{2n} = \dfrac{\dfrac{1}{5}}{1 - \dfrac{1}{5}} = \dfrac{1}{4}$ `너코 096`

답 ③

J09-10

등비수열 $\{a_n\}$의 공비를 r라 하면

$r^3 = \dfrac{a_5}{a_2} = \dfrac{\dfrac{1}{6}}{\dfrac{1}{2}} = \dfrac{1}{3}$이다. `너코 026`

따라서

$a_n a_{n+1} a_{n+2} = (a_{n+1})^3 = (a_2 \times r^{n-1})^3$

$\qquad\qquad = (a_2)^3 (r^3)^{n-1} = \dfrac{1}{8} \times \left(\dfrac{1}{3}\right)^{n-1}$

이다. 즉, $\displaystyle\sum_{n=1}^{\infty} a_n a_{n+1} a_{n+2}$ 는 첫째항이 $\dfrac{1}{8}$ 이고 공비가 $\dfrac{1}{3}$ 인 등비급수이므로

$\displaystyle\sum_{n=1}^{\infty} a_n a_{n+1} a_{n+2} = \dfrac{\dfrac{1}{8}}{1 - \dfrac{1}{3}} = \dfrac{3}{16}$이다. `너코 096`

$\therefore p + q = 16 + 3 = 19$

답 19

J09-11

수열 $\{7^n a_n\}$의 첫째항부터 n항까지의 합을 S_n이라 하면

$S_n = 3^n - 1$이다.

$n = 1$일 때

$7a_1 = S_1 = 2$에서 $a_1 = \dfrac{2}{7}$이고

$n \geq 2$일 때

$7^n a_n = S_n - S_{n-1} = (3^n - 1) - (3^{n-1} - 1) = 2 \times 3^{n-1}$에서

$a_n = \dfrac{2}{7}\left(\dfrac{3}{7}\right)^{n-1}$이므로 `너코 027`

모든 자연수 n에 대하여 $\dfrac{a_n}{3^{n-1}} = \dfrac{2}{7}\left(\dfrac{1}{7}\right)^{n-1}$이다.

따라서 $\displaystyle\sum_{n=1}^{\infty} \dfrac{a_n}{3^{n-1}}$ 은 첫째항이 $\dfrac{2}{7}$, 공비가 $\dfrac{1}{7}$ 인 등비급수이다.

$\therefore \displaystyle\sum_{n=1}^{\infty} \dfrac{a_n}{3^{n-1}} = \dfrac{\dfrac{2}{7}}{1 - \dfrac{1}{7}} = \dfrac{1}{3}$ `너코 096`

답 ①

J09-12

a의 n제곱근 중 실수인 것을 표로 나타내면 다음과 같다.

`너코 001`

	$a > 0$	$a = 0$	$a < 0$
n이 짝수	$\sqrt[n]{a}$, $-\sqrt[n]{a}$ (2개)	0 (1개)	없음 (0개)
n이 홀수	$\sqrt[n]{a}$ (1개)	0 (1개)	$\sqrt[n]{a}$ (1개)

i) n이 짝수일 때

$(-3)^{n-1}$은 음수이므로

$(-3)^{n-1}$의 n제곱근 중 실수인 것은 없다.

즉, $a_n = 0$이다.

ii) n이 홀수일 때

　$(-3)^{n-1}$의 n 제곱근 중 실수인 것은 1개이다.

　즉, $a_n = 1$이다.

i), ii)에 의하여

$n \geq 3$일 때 수열 $\left\{\dfrac{a_n}{2^n}\right\}$은 $\dfrac{1}{2^3}$, $\dfrac{0}{2^4}$, $\dfrac{1}{2^5}$, $\dfrac{0}{2^6}$, $\cdots$이므로

$\displaystyle\sum_{n=3}^{\infty} \dfrac{a_n}{2^n}$은 첫째항이 $\dfrac{1}{8}$이고 공비가 $\dfrac{1}{4}$인 등비급수와 같다.

$\therefore \displaystyle\sum_{n=3}^{\infty} \dfrac{a_n}{2^n} = \dfrac{\dfrac{1}{8}}{1-\dfrac{1}{4}} = \dfrac{1}{6}$ 너코 096

답 ①

J 09-13

등비수열 $\{a_n\}$의 공비를 $r\,(r>0)$라 하면

$a_1 + a_2 = 20$에서

$a_1(1+r) = 20$, 즉 $a_1 = \dfrac{20}{1+r}$이다. 너코 026 ······㉠

$\displaystyle\sum_{n=3}^{\infty} a_n = \dfrac{4}{3}$에서

$\displaystyle\sum_{n=3}^{\infty} a_n$은 첫째항이 $a_1 r^2$, 공비가 r인 등비급수이므로

$\dfrac{a_1 r^2}{1-r} = \dfrac{4}{3}$, 즉 $a_1 = \dfrac{4(1-r)}{3r^2}$이다. 너코 096 ······㉡

㉠=㉡이므로

$\dfrac{20}{1+r} = \dfrac{4(1-r)}{3r^2}$

$(1-r)(1+r) = 5 \times 3r^2$

$1 - r^2 = 15r^2$

$r = \dfrac{1}{4}\ (\because\ r>0)$

이를 ㉠에 대입하면 $a_1 = \dfrac{20}{1+\dfrac{1}{4}} = 16$이다.

답 16

J 09-14

등비수열 $\{a_n\}$의 첫째항을 a, 공비를 r라 하면

수열 $\{a_{2n-1}\}$은 첫째항이 a, 공비가 r^2인 등비수열,

수열 $\{a_{2n}\}$은 첫째항이 ar, 공비가 r^2인 등비수열,

수열 $\{a_n^2\}$은 첫째항이 a^2, 공비가 r^2인 등비수열이고,

주어진 조건에서 $\displaystyle\sum_{n=1}^{\infty}(a_{2n-1}-a_{2n}) = 3$, $\displaystyle\sum_{n=1}^{\infty} a_n^2 = 6$으로

수렴하므로 $-1 < r < 1$이다.

$\displaystyle\sum_{n=1}^{\infty}(a_{2n-1}-a_{2n}) = \dfrac{a}{1-r^2} - \dfrac{ar}{1-r^2}$ 너코 096

$\qquad\qquad\qquad\qquad = \dfrac{a(1-r)}{(1-r)(1+r)}$

$\qquad\qquad\qquad\qquad = \dfrac{a}{1+r} = 3$ ······㉠

$\displaystyle\sum_{n=1}^{\infty} a_n^2 = \dfrac{a^2}{1-r^2}$

$\qquad\qquad = \dfrac{a}{1-r} \times \dfrac{a}{1+r}$

$\qquad\qquad = 3 \times \dfrac{a}{1-r} = 6\ (\because\ ㉠)$

이므로 $\dfrac{a}{1-r} = 2$이다. ······㉡

즉, $\displaystyle\sum_{n=1}^{\infty} a_n = \dfrac{a}{1-r} = 2$

참고

㉠에서 $a = 3 + 3r$이고,

㉡에서 $a = 2 - 2r$이므로

$r = -\dfrac{1}{5}$, $a = 3 - \dfrac{3}{5} = \dfrac{12}{5}$

$\therefore \displaystyle\sum_{n=1}^{\infty} a_n = \dfrac{a}{1-r} = \dfrac{\dfrac{12}{5}}{1+\dfrac{1}{5}} = \dfrac{\dfrac{12}{5}}{\dfrac{6}{5}} = 2$

답 ②

J 09-15

등차수열 $\{a_n\}$의 공차를 $d\,(d>0)$라 하고

등비수열 $\{b_n\}$의 공비를 r라 하면

$a_2 = 1 + d$, $b_2 = r\ (\because\ a_1 = b_1 = 1)$

이므로 $a_2 b_2 = (1+d)r = 1$에서

$r = \dfrac{1}{1+d}$이다. ······㉠

한편 $d > 0$이므로 $0 < r < 1$이다.

즉, $\displaystyle\sum_{n=1}^{\infty} b_n = \dfrac{1}{1-r}$로 수렴하고 너코 096

$\displaystyle\sum_{n=1}^{\infty}\left(\dfrac{1}{a_n a_{n+1}} + b_n\right) = 2$로 수렴하므로 급수의 성질에 의하여

$\displaystyle\sum_{n=1}^{\infty} \dfrac{1}{a_n a_{n+1}} = \sum_{n=1}^{\infty}\left(\dfrac{1}{a_n a_{n+1}} + b_n - b_n\right)$

$\qquad\qquad\quad = \displaystyle\sum_{n=1}^{\infty}\left(\dfrac{1}{a_n a_{n+1}} + b_n\right) - \sum_{n=1}^{\infty} b_n$ 너코 095

$\qquad\qquad\quad = 2 - \dfrac{1}{1-r}$

로 수렴한다. 이때

$$\sum_{n=1}^{\infty}\frac{1}{a_n a_{n+1}}$$

$$=\lim_{n\to\infty}\sum_{k=1}^{n}\frac{1}{a_{k+1}-a_k}\left(\frac{1}{a_k}-\frac{1}{a_{k+1}}\right)$$

$$=\lim_{n\to\infty}\sum_{k=1}^{n}\frac{1}{d}\left(\frac{1}{a_k}-\frac{1}{a_{k+1}}\right)\ (\because a_{k+1}-a_k=d)$$

$$=\frac{1}{d}\lim_{n\to\infty}\left\{\left(\frac{1}{a_1}-\frac{1}{a_2}\right)+\left(\frac{1}{a_2}-\frac{1}{a_3}\right)+\cdots+\left(\frac{1}{a_n}-\frac{1}{a_{n+1}}\right)\right\}$$

$$=\frac{1}{d}\lim_{n\to\infty}\left(\frac{1}{a_1}-\frac{1}{a_{n+1}}\right)\quad \boxed{너코\,093}$$

$$=\frac{1}{d}\ \left(\because a_1=1,\ \lim_{n\to\infty}\frac{1}{a_{n+1}}=0\right)\quad \boxed{너코\,089}\ \boxed{너코\,090}$$

이므로 $\dfrac{1}{d}=2-\dfrac{1}{1-r}$ ...... ㉡

㉠을 ㉡에 대입하면 $\dfrac{1}{d}=2-\dfrac{1}{1-\dfrac{1}{1+d}}$

$$\frac{1}{d}=2-\frac{1+d}{d},\ 1=2d-(1+d)$$

$$\therefore d=2,\ r=\frac{1}{3}\ (\because ㉠)$$

$$\therefore \sum_{n=1}^{\infty}b_n=\frac{1}{1-\dfrac{1}{3}}=\frac{3}{2}$$

답 ⑤

J 09-16

$\displaystyle\sum_{n=1}^{\infty}\frac{a}{6^{2n-1}}$ 는 첫째항이 $\dfrac{a}{6}$, 공비가 $\dfrac{1}{36}$ 인 등비급수이고

$\displaystyle\sum_{n=1}^{\infty}\frac{b}{6^{2n}}$ 는 첫째항이 $\dfrac{b}{36}$, 공비가 $\dfrac{1}{36}$ 인 등비급수이므로

둘 다 수렴하는 급수이다. $\boxed{너코\,096}$

따라서 급수의 성질에 의하여

$$\frac{1}{p}=\sum_{n=1}^{\infty}\left(\frac{a}{6^{2n-1}}+\frac{b}{6^{2n}}\right)$$

$$=\sum_{n=1}^{\infty}\frac{a}{6^{2n-1}}+\sum_{n=1}^{\infty}\frac{b}{6^{2n}}\quad \boxed{너코\,095}$$

$$=\frac{\dfrac{a}{6}}{1-\dfrac{1}{36}}+\frac{\dfrac{b}{36}}{1-\dfrac{1}{36}}=\frac{6a+b}{35}$$

이다.

$$\therefore p=\frac{5\times7}{6a+b}$$

이때 p가 '소수', 즉 '1과 자기 자신만을 약수로 갖는 2 이상의 자연수'이므로

$6a+b=5$일 때 $p=7$이고 $(a=0,\ b=5$일 때$)$

$6a+b=7$일 때 $p=5$이다.$(a=1,\ b=1$일 때$)$

따라서 등식을 만족시키는 두 소수의 합은 12이다.

답 12

J 09-17

등비급수는 (첫째항)$=0$ 또는 |공비|<1일 때 수렴하고, (첫째항)$\neq 0$이면서 |공비|≥ 1일 때 발산한다. $\boxed{너코\,096}$

등비수열 $\{a_n\}$의 공비를 r라 하자.

ㄱ. 등비급수 $\displaystyle\sum_{n=1}^{\infty}a_n$이 수렴하면 $a_1=0$ 또는 $|r|<1$이다.

따라서 등비급수 $\displaystyle\sum_{n=1}^{\infty}a_{2n}$의 첫째항 $a_2=a_1 r$와 공비 r^2에 대하여

$a_1 r=0$ 또는 $|r^2|<1$이므로 $\displaystyle\sum_{n=1}^{\infty}a_{2n}$은 수렴한다. (참)

ㄴ. 등비급수 $\displaystyle\sum_{n=1}^{\infty}a_n$이 발산하면 $a_1\neq 0$이면서 $|r|\geq 1$이다.

따라서 등비급수 $\displaystyle\sum_{n=1}^{\infty}a_{2n}$의 첫째항 $a_2=a_1 r$와 공비 r^2에 대하여

$a_1 r\neq 0$이면서 $|r^2|\geq 1$이므로 $\displaystyle\sum_{n=1}^{\infty}a_{2n}$은 발산한다. (참)

ㄷ. 등비급수 $\displaystyle\sum_{n=1}^{\infty}a_{2n}$이 수렴하면 $a_2=a_1 r=0$ 또는 $|r^2|<1$이므로

수열 $\{a_n\}$의 첫째항과 공비가 $a_1=0$ 또는 $|r|<1$이므로 $\displaystyle\lim_{n\to\infty}a_n=0$이다.

따라서 $\displaystyle\lim_{n\to\infty}\left(a_n+\frac{1}{2}\right)=0+\frac{1}{2}=\frac{1}{2}$, 즉

$\displaystyle\lim_{n\to\infty}\left(a_n+\frac{1}{2}\right)\neq 0$이므로 급수 $\displaystyle\sum_{n=1}^{\infty}\left(a_n+\frac{1}{2}\right)$은 발산한다.

$\boxed{너코\,094}$ (거짓)

따라서 옳은 것은 ㄱ, ㄴ이다.

답 ③

J 09-18

ㄱ. [반례] $k=2$일 때 $a_6=\dfrac{1}{32}\cos\dfrac{5\pi}{2}=0$이다. $\boxed{너코\,020}$ (거짓)

ㄴ. $a_{4k-1}=\dfrac{1}{2^{4k-2}}\cos\dfrac{(4k-2)\pi}{2}$

$=\dfrac{1}{2^{4k-2}}\cos\pi=-\dfrac{1}{2^{4k-2}}$

$b_{4k-1}=\dfrac{1+(-1)^{4k-2}}{2^{4k-1}}=\dfrac{2}{2^{4k-1}}=\dfrac{1}{2^{4k-2}}$

$\therefore a_{4k-1}+b_{4k-1}=\left(-\dfrac{1}{2^{4k-2}}\right)+\dfrac{1}{2^{4k-2}}=0$ (참)

ㄷ. 수열 $\{a_n\}$은 $1,\ 0,\ -\dfrac{1}{4},\ 0,\ \dfrac{1}{16},\ 0,\ -\dfrac{1}{64},\ \cdots$이므로

$\displaystyle\sum_{n=1}^{\infty}a_n$은 첫째항이 1이고 공비가 $-\dfrac{1}{4}$인 등비급수의 합과 같다.

즉, $\displaystyle\sum_{n=1}^{\infty} a_n = \dfrac{1}{1-\left(-\dfrac{1}{4}\right)} = \dfrac{4}{5}$ 이다. [너코 096]

수열 $\{b_n\}$ 은 $1,\ 0,\ \dfrac{1}{4},\ 0,\ \dfrac{1}{16},\ \cdots$ 이므로

$\displaystyle\sum_{n=1}^{\infty} b_n$ 은 첫째항이 1 이고 공비가 $\dfrac{1}{4}$ 인 등비급수의 합과 같다.

즉, $\displaystyle\sum_{n=1}^{\infty} b_n = \dfrac{1}{1-\dfrac{1}{4}} = \dfrac{4}{3}$ 이다.

$\therefore \displaystyle\sum_{n=1}^{\infty} a_n = \dfrac{3}{5}\sum_{n=1}^{\infty} b_n$ [너코 095] (참)

따라서 옳은 것은 ㄴ, ㄷ이다.

답 ⑤

J 09-19

등비급수는 (첫째항)$=0$ 또는 $|$공비$|<1$일 때 수렴하고, (첫째항)$\neq 0$이면서 $|$공비$| \geq 1$일 때 발산한다. [너코 096]
두 등비수열 $\{a_n\}$, $\{b_n\}$의 공비를 각각 r_1, r_2라 하자.

ㄱ. 등비급수 $\displaystyle\sum_{n=1}^{\infty} a_n$이 수렴하면 $a_1 = 0$ 또는 $|r_1| < 1$이고

등비급수 $\displaystyle\sum_{n=1}^{\infty} b_n$ 이 수렴하면 $b_1 = 0$ 또는 $|r_2| < 1$이다.

따라서 등비급수 $\displaystyle\sum_{n=1}^{\infty} a_n b_n$의 첫째항 $a_1 b_1$과 공비 $r_1 r_2$에

대하여 $a_1 b_1 = 0$ 또는 $-1 < r_1 r_2 < 1$ 이므로 $\displaystyle\sum_{n=1}^{\infty} a_n b_n$ 은

수렴한다. (참)

ㄴ. [반례] $a_n = -2^n$, $b_n = 2^n$ 이라 하자.

두 등비급수 $\displaystyle\sum_{n=1}^{\infty} a_n$, $\displaystyle\sum_{n=1}^{\infty} b_n$ 은 발산하지만

$\displaystyle\lim_{n\to\infty}(a_n + b_n) = \lim_{n\to\infty}\{(-2^n) + 2^n\} = 0$이다. (거짓)

ㄷ. 등비급수 $\displaystyle\sum_{n=1}^{\infty}(a_n)^3$이 수렴하면 $(a_1)^3 = 0$ 또는

$|(r_1)^3| < 1$이므로

등비급수 $\displaystyle\sum_{n=1}^{\infty} a_n$의 첫째항 a_1과 공비 r_1에 대하여

$a_1 = 0$ 또는 $|r_1| < 1$이므로 $\displaystyle\sum_{n=1}^{\infty} a_n$은 수렴한다.

마찬가지로 등비급수 $\displaystyle\sum_{n=1}^{\infty}(b_n)^3$이 수렴하면 $\displaystyle\sum_{n=1}^{\infty} b_n$도

수렴한다.
따라서 급수의 성질에 의하여

$\displaystyle\sum_{n=1}^{\infty}(a_n + b_n) = \sum_{n=1}^{\infty} a_n + \sum_{n=1}^{\infty} b_n$ 으로 수렴한다. [너코 095] (참)

따라서 옳은 것은 ㄱ, ㄷ이다.

답 ④

J 09-20

조건 (가)에 의하여

$\log a_n - \log a_{n+1}$, 즉 $\log \dfrac{a_n}{a_{n+1}}$ 의 값이 정수이고

조건 (나)의 각 변에 상용로그를 취하면 $0 < \log \dfrac{a_n}{a_{n+1}} < 2$이다.

[너코 007]

따라서 $\log \dfrac{a_n}{a_{n+1}} = 1$이므로 로그의 정의에 의하여

$\dfrac{a_n}{a_{n+1}} = 10$, 즉 $a_{n+1} = \dfrac{1}{10} a_n$이다. [너코 004]

따라서 $\displaystyle\sum_{n=1}^{\infty} a_n$은 첫째항이 a_1이고 공비가 $\dfrac{1}{10}$ 인 등비급수이므로

$\displaystyle\sum_{n=1}^{\infty} a_n = \dfrac{a_1}{1-\dfrac{1}{10}} = \dfrac{10a_1}{9} = 500$이다. [너코 096]

$\therefore a_1 = 450$

답 450

J 09-21

$f(x) = \left(\dfrac{1}{2}\right)^{n-1}(x-1)$, $g(x) = 3x(x-1)$이라 하자.

두 함수 $y = f(x)$, $y = g(x)$의 그래프의 교점 A, P_n의

x좌표를 각각 1, p_n이라 하면

이차방정식 $f(x) = g(x)$, 즉

$3x^2 - \left\{3+\left(\dfrac{1}{2}\right)^{n-1}\right\}x + \left(\dfrac{1}{2}\right)^{n-1} = 0$의 실근이 1, p_n이다.

따라서 근과 계수의 관계에 의하여

$1 \times p_n = \dfrac{1}{3}\left(\dfrac{1}{2}\right)^{n-1}$ 이므로

점 P_n의 y좌표는 $f(p_n) = \dfrac{1}{3}\left(\dfrac{1}{4}\right)^{n-1} - \left(\dfrac{1}{2}\right)^{n-1}$ 이고

$\overline{P_n H_n} = |f(p_n)| = \left(\dfrac{1}{2}\right)^{n-1} - \dfrac{1}{3}\left(\dfrac{1}{4}\right)^{n-1}$ 이다.

$\therefore \displaystyle\sum_{n=1}^{\infty} \overline{P_n H_n} = \sum_{n=1}^{\infty}\left\{\left(\dfrac{1}{2}\right)^{n-1} - \dfrac{1}{3}\left(\dfrac{1}{4}\right)^{n-1}\right\}$

$\displaystyle = \sum_{n=1}^{\infty}\left(\dfrac{1}{2}\right)^{n-1} - \sum_{n=1}^{\infty}\dfrac{1}{3}\left(\dfrac{1}{4}\right)^{n-1}$ [너코 095]

$= \dfrac{1}{1-\dfrac{1}{2}} - \dfrac{\dfrac{1}{3}}{1-\dfrac{1}{4}}$ [너코 096]

$= 2 - \dfrac{4}{9} = \dfrac{14}{9}$

답 ②

J 09-22

등비수열 $\{a_n\}$의 첫째항을 a, 공비를 r $(r \neq 0)$라 하자.

먼저 $b_3 = -1$에서 $a_3 = ar^2 \le -1$이므로

$a \le -\dfrac{1}{r^2} < 0$이다. $(\because r^2 > 0)$

또한 수열 $\{b_n\}$은 -1 또는 등비수열 $\{a_n\}$의 항으로 이루어져

있고, 조건 (가), (나)에서 $\displaystyle\sum_{n=1}^{\infty} b_{2n-1}$, $\displaystyle\sum_{n=1}^{\infty} b_{2n}$이 부호가 서로

다른 값에 수렴하므로 이를 만족시키려면

$-1 < r < 0$이어야 한다. 너코 096

(첫째항 a가 음수이므로 $0 < r < 1$이면 등비수열 $\{a_n\}$의

모든 항이 음수가 되어 조건 (나)를 만족시킬 수 없다.)

따라서 $a_2 = ar > 0$, $a_1 = a \le -\dfrac{1}{r^2} < -1$이므로

$b_2 = a_2$, $b_1 = -1$이다.

한편 $a < 0$, $-1 < r < 0$이므로

자연수 n에 대하여 $a_{2n} > 0$이고 $b_{2n} = a_{2n}$이다.

$\therefore \displaystyle\sum_{n=1}^{\infty} b_{2n} = \sum_{n=1}^{\infty} a_{2n} = \dfrac{a_2}{1-r^2} = \dfrac{ar}{1-r^2} = 8$ ......㉠

또한 $a_{2m-1} \le -1$, $a_{2m+1} > -1$인 자연수 m이 존재한다고

하면 $b_1 = b_3 = b_5 = \cdots = b_{2m-1} = -1$이고

$k \ge m+1$인 자연수 k에 대하여 $b_{2k-1} = a_{2k-1}$이다.

$\therefore \displaystyle\sum_{n=1}^{\infty} b_{2n-1} = -1 \times m + \sum_{n=m+1}^{\infty} a_{2n-1}$ 너코 095

$\qquad = -m + \dfrac{ar^{2m}}{1-r^2} = -3$ ......㉡

이때 ㉡에서 $\dfrac{ar^{2m}}{1-r^2} = -3+m$이고 좌변이 음수이므로

$-3+m < 0$이어야 한다.

즉, $m < 3$이고 m은 자연수이므로

$m=1$ 또는 $m=2$

그런데 $b_3 = -1$이므로 $m=2$이다.

㉡에서 $\dfrac{ar^4}{1-r^2} = -1$이고 이 식에 ㉠을 대입하면

$8r^3 = -1$ $\quad \therefore r = -\dfrac{1}{2}$, $a = -12$ $(\because ㉠)$

따라서 수열 $\{|a_n|\}$은 첫째항이 12이고 공비가 $\dfrac{1}{2}$인

등비수열이므로

$\displaystyle\sum_{n=1}^{\infty} |a_n| = \dfrac{12}{1-\dfrac{1}{2}} = 24$

답 24

J 09-23

등비수열 $\{a_n\}$의 첫째항을 a, 공비를 r_1, 등비수열 $\{b_n\}$의

첫째항을 b, 공비를 r_2라 하자. (단, $abr_1r_2 \ne 0$)

두 급수 $\displaystyle\sum_{n=1}^{\infty} a_n$, $\displaystyle\sum_{n=1}^{\infty} b_n$이 각각 수렴하므로

$-1 < r_1 < 1$, $-1 < r_2 < 1$이고

$\displaystyle\sum_{n=1}^{\infty} a_n = \dfrac{a}{1-r_1}$, $\displaystyle\sum_{n=1}^{\infty} b_n = \dfrac{b}{1-r_2}$이다. 너코 096

이때 수열 $\{a_nb_n\}$은 첫째항이 ab, 공비가 r_1r_2인 등비수열이고

$-1 < r_1r_2 < 1$이므로

$\displaystyle\sum_{n=1}^{\infty} a_nb_n = \dfrac{ab}{1-r_1r_2}$

조건에서 $\displaystyle\sum_{n=1}^{\infty} a_nb_n = \left(\sum_{n=1}^{\infty} a_n\right) \times \left(\sum_{n=1}^{\infty} b_n\right)$이 성립하므로

$\dfrac{ab}{1-r_1r_2} = \dfrac{a}{1-r_1} \times \dfrac{b}{1-r_2}$

$1 - r_1r_2 = (1-r_1)(1-r_2)$

$\therefore r_1 + r_2 = 2r_1r_2$ ......㉠

또한 수열 $\{|a_{2n}|\}$은 첫째항이 $|ar_1|$, 공비가 r_1^2인

등비수열이고 수열 $\{|a_{3n}|\}$은 첫째항이 $|ar_1^2|$, 공비가

$|r_1^3|$인 등비수열이며 $0 < r_1^2 < 1$, $0 < |r_1^3| < 1$이므로

$\displaystyle\sum_{n=1}^{\infty} |a_{2n}| = \dfrac{|ar_1|}{1-r_1^2}$, $\displaystyle\sum_{n=1}^{\infty} |a_{3n}| = \dfrac{|ar_1^2|}{1-|r_1^3|}$

조건에서 $3 \times \displaystyle\sum_{n=1}^{\infty} |a_{2n}| = 7 \times \sum_{n=1}^{\infty} |a_{3n}|$이 성립하므로

$3 \times \dfrac{|ar_1|}{1-r_1^2} = 7 \times \dfrac{|ar_1^2|}{1-|r_1^3|}$ ......㉡

i) $r_1 > 0$이면 ㉡에서 $\dfrac{3}{1-r_1^2} = \dfrac{7r_1}{1-r_1^3}$이므로

$\dfrac{3}{(1+r_1)(1-r_1)} = \dfrac{7r_1}{(1-r)(1+r_1+r_1^2)}$

$3(1+r_1+r_1^2) = 7r_1(1+r_1)$

$4r_1^2 + 4r_1 - 3 = 0$, $(2r_1+3)(2r_1-1) = 0$

$\therefore r_1 = \dfrac{1}{2}$ $(\because r_1 > 0)$

이를 ㉠에 대입하면 $\dfrac{1}{2} + r_2 = r_2$가 되어 모순이다.

ii) $r_1 < 0$이면 ㉡에서 $\dfrac{3}{1-r_1^2} = \dfrac{-7r_1}{1+r_1^3}$이므로

$\dfrac{3}{(1+r_1)(1-r_1)} = \dfrac{-7r_1}{(1+r)(1-r_1+r_1^2)}$

$3(1-r_1+r_1^2) = -7r_1(1-r_1)$

$4r_1^2 - 4r_1 - 3 = 0$, $(2r_1+1)(2r_1-3) = 0$

$\therefore r_1 = -\dfrac{1}{2}$ $(\because r_1 < 0)$

이를 ㉠에 대입하면 $-\dfrac{1}{2} + r_2 = -r_2$에서 $r_2 = \dfrac{1}{4}$

i), ii)에 의하여 $b_n = b\left(\dfrac{1}{4}\right)^{n-1}$이므로

$b_{2n-1} = b\left(\dfrac{1}{4}\right)^{2n-2}$, $b_{3n+1} = b\left(\dfrac{1}{4}\right)^{3n}$

$\therefore \dfrac{b_{2n-1}}{b_n} = \left(\dfrac{1}{4}\right)^{n-1}$, $\dfrac{b_{3n+1}}{b_n} = \left(\dfrac{1}{4}\right)^{2n+1} = \dfrac{1}{64}\left(\dfrac{1}{16}\right)^{n-1}$

$$\therefore \sum_{n=1}^{\infty} \frac{b_{2n-1}+b_{3n+1}}{b_n} = \sum_{n=1}^{\infty}\frac{b_{2n-1}}{b_n}+\sum_{n=1}^{\infty}\frac{b_{3n+1}}{b_n} \quad \boxed{\text{너코 095}}$$

$$= \frac{1}{1-\dfrac{1}{4}}+\frac{\dfrac{1}{64}}{1-\dfrac{1}{16}}$$

$$= \frac{4}{3}+\frac{1}{60}=\frac{27}{20}$$

$$\therefore 120S = 120 \times \frac{27}{20}=162$$

답 162

J 09-24

풀이 1

$$\sum_{n=1}^{\infty}|a_n| = \sum_{n=1}^{\infty}\frac{1}{2}\{(|a_n|+a_n)+(|a_n|-a_n)\}$$

$$= \frac{1}{2}\left(\frac{40}{3}+\frac{20}{3}\right)=10 \quad \boxed{\text{너코 095}}$$

$$\sum_{n=1}^{\infty}a_n = \sum_{n=1}^{\infty}\frac{1}{2}\{(|a_n|+a_n)-(|a_n|-a_n)\}$$

$$= \frac{1}{2}\left(\frac{40}{3}-\frac{20}{3}\right)=\frac{10}{3}$$

$\displaystyle\sum_{n=1}^{\infty}a_n$이 수렴하므로 등비수열 $\{a_n\}$의 공비를 r이라 할 때

$-1 < r < 1$이다. ($\because \displaystyle\sum_{n=1}^{\infty}a_n \neq 0$이므로 $a_1 \neq 0$이다.) $\boxed{\text{너코 096}}$

수열 $\{|a_n|\}$은 첫째항이 $|a_1|$이고 공비가 $|r|$인 등비수열이다.

만약 $r \geq 0$이면 $\displaystyle\sum_{n=1}^{\infty}|a_n|=\frac{|a_1|}{1-r}$, $\displaystyle\sum_{n=1}^{\infty}a_n=\frac{a_1}{1-r}$ 이므로

두 값의 절댓값이 같아야 하는데 이는 모순이다.

따라서 $r < 0$이고, $\displaystyle\sum_{n=1}^{\infty}|a_n|=\frac{|a_1|}{1+r}$, $\displaystyle\sum_{n=1}^{\infty}a_n=\frac{a_1}{1-r}$ 이다.

이때 $\displaystyle\sum_{n=1}^{\infty}a_n=\frac{a_1}{1-r}>0$, $-1<r<0$이므로 $a_1 > 0$이다.

$$\therefore \frac{a_1}{1+r}=10, \ \frac{a_1}{1-r}=\frac{10}{3}$$

$\dfrac{a_1}{1+r} \times \dfrac{1-r}{a_1} = 10 \times \dfrac{3}{10}$에서 $\dfrac{1-r}{1+r}=3$,

$1-r = 3+3r$

$$\therefore r = -\frac{1}{2}, \ a_1 = 5$$

$S_n = \displaystyle\sum_{k=1}^{2n}\left((-1)^{\frac{k(k+1)}{2}}\times a_{m+k}\right)$이라 하자.

k의 값 (단, l은 자연수)	$\dfrac{k(k+1)}{2}$	$(-1)^{\frac{k(k+1)}{2}}$
$k=4l-3$	홀수	-1
$k=4l-2$	홀수	-1
$k=4l-1$	짝수	1
$k=4l$	짝수	1

$$S_1 = -(a_{m+1}+a_{m+2}),$$
$$S_2 = S_1 + (a_{m+3}+a_{m+4}),$$
$$S_3 = S_2 - (a_{m+5}+a_{m+6}),$$
$$\vdots$$

즉, S_n은 첫째항이 $-(a_{m+1}+a_{m+2})$, 공비가 $-r^2=-\dfrac{1}{4}$인

등비수열의 첫째항부터 제n항까지의 합이다.

이때 $-(a_{m+1}+a_{m+2})=-a_{m+1}(1+r)=-\dfrac{5}{2}\left(-\dfrac{1}{2}\right)^m$이다.

따라서 $\displaystyle\lim_{n \to \infty}S_n$은 첫째항이 $-\dfrac{5}{2}\left(-\dfrac{1}{2}\right)^m$, 공비가 $-\dfrac{1}{4}$인

등비급수이므로 $\boxed{\text{너코 093}}$

$$\lim_{n \to \infty}S_n = \frac{-\dfrac{5}{2}\left(-\dfrac{1}{2}\right)^m}{1-\left(-\dfrac{1}{4}\right)}=\left(-\dfrac{1}{2}\right)^{m-1}$$

$\left(-\dfrac{1}{2}\right)^{m-1} > \dfrac{1}{700}$이려면 m은 홀수이어야 하고,

이때 $2^{m-1} < 700$에서 $2^m < 1400$이다.

따라서 이를 만족시키는 홀수인 자연수 m은 1, 3, 5, 7, 9이고,

그 합은 25이다.

풀이 2

$$|a_n|+a_n = \begin{cases} 2a_n & (a_n \geq 0) \\ 0 & (a_n < 0) \end{cases}, \ |a_n|-a_n = \begin{cases} 0 & (a_n \geq 0) \\ -2a_n & (a_n < 0) \end{cases}$$

이므로 $\displaystyle\sum_{n=1}^{\infty}(|a_n|+a_n)$, $\displaystyle\sum_{n=1}^{\infty}(|a_n|-a_n)$은 각각

$2\times$|양수인 모든 항의 합|, $2\times$|음수인 모든 항의 합|이다.

이때 두 값이 모두 0이 아니므로 등비수열 $\{a_n\}$은 양수, 음수인

항이 모두 존재하는 공비가 음수인 등비수열이고

$\displaystyle\sum_{n=1}^{\infty}(|a_n|+a_n)$, $\displaystyle\sum_{n=1}^{\infty}(|a_n|-a_n)$은 각각 $2\displaystyle\sum_{n=1}^{\infty}|a_{2n-1}|$ 또는

$2\displaystyle\sum_{n=1}^{\infty}|a_{2n}|$이다.

등비수열 $\{a_n\}$의 공비를 r이라 할 때 급수가 수렴하므로

$|r| < 1$이고, $\boxed{\text{너코 096}}$

$\displaystyle\sum_{n=1}^{\infty}a_{2n} = r\sum_{n=1}^{\infty}a_{2n-1}$이므로 $\boxed{\text{너코 095}}$

$\displaystyle\sum_{n=1}^{\infty}|a_{2n}| < \sum_{n=1}^{\infty}|a_{2n-1}|$이다.

이때 $\displaystyle\sum_{n=1}^{\infty}(|a_n|+a_n) > \sum_{n=1}^{\infty}(|a_n|-a_n)$이므로

$\displaystyle\sum_{n=1}^{\infty}(|a_n|+a_n)=2\sum_{n=1}^{\infty}|a_{2n-1}|$, $\displaystyle\sum_{n=1}^{\infty}(|a_n|-a_n)=2\sum_{n=1}^{\infty}|a_{2n}|$

이고, 첫째항은 양수이다.

따라서 $r=-\left(\dfrac{20}{3}\div\dfrac{40}{3}\right)=-\dfrac{1}{2}$이고,

$\displaystyle\sum_{n=1}^{\infty}(|a_n|+a_n)=2\times\frac{a_1}{1-r^2}=\frac{40}{3}$에서 $a_1 = 5$이다.

$$\lim_{n \to \infty} \sum_{k=1}^{2n} \left((-1)^{\frac{k(k+1)}{2}} \times a_{m+k} \right)$$

$$= a_m \times \lim_{n \to \infty} \sum_{k=1}^{2n} \left((-1)^{\frac{k(k+1)}{2}} \times r^k \right) \quad \boxed{\text{너코 026}} \boxed{\text{너코 028}} \boxed{\text{너코 089}}$$

$$= a_m \times \left\{ -(r+r^2) + (r^3+r^4) - (r^5+r^6) + \cdots \right\} \quad \boxed{\text{너코 093}}$$

$$= a_m \times \frac{-(r+r^2)}{1-(-r^2)}$$

$$= 5\left(-\frac{1}{2}\right)^{m-1} \times \frac{-\left(-\frac{1}{2}+\frac{1}{2^2}\right)}{1-\left(-\frac{1}{4}\right)} = \left(-\frac{1}{2}\right)^{m-1}$$

$\left(-\frac{1}{2}\right)^{m-1} > \frac{1}{700}$ 이려면 m은 홀수이어야 하고,

이때 $2^{m-1} < 700$에서 $2^m < 1400$이다.

따라서 이를 만족시키는 홀수인 자연수 m은 $1, 3, 5, 7, 9$이고,
그 합은 25이다.

답 25

J10-01

$\overline{OE_1} = \overline{OD_1} = \overline{OC_1} - \overline{C_1D_1} = 2$이므로

$\overline{A_1E_1} = \sqrt{\overline{OE_1}^2 - \overline{OA_1}^2} = \sqrt{3}$,

$\overline{B_1E_1} = 3 - \sqrt{3}$ 이다.

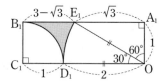

따라서

$S_1 = $ (사다리꼴 $B_1C_1OE_1$의 넓이)
$\qquad - \{$(부채꼴 $C_1B_1D_1$의 넓이) $+$ (부채꼴 OD_1E_1의 넓이)$\}$

$= \dfrac{(3-\sqrt{3})+3}{2} \times 1$

$\qquad\qquad - \left\{ \left(\pi \times 1^2 \times \dfrac{90}{360} \right) + \left(\pi \times 2^2 \times \dfrac{30}{360} \right) \right\}$

$= 3 - \dfrac{\sqrt{3}}{2} - \dfrac{7}{12}\pi$

한편 두 그림 R_1, R_2에서 새로 색칠된 부분의 닮음비는
두 직사각형 $OA_1B_1C_1$, $OA_2B_2C_2$의 대각선의 길이의 비
$\overline{OB_1} : \overline{OB_2}$와 같다.

이때

$\overline{OB_1} = \sqrt{\overline{OC_1}^2 + \overline{B_1C_1}^2} = \sqrt{10}$,

$\overline{OB_2} = \overline{OD_1} = 2$이므로

$\overline{OB_1} : \overline{OB_2} = \sqrt{10} : 2 = 1 : \dfrac{2}{\sqrt{10}}$ 이다.

같은 과정을 계속하므로 모든 자연수 n에 대하여
두 그림 R_n, R_{n+1}에서 새로 색칠된 부분의 닮음비도

$1 : \dfrac{2}{\sqrt{10}}$ 이고 넓이의 비는 $1^2 : \left(\dfrac{2}{\sqrt{10}} \right)^2 = 1 : \dfrac{2}{5}$ 이다.

또한 색칠된 부분의 넓이가 누적되고 있으므로

S_n은 첫째항이 $3 - \dfrac{\sqrt{3}}{2} - \dfrac{7}{12}\pi$이고 공비가 $\dfrac{2}{5}$인 등비수열의
첫째항부터 제n항까지의 합이다.

$$\therefore \lim_{n \to \infty} S_n = \frac{3 - \dfrac{\sqrt{3}}{2} - \dfrac{7}{12}\pi}{1 - \dfrac{2}{5}} = 5 - \frac{5\sqrt{3}}{6} - \frac{35}{36}\pi \quad \boxed{\text{너코 096}}$$

답 ②

J10-02

풀이 1

직각삼각형 OA_1B_1에 대하여

$\overline{OA_1} = 4$, $\overline{OB_1} = 4\sqrt{3}$ 이라 주어졌으므로

$\angle OA_1B_1 = \dfrac{\pi}{3}$, $\angle OB_1A_1 = \dfrac{\pi}{6}$ 이다.

따라서 선분 A_1B_1과 호 A_1B_2가 만나는 점을 C라 하면
삼각형 OA_1C는 한 변의 길이가 4인 정삼각형이다.

이때 호 A_1C의 중점을 M이라 하면

$\angle B_2OC = \angle COM = \angle MOA_1 = \dfrac{\pi}{6}$이므로

다음 그림에서 ㉠, ㉡, ㉢, ㉣의 넓이는 모두 같다.

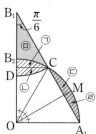

$S_1 = ($㉢의 넓이$+$㉣의 넓이$) + ($㉤의 넓이$)$

$\quad = ($㉠의 넓이$+$㉡의 넓이$) + ($㉤의 넓이$)$

$\quad = ($부채꼴 B_1CD의 넓이$)$

$\quad = \dfrac{1}{2} \times 4^2 \times \dfrac{\pi}{6} = \dfrac{4}{3}\pi \quad \boxed{\text{너코 017}}$

한편 두 그림 R_1, R_2에 새로 색칠된 부분의 닮음비는
두 직각삼각형 OA_1B_1과 OA_2B_2의 닮음비

$\overline{OB_1} : \overline{OB_2} = 4\sqrt{3} : 4 = 1 : \dfrac{\sqrt{3}}{3}$과 같다.

같은 과정을 계속하므로 모든 자연수 n에 대하여
두 그림 R_n, R_{n+1}에서 새로 색칠된 부분의 닮음비도

$1 : \dfrac{\sqrt{3}}{3}$ 이고 넓이의 비는 $1^2 : \left(\dfrac{\sqrt{3}}{3} \right)^2 = 1 : \dfrac{1}{3}$이다.

또한 색칠된 부분의 넓이가 누적되고 있으므로

S_n은 첫째항이 $\dfrac{4}{3}\pi$이고 공비가 $\dfrac{1}{3}$인 등비수열의 첫째항부터
제n항까지의 합이다.

$$\therefore \lim_{n \to \infty} S_n = \frac{\frac{4}{3}\pi}{1 - \frac{1}{3}} = 2\pi \quad \boxed{\text{너코 096}}$$

$\boxed{\text{풀이 2}}$

직각삼각형 OA_1B_1에 대하여

$\overline{OA_1} = 4$, $\overline{OB_1} = 4\sqrt{3}$ 이라 주어졌으므로

$\angle OA_1B_1 = \dfrac{\pi}{3}$, $\angle OB_1A_1 = \dfrac{\pi}{6}$ 이다.

따라서 선분 A_1B_1과 호 A_1B_2가 만나는 점을 C 라 하면

삼각형 OA_1C는 한 변의 길이가 4인 정삼각형이다.

또한 점 C에서 선분 OB_1에 내린 수선의 발을 H라 하면

$\overline{CH} = \overline{OC}\sin\dfrac{\pi}{6} = 2$이다. $\quad \boxed{\text{너코 018}}$

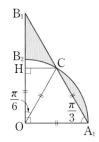

$S_1 = \{(\text{삼각형 } OB_1C \text{의 넓이}) + (\text{부채꼴 } OA_1C \text{의 넓이})\}$
$\qquad - \{(\text{부채꼴 } OB_2C \text{의 넓이}) + (\text{정삼각형 } OA_1C \text{의 넓이})\}$

$= \left\{ \left(\dfrac{1}{2} \times 4\sqrt{3} \times 2 \right) + \left(\dfrac{1}{2} \times 4^2 \times \dfrac{\pi}{3} \right) \right\}$

$\qquad - \left\{ \left(\dfrac{1}{2} \times 4^2 \times \dfrac{\pi}{6} \right) + \left(\dfrac{\sqrt{3}}{4} \times 4^2 \right) \right\} \quad \boxed{\text{너코 017}}$

$= \left(4\sqrt{3} + \dfrac{8}{3}\pi \right) - \left(\dfrac{4}{3}\pi + 4\sqrt{3} \right) = \dfrac{4}{3}\pi$

한편 두 그림 R_1, R_2에 새로 색칠된 부분의 닮음비는
두 직각삼각형 OA_1B_1과 OA_2B_2의 닮음비

$\overline{OB_1} : \overline{OB_2} = 4\sqrt{3} : 4 = 1 : \dfrac{\sqrt{3}}{3}$ 과 같다.

같은 과정을 계속하므로 모든 자연수 n에 대하여
두 그림 R_n, R_{n+1}에 새로 색칠한 부분의 닮음비도

$1 : \dfrac{\sqrt{3}}{3}$ 이고 넓이의 비는 $1^2 : \left(\dfrac{\sqrt{3}}{3} \right)^2 = 1 : \dfrac{1}{3}$ 이다.

또한 색칠된 부분의 넓이가 누적되고 있으므로

S_n은 첫째항이 $\dfrac{4}{3}\pi$이고 공비가 $\dfrac{1}{3}$인 등비수열의 첫째항부터

제n항까지의 합이다.

$$\therefore \lim_{n \to \infty} S_n = \frac{\frac{4}{3}\pi}{1 - \frac{1}{3}} = 2\pi \quad \boxed{\text{너코 096}}$$

답 ④

J 10-03

$\overline{E_1F_1} = \overline{E_1G_1}$, $\overline{E_1F_1} : \overline{F_1G_1} = 5 : 6$이므로

선분 F_1G_1의 중점을 M이라 하면

$\overline{E_1F_1} : \overline{F_1M} = 5 : 3$이고 $\angle E_1MF_1 = \dfrac{\pi}{2}$이다.

따라서 직각삼각형 E_1MF_1에서 피타고라스 정리에 의하여

$\overline{E_1F_1} : \overline{F_1M} : \overline{ME_1} = 5 : 3 : 4$이다.

따라서 ∧ 모양을 이루고 있는 모든 삼각형은

(빗변의 길이) : (가로의 길이) : (세로의 길이) $= 5 : 3 : 4$,

즉 (세로의 길이) $=$ (가로의 길이) $\times \dfrac{4}{3}$이다. $\qquad \cdots\cdots$ ㉠

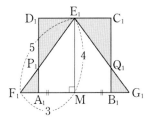

이때

$\overline{A_1F_1} = \overline{F_1M} - \overline{A_1M} = 3 - 2 = 1$이고

$\overline{A_1P_1} = \overline{A_1F_1} \times \dfrac{4}{3} = 1 \times \dfrac{4}{3}$,

$\overline{D_1P_1} = \overline{D_1E_1} \times \dfrac{4}{3} = 2 \times \dfrac{4}{3} = \dfrac{8}{3}$이다.

또한 ∧ 모양의 도형은 선분 E_1M에 대하여 자체적으로
대칭을 이루므로

$S_1 = (\text{두 삼각형 } P_1A_1F_1, P_1D_1E_1 \text{의 넓이의 합}) \times 2$

$\qquad = \left(\dfrac{1}{2} \times 1 \times \dfrac{4}{3} + \dfrac{1}{2} \times 2 \times \dfrac{8}{3} \right) \times 2 = \dfrac{20}{3}$

한편 정사각형 $A_2B_2C_2D_2$의 한 변의 길이를 a 라 하고
선분 C_2D_2의 중점을 N이라 하면
삼각형 E_1ND_2는 삼각형 $P_1A_1F_1$과 닮음이므로

㉠에 의하여 $\overline{E_1N} = \overline{D_2N} \times \dfrac{4}{3} = \dfrac{a}{2} \times \dfrac{4}{3} = \dfrac{2}{3}a$이다.

$\overline{E_1M} = \overline{E_1N} + \overline{MN}$에서

$4 = \dfrac{2}{3}a + a \qquad \therefore a = \dfrac{12}{5}$

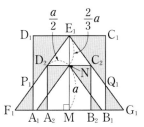

따라서 두 그림 R_1, R_2에 새로 색칠된 부분의 닮음비는
두 정사각형 $A_1B_1C_1D_1$, $A_2B_2C_2D_2$의 닮음비

$4 : \dfrac{12}{5} = 1 : \dfrac{3}{5}$과 같다.

같은 과정을 계속하므로 모든 자연수 n에 대하여

두 그림 R_n, R_{n+1}에 새로 색칠된 부분의 닮음비도 $1 : \dfrac{3}{5}$ 이고

넓이의 비는 $1^2 : \left(\dfrac{3}{5}\right)^2 = 1 : \dfrac{9}{25}$ 이다.

또한 색칠된 부분의 넓이는 누적되고 있으므로

S_n은 첫째항이 $\dfrac{20}{3}$ 이고 공비가 $\dfrac{9}{25}$ 인 등비수열의 첫째항부터

제n항까지의 합이다.

$$\therefore \lim_{n \to \infty} S_n = \dfrac{\dfrac{20}{3}}{1 - \dfrac{9}{25}} = \dfrac{125}{12} \quad \boxed{\text{너코 096}}$$

답 ②

J 10-04

$\overline{OA_1} = \sqrt{3}$ 이고 $\overline{B_1D_1} = 2\overline{C_1D_1}$ 이므로

$\overline{B_1D_1} = \dfrac{2\sqrt{3}}{3}$, $\overline{C_1D_1} = \dfrac{\sqrt{3}}{3}$ 이다.

이때 직각삼각형 $E_1A_1B_1$에서

$\overline{A_1E_1} = \sqrt{\left(\dfrac{2\sqrt{3}}{3}\right)^2 - 1^2} = \dfrac{\sqrt{3}}{3}$

$\overline{A_1E_1} : \overline{A_1B_1} = 1 : \sqrt{3}$ 이므로

$\angle A_1B_1E_1 = \dfrac{\pi}{6}$ 이고

$\angle D_1B_1E_1 = \dfrac{\pi}{2} - \dfrac{\pi}{6} = \dfrac{\pi}{3}$ 이다.

따라서 부채꼴 $B_1D_1E_1$의 넓이는

$\dfrac{1}{2} \times \left(\dfrac{2\sqrt{3}}{3}\right)^2 \times \dfrac{\pi}{3} = \dfrac{2}{9}\pi$ 이고 $\boxed{\text{너코 017}}$

부채꼴 $C_1C_2D_1$의 넓이는

$\left(\dfrac{\sqrt{3}}{3}\right)^2 \pi \times \dfrac{1}{4} = \dfrac{\pi}{12}$ 이다.

$\therefore S_1 = \dfrac{2}{9}\pi + \dfrac{\pi}{12} = \dfrac{11}{36}\pi$

한편 그림 R_1에 색칠된 ◁ 모양의 도형과 그림 R_2에 새로 색칠된 ◁ 모양의 도형의 닮음비는

두 직사각형 $OA_1B_1C_1$, $OA_2B_2C_2$의 닮음비

$\overline{OC_1} : \overline{OC_2} = 1 : \left(1 - \dfrac{\sqrt{3}}{3}\right) = 1 : \dfrac{3 - \sqrt{3}}{3}$ 과 같다.

같은 과정을 계속 반복하므로 모든 자연수 n에 대하여
두 그림 R_n, R_{n+1}에 새로 색칠된 ◁ 모양의 도형의 닮음비도

$1 : \dfrac{3 - \sqrt{3}}{3}$ 이고 넓이의 비는

$1^2 : \left(\dfrac{3 - \sqrt{3}}{3}\right)^2 = 1 : \dfrac{4 - 2\sqrt{3}}{3}$ 이다.

또한 색칠된 부분이 누적되고 있으므로

S_n은 첫째항이 $\dfrac{11}{36}\pi$ 이고 공비가 $\dfrac{4 - 2\sqrt{3}}{3}$ 인 등비수열의
첫째항부터 제n항까지의 합이다.

$$\therefore \lim_{n \to \infty} S_n = \dfrac{\dfrac{11}{36}\pi}{1 - \dfrac{4 - 2\sqrt{3}}{3}} = \dfrac{\dfrac{11}{36}\pi}{\dfrac{2\sqrt{3} - 1}{3}} \quad \boxed{\text{너코 096}}$$

$$= \dfrac{11\pi}{12(2\sqrt{3} - 1)} = \dfrac{1 + 2\sqrt{3}}{12}\pi$$

답 ⑤

J 10-05

부채꼴 $O_1A_1B_1$의 넓이는

$S_1 = \dfrac{1}{2} \times 1^2 \times \dfrac{\pi}{4} = \dfrac{\pi}{8}$ $\boxed{\text{너코 017}}$

한편 그림 R_1에 색칠되어 있는 부채꼴과 그림 R_2에 새로
색칠되어 있는 부채꼴의 닮음비는 $\overline{O_1A_1} : \overline{O_2A_2}$와 같다.

두 직선 O_1A_1과 O_2A_2가 평행하므로

$\angle O_1A_2O_2 = \dfrac{\pi}{4}$ 이고

삼각형 $O_1O_2A_2$에서 사인법칙에 의하여

$\dfrac{\overline{O_1O_2}}{\sin(\angle O_1A_2O_2)} = \dfrac{\overline{O_2A_2}}{\sin(\angle O_2O_1A_2)}$ $\boxed{\text{너코 023}}$

$\dfrac{1}{\sin \dfrac{\pi}{4}} = \dfrac{\overline{O_2A_2}}{\sin \dfrac{\pi}{6}}$

$\therefore \overline{O_2A_2} = \dfrac{1}{\dfrac{\sqrt{2}}{2}} \times \dfrac{1}{2} = \dfrac{1}{\sqrt{2}}$

따라서 $\overline{O_1A_1} : \overline{O_2A_2} = 1 : \dfrac{1}{\sqrt{2}}$ 이다.

같은 과정을 계속하므로 모든 자연수 n에 대하여 두 그림 R_n,

R_{n+1}에 새로 색칠된 부채꼴의 닮음비도 $1 : \dfrac{1}{\sqrt{2}}$ 이고 넓이의

비는 $1^2 : \left(\dfrac{1}{\sqrt{2}}\right)^2 = 1 : \dfrac{1}{2}$ 이다.

또한 색칠된 부분의 넓이는 누적되고 있으므로

S_n은 첫째항이 $\dfrac{\pi}{8}$ 이고 공비가 $\dfrac{1}{2}$ 인 등비수열의 첫째항부터

제n항까지의 합이다.

$$\therefore \lim_{n \to \infty} S_n = \dfrac{\dfrac{\pi}{8}}{1 - \dfrac{1}{2}} = \dfrac{\pi}{4} \quad \boxed{\text{너코 096}}$$

답 ③

J 10-06

$\angle E_1D_1C_1 = \dfrac{\pi}{3}$, $\angle F_1D_1C_1 = \dfrac{\pi}{6}$ 이고 $\overline{C_1D_1} = 1$ 이므로

직각삼각형 $C_1D_1E_1$에서 $\overline{E_1C_1} = \overline{C_1D_1}\tan\dfrac{\pi}{3} = \sqrt{3}$

직각삼각형 $C_1D_1F_1$에서 $\overline{F_1C_1} = \overline{C_1D_1}\tan\dfrac{\pi}{6} = \dfrac{\sqrt{3}}{3}$ $\boxed{\text{너코 018}}$

$$\therefore \overline{E_1F_1} = \overline{G_1F_1} = \sqrt{3} - \frac{\sqrt{3}}{3} = \frac{2\sqrt{3}}{3}$$

또한 $\angle H_1E_1F_1 = \dfrac{\pi}{6}$ 이므로 직각삼각형 $E_1F_1H_1$에서

$$\overline{H_1F_1} = \overline{E_1F_1}\tan\frac{\pi}{6} = \frac{2\sqrt{3}}{3} \times \frac{\sqrt{3}}{3} = \frac{2}{3}$$

$$\therefore S_1 = \triangle G_1E_1F_1 + \triangle D_1E_1F_1 - 2\triangle H_1E_1F_1$$

$$= \frac{1}{2} \times \overline{E_1F_1} \times \overline{G_1F_1} + \frac{1}{2} \times \overline{E_1F_1} \times \overline{C_1D_1}$$

$$-2 \times \left(\frac{1}{2} \times \overline{E_1F_1} \times \overline{H_1F_1}\right)$$

$$= \frac{1}{2} \times \frac{2\sqrt{3}}{3} \times \frac{2\sqrt{3}}{3} + \frac{1}{2} \times \frac{2\sqrt{3}}{3} \times 1$$

$$-2 \times \left(\frac{1}{2} \times \frac{2\sqrt{3}}{3} \times \frac{2}{3}\right)$$

$$= \frac{6-\sqrt{3}}{9}$$

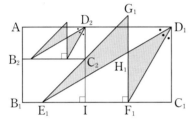

한편 그림 R_1에 색칠되어 있는 도형과 그림 R_2에 새로 색칠되어 있는 도형의 닮음비는 두 직사각형 $AB_1C_1D_1$, $AB_2C_2D_2$의 닮음비와 같다.

직사각형 $AB_2C_2D_2$에서 $\overline{AB_2} = a$라 하면

$$\overline{AD_2} = \overline{B_2C_2} = 2a$$

이때 점 C_2에서 선분 B_1C_1에 내린 수선의 발을 I라 하면

$\angle IE_1C_2 = \dfrac{\pi}{4}$ 이므로 삼각형 E_1IC_2는 직각이등변삼각형이다.

즉, $\overline{E_1I} = \overline{IC_2} = \overline{B_1B_2} = 1-a$이고,

$\overline{IC_1} = \overline{B_1C_1} - \overline{B_2C_2} = 2-2a$이므로

$\overline{E_1C_1} = \overline{E_1I} + \overline{IC_1} = 3-3a = \sqrt{3}$에서

$$a = \frac{3-\sqrt{3}}{3}$$

따라서 두 직사각형 $AB_1C_1D_1$, $AB_2C_2D_2$의 닮음비는

$$\overline{AB_1} : \overline{AB_2} = 1 : \frac{3-\sqrt{3}}{3}$$

같은 과정을 반복하므로 두 그림 R_n, R_{n+1}에 새로 색칠된

두 도형의 닮음비도 $1 : \dfrac{3-\sqrt{3}}{3}$ 이고 넓이의 비는

$1^2 : \left(\dfrac{3-\sqrt{3}}{3}\right)^2 = 1 : \dfrac{4-2\sqrt{3}}{3}$ 이다.

또한 색칠된 부분의 넓이는 누적되고 있으므로

S_n은 첫째항이 $\dfrac{6-\sqrt{3}}{9}$ 이고 공비가 $\dfrac{4-2\sqrt{3}}{3}$ 인 등비수열의

첫째항부터 제n항까지의 합이다.

$$\therefore \lim_{n\to\infty} S_n = \frac{\dfrac{6-\sqrt{3}}{9}}{1-\dfrac{4-2\sqrt{3}}{3}} = \frac{6-\sqrt{3}}{6\sqrt{3}-3}$$

$$= \frac{6-\sqrt{3}}{\sqrt{3}(6-\sqrt{3})} = \frac{\sqrt{3}}{3}$$ 너코 096

답 ③

J 10-07

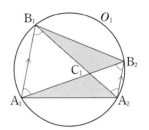

원주각의 성질에 의하여

$$\angle A_1B_1A_2 = \angle A_1B_2A_2 = \frac{\pi}{3}$$

또한, 두 직선 A_1B_1, A_2B_2가 서로 평행하므로

$$\angle B_1A_2B_2 = \angle A_1B_1A_2 = \frac{\pi}{3} \ (\because \text{엇각})$$

$$\angle B_2A_1B_1 = \angle A_1B_2A_2 = \frac{\pi}{3} \ (\because \text{엇각})$$

따라서 두 삼각형 $A_1C_1B_1$, $A_2B_2C_1$은 정삼각형이므로

$\overline{A_1C_1} = \overline{B_1C_1} = 2$, $\overline{A_2B_2} = \overline{A_2C_1} = 3-2 = 1$이고,

$\angle A_1C_1A_2 = \angle B_1C_1B_2 = \dfrac{2}{3}\pi$ $(\because$ 맞꼭지각$)$이므로

$$S_1 = 2\triangle A_1C_1A_2$$

$$= 2 \times \frac{1}{2} \times 2 \times 1 \times \sin\frac{2}{3}\pi$$ 너코 018

$$= 2 \times \frac{1}{2} \times 2 \times 1 \times \frac{\sqrt{3}}{2} = \sqrt{3}$$

한편 그림 R_1에 색칠되어 있는 도형과 그림 R_2에 새로 색칠되어 있는 도형의 닮음비는 두 사각형 $A_1A_2B_2B_1$,

$A_2A_3B_3B_2$의 닮음비 $\overline{A_1B_1} : \overline{A_2B_2} = 2 : 1 = 1 : \dfrac{1}{2}$과 같다.

같은 과정이 반복되므로 모든 자연수 n에 대하여

두 그림 R_n, R_{n+1}에 새로 색칠된 두 도형의 닮음비도

$1 : \dfrac{1}{2}$ 이고 넓이의 비는 $1^2 : \left(\dfrac{1}{2}\right)^2 = 1 : \dfrac{1}{4}$ 이다.

또한 색칠된 부분의 넓이는 누적되고 있으므로

S_n은 첫째항이 $\sqrt{3}$ 이고 공비가 $\dfrac{1}{4}$ 인 등비수열의 첫째항부터

제n항까지의 합이다.

$$\therefore \lim_{n\to\infty} S_n = \frac{\sqrt{3}}{1-\dfrac{1}{4}} = \frac{4\sqrt{3}}{3}$$ 너코 096

참고

S_1은 다음과 같이 두 가지 방법으로도 구할 수 있다.

(1) 두 직선 A_1B_1, A_2B_2가 서로 평행하므로

두 삼각형 $A_1A_2B_1$, $A_1C_1B_1$의 넓이가 서로 같다.

$$\therefore S_1 = 2(\triangle A_1A_2B_1 - \triangle A_1C_1B_1)$$
$$= 2\left(\frac{1}{2} \times 2 \times 3 \times \sin\frac{\pi}{3} - \frac{\sqrt{3}}{4} \times 2^2\right)$$
$$= 2\left(\frac{3\sqrt{3}}{2} - \sqrt{3}\right) = \sqrt{3}$$

(2) $\overline{B_1C_1} : \overline{C_1A_2} = 2 : 1$이므로

두 삼각형 $A_1C_1B_1$, $A_1A_2C_1$의 넓이의 비는 $2 : 1$이다.

$\triangle A_1A_2B_1 = \dfrac{3\sqrt{3}}{2}$이므로

$$\triangle A_1A_2C_1 = \frac{3\sqrt{3}}{2} \times \frac{1}{3} = \frac{\sqrt{3}}{2}$$
$$\therefore S_1 = 2\triangle A_1A_2C_1 = \sqrt{3}$$

답 ②

J 10-08

직각삼각형 $D_1A_1B_1$에서 $\overline{D_1B_1} = \sqrt{1^2 + 4^2} = \sqrt{17}$이므로

$\overline{D_1E_1} = \dfrac{1}{2}\overline{D_1B_1} = \dfrac{\sqrt{17}}{2}$이다.

이때 삼각형 $A_2D_1E_1$은 $\overline{A_2D_1} = \overline{D_1E_1} = \dfrac{\sqrt{17}}{2}$인

직각이등변삼각형이고, 두 삼각형 $A_2D_1E_1$, $B_2C_1E_1$은 서로 합동이므로

$$S_1 = 2 \times \left\{\frac{1}{2} \times \left(\frac{\sqrt{17}}{2}\right)^2\right\} = \frac{17}{4}$$

한편 그림 R_1에 색칠되어 있는 도형과 그림 R_2에 새로 색칠되어 있는 도형의 닮음비는 두 직사각형 $A_1B_1C_1D_1$, $A_2B_2C_2D_2$의 닮음비 $\overline{A_1B_1} : \overline{A_2B_2}$와 같다.

다음 그림과 같이 세 점 A_2, B_2, E_1에서 선분 D_1C_1에 내린 수선의 발을 각각 H_1, H_2, O라 하자.

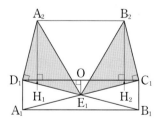

이때 $\angle E_1D_1O = \theta$라 하면 $\angle A_2D_1H_1 = 90° - \theta$이므로 $\angle D_1A_2H_1 = \theta$이다.

즉, 두 직각삼각형 E_1D_1O, $D_1A_2H_1$은 RHA합동이고

$\overline{E_1O} = \dfrac{1}{2}$이므로 $\overline{D_1H_1} = \overline{E_1O} = \dfrac{1}{2}$이다.

$\overline{C_1H_2} = \overline{D_1H_1} = \dfrac{1}{2}$이므로 $\overline{H_1H_2} = 4 - \dfrac{1}{2} - \dfrac{1}{2} = 3$이다.

$$\therefore \overline{A_2B_2} = \overline{H_1H_2} = 3$$

따라서 $\overline{A_1B_1} : \overline{A_2B_2} = 4 : 3 = 1 : \dfrac{3}{4}$이다.

같은 과정이 반복되므로 모든 자연수 n에 대하여 두 그림 R_n, R_{n+1}에 새로 색칠된 두 도형의 닮음비도

$1 : \dfrac{3}{4}$이고 넓이의 비는 $1^2 : \left(\dfrac{3}{4}\right)^2 = 1 : \dfrac{9}{16}$이다.

또한 색칠된 부분의 넓이는 누적되고 있으므로

S_n은 첫째항이 $\dfrac{17}{4}$이고 공비가 $\dfrac{9}{16}$인 등비수열의 첫째항부터 제n항까지의 합이다.

$$\therefore \lim_{n \to \infty} S_n = \frac{\frac{17}{4}}{1 - \frac{9}{16}} = \frac{68}{7}$$ 너코 096

답 ③

J 10-09

$\overline{OC_1} : \overline{OD_1} = 3 : 4$이므로 $\overline{OC_1} = 3a$, $\overline{P_1C_1} = 4a\,(a > 0)$라 하면 직각삼각형 OC_1P_1에서

$\overline{OP_1} = \sqrt{(3a)^2 + (4a)^2} = 5a = 1 \quad \therefore a = \dfrac{1}{5}$

즉, $\overline{OC_1} = \dfrac{3}{5}$, $\overline{P_1C_1} = \dfrac{4}{5}$이고

$\overline{A_1C_1} = \overline{OA_1} - \overline{OC_1} = 1 - \dfrac{3}{5} = \dfrac{2}{5}$이므로

직각삼각형 $A_1C_1P_1$에서

$\overline{A_1P_1} = \sqrt{\left(\dfrac{2}{5}\right)^2 + \left(\dfrac{4}{5}\right)^2} = \sqrt{\dfrac{20}{25}} = \dfrac{2\sqrt{5}}{5}$

이때 삼각형 $P_1Q_1A_1$은 직각이등변삼각형이므로

$\overline{A_1Q_1} = \overline{A_1P_1} \times \dfrac{1}{\sqrt{2}} = \dfrac{2\sqrt{5}}{5} \times \dfrac{1}{\sqrt{2}} = \dfrac{\sqrt{10}}{5}$

$\therefore S_1 = \dfrac{1}{2}\overline{A_1Q_1}^2 = \dfrac{1}{2} \times \left(\dfrac{\sqrt{10}}{5}\right)^2 = \dfrac{1}{5}$

한편 그림 R_1에 색칠되어 있는 도형과 그림 R_2에 새로 색칠되어 있는 도형의 닮음비는 두 부채꼴 OA_1B_1, OA_2B_2의 반지름의 길이의 비와 같다.

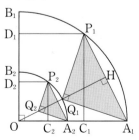

점 O에서 선분 A_1P_1에 내린 수선의 발을 H라 하면 두 직각삼각형 $A_1C_1P_1$, A_1HO가 AA 닮음이므로

$\overline{A_1P_1} : \overline{A_1O} = \overline{P_1C_1} : \overline{OH}$에서 $\dfrac{2\sqrt{5}}{5} : 1 = \dfrac{4}{5} : \overline{OH}$

$$\therefore \overline{OH} = \frac{4}{5} \times \frac{5}{2\sqrt{5}} = \frac{2\sqrt{5}}{5}$$

또한 직각이등변삼각형 $P_1Q_1A_1$에서 $\overline{Q_1H} = \overline{P_1H} = \frac{\sqrt{5}}{5}$

이때 $\overline{OH} = \overline{OQ_1} + \overline{Q_1H}$이므로 $\overline{OQ_1} + \frac{\sqrt{5}}{5} = \frac{2\sqrt{5}}{5}$에서

$\overline{OQ_1} = \frac{\sqrt{5}}{5}$

즉, 두 부채꼴 OA_1B_1, OA_2B_2의 반지름의 길이의 비는

$1 : \frac{\sqrt{5}}{5}$이다.

같은 과정이 반복되므로 모든 자연수 n에 대하여
두 그림 R_n, R_{n+1}에 새로 색칠된 두 도형의 닮음비도

$1 : \frac{\sqrt{5}}{5}$이고 넓이의 비는 $1 : \left(\frac{\sqrt{5}}{5}\right)^2 = 1 : \frac{1}{5}$이다.

또한 색칠된 부분의 넓이는 누적되고 있으므로

S_n은 첫째항이 $\frac{1}{5}$이고 공비가 $\frac{1}{5}$인 등비수열의 첫째항부터

제n항까지의 합이다.

$$\therefore \lim_{n \to \infty} S_n = \frac{\frac{1}{5}}{1 - \frac{1}{5}} = \frac{1}{4} \quad \boxed{\text{너코 096}}$$

답 ②

J 10-10

두 점 F_1, G_1에서 선분 B_1C_1에 내린 수선의 발을 각각 H, I라
하자.
직각삼각형 F_1HC_1에서
$\overline{F_1H} = \overline{A_1B_1} = 1$, $\overline{F_1C_1} = \overline{B_1C_1} = 2$이므로

$\angle F_1C_1H = \frac{\pi}{6}$이다.

$\overline{B_1I} = \overline{C_1I} = 1$이므로

$\overline{G_1I} = \overline{C_1I} \times \tan \frac{\pi}{6} = \frac{\sqrt{3}}{3}$이다. $\quad \boxed{\text{너코 018}}$

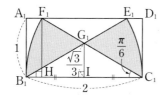

⋈ 모양의 도형의 넓이는 ▷ 모양의 도형의 넓이의 2배이므로
$S_1 = \{(\text{부채꼴 } C_1F_1B_1 \text{의 넓이}) - (\text{삼각형 } B_1C_1G_1 \text{의 넓이})\}$

×2

$$= \left(\frac{1}{2} \times 2^2 \times \frac{\pi}{6} - \frac{1}{2} \times 2 \times \frac{\sqrt{3}}{3}\right) \times 2 \quad \boxed{\text{너코 017}}$$

$$= \frac{2\pi - 2\sqrt{3}}{3}$$

이다.

한편 두 그림 R_1, R_2에 새로 색칠된 부분의 닮음비는
두 직사각형 $A_1B_1C_1D_1$, $A_2B_2C_2D_2$의 닮음비 $\overline{A_1B_1} : \overline{A_2B_2}$와
같다.
이때 $\overline{A_2B_2} = a$, $\overline{B_2C_2} = 2a$라 하자.

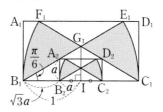

$\overline{B_1I} = \overline{B_1B_2} + \overline{B_2I}$에서

$\frac{\overline{B_1C_1}}{2} = \frac{\overline{A_2B_2}}{\tan \frac{\pi}{6}} + \frac{\overline{B_2C_2}}{2}$, 즉 $1 = \sqrt{3}a + a$이므로

$$a = \frac{1}{\sqrt{3} + 1} = \frac{\sqrt{3} - 1}{(\sqrt{3} + 1)(\sqrt{3} - 1)} = \frac{\sqrt{3} - 1}{2}$$이다.

따라서 $\overline{A_1B_1} : \overline{A_2B_2} = 1 : \frac{\sqrt{3} - 1}{2}$이다.

같은 과정을 계속하므로 모든 자연수 n에 대하여 두 그림 R_n,

R_{n+1}에 새로 색칠된 도형의 닮음비도 $1 : \frac{\sqrt{3} - 1}{2}$이고 넓이의

비는 $1^2 : \left(\frac{\sqrt{3} - 1}{2}\right)^2 = 1 : \frac{2 - \sqrt{3}}{2}$이다.

또한 색칠된 부분의 넓이는 누적되고 있으므로

S_n은 첫째항이 $\frac{2\pi - 2\sqrt{3}}{3}$이고 공비가 $\frac{2 - \sqrt{3}}{2}$인

등비수열의 첫째항부터 제n항까지의 합이다.

$$\therefore \lim_{n \to \infty} S_n = \frac{\frac{2\pi - 2\sqrt{3}}{3}}{1 - \frac{2 - \sqrt{3}}{2}} = \frac{\frac{2\pi - 2\sqrt{3}}{3}}{\frac{\sqrt{3}}{2}}$$

$$= \frac{4\pi - 4\sqrt{3}}{3\sqrt{3}} = \frac{4\sqrt{3}\pi - 12}{9} \quad \boxed{\text{너코 096}}$$

답 ②

J 10-11

점 A_1이 선분 AD를 $3 : 2$로 내분하므로

$\overline{AA_1} = 3$, $\overline{DA_1} = 2$이다.

직각삼각형 AA_1B_1에서 $\overline{A_1B_1} = \sqrt{5^2 - 3^2} = 4$이므로
정사각형 $A_1B_1C_1D_1$은 한 변의 길이가 4이다.

따라서 $\overline{DD_1} = 2$, $\overline{D_1E_1} = 4$이므로

직각삼각형 D_1DE_1에서 $\angle DD_1E_1 = 60°$이다.

따라서 두 선분 DA_1, DE_1과 호 A_1E_1로 둘러싸인 부분의

넓이는

(부채꼴 $A_1D_1E_1$의 넓이)$-$(직각삼각형 D_1DE_1의 넓이)

$$= \pi \times 4^2 \times \frac{60}{360} - \frac{1}{2} \times 2 \times 2\sqrt{3}$$

$$= \frac{8}{3}\pi - 2\sqrt{3}$$

두 선분 E_1F_1, F_1C_1과 호 E_1C_1로 둘러싸인 부분의 넓이는

(직사각형 $C_1D_1DF_1$의 넓이)

$-\{($직각삼각형 D_1DE_1의 넓이$)+($부채꼴 $D_1C_1E_1$의 넓이$)\}$

$$= 2 \times 4 - \left(\frac{1}{2} \times 2 \times 2\sqrt{3} + \pi \times 4^2 \times \frac{30}{360} \right)$$

$$= 8 - \left(2\sqrt{3} + \frac{4}{3}\pi \right) = 8 - 2\sqrt{3} - \frac{4}{3}\pi$$

따라서

$$S_1 = \left(\frac{8}{3}\pi - 2\sqrt{3} \right) + \left(8 - 2\sqrt{3} - \frac{4}{3}\pi \right)$$

$$= 8 - 4\sqrt{3} + \frac{4}{3}\pi$$

한편 두 정사각형 $ABCD$, $A_1B_1C_1D_1$의 닮음비는

$\overline{AB} : \overline{A_1B_1} = 5 : 4 = 1 : \frac{4}{5}$ 이다.

같은 과정을 계속하므로 모든 자연수 n에 대하여
두 정사각형 $A_nB_nC_nD_n$, $A_{n+1}B_{n+1}C_{n+1}D_{n+1}$의 닮음비도

$1 : \frac{4}{5}$ 이고 넓이의 비는 $1^2 : \left(\frac{4}{5} \right)^2 = 1 : \frac{16}{25}$ 이다.

또한 색칠된 부분의 넓이가 누적되고 있으므로

S_n은 첫째항이 $8 - 4\sqrt{3} + \frac{4}{3}\pi$이고 공비가 $\frac{16}{25}$인 등비수열의

첫째항부터 제n항까지의 합이다.

$$\therefore \lim_{n \to \infty} S_n = \frac{8 - 4\sqrt{3} + \frac{4}{3}\pi}{1 - \frac{16}{25}}$$

$$= \frac{25}{9} \left(8 - 4\sqrt{3} + \frac{4}{3}\pi \right)$$

$$= \frac{100}{9} \left(2 - \sqrt{3} + \frac{\pi}{3} \right)$$

답 ⑤

J10-12

삼각형 AB_1C_1에서

$\overline{AB_1} = 3$, $\overline{AC_1} = 2$이고 $\angle B_1AC_1 = \frac{\pi}{3}$이므로

코사인법칙에 의하여

$\overline{B_1C_1}^2 = 3^2 + 2^2 - 2 \times 3 \times 2 \times \cos\frac{\pi}{3} = 7$,

$\overline{B_1C_1} = \sqrt{7}$ 이다.

한편 원에 내접하는 사각형 $AB_2D_1C_1$에서 한 쌍의 대각의

크기의 합이 π이므로

$\angle B_1D_1B_2 = \pi - \angle B_2D_1C_1 = \angle B_2AC_1 = \frac{\pi}{3}$이다.

또한 직선 AD_1은 각 B_1AC_1의 이등분선이므로

$\overline{B_1D_1} : \overline{D_1C_1} = \overline{AB_1} : \overline{AC_1} = 3 : 2$에 의하여

$\overline{B_1D_1} = \frac{3\sqrt{7}}{5}$, $\overline{D_1C_1} = \overline{D_1B_2} = \frac{2\sqrt{7}}{5}$ 이다.

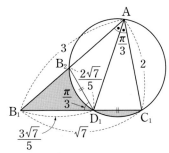

이때 $\angle B_2AD_1 = \angle C_1AD_1$에 의하여

현 C_1D_1과 호 C_1D_1로 둘러싸인 부분의 넓이는

현 B_2D_1과 호 B_2D_1로 둘러싸인 부분의 넓이와 같으므로

$$S_1 = (\text{삼각형 } B_1D_1B_2\text{의 넓이})$$

$$= \frac{1}{2} \times \overline{B_1D_1} \times \overline{D_1B_2} \times \sin\frac{\pi}{3}$$

$$= \frac{1}{2} \times \frac{3\sqrt{7}}{5} \times \frac{2\sqrt{7}}{5} \times \frac{\sqrt{3}}{2}$$

$$= \frac{21\sqrt{3}}{50}$$

한편 두 그림 R_1, R_2에서 새로 색칠된 부분의 닮음비는

두 삼각형 AB_1C_1, AB_2C_2의 닮음비 $\overline{AB_1} : \overline{AB_2}$와 같다.

이때 $\overline{AB_2}$의 길이를 구하면 다음과 같다.

두 삼각형 B_1AC_1과 $B_1D_1B_2$가 닮음이므로

$\overline{AC_1} : \overline{B_1C_1} = \overline{D_1B_2} : \overline{B_1B_2}$, 즉

$2 : \sqrt{7} = \frac{2\sqrt{7}}{5} : \overline{B_1B_2}$에서 $\overline{B_1B_2} = \frac{7}{5}$이다.   ··· 빈출 QnA

$\overline{AB_2} = \overline{AB_1} - \overline{B_1B_2} = \frac{8}{5}$

따라서 닮음비는 $\overline{AB_1} : \overline{AB_2} = 3 : \frac{8}{5} = 1 : \frac{8}{15}$ 이다.

같은 과정을 계속하므로 모든 자연수 n에 대하여
두 그림 R_n, R_{n+1}에서 새로 색칠된 부분의 닮음비도

$1 : \frac{8}{15}$ 이고 넓이의 비는 $1^2 : \left(\frac{8}{15} \right)^2 = 1 : \frac{64}{225}$ 이다.

또한 색칠된 부분의 넓이가 누적되고 있으므로

S_n은 첫째항이 $\frac{21\sqrt{3}}{50}$이고 공비가 $\frac{64}{225}$인 등비수열의

첫째항부터 제n항까지의 합이다.

$$\therefore \lim_{n \to \infty} S_n = \frac{\frac{21\sqrt{3}}{50}}{1 - \frac{64}{225}} = \frac{\frac{21\sqrt{3}}{50}}{\frac{161}{225}} = \frac{27\sqrt{3}}{46}$$

답 ①

Q. 닮음을 이용하지 않고 $\overline{B_1B_2}$ 의 길이를 구하는 방법이 있다면 알려주세요.

A. 수학 I 에서 배우는 코사인법칙을 이용해서 구할 수도 있습니다.

삼각형 $B_1D_1B_2$에서 코사인법칙을 이용하면

$\overline{B_1D_1}=\dfrac{3\sqrt{7}}{5}$, $\overline{D_1B_2}=\dfrac{2\sqrt{7}}{5}$ 이고 $\angle B_1D_1B_2=\dfrac{\pi}{3}$ 이므로

$$\overline{B_1B_2}^2=\dfrac{28}{25}+\dfrac{63}{25}-2\times\dfrac{2\sqrt{7}}{5}\times\dfrac{3\sqrt{7}}{5}\times\cos\dfrac{\pi}{3}$$

$$=\dfrac{91}{25}-\dfrac{42}{25}=\dfrac{49}{25}$$

$$\therefore\ \overline{B_1B_2}=\dfrac{7}{5}$$

J10-13

직각삼각형 $C_1D_1E_1$에서

$\overline{E_1D_1}=\dfrac{1}{4}\times\overline{AD_1}=1$, $\overline{C_1D_1}=2$이므로

$\overline{E_1C_1}=\sqrt{1^2+2^2}=\sqrt{5}$ 이다.

또한 직각이등변삼각형 $E_1F_1C_1$에서

$\overline{F_1E_1}=\overline{F_1C_1}=\dfrac{\sqrt{5}}{\sqrt{2}}$ 이다.

사각형 $E_1F_1C_1D_1$의 넓이는
두 삼각형 $C_1D_1E_1$, $E_1F_1C_1$의 넓이의 합이므로

$$S_1=\dfrac{1}{2}\times1\times2+\dfrac{1}{2}\times\left(\dfrac{\sqrt{5}}{\sqrt{2}}\right)^2$$

$$=1+\dfrac{5}{4}=\dfrac{9}{4}$$

한편 점 F_1을 지나고 선분 AB_1과 평행한 직선이 선분 B_1C_1과 만나는 점을 G, 선분 AD_1과 만나는 점을 H라 하면
두 직각삼각형 F_1E_1H, C_1F_1G는 서로 합동이고
두 직각삼각형 F_1E_1H, $C_2E_1D_2$는 서로 닮음이다.
먼저 $\overline{F_1G}=k$라 하면 $\overline{C_1G}=\overline{F_1H}=2-k$이므로

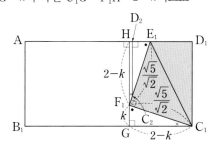

직각삼각형 C_1F_1G에서 피타고라스 정리에 의하여

$$k^2+(2-k)^2=\dfrac{5}{2}$$

$$4k^2-8k+3=0$$

$$(2k-1)(2k-3)=0$$

$$k=\dfrac{1}{2}\text{이다. } (\because\ \overline{F_1G}<\overline{F_1H})$$

즉, $\overline{E_1H}=\dfrac{1}{2}$, $\overline{F_1H}=\dfrac{3}{2}$이고,

직각삼각형 $C_2E_1D_2$에서 $\overline{C_2D_2}=t$라 하면

$\overline{E_1D_2}=\overline{AE_1}-\overline{AD_2}=3-2t$이므로

$\overline{E_1D_2}:\overline{C_2D_2}=\overline{E_1H}:\overline{F_1H}$에서

$(3-2t):t=1:3$

$t=\dfrac{9}{7}$이다.

따라서 두 직사각형 $AB_1C_1D_1$, $AB_2C_2D_2$의 닮음비는

$\overline{AB_1}:\overline{AB_2}=2:\dfrac{9}{7}=1:\dfrac{9}{14}$ 이다.

같은 과정을 계속하므로 모든 자연수 n에 대하여
두 직사각형 $AB_nC_nD_n$, $AB_{n+1}C_{n+1}D_{n+1}$의 닮음비도

$1:\dfrac{9}{14}$ 이고, 넓이의 비는 $1:\left(\dfrac{9}{14}\right)^2=1:\dfrac{81}{196}$ 이다.

S_n은 첫째항이 $\dfrac{9}{4}$ 이고 공비가 $\dfrac{81}{196}$ 인 등비수열의 첫째항부터
제 n항까지의 합이다.

$$\therefore\ \lim_{n\to\infty}S_n=\dfrac{\dfrac{9}{4}}{1-\dfrac{81}{196}}=\dfrac{9}{4}\times\dfrac{196}{115}=\dfrac{441}{115}\quad\boxed{\text{너코 096}}$$

답 ③

Q. $\overline{C_2D_2}=\overline{AB_2}=t$의 값을 다른 방법으로 구할 수도 있나요?

A. 네 K. 미분법 단원을 학습한 학생이라면 삼각함수의 덧셈정리를 이용하여 구할 수 있습니다.
그림과 같이 $\angle C_1E_1D_1=\alpha$, $\angle C_2E_1D_2=\beta$라 하면

$\beta=\pi-\left(\dfrac{\pi}{4}+\alpha\right)=\dfrac{3}{4}\pi-\alpha$이고

$\tan\alpha=2$, $\tan\dfrac{3}{4}\pi=-1$이므로

$$\tan\beta=\tan\left(\dfrac{3}{4}\pi-\alpha\right)=\dfrac{\tan\dfrac{3}{4}\pi-\tan\alpha}{1+\tan\dfrac{3}{4}\pi\tan\alpha}$$

$$=\dfrac{(-1)-2}{1+(-1)\times2}=3\qquad\cdots\cdots\text{㉠}$$

입니다.

또한 $\overline{AB_2}=t$라 하면

$\overline{E_1D_2}=\overline{AE_1}-\overline{AD_2}=3-2t$이므로

$\tan\beta=\dfrac{\overline{C_2D_2}}{\overline{E_1D_2}}=\dfrac{t}{3-2t}$ 입니다. $\qquad\cdots\cdots\text{㉡}$

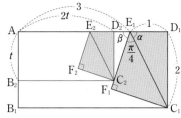

㉠=㉡에 의하여

$\dfrac{t}{3-2t}=3$에서 $t=\dfrac{9}{7}$임을 알 수 있습니다.

한편 다음 그림과 같이 보조선을 그려서 구할 수도 있습니다.
즉, 직선 E_1F_1이 직선 B_1C_1과 만나는 점을 G, 점 E_1에서
직선 B_1C_1에 내린 수선의 발을 H라 하면 세 직각삼각형
$C_2E_1D_2$, E_1GH, C_1GF_1이 모두 닮음이므로 $\overline{GH}=k$라 놓고
피타고라스 정리와 닮음을 이용하여 k의 값을 구하면 됩니다.

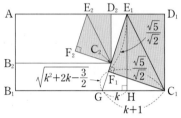

어떠한 방법이든 등비급수의 공비를 구하기 위해서는 삼각형
$C_2E_1D_2$의 빗변이 아닌 두 변의 길이의 비를 찾는 것이
핵심임을 참고하여 접근하길 바랍니다.

J11-01

$\overline{AB}=4$이므로 $\overline{AD}=\overline{DC}=\overline{CP}=\overline{PB}=\dfrac{\overline{AB}}{4}=1$이다.

따라서 다음 그림과 같이 직각삼각형 CDE에서
$\overline{CD}=1$, $\overline{CE}=2$이므로

$\overline{DE}=\sqrt{3}$, $\angle DCE=\dfrac{\pi}{3}$이다.

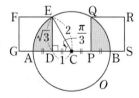

그림 R_1에서 색칠된 부분의 넓이는 ◿ 모양의 도형 2개의
넓이이므로

$S_1=\{($부채꼴 ACE의 넓이$)-($직각삼각형 CDE의 넓이$)\}\times 2$

$=\left(\dfrac{1}{2}\times 2^2\times\dfrac{\pi}{3}-\dfrac{1}{2}\times 1\times\sqrt{3}\right)\times 2$ [너코 017]

$=\dfrac{4}{3}\pi-\sqrt{3}=\dfrac{4\pi-3\sqrt{3}}{3}$

이다.

한편 두 그림 R_1, R_2에서 새로 색칠된 ◿ 모양의 도형의 닮음비는
두 원 O, O_1의 닮음비 $\dfrac{\overline{AB}}{2}:\dfrac{\overline{DE}}{2}=2:\dfrac{\sqrt{3}}{2}=1:\dfrac{\sqrt{3}}{4}$과
같다.

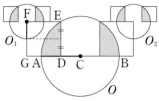

같은 과정이 반복되므로 모든 자연수 n에 대하여
두 그림 R_n, R_{n+1}에서 새로 그려진 ◿ 모양의 도형의 닮음비도

$1:\dfrac{\sqrt{3}}{4}$이고 넓이의 비는 $1^2:\left(\dfrac{\sqrt{3}}{4}\right)^2=1:\dfrac{3}{16}$이다.

또한 새로 그려지는 ◿ 모양의 도형의 개수가 2배씩 많아지면서
누적되고 있으므로

S_n은 첫째항이 $\dfrac{4\pi-3\sqrt{3}}{3}$이고 공비가 $\dfrac{3}{16}\times 2=\dfrac{3}{8}$인
등비수열의 첫째항부터 제n항까지의 합과 같다.

$\therefore \displaystyle\lim_{n\to\infty}S_n=\dfrac{\dfrac{4\pi-3\sqrt{3}}{3}}{1-\dfrac{3}{8}}$

$=\dfrac{8(4\pi-3\sqrt{3})}{15}=\dfrac{32\pi-24\sqrt{3}}{15}$ [너코 096]

답 ③

J11-02

직각삼각형 OCE에서
$\overline{OE}=2$이고, 선분 OA의 중점 C에 대하여 $\overline{OC}=1$이므로
$\angle EOC=60°$이다.
직각삼각형 ODF에서도 마찬가지 방법으로
$\angle FOD=60°$이다.
따라서 $\angle HOI=(\angle EOC+\angle FOD)-90°=30°$이므로
$\angle IOC=\angle HOD=30°$이고

$\overline{CI}=\overline{DH}=\overline{OC}\tan 30°=\dfrac{\sqrt{3}}{3}$이다.

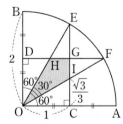

사각형 OIGH의 넓이는 정사각형 OCGD의 넓이에서
합동인 두 직각삼각형 OCI, ODH의 넓이의 합을 뺀 것과
같으므로

$S_1=1\times 1-\left(\dfrac{1}{2}\times 1\times\dfrac{\sqrt{3}}{3}\right)\times 2=\dfrac{3-\sqrt{3}}{3}$이다.

한편 두 그림 R_1, R_2에서 새로 색칠된 사각형의 닮음비는
$\overline{OB}:\overline{CI}=2:\dfrac{\sqrt{3}}{3}=1:\dfrac{\sqrt{3}}{6}$과 같다.

같은 과정이 반복되므로 모든 자연수 n에 대하여 두 그림

R_n, R_{n+1}에 새로 그려진 사각형의 닮음비도 $1 : \dfrac{\sqrt{3}}{6}$ 이고,

넓이의 비는 $1^2 : \left(\dfrac{\sqrt{3}}{6}\right)^2 = 1 : \dfrac{1}{12}$ 이다.

또한 새로 그려지는 사각형의 개수가 2배씩 많아지면서 누적되고 있으므로

S_n은 첫째항이 $\dfrac{3-\sqrt{3}}{3}$ 이고 공비가 $\dfrac{1}{12} \times 2 = \dfrac{1}{6}$ 인

등비수열의 첫째항부터 제n항까지의 합과 같다.

$$\therefore \lim_{n \to \infty} S_n = \frac{\dfrac{3-\sqrt{3}}{3}}{1-\dfrac{1}{6}} = \frac{2(3-\sqrt{3})}{5}$$ 너코 096

답 ①

K

미분법

K01-01

$$\lim_{x \to 0}(1+3x)^{\frac{1}{6x}} = \lim_{x \to 0}\left\{(1+3x)^{\frac{1}{3x}}\right\}^{\frac{1}{2}}$$

$$= e^{\frac{1}{2}} = \sqrt{e} \quad \boxed{\text{너코 097}}$$

답 ③

K01-02

$$\lim_{x \to 0}\frac{e^{2x}+10x-1}{x} = \lim_{x \to 0}\left(\frac{e^{2x}-1}{x}+10\right)$$

$$= \lim_{x \to 0}\left(\frac{e^{2x}-1}{2x} \times 2 + 10\right)$$

$$= 1 \times 2 + 10 = 12 \quad \boxed{\text{너코 033}} \quad \boxed{\text{너코 097}}$$

답 12

K01-03

$$\lim_{x \to 0}\frac{\ln(1+3x)+9x}{2x} = \lim_{x \to 0}\left\{\frac{\ln(1+3x)}{3x} \times \frac{3}{2} + \frac{9}{2}\right\}$$

$$= 1 \times \frac{3}{2} + \frac{9}{2} = 6 \quad \boxed{\text{너코 033}} \quad \boxed{\text{너코 097}}$$

답 6

K01-04

$$\lim_{x \to 0}(1+x)^{\frac{5}{x}} = \lim_{x \to 0}\left\{(1+x)^{\frac{1}{x}}\right\}^5 = e^5 \quad \boxed{\text{너코 033}} \quad \boxed{\text{너코 097}}$$

답 ⑤

K01-05

$$\lim_{x \to 0}\frac{e^{5x}-1}{3x} = \lim_{x \to 0}\left(\frac{e^{5x}-1}{5x} \times \frac{5}{3}\right)$$

$$= 1 \times \frac{5}{3} = \frac{5}{3} \quad \boxed{\text{너코 033}} \quad \boxed{\text{너코 097}}$$

답 ②

K01-06

$$\lim_{x \to 0}\frac{\ln(1+5x)}{e^{2x}-1} = \lim_{x \to 0}\left\{\frac{\ln(1+5x)}{5x} \times \frac{2x}{e^{2x}-1} \times \frac{5}{2}\right\}$$

$$= 1 \times 1 \times \frac{5}{2} = \frac{5}{2} \quad \boxed{\text{너코 033}} \quad \boxed{\text{너코 097}}$$

답 ④

K01-07

$$\lim_{x \to 0} \frac{\ln(1+12x)}{3x} = \lim_{x \to 0}\left\{\frac{\ln(1+12x)}{12x} \times 4\right\}$$
$$= 1 \times 4 = 4 \quad \boxed{\text{너코 033}} \quad \boxed{\text{너코 097}}$$

답 ④

K01-08

$$\lim_{x \to 0} \frac{e^x - 1}{x(x^2+2)} = \lim_{x \to 0}\left(\frac{e^x - 1}{x} \times \frac{1}{x^2+2}\right)$$
$$= 1 \times \frac{1}{2} = \frac{1}{2} \quad \boxed{\text{너코 033}} \quad \boxed{\text{너코 097}}$$

답 ②

K01-09

$$\lim_{x \to 0} \frac{x^2 + 5x}{\ln(1+3x)} = \lim_{x \to 0}\left\{\frac{3x}{\ln(1+3x)} \times \frac{x+5}{3}\right\}$$
$$= 1 \times \frac{5}{3} = \frac{5}{3} \quad \boxed{\text{너코 033}} \quad \boxed{\text{너코 097}}$$

답 ③

K01-10

$$\lim_{x \to 0} \frac{e^{2x} + e^{3x} - 2}{2x} = \lim_{x \to 0}\left(\frac{e^{2x} - 1}{2x} + \frac{e^{3x} - 1}{3x} \times \frac{3}{2}\right)$$
$$= 1 + 1 \times \frac{3}{2} = \frac{5}{2} \quad \boxed{\text{너코 033}} \quad \boxed{\text{너코 097}}$$

답 ⑤

K01-11

$$\lim_{x \to 0} \frac{e^{6x} - e^{4x}}{2x} = \lim_{x \to 0}\left(\frac{e^{6x} - 1}{2x} - \frac{e^{4x} - 1}{2x}\right)$$
$$= \lim_{x \to 0}\left(\frac{e^{6x} - 1}{6x} \times 3 - \frac{e^{4x} - 1}{4x} \times 2\right)$$
$$= 1 \times 3 - 1 \times 2 = 1 \quad \boxed{\text{너코 033}} \quad \boxed{\text{너코 097}}$$

답 ①

K01-12

$$\lim_{x \to 0} \frac{6x}{e^{4x} - e^{2x}} = \lim_{x \to 0}\left(\frac{2x}{e^{2x} - 1} \times \frac{3}{e^{2x}}\right)$$
$$= 1 \times \frac{3}{1} = 3 \quad \boxed{\text{너코 033}} \quad \boxed{\text{너코 097}}$$

답 ③

K01-13

$$\lim_{x \to 0} \frac{4^x - 2^x}{x} = \lim_{x \to 0} \frac{4^x - 1}{x} - \lim_{x \to 0} \frac{2^x - 1}{x}$$
$$= \ln 4 - \ln 2 \quad \boxed{\text{너코 033}} \quad \boxed{\text{너코 097}}$$
$$= \ln \frac{4}{2} = \ln 2$$

답 ①

K01-14

$$\lim_{x \to 0} \frac{\ln(x+1)}{\sqrt{x+4} - 2}$$
$$= \lim_{x \to 0}\left\{\frac{\ln(x+1)}{x} \times \frac{x}{\sqrt{x+4} - 2}\right\}$$
$$= \lim_{x \to 0}\left\{\frac{\ln(x+1)}{x} \times \frac{x(\sqrt{x+4} + 2)}{(\sqrt{x+4} - 2)(\sqrt{x+4} + 2)}\right\}$$
$$= \lim_{x \to 0}\left\{\frac{\ln(x+1)}{x} \times \frac{x(\sqrt{x+4} + 2)}{x}\right\}$$
$$= \lim_{x \to 0}\left\{\frac{\ln(x+1)}{x} \times (\sqrt{x+4} + 2)\right\}$$
$$= 1 \times (\sqrt{4} + 2) = 4 \quad \boxed{\text{너코 033}} \quad \boxed{\text{너코 097}}$$

답 ④

K01-15

$$\lim_{x \to 0} \frac{e^{7x} - 1}{e^{2x} - 1} = \lim_{x \to 0}\left(\frac{e^{7x} - 1}{7x} \times \frac{2x}{e^{2x} - 1} \times \frac{7}{2}\right)$$
$$= \frac{7}{2} \lim_{x \to 0} \frac{e^{7x} - 1}{7x} \times \lim_{x \to 0} \frac{1}{\frac{e^{2x} - 1}{2x}} \quad \boxed{\text{너코 033}}$$
$$= \frac{7}{2} \times 1 \times 1 = \frac{7}{2} \quad \boxed{\text{너코 097}}$$

답 ④

K01-16

$$\lim_{x \to 0} \frac{\ln(1+3x)}{\ln(1+5x)}$$
$$= \lim_{x \to 0}\left\{\frac{\ln(1+3x)}{3x} \times \frac{5x}{\ln(1+5x)} \times \frac{3}{5}\right\}$$
$$= \frac{3}{5} \lim_{x \to 0} \frac{\ln(1+3x)}{3x} \times \lim_{x \to 0} \frac{5x}{\ln(1+5x)} \quad \boxed{\text{너코 033}}$$
$$= \frac{3}{5} \times 1 \times 1 = \frac{3}{5} \quad \boxed{\text{너코 097}}$$

답 ③

K01-17

연속함수 $f(x)$가 $\displaystyle\lim_{x \to 0} \frac{f(x)}{\ln(1-x)} = 4$를 만족시키므로

$$\lim_{x \to 0} \frac{f(x)}{x} = \lim_{x \to 0}\left\{\frac{f(x)}{\ln(1-x)} \times \frac{\ln(1-x)}{x}\right\}$$

$$= \lim_{x \to 0}\left\{\frac{f(x)}{\ln(1-x)} \times \frac{\ln\{1+(-x)\}}{(-x)} \times (-1)\right\}$$

$$= 4 \times 1 \times (-1) = -4 \quad \boxed{\text{너코 033}} \quad \boxed{\text{너코 097}}$$

답 ①

K01-18

$$\lim_{x \to 0}\frac{(a+12)^x - a^x}{x} = \lim_{x \to 0}\left\{\frac{(a+12)^x - 1}{x} - \frac{a^x - 1}{x}\right\}$$

$$= \ln(a+12) - \ln a \quad \boxed{\text{너코 033}} \quad \boxed{\text{너코 097}}$$

$$= \ln \frac{a+12}{a} \quad \boxed{\text{너코 005}}$$

$\ln \dfrac{a+12}{a} = \ln 3$에서 로그함수는 일대일대응이므로 $\boxed{\text{너코 010}}$

$$\frac{a+12}{a} = 3,$$

$$a + 12 = 3a$$

$$\therefore a = 6$$

답 ⑤

K01-19

ㄱ. $\displaystyle\lim_{x \to \infty} f(x) = \lim_{x \to \infty}\left(\frac{x}{x-1}\right)^x$

$$= \lim_{x \to \infty}\left(\frac{x+1}{x}\right)^{x+1}$$

$$= \lim_{x \to \infty}\left\{\left(1 + \frac{1}{x}\right)^x\left(1 + \frac{1}{x}\right)\right\}$$

$$= e \times (1+0) = e \quad \boxed{\text{너코 033}} \quad \boxed{\text{너코 097}} \text{ (참)}$$

ㄴ. $x + 1 = t$라 하면

$x \to \infty$일 때 $t \to \infty$이므로

$$\lim_{x \to \infty} f(x+1) = \lim_{t \to \infty} f(t) = e \; (\because \text{ㄱ})$$

$$\therefore \lim_{x \to \infty} f(x)f(x+1) = e \times e = e^2 \text{ (참)}$$

ㄷ. $k \geq 2$일 때, $kx = t$라 하면

$x \to \infty$일 때 $t \to \infty$이므로

$$\lim_{x \to \infty} f(kx) = \lim_{t \to \infty} f(t) = e \; (\because \text{ㄱ}) \text{ (거짓)}$$

따라서 옳은 것은 ㄱ, ㄴ이다.

답 ③

K01-20

함수 $f(x)$는 $x > -1$인 모든 실수 x에 대하여 부등식

$\ln(1+x) \leq f(x) \leq \dfrac{1}{2}(e^{2x} - 1)$을 만족시킨다.

ⅰ) $-1 < x < 0$일 때

$\dfrac{e^{2x} - 1}{2x} \leq \dfrac{f(x)}{x} \leq \dfrac{\ln(1+x)}{x}$를 만족시킨다.

이때 $\displaystyle\lim_{x \to 0-}\frac{e^{2x} - 1}{2x} = 1$, $\displaystyle\lim_{x \to 0-}\frac{\ln(1+x)}{x} = 1$로 서로

같으므로 $\boxed{\text{너코 097}}$

함수의 극한의 대소 관계에 의하여

$$\lim_{x \to 0-}\frac{f(x)}{x} = 1 \text{이다.} \quad \boxed{\text{너코 036}}$$

ⅱ) $x > 0$일 때

$\dfrac{\ln(1+x)}{x} \leq \dfrac{f(x)}{x} \leq \dfrac{e^{2x} - 1}{2x}$을 만족시킨다.

이때 $\displaystyle\lim_{x \to 0+}\frac{\ln(1+x)}{x} = 1$, $\displaystyle\lim_{x \to 0+}\frac{e^{2x} - 1}{2x} = 1$로 서로

같으므로

함수의 극한의 대소 관계에 의하여 $\displaystyle\lim_{x \to 0+}\frac{f(x)}{x} = 1$이다.

ⅰ), ⅱ)에 의하여 함수 $\dfrac{f(x)}{x}$의 $x = 0$에서의 좌극한, 우극한이

1로 서로 같으므로 $\displaystyle\lim_{x \to 0}\frac{f(x)}{x} = 1$이다.

$\displaystyle\lim_{x \to 0}\frac{f(3x)}{x}$에서 $3x = t$라 하면

$x = \dfrac{t}{3}$이고 $x \to 0$일 때 $t \to 0$이다.

$$\therefore \lim_{x \to 0}\frac{f(3x)}{x} = \lim_{t \to 0}\frac{f(t)}{\dfrac{t}{3}} = \lim_{t \to 0}\left\{\frac{f(t)}{t} \times 3\right\}$$

$$= 1 \times 3 = 3 \quad \boxed{\text{너코 033}}$$

답 ③

K01-21

함수 $f(x)$가 $x = 0$에서 연속이려면

$\displaystyle\lim_{x \to 0} f(x) = f(0)$, 즉 $\displaystyle\lim_{x \to 0}\frac{e^{2x} + a}{x} = b$이다. $\boxed{\text{너코 037}}$ ……㉠

이때 (분모)$\to 0$이므로 (분자)$\to 0$이다. $\boxed{\text{너코 034}}$

따라서 $\displaystyle\lim_{x \to 0}(e^{2x} + a) = 1 + a = 0$에서 $a = -1$이고

$\boxed{\text{너코 033}}$ $\boxed{\text{너코 097}}$

이를 ㉠에 대입하면

$$b = \lim_{x \to 0}\frac{e^{2x} - 1}{x} = \lim_{x \to 0}\left(\frac{e^{2x} - 1}{2x} \times 2\right) = 1 \times 2 = 2$$

이다.

$$\therefore a + b = 1$$

답 ①

K01-22

$f(x) = x^2 + ax + b$라 하면 (단, a, b는 상수)

$$f(x)g(x) = \begin{cases} \dfrac{x^2 + ax + b}{\ln(x+1)} & (x \neq 0) \\ 8(x^2 + ax + b) & (x = 0) \end{cases} \text{이다.}$$

함수 $f(x)g(x)$가 구간 $(-1, \infty)$에서 연속이면 $x = 0$에서도

연속이므로
$$\lim_{x \to 0} f(x)g(x) = f(0)g(0),$$ 너코 037

즉 $\displaystyle\lim_{x \to 0}\frac{x^2+ax+b}{\ln(x+1)}=8b$이다. ······㉠

이때 (분모)→0이므로 (분자)→0이다. 너코 034

따라서 $\displaystyle\lim_{x \to 0}(x^2+ax+b)=0$에서 $b=0$이고 너코 033 ······㉡

이를 ㉠에 대입하면
$$0 = \lim_{x \to 0}\frac{x^2+ax}{\ln(x+1)} = \lim_{x \to 0}\left\{ \frac{x}{\ln(x+1)} \times (x+a) \right\}$$
$$= 1 \times a = a$$ 너코 097 ······㉢
이다.

㉡, ㉢에 의하여 $f(x)=x^2$이다.

$\therefore f(3)=9$

답 ②

K01-23

풀이 1

곡선 $y=e^x$ 위의 점 A, 곡선 $y=-\ln x$ 위의 점 B에서 y축에 내린 수선의 발을 각각 H, I라 하자. 너코 097

다음 그림과 같이
조건 (나)에 의하여 두 직각삼각형 OHA, BIO가 서로 닮음이고,
조건 (가)에 의하여 닮음비는 $\overline{\mathrm{OA}}:\overline{\mathrm{OB}}=2:1$이다.

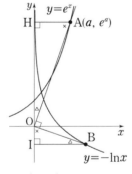

따라서 점 A의 좌표를 (a, e^a)라 하면 (단, $a > 0$)
$$\overline{\mathrm{IB}} = \frac{\overline{\mathrm{HO}}}{2} = \frac{e^a}{2}, \quad \overline{\mathrm{OI}} = \frac{\overline{\mathrm{AH}}}{2} = \frac{a}{2}$$이므로

점 B의 좌표는 $\left(\dfrac{e^a}{2}, -\dfrac{a}{2} \right)$이다.

이때 점 B는 곡선 $y=-\ln x$ 위의 점이므로
$$-\frac{a}{2} = -\ln\frac{e^a}{2},$$
$$\ln\frac{e^a}{2} = \frac{a}{2},$$
$$\frac{e^a}{2} = e^{\frac{a}{2}},$$ 너코 004
$$e^{\frac{a}{2}} = 2,$$ 너코 003
$$\frac{a}{2} = \ln 2,$$
$$a = 2\ln 2$$이다.

$\therefore$ (직선 OA의 기울기)$=\dfrac{e^a}{a} = \dfrac{4}{2\ln 2} = \dfrac{2}{\ln 2}$

풀이 2

곡선 $y=e^x$ 위의 점 A의 좌표를 (a, e^a)라 하고 (단, $a > 0$)
곡선 $y=-\ln x$ 위의 점 B의 좌표를 $(b, -\ln b)$라 하자.
(단, $b > 0$) 너코 097

조건 (가)에 의하여
$$\sqrt{a^2+e^{2a}} = 2\sqrt{b^2+(-\ln b)^2},$$
$$a\sqrt{1+\left(\frac{e^a}{a}\right)^2} = 2|\ln b|\sqrt{\left(\frac{b}{\ln b}\right)^2+1}$$이다. ······㉠

조건 (나)에 의하여 두 직선 OA, OB의 기울기의 곱이 -1이므로
$$\frac{e^a - 0}{a - 0} \times \frac{(-\ln b)-0}{b-0} = -1,$$
$$\frac{e^a}{a} = \frac{b}{\ln b}$$이다. ······㉡

또한 $\dfrac{e^a}{a} > 0$이므로 $\dfrac{b}{\ln b} > 0$이다. ······㉢

㉡을 ㉠에 대입하면
$$a\sqrt{1+\left(\frac{e^a}{a}\right)^2} = 2\ln b\sqrt{\left(\frac{e^a}{a}\right)^2+1},$$
$$a = 2\ln b$$이다. ($\because\ a > 0$)

이를 다시 ㉡에 대입한 후 정리하면
$$\frac{e^{2\ln b}}{2\ln b} = \frac{b}{\ln b},$$
$$\frac{b^2}{2\ln b} - \frac{b}{\ln b} = 0,$$ 너코 004
$$\frac{b}{2\ln b}(b-2) = 0,$$
$b=2$이고 $a=2\ln 2$이다. ($\because\ $㉢)

$\therefore$ (직선 OA의 기울기)$=\dfrac{4}{2\ln 2} = \dfrac{2}{\ln 2}$

답 ③

K01-24

곡선 $y=e^{\frac{x}{2}+3t}=e^{\frac{x+6t}{2}}$은 곡선 $y=e^{\frac{x}{2}}$을 x축의 방향으로 $-6t$만큼 평행이동한 것이므로 $\overline{\mathrm{QR}}=6t$이다.

이때 $\overline{\mathrm{PQ}}=\overline{\mathrm{QR}}$을 만족시키는 실수 k의 값이 $f(t)$이므로
$$e^{\frac{f(t)}{2}+3t} - e^{\frac{f(t)}{2}} = 6t$$이다.
즉,
$$e^{\frac{f(t)}{2}}(e^{3t}-1) = 6t$$
$$e^{\frac{f(t)}{2}} = \frac{6t}{e^{3t}-1}$$
$$\frac{f(t)}{2} = \ln\frac{6t}{e^{3t}-1}$$ 너코 097
$$f(t) = 2\ln\frac{6t}{e^{3t}-1}$$

K

미분법

$$\therefore \lim_{t\to 0+} f(t) = 2\lim_{t\to 0+} \ln\frac{6t}{e^{3t}-1}$$
$$= 2\lim_{t\to 0+} \ln\left(\frac{3t}{e^{3t}-1}\times 2\right)$$ 너코 033
$$= 2\ln 2 = \ln 4$$

답 ③

K01-25

$\lim_{x\to 0}\dfrac{2^{ax+b}-8}{2^{bx}-1}=16$의 극한값이 존재하고 $x\to 0$일 때

(분모)$\to 0$이므로 (분자)$\to 0$이어야 한다. 너코 034

즉, $\lim_{x\to 0}(2^{ax+b}-8)=2^b-8=0$이므로 $b=3$이고

너코 033 너코 097

$$\lim_{x\to 0}\frac{2^{ax+b}-8}{2^{bx}-1}=\lim_{x\to 0}\frac{2^{ax+3}-8}{2^{3x}-1}$$
$$=\lim_{x\to 0}\frac{8\times\dfrac{2^{ax}-1}{ax}\times a}{\dfrac{2^{3x}-1}{3x}\times 3}$$
$$=\frac{8}{3}a=16$$

에서 $a=6$이다.

$$\therefore a+b=9$$

답 ①

K01-26

점 A의 x좌표는 방정식 $e^{x^2}-1=t$의 실근이므로

$e^{x^2}=1+t$에서 $x=\sqrt{\ln(1+t)}$ 너코 004 너코 097

점 B의 x좌표는 방정식 $e^{x^2}-1=5t$의 실근이므로

$e^{x^2}=1+5t$에서 $x=\sqrt{\ln(1+5t)}$

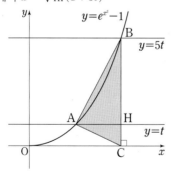

점 A에서 선분 BC에 내린 수선의 발을 H라 하면

$\overline{AH}=\sqrt{\ln(1+5t)}-\sqrt{\ln(1+t)}$

따라서 삼각형 ABC의 넓이는

$$S(t)=\frac{1}{2}\times\overline{BC}\times\overline{AH}$$
$$=\frac{1}{2}\times 5t\times\left\{\sqrt{\ln(1+5t)}-\sqrt{\ln(1+t)}\right\}$$

이다.

$$\therefore \lim_{t\to 0+}\frac{S(t)}{t\sqrt{t}}$$
$$=\lim_{t\to 0+}\frac{\dfrac{1}{2}\times 5t\times\left\{\sqrt{\ln(1+5t)}-\sqrt{\ln(1+t)}\right\}}{t\sqrt{t}}$$
$$=\frac{5}{2}\lim_{t\to 0+}\frac{\sqrt{\ln(1+5t)}-\sqrt{\ln(1+t)}}{\sqrt{t}}$$
$$=\frac{5}{2}\lim_{t\to 0+}\left\{\sqrt{\frac{\ln(1+5t)}{5t}\times 5}-\sqrt{\frac{\ln(1+t)}{t}}\right\}$$
$$=\frac{5}{2}(\sqrt{5}-1)$$

답 ②

K01-27

ㄱ. $1<a<b$이면 $x>1$인 모든 실수 x에 대하여

$1<a^x<b^x$이고 너코 008 $\cdots\cdots\bigcirc$

$0<\log_b x<\log_a x$이다. 너코 010 $\cdots\cdots\bigcirc$

$\bigcirc$, $\bigcirc$의 각 변을 더하면

$1<a^x+\log_b x<b^x+\log_a x$이다.

$$\therefore f(x)=\frac{b^x+\log_a x}{a^x+\log_b x}>1\ (참)$$

ㄴ. $b<a<1$이면

$$\lim_{x\to\infty}a^x=0,\ \lim_{x\to\infty}b^x=0$$이고

$$\lim_{x\to\infty}\log_a x=-\infty,\ \lim_{x\to\infty}\log_b x=-\infty$$이다. 너코 097

$$\therefore \lim_{x\to\infty}f(x)=\lim_{x\to\infty}\frac{b^x+\log_a x}{a^x+\log_b x}$$
$$=\lim_{x\to\infty}\frac{\dfrac{b^x}{\log_b x}+\dfrac{\log_a x}{\log_b x}}{\dfrac{a^x}{\log_b x}+1}$$
$$=\lim_{x\to\infty}\frac{\dfrac{b^x}{\log_b x}+\dfrac{\log b}{\log a}}{\dfrac{a^x}{\log_b x}+1}$$ 너코 006
$$=\frac{0+\log_a b}{0+1}=\log_a b\ (거짓)$$

ㄷ. $\lim_{x\to 0+}a^x=1,\ \lim_{x\to 0+}b^x=1$이고

$$\lim_{x\to 0+}\frac{1}{\log_a x}=0,\ \lim_{x\to 0+}\frac{1}{\log_b x}=0$$이다. 너코 097

$$\therefore \lim_{x\to 0+}f(x)=\lim_{x\to 0+}\frac{b^x+\log_a x}{a^x+\log_b x}$$
$$=\lim_{x\to 0+}\frac{\dfrac{b^x}{\log_b x}+\dfrac{\log_a x}{\log_b x}}{\dfrac{a^x}{\log_b x}+1}$$

$$= \lim_{x \to 0+} \frac{\dfrac{b^x}{\log_b x} + \dfrac{\log b}{\log a}}{\dfrac{a^x}{\log_b x} + 1}$$

$$= \frac{0 + \log_a b}{0 + 1} = \log_a b \quad \boxed{\text{너코 033}} \quad \boxed{\text{너코 097}} \text{ (참)}$$

따라서 옳은 것은 ㄱ, ㄷ이다.

답 ③

K 01-28

ㄱ. $f(x) = x^2$이면

$$\lim_{x \to 0} \frac{e^{f(x)} - 1}{x} = \lim_{x \to 0} \frac{e^{x^2} - 1}{x}$$

$$= \lim_{x \to 0} \left(\frac{e^{x^2} - 1}{x^2} \times x \right)$$

$$= 1 \times 0 = 0 \quad \boxed{\text{너코 033}} \quad \boxed{\text{너코 097}} \text{ (참)}$$

ㄴ. $\lim\limits_{x \to 0} \dfrac{e^x - 1}{f(x)} = 1$이면

$$\lim_{x \to 0} \frac{3^x - 1}{f(x)} = \lim_{x \to 0} \left\{ \frac{e^x - 1}{f(x)} \times \frac{3^x - 1}{x} \times \frac{x}{e^x - 1} \right\}$$

$$= 1 \times \ln 3 \times 1 = \ln 3 \text{ (참)}$$

ㄷ. [반례] $f(x) = \sqrt{|x|}$

$$\lim_{x \to 0} f(x) = 0 \text{ 이지만}$$

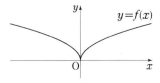

$$\lim_{x \to 0+} \frac{e^{f(x)} - 1}{x} = \lim_{x \to 0+} \left(\frac{e^{\sqrt{x}} - 1}{\sqrt{x}} \times \frac{1}{\sqrt{x}} \right) = \alpha \text{로}$$

수렴한다고 가정하면

$$\lim_{x \to 0+} \frac{1}{\sqrt{x}} = \lim_{x \to 0+} \left\{ \frac{e^{f(x)} - 1}{x} \times \frac{\sqrt{x}}{e^{\sqrt{x}} - 1} \right\} = \alpha \times 1 = \alpha \text{로}$$

너코 033   너코 097

수렴하므로 모순이다. $\left(\because \lim\limits_{x \to 0+} \dfrac{1}{\sqrt{x}} = \infty \right)$

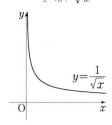

따라서 귀류법에 의하여 $\lim\limits_{x \to 0+} \dfrac{e^{f(x)} - 1}{x}$ 은 수렴하지

않으므로 $\lim\limits_{x \to 0} \dfrac{e^{f(x)} - 1}{x}$ 은 존재하지 않는다. (거짓)

따라서 옳은 것은 ㄱ, ㄴ이다.

답 ③

K 01-29

$\dfrac{1}{x} = t$ 라 하면 $\lim\limits_{t \to 0+} \dfrac{\ln(b + ct^2)}{t^a} = 2$이다. $\qquad \cdots\cdots \ \boxminus$

이때 (분모) $\to 0$이므로 (분자) $\to 0$이다. $(\because \ a > 0)$ 너코 034

따라서 $\lim\limits_{t \to 0+} \ln(b + ct^2) = 0$에서 $\ln b = 0$, 즉 $b = 1$이고

너코 004

이를 ㉠에 대입하면

$$\lim_{t \to 0+} \frac{\ln(1 + ct^2)}{t^a} = \lim_{t \to 0+} \left\{ \frac{\ln(1 + ct^2)}{ct^2} \times ct^{2-a} \right\} = 2 \text{이다.}$$

$0 < a < 2$이면 $\lim\limits_{t \to 0+} \left\{ \dfrac{\ln(1 + ct^2)}{ct^2} \times ct^{2-a} \right\} = 1 \times 0 = 0$,

$a = 2$이면 $\lim\limits_{t \to 0+} \left\{ \dfrac{\ln(1 + ct^2)}{ct^2} \times c \right\} = 1 \times c = c$,

$a > 2$이면 $\lim\limits_{t \to 0+} \left\{ \dfrac{\ln(1 + ct^2)}{ct^2} \times ct^{2-a} \right\} = \infty$ 이다.   너코 097

따라서 극한값이 2가 되려면 $a = 2$, $c = 2$이어야 한다.

$\therefore \ a + b + c = 2 + 1 + 2 = 5$

답 ①

K 02-01

$f(x) = \log_3 x$에서

$f'(x) = \dfrac{1}{x \ln 3}$ 이다.   너코 098

$$\therefore \ \lim_{h \to 0} \frac{f(3+h) - f(3-h)}{h}$$

$$= \lim_{h \to 0} \left\{ \frac{f(3+h) - f(3)}{h} + \frac{f(3-h) - f(3)}{-h} \right\}$$

$$= f'(3) + f'(3) = 2f'(3) \quad \boxed{\text{너코 041}}$$

$$= 2 \times \frac{1}{3\ln 3} = \frac{2}{3\ln 3}$$

답 ②

K 02-02

$f(x) = e^x(2x + 1)$에서

$f'(x) = e^x \times (2x + 1) + e^x \times 2$ 너코 045   너코 098

$\qquad = (2x + 3)e^x$

이다.

$\therefore \ f'(1) = 5e$

답 ④

K 02-03

$f(x) = 7 + 3\ln x$에서

$f'(x) = \dfrac{3}{x}$이다.   너코 098

$\therefore \ f'(3) = 1$

답 ①

K02-04

$f(x)=x^3\ln x$에서

$f'(x)=3x^2\times\ln x+x^3\times\dfrac{1}{x}=3x^2\ln x+x^2$이므로

`너코 045` `너코 098`

$f'(e)=3e^2+e^2=4e^2$이다.

$\therefore \dfrac{f'(e)}{e^2}=4$

답 4

K02-05

곡선 $y=f(x)$ 위의 점 $(e,\,-e)$에서의 접선과
곡선 $y=g(x)$ 위의 점 $(e,\,-4e)$에서의 접선이 서로 수직이면
두 접선의 기울기의 곱이 $f'(e)g'(e)=-1$이다. ……㉠
$x>0$이므로
$g(x)=f(x)\ln x^4=4f(x)\ln x$ `너코 005`
에서
$g'(x)=4f'(x)\times\ln x+4f(x)\times\dfrac{1}{x}$이므로 `너코 045` `너코 098`

$\begin{aligned}g'(e)&=4f'(e)+\dfrac{4f(e)}{e}\\&=4f'(e)-4\ (\because\ f(e)=-e)\end{aligned}$

이다.
따라서 ㉠에 이를 대입하면
$f'(e)\{4f'(e)-4\}=-1$,
$4\{f'(e)\}^2-4f'(e)+1=0$,
$\{2f'(e)-1\}^2=0$,
$f'(e)=\dfrac{1}{2}$

$\therefore 100f'(e)=50$

답 50

K03-01

$\sin\alpha=\dfrac{1}{3}$일 때
삼각함수 사이의 관계에 의하여

$\begin{aligned}\cos\alpha&=\sqrt{1-\sin^2\alpha}\ \left(\because\ 0<\alpha<\dfrac{\pi}{2}\right)\ \boxed{너코 018}\\&=\sqrt{1-\left(\dfrac{1}{3}\right)^2}=\dfrac{2\sqrt{2}}{3}\end{aligned}$

이다.

$\begin{aligned}\therefore \cos\left(\dfrac{\pi}{3}+\alpha\right)&=\cos\dfrac{\pi}{3}\cos\alpha-\sin\dfrac{\pi}{3}\sin\alpha\ \boxed{너코 099}\\&=\dfrac{1}{2}\times\dfrac{2\sqrt{2}}{3}-\dfrac{\sqrt{3}}{2}\times\dfrac{1}{3}\\&=\dfrac{2\sqrt{2}-\sqrt{3}}{6}\end{aligned}$

답 ①

K03-02

$\tan\dfrac{\theta}{2}=\dfrac{\sqrt{2}}{2}$일 때
삼각함수의 덧셈정리에 의하여

$\begin{aligned}\tan\theta=\tan\left(\dfrac{\theta}{2}+\dfrac{\theta}{2}\right)&=\dfrac{2\tan\dfrac{\theta}{2}}{1-\tan^2\dfrac{\theta}{2}}\ \boxed{너코 099}\\&=\dfrac{\sqrt{2}}{1-\dfrac{1}{2}}=2\sqrt{2}\end{aligned}$

이다.
이때 삼각함수 사이의 관계에 의하여

$\begin{aligned}\therefore \sec\theta&=\sqrt{\tan^2\theta+1}\ \left(\because\ 0<\theta<\dfrac{\pi}{2}\right)\\&=\sqrt{(2\sqrt{2})^2+1}=\sqrt{9}=3\end{aligned}$

답 ①

K03-03

$\sin\theta=\dfrac{2}{3}$일 때
삼각함수의 덧셈정리에 의하여

$\begin{aligned}\therefore \cos(2\theta)=\cos(\theta+\theta)&=\cos^2\theta-\sin^2\theta\ \boxed{너코 099}\\&=1-2\sin^2\theta\ (\because\ \sin^2\theta+\cos^2\theta=1)\ \boxed{너코 018}\\&=1-2\times\left(\dfrac{2}{3}\right)^2=\dfrac{1}{9}\end{aligned}$

답 ②

K03-04

`풀이 1`

$\tan\theta=\dfrac{1}{7}$, 즉 $\dfrac{\sin\theta}{\cos\theta}=\dfrac{1}{7}$에서

$\cos\theta=7\sin\theta$이다. `너코 018` ……㉠
또한 삼각함수 사이의 관계에 의하여

$\begin{aligned}\csc^2\theta&=1+\cot^2\theta\ \boxed{너코 099}\\&=1+7^2=50\end{aligned}$

이므로

$\sin^2\theta=\dfrac{1}{\csc^2\theta}=\dfrac{1}{50}$이다.

이때 삼각함수의 덧셈정리에 의하여

$\begin{aligned}\therefore \sin(2\theta)=\sin(\theta+\theta)&=2\sin\theta\cos\theta=14\sin^2\theta\ (\because\ ㉠)\\&=14\times\dfrac{1}{50}=\dfrac{7}{25}\end{aligned}$

`풀이 2`

$\tan\theta=\dfrac{1}{7}$일 때
삼각함수 사이의 관계에 의하여

$\tan^2\theta+1=\dfrac{1}{\cos^2\theta}$ 이므로 `너코 099`

$\cos^2\theta=\dfrac{49}{50}$ 이고,

$\sin^2\theta=1-\cos^2\theta=\dfrac{1}{50}$ 이다. `너코 018`

또한 $\tan\theta>0$에 의하여 $\cos\theta$, $\sin\theta$의 부호가 서로 같아야 하므로

$\sin\theta\cos\theta=\sqrt{\sin^2\theta\cos^2\theta}=\sqrt{\dfrac{1}{50}\times\dfrac{49}{50}}=\dfrac{7}{50}$ 이다.

$\therefore\ \sin(2\theta)=\sin(\theta+\theta)=2\sin\theta\cos\theta=2\times\dfrac{7}{50}=\dfrac{7}{25}$

답 ⑤

K03-05

두 직선 $x-y-1=0$, $ax-y+1=0$이 x축의 양의 방향과 이루는 각의 크기를 각각 θ_1, θ_2라 하면

$\tan\theta_1=($직선 $y=x-1$의 기울기$)=1$,

$\tan\theta_2=($직선 $y=ax+1$의 기울기$)=a$이다.

두 직선이 이루는 예각의 크기를 θ라 하면

$\tan\theta=\left|\tan(\theta_1-\theta_2)\right|$ `너코 020`

$=\left|\dfrac{\tan\theta_1-\tan\theta_2}{1+\tan\theta_1\tan\theta_2}\right|$ `너코 099`

$=\left|\dfrac{1-a}{1+1\times a}\right|=\dfrac{a-1}{1+a}\ (\because\ a>1)$

$=\dfrac{1}{6}$

이므로

$6a-6=1+a$이다.

$\therefore\ a=\dfrac{7}{5}$

답 ④

K03-06

$\tan\left(\alpha+\dfrac{\pi}{4}\right)=2$이고 $\tan\dfrac{\pi}{4}=1$이므로 `너코 018`

삼각함수의 덧셈정리에 의하여

$\therefore\ \tan\alpha=\tan\left\{\left(\alpha+\dfrac{\pi}{4}\right)-\dfrac{\pi}{4}\right\}$

$=\dfrac{\tan\left(\alpha+\dfrac{\pi}{4}\right)-\tan\dfrac{\pi}{4}}{1+\tan\left(\alpha+\dfrac{\pi}{4}\right)\tan\dfrac{\pi}{4}}$ `너코 099`

$=\dfrac{2-1}{1+2\times1}=\dfrac{1}{3}$

답 ①

K03-07

$\cos(\alpha+\beta)=\dfrac{5}{7}$, $\cos\alpha\cos\beta=\dfrac{4}{7}$ 일 때

삼각함수의 덧셈정리에 의하여

$\cos(\alpha+\beta)=\cos\alpha\cos\beta-\sin\alpha\sin\beta$, `너코 099`

즉 $\dfrac{5}{7}=\dfrac{4}{7}-\sin\alpha\sin\beta$이다.

$\therefore\ \sin\alpha\sin\beta=-\dfrac{1}{7}$

답 ①

K03-08

$\cos\theta=\dfrac{1}{7}$ 이므로

$\csc\theta\times\tan\theta=\dfrac{1}{\sin\theta}\times\dfrac{\sin\theta}{\cos\theta}$ `너코 018` `너코 099`

$=\dfrac{1}{\cos\theta}=7$

이다.

답 7

K03-09

삼각함수 사이의 관계에 의하여

$\sin\theta=\sqrt{1-\cos^2\theta}\ \left(\because\ \dfrac{\pi}{2}<\theta<\pi\right)$ `너코 018`

$=\sqrt{1-\left(-\dfrac{3}{5}\right)^2}=\dfrac{4}{5}$

이다.

$\therefore\ \csc(\pi+\theta)=\dfrac{1}{\sin(\pi+\theta)}=\dfrac{1}{-\sin\theta}=-\dfrac{5}{4}$

`너코 020` `너코 099`

답 ③

K03-10

`풀이 1`

$2\cos\alpha=3\sin\alpha$에서

$\dfrac{2}{3}=\dfrac{\sin\alpha}{\cos\alpha}$ $\therefore\ \tan\alpha=\dfrac{2}{3}$ `너코 018`

$\therefore\ \tan\beta=\tan\{(\alpha+\beta)-\alpha\}$

$=\dfrac{\tan(\alpha+\beta)-\tan\alpha}{1+\tan(\alpha+\beta)\times\tan\alpha}$ `너코 099`

$=\dfrac{1-\dfrac{2}{3}}{1+1\times\dfrac{2}{3}}=\dfrac{1}{5}$

풀이 2

$$\tan(\alpha+\beta)=\frac{\tan\alpha+\tan\beta}{1-\tan\alpha\tan\beta}$$ 너코099

$$=\frac{\frac{2}{3}+\tan\beta}{1-\frac{2}{3}\tan\beta}$$

$$=\frac{2+3\tan\beta}{3-2\tan\beta}$$

이고, $\tan(\alpha+\beta)=1$이므로

$$\frac{2+3\tan\beta}{3-2\tan\beta}=1$$

$$\therefore \tan\beta=\frac{1}{5}$$

답 ②

K03-11

$\sin x+\sin y=1$의 양변을 제곱하면

$$\sin^2 x+2\sin x\sin y+\sin^2 y=1 \qquad\qquad \cdots\cdots\text{㉠}$$

$\cos x+\cos y=\dfrac{1}{2}$의 양변을 제곱하면

$$\cos^2 x+2\cos x\cos y+\cos^2 y=\frac{1}{4} \qquad \cdots\cdots\text{㉡}$$

㉠+㉡에서

$$2+2(\sin x\sin y+\cos x\cos y)=\frac{5}{4}$$ 이므로 너코018

$$\sin x\sin y+\cos x\cos y=-\frac{3}{8}$$ 이다.

삼각함수의 덧셈정리에 의하여

$$\therefore \cos(x-y)=\cos x\cos y+\sin x\sin y$$ 너코099

$$=-\frac{3}{8}$$

답 ④

K04-01

삼각함수의 덧셈정리에 의하여

$$\cos(2x)=\cos(x+x)=\cos^2 x-\sin^2 x$$ 너코099

$$=1-2\sin^2 x \ (\because \ \sin^2 x+\cos^2 x=1)$$ 너코018

이므로

$$y=5\sin x+\cos(2x)$$

$$=5\sin x+(1-2\sin^2 x)$$

$$=-2\sin^2 x+5\sin x+1$$

이때 $\sin x=t$라 하면 $-1\le t\le 1$이고

$$y=-2t^2+5t+1$$

$$=-2\left(t-\frac{5}{4}\right)^2+\frac{33}{8}$$ 너코021

이므로 $t=1$일 때 최댓값 4를 갖는다.

따라서 함수 $y=5\sin x+\cos(2x)$의 최댓값은 4이다.

답 ④

K04-02

풀이 1

$0<x<2\pi$일 때

$-1\le \sin x\le 1, \ -1\le \cos x<1$이다. $\qquad\qquad \cdots\cdots\text{㉠}$

한편 삼각함수의 덧셈정리에 의하여

$$\cos(2x)=\cos(x+x)=\cos^2 x-\sin^2 x$$ 너코099

$$=2\cos^2 x-1 \ (\because \ \sin^2 x+\cos^2 x=1)$$ 너코018

이므로

방정식 $\{\cos(2x)-\cos x\}\sin x=0$을 정리하면

$$\{(2\cos^2 x-1)-\cos x\}\sin x=0,$$

$$(2\cos^2 x-\cos x-1)\sin x=0,$$

$$(2\cos x+1)(\cos x-1)\sin x=0$$ 이고

$0<x<2\pi$일 때 이 방정식의 해는 ㉠에 의하여

방정식 $\cos x=-\dfrac{1}{2}$ 또는 $\sin x=0$의 해와 같다. 너코021

$0<x<2\pi$일 때

방정식 $\cos x=-\dfrac{1}{2}$의 해는 $x=\dfrac{2}{3}\pi$ 또는 $x=\dfrac{4}{3}\pi$이고

방정식 $\sin x=0$의 해는 $x=\pi$이다.

따라서 구하는 모든 해의 합은 $\dfrac{2}{3}\pi+\dfrac{4}{3}\pi+\pi=3\pi$이다.

$$\therefore 10k=10\times 3=30$$

풀이 2

$0<x<2\pi$일 때

$-1\le \sin x\le 1, \ -1\le \cos x<1$이다. $\qquad\qquad \cdots\cdots\text{㉠}$

한편 삼각함수의 덧셈정리에 의하여

$$\cos(2x)=\cos(x+x)=\cos^2 x-\sin^2 x$$ 너코099

$$=2\cos^2 x-1 \ (\because \ \sin^2 x+\cos^2 x=1)$$ 너코018

이므로

방정식 $\{\cos(2x)-\cos x\}\sin x=0$을 정리하면

$$\{(2\cos^2 x-1)-\cos x\}\sin x=0,$$

$$(2\cos^2 x-\cos x-1)\sin x=0,$$

$$(2\cos x+1)(\cos x-1)\sin x=0$$ 이고

$0<x<2\pi$일 때 이 방정식의 해는 ㉠에 의하여

방정식 $\cos x=-\dfrac{1}{2}$ 또는 $\sin x=0$의 해와 같다.

즉, 구하는 방정식의 모든 해는

$0<x<2\pi$일 때

곡선 $y=\cos x$와 직선 $y=-\dfrac{1}{2}$의 교점의 x좌표,

곡선 $y=\sin x$와 직선 $y=0$의 교점의 x좌표의 합과 같다.

너코021

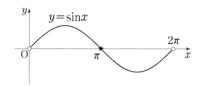

이때 곡선 $y = \cos x$와 직선 $y = -\dfrac{1}{2}$의 두 교점은

직선 $x = \pi$에 대하여 대칭이므로 두 교점의 x좌표의 합은
$\pi \times 2$이고,

곡선 $y = \sin x$와 직선 $y = 0$의 교점의 x좌표는 π이다.

따라서 구하는 모든 해의 합은 $2\pi + \pi = 3\pi$이다.

$\therefore 10k = 10 \times 3 = 30$

답 30

K04-03

$0 \le x \le \pi$일 때

$0 \le \sin x \le 1$, $-1 \le \cos x \le 1$이다. $\qquad$ ······ ㉠

한편 삼각함수의 덧셈정리에 의하여

$\sin(2x) = \sin(x+x) = 2\sin x \cos x$ 너코 099

이므로

방정식 $\sin x = \sin(2x)$를 정리하면

$\sin x = 2\sin x \cos x$,

$\sin x(2\cos x - 1) = 0$이고

$0 \le x \le \pi$일 때 이 방정식의 해는 ㉠에 의하여

방정식 $\sin x = 0$ 또는 $\cos x = \dfrac{1}{2}$의 해와 같다. 너코 021

$0 \le x \le \pi$일 때

방정식 $\sin x = 0$의 해는 $x = 0$ 또는 $x = \pi$이고

방정식 $\cos x = \dfrac{1}{2}$의 해는 $x = \dfrac{\pi}{3}$이다.

따라서 구하는 모든 해의 합은 $0 + \pi + \dfrac{\pi}{3} = \dfrac{4}{3}\pi$이다.

답 ④

K05-01

$\overline{AB} = \overline{AC}$인 이등변삼각형 ABC의

세 내각의 크기는 $\angle A = \alpha$, $\angle B = \angle C = \beta$이다.

따라서 세 내각의 크기의 합 $\alpha + 2\beta = \pi$에서

$\alpha + \beta = \pi - \beta$이므로

$\tan(\alpha + \beta) = \tan(\pi - \beta) = -\tan\beta = -\dfrac{3}{2}$일 때

$\tan\beta = \dfrac{3}{2}$이다. 너코 020

$\therefore \tan\alpha = \tan\{(\alpha + \beta) - \beta\}$

$= \dfrac{\tan(\alpha+\beta) - \tan\beta}{1 + \tan(\alpha+\beta)\tan\beta}$ 너코 099

$= \dfrac{\left(-\dfrac{3}{2}\right) - \dfrac{3}{2}}{1 + \left(-\dfrac{3}{2}\right) \times \dfrac{3}{2}} = \dfrac{12}{5}$

답 ④

K05-02

원점 O와 네 점 $A(0, 4)$, $B(0, 2)$, $C(1, 0)$, $P(0, y)$에 대하여

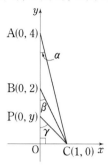

$\tan\alpha = \dfrac{\overline{OC}}{\overline{OA}} = \dfrac{1}{4}$, $\tan\beta = \dfrac{\overline{OC}}{\overline{OB}} = \dfrac{1}{2}$,

$\tan\gamma = \dfrac{\overline{OC}}{\overline{OP}} = \dfrac{1}{y}$이다.

이때 삼각함수의 덧셈정리에 의하여

$\tan(\alpha + \beta) = \dfrac{\tan\alpha + \tan\beta}{1 - \tan\alpha\tan\beta} = \dfrac{\dfrac{1}{4} + \dfrac{1}{2}}{1 - \dfrac{1}{4} \times \dfrac{1}{2}} = \dfrac{6}{7}$ 너코 099

이다.

한편 $\alpha + \beta = \gamma$라 주어졌으므로

$\tan(\alpha + \beta) = \tan\gamma$, 즉 $\dfrac{6}{7} = \dfrac{1}{y}$이다.

$\therefore y = \dfrac{7}{6}$

답 ③

K05-03

두 직선 P_1Q_1, P_2Q_2는 모두 원 $x^2 + y^2 = 1$에 접하므로

$\angle OP_1Q_1 = \dfrac{\pi}{2}$, $\angle OP_2Q_2 = \dfrac{\pi}{2}$이다.

이때 직각삼각형 P_1OQ_1의 넓이가 $\dfrac{1}{4}$이라 주어졌으므로

(직각삼각형 P_1OQ_1의 넓이) $= \dfrac{1}{2} \times \overline{OP_1} \times \overline{P_1Q_1}$

$= \dfrac{1}{2} \times 1 \times \overline{P_1Q_1} = \dfrac{1}{4}$

에서 $\overline{P_1Q_1} = \dfrac{1}{2}$이다. $\qquad$ ······ ㉠

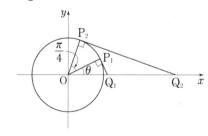

한편 $\angle P_1OQ_1 = \theta$라 하면 $\angle P_2OQ_2 = \theta + \dfrac{\pi}{4}$이고

$\tan\theta = \dfrac{\overline{P_1Q_1}}{\overline{OP_1}} = \dfrac{\dfrac{1}{2}}{1} = \dfrac{1}{2}$이므로 ($\because$ ㉠)

삼각함수의 덧셈정리에 의하여

$$\tan\left(\theta+\frac{\pi}{4}\right)=\frac{\tan\theta+\tan\frac{\pi}{4}}{1-\tan\theta\tan\frac{\pi}{4}}=\frac{\frac{1}{2}+1}{1-\frac{1}{2}\times1}=3$$ ^{너코 099}

이다.

따라서 $\overline{P_2Q_2}=\overline{OP_2}\tan\left(\theta+\frac{\pi}{4}\right)=1\times3=3$이다.

$$\therefore\ (직각삼각형\ P_2OQ_2의\ 넓이)=\frac{1}{2}\times\overline{OP_2}\times\overline{P_2Q_2}$$
$$=\frac{1}{2}\times1\times3=\frac{3}{2}$$

답 ③

K 05-04

직선 $y=\dfrac{1}{2}$이 원 C_1, C_2와 제1사분면에서 만나는

두 점 P, Q에서 x축에 내린 수선의 발을 각각 H, I라 하자.

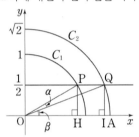

$\sin(\alpha+\beta)=\dfrac{\overline{PH}}{\overline{OP}}=\dfrac{\frac{1}{2}}{1}=\dfrac{1}{2}$이고

$\sin\beta=\dfrac{\overline{QI}}{\overline{OQ}}=\dfrac{\frac{1}{2}}{\sqrt{2}}=\dfrac{\sqrt{2}}{4}$이다.

이때 삼각함수 사이의 관계에 의하여

$$\cos(\alpha+\beta)=\sqrt{1-\sin^2(\alpha+\beta)}\ \left(\because\ 0<\alpha+\beta<\frac{\pi}{2}\right)$$ ^{너코 018}

$$=\sqrt{1-\left(\frac{1}{2}\right)^2}=\frac{\sqrt{3}}{2}$$

이고

$$\cos\beta=\sqrt{1-\sin^2\beta}\ \left(\because\ 0<\beta<\frac{\pi}{2}\right)$$
$$=\sqrt{1-\left(\frac{\sqrt{2}}{4}\right)^2}$$
$$=\sqrt{\frac{14}{16}}=\frac{\sqrt{14}}{4}$$

이다.
삼각함수의 덧셈정리에 의하여

$$\sin(2\beta)=\sin(\beta+\beta)=2\sin\beta\cos\beta$$ ^{너코 099}

$$=2\times\frac{\sqrt{2}}{4}\times\frac{\sqrt{14}}{4}=\frac{\sqrt{7}}{4}$$

이고

$$\cos(2\beta)=\cos(\beta+\beta)=\cos^2\beta-\sin^2\beta$$
$$=\left(\frac{\sqrt{14}}{4}\right)^2-\left(\frac{\sqrt{2}}{4}\right)^2=\frac{3}{4}$$

이다.

$$\therefore\ \sin(\alpha-\beta)=\sin\{(\alpha+\beta)-2\beta\}$$
$$=\sin(\alpha+\beta)\cos(2\beta)-\cos(\alpha+\beta)\sin(2\beta)$$
$$=\frac{1}{2}\times\frac{3}{4}-\frac{\sqrt{3}}{2}\times\frac{\sqrt{7}}{4}$$
$$=\frac{3-\sqrt{21}}{8}$$

답 ④

K 05-05

직선 PA와 원 $x^2+y^2=1$의 교점을 Q, 점 P에서 x축에 내린
수선의 발을 R라 하자.

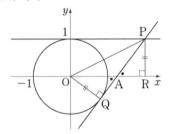

두 직각삼각형 AQO, ARP에서
$\angle OAQ=\angle PAR$이고 $\overline{OQ}=\overline{PR}=1$이므로
두 직각삼각형은 서로 합동이다.

이때 $\overline{OA}=\dfrac{5}{4}$라 주어졌으므로

$$\overline{AR}=\overline{AQ}=\sqrt{\overline{OA}^2-\overline{OQ}^2}$$
$$=\sqrt{\left(\frac{5}{4}\right)^2-1^2}=\frac{3}{4}$$

이다.

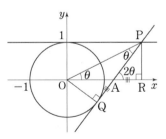

또한 $\angle AOP=\theta$라 하면
$\angle APO=\theta$이고
$\angle PAR=\angle AOP+\angle APO=2\theta$이다.
따라서

$$\tan\theta=\frac{\overline{PR}}{\overline{OA}+\overline{AR}}=\frac{1}{\frac{5}{4}+\frac{3}{4}}=\frac{1}{2}$$이고

$$\tan(2\theta)=\frac{\overline{PR}}{\overline{AR}}=\frac{1}{\frac{3}{4}}=\frac{4}{3}$$이다.

삼각함수의 덧셈정리에 의하여

$$\tan(3\theta)=\tan(\theta+2\theta)$$
$$=\frac{\tan\theta+\tan(2\theta)}{1-\tan\theta\tan(2\theta)}$$ 너코 099
$$=\frac{\dfrac{1}{2}+\dfrac{4}{3}}{1-\dfrac{1}{2}\times\dfrac{4}{3}}=\frac{11}{2}$$

답 ④

K 05-06

곡선 $y=1-x^2$ $(0<x<1)$ 위의 점 P의 좌표를 $(a,\,1-a^2)$이라 하자. (단, $0<a<1$)

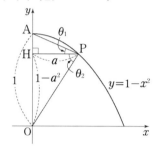

$\angle\mathrm{APH}=\theta_1$, $\angle\mathrm{HPO}=\theta_2$라 할 때 $\tan\theta_1=\dfrac{1}{2}$이라

주어졌으므로

$$\tan\theta_1=\frac{\overline{\mathrm{AH}}}{\overline{\mathrm{PH}}}=\frac{1-(1-a^2)}{a}=a\text{에서 }a=\frac{1}{2}\text{이고}$$

$$\tan\theta_2=\frac{\overline{\mathrm{OH}}}{\overline{\mathrm{PH}}}=\frac{1-a^2}{a}=\frac{1-\left(\dfrac{1}{2}\right)^2}{\dfrac{1}{2}}=\frac{3}{2}\text{이다.}$$

삼각함수의 덧셈정리에 의하여

$$\therefore\ \tan(\theta_1+\theta_2)=\frac{\tan\theta_1+\tan\theta_2}{1-\tan\theta_1\tan\theta_2}$$ 너코 099

$$=\frac{\dfrac{1}{2}+\dfrac{3}{2}}{1-\dfrac{1}{2}\times\dfrac{3}{2}}=8$$

답 ④

K 05-07

점 E는 선분 AD를 $3:1$로 내분하는 점이므로 $\overline{\mathrm{ED}}=k$라 하면 $\overline{\mathrm{AD}}=4k$이다. (단, k는 양수)

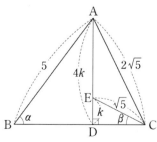

직각삼각형 ADC에서

$$\overline{\mathrm{CD}}^2=(2\sqrt{5})^2-(4k)^2$$ ······ ㉠

직각삼각형 EDC에서

$$\overline{\mathrm{CD}}^2=\sqrt{5}^2-k^2$$ ······ ㉡

㉠=㉡이므로

$20-16k^2=5-k^2$에서 $k=1$이다. ($\because\ k>0$)

따라서 $\overline{\mathrm{ED}}=1$, $\overline{\mathrm{AD}}=4$이므로

$\sin\beta=\dfrac{\overline{\mathrm{ED}}}{\overline{\mathrm{CE}}}=\dfrac{1}{\sqrt{5}}$이고 $\sin\alpha=\dfrac{\overline{\mathrm{AD}}}{\overline{\mathrm{AB}}}=\dfrac{4}{5}$이다.

따라서 삼각함수 사이의 관계에 의하여

$$\cos\beta=\sqrt{1-\sin^2\beta}\ \ \left(\because\ 0<\beta<\frac{\pi}{2}\right)$$ 너코 018

$$=\sqrt{1-\left(\frac{1}{\sqrt{5}}\right)^2}=\frac{2}{\sqrt{5}}$$

이고

$$\cos\alpha=\sqrt{1-\sin^2\alpha}\ \ \left(\because\ 0<\alpha<\frac{\pi}{2}\right)$$

$$=\sqrt{1-\left(\frac{4}{5}\right)^2}=\frac{3}{5}$$

이다.

삼각함수의 덧셈정리에 의하여

$$\therefore\ \cos(\alpha-\beta)=\cos\alpha\cos\beta+\sin\alpha\sin\beta$$ 너코 099

$$=\frac{3}{5}\times\frac{2}{\sqrt{5}}+\frac{4}{5}\times\frac{1}{\sqrt{5}}=\frac{2\sqrt{5}}{5}$$

답 ⑤

K 05-08

곡선 $y=\dfrac{1}{4}x^2$ 위의 두 점 $\mathrm{P}\left(\sqrt{2},\dfrac{1}{2}\right)$, $\mathrm{Q}\left(a,\dfrac{a^2}{4}\right)$에서의 두 접선이 x축의 양의 방향과 이루는 각의 크기를 각각 α, β라 하자.

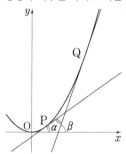

$y=\dfrac{1}{4}x^2$에서 $y'=\dfrac{1}{2}x$이므로 너코 044

(점 P에서의 접선의 기울기) $=\tan\alpha=\dfrac{\sqrt{2}}{2}$이고

(점 Q에서의 접선의 기울기) $=\tan\beta=\dfrac{a}{2}$이다.

이때 이 두 접선과 x축으로 둘러싸인 삼각형이 이등변삼각형이고 삼각형의 한 외각의 크기는 그와 이웃하지 않는 두 내각의 크기의 합과 같으므로

$\beta=2\alpha$에 의하여 $\tan\beta=\tan(2\alpha)$이다. ······ ㉠

또한 삼각함수의 덧셈정리에 의하여

K 미분법

$$\tan(2\alpha) = \frac{2\tan\alpha}{1-\tan^2\alpha} = \frac{2\times \frac{\sqrt{2}}{2}}{1-\left(\frac{\sqrt{2}}{2}\right)^2} = 2\sqrt{2} \,\text{이므로}\;\fbox{너코 099}$$

㉠에 의하여 $\dfrac{a}{2} = 2\sqrt{2}$, 즉 $a = 4\sqrt{2}$이다.

$$\therefore\; a^2 = 32$$

답 32

K05-09

풀이 1

$\angle POQ$를 이등분하는 직선이 호 PQ와 만나는 점 R에 대하여

$\angle ROQ = \theta$이므로 $\angle POQ = 2\theta$이다. (단, $0 < \theta < \dfrac{\pi}{2}$)

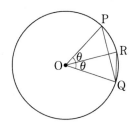

$$(\text{삼각형 POQ의 넓이}) = \frac{1}{2}\times 1 \times 1 \times \sin(2\theta) = \frac{\sin(2\theta)}{2}$$

$$(\text{삼각형 ROQ의 넓이}) = \frac{1}{2}\times 1 \times 1 \times \sin\theta = \frac{\sin\theta}{2}$$

한편 두 삼각형 POQ, ROQ의 넓이의 비가 $3:2$로 주어졌으므로

$\dfrac{\sin(2\theta)}{2} : \dfrac{\sin\theta}{2} = 3:2$, 즉 $2\sin(2\theta) = 3\sin\theta$이다.

이때 삼각함수의 덧셈정리에 의하여

$4\sin\theta\cos\theta = 3\sin\theta,\;\fbox{너코 099}$

$\sin\theta(4\cos\theta - 3) = 0,$

$\cos\theta = \dfrac{3}{4}\;(\because\; \sin\theta \neq 0)$

$$\therefore\; 16\cos\theta = 16 \times \frac{3}{4} = 12$$

풀이 2

$\angle POQ$를 이등분하는 직선이 호 PQ와 만나는 점 R에 대하여

$\angle ROP = \angle ROQ = \theta$이다. (단, $0 < \theta < \dfrac{\pi}{2}$)

삼각형 OPQ는 이등변삼각형이므로 직선 OR는 선분 PQ를 수직이등분한다.

이때 선분 PQ의 중점을 A라 하자.

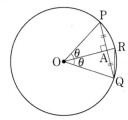

두 삼각형 OAP, OAQ는 서로 합동이므로

두 삼각형 POQ, ROQ의 넓이의 비가 $3:2$이면

두 삼각형 OAQ, ROQ의 넓이의 비가 $\dfrac{3}{2}:2$이다.

두 삼각형 OAQ, ROQ의 밑변을 각각 OA, RO라 할 때 높이는 AQ로 서로 같으므로

$\overline{OA} : \overline{RO} = \dfrac{3}{2}:2$이다.

이때

$\overline{OA} = \overline{OQ}\cos\theta = \cos\theta$이고

$\overline{RO} = 1$이므로

$\cos\theta : 1 = \dfrac{3}{2}:2$에서

$\cos\theta = \dfrac{3}{4}$이다.

$$\therefore\; 16\cos\theta = 12$$

답 12

K05-10

다음 그림과 같이 나무로부터 $7\,\text{m}$, $2\,\text{m}$ 떨어진 지점에 있을 때 눈의 위치를 각각 A_1, A_2라 하고

나무와 지면이 닿은 부분을 B, 나무의 꼭대기를 C, 직선 A_1A_2와 직선 BC가 수직으로 만나는 점을 H라 하자.

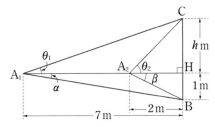

또한 $\angle BA_1H = \alpha$, $\angle BA_2H = \beta$, $\angle CA_1H = \theta_1$,

$\angle CA_2H = \theta_2$라 하고 $\overline{HC} = h$라 하면

$\tan\alpha = \dfrac{\overline{BH}}{\overline{A_1H}} = \dfrac{1}{7}$, $\tan\beta = \dfrac{\overline{BH}}{\overline{A_2H}} = \dfrac{1}{2}$이고

$\tan\theta_1 = \dfrac{\overline{CH}}{\overline{A_1H}} = \dfrac{h}{7}$, $\tan\theta_2 = \dfrac{\overline{CH}}{\overline{A_2H}} = \dfrac{h}{2}$이다.

삼각함수의 덧셈정리에 의하여

$$\tan(\beta-\alpha) = \frac{\tan\beta - \tan\alpha}{1+\tan\beta\tan\alpha}\;\fbox{너코 099}$$

$$= \frac{\frac{1}{2}-\frac{1}{7}}{1+\frac{1}{2}\times\frac{1}{7}} = \frac{\frac{5}{14}}{\frac{15}{14}} = \frac{1}{3} \qquad \cdots\cdots㉠$$

이고

$$\tan(\theta_2 - \theta_1) = \frac{\tan\theta_2 - \tan\theta_1}{1+\tan\theta_2\tan\theta_1}$$

$$= \frac{\frac{h}{2}-\frac{h}{7}}{1+\frac{h}{2}\times\frac{h}{7}} = \frac{\frac{5}{14}h}{1+\frac{h^2}{14}} = \frac{5h}{h^2+14} \qquad \cdots\cdots㉡$$

이다.

한편 $\theta=\alpha+\theta_1$, $\theta+\dfrac{\pi}{4}=\beta+\theta_2$이므로

$\left(\theta+\dfrac{\pi}{4}\right)-\theta=(\beta+\theta_2)-(\alpha+\theta_1)$에서

$\theta_2-\theta_1=\dfrac{\pi}{4}-(\beta-\alpha)$이다.

따라서 ㉠에 의하여

$\tan(\theta_2-\theta_1)=\tan\left\{\dfrac{\pi}{4}-(\beta-\alpha)\right\}$

$\qquad=\dfrac{\tan\dfrac{\pi}{4}-\tan(\beta-\alpha)}{1+\tan\dfrac{\pi}{4}\tan(\beta-\alpha)}$

$\qquad=\dfrac{1-\dfrac{1}{3}}{1+1\times\dfrac{1}{3}}=\dfrac{1}{2}$ ……㉢

이다.

㉡=㉢이므로

$\dfrac{5h}{h^2+14}=\dfrac{1}{2}$,

$h^2+14=10h$,

$h^2-10h+14=0$이다.

이 이차방정식의 서로 다른 두 실근을 h_1, h_2라 하면
이차방정식의 근과 계수의 관계에 의하여 $h_1+h_2=10$이고
나무의 높이는 $1+h_1$ 또는 $1+h_2$이다.

$\therefore\ a+b=(1+h_1)+(1+h_2)=2+h_1+h_2=12$

답 ①

K05-11

풀이 1

a_n은 두 곡선 $y=\tan x$와 $y=\dfrac{\sqrt{x}}{10}$의 교점의 x좌표이므로

$\tan a_n=\dfrac{\sqrt{a_n}}{10}$이다.

삼각함수의 덧셈정리에 의하여

$\tan(a_{n+1}-a_n)=\dfrac{\tan a_{n+1}-\tan a_n}{1+\tan a_{n+1}\times\tan a_n}$ 너코 099

$\qquad=\dfrac{\dfrac{\sqrt{a_{n+1}}}{10}-\dfrac{\sqrt{a_n}}{10}}{1+\dfrac{\sqrt{a_{n+1}}}{10}\times\dfrac{\sqrt{a_n}}{10}}$

$\qquad=\dfrac{10(\sqrt{a_{n+1}}-\sqrt{a_n})}{100+\sqrt{a_{n+1}a_n}}$

$\qquad=\dfrac{10(a_{n+1}-a_n)}{(100+\sqrt{a_{n+1}a_n})(\sqrt{a_{n+1}}+\sqrt{a_n})}$

이므로

$a_n\sqrt{a_n}\tan(a_{n+1}-a_n)$

$=\dfrac{\dfrac{10(a_{n+1}-a_n)}{(100+\sqrt{a_{n+1}}\sqrt{a_n})(\sqrt{a_{n+1}}+\sqrt{a_n})}}{a_n\sqrt{a_n}}$

$=\dfrac{10(a_{n+1}-a_n)}{\left(\dfrac{100}{a_n}+\sqrt{\dfrac{a_{n+1}}{a_n}}\right)\left(\sqrt{\dfrac{a_{n+1}}{a_n}}+1\right)}$ ……㉠

이다.

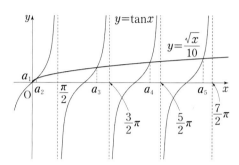

이때 $\displaystyle\lim_{n\to\infty}a_n=\infty$이고, 너코 088

$\displaystyle\lim_{n\to\infty}(a_{n+1}-a_n)=\pi$이므로

··· 빈출 QnA

$a_{n+1}-a_n=\pi+\theta_n$으로 놓으면 $\displaystyle\lim_{n\to\infty}\theta_n=0$이고,

$\displaystyle\lim_{n\to\infty}\dfrac{a_{n+1}}{a_n}=\lim_{n\to\infty}\dfrac{a_n+\pi+\theta_n}{a_n}$

$\qquad=\displaystyle\lim_{n\to\infty}\left(1+\dfrac{\pi}{a_n}+\dfrac{\theta_n}{a_n}\right)$

$\qquad=1+0+0=1$ 너코 089 너코 090

이다.

따라서 ㉠에서

$\displaystyle\lim_{n\to\infty}a_n\sqrt{a_n}\tan(a_{n+1}-a_n)=\dfrac{10\pi}{(0+1)(1+1)}=5\pi$

이다.

$\therefore\ \dfrac{1}{\pi^2}\times\displaystyle\lim_{n\to\infty}a_n^3\tan^2(a_{n+1}-a_n)=\dfrac{1}{\pi^2}\times(5\pi)^2=25$

풀이 2

a_n은 두 곡선 $y=\tan x$와 $y=\dfrac{\sqrt{x}}{10}$의 교점의 x좌표이므로

$\tan a_n=\dfrac{\sqrt{a_n}}{10}$이다.

삼각함수의 덧셈정리에 의하여

$\tan(a_{n+1}-a_n)$

$=\dfrac{\tan a_{n+1}-\tan a_n}{1+\tan a_{n+1}\times\tan a_n}$ 너코 099

$=\dfrac{\dfrac{\sqrt{a_{n+1}}}{10}-\dfrac{\sqrt{a_n}}{10}}{1+\dfrac{\sqrt{a_{n+1}}}{10}\times\dfrac{\sqrt{a_n}}{10}}$

$=\dfrac{10(\sqrt{a_{n+1}}-\sqrt{a_n})}{100+\sqrt{a_{n+1}a_n}}$

$$= \frac{10(a_{n+1}-a_n)}{(100+\sqrt{a_{n+1}a_n})(\sqrt{a_{n+1}}+\sqrt{a_n})}$$

$$= \frac{10(a_{n+1}-a_n)}{\left(\dfrac{100}{n}+\sqrt{\dfrac{a_{n+1}}{n}}\sqrt{\dfrac{a_n}{n}}\right)\left(\sqrt{\dfrac{a_{n+1}}{n}}+\sqrt{\dfrac{a_n}{n}}\right)}\times\frac{1}{n\sqrt{n}}$$

이므로

$a_n^3\tan^2(a_{n+1}-a_n)$

$$=\left\{\frac{10(a_{n+1}-a_n)}{\left(\dfrac{100}{n}+\sqrt{\dfrac{a_{n+1}}{n}}\sqrt{\dfrac{a_n}{n}}\right)\left(\sqrt{\dfrac{a_{n+1}}{n}}+\sqrt{\dfrac{a_n}{n}}\right)}\right\}^2\times\left(\frac{a_n}{n}\right)^3$$

$$\qquad\qquad\qquad\qquad\qquad\qquad\qquad\qquad\cdots\cdots\ \text{㉠}$$

이다.

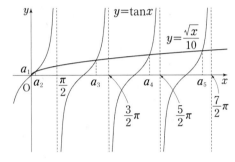

$n\geq 2$일 때 $(n-2)\pi<a_n<(n-2)\pi+\dfrac{\pi}{2}$에서

$\dfrac{n-2}{n}\pi<\dfrac{a_n}{n}<\dfrac{n-2}{n}\pi+\dfrac{\pi}{2n}$이고,

이때 $\lim\limits_{n\to\infty}\dfrac{n-2}{n}\pi=\pi$, $\lim\limits_{n\to\infty}\left(\dfrac{n-2}{n}\pi+\dfrac{\pi}{2n}\right)=\pi$로 수렴하며

두 수열의 극한값이 서로 같으므로 수열의 극한의 대소 관계에

의하여 $\lim\limits_{n\to\infty}\dfrac{a_n}{n}=\pi$이다. 너코 091

$(n-1)\pi<a_{n+1}<(n-1)\pi+\dfrac{\pi}{2}$에서 마찬가지 방법에 의하여

$\lim\limits_{n\to\infty}\dfrac{a_{n+1}}{n}=\pi$이다.

또한 $\lim\limits_{n\to\infty}(a_{n+1}-a_n)=\pi$이므로 ㉠에서 ··· **빈출 QnA**

$\dfrac{1}{\pi^2}\times\lim\limits_{n\to\infty}a_n^3\tan^2(a_{n+1}-a_n)$

$$=\frac{1}{\pi^2}\times\left\{\frac{10\pi}{(0+\sqrt{\pi}\sqrt{\pi})(\sqrt{\pi}+\sqrt{\pi})}\right\}^2\times\pi^3$$

너코 089   너코 090

$$=\left(\frac{5}{\sqrt{\pi}}\right)^2\times\pi=25$$

답 25

빈출 QnA

Q. $\lim\limits_{n\to\infty}(a_{n+1}-a_n)=\pi$인 것을 어떻게 알 수 있나요?

A. 함수 $y=\tan x$의 그래프의 점근선은 $x=\dfrac{2m-1}{2}\pi$ (m은 정수)입니다.

$n\geq 2$일 때 $(n-2)\pi<a_n<\dfrac{2n-3}{2}\pi$이고 $\cdots\cdots$ⓐ

$\lim\limits_{n\to\infty}a_n=\infty$, $\lim\limits_{x\to\infty}\dfrac{\sqrt{x}}{10}=\infty$이므로

$\lim\limits_{n\to\infty}\tan a_n=\lim\limits_{n\to\infty}\dfrac{\sqrt{a_n}}{10}=\infty$입니다. $\cdots\cdots$ⓑ

ⓐ, ⓑ에 의하여 n의 값이 한없이 커질 때 점 $(a_n,\ \tan a_n)$은

점근선 $x=\dfrac{2n-3}{2}\pi$에 한없이 가까워집니다.

따라서 $\lim\limits_{n\to\infty}\left(a_n-\dfrac{2n-3}{2}\pi\right)=0$이고,

$\lim\limits_{n\to\infty}(a_{n+1}-a_n)$

$=\lim\limits_{n\to\infty}\left\{\left(a_{n+1}-\dfrac{2n-1}{2}\pi\right)-\left(a_n-\dfrac{2n-3}{2}\pi\right)+\pi\right\}$

$=0-0+\pi=\pi$

임을 알 수 있습니다.

K 06-01

함수 $f(x)$가 $x=1$에서 연속이면

$\lim\limits_{x\to 1}f(x)=f(1)$,

즉 $\lim\limits_{x\to 1}\dfrac{\sin\{2(x-1)\}}{x-1}=a$이다. 너코 037

$\therefore a=\lim\limits_{x\to 1}\left[\dfrac{\sin\{2(x-1)\}}{2(x-1)}\times 2\right]$

$\qquad=1\times 2=2$ 너코 033   너코 100

답 ③

K 06-02

$\lim\limits_{x\to 0}\dfrac{e^{2x}-1}{\tan x}=\lim\limits_{x\to 0}\left(\dfrac{e^{2x}-1}{2x}\times\dfrac{x}{\tan x}\times 2\right)$

$\qquad\qquad\qquad=1\times 1\times 2=2$ 너코 033 너코 097 너코 100

답 ④

K 06-03

$\lim\limits_{x\to 0}\dfrac{e^{2x^2}-1}{\tan x\sin(2x)}=\lim\limits_{x\to 0}\left(\dfrac{e^{2x^2}-1}{2x^2}\times\dfrac{x}{\tan x}\times\dfrac{2x}{\sin(2x)}\right)$

$\qquad\qquad\qquad\qquad=1\times 1\times 1=1$ 너코 033 너코 097 너코 100

답 ③

K 06-04

$\lim\limits_{x\to 0}\dfrac{\tan x}{xe^x}=\lim\limits_{x\to 0}\left(\dfrac{\tan x}{x}\times\dfrac{1}{e^x}\right)$

$\qquad\qquad=1\times 1=1$ 너코 033 너코 097 너코 100

답 ①

K 06-05

$$\lim_{x \to 0} \frac{\ln(1+5x)}{\sin(3x)} = \lim_{x \to 0} \left\{ \frac{\ln(1+5x)}{5x} \times \frac{3x}{\sin(3x)} \times \frac{5}{3} \right\}$$

$$= 1 \times 1 \times \frac{5}{3} = \frac{5}{3} \quad \boxed{\text{너코 033}} \quad \boxed{\text{너코 097}} \quad \boxed{\text{너코 100}}$$

답 ③

K 06-06

$$\lim_{x \to 0} \frac{\sin(2x)}{x\cos x} = \lim_{x \to 0} \left\{ \frac{\sin(2x)}{2x} \times \frac{2}{\cos x} \right\}$$

$$= 1 \times \frac{2}{1} = 2 \quad \boxed{\text{너코 033}} \quad \boxed{\text{너코 100}}$$

답 2

K 06-07

$$\lim_{x \to 0} \frac{\sin(7x)}{4x} = \lim_{x \to 0} \left\{ \frac{\sin(7x)}{7x} \times \frac{7}{4} \right\}$$

$$= 1 \times \frac{7}{4} = \frac{7}{4} \quad \boxed{\text{너코 033}} \quad \boxed{\text{너코 100}}$$

답 ⑤

K 06-08

$$\lim_{x \to 0} \frac{\sin 5x}{x} = \lim_{x \to 0} \left(\frac{\sin 5x}{5x} \times 5 \right)$$

$$= 1 \times 5 = 5 \quad \boxed{\text{너코 033}} \quad \boxed{\text{너코 100}}$$

답 ⑤

K 06-09

$$\lim_{x \to 0} \frac{3x^2}{\sin^2 x} = \lim_{x \to 0} \left\{ 3 \times \left(\frac{x}{\sin x} \right)^2 \right\}$$

$$= 3 \times 1^2 = 3 \quad \boxed{\text{너코 033}} \quad \boxed{\text{너코 100}}$$

답 ③

K 06-10

ㄱ. $f(x) = 2x$일 때

$$\lim_{x \to 0} \frac{e^x - 1}{2x} = \lim_{x \to 0} \left(\frac{e^x - 1}{x} \times \frac{1}{2} \right)$$

$$= 1 \times \frac{1}{2} = \frac{1}{2} \quad \boxed{\text{너코 033}} \quad \boxed{\text{너코 097}}$$

ㄴ. $f(x) = e^{2x} - 1$일 때

$$\lim_{x \to 0} \frac{e^x - 1}{e^{2x} - 1} = \lim_{x \to 0} \frac{e^x - 1}{(e^x - 1)(e^x + 1)} = \lim_{x \to 0} \frac{1}{e^x + 1}$$

$$= \frac{1}{2} \quad \boxed{\text{너코 097}}$$

ㄷ. $f(x) = 1 - \cos x$일 때

$$\lim_{x \to 0} \frac{e^x - 1}{1 - \cos x} = \lim_{x \to 0} \left(\frac{e^x - 1}{x} \times \frac{x^2}{1 - \cos x} \times \frac{1}{x} \right) = \alpha 로$$

극한값이 존재한다고 가정하면

$$\lim_{x \to 0} \frac{1}{x} = \lim_{x \to 0} \left(\frac{e^x - 1}{1 - \cos x} \times \frac{x}{e^x - 1} \times \frac{1 - \cos x}{x^2} \right)$$

$$= \alpha \times 1 \times \frac{1}{2} = \frac{1}{2}\alpha \quad \boxed{\text{너코 033}} \quad \boxed{\text{너코 097}} \quad \boxed{\text{너코 100}}$$

로 수렴하므로 모순이다. $\left(\because \lim\limits_{x \to 0-} \frac{1}{x} = -\infty, \ \lim\limits_{x \to 0+} \frac{1}{x} = \infty \right)$

귀류법에 의하여 $\lim\limits_{x \to 0} \dfrac{e^x - 1}{1 - \cos x}$ 의 극한값은 존재하지

않는다.

따라서 극한값 $\lim\limits_{x \to 0} \dfrac{e^x - 1}{f(x)}$ 이 존재하는 것은 ㄱ, ㄴ이다.

답 ③

K 06-11

$$\frac{\sec(2\theta) - 1}{\sec \theta - 1} = \frac{\dfrac{1}{\cos(2\theta)} - 1}{\dfrac{1}{\cos \theta} - 1}$$

$$= \frac{\dfrac{1 - \cos(2\theta)}{\cos(2\theta)}}{\dfrac{1 - \cos \theta}{\cos \theta}}$$

$$= \frac{\cos \theta \{1 - \cos(2\theta)\}}{\cos(2\theta)(1 - \cos \theta)}$$

이므로

$$\therefore \lim_{\theta \to 0} \frac{\sec(2\theta) - 1}{\sec \theta - 1}$$

$$= \lim_{\theta \to 0} \frac{\cos \theta \{1 - \cos(2\theta)\}}{\cos(2\theta)(1 - \cos \theta)}$$

$$= \lim_{\theta \to 0} \left\{ \frac{1 - \cos(2\theta)}{(2\theta)^2} \times \frac{\theta^2}{1 - \cos \theta} \times \frac{4\cos \theta}{\cos(2\theta)} \right\}$$

$$= \frac{1}{2} \times 2 \times \frac{4 \times 1}{1} = 4 \quad \boxed{\text{너코 033}} \quad \boxed{\text{너코 100}}$$

답 ④

K 06-12

풀이 1

ㄱ. $\lim\limits_{x \to 0} \dfrac{\sin x}{f(x)} = \lim\limits_{x \to 0} \left\{ \dfrac{\ln(1+x)}{f(x)} \times \dfrac{\sin x}{x} \times \dfrac{x}{\ln(1+x)} \right\}$

$$= 1 \times 1 \times 1 = 1 \quad \boxed{\text{너코 033}} \quad \boxed{\text{너코 097}} \quad \boxed{\text{너코 100}}$$

(거짓)

ㄴ. $\lim\limits_{x \to 0} \dfrac{f(x) + x}{\ln(1+x)} = \lim\limits_{x \to 0} \left\{ \dfrac{f(x)}{\ln(1+x)} + \dfrac{x}{\ln(1+x)} \right\}$

$$= 1 + 1 = 2 \quad \boxed{\text{너코 033}} \quad \boxed{\text{너코 097}} \ \text{(참)}$$

ㄷ. $\lim\limits_{x \to 0} \dfrac{\{f(x)\}^2}{\ln(1+x)} = \lim\limits_{x \to 0} \left[\left\{ \dfrac{f(x)}{\ln(1+x)} \right\}^2 \times \ln(1+x) \right]$

$$= 1^2 \times 0 = 0 \quad \boxed{\text{너코 033}} \quad \boxed{\text{너코 097}} \ \text{(참)}$$

따라서 옳은 것은 ㄴ, ㄷ이다.

풀이 2

$\lim\limits_{x\to 0}\dfrac{f(x)}{\ln(1+x)}=1$이므로

$\lim\limits_{x\to 0}\dfrac{f(x)}{x}=\lim\limits_{x\to 0}\left\{\dfrac{f(x)}{\ln(1+x)}\times\dfrac{\ln(1+x)}{x}\right\}=1\times 1=1$이다.

너코 097

ㄱ. $\lim\limits_{x\to 0}\dfrac{\sin x}{f(x)}=\lim\limits_{x\to 0}\left\{\dfrac{\sin x}{x}\times\dfrac{x}{f(x)}\right\}$

$\qquad\qquad=1\times 1=1$ 너코 033 너코 100 (거짓)

ㄴ. $\lim\limits_{x\to 0}\dfrac{f(x)+x}{\ln(1+x)}=\lim\limits_{x\to 0}\left\{\dfrac{f(x)+x}{x}\times\dfrac{x}{\ln(1+x)}\right\}$

$\qquad\qquad=\lim\limits_{x\to 0}\left[\left\{\dfrac{f(x)}{x}+1\right\}\times\dfrac{x}{\ln(1+x)}\right]$

$\qquad\qquad=(1+1)\times 1=2$ 너코 033 너코 097 (참)

ㄷ. $\lim\limits_{x\to 0}\dfrac{\{f(x)\}^2}{\ln(1+x)}=\lim\limits_{x\to 0}\left[\left\{\dfrac{f(x)}{x}\right\}^2\times\dfrac{x}{\ln(1+x)}\times x\right]$

$\qquad\qquad=1^2\times 1\times 0=0$ 너코 033 너코 097 (참)

따라서 옳은 것은 ㄴ, ㄷ이다.

답 ④

K06-13

$\lim\limits_{x\to a}\dfrac{2^x-1}{3\sin(x-a)}=b\ln 2$에서

$x\to a$일 때 (분모)$\to 0$이므로 (분자)$\to 0$이다. 너코 034

즉, $\lim\limits_{x\to a}(2^x-1)=0$에서

$2^a-1=0$이므로 $a=0$이다. 너코 033 너코 097

따라서

$\lim\limits_{x\to 0}\dfrac{2^x-1}{3\sin x}=\lim\limits_{x\to 0}\left(\dfrac{2^x-1}{x}\times\dfrac{x}{\sin x}\times\dfrac{1}{3}\right)$

$\qquad\qquad=\ln 2\times 1\times\dfrac{1}{3}$ 너코 100

$\qquad\qquad=\dfrac{1}{3}\ln 2=b\ln 2$

이므로 $b=\dfrac{1}{3}$이다.

$\therefore a+b=0+\dfrac{1}{3}=\dfrac{1}{3}$

답 ④

K06-14

$\lim\limits_{x\to 0}\dfrac{f(x)}{1-\cos(x^2)}=\lim\limits_{x\to 0}\left\{\dfrac{(x^2)^2}{1-\cos(x^2)}\times\dfrac{f(x)}{x^4}\right\}=2$이므로

$\lim\limits_{x\to 0}\dfrac{f(x)}{x^4}=\lim\limits_{x\to 0}\left\{\dfrac{f(x)}{1-\cos(x^2)}\times\dfrac{1-\cos(x^2)}{(x^2)^2}\right\}$

$\qquad\qquad=2\times\dfrac{1}{2}=1$ 너코 033 너코 100

이다.

한편 $\lim\limits_{x\to 0}\dfrac{f(x)}{x^p}=q$이고 $p>0$, $q>0$이라 주어졌으므로

ⅰ) $0<p<4$인 경우

$\lim\limits_{x\to 0}\dfrac{f(x)}{x^p}=\lim\limits_{x\to 0}\left\{\dfrac{f(x)}{x^4}\times x^{4-p}\right\}=1\times 0=0$이므로

$q>0$인 조건을 만족시키지 않는다.

ⅱ) $p=4$인 경우

$\lim\limits_{x\to 0}\dfrac{f(x)}{x^4}=1$이므로 $q>0$인 조건을 만족시킨다.

ⅲ) $p>4$인 경우

$\lim\limits_{x\to 0}\dfrac{f(x)}{x^p}$는 발산하므로 수렴한다는 조건을 만족시키지

않는다.

ⅰ)~ⅲ)에 의하여 $p+q=4+1=5$이다.

답 ②

K06-15

$\lim\limits_{x\to 0}\dfrac{e^{1-\sin x}-e^{1-\tan x}}{\tan x-\sin x}=\lim\limits_{x\to 0}\dfrac{e^{1-\tan x}(e^{\tan x-\sin x}-1)}{\tan x-\sin x}$

$\qquad\qquad=\lim\limits_{x\to 0}\left(\dfrac{e^{\tan x-\sin x}-1}{\tan x-\sin x}\times e^{1-\tan x}\right)$

$\qquad\qquad=1\times e=e$ 너코 033 너코 097 너코 100

답 ④

K06-16

$(e^{2x}-1)^2 f(x)=a-4\cos\dfrac{\pi}{2}x$에서

양변에 $x=0$을 대입하면

$0=a-4$, 즉 $a=4$이므로

$f(x)=\dfrac{4-4\cos\dfrac{\pi}{2}x}{(e^{2x}-1)^2}$ $(x\neq 0)$ 이다.

함수 $f(x)$는 실수 전체의 집합에서 연속이므로

$f(0)=\lim\limits_{x\to 0}\dfrac{4\left(1-\cos\dfrac{\pi}{2}x\right)}{(e^{2x}-1)^2}$

$\qquad=\lim\limits_{x\to 0}\left\{\dfrac{1-\cos\dfrac{\pi}{2}x}{\left(\dfrac{\pi}{2}x\right)^2}\times\left(\dfrac{2x}{e^{2x}-1}\right)^2\times\dfrac{\pi^2}{4}\right\}$

$\qquad=\dfrac{1}{2}\times 1^2\times\dfrac{\pi^2}{4}=\dfrac{\pi^2}{8}$ 너코 033 너코 097 너코 100

$\therefore a\times f(0)=\dfrac{\pi^2}{2}$

답 ⑤

K06-17

$y=\sin x$에서 $y'=\cos x$이므로 너코 101

곡선 $y=\sin x$ 위의 점 $\mathrm{P}(t,\ \sin t)$에서의 접선의 기울기는

cos t이고 이 접선이 x축의 양의 방향과 이루는 각의 크기를 α라 하면 $\tan\alpha = \cos t$

한편 점 P를 지나고 기울기가 -1인 접선이 x축의 양의 방향과 이루는 각의 크기는 $\dfrac{3}{4}\pi$이므로

$$\tan\frac{3}{4}\pi = -1$$

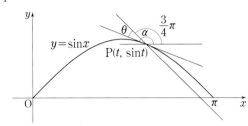

이때 $\dfrac{\pi}{2} < t < \pi$에서 두 직선이 이루는 예각의 크기 θ는

$\theta = \alpha - \dfrac{3}{4}\pi$이므로 삼각함수의 덧셈정리에 의하여

$$\tan\theta = \tan\left(\alpha - \frac{3}{4}\pi\right) = \frac{\tan\alpha - \tan\frac{3}{4}\pi}{1 + \tan\alpha \times \tan\frac{3}{4}\pi}$$ 너코 099

$$= \frac{\tan\alpha + 1}{1 - \tan\alpha} = \frac{1 + \cos t}{1 - \cos t}$$

따라서 $\displaystyle\lim_{t \to \pi-}\frac{\tan\theta}{(\pi - t)^2} = \lim_{t \to \pi-}\frac{1 + \cos t}{(\pi - t)^2(1 - \cos t)}$이고

$\pi - t = k$라 하면 $t \to \pi-$일 때 $k \to 0+$이므로

$$\lim_{t \to \pi-}\frac{\tan\theta}{(\pi - t)^2} = \lim_{k \to 0+}\frac{1 + \cos(\pi - k)}{k^2\{1 - \cos(\pi - k)\}}$$

$$= \lim_{k \to 0+}\frac{1 - \cos k}{k^2(1 + \cos k)}$$

$$= \lim_{k \to 0+}\left\{\frac{1 - \cos k}{k^2} \times \frac{1}{1 + \cos k}\right\}$$

$$= \frac{1}{2} \times \frac{1}{1 + 1} = \frac{1}{4}$$ 너코 100

답 ③

K 06-18

다항함수 $g(x)$에 대하여 함수 $f(x) = e^{-x}\sin x + g(x)$라 하자.

ㄱ. $\displaystyle\lim_{x \to 0}\frac{f(x)}{x} = 1$에서 $\qquad$ $\cdots\cdots$ ㉠

$x \to 0$일 때 (분모)$\to 0$이므로 (분자)$\to 0$이다. 너코 034

즉, $\displaystyle\lim_{x \to 0}f(x) = 0$이므로

$\displaystyle\lim_{x \to 0}g(x) = \lim_{x \to 0}\{f(x) - e^{-x}\sin x\} = 0 - 1 \times 0 = 0$이다.

너코 033 너코 097 너코 100

다항함수 $g(x)$는 연속함수이므로 $g(0) = 0$이다. 너코 037

(참)

ㄴ. $\displaystyle\lim_{x \to \infty}\frac{g(x)}{x^2} = \lim_{x \to \infty}\left\{\frac{f(x)}{x^2} - \frac{e^{-x}\sin x}{x^2}\right\}$

$$= \lim_{x \to \infty}\left\{\frac{f(x)}{x^2} - \frac{\sin x}{x} \times \frac{1}{xe^x}\right\}$$

이때 $\displaystyle\lim_{x \to \infty}\frac{f(x)}{x^2} = 1$이라 주어졌고

$x > 0$일 때

$-\dfrac{1}{x} < \dfrac{\sin x}{x} < \dfrac{1}{x}$이고

$\displaystyle\lim_{x \to \infty}\left(-\frac{1}{x}\right) = 0$, $\displaystyle\lim_{x \to \infty}\frac{1}{x} = 0$이므로 너코 032

함수의 극한의 대소 관계에 의하여 $\displaystyle\lim_{x \to \infty}\frac{\sin x}{x} = 0$이다. 너코 036

따라서 $\displaystyle\lim_{x \to \infty}\frac{g(x)}{x^2} = 1 - 0 \times 0 = 1$이다.

너코 033 너코 097 너코 100 (참)

ㄷ. ㄱ, ㄴ에 의하여 $g(0) = 0$, $\displaystyle\lim_{x \to \infty}\frac{g(x)}{x^2} = 1$이므로

다항함수 $g(x)$는 x를 인수로 갖고 최고차항의 계수가 1인 이차함수이다.

즉, $g(x) = x(x + k)$라 할 수 있다. (단, k는 상수)

㉠에서

$$\lim_{x \to 0}\frac{f(x)}{x} = \lim_{x \to 0}\frac{e^{-x}\sin x + x(x + k)}{x}$$

$$= \lim_{x \to 0}\left(\frac{\sin x}{x} \times e^{-x} + x + k\right)$$

$$= 1 \times 1 + 0 + k = 1 + k = 1$$

너코 033 너코 097 너코 100

이다. 따라서 $k = 0$이므로 $g(x) = x^2$이다.

이때 $\displaystyle\lim_{x \to 0}\frac{f(x)}{g(x)} = \lim_{x \to 0}\frac{f(x)}{x^2} = \alpha$로 수렴한다고 가정하면

$$\lim_{x \to 0}\frac{1}{x} = \lim_{x \to 0}\left\{\frac{f(x)}{x^2} \times \frac{x}{f(x)}\right\} = \alpha \times 1 = \alpha$$이므로

모순이다. $\left(\because \displaystyle\lim_{x \to 0-}\frac{1}{x} = -\infty, \displaystyle\lim_{x \to 0+}\frac{1}{x} = \infty\right)$

따라서 귀류법에 의하여 $\displaystyle\lim_{x \to 0}\frac{f(x)}{g(x)}$는 수렴하지 않는다.

(거짓)

따라서 옳은 것은 ㄱ, ㄴ이다.

답 ③

K 07-01

직각삼각형 OQP에서

$\overline{OQ} = t$, $\overline{PQ} = \sin t$이므로

$\overline{OP} = \sqrt{t^2 + \sin^2 t}$이다.

따라서

$\overline{OR} = \overline{OP} - \overline{PR} = \overline{OP} - \overline{PQ}$

$\quad = \sqrt{t^2 + \sin^2 t} - \sin t$

이다.

$$\therefore \lim_{t\to 0+}\frac{\overline{OQ}}{\overline{OR}} = \lim_{t\to 0+}\frac{t}{\sqrt{t^2+\sin^2 t}-\sin t}$$
$$= \lim_{t\to 0+}\frac{t\left(\sqrt{t^2+\sin^2 t}+\sin t\right)}{t^2}$$
$$= \lim_{t\to 0+}\left(\sqrt{\frac{t^2+\sin^2 t}{t^2}}+\frac{\sin t}{t}\right)$$
$$= \lim_{t\to 0+}\left(\sqrt{1+\left(\frac{\sin t}{t}\right)^2}+\frac{\sin t}{t}\right)$$
$$= \sqrt{1+1^2}+1 = 1+\sqrt{2} \quad \boxed{\text{너기 033}}\ \boxed{\text{너기 100}}$$
$$\therefore\ a+b = 1+1 = 2$$

답 2

K07-02

$\angle BAG = \theta$, $\overline{AB} = 2$이므로
$$\overline{BG} = \overline{AB}\tan\theta = 2\tan\theta$$
$$\therefore\ f(\theta) = \frac{1}{2}\times\overline{AB}\times\overline{BG}-\frac{1}{2}\times\overline{AD}^2\times\theta \quad \boxed{\text{너기 017}}$$
$$= \frac{1}{2}\times 2\times 2\tan\theta-\frac{1}{2}\times 1^2\times\theta$$
$$= 2\tan\theta-\frac{\theta}{2}$$

한편 $\angle FAE = 2\theta$이므로
$$g(\theta) = \frac{1}{2}\times\overline{AD}^2\times 2\theta = \frac{1}{2}\times 1^2\times 2\theta = \theta$$

$$\therefore\ 40\times\lim_{\theta\to 0+}\frac{f(\theta)}{g(\theta)} = 40\times\lim_{\theta\to 0+}\frac{2\tan\theta-\dfrac{\theta}{2}}{\theta}$$
$$= 40\times\lim_{\theta\to 0+}\left(2\times\frac{\tan\theta}{\theta}-\frac{1}{2}\right)$$
$$= 40\times\left(2-\frac{1}{2}\right) = 60 \quad \boxed{\text{너기 100}}$$

답 60

K07-03

두 직선 OP, QH의 교점을 C라 하면
$$\angle OCH = \pi-(\angle COH+\angle OHC)$$
$$= \pi-\left\{\theta+\left(\frac{\pi}{2}-\theta\right)\right\} = \frac{\pi}{2}$$
이다.

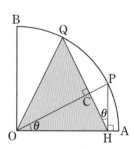

또한 $\overline{OH} = \overline{OP}\cos\theta = \cos\theta$이므로
$$\overline{OC} = \overline{OH}\cos\theta = \cos^2\theta,$$

$\overline{CH} = \overline{OH}\sin\theta = \cos\theta\sin\theta$이고
직각삼각형 OCQ에서
$$\overline{CQ} = \sqrt{\overline{OQ}^2-\overline{OC}^2}$$
$$= \sqrt{1-(\cos^2\theta)^2}$$
$$= \sqrt{(1-\cos^2\theta)(1+\cos^2\theta)}$$
$$= \sqrt{\sin^2\theta(1+\cos^2\theta)}\ (\because\ \sin^2\theta+\cos^2\theta=1) \quad \boxed{\text{너기 018}}$$
$$= \sin\theta\sqrt{1+\cos^2\theta}\ \left(\because\ 0<\theta<\frac{\pi}{6}\right)$$
이다.

따라서 삼각형 OHQ의 넓이는
$$S(\theta) = \frac{1}{2}\times\overline{OC}\times(\overline{CH}+\overline{CQ})$$
$$= \frac{\cos^2\theta\sin\theta(\cos\theta+\sqrt{1+\cos^2\theta})}{2}$$
이다.
$$\therefore\ \lim_{\theta\to 0+}\frac{S(\theta)}{\theta}$$
$$= \lim_{\theta\to 0+}\frac{\cos^2\theta\sin\theta(\cos\theta+\sqrt{1+\cos^2\theta})}{2\theta}$$
$$= \lim_{\theta\to 0+}\left\{\frac{\sin\theta}{\theta}\times\frac{\cos^2\theta(\cos\theta+\sqrt{1+\cos^2\theta})}{2}\right\}$$
$$= 1\times\frac{1\times(1+\sqrt{2})}{2} = \frac{1+\sqrt{2}}{2} \quad \boxed{\text{너기 033}}\ \boxed{\text{너기 100}}$$

답 ①

K07-04

반지름의 길이가 $\overline{OP} = 2^n$인 원 C 위의 점 Q에 대하여
$\angle QOP = \theta$라 하자.
호 PQ의 길이가 π이므로
$$\pi = 2^n\times\theta \text{에서 } \theta = \frac{\pi}{2^n}\text{이다.} \quad \boxed{\text{너기 017}}$$

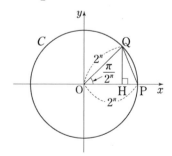

따라서
$$\overline{HP} = \overline{OP}-\overline{OH} = \overline{OP}-\overline{OQ}\cos\frac{\pi}{2^n} = 2^n\left(1-\cos\frac{\pi}{2^n}\right)\text{이므로}$$
$$\overline{OQ}\times\overline{HP} = 4^n\left(1-\cos\frac{\pi}{2^n}\right)\text{이다.}$$

$\dfrac{1}{2^n} = t$라 하면 $n\to\infty$일 때 $t\to 0+$이므로

$$\therefore \lim_{n \to \infty}(\overline{OQ} \times \overline{HP}) = \lim_{t \to 0+}\frac{1-\cos(\pi t)}{t^2}$$
$$= \lim_{t \to 0+}\left\{\frac{1-\cos(\pi t)}{(\pi t)^2} \times \pi^2\right\}$$
$$= \frac{1}{2} \times \pi^2 = \frac{\pi^2}{2} \quad \boxed{너코\ 033} \quad \boxed{너코\ 100}$$

답 ①

K 07-05

직각삼각형 ABC에서

$$\overline{AC} = \frac{\overline{AB}}{\cos\theta} = \frac{1}{\cos\theta},$$

$$\overline{BC} = \overline{AB}\tan\theta = \tan\theta \text{이므로}$$

$$\overline{AC} : \overline{BC} = \frac{1}{\cos\theta} : \tan\theta = 1 : \sin\theta \text{이다.}$$

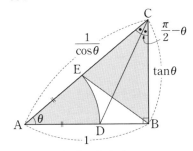

이때 직선 CD는 각 C의 이등분선이므로

$$\overline{AD} : \overline{BD} = \overline{AC} : \overline{BC} = 1 : \sin\theta \text{에서} \quad \cdots \boxed{빈출\ QnA}$$

$$\overline{AD} \times \sin\theta = 1 - \overline{AD}$$

$$\therefore \overline{AD} = \frac{1}{1+\sin\theta}$$

따라서 부채꼴 ADE의 넓이는

$$S(\theta) = \frac{1}{2} \times \overline{AD}^2 \times \theta = \frac{\theta}{2(1+\sin\theta)^2} \text{이므로} \quad \boxed{너코\ 017}$$

$$\{S(\theta)\}^2 = \frac{\theta^2}{4(1+\sin\theta)^4} \text{이다.}$$

한편

$$\overline{CE} = \overline{AC} - \overline{AE}$$
$$= \frac{1}{\cos\theta} - \frac{1}{1+\sin\theta}$$
$$= \frac{1-\cos\theta+\sin\theta}{\cos\theta(1+\sin\theta)}$$

이므로 삼각형 BCE의 넓이는

$$T(\theta) = \frac{1}{2} \times \overline{BC} \times \overline{CE} \times \sin\left(\frac{\pi}{2}-\theta\right)$$
$$= \frac{1}{2} \times \tan\theta \times \frac{1-\cos\theta+\sin\theta}{\cos\theta(1+\sin\theta)} \times \cos\theta \quad \boxed{너코\ 020}$$
$$= \frac{\tan\theta(1-\cos\theta+\sin\theta)}{2(1+\sin\theta)}$$

이다.

$$\frac{\{S(\theta)\}^2}{T(\theta)} = \frac{\theta^2}{4(1+\sin\theta)^4} \times \frac{2(1+\sin\theta)}{\tan\theta(1-\cos\theta+\sin\theta)}$$
$$= \frac{\theta^2}{2\tan\theta(1+\sin\theta)^3(1-\cos\theta+\sin\theta)}$$

$$\therefore \lim_{\theta \to 0+}\frac{\{S(\theta)\}^2}{T(\theta)}$$
$$= \lim_{\theta \to 0+}\left\{\frac{\theta}{\tan\theta} \times \frac{\theta}{1-\cos\theta+\sin\theta} \times \frac{1}{2(1+\sin\theta)^3}\right\}$$
$$= \lim_{\theta \to 0+}\left\{\frac{\theta}{\tan\theta} \times \frac{1}{\dfrac{1-\cos\theta}{\theta}+\dfrac{\sin\theta}{\theta}} \times \frac{1}{2(1+\sin\theta)^3}\right\}$$
$$= 1 \times \frac{1}{0+1} \times \frac{1}{2\times 1^3} = \frac{1}{2} \quad \boxed{너코\ 033} \quad \boxed{너코\ 100}$$

답 ②

빈출 QnA

Q. 직선 CD가 각 C의 이등분선일 때
$\overline{AD} : \overline{BD} = \overline{AC} : \overline{BC}$임을 자세히 설명해 주세요.

A. 점 B를 지나고 직선 CD와 평행한 직선이 직선 AC와 만나는 점을 F라 합시다.
엇각과 동위각에 의하여 삼각형 BCF는 $\overline{BC} = \overline{FC}$인 이등변삼각형입니다.
따라서 $\overline{AD} : \overline{BD} = \overline{AC} : \overline{FC} = \overline{AC} : \overline{BC}$임을 알 수 있습니다.

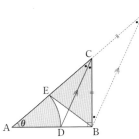

이처럼 삼각함수의 극한과 도형이 결합된 문제에서 중학교 때 배웠던 도형의 성질이 사용되기도 하므로 헷갈리는 부분이 있다면 반드시 복습하는 시간을 가지도록 합시다.

K 07-06

세 선분 PH, HO, OQ와 호 PQ로 둘러싸인 부분의 넓이를 T_1, 부채꼴 OBR의 넓이를 T_2,
두 선분 OQ, OT와 호 TQ로 둘러싸인 부분의 넓이를 S라 하면
$$S_1 - S_2 = (T_1 - S) - (T_2 - S) = T_1 - T_2 \text{이다.}$$
따라서 $S_1 - S_2$의 값 대신에 $T_1 - T_2$의 값을 구해도 된다.

한 호에 대한 중심각의 크기는 원주각의 크기의 2배이므로
$$\angle POB = 2\angle PAB = 2\theta \text{이다.}$$
또한 호 PR와 호 RB의 길이의 비가 $3:7$이라 주어졌으므로
$$\angle POR : \angle ROB = 3 : 7 \text{이다.}$$

따라서 $\angle \text{ROB} = 2\theta \times \dfrac{7}{10} = \dfrac{7}{5}\theta$ 이므로

$$T_2 = \frac{1}{2} \times 1^2 \times \frac{7}{5}\theta = \frac{7}{10}\theta \text{이다.} \quad \boxed{\text{너코 017}}$$

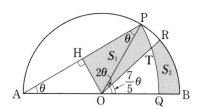

한편 점 O에서 선분 AP에 내린 수선의 발 H에 대하여

$\overline{\text{AH}} = \overline{\text{OA}}\cos\theta = \cos\theta$

$\overline{\text{AP}} = 2\overline{\text{AH}} = 2\cos\theta$,

$\overline{\text{OH}} = \overline{\text{OA}}\sin\theta = \sin\theta$ 이므로

$T_1 = ($부채꼴 APQ의 넓이$) - ($삼각형 AHO의 넓이$)$

$$= \frac{1}{2} \times (2\cos\theta)^2 \times \theta - \frac{1}{2} \times \cos\theta \times \sin\theta$$

$$= 2\theta\cos^2\theta - \frac{\sin\theta\cos\theta}{2}$$

이다.

$$\lim_{\theta \to 0+} \frac{S_1 - S_2}{\overline{\text{OH}}} = \lim_{\theta \to 0+} \frac{T_1 - T_2}{\overline{\text{OH}}}$$

$$= \lim_{\theta \to 0+} \frac{2\theta\cos^2\theta - \dfrac{\sin\theta\cos\theta}{2} - \dfrac{7}{10}\theta}{\sin\theta}$$

$$= \lim_{\theta \to 0+} \left(\frac{\theta}{\sin\theta} \times 2\cos^2\theta - \frac{\cos\theta}{2} - \frac{\theta}{\sin\theta} \times \frac{7}{10} \right)$$

$$= 1 \times 2 - \frac{1}{2} - 1 \times \frac{7}{10} \quad \boxed{\text{너코 033}} \quad \boxed{\text{너코 100}}$$

$$= \frac{4}{5} = a$$

$$\therefore 50a = 50 \times \frac{4}{5} = 40$$

$\boxed{\text{답}} \ 40$

K07-07

$\boxed{\text{풀이 1}}$

부채꼴 OAB 위의 점 P에 대하여

$\angle \text{POA} = \theta$, $\overline{\text{OP}} = 1$이므로

$\overline{\text{OH}} = \overline{\text{OP}}\cos\theta = \cos\theta$이다.

따라서 삼각형 OHP의 넓이는

$$f(\theta) = \frac{1}{2} \times 1 \times \cos\theta \times \sin\theta = \frac{1}{2}\cos\theta\sin\theta \text{이다.} \quad \boxed{\text{너코 018}}$$

$$\cdots\cdots\ \bigcirc$$

한편 $\angle \text{OPQ} = \dfrac{\pi}{2}$이므로 직각삼각형 OPQ에서

$$\overline{\text{OQ}} = \frac{\overline{\text{OP}}}{\cos\theta} = \frac{1}{\cos\theta},$$

$$\overline{\text{AQ}} = \overline{\text{OQ}} - \overline{\text{OA}} = \frac{1}{\cos\theta} - 1 = \frac{1-\cos\theta}{\cos\theta} \text{이고}$$

$$\angle \text{OQP} = \frac{\pi}{2} - \angle \text{POQ} = \frac{\pi}{2} - \theta \text{이다.}$$

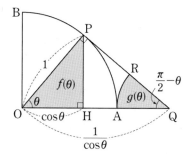

따라서 부채꼴 QRA의 넓이는

$$g(\theta) = \frac{1}{2} \times \left(\frac{1-\cos\theta}{\cos\theta} \right)^2 \times \left(\frac{\pi}{2} - \theta \right) \quad \boxed{\text{너코 017}}$$

$$= \frac{(1-\cos\theta)^2}{\cos^2\theta} \times \left(\frac{\pi}{4} - \frac{\theta}{2} \right) \quad \cdots\cdots\ \bigcirc$$

이다.

$0 < \theta < \dfrac{\pi}{2}$이므로 $\bigcirc$, $\bigcirc$에 의하여

$$\frac{\sqrt{g(\theta)}}{\theta \times f(\theta)} = \frac{1-\cos\theta}{\cos\theta} \times \frac{2}{\theta\cos\theta\sin\theta} \times \sqrt{\frac{\pi}{4} - \frac{\theta}{2}}$$

$$= \frac{1-\cos\theta}{\theta^2} \times \frac{\theta}{\sin\theta} \times \frac{2\sqrt{\dfrac{\pi}{4} - \dfrac{\theta}{2}}}{\cos^2\theta}$$

이다.

$$\therefore \lim_{\theta \to 0+} \frac{\sqrt{g(\theta)}}{\theta \times f(\theta)}$$

$$= \lim_{\theta \to 0+} \left(\frac{1-\cos\theta}{\theta^2} \times \frac{\theta}{\sin\theta} \times \frac{2\sqrt{\dfrac{\pi}{4} - \dfrac{\theta}{2}}}{\cos^2\theta} \right)$$

$$= \frac{1}{2} \times 1 \times \frac{\sqrt{\pi}}{1} = \frac{\sqrt{\pi}}{2} \quad \boxed{\text{너코 033}} \quad \boxed{\text{너코 100}}$$

$\boxed{\text{풀이 2}}$

부채꼴 OAB 위의 점 P에 대하여

$\angle \text{POA} = \theta$, $\overline{\text{OP}} = 1$이므로

$\overline{\text{OH}} = \overline{\text{OP}}\cos\theta = \cos\theta$,

$\overline{\text{PH}} = \overline{\text{OP}}\sin\theta = \sin\theta$이다.

따라서 직각삼각형 OHP의 넓이는

$$f(\theta) = \frac{1}{2} \times \cos\theta \times \sin\theta = \frac{1}{2}\cos\theta\sin\theta \text{이다.} \quad \cdots\cdots\ \bigcirc$$

한편 $\angle \text{OPQ} = \dfrac{\pi}{2}$이므로 다음 그림과 같이

$\angle \text{HPQ} = \theta$, $\angle \text{PQH} = \dfrac{\pi}{2} - \theta$이다.

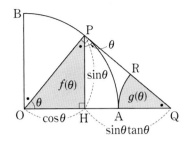

또한

$$\overline{HQ} = \overline{PH}\tan\theta = \sin\theta\tan\theta,$$

$$\overline{AQ} = \overline{OQ} - \overline{OA}$$

$$= (\cos\theta + \sin\theta\tan\theta) - 1$$

$$= \frac{\cos^2\theta + \sin^2\theta}{\cos\theta} - 1$$

$$= \frac{1-\cos\theta}{\cos\theta} \ (\because \ \sin^2\theta + \cos^2\theta = 1) \quad \boxed{\text{너코 018}}$$

이다.

따라서 부채꼴 QRA의 넓이는

$$g(\theta) = \frac{1}{2} \times \left(\frac{1-\cos\theta}{\cos\theta}\right)^2 \times \left(\frac{\pi}{2} - \theta\right) \quad \boxed{\text{너코 017}}$$

$$= \frac{(1-\cos\theta)^2}{\cos^2\theta} \times \left(\frac{\pi}{4} - \frac{\theta}{2}\right) \quad \cdots\cdots \ \textcircled{\small L}$$

이다.

$0 < \theta < \dfrac{\pi}{2}$ 이므로 ㉠, ㉡에 의하여

$$\frac{\sqrt{g(\theta)}}{\theta \times f(\theta)} = \frac{1-\cos\theta}{\cos\theta} \times \frac{2}{\theta\cos\theta\sin\theta} \times \sqrt{\frac{\pi}{4} - \frac{\theta}{2}}$$

$$= \frac{1-\cos\theta}{\theta^2} \times \frac{\theta}{\sin\theta} \times \frac{2\sqrt{\dfrac{\pi}{4} - \dfrac{\theta}{2}}}{\cos^2\theta}$$

이다.

$$\therefore \ \lim_{\theta \to 0+} \frac{\sqrt{g(\theta)}}{\theta \times f(\theta)}$$

$$= \lim_{\theta \to 0+} \left(\frac{1-\cos\theta}{\theta^2} \times \frac{\theta}{\sin\theta} \times \frac{2\sqrt{\dfrac{\pi}{4} - \dfrac{\theta}{2}}}{\cos^2\theta} \right)$$

$$= \frac{1}{2} \times 1 \times \frac{\sqrt{\pi}}{1} = \frac{\sqrt{\pi}}{2} \quad \boxed{\text{너코 033}} \ \boxed{\text{너코 100}}$$

답 ④

K 07-08

반원에 대한 원주각의 크기는 $\angle APB = \dfrac{\pi}{2}$ 이므로

$$\overline{AP} = \overline{AB}\cos\theta = 2\cos\theta$$

$$l(\theta) = \overline{PB} = \overline{AB}\sin\theta = 2\sin\theta$$

한편 삼각형 PAQ에서 사인법칙에 의하여

$$\frac{\overline{AQ}}{\sin(\angle APQ)} = \frac{\overline{AP}}{\sin(\angle AQP)}, \quad \boxed{\text{너코 023}}$$

즉 $\dfrac{\overline{AQ}}{\sin\dfrac{\theta}{3}} = \dfrac{2\cos\theta}{\sin\left(\pi - \dfrac{4}{3}\theta\right)}$ 에서

$$\overline{AQ} = \frac{2\cos\theta\sin\dfrac{\theta}{3}}{\sin\dfrac{4}{3}\theta} \text{이다.} \quad \boxed{\text{너코 020}}$$

따라서 삼각형 PAQ의 넓이는

$$S(\theta) = \frac{1}{2} \times \overline{AP} \times \overline{AQ} \times \sin\theta \quad \boxed{\text{너코 018}}$$

$$= \frac{1}{2} \times 2\cos\theta \times \frac{2\cos\theta\sin\dfrac{\theta}{3}}{\sin\dfrac{4}{3}\theta} \times \sin\theta$$

$$= \frac{2\cos^2\theta\sin\dfrac{\theta}{3}\sin\theta}{\sin\dfrac{4}{3}\theta}$$

$$\therefore \ \lim_{\theta \to 0+} \frac{S(\theta)}{l(\theta)} = \lim_{\theta \to 0+} \frac{2\cos^2\theta\sin\dfrac{\theta}{3}\sin\theta}{2\sin\theta\sin\dfrac{4}{3}\theta}$$

$$= \lim_{\theta \to 0+} \frac{\cos^2\theta\sin\dfrac{\theta}{3}}{\sin\dfrac{4}{3}\theta}$$

$$= \lim_{\theta \to 0+} \left(\frac{\sin\dfrac{\theta}{3}}{\dfrac{\theta}{3}} \times \frac{\dfrac{4}{3}\theta}{\sin\dfrac{4}{3}\theta} \times \frac{\cos^2\theta}{4} \right)$$

$$= 1 \times 1 \times \frac{1}{4} = \frac{1}{4} \quad \boxed{\text{너코 033}} \ \boxed{\text{너코 100}}$$

답 ③

K 07-09

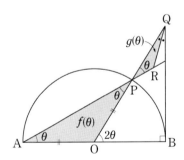

삼각형 OAP가 $\overline{OA} = \overline{OP} = 1$인 이등변삼각형이므로

$$\angle OAP = \angle OPA = \theta$$

$$\angle AOP = \pi - 2\theta$$

따라서 삼각형 OAP의 넓이는

$$f(\theta) = \frac{1}{2} \times 1^2 \times \sin(\pi - 2\theta) = \frac{1}{2}\sin 2\theta \quad \boxed{\text{너코 018}} \ \boxed{\text{너코 020}}$$

한편 $\angle POB = 2\theta$ 이므로 직각삼각형 QOB에서

$$\overline{QO} = \frac{1}{\cos 2\theta}$$

$$\therefore \ \overline{PQ} = \frac{1}{\cos 2\theta} - 1$$

$$= \frac{1-\cos 2\theta}{\cos 2\theta}$$

또한 $\angle QPR = \angle OPA = \theta$ ($\because$ 맞꼭지각),

$\angle PQR = \left(\dfrac{\pi}{2} - 2\theta\right) \times \dfrac{1}{2} = \dfrac{\pi}{4} - \theta$에서

$\angle PRQ = \pi - \theta - \left(\dfrac{\pi}{4} - \theta\right) = \dfrac{3}{4}\pi$이므로

삼각형 PQR에서 사인법칙에 의하여

$$\dfrac{\overline{PR}}{\sin\left(\dfrac{\pi}{4} - \theta\right)} = \dfrac{\overline{PQ}}{\sin\dfrac{3}{4}\pi} \quad \text{너코 023}$$

$$\therefore \ \overline{PR} = \dfrac{\overline{PQ}}{\dfrac{\sqrt{2}}{2}} \times \sin\left(\dfrac{\pi}{4} - \theta\right)$$

$$= \sqrt{2} \times \dfrac{1 - \cos 2\theta}{\cos 2\theta} \times \sin\left(\dfrac{\pi}{4} - \theta\right)$$

따라서 삼각형 PQR의 넓이는

$$g(\theta) = \dfrac{1}{2} \times \overline{PQ} \times \overline{PR} \times \sin\theta$$

$$= \dfrac{\sqrt{2}}{2} \times \left(\dfrac{1 - \cos 2\theta}{\cos 2\theta}\right)^2 \times \sin\theta \sin\left(\dfrac{\pi}{4} - \theta\right)$$

$$\therefore \ \lim_{\theta \to 0+} \dfrac{g(\theta)}{\theta^4 \times f(\theta)}$$

$$= \lim_{\theta \to 0+} \dfrac{\dfrac{\sqrt{2}}{2} \times \left(\dfrac{1 - \cos 2\theta}{\cos 2\theta}\right)^2 \times \sin\theta \sin\left(\dfrac{\pi}{4} - \theta\right)}{\theta^4 \times \dfrac{1}{2}\sin 2\theta}$$

$$= \sqrt{2} \lim_{\theta \to 0+} \dfrac{(1 - \cos 2\theta)^2 (1 + \cos 2\theta)^2 \sin\theta \sin\left(\dfrac{\pi}{4} - \theta\right)}{\theta^4 \sin 2\theta \cos^2 2\theta \, (1 + \cos 2\theta)^2}$$

$$= \sqrt{2} \lim_{\theta \to 0+} \dfrac{\sin^3 2\theta \sin\theta \sin\left(\dfrac{\pi}{4} - \theta\right)}{\theta^4 \cos^2 2\theta \, (1 + \cos 2\theta)^2}$$

$$= \sqrt{2} \lim_{\theta \to 0+} \dfrac{\left(\dfrac{\sin 2\theta}{2\theta}\right)^3 \times 8 \times \dfrac{\sin\theta}{\theta} \times \sin\left(\dfrac{\pi}{4} - \theta\right)}{\cos^2 2\theta \, (1 + \cos 2\theta)^2}$$

$$= \sqrt{2} \times \dfrac{1^3 \times 8 \times 1 \times \dfrac{\sqrt{2}}{2}}{1^2 \times (1 + 1)^2} \quad \text{너코 033} \quad \text{너코 100}$$

$$= \dfrac{8}{4} = 2$$

답 ①

K07-10

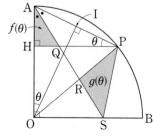

점 O에서 선분 AP에 내린 수선의 발을 I라 하면
두 직각삼각형 OAI, PAH가 AA 닮음이므로

$\angle AOI = \angle APH = \theta$

이때 삼각형 OPA는 이등변삼각형이므로

$\angle POI = \angle AOI = \theta$, $\overline{PI} = \overline{AI}$이다.

따라서 직각삼각형 OPI에서

$\overline{PI} = 1 \times \sin\theta = \sin\theta$이므로 너코 018

$\overline{PA} = 2\sin\theta$이고, 직각삼각형 PAH에서

$\overline{AH} = 2\sin\theta \times \sin\theta = 2\sin^2\theta$이다.

또한 $\angle PAH = \dfrac{\pi}{2} - \theta$이므로

$\angle QAH = \angle QAP = \dfrac{1}{2}\left(\dfrac{\pi}{2} - \theta\right) = \dfrac{\pi}{4} - \dfrac{\theta}{2}$이고

직각삼각형 AHQ에서

$\tan(\angle QAH) = \dfrac{\overline{QH}}{2\sin^2\theta}$이므로

$\overline{QH} = 2\sin^2\theta \tan\left(\dfrac{\pi}{4} - \dfrac{\theta}{2}\right)$

$$\therefore \ f(\theta) = \dfrac{1}{2} \times \overline{AH} \times \overline{QH}$$

$$= \dfrac{1}{2}(2\sin^2\theta)^2 \tan\left(\dfrac{\pi}{4} - \dfrac{\theta}{2}\right)$$

$$= 2\sin^4\theta \tan\left(\dfrac{\pi}{4} - \dfrac{\theta}{2}\right)$$

한편 직각삼각형 AOS에서

$\overline{OS} = 1 \times \tan(\angle QAH) = \tan\left(\dfrac{\pi}{4} - \dfrac{\theta}{2}\right)$이고

$\overline{OP} = 1$, $\angle POS = \dfrac{\pi}{2} - 2\theta$이므로

$$\triangle POS = \dfrac{1}{2} \times \overline{PO} \times \overline{OS} \times \sin(\angle POS)$$

$$= \dfrac{1}{2}\tan\left(\dfrac{\pi}{4} - \dfrac{\theta}{2}\right)\sin\left(\dfrac{\pi}{2} - 2\theta\right)$$

$$= \dfrac{1}{2}\tan\left(\dfrac{\pi}{4} - \dfrac{\theta}{2}\right)\cos 2\theta \quad \text{너코 020}$$

이때 삼각형 AOP에서 각의 이등분선의 성질에 의하여

$\overline{OR} : \overline{PR} = \overline{AO} : \overline{AP}$가 성립하고,

$\overline{AO} = 1$, $\overline{AP} = 2\sin\theta$이므로

$\overline{OR} : \overline{PR} = 1 : 2\sin\theta$이다.

삼각형 OSR와 삼각형 RSP의 넓이의 비도 $1 : 2\sin\theta$이므로

$$g(\theta) = \dfrac{1}{2}\tan\left(\dfrac{\pi}{4} - \dfrac{\theta}{2}\right)\cos 2\theta \times \dfrac{2\sin\theta}{1 + 2\sin\theta}$$

$$= \tan\left(\dfrac{\pi}{4} - \dfrac{\theta}{2}\right) \times \dfrac{\sin\theta \cos 2\theta}{1 + 2\sin\theta}$$

$$\therefore \ k = \lim_{\theta \to 0+} \dfrac{\theta^3 \times g(\theta)}{f(\theta)}$$

$$= \lim_{\theta \to 0+} \dfrac{\theta^3 \times \sin\theta \cos 2\theta}{(1 + 2\sin\theta) \times 2\sin^4\theta}$$

$$= \dfrac{1}{2}\lim_{\theta \to 0+} \dfrac{\theta^3 \times \cos 2\theta}{(1 + 2\sin\theta)\sin^3\theta}$$

$$= \dfrac{1}{2}\lim_{\theta \to 0+} \dfrac{\theta^3}{\sin^3\theta} \times \dfrac{\cos 2\theta}{1 + 2\sin\theta}$$

$$= \dfrac{1}{2} \times 1^3 \times \dfrac{1}{1 + 0} = \dfrac{1}{2} \quad \text{너코 033} \quad \text{너코 100}$$

따라서 $k = \dfrac{1}{2}$이므로

$$100k = 100 \times \dfrac{1}{2} = 50$$

답 50

K07-11

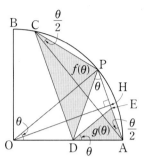

점 O에서 선분 PA에 내린 수선의 발을 H라 하면 삼각형 OAP가 이등변삼각형이므로

$$\angle POH = \angle AOH = \dfrac{\theta}{2}, \quad \overline{PH} = \overline{AH}\text{이다.}$$

따라서 직각삼각형 OHP에서

$$\overline{PH} = 1 \times \sin\dfrac{\theta}{2} = \sin\dfrac{\theta}{2}\text{이므로} \quad \boxed{\text{너코 018}}$$

$$\overline{PA} = 2\sin\dfrac{\theta}{2}\text{이다.}$$

$$\therefore \overline{PC} = \overline{PD} = \overline{PA} = 2\sin\dfrac{\theta}{2}$$

또한 두 이등변삼각형 OAP, PDA는 서로 닮음이므로
$\angle DPA = \angle AOP = \theta$이고
선분 AC를 그으면 중심각과 원주각의 관계에 의하여

$$\angle PCA = \angle PAC = \dfrac{1}{2}\angle POA = \dfrac{\theta}{2}\text{이므로}$$

이등변삼각형 PCA에서

$$\angle CPD = \pi - \angle DPA - \angle PCA - \angle PAC$$
$$= \pi - \theta - \dfrac{\theta}{2} - \dfrac{\theta}{2} = \pi - 2\theta$$

따라서 삼각형 PCD의 넓이는

$$f(\theta) = \dfrac{1}{2} \times \overline{PC} \times \overline{PD} \times \sin(\angle CPD)$$
$$= \dfrac{1}{2} \times \left(2\sin\dfrac{\theta}{2}\right)^2 \times \sin(\pi - 2\theta)$$
$$= 2\sin^2\dfrac{\theta}{2}\sin 2\theta \quad \boxed{\text{너코 020}}$$

한편 두 이등변삼각형 OAP, PDA의 닮음비가

$$\overline{OA} : \overline{PD} = 1 : 2\sin\dfrac{\theta}{2}\text{이므로}$$

$$1 : 2\sin\dfrac{\theta}{2} = 2\sin\dfrac{\theta}{2} : \overline{DA}\text{에서}$$

$$\overline{DA} = 4\sin^2\dfrac{\theta}{2}$$

또한 직선 OP와 직선 DE가 서로 평행하므로
$\angle ADE = \theta$이고, 삼각형 EDA도 이등변삼각형이 되므로

$\overline{DA} = \overline{DE}$이다.

따라서 삼각형 EDA의 넓이는

$$g(\theta) = \dfrac{1}{2} \times \overline{DA} \times \overline{DE} \times \sin(\angle ADE)$$
$$= \dfrac{1}{2} \times \left(4\sin^2\dfrac{\theta}{2}\right)^2 \times \sin\theta = 8\sin^4\dfrac{\theta}{2}\sin\theta$$

$$\therefore \lim_{\theta \to 0+} \dfrac{g(\theta)}{\theta^2 \times f(\theta)}$$

$$= \lim_{\theta \to 0+} \dfrac{8\sin^4\dfrac{\theta}{2}\sin\theta}{\theta^2 \times 2\sin^2\dfrac{\theta}{2}\sin 2\theta}$$

$$= 4\lim_{\theta \to 0+} \dfrac{\sin^2\dfrac{\theta}{2}\sin\theta}{\theta^2 \times \sin 2\theta}$$

$$= 4\lim_{\theta \to 0+} \dfrac{\left(\sin\dfrac{\theta}{2}\right)^2}{\left(\dfrac{\theta}{2}\right)^2} \times \dfrac{1}{4} \times \dfrac{\sin\theta}{\theta} \times \dfrac{2\theta}{\sin 2\theta} \times \dfrac{1}{2}$$

$$= 4 \times 1^2 \times \dfrac{1}{4} \times 1 \times 1 \times \dfrac{1}{2} = \dfrac{1}{2} \quad \boxed{\text{너코 033}} \boxed{\text{너코 100}}$$

답 ④

K07-12

지름에 대한 원주각의 크기는 $\dfrac{\pi}{2}$이므로 $\angle APB = \dfrac{\pi}{2}$이다.

따라서 직각삼각형 ABP에서

$$\overline{AP} = \overline{AB}\cos\theta = 2\cos\theta, \quad \overline{BP} = \overline{AB}\sin\theta = 2\sin\theta\text{이다.}$$

$$\boxed{\text{너코 018}}$$

이때 점 O가 선분 AB의 중점이므로 삼각형 POB의 넓이는 직각삼각형 ABP의 넓이의 $\dfrac{1}{2}$이다.

$$\therefore f(\theta) = \dfrac{1}{2}\left\{\dfrac{1}{2} \times 2\sin\theta \times 2\cos\theta\right\} = \sin\theta\cos\theta$$

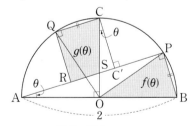

한편 주어진 조건에서 $\overline{QC} = \overline{PB} = 2\sin\theta$이고,
직각삼각형 AOS에서 $\overline{OS} = \overline{AO}\tan\theta = \tan\theta$이므로
$\overline{CS} = 1 - \tan\theta$이다.
이때 두 삼각형 POB와 QOC는 합동이므로

$$\angle OCQ = \angle OBP = \dfrac{\pi}{2} - \theta$$

즉, 점 C에서 직선 AP에 내린 수선의 발을 C′이라 하면

$$\angle SCC' = \dfrac{\pi}{2} - \angle OCQ = \theta\text{이므로}$$

$$\overline{CC'} = \overline{CS}\cos\theta = (1 - \tan\theta)\cos\theta$$

$$\overline{SC'} = \overline{CS}\sin\theta = (1-\tan\theta)\sin\theta$$
$$\overline{RS} = \overline{RC'} - \overline{SC'} = 2\sin\theta - (1-\tan\theta)\sin\theta$$
$$= \sin\theta + \sin\theta\tan\theta$$

따라서 사다리꼴 CQRS의 넓이는

$$g(\theta) = \frac{1}{2} \times (\overline{QC} + \overline{RS}) \times \overline{CC'}$$
$$= \frac{1}{2}(3\sin\theta + \sin\theta\tan\theta)(1-\tan\theta)\cos\theta$$
$$= \frac{1}{2}(3\sin\theta + \sin\theta\tan\theta)(\cos\theta - \sin\theta)$$
$$= \frac{1}{2}(3\sin\theta\cos\theta - 3\sin^2\theta + \sin^2\theta - \sin^2\theta\tan\theta)$$
$$= \frac{1}{2}(3\sin\theta\cos\theta - 2\sin^2\theta - \sin^2\theta\tan\theta)$$

$$\therefore 3f(\theta) - 2g(\theta) = 3\sin\theta\cos\theta$$
$$- (3\sin\theta\cos\theta - 2\sin^2\theta - \sin^2\theta\tan\theta)$$
$$= 2\sin^2\theta + \sin^2\theta\tan\theta$$

$$\therefore \lim_{\theta \to 0+} \frac{3f(\theta) - 2g(\theta)}{\theta^2}$$
$$= \lim_{\theta \to 0+} \frac{2\sin^2\theta + \sin^2\theta\tan\theta}{\theta^2}$$
$$= \lim_{\theta \to 0+} \frac{\sin^2\theta}{\theta^2} \times (2 + \tan\theta) \quad \boxed{\text{너코 033}} \quad \boxed{\text{너코 100}}$$
$$= 1^2 \times (2 + 0) = 2$$

답 ②

K07-13

원 $x^2 + y^2 = 1$의 호 AB 위의 점 P에 대하여
$\angle POB = \theta$이므로
점 P의 좌표는 $(\cos\theta, \sin\theta)$이고
점 P에서 y축에 내린 수선의 발 H의 좌표는 $(0, \sin\theta)$이다.
또한 직선 PH와 곡선 $y = \ln(x+1)$이 만나는 점 Q의
y좌표는 $\sin\theta$이므로 x좌표를 q라 하면
$$\sin\theta = \ln(q+1),$$
$$q+1 = e^{\sin\theta}, \quad \boxed{\text{너코 004}}$$
$$q = e^{\sin\theta} - 1$$이다.

따라서 선분 HQ의 길이는 $L(\theta) = e^{\sin\theta} - 1$이고
삼각형 OPQ의 넓이는

$$S(\theta) = \frac{1}{2} \times \overline{OH} \times \overline{PQ} = \frac{1}{2} \times \sin\theta \times \{\cos\theta - (e^{\sin\theta} - 1)\}$$
$$= \frac{\sin\theta(\cos\theta - e^{\sin\theta} + 1)}{2}$$

이다.

$$\therefore \lim_{\theta \to 0+} \frac{S(\theta)}{L(\theta)} = \lim_{\theta \to 0+} \frac{\sin\theta(\cos\theta - e^{\sin\theta} + 1)}{2(e^{\sin\theta} - 1)}$$
$$= \lim_{\theta \to 0+} \left(\frac{\sin\theta}{e^{\sin\theta} - 1} \times \frac{\cos\theta - e^{\sin\theta} + 1}{2} \right)$$
$$= 1 \times \frac{1}{2} = \frac{1}{2} = k \quad \boxed{\text{너코 033}} \quad \boxed{\text{너코 097}} \quad \boxed{\text{너코 100}}$$

$$\therefore 60k = 30$$

답 30

K07-14

점 M은 선분 BC의 중점이므로
$\overline{MB} = \overline{MC} = 1$이고
$\overline{MH} = \overline{MB}\sin\theta = \sin\theta$이다.
이때 $\angle HMC = \alpha$, $\angle DMC = \beta$라 하면
$f(\theta) = (삼각형\ CDM의\ 넓이) - (삼각형\ EMC의\ 넓이)$
$g(\theta) = (삼각형\ MCH의\ 넓이) - (삼각형\ EMC의\ 넓이)$
에서
$f(\theta) - g(\theta)$
$= (삼각형\ CDM의\ 넓이) - (삼각형\ MCH의\ 넓이)$
$$= \frac{1}{2} \times \overline{MC} \times \overline{MD} \times \sin\beta - \frac{1}{2} \times \overline{MC} \times \overline{MH} \times \sin\alpha \quad \boxed{\text{너코 018}}$$
$$= \frac{1}{2} \times 1 \times \sin\theta \times (\sin\beta - \sin\alpha) \quad \cdots\cdots \bigcirc$$
로 구할 수 있다.

삼각형 BHM의 한 외각의 크기는
$$\alpha = \angle BHM + \angle HBM = \frac{\pi}{2} + \theta$$

한편 이등변삼각형 ABM에서 $\angle BAM = \dfrac{\pi - \theta}{2}$이므로
삼각형 ABM의 한 외각의 크기는
$$\beta = \angle ABM + \angle BAM = \theta + \frac{\pi - \theta}{2} = \frac{\pi}{2} + \frac{\theta}{2}$$

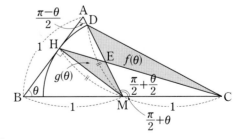

따라서
$$\sin\alpha = \sin\left(\frac{\pi}{2} + \theta\right) = \cos\theta,$$
$$\sin\beta = \sin\left(\frac{\pi}{2} + \frac{\theta}{2}\right) = \cos\frac{\theta}{2} \text{에 의하여} \quad \boxed{\text{너코 020}}$$

$\bigcirc$에서 $f(\theta) - g(\theta) = \dfrac{\sin\theta}{2}\left(\cos\dfrac{\theta}{2} - \cos\theta\right)$이므로

$$\lim_{\theta \to 0+} \frac{f(\theta)-g(\theta)}{\theta^3}$$

$$= \lim_{\theta \to 0+} \frac{\sin\theta\left(\cos\dfrac{\theta}{2}-\cos\theta\right)}{2\theta^3}$$

$$= \lim_{\theta \to 0+} \left(\frac{\sin\theta}{2\theta} \times \frac{\cos\dfrac{\theta}{2}-\cos\theta}{\theta^2}\right)$$

$$= \lim_{\theta \to 0+} \left\{\frac{\sin\theta}{2\theta} \times \frac{(1-\cos\theta)-\left(1-\cos\dfrac{\theta}{2}\right)}{\theta^2}\right\}$$

$$= \lim_{\theta \to 0+} \left[\frac{\sin\theta}{\theta} \times \left\{\frac{1-\cos\theta}{\theta^2}-\frac{1-\cos\dfrac{\theta}{2}}{\left(\dfrac{\theta}{2}\right)^2} \times \frac{1}{4}\right\} \times \frac{1}{2}\right]$$

$$= 1 \times \left(\frac{1}{2}-\frac{1}{2} \times \frac{1}{4}\right) \times \frac{1}{2} = \frac{3}{16}$$ 참고 033 참고 100

$$\therefore 80a = 80 \times \frac{3}{16} = 15$$

답 15

K 07-15

$f(\theta)=$(삼각형 OBP의 넓이)$-$(삼각형 OBR의 넓이)
$g(\theta)=$(부채꼴 OBQ의 넓이)$-$(삼각형 OBR의 넓이)
에서
$f(\theta)+g(\theta)=$(삼각형 OBP의 넓이)$+$(부채꼴 OBQ의 넓이)
$\qquad\qquad\qquad -$(삼각형 OBR의 넓이)$\times 2$

$$= \frac{1}{2} \times 1 \times 1 \times \sin(\pi-\theta)+\frac{1}{2} \times 1^2 \times 2\theta$$
$$\qquad\qquad -\left(\frac{1}{2} \times \overline{OB} \times \overline{OR} \times \sin2\theta\right) \times 2$$ 참고 017

$$= \frac{1}{2}\sin\theta+\theta-\overline{OR}\sin2\theta \qquad\qquad \cdots\cdots \bigcirc$$

로 구할 수 있다.
이때 이등변삼각형 OBP의 한 외각의 크기가 $\angle AOP = \theta$이므로
$\angle OBP = \angle OPB = \dfrac{\theta}{2}$이다.
따라서 삼각형 OBR에서 사인법칙에 의하여

$$\frac{\overline{OR}}{\sin\dfrac{\theta}{2}}=\frac{\overline{OB}}{\sin\left(\pi-\dfrac{5\theta}{2}\right)}$$ 이므로 $\overline{OR}=\dfrac{\sin\dfrac{\theta}{2}}{\sin\dfrac{5\theta}{2}}$ 이다. $\qquad \cdots\cdots \bigcirc$

$\bigcirc$을 $\bigcirc$에 대입하면

$$f(\theta)+g(\theta)=\frac{1}{2}\sin\theta+\theta-\frac{\sin\dfrac{\theta}{2}\sin2\theta}{\sin\dfrac{5\theta}{2}}$$

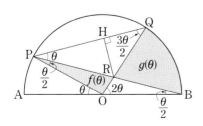

또한 호 BQ에 대한 원주각의 크기는 중심각의 크기의 $\dfrac{1}{2}$이므로
$\angle BPQ = \dfrac{1}{2}\angle BOQ = \theta$이고,
삼각형 OPQ에서 $\overline{OP}=\overline{OQ}$이므로
$\angle OQP = \angle OPQ = \dfrac{\theta}{2}+\theta = \dfrac{3\theta}{2}$이다.

$$\overline{RH}=\overline{QR}\sin\frac{3\theta}{2}=(1-\overline{OR})\sin\frac{3\theta}{2}$$
$$= \frac{\left(\sin\dfrac{5\theta}{2}-\sin\dfrac{\theta}{2}\right)\sin\dfrac{3\theta}{2}}{\sin\dfrac{5\theta}{2}}$$

따라서

$$\frac{f(\theta)+g(\theta)}{\overline{RH}}=\frac{\sin\dfrac{5\theta}{2}\left(\dfrac{1}{2}\sin\theta+\theta\right)-\sin\dfrac{\theta}{2}\sin2\theta}{\left(\sin\dfrac{5\theta}{2}-\sin\dfrac{\theta}{2}\right)\sin\dfrac{3\theta}{2}}$$ 이다.

$$\lim_{\theta \to 0+}\frac{f(\theta)+g(\theta)}{\overline{RH}}=\lim_{\theta \to 0+}\frac{\{f(\theta)+g(\theta)\} \times \theta^2}{\overline{RH} \times \theta^2}$$ 에서

$$\lim_{\theta \to 0+}\frac{\sin\dfrac{5\theta}{2}\left(\dfrac{1}{2}\sin\theta+\theta\right)-\sin\dfrac{\theta}{2}\sin2\theta}{\theta^2}$$

$$=\lim_{\theta \to 0+}\left\{\frac{\sin\dfrac{5\theta}{2}}{\dfrac{5\theta}{2}} \times \frac{5}{2} \times \left(\frac{\sin\theta}{\theta} \times \frac{1}{2}+1\right)-\frac{\sin\dfrac{\theta}{2}}{\dfrac{\theta}{2}} \times \frac{\sin2\theta}{2\theta}\right\}$$

$$=1 \times \frac{5}{2} \times \left(1 \times \frac{1}{2}+1\right)-1 \times 1 = \frac{11}{4},$$

$$\lim_{\theta \to 0+}\frac{\theta^2}{\left(\sin\dfrac{5\theta}{2}-\sin\dfrac{\theta}{2}\right)\sin\dfrac{3\theta}{2}}$$

$$=\lim_{\theta \to 0+}\left(\frac{1}{\dfrac{\sin\dfrac{5\theta}{2}}{\dfrac{5\theta}{2}} \times \dfrac{5}{2}-\dfrac{\sin\dfrac{\theta}{2}}{\dfrac{\theta}{2}} \times \dfrac{1}{2}} \times \frac{\dfrac{3\theta}{2}}{\sin\dfrac{3\theta}{2}} \times \frac{2}{3}\right)$$

$$=\frac{1}{1 \times \dfrac{5}{2}-1 \times \dfrac{1}{2}} \times 1 \times \frac{2}{3}=\frac{1}{3}$$

로 각각 수렴하므로 참고 100

$$\lim_{\theta \to 0+}\frac{f(\theta)+g(\theta)}{\overline{RH}}=\frac{11}{4} \times \frac{1}{3}=\frac{11}{12}$$ 이다. 참고 033

$$\therefore p+q=12+11=23$$

답 23

K 07-16

두 선분 AR, QR와 호 AQ로 둘러싸인 부분의 넓이
$f(\theta)=$(두 선분 AB, BQ와 호 AQ로 둘러싸인 부분의 넓이)
$\qquad\qquad -$(삼각형 ABR의 넓이)
로 구할 수 있다.

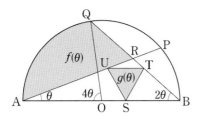

선분 AB의 중점을 O라 하면 원주각과 중심각 사이의 관계에 의하여

$\angle AOQ = 2\angle ABQ = 4\theta$이고

두 선분 AB, BQ와 호 AQ로 둘러싸인 부분의 넓이는 부채꼴 OAQ와 삼각형 OBQ의 넓이의 합과 같으므로

$$\frac{1}{2} \times 1^2 \times 4\theta + \frac{1}{2} \times 1^2 \times \sin(\pi - 4\theta) = 2\theta + \frac{\sin 4\theta}{2}$$

너코 017 너코 018

또한 삼각형 ABR에서 사인법칙에 의하여

$\dfrac{\overline{AR}}{\sin 2\theta} = \dfrac{\overline{AB}}{\sin(\pi - 3\theta)}$, 즉 $\overline{AR} = \dfrac{2\sin 2\theta}{\sin 3\theta}$이므로 너코 023

삼각형 ABR의 넓이는

$$\frac{1}{2} \times 2 \times \frac{2\sin 2\theta}{\sin 3\theta} \times \sin\theta = \frac{2\sin 2\theta \sin\theta}{\sin 3\theta}$$

$$\therefore f(\theta) = 2\theta + \frac{\sin 4\theta}{2} - \frac{2\sin 2\theta \sin\theta}{\sin 3\theta}$$

한편 정삼각형 STU의 한 변의 길이를 x라 하고, 두 점 U, T에서 선분 AB에 내린 수선의 발을 각각 U′, T′이라 하면

$$\overline{UU'} = \overline{TT'} = \frac{\sqrt{3}}{2}x$$

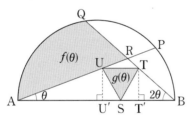

이때 $\overline{AU'} = \dfrac{\sqrt{3}x}{2\tan\theta}$, $\overline{BT'} = \dfrac{\sqrt{3}x}{2\tan 2\theta}$이므로

$\overline{AB} = \overline{AU'} + \overline{U'T'} + \overline{BT'}$에서

$$2 = \frac{\sqrt{3}x}{2\tan\theta} + x + \frac{\sqrt{3}x}{2\tan 2\theta}$$

$$= x \times \frac{\sqrt{3}\tan 2\theta + 2\tan\theta\tan 2\theta + \sqrt{3}\tan\theta}{2\tan\theta\tan 2\theta}$$

$$\therefore x = \frac{4\tan\theta\tan 2\theta}{\sqrt{3}\tan 2\theta + 2\tan\theta\tan 2\theta + \sqrt{3}\tan\theta}$$

$$= \frac{4}{\dfrac{\sqrt{3}}{\tan\theta} + 2 + \dfrac{\sqrt{3}}{\tan 2\theta}}$$

$$\therefore g(\theta) = \frac{\sqrt{3}}{4} \times x^2$$

$$= \frac{\sqrt{3}}{4} \times \left(\frac{4}{\dfrac{\sqrt{3}}{\tan\theta} + 2 + \dfrac{\sqrt{3}}{\tan 2\theta}}\right)^2$$

$$\lim_{\theta \to 0+} \frac{g(\theta)}{\theta \times f(\theta)} = \lim_{\theta \to 0+} \left\{\frac{\theta}{f(\theta)} \times \frac{g(\theta)}{\theta^2}\right\}$$이고

$$\lim_{\theta \to 0+} \frac{f(\theta)}{\theta}$$

$$= \lim_{\theta \to 0+} \left\{\frac{2\theta}{\theta} + \frac{\sin 4\theta}{2\theta} - \frac{2\sin 2\theta \sin\theta}{\theta \sin 3\theta}\right\}$$

$$= \lim_{\theta \to 0+} \left\{2 + 2 \times \frac{\sin 4\theta}{4\theta} - \frac{4}{3} \times \frac{\sin 2\theta}{2\theta} \times \frac{\sin\theta}{\theta} \times \frac{3\theta}{\sin 3\theta}\right\}$$

$$= 2 + 2 - \frac{4}{3} = \frac{8}{3}$$ 너코 033 너코 100

$$\lim_{\theta \to 0+} \frac{g(\theta)}{\theta^2}$$

$$= \frac{\sqrt{3}}{4} \lim_{\theta \to 0+} \left(\frac{4}{\sqrt{3} \times \dfrac{\theta}{\tan\theta} + 2\theta + \dfrac{\sqrt{3}}{2} \times \dfrac{2\theta}{\tan 2\theta}}\right)^2$$

$$= \frac{\sqrt{3}}{4} \times \left(\frac{4}{\sqrt{3} + \dfrac{\sqrt{3}}{2}}\right)^2 = \frac{\sqrt{3}}{4} \times \left(\frac{8}{3\sqrt{3}}\right)^2$$

$$= \frac{\sqrt{3}}{4} \times \frac{64}{27} = \frac{16}{27}\sqrt{3}$$

이므로 구하는 값은

$$\lim_{\theta \to 0+} \frac{g(\theta)}{\theta \times f(\theta)} = \lim_{\theta \to 0+} \frac{\theta}{f(\theta)} \times \lim_{\theta \to 0+} \frac{g(\theta)}{\theta^2}$$

$$= \frac{3}{8} \times \frac{16}{27}\sqrt{3} = \frac{2}{9}\sqrt{3}$$

$$\therefore p + q = 11$$

답 11

K08-01

$f(x) = \sin x - 4x$에서

$f'(x) = \cos x - 4$이다. 너코 101

$$\therefore f'(0) = 1 - 4 = -3$$

답 ③

K08-02

$f(x) = \cos x + 4e^{2x}$, 즉 $f(x) = \cos x + 4e^x \times e^x$에서

$$f'(x) = -\sin x + 4e^x \times e^x + 4e^x \times e^x$$

너코 045 너코 098 너코 101

$$= -\sin x + 8e^{2x}$$

이다.

$$\therefore f'(0) = 8$$

답 8

K08-03

$f(x) = -\cos^2 x$, 즉 $f(x) = (-\cos x) \times \cos x$에서

$$f'(x) = \sin x \times \cos x + (-\cos x) \times (-\sin x)$$

너코 045 너코 101

$$= 2\cos x \sin x$$

이다.

$$\therefore f'\left(\frac{\pi}{4}\right)=2\times\frac{\sqrt{2}}{2}\times\frac{\sqrt{2}}{2}=1$$

답 1

2 여러 가지 미분법

K09-01

$f(x)=\dfrac{\ln x}{x^2}$ 에서

$$f'(x)=\frac{\dfrac{1}{x}\times x^2-\ln x\times 2x}{(x^2)^2}$$ [너코 098] [너코 102]

$$=\frac{1-2\ln x}{x^3}$$

이다.

$$\therefore \lim_{h\to 0}\frac{f(e+h)-f(e-2h)}{h}$$

$$=\lim_{h\to 0}\left\{\frac{f(e+h)-f(e)}{h}+\frac{f(e-2h)-f(e)}{-2h}\times 2\right\}$$

$$=f'(e)+2f'(e)=3f'(e)$$ [너코 033] [너코 041]

$$=3\times\frac{1-2}{e^3}=-\frac{3}{e^3}$$

답 ⑤

K09-02

[풀이 1]

$g(x)=\dfrac{f(x)}{(e^x+1)^2}$ 에서

$$g'(x)=\frac{f'(x)\times(e^x+1)^2-f(x)\times 2e^x(e^x+1)}{\{(e^x+1)^2\}^2}$$

[너코 098] [너코 102]

$$=\frac{f'(x)\times(e^x+1)-f(x)\times 2e^x}{(e^x+1)^3}$$

또한 $f'(0)-f(0)=2$이므로

$$g'(0)=\frac{f'(0)\times 2-f(0)\times 2}{2^3}$$

$$=\frac{f'(0)-f(0)}{4}=\frac{1}{2}$$

[풀이 2]

$g(x)=\dfrac{f(x)}{(e^x+1)^2}$, 즉 $f(x)=(e^x+1)^2g(x)$에서

양변을 x에 대하여 미분하면

$$f'(x)=2(e^x+1)g(x)+(e^x+1)^2g'(x)$$ [너코 098] [너코 103]

따라서 $f'(0)=4g(0)+4g'(0)$이고

주어진 조건에서 $g(0)=\dfrac{f(0)}{4}$이므로

$$f'(0)=f(0)+4g'(0)$$

또한 $f'(0)-f(0)=2$이므로 $g'(0)=\dfrac{1}{2}$이다.

답 ③

K09-03

$f(x)=\dfrac{x^2-2x-6}{x-1}$ 에서

$$f'(x)=\frac{(2x-2)(x-1)-(x^2-2x-6)}{(x-1)^2}$$ [너코 044] [너코 102]

$$=\frac{x^2-2x+8}{(x-1)^2}$$

$$\therefore f'(0)=\frac{8}{(-1)^2}=8$$

답 8

K09-04

[풀이 1]

$g(x)=\dfrac{f(x)\cos x}{e^x}$ 에서 ……㉠

$$g'(x)=\frac{\{f'(x)\cos x-f(x)\sin x\}e^x-f(x)\cos x\times(e^x)'}{e^{2x}}$$

[너코 098] [너코 101] [너코 102]

$$=\frac{f'(x)\cos x-f(x)\sin x-f(x)\cos x}{e^x}$$ ……㉡

이다.

㉠에 $x=\pi$를 대입하면

$$g(\pi)=\frac{-f(\pi)}{e^\pi}$$ 이고

㉡에 $x=\pi$를 대입하면

$$g'(\pi)=\frac{-f'(\pi)+f(\pi)}{e^\pi}$$ 이다.

이때 $g'(\pi)=e^\pi g(\pi)$, 즉 $\dfrac{g'(\pi)}{g(\pi)}=e^\pi$이므로

(∵ $f(\pi)\neq 0$이므로 $g(\pi)\neq 0$이다.)

$$\frac{-f'(\pi)+f(\pi)}{-f(\pi)}=e^\pi,$$

$$\frac{f'(\pi)}{f(\pi)}-1=e^\pi$$

$$\therefore \frac{f'(\pi)}{f(\pi)}=e^\pi+1$$

[풀이 2]

$g(x)=\dfrac{f(x)\cos x}{e^x}$, 즉 $g(x)e^x=f(x)\cos x$에서 ……㉠

$$g'(x) \times e^x + g(x) \times (e^x)'$$
$$= f'(x) \times \cos x + f(x) \times (-\sin x),$$

[너코 045] [너코 098] [너코 101]

$$g'(x)e^x + g(x)e^x = f'(x)\cos x - f(x)\sin x \quad\cdots\cdots\text{ⓛ}$$

이때 $g'(\pi) = e^\pi g(\pi)$이므로

㉠에 $x = \pi$를 대입하면

$g(\pi)e^\pi = f(\pi) \times (-1)$에서 $g'(\pi) = -f(\pi)$이다.

ⓛ에 $x = \pi$를 대입하면

$g'(\pi)e^\pi + g(\pi)e^\pi = f'(\pi) \times (-1) - f(\pi) \times 0$에서

$g'(\pi)e^\pi + g'(\pi) = -f'(\pi)$,

$(e^\pi + 1)g'(\pi) = -f'(\pi)$이다.

$$\therefore \frac{f'(\pi)}{f(\pi)} = \frac{-(e^\pi+1)g'(\pi)}{-g'(\pi)} = e^\pi + 1$$

답 ④

K 10-01

$f(x) = (2e^x + 1)^3$에서

$$f'(x) = 3(2e^x+1)^2 \times (2e^x+1)' \quad \text{[너코 103]}$$
$$= 3(2e^x+1)^2 \times 2e^x \quad \text{[너코 098]}$$
$$= 6(2e^x+1)^2 e^x$$

이다.

$$\therefore f'(0) = 54$$

답 ③

K 10-02

$f(x) = 4\sin(7x)$에서

$$f'(x) = 4\cos(7x) \times (7x)' \quad \text{[너코 103]}$$
$$= 28\cos(7x) \quad \text{[너코 044]}$$

이다.

$$\therefore f'(2\pi) = 28$$

답 28

K 10-03

$f(x) = \sqrt{x^3 + 1}$에서

$g(x) = \sqrt{x}$, $h(x) = x^3 + 1$이라 하면

$$g'(x) = \frac{1}{2\sqrt{x}}, \ h'(x) = 3x^2 \text{이다.} \quad \text{[너코 044]} \text{[너코 103]}$$

따라서 함수 $f(x) = g(h(x))$에 대하여

$$f'(x) = g'(h(x)) \times h'(x)$$
$$= \frac{1}{2\sqrt{x^3+1}} \times 3x^2 = \frac{3x^2}{2\sqrt{x^3+1}}$$

이다.

$$\therefore f'(2) = 2$$

답 2

K 10-04

$f(x) = \ln(x^2 + 1)$에서

$$f'(x) = \frac{(x^2+1)'}{x^2+1} = \frac{2x}{x^2+1} \quad \text{[너코 044]} \text{[너코 103]}$$

$$\therefore f'(1) = 1$$

답 1

K 10-05

$f(x) = e^{3x-2}$에서

$$f'(x) = e^{3x-2} \times (3x-2)' \quad \text{[너코 103]}$$
$$= 3e^{3x-2} \quad \text{[너코 044]}$$

이다.

$$\therefore f'(1) = 3e$$

답 ③

K 10-06

$f(x) = x\ln(2x-1)$에서

$$f'(x) = \ln(2x-1) + x \times \frac{2}{2x-1} \quad \text{[너코 045]} \text{[너코 098]} \text{[너코 103]}$$

$$\therefore f'(1) = 0 + 1 \times 2 = 2$$

답 2

K 10-07

$f(x^3 + x) = e^x$의 양변을 x에 대하여 미분하면

$$(3x^2 + 1)f'(x^3 + x) = e^x \quad \text{[너코 044]} \text{[너코 103]}$$

양변에 $x = 1$을 대입하면

$$4f'(2) = e$$

$$\therefore f'(2) = \frac{e}{4}$$

답 ④

K 10-08

ㄱ. $f(-x) = -f(x)$에서 합성함수의 미분법에 의하여

$f'(-x) \times (-1) = -f'(x)$이므로 [너코 103]

$f'(-x) = f'(x)$이다. (참)

ㄴ. [반례] $f(x) = x^3 + x$

함수 $f(x)$는 모든 실수 x에 대하여 $f(-x) = -f(x)$를

만족시키지만

$f'(x) = 3x^2 + 1$이므로 $\lim\limits_{x \to 0} f'(x) = 1 \neq 0$이다. (거짓)

ㄷ. ㄱ에서 $f'(-x) = f'(x)$이므로

함수 $y = f'(x)$의 그래프는 y축에 대하여 대칭이다.

따라서 함수 $f'(x)$가 $x = a \ (a \neq 0)$에서 극댓값을 가지면

$x = -a$에서 극댓값을 갖는다. (거짓)

따라서 옳은 것은 ㄱ이다.

답 ①

K 10-09

두 함수 $f(x)$, $g(x)$가 모두 실수 전체의 집합에서
미분가능하므로
합성함수 $h(x) = (g \circ f)(x)$도 실수 전체의 집합에서
미분가능하며
$h'(x) = g'(f(x)) \times f'(x)$이다. [너코 103]   ⋯⋯㉠
한편

$f(x) = (x+1)^{\frac{3}{2}}$에서 $f(0) = 1$,

$f'(x) = \frac{3}{2}(x+1)^{\frac{1}{2}}$에서 $f'(0) = \frac{3}{2}$이고

$h'(0) = 15$라 주어졌으므로
㉠의 양변에 $x = 0$을 대입하면

$15 = g'(1) \times \frac{3}{2}$이다.

$\therefore g'(1) = 10$

답 10

K 10-10

ㄱ. $h(3) = (f \circ g)(3) = f(1) = 5$ (거짓)

ㄴ. 열린구간 $(0, 5)$에서
두 함수 $f(x)$, $g(x)$가 미분가능하므로 합성함수
$h(x) = (f \circ g)(x)$도 미분가능하며
$h'(x) = f'(g(x)) \times g'(x)$이다. [너코 103]   ⋯⋯㉠
$g(2) = a$라 할 때 $2 < a < 3$이므로 $f'(g(2)) < 0$이고,
$g'(2) < 0$이다.
따라서 ㉠에 의하여 $h'(2) = f'(g(2)) \times g'(2) > 0$이다.
(참)

ㄷ. 구간 $(3, 4)$에서 $0 < g(x) < 1$이므로 $f'(g(x)) > 0$이고,
$g'(x) < 0$이다.
따라서 ㉠에 의하여 구간 $(3, 4)$에서
$h'(x) = f'(g(x)) \times g'(x) < 0$이다.
즉, 함수 $h(x)$는 구간 $(3, 4)$에서 감소한다. (참)
따라서 옳은 것은 ㄴ, ㄷ이다.

답 ⑤

K 10-11

점 $A(1, 0)$을 지나고 기울기가 양수인 직선 l이
곡선 $y = 2\sqrt{x}$와 만나는 점 $B(t, 2\sqrt{t})$에 대하여 점 B에서
x축에 내린 수선의 발은 $C(t, 0)$이다. (단, $t > 1$)

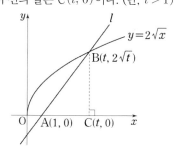

따라서 삼각형 BAC의 넓이는

$$f(t) = \frac{1}{2} \times \overline{AC} \times \overline{BC} = \frac{1}{2} \times (t-1) \times 2\sqrt{t} = \sqrt{t}(t-1)$$

이므로

$$f'(t) = \frac{1}{2\sqrt{t}} \times (t-1) + \sqrt{t} \times 1 이다.$$

[너코 044] [너코 045] [너코 103]

$$\therefore f'(9) = \frac{1}{6} \times 8 + 3 = \frac{13}{3}$$

답 ⑤

K 10-12

$f(x) = \sin^2 x$에서
$f'(x) = 2\sin x \times (\sin x)'$ [너코 103]
$\quad = 2\sin x \cos x$ [너코 101]
이다.
또한 $g(x) = e^x$에서 $g'(x) = e^x$이다. [너코 098]
한편 $h(x) = g(f(x))$라 하면

$h\left(\frac{\pi}{4}\right) = g\left(\frac{1}{2}\right) = \sqrt{e}$ 이고

$h'(x) = g'(f(x)) \times f'(x)$이다.

$$\therefore \lim_{x \to \frac{\pi}{4}} \frac{g(f(x)) - \sqrt{e}}{x - \frac{\pi}{4}} = \lim_{x \to \frac{\pi}{4}} \frac{h(x) - h\left(\frac{\pi}{4}\right)}{x - \frac{\pi}{4}} = h'\left(\frac{\pi}{4}\right)$$

[너코 041]

$$= g'\left(f\left(\frac{\pi}{4}\right)\right) \times f'\left(\frac{\pi}{4}\right)$$

$$= g'\left(\frac{1}{2}\right) \times 1 = \sqrt{e}$$

답 ④

K 10-13

[풀이 1]

$g(x) = \dfrac{f(x)}{e^{x-2}}$에서

$$g'(x) = \frac{f'(x) \times e^{x-2} - f(x) \times (e^{x-2})'}{(e^{x-2})^2}$$ [너코 102]

$$= \frac{f'(x)e^{x-2} - f(x)e^{x-2}}{(e^{x-2})^2}$$ [너코 103]

$$= \frac{f'(x) - f(x)}{e^{x-2}}$$ ⋯⋯㉠

한편 $\lim\limits_{x \to 2} \dfrac{f(x) - 3}{x - 2} = 5$에서

$x \to 2$일 때 (분모)$\to 0$이므로 (분자)$\to 0$이다. [너코 034]

즉, $\lim\limits_{x \to 2} \{f(x) - 3\} = 0$에서 $f(2) = 3$이다.

따라서 $\lim\limits_{x \to 2} \dfrac{f(x) - f(2)}{x - 2} = 5$에서 $f'(2) = 5$이다. [너코 041]

⊙에 $x=2$를 대입하면

$$\therefore g'(2) = \frac{5-3}{1} = 2$$

풀이 2

$g(x) = \dfrac{f(x)}{e^{x-2}}$, 즉 $g(x) = f(x)e^{2-x}$에서

$$\begin{aligned}
g'(x) &= f'(x) \times e^{2-x} + f(x) \times (e^{2-x})' \quad \text{너코 045}\\
&= f'(x) \times e^{2-x} + f(x) \times \{(e^{2-x}) \times (-1)\} \quad \text{너코 103}\\
&= \{f'(x) - f(x)\}e^{2-x} \qquad\qquad \cdots\cdots ⊙
\end{aligned}$$

한편 $\displaystyle\lim_{x \to 2} \dfrac{f(x)-3}{x-2} = 5$에서

$x \to 2$일 때 (분모)$\to 0$이므로 (분자)$\to 0$이다. 너코 034

즉, $\displaystyle\lim_{x \to 2}\{f(x)-3\} = 0$에서 $f(2) = 3$이다.

따라서 $\displaystyle\lim_{x \to 2} \dfrac{f(x)-f(2)}{x-2} = 5$에서 $f'(2) = 5$이다. 너코 041

⊙에 $x=2$를 대입하면

$$\therefore g'(2) = (5-3)e^0 = 2$$

답 ②

K10-14

$f(x) = \tan(2x) + 3\sin x$에서

$$\begin{aligned}
f'(x) &= \sec^2(2x) \times (2x)' + 3\cos x \quad \text{너코 101} \quad \text{너코 103}\\
&= 2\sec^2(2x) + 3\cos x
\end{aligned}$$

이다.

$$\begin{aligned}
&\therefore \lim_{h \to 0} \frac{f(\pi+h)-f(\pi-h)}{h}\\
&= \lim_{h \to 0} \frac{f(\pi+h)-f(\pi)}{h} + \lim_{h \to 0} \frac{f(\pi-h)-f(\pi)}{-h}\\
&= f'(\pi) + f'(\pi) = 2f'(\pi) \quad \text{너코 033} \quad \text{너코 041}\\
&= 2\{2+(-3)\} = -2
\end{aligned}$$

답 ①

K10-15

두 함수 $f(x)$, $g(x)$가 실수 전체의 집합에서 미분가능하므로
합성함수 $f(g(x))$도 실수 전체의 집합에서 미분가능하며
$\{f(g(x))\}' = f'(g(x)) \times g'(x)$이다. 너코 103 $\cdots\cdots ⊙$

또한 $f(x) = \dfrac{2^x}{\ln 2}$에서

$f'(x) = \dfrac{1}{\ln 2} \times 2^x \ln 2 = 2^x$이다. 너코 098 $\cdots\cdots ⊙$

조건 (가)에 의하여

$$\lim_{h \to 0} \frac{g(2+4h)-g(2)}{h} = \lim_{h \to 0}\left\{\frac{g(2+4h)-g(2)}{4h} \times 4\right\}$$
$$= 4g'(2) = 8 \quad \text{너코 033} \quad \text{너코 041}$$

이므로 $g'(2) = 2$이다. $\cdots\cdots ⊙$

조건 (나)에 의하여 ⊙에서

$f'(g(2)) \times g'(2) = 10$이다. $\cdots\cdots ⊙$

따라서 ⊙, ⊙에 의하여 $f'(g(2)) = 5$이므로
⊙에서 $2^{g(2)} = 5$이다.

$$\therefore g(2) = \log_2 5 \quad \text{너코 004}$$

답 ④

K10-16

풀이 1

$f(x) = \sin(x+\alpha) + 2\cos(x+\alpha)$에서

$f'(x) = \cos(x+\alpha) - 2\sin(x+\alpha)$이므로 너코 103

$$\begin{aligned}
f'\left(\frac{\pi}{4}\right) &= \cos\left(\frac{\pi}{4}+\alpha\right) - 2\sin\left(\frac{\pi}{4}+\alpha\right)\\
&= \left(\frac{\sqrt{2}}{2}\cos\alpha - \frac{\sqrt{2}}{2}\sin\alpha\right)\\
&\qquad\qquad -2\left(\frac{\sqrt{2}}{2}\cos\alpha + \frac{\sqrt{2}}{2}\sin\alpha\right) \quad \text{너코 099}\\
&= -\frac{\sqrt{2}}{2}\cos\alpha - \frac{3\sqrt{2}}{2}\sin\alpha\\
&= -\frac{\sqrt{2}}{2}(\cos\alpha + 3\sin\alpha) = 0
\end{aligned}$$

에서 $\cos\alpha + 3\sin\alpha = 0$이다.

$$\therefore \tan\alpha = -\frac{1}{3} \quad \text{너코 018}$$

풀이 2

$$\begin{aligned}
f(x) &= \sin(x+\alpha) + 2\cos(x+\alpha)\\
&= (\sin x \cos\alpha + \cos x \sin\alpha)\\
&\qquad\qquad + 2(\cos x \cos\alpha - \sin x \sin\alpha) \quad \text{너코 099}\\
&= (\cos\alpha - 2\sin\alpha)\sin x + (\sin\alpha + 2\cos\alpha)\cos x
\end{aligned}$$

에서

$f'(x) = (\cos\alpha - 2\sin\alpha)\cos x - (\sin\alpha + 2\cos\alpha)\sin x$이다.

너코 101

따라서

$$\begin{aligned}
f'\left(\frac{\pi}{4}\right) &= (\cos\alpha - 2\sin\alpha) \times \frac{\sqrt{2}}{2} - (\sin\alpha + 2\cos\alpha) \times \frac{\sqrt{2}}{2}\\
&= -\frac{\sqrt{2}}{2}(\cos\alpha + 3\sin\alpha) = 0
\end{aligned}$$

에서 $\cos\alpha + 3\sin\alpha = 0$이다.

$$\therefore \tan\alpha = -\frac{1}{3} \quad \text{너코 018}$$

답 ④

K10-17

$f(x) = t(\ln x)^2 - x^2$에서

$$f'(x) = \frac{2t\ln x}{x} - 2x = \frac{2t\ln x - 2x^2}{x} \quad \text{너코 098} \quad \text{너코 103}$$

이때 함수 $f(x)$가 $x=k$, 즉 $x=g(t)$에서 극대이므로

$$f'(g(t)) = \frac{2t\ln g(t) - 2\{g(t)\}^2}{g(t)} = 0$$에서

$$2t\ln g(t) - 2\{g(t)\}^2 = 0$$

$$\therefore \ t\ln g(t) = \{g(t)\}^2 \qquad\qquad \cdots\cdots \text{㉠}$$

또한 $g(t)$는 미분가능하므로 ㉠의 양변을 t에 대하여 미분하면

$$\ln g(t) + t \times \frac{g'(t)}{g(t)} = 2g(t)g'(t) \quad \boxed{\text{너코 045}} \qquad \cdots\cdots \text{㉡}$$

$g(\alpha) = e^2$이 주어졌으므로

㉠에 $t = \alpha$를 대입하면

$$\alpha \ln e^2 = (e^2)^2, \ \alpha \times 2 = e^4 \quad \boxed{\text{너코 004}}$$

$$\therefore \ \alpha = \frac{e^4}{2}$$

㉡에 $t = \alpha$를 대입하면

$$2 + \frac{e^4}{2} \times \frac{g'(\alpha)}{e^2} = 2e^2 g'(\alpha), \ 2 + \frac{e^2 g'(\alpha)}{2} = 2e^2 g'(\alpha)$$

$$\frac{3e^2 g'(\alpha)}{2} = 2 \qquad \therefore \ g'(\alpha) = \frac{4}{3e^2}$$

$$\therefore \ \alpha \times \{g'(\alpha)\}^2 = \frac{e^4}{2} \times \frac{16}{9e^4} = \frac{8}{9}$$

따라서 $p = 9$, $q = 8$이므로

$$p + q = 9 + 8 = 17$$

답 17

K 10-18

직선 $y = x + t$의 기울기가 1이므로

곡선 $y = \ln(1 + e^{2x} - e^{-2t})$과 직선 $y = x + t$의 서로 다른 두 교점의 x좌표를 각각 $\alpha(t)$, $\beta(t)$ $(\alpha(t) < \beta(t))$라 하면

$$f(t) = \{\beta(t) - \alpha(t)\} \times \sqrt{2} \text{이다.} \qquad \cdots\cdots \text{㉠}$$

이때 방정식 $\ln(1 + e^{2x} - e^{-2t}) = x + t$를 풀면

$$1 + e^{2x} - e^{-2t} = e^{x+t}$$

$$e^{2x} - e^{-2t} - e^t \times e^x + 1 = 0 \quad \boxed{\text{너코 003}}$$

$$(e^x - e^{-t})(e^x + e^{-t}) - e^t(e^x - e^{-t}) = 0$$

$$(e^x - e^{-t})(e^x - e^t + e^{-t}) = 0$$

$$\therefore \ e^x = e^{-t} \ \text{또는} \ e^x = e^t - e^{-t}$$

$t > \frac{1}{2}\ln 2$에서 $e^{-t} < e^t - e^{-t}$이므로

$$e^{\alpha(t)} = e^{-t}, \ e^{\beta(t)} = e^t - e^{-t}$$

$$e^{\beta(t) - \alpha(t)} = \frac{e^{\beta(t)}}{e^{\alpha(t)}} = \frac{e^t - e^{-t}}{e^{-t}} = e^{2t} - 1$$

$$\therefore \ \beta(t) - \alpha(t) = \ln(e^{2t} - 1)$$

따라서 ㉠에서 $f(t) = \sqrt{2}\ln(e^{2t} - 1)$이므로

$$f'(t) = \sqrt{2} \times \frac{2e^{2t}}{e^{2t} - 1} \quad \boxed{\text{너코 098}} \quad \boxed{\text{너코 103}}$$

$$\therefore \ f'(\ln 2) = \sqrt{2} \times \frac{2e^{2\ln 2}}{e^{2\ln 2} - 1} = \sqrt{2} \times \frac{2(e^{\ln 2})^2}{(e^{\ln 2})^2 - 1}$$

$$= \sqrt{2} \times \frac{2 \times 2^2}{2^2 - 1} = \frac{8}{3}\sqrt{2} \quad \boxed{\text{너코 004}}$$

따라서 $p = 3$, $q = 8$이므로

$$p + q = 3 + 8 = 11$$

답 11

$f(x) + f\left(\frac{1}{2}\sin x\right) = \sin x$의 양변을 x에 대하여 미분하면

$$f'(x) + f'\left(\frac{1}{2}\sin x\right) \times \frac{1}{2}\cos x = \cos x \quad \boxed{\text{너코 101}} \quad \boxed{\text{너코 103}}$$

$$\qquad\qquad\qquad\qquad\qquad\qquad\qquad\qquad \cdots\cdots \text{㉠}$$

양변에 $x = \pi$를 대입하면

$$f'(\pi) + f'(0) \times \left(-\frac{1}{2}\right) = -1 \text{이므로}$$

$$f'(\pi) = -1 + \frac{1}{2}f'(0) \text{이다.}$$

㉠의 양변에 $x = 0$을 대입하면

$$f'(0) + f'(0) \times \frac{1}{2} = 1 \text{이므로} \ f'(0) = \frac{2}{3}$$

$$\therefore \ f'(\pi) = -1 + \frac{1}{2} \times \frac{2}{3} = -\frac{2}{3}$$

답 ②

K 10-20

ㄱ. 다항함수 $f(x)$는 실수 전체의 집합에서 미분가능하므로 평균값 정리에 의하여

$$\frac{f(1) - f(0)}{1 - 0} = f'(c) \text{인 실수 } c \text{가 열린구간 } (0, 1) \text{에}$$

적어도 하나 존재한다. $\boxed{\text{너코 048}}$

이때 $\frac{f(1) - f(0)}{1 - 0} = \frac{4}{5}$이므로 $f'(x) = \frac{4}{5}$인 x가

열린구간 $(0, 1)$에 존재한다. (참)

ㄴ. $\displaystyle\int_0^1 f(x)dx$의 값은 [그림 1]에서 곡선 $y = f(x)$와 두 직선 $x = 0$, $x = 1$ 및 x축으로 둘러싸인 어둡게 칠해진 부분의 넓이이다.

한편 함수 $y = f(x)$의 그래프와 역함수 $y = f^{-1}(x)$의 그래프는 직선 $y = x$에 대하여 대칭이다.

따라서 $\displaystyle\int_{\frac{1}{5}}^1 f^{-1}(x)dx$의 값은 [그림 2]에서 곡선 $y = f^{-1}(x)$와 두 직선 $x = \frac{1}{5}$, $x = 1$ 및 x축으로 둘러싸인 어둡게 칠해진 부분의 넓이이고, 이 값은 [그림 1]에서 곡선 $y = f(x)$와 두 직선 $y = \frac{1}{5}$, $y = 1$ 및 y축으로 둘러싸인 빗금 친 부분의 넓이와 같다.

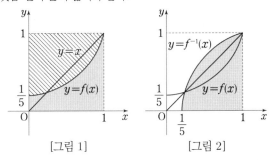

[그림 1]   [그림 2]

K
미
분
법

$$\therefore \int_0^1 f(x)dx + \int_{\frac{1}{5}}^1 f^{-1}(x)dx$$

$$= \int_0^1 f(x)dx + \left(1 - \int_0^1 f(x)dx\right) = 1 \ (\text{참})$$

ㄷ. 직선 $y=x$와 함수 $y=f(x)$의 그래프의 교점을 (a, a), $(1, 1)$이라 하자. (단, $0 < a < 1$)

함수 $f(x)$가 실수 전체의 집합에서 미분가능하므로

합성함수 $g(x) = (f \circ f)(x)$도 실수 전체의 집합에서

미분가능하다. 너코 **103**

따라서 평균값 정리에 의하여

$\dfrac{g(1) - g(a)}{1 - a} = g'(d)$인 실수 d가 열린구간 $(a, 1)$에

적어도 하나 존재한다. 너코 **048**

이때 $\dfrac{g(1) - g(a)}{1 - a} = \dfrac{f(1) - f(a)}{1 - a} = \dfrac{1 - a}{1 - a} = 1$이므로

$g'(x) = 1$인 x가 열린구간 $(0, 1)$에 존재한다. (참)

따라서 옳은 것은 ㄱ, ㄴ, ㄷ이다.

답 ⑤

K10-21

부채꼴 OAB 위의 점 P가 점 $A(0, 10)$에서 출발하여 호 AB를 따라 매초 2의 일정한 속력으로 움직이므로

t초 후 호 AP의 길이는 $2t$이다.

따라서 t초 후 부채꼴 OAP에 대하여

(호의 길이)=(반지름의 길이)×(중심각의 크기)에서 너코 **017**

$2t = 10 \times \angle\text{AOP}$이므로

$\angle\text{AOP} = \dfrac{t}{5}$이다.

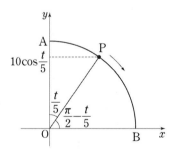

이때 t초 후 점 P의 y좌표를 $f(t)$라 하면

$f(t) = 10\sin\left(\dfrac{\pi}{2} - \dfrac{t}{5}\right) = 10\cos\dfrac{t}{5}$이고 너코 **020**

$f'(t) = \left(-10\sin\dfrac{t}{5}\right) \times \dfrac{1}{5} = -2\sin\dfrac{t}{5}$이다. 너코 **103**

또한 $\angle\text{AOP} = \dfrac{\pi}{6}$가 되는 순간의 시각을 $t = t_1$이라 하면

$\dfrac{t_1}{5} = \dfrac{\pi}{6}$에서 $t_1 = \dfrac{5}{6}\pi$이다.

$\therefore f'(t_1) = -2\sin\dfrac{\pi}{6} = -1$

답 ④

K10-22

원 $x^2 + y^2 = 1$ 위의 점 P가 점 $A(1, 0)$에서 출발하여 원 둘레를

따라 시계 반대 방향으로 매초 $\dfrac{\pi}{2}$의 일정한 속력으로 움직이므로

t초 후 호 AP의 길이는 $\dfrac{\pi t}{2}$이다.

따라서 t초 후 부채꼴 OAP에 대하여

(호의 길이)=(반지름의 길이)×(중심각의 크기)에서 너코 **017**

$\dfrac{\pi t}{2} = 1 \times \angle\text{AOP}$이므로

$\angle\text{AOP} = \dfrac{\pi t}{2}$이다.

한편 점 Q는 점 $A(1, 0)$에서 출발하여 점 $B(-1, 0)$을 향하여

매초 1의 일정한 속력으로 x축 위를 움직이고 있으므로

t초 후 $\overline{\text{AQ}} = t$이다.

t초 후 선분 PQ, 선분 QA, 호 AP로 둘러싸인 어두운 부분의

넓이 S를 $S(t)$라 하자.

ⅰ) $0 < t < 1$일 때

$S(t) = $ (부채꼴 OAP의 넓이) $-$ (삼각형 OPQ의 넓이)

$= \dfrac{1}{2} \times 1^2 \times \dfrac{\pi t}{2} - \dfrac{1}{2} \times 1 \times (1 - t) \times \sin\dfrac{\pi t}{2}$ 너코 **018**

$= \dfrac{\pi t}{4} + \dfrac{t - 1}{2}\sin\dfrac{\pi t}{2}$

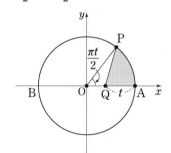

ⅱ) $t = 1$일 때

$S(t) = $ (사분원 OAP의 넓이) $= \dfrac{\pi}{4}$

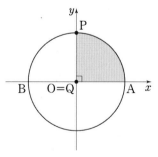

ⅲ) $1 < t < 2$일 때

$S(t) = $ (부채꼴 OAP의 넓이) $+$ (삼각형 OPQ의 넓이)

$= \dfrac{1}{2} \times 1^2 \times \dfrac{\pi t}{2} + \dfrac{1}{2} \times 1 \times (t - 1) \times \sin\left(\pi - \dfrac{\pi t}{2}\right)$

$= \dfrac{\pi t}{4} + \dfrac{t - 1}{2}\sin\dfrac{\pi t}{2}$ 너코 **020**

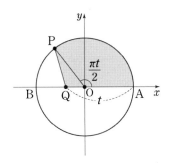

i)~iii)에 의하여 $0 < t < 2$에서

$S(t) = \dfrac{\pi t}{4} + \dfrac{t-1}{2} \sin \dfrac{\pi t}{2}$이므로

$S'(t) = \dfrac{\pi}{4} + \dfrac{1}{2} \times \sin \dfrac{\pi t}{2} + \dfrac{t-1}{2} \times \left(\cos \dfrac{\pi t}{2} \times \dfrac{\pi}{2} \right)$

너코 045 **너코 103**

$= \dfrac{\pi}{4} + \dfrac{1}{2} \sin \dfrac{\pi t}{2} + \dfrac{(t-1)\pi}{4} \cos \dfrac{\pi t}{2}$

이다.

$\therefore S'(1) = \dfrac{\pi}{4} + \dfrac{1}{2}$

답 ④

K 10-23

원 $C : x^2 + (y-1)^2 = 1$의 중심을 $A(0, 1)$이라 하고
원 C와 직선 $l : y = tx$가 만나는 두 점을 각각 O, B라 하자.
직선 l이 x축의 양의 방향과 이루는 각의 크기를

$\theta \left(0 < \theta < \dfrac{\pi}{2} \right)$라 하면 ......㉠

$\angle ABO = \angle AOB = \dfrac{\pi}{2} - \theta$이므로

$\angle OAB = \pi - \left(\dfrac{\pi}{2} - \theta \right) \times 2 = 2\theta$이다.

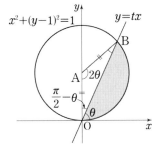

그림에서 어둡게 칠해진 도형의 넓이를 $g(\theta)$라 하면
$g(\theta) =$ (부채꼴 AOB의 넓이) $-$ (이등변삼각형 AOB의 넓이)

$= \dfrac{1}{2} \times 1^2 \times 2\theta - \dfrac{1}{2} \times 1 \times 1 \times \sin(2\theta)$ **너코 017** **너코 018**

$= \theta - \boxed{\dfrac{1}{2} \sin(2\theta)}$ ......㉡

이다.
이때 ㉠에 의하여 직선 l의 기울기는 $t = \tan\theta$이므로
$g(\theta) = f(t) = f(\tan\theta)$이고
합성함수의 미분법에 의하여
$g'(\theta) = f'(t) \times \boxed{\sec^2\theta}$ 이다. **너코 103**

$t = 2$일 때 $\theta = \theta_1$이라 하면

$\tan\theta_1 = 2$이므로

삼각함수 사이의 관계에 의하여

$\sec^2\theta_1 = \tan^2\theta_1 + 1 = 2^2 + 1 = 5$이다. **너코 099**

또한 ㉡에서

$g'(\theta) = 1 - \dfrac{1}{2} \cos(2\theta) \times 2 = 1 - \cos(\theta + \theta)$

$\quad\quad = 1 - (2\cos^2\theta - 1) = 2 - 2\cos^2\theta$

이므로 $g'(\theta_1) = 2 - 2 \times \dfrac{1}{5} = \dfrac{8}{5}$이다.

$\therefore f'(2) = \dfrac{g'(\theta_1)}{\sec^2\theta_1} = \dfrac{\dfrac{8}{5}}{5} = \boxed{\dfrac{8}{25}}$

(가) : $h_1(\theta) = \dfrac{1}{2} \sin(2\theta)$, (나) : $h_2(\theta) = \sec^2\theta$,

(다) : $a = \dfrac{8}{25}$

$\therefore a \times h_1\left(\dfrac{\pi}{4} \right) \times h_2\left(\dfrac{\pi}{4} \right) = \dfrac{8}{25} \times \dfrac{1}{2} \times 2 = \dfrac{8}{25}$

답 ①

K 10-24

함수 $f(x) = e^{x+1} - 1$과 자연수 n에 대하여 함수 $g(x)$를

$$g(x) = 100|f(x)| - \sum_{k=1}^{n} |f(x^k)|$$

이라 하자. $g(x)$가 실수 전체의 집합에서 미분가능하도록
하는 모든 자연수 n의 값의 합을 구하시오. [4점]

How To

i) k가 홀수일 때
함수 $|f(x^k)|$은 $x = -1$에서만 미분가능하지 않다.
ii) k가 짝수일 때
함수 $|f(x^k)|$은 실수 전체의 집합에서 미분가능하다.

$100|f(x)| - \displaystyle\sum_{k=1}^{n} |f(x^k)|$

$= \{100|f(x)| - |f(x)| - |f(x^3)| - \cdots \}$
$\quad\quad\quad\quad\quad - \{f(x^2) + f(x^4) + f(x^6) + \cdots\}$

답 $x = -1$에서의 좌미분계수, 우미분계수가
서로 같도록 하는 모든 자연수 n의 값의 합

함수 $f(x) = e^{x+1} - 1$은 실수 전체의 집합에서 미분가능하고
$f'(x) = e^{x+1}$에서 $f'(-1) = 1$이다. **너코 103** ......㉠
한편 실수 전체의 집합에서 미분가능한 함수 $f(x^k)$에 대하여
k의 값에 따른 함수 $|f(x^k)|$의 미분가능성은 다음과 같다.

i) k가 홀수일 때
방정식 $f(x^k) = 0$의 해를 구하면
$e^{x^k + 1} - 1 = 0$,
$e^{x^k + 1} = 1,$

$$x^k + 1 = 0$$
$$\therefore \ x = -1$$

또한 $x < -1$에서 $f(x^k) < 0$, $x \geq -1$에서

$f(x^k) \geq 0$이므로

$$|f(x^k)| = \begin{cases} -f(x^k) & (x < -1) \\ f(x^k) & (x \geq -1) \end{cases}$$이며

$$\{|f(x^k)|\}' = \begin{cases} -f'(x^k) \times kx^{k-1} & (x < -1) \\ f'(x^k) \times kx^{k-1} & (x > -1) \end{cases}$$이다.

이때 ㉠에 의하여

$x = -1$에서의 좌미분계수는 $-f'(-1) \times k = -k$,

$x = -1$에서의 우미분계수는 $f'(-1) \times k = k$로 서로 다른

값을 갖는다. ……㉡

따라서 함수 $|f(x^k)|$는 $x = -1$에서만 미분가능하지 않다.

[너코 046]

ii) k가 짝수일 때

모든 실수 x에 대하여

$f(x^k) = e^{x^k + 1} - 1 \geq e^1 - 1 > 0$이므로

$|f(x^k)| = f(x^k)$이다.

따라서 함수 $|f(x^k)|$는 실수 전체의 집합에서 미분가능하다.

i), ii)에 의하여

$g(x) = 100|f(x)| - \displaystyle\sum_{k=1}^{n} |f(x^k)|$는

$|f(x)|$, $|f(x^3)|$, $\cdots$과 같이 $x = -1$에서만 미분가능하지 않은

함수와

$|f(x^2)|$, $|f(x^4)|$, $\cdots$과 같이 실수 전체의 집합에서 미분가능한

함수의 합 또는 차로 이루어져있다.

따라서 n보다 작거나 같은 가장 큰 홀수를 $2p-1$이라 할 때

(단, p는 자연수)

$g(x)$가 실수 전체의 집합에서 미분가능하려면

함수 $100|f(x)| - \displaystyle\sum_{k=1}^{p} |f(x^{2k-1})|$이 $x = -1$에서 미분가능해야

한다.

이때 ㉡에 의하여 함수 $|f(x^{2k-1})|$의 좌미분계수, 우미분계수가

각각 $-(2k-1)$, $2k-1$이므로

함수 $100|f(x)| - \displaystyle\sum_{k=1}^{p} |f(x^{2k-1})|$의

$x = -1$에서의 좌미분계수는 $100 \times (-1) - \displaystyle\sum_{k=1}^{p} \{-(2k-1)\}$,

$x = -1$에서의 우미분계수는 $100 \times 1 - \displaystyle\sum_{k=1}^{p} (2k-1)$이다.

즉, $-100 + \displaystyle\sum_{k=1}^{p} (2k-1) = 100 - \displaystyle\sum_{k=1}^{p} (2k-1)$에서

$2\displaystyle\sum_{k=1}^{p} (2k-1) = 200$,

$\displaystyle\sum_{k=1}^{p} (2k-1) = 100$, … [빈출 QnA]

$p^2 = 100$

$\therefore \ p = 10$

따라서 n보다 작거나 같은 가장 큰 홀수가 $2p-1 = 19$이므로

구하는 자연수 n으로 가능한 값은 19 또는 20이다.

$\therefore \ 19 + 20 = 39$

답 39

빈출 QnA

Q. $\displaystyle\sum_{k=1}^{p} (2k-1) = p^2$임을 자세히 설명해 주세요.

A. 여러 가지 수열의 합을 이용하여

$$\sum_{k=1}^{p} (2k-1) = 2 \times \frac{p(p+1)}{2} - p = p^2$$임을 구할 수 있습니다.

이때 모든 자연수 p에 대하여 성립하므로

1부터 $2p-1$까지의 홀수 p개의 합이 p^2임을 기억해 두면 풀이

시간을 단축할 수 있습니다.

K 10-25

최고차항의 계수가 각각 1인 사차함수 $f(x)$와 삼차함수 $g(x)$에

대하여

$F(x) = \ln|f(x)|$에서

$F'(x) = \dfrac{f'(x)}{f(x)}$이고 [너코 103]

$G(x) = \ln|g(x)\sin x|$에서

$G'(x) = \dfrac{g'(x)\sin x + g(x)\cos x}{g(x)\sin x}$ [너코 045] [너코 101]

$\qquad = \dfrac{g'(x)}{g(x)} + \dfrac{1}{\tan x}$ [너코 018]

이다.

$\displaystyle\lim_{x \to 1} (x-1)F'(x) = 3$, 즉 $\displaystyle\lim_{x \to 1} \frac{(x-1)f'(x)}{f(x)} = 3$ ……㉠

에서 0이 아닌 극한값이 존재하고

$x \to 1$일 때 (분자) $\to 0$이므로 (분모) $\to 0$이다. [너코 034]

따라서 $f(1) = 0$이므로

$f(x) = (x-1)f_1(x)$라 할 수 있고,

$f'(x) = f_1(x) + (x-1)f_1'(x)$이다.

(단, $f_1(x)$는 최고차항의 계수가 1인 삼차함수)

따라서

$\dfrac{(x-1)f'(x)}{f(x)} = \dfrac{(x-1)\{f_1(x) + (x-1)f_1'(x)\}}{(x-1)f_1(x)}$

$\qquad\qquad = 1 + \dfrac{(x-1)f_1'(x)}{f_1(x)}$

이므로 ㉠에 의하여

$\displaystyle\lim_{x \to 1} \frac{(x-1)f_1'(x)}{f_1(x)} = \lim_{x \to 1} \left\{ \frac{(x-1)f'(x)}{f(x)} - 1 \right\}$

$\qquad\qquad\qquad = 3 - 1 = 2$ [너코 033]

또한 $\lim\limits_{x \to 1} \dfrac{(x-1)f_1{}'(x)}{f_1(x)} = 2$ ......㉡

에서 0이 아닌 극한값이 존재하고

$x \to 1$일 때 (분자)→0이므로 (분모)→0이다.

따라서 $f_1(1)=0$이므로

$f_1(x)=(x-1)f_2(x)$라 할 수 있고,

$f_1{}'(x)=f_2(x)+(x-1)f_2{}'(x)$이다.

(단, $f_2(x)$는 최고차항의 계수가 1인 이차함수)

따라서

$$\dfrac{(x-1)f_1{}'(x)}{f_1(x)} = \dfrac{(x-1)\{f_2(x)+(x-1)f_2{}'(x)\}}{(x-1)f_2(x)}$$
$$= 1 + \dfrac{(x-1)f_2{}'(x)}{f_2(x)}$$

이므로 ㉡에 의하여

$$\lim_{x \to 1} \dfrac{(x-1)f_2{}'(x)}{f_2(x)} = \lim_{x \to 1}\left\{\dfrac{(x-1)f_1{}'(x)}{f_1(x)}-1\right\}$$
$$= 2-1 = 1$$

또한 $\lim\limits_{x \to 1} \dfrac{(x-1)f_2{}'(x)}{f_2(x)}=1$에서 0이 아닌 극한값이 존재하고

$x \to 1$일 때 (분자)→0이므로 (분모)→0이다.

따라서 $f_2(1)=0$이므로

$f_2(x)=(x-1)(x-k)$라 할 수 있다. (단, k는 상수)

즉, $f(x)=(x-1)^3(x-k)$에서

$f'(x)=3(x-1)^2(x-k)+(x-1)^3$이므로

$$F'(x)=\dfrac{3(x-1)^2(x-k)+(x-1)^3}{(x-1)^3(x-k)} = \dfrac{4x-3k-1}{(x-1)(x-k)}$$

이다.

이때 $\lim\limits_{x \to 0} \dfrac{F'(x)}{G'(x)} = \dfrac{1}{4}$이라 주어졌으므로 ......㉢

$k \neq 0$인 경우

$$\lim_{x \to 0} G'(x) = \lim_{x \to 0}\left\{\dfrac{G'(x)}{F'(x)} \times \dfrac{4x-3k-1}{(x-1)(x-k)}\right\}$$
$$= 4 \times \left(\dfrac{-3k-1}{k}\right)$$

로 수렴하므로 모순이다. ($\because \lim\limits_{x \to 0} G'(x)$는 발산한다.)

··· 빈출 QnA

따라서 $k=0$이어야 하므로 $F'(x)=\dfrac{4x-1}{x(x-1)}$이다.

또한 ㉢에서

$$\lim_{x \to 0} \dfrac{G'(x)}{F'(x)} = \lim_{x \to 0}\left[\dfrac{x-1}{4x-1} \times \left\{\dfrac{xg'(x)}{g(x)}+\dfrac{x}{\tan x}\right\}\right] = 4$$이므로

$$\lim_{x \to 0} \dfrac{xg'(x)}{g(x)} = \lim_{x \to 0}\left\{\dfrac{G'(x)}{F'(x)} \times \dfrac{4x-1}{x-1} - \dfrac{x}{\tan x}\right\}$$
$$= 4 \times 1 - 1 = 3$$

이다.

$\lim\limits_{x \to 1} \dfrac{(x-1)f'(x)}{f(x)} = 3$에 의하여 $f(x)$가 $(x-1)^3$을 인수로

가짐을 구하는 것과 같은 방법으로

$\lim\limits_{x \to 0} \dfrac{xg'(x)}{g(x)} = 3$에 의하여 함수 $g(x)$가 $(x-0)^3$을 인수로

가짐을 알 수 있으므로 $g(x)=x^3$이다.

즉, $f(x)=x(x-1)^3$, $g(x)=x^3$이다.

$\therefore f(3)+g(3)=24+27=51$

답 ④

빈출 QnA

Q. $\lim\limits_{x \to 0} G'(x) = \lim\limits_{x \to 0}\left\{\dfrac{g'(x)}{g(x)}+\dfrac{1}{\tan x}\right\}$이 발산하는 이유를 설명해 주세요.

A. ⅰ) $g(x)=x^3$인 경우

$g'(x)=3x^2$이므로 $\lim\limits_{x \to 0}\dfrac{g'(x)}{g(x)} = \lim\limits_{x \to 0}\dfrac{3}{x}$

ⅱ) $g(x)=x^2 g_1(x)$이고 $g_1(0) \neq 0$인 경우

$g'(x)=2xg_1(x)+x^2 g_1{}'(x)$이므로

$$\lim_{x \to 0}\dfrac{g'(x)}{g(x)} = \lim_{x \to 0}\left\{\dfrac{2}{x}+\dfrac{g_1{}'(x)}{g_1(x)}\right\}$$

ⅲ) $g(x)=xg_2(x)$이고 $g_2(0) \neq 0$인 경우

$g'(x)=g_2(x)+xg_2{}'(x)$이므로

$$\lim_{x \to 0}\dfrac{g'(x)}{g(x)} = \lim_{x \to 0}\left\{\dfrac{1}{x}+\dfrac{g_2{}'(x)}{g_2(x)}\right\}$$

ⅳ) $g(0) \neq 0$인 경우

$$\lim_{x \to 0}\dfrac{g'(x)}{g(x)} = \dfrac{g'(0)}{g(0)}$$

ⅰ)~ⅳ)에 의하여

$$\lim_{x \to 0+}\dfrac{g'(x)}{g(x)}=\infty,\ \lim_{x \to 0-}\dfrac{g'(x)}{g(x)}=-\infty$$이거나

$\lim\limits_{x \to 0}\dfrac{g'(x)}{g(x)}$가 수렴합니다.

또한 $\lim\limits_{x \to 0+}\dfrac{1}{\tan x}=\infty$이고 $\lim\limits_{x \to 0-}\dfrac{1}{\tan x}=-\infty$이므로

모든 경우에서 $\lim\limits_{x \to 0}G'(x)=\lim\limits_{x \to 0}\left\{\dfrac{g'(x)}{g(x)}+\dfrac{1}{\tan x}\right\}$이 발산함을 확인할 수 있습니다.

K 10-26

$x \leq \log_2 1$에서 $0 < 2^x \leq 1$

$\log_2 1 < x \leq \log_2 2$에서 $1 < 2^x \leq 2$

$\log_2 2 < x \leq \log_2 3$에서 $2 < 2^x \leq 3$

$\vdots$

즉, 자연수 m에 대하여

$\log_2 m < x \leq \log_2 (m+1)$에서 $m < 2^x \leq m+1$

이므로 함수 $y=f(2^x)$의 그래프의 개형은 다음 그림과 같다.

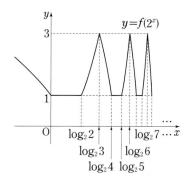

이때 함수 $f(2^x)$은 구간에 따라 다르게 정의된 함수이고, 함수 $g(x)$는 함수 $f(2^x)$의 우미분계수의 절댓값으로 정의되었으므로

$g(x)$는 각 구간의 끝점인 $x=\log_2 m$을 제외한 모든 실수 x에 대하여 연속임이 확실하다.

따라서 $x=\log_2 m$인 실수 x에서만 함수 $g(x)$의 연속성을 따져주어도 충분하다.

함수 $f(x)$의 주기가 3이고
$x \neq \log_2 m$인 모든 실수 x에 대하여

$$g(x) = \lim_{h \to 0+} \left| \frac{f(2^{x+h}) - f(2^x)}{h} \right|$$
$$= \left| \{f(2^x)\}' \right| = 2^x \times \ln 2 \times \left| f'(2^x) \right|$$ 너코098 너코103

이므로 자연수 t에 대하여

i) $\log_2(3t-2) < x < \log_2(3t-1)$일 때
  주어진 $y=f(x)$의 그래프에서 $f'(2^x)=0$이므로
  $$g(x) = 2^x \times \ln 2 \times 0 = 0$$

ii) $\log_2(3t-1) < x < \log_2 3t$일 때
  주어진 $y=f(x)$의 그래프에서 $f'(2^x)=2$이므로
  $$g(x) = 2^x \times \ln 2 \times 2 = 2^x \times 2\ln 2$$

iii) $-\infty < x < \log_2 1$ 또는 $\log_2 3t < x < \log_2(3t+1)$일 때
  주어진 $y=f(x)$의 그래프에서 $f'(2^x)=-2$이므로
  $$g(x) = 2^x \times \ln 2 \times |-2| = 2^x \times 2\ln 2$$

따라서 함수 $g(x)$의 $x=\log_2 m$에서의 m의 값에 따른 좌극한, 우극한, 함숫값을 표로 나타내면 다음과 같다.

m	좌극한	우극한	함숫값
$3t-2$	$(3t-2) \times 2\ln 2$	0	0
$3t-1$	0	$(3t-1) \times 2\ln 2$	$(3t-1) \times 2\ln 2$
$3t$	$3t \times 2\ln 2$	$3t \times 2\ln 2$	$3t \times 2\ln 2$

따라서 열린구간 $(-5, 5)$에서 함수 $g(x)$가 $x=a$에서 불연속인 a의 값은 $\log_2(3t-2)$ 또는 $\log_2(3t-1)$꼴이다.
$a=\log_2(3t-2)$꼴이면 $g(a)=0$이고,
가능한 a의 값은 $\log_2 1, \log_2 4, \cdots, \log_2 31$로 11개이다.
$a=\log_2(3t-1)$꼴이면 $g(a)=(3t-1) \times 2\ln 2$이고,
가능한 a의 값은 $\log_2 2, \log_2 5, \cdots, \log_2 29$로 10개이다.

$$\therefore n + \sum_{k=1}^{n} \frac{g(a_k)}{\ln 2} = 21 + \sum_{k=1}^{21} \frac{g(a_k)}{\ln 2}$$
$$= 21 + \sum_{k=1}^{10} (6k-2)$$
$$= 21 + \frac{4+58}{2} \times 10$$ 너코029
$$= 331$$

답 331

K 10-27

모든 실수 x에 대하여
$$g(1-x) = f(\sin^2(\pi - \pi x))$$
$$= f(\sin^2 \pi x)$$ 너코020
$$= g(x)$$

이므로 함수 $y=g(x)$의 그래프는 직선 $x=\frac{1}{2}$에 대하여 대칭이다.

따라서 $0 < x < \frac{1}{2}$에서 함수 $g(x)$가 극대가 되는 x의 값을
$\alpha \left(0 < \alpha < \frac{1}{2}\right)$라 할 때
조건 (가), (나)에 의하여
$$g'(\alpha) = g'\left(\frac{1}{2}\right) = g'(1-\alpha) = 0 \text{이고}$$ ······㉠
$$g(\alpha) = g\left(\frac{1}{2}\right) = g(1-\alpha) = \frac{1}{2} \text{이다.}$$ ······㉡

또한 ㉠에서 롤의 정리에 의하여
$\alpha < \beta < \frac{1}{2}$, $g'(\beta)=0$인 실수 β가 존재하므로 너코048
함수 $y=g(x)$의 그래프의 개형은 [그림 1]과 같다.

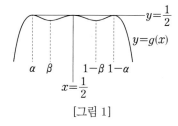

[그림 1]

또한 함수 $y=\sin^2 \pi x$는 주기가 1인 함수이므로
함수 $g(x)=f(\sin^2 \pi x)$도 주기가 1인 함수이다.

따라서 함수 $0 \leq x \leq \frac{1}{2}$에서 함수 $g(x)$의 최댓값이 $\frac{1}{2}$, 최솟값이 0이면 된다.
이때 함수 $g(x)=f(\sin^2 \pi x)$의 도함수는
$$g'(x) = 2\pi\sin(\pi x)\cos(\pi x)f'(\sin^2 \pi x) \text{이고}$$
너코101 너코103

$0 < x < \frac{1}{2}$에서 $2\pi\sin(\pi x)\cos(\pi x) > 0$이므로

$0 < x < \frac{1}{2}$에서 방정식 $f'(\sin^2 \pi x)=0$이 서로 다른 2개의 실근을 가져야 한다.

이때 $0 < x < \frac{1}{2}$에서 함수 $y=\sin^2 \pi x$는 증가하고,

$0 < \sin^2 \pi x < 1$이므로
[그림 2] 또는 [그림 3]과 같이

$0 \le x \le 1$에서 함수 $f(x)$는 극대, 극소를 모두 갖고 최솟값이 0, 최댓값이 $\frac{1}{2}$이어야 한다.

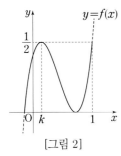
[그림 2]

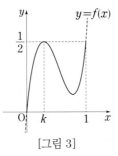
[그림 3]

따라서 $f(x) = (x-k)^2(x-1) + \frac{1}{2}$이라 하자. (단, $0 < k < 1$)

i) [그림 2]와 같이 극솟값이 0일 때
$$f'(x) = 2(x-k)(x-1) + (x-k)^2 \quad \boxed{\text{너코 044}}$$
$$= (x-k)(3x-2-k)$$

이므로 함수 $f(x)$는 $x = \frac{k+2}{3}$에서 극솟값을 갖는다.

이때 $f\left(\frac{k+2}{3}\right) = 0$이어야 하는데

$$\left(\frac{2-2k}{3}\right)^2\left(\frac{k-1}{3}\right) + \frac{1}{2} = 0$$

$$(k-1)^3 = -\frac{27}{8}, \quad k-1 = -\frac{3}{2}$$

$k = -\frac{1}{2}$이므로 $0 < k < 1$인 조건을 만족시키지 않는다.

ii) [그림 3]과 같이 $f(0) = 0$일 때
$-k^2 + \frac{1}{2} = 0$에서 $k = \frac{\sqrt{2}}{2}$이다. ($\because 0 < k < 1$)

i), ii)에 의하여

$$f(x) = \left(x - \frac{\sqrt{2}}{2}\right)^2(x-1) + \frac{1}{2}$$이므로

$f(2) = 5 - 2\sqrt{2}$이다.

$\therefore a^2 + b^2 = 5^2 + (-2)^2 = 29$

답 29

K 10-28

$g(x) = \{f(x) + 2\}e^{f(x)}$에서

$$g'(x) = f'(x)e^{f(x)} + \{f(x)+2\}e^{f(x)}f'(x)$$
$$= f'(x)\{f(x)+3\}e^{f(x)} \quad \boxed{\text{너코 103}}$$

이고, $f'(x) = 0$ 또는 $f(x) = -3$을 만족시키는 x의 값에서 $g'(x) = 0$이다.

즉, $f'(x) = 0$ 또는 $f(x) = -3$을 만족시키는 x의 값에서 $g(x)$는 최댓값 또는 최솟값을 가질 수 있다. $\boxed{\text{너코 049}}$

$f(x)$는 이차함수이고, 조건 (가)에서 함수 $g(x)$가 $f(a) = 6$인 $x = a$에서 최댓값, 즉 극댓값을 가지므로

$f'(a) = 0$이어야 한다. ($\because f(a) \neq -3$이므로)

이때 $x = a$의 좌우에서 $g'(x)$의 부호가 양에서 음으로 바뀌어야 하므로 이차함수 $y = f(x)$의 그래프는 위로 볼록하고,

꼭짓점의 좌표가 $(a, 6)$이어야 한다. 따라서
$$f(x) = k(x-a)^2 + 6 \ (k < 0\text{인 상수}) \quad \cdots\cdots \text{㉠}$$
이라 할 수 있다.

또한 조건 (나)에서 $g(x)$가 $x = b$, $x = b+6$에서 최솟값, 즉 극솟값을 가지므로

$f(b) = f(b+6) = -3$이어야 한다.

그런데 이차함수 $y = f(x)$의 그래프가 직선 $x = a$에 대하여 대칭이므로 $\frac{b+b+6}{2} = a$에서

$a = b+3$ $\therefore b = a-3$

따라서 ㉠에서
$f(b) = f(a-3) = 9k + 6 = -3$
이므로 $k = -1$

$\therefore f(x) = -(x-a)^2 + 6$

이때 방정식 $f(x) = 0$, 즉 $-(x-a)^2 + 6 = 0$을 만족시키는 x의 값은

$(x-a)^2 = 6$ $\therefore x = a \pm \sqrt{6}$

$\alpha = a - \sqrt{6}$, $\beta = a + \sqrt{6}$으로 놓으면
$(\beta - \alpha)^2 = (2\sqrt{6})^2 = 24$

참고 1

조건 (가), (나)에 의하여
$f'(a) = 0$, $f(a) = 6$, $f(b) = -3$, $f(b+6) = -3$이다.

이때 $f(b) = -3$, $f(b+6) = -3$임을 먼저 이용하면 $f(x)$를 다음과 같이 구할 수도 있다.

즉, $f(b) + 3 = 0$, $f(b+6) + 3 = 0$이므로
$f(x) + 3 = k(x-b)(x-b-6) \ (k \neq 0)$이라 하면
$f'(x) = k(x-b-6) + k(x-b) = 2k(x-b-3)$

이때 $f'(a) = 0$이므로
$2k(a-b-3) = 0$ $\therefore b = a-3 \ (\because k \neq 0)$

따라서 $f(x) = k(x-a+3)(x-a-3) - 3$이고,
$f(a) = -9k - 3 = 6$이므로 $k = -1$

$\therefore f(x) = -(x-a+3)(x-a-3) - 3$
$$= -(x-a)^2 + 6$$

참고 2

이차방정식의 근과 계수의 관계를 이용하여 $(\alpha - \beta)^2$의 값을 구할 수도 있다.

즉, 이차방정식 $f(x) = 0$, 즉 $x^2 - 2ax + a^2 - 6 = 0$에서 근과 계수의 관계에 의하여

$\alpha + \beta = 2a$, $\alpha\beta = a^2 - 6$

$\therefore (\alpha - \beta)^2 = (\alpha + \beta)^2 - 4\alpha\beta$
$$= 4a^2 - 4(a^2 - 6) = 24$$

답 24

K 10-29

$g(x) = 3f(x) + 4\cos f(x)$에서

$$g'(x) = 3f'(x) - 4f'(x)\sin f(x)$$
$$= f'(x)\{3 - 4\sin f(x)\} \quad \text{너코 103}$$

$f'(x) = 0$ 또는 $3 - 4\sin f(x) = 0$ ……㉠

을 만족시키는 x의 값에서 $g'(x) = 0$이다.

즉, ㉠을 만족시키면서 $g'(x)$의 값의 부호가 $-$에서 $+$로 바뀌는 x의 값에서 $g(x)$는 극소이다. 너코049

ⅰ) $f'(x) = 0$인 경우

 $f(x) = 6\pi(x-1)^2$에서 $f'(x) = 12\pi(x-1)$이므로

 $x = 1$일 때 $f'(x) = 0$이다. 너코044

 이때 $x = 1$의 좌우에서 $f'(x)$의 값의 부호는 $-$에서 $+$로 바뀌고, $x \to 1$일 때 $f(x) \to 0+$이므로 $3 - 4\sin f(x)$의 값의 부호는 $+$이다.

 즉, $g'(x) = f'(x)\{3 - 4\sin f(x)\}$의 값의 부호는 $-$에서 $+$로 바뀌므로 $g(x)$는 $x = 1$에서 극소이다.

ⅱ) $3 - 4\sin f(x) = 0$인 경우

 $3 - 4\sin f(x) = 0$, 즉 $\sin f(x) = \dfrac{3}{4}$을 만족시키는 x의

 값은 곡선 $y = \sin f(x)$와 직선 $y = \dfrac{3}{4}$의 교점의 x좌표이다.

 $f(x) = t$라 하면 $0 < x < 2$에서 $0 \le t < 6\pi$이고,

 이차함수 $f(x)$는 직선 $x = 1$에 대하여 대칭이므로

 곡선 $y = \sin t$와 직선 $y = \dfrac{3}{4}$의 교점의 t좌표를 크기가

 작은 순으로 t_1, t_2, t_3, t_4, t_5, t_6이라 하면

 이 값에 대응하는 x의 값은 직선 $x = 1$에 대하여 대칭인 위치에 2개씩 존재한다.

 즉, $\sin f(x) = \dfrac{3}{4}$을 만족시키는 x의 값의 개수는 12이다.

 (x의 값이 $0 \to 1 \to 2$로 변할 때 t의 값은 $6\pi \to 0 \to 6\pi$로 변하는 것에 주의한다.)

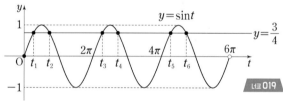

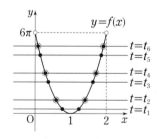

 이때 곡선 $y = \sin t$가 직선 $y = \dfrac{3}{4}$보다

 위쪽에 있는 범위에서 $3 - 4\sin t$의 값의 부호는 $-$이고, 아래쪽에 있는 범위에서 $3 - 4\sin t$의 값의 부호는 $+$이므로

 ❶ 구간 $(1, 2)$에서 $f(x) = t_2$, t_4, t_6을 만족시키는 x의 값의 좌우에서 $3 - 4\sin f(x)$의 값의 부호는 $-$에서 $+$로 바뀌고, 이 구간에서 $f'(x)$의 값의 부호는 $+$이다.

  즉, $g'(x) = f'(x)\{3 - 4\sin f(x)\}$의 값의 부호는 $-$에서 $+$로 바뀌므로 $g(x)$는 이 3개의 값에서 극소이다.

 ❷ 구간 $(0, 1)$에서는 ❶과는 반대로 $f(x) = t_2$, t_4, t_6을 만족시키는 x의 값의 좌우에서 $3 - 4\sin f(x)$의 값의 부호는 $+$에서 $-$로 바뀌고, 이 구간에서 $f'(x)$의 값의 부호는 $-$이다.

  즉, $g'(x) = f'(x)\{3 - 4\sin f(x)\}$의 값의 부호는 $-$에서 $+$로 바뀌므로 $g(x)$는 이 3개의 값에서 극소이다.

  따라서 $g(x)$가 극소가 되는 x의 개수는 6이다.

ⅰ), ⅱ)에 의하여 $g(x)$가 극소가 되는 x의 개수는

$1 + 6 = 7$

답 ②

K 10-30

함수 $f(x)$는 삼차함수이므로 함수 $|f(x)|$는 모든 실수 x에서 연속이고, 함수 $g(x)$는 $f(x) \ne 0$인 모든 실수 x에서 연속이다. 너코039

이때 조건 (가)에서 $x \ne 1$인 모든 실수 x에서 함수 $g(x)$가 연속이므로

$x \ne 1$일 때 $f(x) \ne 0$이고 $f(1) = 0$이다.

즉, 삼차함수 $f(x)$의 최고차항의 계수가 $\dfrac{1}{2}$로 양수이므로

$x = 1$을 기준으로 $f(1) = 0$이고 ……㉠

$x < 1$에서 $f(x) < 0$, $x > 1$에서 $f(x) > 0$이다. ……㉡

한편 $g(x) = \begin{cases} \ln|f(x)| & (f(x) \ne 0) \\ 1 & (f(x) = 0) \end{cases}$에서

$g'(x) = \dfrac{f'(x)}{f(x)}$ $(f(x) \ne 0)$이고 너코103

조건 (나)에서 함수 $g(x)$가 $x = 2$에서 극대이므로

$g'(2) = \dfrac{f'(2)}{f(2)} = 0$에서 $f'(2) = 0$이다. ……㉢

이때 $x = 2$의 좌우에서

$g'(x)$의 부호는 (양) $\to$ (음)으로 바뀌고

㉡에 의해 $f(x)$의 부호는 (양)으로 일정하므로

$f'(x)$의 부호도 (양) $\to$ (음)으로 바뀌어야 한다.

즉, 함수 $y = f(x)$도 $x = 2$에서 극대이다. 너코049

따라서 함수 $y = f(x)$의 그래프의 개형은 다음 그림과 같다.

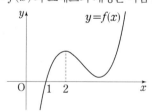

또한, 조건 (나)에서 함수 $|g(x)|$는 $x = 2$에서 극소이므로

$g(2) = \ln f(2) \le 0$이어야 한다.

$\therefore 0 < f(2) \le 1$

이때 조건 (다)에서 방정식 $g(x) = 0$은

$\ln|f(x)| = 0$, $|f(x)| = 1$

$f(x) = 1$ 또는 $f(x) = -1$ 너코015

이고, 이 방정식의 서로 다른 실근의 개수는 3이므로

함수 $y = f(x)$의 그래프와 두 직선 $y = 1$, $y = -1$의 서로 다른 교점의 개수는 3이어야 한다.

따라서 이를 만족하려면 다음 그림과 같이
$f(2)=1$이어야 한다.　　　　　　　……ⓔ

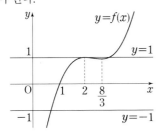

ⓒ, ⓔ에 의하여

$f(x)=\dfrac{1}{2}(x-2)^2(x+a)+1$ (a는 상수)이라 하면

$f(1)=\dfrac{1}{2}(1+a)+1=0$ ($\because$ ⓐ)이므로

$a=-3$

$\therefore f(x)=\dfrac{1}{2}(x-2)^2(x-3)+1$

$f'(x)=\dfrac{1}{2}\times 2(x-2)(x-3)+\dfrac{1}{2}(x-2)^2$ ﹝너코045﹞

$\qquad=\dfrac{1}{2}(x-2)(3x-8)$

$x=2$ 또는 $x=\dfrac{8}{3}$일 때 $f'(x)=0$이므로

함수 $f(x)$는 $x=\dfrac{8}{3}$에서 극솟값을 갖고, 함수 $g(x)$도

$x=\dfrac{8}{3}$에서 극솟값을 갖는다.

$f\left(\dfrac{8}{3}\right)=\dfrac{1}{2}\times\left(\dfrac{2}{3}\right)^2\times\left(-\dfrac{1}{3}\right)+1=\dfrac{25}{27}$이므로

함수 $g(x)$의 극솟값은

$g\left(\dfrac{8}{3}\right)=\ln\left|f\left(\dfrac{8}{3}\right)\right|=\ln\dfrac{25}{27}$

﹝참고﹞

주어진 조건을 만족시키는 함수 $y=g(x)$의 그래프의 개형은
다음 그림과 같다.

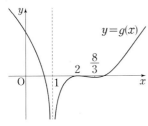

답 ⑤

K 10-31

두 함수 $f(x)$, $g(x)$가 실수 전체의 집합에서 미분가능하므로
함수 $h(x)=g(f(x))$도 실수 전체의 집합에서 미분가능하고,
합성함수의 미분법에 의하여
$h'(x)=f'(x)g'(f(x))$이다. ﹝너코103﹞
이때 조건 (가)에서 함수 $h(x)$는 $x=0$에서 극댓값 0을
가지므로 $h(0)=0$, $h'(0)=0$이어야 한다. ﹝너코049﹞

$g(x)=e^{\sin\pi x}-1$, $g'(x)=\pi(\cos\pi x)e^{\sin\pi x}$이므로
﹝너코090﹞ ﹝너코101﹞

$h(0)=g(f(0))=0$에서 $f(0)=k$라 하면 $g(k)=0$이고,
이를 만족시키는 k의 값은 $\sin\pi k=0$에서 k는 정수이다.
﹝너코019﹞

즉, $f(0)=k$ (k는 정수)이다.　　　　　……ⓐ
또한 $h'(0)=f'(0)g'(f(0))=f'(0)g'(k)=0$이므로
$f'(0)=0$ 또는 $g'(k)=0$이다.
그런데 k가 정수이므로 $g'(k)=\pi\cos\pi k$의 값은 정수 n에
대하여 $k=2n-1$이면 $-\pi$를, $k=2n$이면 π를 갖는다.
즉, 항상 $g'(k)\neq 0$이므로 반드시 $f'(0)=0$이다.　……ⓑ
따라서 최고차항의 계수가 양수이고 ⓐ, ⓑ을 만족시키면서

$f(3)=\dfrac{1}{2}$, $f'(3)=0$인 삼차함수
$y=f(x)$의 그래프의 개형은 오른쪽
그림과 같다.
한편 조건 (가)에 의하여 $x=0$의
좌우에서 함수
$h'(x)=f'(x)g'(f(x))$의 값의 부호는
양(+)에서 음(−)으로 바뀌어야 한다.
　　　　　　　　　　……ⓒ
함수 $f(x)$는 $x=0$에서 극대, $x=3$에서 극소이므로 $x=0$의
좌우에서 $f'(x)$의 값의 부호는 양(+)에서 음(−)으로 바뀐다.
따라서 ⓒ을 만족시키려면
$\displaystyle\lim_{x\to 0}g'(f(x))=\lim_{t\to k-}g'(t)=g'(k)>0$이어야 하므로
$f(0)=2n$ (n은 정수)이다.

이때 열린구간 $(0, 3)$에서 함수 $f(x)$는 $2n$에서 $\dfrac{1}{2}$로

감소하므로 조건 (나)를 만족시키려면 $\dfrac{1}{2}<x<2n$에서 함수

$y=g(x)$의 그래프와 직선 $y=1$의 서로 다른 교점의 개수가
7이어야 한다.　　　　　　　　　　　……ⓓ

함수 $y=\sin\pi x$의 주기가 $\dfrac{2\pi}{\pi}=2$이므로 함수 $g(x)$도 주기가

2인 주기함수이고 $g(0)=g(1)=g(2)=0$, $g\left(\dfrac{1}{2}\right)=e-1$,

$g\left(\dfrac{3}{2}\right)=e^{-1}-1$이므로 실수 전체의 집합에서 $y=g(x)$의

그래프는 다음 그림과 같다. ﹝참고﹞

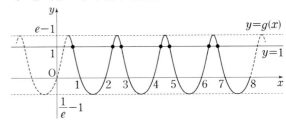

따라서 $e-1>1$이므로 ⓓ을 만족시키려면 $f(0)=8$이다.
$f'(0)=0$이므로
$f(x)=ax^2(x-m)+8$ ($a>0$, m은 상수)이라 하면
$f'(x)=2ax(x-m)+ax^2$ ﹝너코045﹞
이때 $f'(3)=6a(3-m)+9a=0$이므로
$18-6m+9=0$ ($\because a>0$)　$\therefore m=\dfrac{9}{2}$

또한 $f(3) = 9a\left(3 - \dfrac{9}{2}\right) + 8 = \dfrac{1}{2}$이므로

$-\dfrac{27}{2}a = -\dfrac{15}{2}$ $\quad \therefore \; a = \dfrac{5}{9}$

따라서 $f(x) = \dfrac{5}{9}x^2\left(x - \dfrac{9}{2}\right) + 8$이므로

$f(2) = \dfrac{5}{9} \times 4 \times \left(-\dfrac{5}{2}\right) + 8 = \dfrac{22}{9}$

$\therefore \; p + q = 9 + 22 = 31$

참고

함수 $g(x)$는 두 함수 $y = e^x - 1$, $y = \sin \pi x$의 합성함수이다.
이때 $y = e^t - 1$의 정의역은 $t = \sin \pi x$의 치역인
$-1 \le t \le 1$이고 $t = \sin \pi x$가 주기가 2인 주기함수이므로
x의 값이 $0 \to 2 \to 4 \to 6 \to \cdots$ 으로 증가할 때
t의 값은 각 구간에서 -1과 1 사이를 진동하고 $y = e^t - 1$의
값도 진동한다.
따라서 $g(x)$도 주기가 2인 주기함수이다.

답 31

K 10-32

풀이 1

원의 중심을 O라 하면 $\overline{\text{OP}} = 5$, $\overline{\text{OC}} = 1$이다.

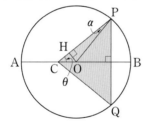

$\angle \text{OPC} = \alpha \; \left(0 < \alpha < \dfrac{\pi}{2}\right)$라 하고

점 O에서 선분 CP에 내린 수선의 발을 H라 하면
$\overline{\text{CH}} = \cos\theta$, $\overline{\text{PH}} = 5\cos\alpha$이므로 [너크 018]
$\overline{\text{PC}} = \cos\theta + 5\cos\alpha$ $\quad\quad\cdots\cdots\ \bigcirc$

이때 $\overline{\text{OH}} = \sin\theta = 5\sin\alpha$에서 $\sin\alpha = \dfrac{1}{5}\sin\theta$이므로

$\bigcirc$에서

$\overline{\text{PC}} = \cos\theta + 5\sqrt{1 - \sin^2\alpha} = \cos\theta + 5\sqrt{1 - \dfrac{1}{25}\sin^2\theta}$

$\quad\quad = \cos\theta + \sqrt{25 - \sin^2\theta} = \cos\theta + \sqrt{\cos^2\theta + 24}$

$\therefore \; S(\theta) = \dfrac{1}{2} \times \overline{\text{PC}}^2 \times \sin 2\theta$

$\quad\quad = \dfrac{\sin 2\theta}{2}(\cos\theta + \sqrt{\cos^2\theta + 24})^2$

$S'(\theta) = \dfrac{2\cos 2\theta}{2} \times (\cos\theta + \sqrt{\cos^2\theta + 24})^2$

$\quad\quad\quad + \dfrac{\sin 2\theta}{2} \times 2(\cos\theta + \sqrt{\cos^2\theta + 24})$

$\quad\quad\quad\quad \times \left(-\sin\theta + \dfrac{-2\cos\theta\sin\theta}{2\sqrt{\cos^2\theta + 24}}\right)$

[너크 045] [너크 101] [너크 103]

$\quad\quad = \cos 2\theta(\cos\theta + \sqrt{\cos^2\theta + 24})^2$

$\quad\quad\quad - \sin\theta \sin 2\theta(\cos\theta + \sqrt{\cos^2\theta + 24})$

$\quad\quad\quad\quad \times \left(1 + \dfrac{\cos\theta}{\sqrt{\cos^2\theta + 24}}\right)$

이때 $\cos\dfrac{\pi}{2} = 0$, $\sin\dfrac{\pi}{2} = 1$, $\cos\dfrac{\pi}{4} = \sin\dfrac{\pi}{4} = \dfrac{\sqrt{2}}{2}$이고

$\sqrt{\cos^2\dfrac{\pi}{4} + 24} = \sqrt{\dfrac{1}{2} + 24} = \sqrt{\dfrac{49}{2}} = \dfrac{7\sqrt{2}}{2}$이므로

$S'\left(\dfrac{\pi}{4}\right) = 0 - \dfrac{\sqrt{2}}{2} \times 1 \times \left(\dfrac{\sqrt{2}}{2} + \dfrac{7\sqrt{2}}{2}\right) \times \left(1 + \dfrac{\dfrac{\sqrt{2}}{2}}{\dfrac{7\sqrt{2}}{2}}\right)$

$\quad\quad = -\dfrac{\sqrt{2}}{2} \times 4\sqrt{2} \times \dfrac{8}{7} = -\dfrac{32}{7}$

$\therefore \; -7 \times S'\left(\dfrac{\pi}{4}\right) = 32$

풀이 2

원의 중심을 O라 하면 $\overline{\text{OP}} = 5$, $\overline{\text{OC}} = 1$이다.

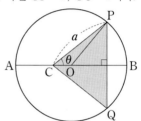

이때 $\overline{\text{CP}} = a\ (a > 0)$라 하면

$S(\theta) = \dfrac{1}{2} \times a^2 \times \sin 2\theta = \dfrac{a^2}{2}\sin 2\theta$

이고, a는 θ에 대한 함수이므로
위의 식의 양변을 θ에 대하여 미분하면

$S'(\theta) = a\sin 2\theta \times \dfrac{da}{d\theta} + a^2\cos 2\theta$ [너크 105] $\quad\cdots\cdots\ \bigcirc$

한편 삼각형 PCO에서 코사인법칙에 의하여

$25 = a^2 + 1^2 - 2a \times \cos\theta$ [너크 024]

$a^2 - 2a\cos\theta - 24 = 0$ $\quad\quad\cdots\cdots\ \bigcirc$

이고, 위의 식의 양변을 θ에 대하여 미분하면

$2a \times \dfrac{da}{d\theta} - 2\cos\theta \times \dfrac{da}{d\theta} + 2a\sin\theta = 0$

$\therefore \; \dfrac{da}{d\theta} = \dfrac{a\sin\theta}{\cos\theta - a}$ $\quad\quad\cdots\cdots\ \bigcirc$

이때 $\bigcirc$에 $\theta = \dfrac{\pi}{4}$를 대입하면

$a^2 - 2a\cos\dfrac{\pi}{4} - 24 = 0$, $a^2 - \sqrt{2}\,a - 24 = 0$

이고 이차방정식의 근의 공식에 의하여

$a = 4\sqrt{2}\ (\because\ a > 0)$

즉, $\theta = \dfrac{\pi}{4}$일 때의 a의 값은 $a = 4\sqrt{2}$이므로

$\theta = \dfrac{\pi}{4}$일 때의 $\dfrac{da}{d\theta}$의 값은 $\bigcirc$에서

$$\frac{da}{d\theta}=\frac{4\sqrt{2}\sin\frac{\pi}{4}}{\cos\frac{\pi}{4}-4\sqrt{2}}=\frac{4\sqrt{2}\times\frac{\sqrt{2}}{2}}{\frac{\sqrt{2}}{2}-4\sqrt{2}}=-\frac{4\sqrt{2}}{7}$$

따라서 ㉠에 $\theta=\frac{\pi}{4}$, $a=4\sqrt{2}$, $\frac{da}{d\theta}=-\frac{4\sqrt{2}}{7}$ 를 대입하면

$$S'\left(\frac{\pi}{4}\right)=4\sqrt{2}\times1\times\left(-\frac{4\sqrt{2}}{7}\right)=-\frac{32}{7}$$

$$\therefore -7\times S'\left(\frac{\pi}{4}\right)=32$$

답 32

K 10-33

$f(x)=\frac{1}{3}x^3-x^2+\ln(1+x^2)+a$에서

$f'(x)=x^2-2x+\frac{2x}{1+x^2}$ [너코 103]

$$=\frac{x^4-2x^3+x^2}{1+x^2}=\frac{x^2(x-1)^2}{1+x^2}$$ ······㉠

함수 $g(x)=\begin{cases}f(x) & (x\ge b)\\ -f(x-c) & (x<b)\end{cases}$ 는 실수 전체의 집합에서

미분가능하므로 연속이다. [너코 042]

즉, 함수 $g(x)$가 $x=b$에서 연속이므로

$\displaystyle\lim_{x\to b+}g(x)=\lim_{x\to b-}g(x)$에서 [너코 037]

$f(b)=-f(b-c)$이다. ······㉡

$g'(x)=\begin{cases}f'(x) & (x>b)\\ -f'(x-c) & (x<b)\end{cases}$ 이고,

함수 $g(x)$가 $x=b$에서 미분가능하므로

$\displaystyle\lim_{x\to b+}g'(x)=\lim_{x\to b-}g'(x)$,

즉 $f'(b)=-f'(b-c)$이다. ······㉢

이때 모든 실수 x에 대하여 $f'(x)\ge0$이므로

㉢을 만족시키려면 $f'(b)=f'(b-c)=0$이어야 한다.

㉠에서 $f'(x)=0$을 만족시키는 x의 값은 0 또는 1뿐이고,

c가 양수이므로 $b-c<b$이다.

따라서 $b-c=0$, $b=1$이다.

$\therefore b=c=1$

㉡에 의하여 $f(0)+f(1)=0$이고,

$f(0)=a$, $f(1)=-\frac{2}{3}+\ln2+a$이므로

$2a-\frac{2}{3}+\ln2=0$이다.

$$\therefore a=\frac{1}{3}-\frac{1}{2}\ln2$$

$$a+b+c=\left(\frac{1}{3}-\frac{1}{2}\ln2\right)+1+1=\frac{7}{3}-\frac{1}{2}\ln2$$

$$\therefore 30(p+q)=30\times\left(\frac{7}{3}-\frac{1}{2}\right)=55$$

답 55

K 11-01

$x=t-\frac{2}{t}$, $y=t^2+\frac{2}{t^2}$에서

$\frac{dx}{dt}=1+\frac{2}{t^2}$, $\frac{dy}{dt}=2t-\frac{4}{t^3}$ [너코 102] [너코 104]

$$\therefore \frac{dy}{dx}=\frac{\frac{dy}{dt}}{\frac{dx}{dt}}=\frac{2t-\frac{4}{t^3}}{1+\frac{2}{t^2}}=\frac{2t^4-4}{t^3+2t}$$

따라서 $t=1$일 때 $\frac{dy}{dx}$의 값은 $-\frac{2}{3}$이다.

답 ①

K 11-02

$e^x-xe^y=y$에서 x에 대하여 미분하면 음함수의 미분법에 의하여

$e^x-\left\{1\times e^y+x\times\left(e^y\times\frac{dy}{dx}\right)\right\}=1\times\frac{dy}{dx}$, [너코 098] [너코 105]

$(1+xe^y)\times\frac{dy}{dx}=e^x-e^y$

$x=0$, $y=1$을 대입하면

$1\times\frac{dy}{dx}=e^0-e^1$

$\therefore \frac{dy}{dx}=1-e$

따라서 점 $(0,1)$에서의 접선의 기울기는 $1-e$이다.

답 ③

K 11-03

$x^2+xy+y^3=7$에서 x에 대하여 미분하면 음함수의 미분법에 의하여

$2x+1\times y+x\times\left(1\times\frac{dy}{dx}\right)+3y^2\times\frac{dy}{dx}=0$ [너코 105]

$(x+3y^2)\times\frac{dy}{dx}=-2x-y$

$x=2$, $y=1$을 대입하면

$5\times\frac{dy}{dx}=-5$

$\therefore \frac{dy}{dx}=-1$

따라서 점 $(2,1)$에서의 접선의 기울기는 -1이다.

답 ⑤

K 11-04

$\pi x=\cos y+x\sin y$에서 x에 대하여 미분하면 음함수의 미분법에 의하여

$\pi=-\sin y\times\frac{dy}{dx}+\left\{1\times\sin y+x\times\left(\cos y\times\frac{dy}{dx}\right)\right\}$, [너코 101] [너코 105]

$$\pi = (x\cos y - \sin y) \times \frac{dy}{dx} + \sin y$$

$x = 0$, $y = \dfrac{\pi}{2}$를 대입하면

$$\pi = (-1) \times \frac{dy}{dx} + 1$$

$$\therefore \frac{dy}{dx} = 1 - \pi$$

따라서 점 $\left(0, \dfrac{\pi}{2}\right)$에서의 접선의 기울기는 $1 - \pi$이다.

답 ④

K 11-05

$x^2 - 3xy + y^2 = x$에서 x에 대하여 미분하면 음함수의 미분법에 의하여

$$2x - \left(3 \times y + 3x \times \frac{dy}{dx}\right) + 2y \times \frac{dy}{dx} = 1 \quad \boxed{너코 105}$$

$$(2y - 3x)\frac{dy}{dx} = 1 - 2x + 3y$$

$x = 1$, $y = 0$을 대입하면

$$-3 \times \frac{dy}{dx} = -1$$

$$\therefore \frac{dy}{dx} = \frac{1}{3}$$

따라서 점 $(1, 0)$에서의 접선의 기울기는 $\dfrac{1}{3}$이다.

답 ④

K 11-06

$x^3 - y^3 = e^{xy}$에 $x = a$, $y = 0$을 대입하면
$a^3 = 1$, 즉 $a = 1$이다.
$x^3 - y^3 = e^{xy}$의 양변을 x에 대하여 미분하면

$$3x^2 - 3y^2 \times \frac{dy}{dx} = ye^{xy} + xe^{xy} \times \frac{dy}{dx} \quad \boxed{너코 098} \quad \boxed{너코 105}$$

$x = 1$, $y = 0$을 대입하면

$3 = \dfrac{dy}{dx}$이므로 $b = 3$이다.

$$\therefore a + b = 4$$

답 4

K 11-07

$x = \ln t + t$, $y = -t^3 + 3t$에서

$$\frac{dx}{dt} = \frac{1}{t} + 1, \quad \frac{dy}{dt} = -3t^2 + 3 \quad \boxed{너코 044} \quad \boxed{너코 098} \quad \boxed{너코 104}$$

$$\therefore \frac{dy}{dx} = \frac{\frac{dy}{dt}}{\frac{dx}{dt}} = \frac{-3(t^2 - 1)}{\frac{t+1}{t}} = -3t(t-1)$$

$$= -3 \times \left\{\left(t - \frac{1}{2}\right)^2 - \frac{1}{4}\right\}$$

따라서 $\dfrac{dy}{dx}$는 $t = \dfrac{1}{2}$일 때 최댓값을 갖는다.

$$\therefore a = \frac{1}{2}$$

답 ⑤

K 11-08

$x = e^t + \cos t$, $y = \sin t$에서

$$\frac{dx}{dt} = e^t - \sin t, \quad \frac{dy}{dt} = \cos t \quad \boxed{너코 098} \quad \boxed{너코 101} \quad \boxed{너코 104}$$

$$\therefore \frac{dy}{dx} = \frac{\frac{dy}{dt}}{\frac{dx}{dt}} = \frac{\cos t}{e^t - \sin t}$$

따라서 $t = 0$일 때 $\dfrac{dy}{dx}$의 값은 $\dfrac{1}{1-0} = 1$

답 ②

K 11-09

$x = e^t - 4e^{-t}$, $y = t + 1$에서

$$\frac{dx}{dt} = e^t + 4e^{-t}, \quad \frac{dy}{dt} = 1 \quad \boxed{너코 098} \quad \boxed{너코 103} \quad \boxed{너코 104}$$

$$\therefore \frac{dy}{dx} = \frac{\frac{dy}{dt}}{\frac{dx}{dt}} = \frac{1}{e^t + 4e^{-t}}$$

따라서 $t = \ln 2$일 때 $\dfrac{dy}{dx}$의 값은

$$\frac{1}{e^{\ln 2} + 4e^{-\ln 2}} = \frac{1}{2 + 4 \times \frac{1}{2}} = \frac{1}{4}$$

답 ④

K 11-10

$x^2 - y\ln x + x = e$에서 x에 대하여 미분하면 음함수의 미분법에 의하여

$$2x - \frac{dy}{dx} \times \ln x - y \times \frac{1}{x} + 1 = 0 \quad \boxed{너코 044} \quad \boxed{너코 098} \quad \boxed{너코 105}$$

$$\ln x \times \frac{dy}{dx} = 2x - \frac{y}{x} + 1$$

$x = e$, $y = e^2$을 대입하면

$$1 \times \frac{dy}{dx} = 2e - \frac{e^2}{e} + 1$$

$$\therefore \frac{dy}{dx} = e + 1$$

따라서 점 (e, e^2)에서의 접선의 기울기는 $e + 1$이다.

답 ①

K 11-11

$x=\dfrac{5t}{t^2+1}$, $y=3\ln(t^2+1)$에서

$\dfrac{dx}{dt}=\dfrac{5(t^2+1)-5t\times 2t}{(t^2+1)^2}=\dfrac{5(1-t^2)}{(t^2+1)^2}$ `너코 044` `너코 102`

$\dfrac{dy}{dt}=\dfrac{3\times 2t}{t^2+1}=\dfrac{6t}{t^2+1}$ `너코 098` `너코 103` `너코 104`

$\dfrac{dy}{dx}=\dfrac{\dfrac{dy}{dt}}{\dfrac{dx}{dt}}=\dfrac{\dfrac{6t}{t^2+1}}{\dfrac{5(1-t^2)}{(t^2+1)^2}}=\dfrac{6t(t^2+1)}{5(1-t^2)}$

따라서 $t=2$일 때 $\dfrac{dy}{dx}$의 값은

$\dfrac{12\times 5}{5\times(-3)}=-4$

답 ④

K 11-12

$x=t+\cos 2t$, $y=\sin^2 t$에서

$\dfrac{dx}{dt}=1-2\sin 2t$, $\dfrac{dy}{dt}=2\sin t\cos t$

`너코 044` `너코 101` `너코 103` `너코 104`

$\therefore \dfrac{dy}{dx}=\dfrac{\dfrac{dy}{dt}}{\dfrac{dx}{dt}}=\dfrac{2\sin t\cos t}{1-2\sin 2t}$

따라서 $t=\dfrac{\pi}{4}$일 때 $\dfrac{dy}{dx}$의 값은

$\dfrac{2\sin\dfrac{\pi}{4}\cos\dfrac{\pi}{4}}{1-2\sin\dfrac{\pi}{2}}=\dfrac{2\times\dfrac{\sqrt{2}}{2}\times\dfrac{\sqrt{2}}{2}}{1-2}=-1$

답 ②

K 11-13

$x=\ln(t^3+1)$, $y=\sin\pi t$에서

$\dfrac{dx}{dt}=\dfrac{3t^2}{t^3+1}$, $\dfrac{dy}{dt}=\pi\cos\pi t$ `너코 044` `너코 103` `너코 104`

$\therefore \dfrac{dy}{dx}=\dfrac{\dfrac{dy}{dt}}{\dfrac{dx}{dt}}=\dfrac{\pi\cos\pi t}{\dfrac{3t^2}{t^3+1}}=\dfrac{\pi(t^3+1)\cos\pi t}{3t^2}$

따라서 $t=1$일 때 $\dfrac{dy}{dx}$의 값은

$\dfrac{\pi\times(1^3+1)\times\cos\pi}{3\times 1^2}=-\dfrac{2}{3}\pi$

답 ②

K 11-14

$x\sin 2y+3x=3$에서 x에 대하여 미분하면 음함수의 미분법에 의하여

$1\times\sin 2y+x\times\left(2\cos 2y\times\dfrac{dy}{dx}\right)+3=0$

`너코 044` `너코 101` `너코 103` `너코 105`

$2x\cos 2y\times\dfrac{dy}{dx}=-\sin 2y-3$

$x=1$, $y=\dfrac{\pi}{2}$를 대입하면

$-2\times\dfrac{dy}{dx}=-3$

$\therefore \dfrac{dy}{dx}=\dfrac{3}{2}$

따라서 점 $\left(1,\dfrac{\pi}{2}\right)$에서의 접선의 기울기는 $\dfrac{3}{2}$이다.

답 ③

K 11-15

점 (a,b)는 곡선 $e^x-e^y=y$ 위의 점이므로

$e^a-e^b=b$이다. ······ ㉠

한편 $e^x-e^y=y$에서 x에 대하여 미분하면 음함수의 미분법에 의하여

$e^x-e^y\times\dfrac{dy}{dx}=1\times\dfrac{dy}{dx}$, `너코 098` `너코 105`

$(e^y+1)\times\dfrac{dy}{dx}=e^x$

점 (a,b)에서의 접선의 기울기가 1이라 주어졌으므로

$x=a$, $y=b$를 대입하면

$(e^b+1)\times 1=e^a$이다. ······ ㉡

㉡을 ㉠에 대입하면

$(e^b+1)-e^b=b$에서 $b=1$이고 이를 다시 ㉡에 대입하면

$e+1=e^a$에서 $a=\ln(e+1)$ `너코 004`

$\therefore a+b=1+\ln(e+1)$

답 ①

K 11-16

$x=e^t+2t$, $y=e^{-t}+3t$에서

$\dfrac{dx}{dt}=e^t+2$, $\dfrac{dy}{dt}=-e^{-t}+3$ `너코 098` `너코 104`

$\therefore \dfrac{dy}{dx}=\dfrac{\dfrac{dy}{dt}}{\dfrac{dx}{dt}}=\dfrac{-e^{-t}+3}{e^t+2}$

따라서 $t=0$일 때, $\dfrac{dy}{dx}$의 값은 $\dfrac{2}{3}$이고

$t=0$에 대응하는 점의 좌표는 $(1,1)$이므로

점 $(1,1)$을 지나고 기울기가 $\dfrac{2}{3}$인 접선의 방정식은

$y = \dfrac{2}{3}(x-1)+1$이고 이 직선이 점 $(10, a)$를 지난다.

$\therefore a = \dfrac{2}{3} \times 9 + 1 = 7$

답 ②

K 11-17

$x^2 - 2xy + 2y^2 = 15$의 양변을 x에 대하여 미분하면

$2x - 2y - 2x\dfrac{dy}{dx} + 4y\dfrac{dy}{dx} = 0$ 너코 **044** 너코 **045** 너코 **105**

$(x-2y)\dfrac{dy}{dx} = x - y$

따라서 점 $A(a, a+k)$에서의 접선의 기울기를 m_1이라 하면

${a - 2(a+k)}m_1 = a - (a+k)$에서 $m_1 = \dfrac{k}{a+2k}$

점 $B(b, b+k)$에서의 접선의 기울기를 m_2라 하면

${b - 2(b+k)}m_2 = b - (b+k)$에서 $m_2 = \dfrac{k}{b+2k}$

이때 두 접선이 서로 수직이므로 $m_1 m_2 = -1$에서

$\dfrac{k}{a+2k} \times \dfrac{k}{b+2k} = -1$

$\therefore 5k^2 + 2(a+b)k + ab = 0$ ······㉠

한편 점 $A(a, a+k)$는 곡선 C 위의 점이므로

$a^2 - 2a(a+k) + 2(a+k)^2 = 15$

$\therefore 2k^2 + 2ak + a^2 = 15$ ······㉡

점 $B(b, b+k)$도 곡선 C 위의 점이므로

$b^2 - 2b(b+k) + 2(b+k)^2 = 15$

$\therefore 2k^2 + 2bk + b^2 = 15$ ······㉢

㉡$-$㉢을 하면 $2k(a-b) + a^2 - b^2 = 0$

$(a-b)(2k+a+b) = 0$

$a \neq b$이므로 $a+b = -2k$이다.

이를 ㉠에 대입하면 $ab = -k^2$

㉡$+$㉢을 하면 $4k^2 + 2(a+b)k + a^2 + b^2 = 30$

$4k^2 + 2(a+b)k + {(a+b)^2 - 2ab} = 30$

$4k^2 - 4k^2 + 4k^2 + 2k^2 = 30 \ (\because a+b = -2k, \ ab = -k^2)$

$6k^2 = 30$ $\therefore k^2 = 5$

답 5

K 11-18

갑이 출발한 지 t초가 지난 후 갑과 을의 위치를 각각 A, B라 하자. (단, $t > 10$)

갑은 점 O에서 출발하여 초속 $3\,\text{m}$의 일정한 속력으로 달리고, 을은 갑이 출발한 지 10초가 되는 순간부터 점 E에서 출발하여 초속 $4\,\text{m}$의 일정한 속력으로 달리므로

$\overline{OA} = 3t$이고

$\overline{EB} = 4(t-10) = 4t-40$이다.

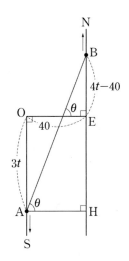

점 A에서 직선 EN에 내린 수선의 발을 H라 하자.
선분 AB와 선분 OE가 만나서 이루는 각이

$\theta \ (0 < \theta < \dfrac{\pi}{2})$이므로

$\angle BAH = \theta$이고

$\tan\theta = \dfrac{\overline{BH}}{\overline{AH}} = \dfrac{\overline{EB} + \overline{OA}}{\overline{OE}} = \dfrac{7t-40}{40}$이다. ······㉠

갑이 출발한 지 20초가 되는 순간 θ의 값을 θ_1이라 하면

$\tan\theta_1 = \dfrac{7 \times 20 - 40}{40} = \dfrac{5}{2}$이다.

이때 삼각함수 사이의 관계에 의하여

$\sec^2\theta_1 = \tan^2\theta_1 + 1$ 너코 **099**

$= \left(\dfrac{5}{2}\right)^2 + 1 = \dfrac{29}{4}$

이다.

또한 ㉠의 양변을 t에 대하여 미분하면 음함수의 미분법에 의하여

$\sec^2\theta \times \dfrac{d\theta}{dt} = \dfrac{7}{40}$ 너코 **102** 너코 **105**

$\theta = \theta_1$을 대입하면 갑이 출발한 지 20초가 되는 순간 θ의 변화율은

$\sec^2\theta_1 \times \dfrac{d\theta}{dt} = \dfrac{7}{40}$

$\therefore \dfrac{d\theta}{dt} = \dfrac{7}{40} \times \dfrac{4}{29} = \dfrac{7}{290}$(라디안/초)

답 ③

K 11-19

풀이 1

$x = e^t, \ y = (2t^2 + nt + n)e^t$에서

$\dfrac{dx}{dt} = e^t$ 너코 **098**

$\dfrac{dy}{dt} = (4t+n)e^t + (2t^2 + nt + n)e^t$

$= {2t^2 + (n+4)t + 2n}e^t$

$= (t+2)(2t+n)e^t$ 너코 **104**

$$\therefore \frac{dy}{dx} = \frac{\dfrac{dy}{dt}}{\dfrac{dx}{dt}} = (t+2)(2t+n)$$

따라서 $\dfrac{dy}{dx} = 0$에서 $t = -2$ 또는 $t = -\dfrac{n}{2}$이다.

$3 \le n \le 6$인 자연수 n의 값에 따른 함수 $y = f(x)$의 증가, 감소를 나타내면 다음과 같다.

i) $-2 < -\dfrac{n}{2}$, 즉 $n = 3$일 때

함수 $f(x)$의 증가, 감소를 표로 나타내면 다음과 같다.

t	$\cdots$	-2	$\cdots$	$-\dfrac{3}{2}$	$\cdots$
$x(=e^t)$	$\cdots$	e^{-2}	$\cdots$	$e^{-\frac{3}{2}}$	$\cdots$
$\dfrac{dy}{dx}$	$+$	0	$-$	0	$+$
$f(x)$	$\nearrow$	극대	$\searrow$	극소	$\nearrow$

$x \ge e^{-\frac{3}{2}}$일 때, 함수 $y = f(x)$는
$x = e^{-\frac{3}{2}}$에서 최솟값을 갖는다.

따라서 $a_3 = e^{-\frac{3}{2}}$,

$b_3 = \left\{2\left(-\dfrac{3}{2}\right)^2 + 3 \times \left(-\dfrac{3}{2}\right) + 3\right\}e^{-\frac{3}{2}} = 3e^{-\frac{3}{2}}$이다.

$\therefore \dfrac{b_3}{a_3} = 3$

ii) $-2 = -\dfrac{n}{2}$, 즉 $n = 4$일 때

함수 $f(x)$의 증가, 감소를 표로 나타내면 다음과 같다.

t	$\cdots$	-2	$\cdots$
$x(=e^t)$	$\cdots$	e^{-2}	$\cdots$
$\dfrac{dy}{dx}$	$+$	0	$+$
$f(x)$	$\nearrow$		$\nearrow$

$x \ge e^{-2}$일 때, 함수 $y = f(x)$는
$x = e^{-2}$에서 최솟값을 갖는다.

따라서 $a_4 = e^{-2}$,
$b_4 = \{2 \times (-2)^2 + 4 \times (-2) + 4\}e^{-2}$
$= 4e^{-2}$
이다.

$\therefore \dfrac{b_4}{a_4} = 4$

iii) $-\dfrac{n}{2} < -2$, 즉 $n = 5$ 또는 $n = 6$일 때

함수 $f(x)$의 증가, 감소를 표로 나타내면 다음과 같다.

t	$\cdots$	$-\dfrac{n}{2}$	$\cdots$	-2	$\cdots$
$x(=e^t)$	$\cdots$	$e^{-\frac{n}{2}}$	$\cdots$	e^{-2}	$\cdots$
$\dfrac{dy}{dx}$	$+$	0	$-$	0	$+$
$f(x)$	$\nearrow$	극대	$\searrow$	극소	$\nearrow$

$x \ge e^{-\frac{n}{2}}$일 때, 함수 $y = f(x)$는
$x = e^{-2}$에서 최솟값을 갖는다.

따라서 $a_n = e^{-2}$,
$b_n = \{2 \times (-2)^2 + n \times (-2) + n\}e^{-2}$
$= (8 - n)e^{-2}$
이다.

$\therefore \dfrac{b_n}{a_n} = 8 - n$

i)~iii)에 의하여

$\dfrac{b_3}{a_3} + \dfrac{b_4}{a_4} + \dfrac{b_5}{a_5} + \dfrac{b_6}{a_6} = 3 + 4 + 3 + 2 = 12$이다.

[풀이 2]

$x = e^t$에서 $t = \ln x$이므로
$f(x) = (2t^2 + nt + n)e^t$
$= \{2(\ln x)^2 + n\ln x + n\}x$
이고
$f'(x) = \left(4\ln x \times \dfrac{1}{x} + n \times \dfrac{1}{x}\right)x + \{2(\ln x)^2 + n\ln x + n\}$

너코 098　너코 103

$= 2(\ln x)^2 + (n+4)\ln x + 2n$
$= (\ln x + 2)(2\ln x + n)$
이다.

$f'(x) = 0$에서 $x = e^{-2}$, $x = e^{-\frac{n}{2}}$이다.

$3 \le n \le 6$인 자연수 n의 값에 따른 함수 $y = f(x)$의 증가, 감소를 나타내면 다음과 같다.

i) $e^{-2} < e^{-\frac{n}{2}}$, 즉 $n = 3$일 때

함수 $f(x)$의 증가, 감소를 표로 나타내면 다음과 같다.

x	$\cdots$	e^{-2}	$\cdots$	$e^{-\frac{3}{2}}$	$\cdots$
$f'(x)$	$+$	0	$-$	0	$+$
$f(x)$	$\nearrow$	극대	$\searrow$	극소	$\nearrow$

$x \ge e^{-\frac{3}{2}}$일 때, 함수 $y = f(x)$는 $x = e^{-\frac{3}{2}}$에서 최솟값
$f\left(e^{-\frac{3}{2}}\right)$을 갖는다.

따라서 $a_3 = e^{-\frac{3}{2}}$,

$b_3 = \left\{2\left(-\dfrac{3}{2}\right)^2 + 3 \times \left(-\dfrac{3}{2}\right) + 3\right\}e^{-\frac{3}{2}} = 3e^{-\frac{3}{2}}$이다.

$\therefore \dfrac{b_3}{a_3} = 3$

ii) $e^{-2} = e^{-\frac{n}{2}}$, 즉 $n=4$일 때

함수 $f(x)$의 증가, 감소를 표로 나타내면 다음과 같다.

x	$\cdots$	e^{-2}	$\cdots$
$f'(x)$	$+$	0	$+$
$f(x)$	↗		↗

$x \geq e^{-2}$일 때, 함수 $y=f(x)$는 $x=e^{-2}$에서 최솟값 $f(e^{-2})$을 갖는다.

따라서 $a_4 = e^{-2}$,

$b_4 = \{2 \times (-2)^2 + 4 \times (-2) + 4\}e^{-2} = 4e^{-2}$이다.

$\therefore \dfrac{b_4}{a_4} = 4$

iii) $e^{-\frac{n}{2}} < e^{-2}$, 즉 $n=5$ 또는 $n=6$일 때

함수 $f(x)$의 증가, 감소를 표로 나타내면 다음과 같다.

x	$\cdots$	$e^{-\frac{n}{2}}$	$\cdots$	e^{-2}	$\cdots$
$f'(x)$	$+$	0	$-$	0	$+$
$f(x)$	↗	극대	↘	극소	↗

$x \geq e^{-\frac{n}{2}}$일 때, 함수 $y=f(x)$는 $x=e^{-2}$에서 최솟값 $f(e^{-2})$을 갖는다.

따라서 $a_n = e^{-2}$,

$b_n = \{2 \times (-2)^2 + n \times (-2) + n\}e^{-2} = (8-n)e^{-2}$이다.

$\therefore \dfrac{b_n}{a_n} = 8-n$

i)~iii)에 의하여

$\dfrac{b_3}{a_3} + \dfrac{b_4}{a_4} + \dfrac{b_5}{a_5} + \dfrac{b_6}{a_6} = 3+4+3+2 = 12$이다.

답 ②

K 12-01

$f(x) = 2x + \sin x$에서

$f'(x) = 2 + \cos x$이다. 너코 101

곡선 $y=g(x)$ 위의 점 $(4\pi, 2\pi)$에서의 접선의 기울기는

$g'(4\pi) = \dfrac{1}{f'(g(4\pi))} = \dfrac{1}{f'(2\pi)} = \dfrac{1}{3}$이다. 너코 106

$\therefore p+q = 3+1 = 4$

답 4

K 12-02

실수 전체의 집합에서 미분가능한 두 함수 $f(x)$, $g(x)$는 서로 역함수 관계이고

$f(1) = 2$, $f'(1) = 3$이라 주어졌으므로

$g(2) = 1$이고

$g'(2) = \dfrac{1}{f'(g(2))} = \dfrac{1}{f'(1)} = \dfrac{1}{3}$이다. 너코 106

한편 $h(x) = xg(x)$에서

$h'(x) = g(x) + xg'(x)$이다. 너코 045

$\therefore h'(2) = g(2) + 2g'(2) = 1 + 2 \times \dfrac{1}{3} = \dfrac{5}{3}$

답 ③

K 12-03

$f(x) = \dfrac{1}{1+e^{-x}}$에서

$f'(x) = \dfrac{-\{e^{-x} \times (-1)\}}{(1+e^{-x})^2} = \dfrac{e^{-x}}{(1+e^{-x})^2}$이다.

너코 102 너코 103

$\therefore g'(f(-1)) = \dfrac{1}{f'(-1)} = \dfrac{(1+e)^2}{e}$ 너코 106

답 ⑤

K 12-04

$f(x) = \tan(2x)$에서

$f'(x) = \sec^2(2x) \times (2x)' = 2\sec^2(2x)$이다.

너코 102 너코 103

$g(1) = a$라 하면 $f(a) = 1$이므로

$\tan(2a) = 1$에서

$2a = \dfrac{\pi}{4} \ (\because -\dfrac{\pi}{2} < 2a < \dfrac{\pi}{2})$, 너코 018

$a = \dfrac{\pi}{8}$

즉, $g(1) = \dfrac{\pi}{8}$이므로

$g'(1) = \dfrac{1}{f'(g(1))} = \dfrac{1}{f'\left(\dfrac{\pi}{8}\right)}$ 너코 106

$= \dfrac{1}{2\sec^2\dfrac{\pi}{4}} = \dfrac{1}{4}$

이다.

$\therefore 100 \times g'(1) = 25$

답 25

K 12-05

풀이 1

$f(x) = (x^2+2)e^{-x}$에서

$f'(x) = 2x \times e^{-x} + (x^2+2) \times (-e^{-x})$ 너코 045 너코 103

$= (-x^2 + 2x - 2)e^{-x}$

이다.

$h(x) = g\left(\dfrac{x+8}{10}\right)$이라 하면 ......㉠

$h(x) = f^{-1}(x)$이며 $h(2) = 0$이다. $(\because g(1) = 0)$

또한 ㉠의 양변을 x에 대하여 미분하면

$h'(x) = g'\left(\dfrac{x+8}{10}\right) \times \dfrac{1}{10}$ 이므로

$g'(1) = 10h'(2) = \dfrac{10}{f'(h(2))} = \dfrac{10}{f'(0)} = \dfrac{10}{-2} = -5$ 이다.

너코 **106**

$\therefore |g'(1)| = 5$

풀이 2

$f(x) = (x^2 + 2)e^{-x}$ 에서

$f'(x) = 2x \times e^{-x} + (x^2 + 2) \times (-e^{-x})$ 너코 **045**   너코 **103**

$\qquad = (-x^2 + 2x - 2)e^{-x}$ ……㉠

이다.

함수 $f(x)$의 역함수가 $g\left(\dfrac{x+8}{10}\right)$ 이므로

$f\left(g\left(\dfrac{x+8}{10}\right)\right) = x$ 이다.

따라서 양변을 x에 대하여 미분하면

$f'\left(g\left(\dfrac{x+8}{10}\right)\right) \times g'\left(\dfrac{x+8}{10}\right) \times \dfrac{1}{10} = 1$ 이다.

양변에 $x = 2$를 대입하면 $g(1) = 0$이라 주어졌으므로

$f'(0) \times g'(1) = 10$이고 ㉠에 의하여

$-2g'(1) = 10$에서 $g'(1) = -5$이다.

$\therefore |g'(1)| = 5$

답   5

K12-06

$f(x) = x^3 + 2x + 3$ 에서

$f'(x) = 3x^2 + 2$ 이다.   너코 **044**

또한 $g(3) = a$라 하면 $f(a) = 3$이므로

$a^3 + 2a + 3 = 3$에서 $a^3 + 2a = 0$

$a(a^2 + 2) = 0$

$a = 0 \; (\because \; a^2 + 2 > 0)$

즉, $g(3) = 0$이다.

$\therefore g'(3) = \dfrac{1}{f'(g(3))} = \dfrac{1}{f'(0)} = \dfrac{1}{2}$ 너코 **106**

답   ②

K12-07

풀이 1

$f(x) = \ln(e^x - 1)$ 에서

$f'(x) = \dfrac{e^x}{e^x - 1}$ 이다.   너코 **103**

$g(a) = b$라 하면 $f(b) = a$이므로

$\ln(e^b - 1) = a$,

$e^b - 1 = e^a$,

$b = \ln(e^a + 1)$ 너코 **004**

즉, $g(a) = \ln(e^a + 1)$이다.

$\therefore \dfrac{1}{f'(a)} + \dfrac{1}{g'(a)} = \dfrac{1}{f'(a)} + f'(g(a))$ 너코 **106**

$\qquad = \dfrac{1}{f'(a)} + f'(\ln(e^a + 1))$

$\qquad = \dfrac{e^a - 1}{e^a} + \dfrac{e^a + 1}{(e^a + 1) - 1} = \dfrac{2e^a}{e^a} = 2$

풀이 2

$f(x) = \ln(e^x - 1)$의 역함수 $g(x)$를 직접 구할 수도 있다.

$y = \ln(e^x - 1)$에서 x, y를 맞바꾸면

$x = \ln(e^y - 1)$이고, y를 x에 대하여 정리하면

$e^y - 1 = e^x$,

$e^y = e^x + 1$,

$y = \ln(e^x + 1)$이다.   너코 **004**

즉, $g(x) = \ln(e^x + 1)$이다.

따라서 $f'(x) = \dfrac{e^x}{e^x - 1}$, $g'(x) = \dfrac{e^x}{e^x + 1}$ 이다.   너코 **103**

$\therefore \dfrac{1}{f'(a)} + \dfrac{1}{g'(a)} = \dfrac{e^a - 1}{e^a} + \dfrac{e^a + 1}{e^a} = \dfrac{2e^a}{e^a} = 2$

답   ①

K12-08

곡선 $y = f(x)$ 위의 점 $(2, 1)$에서의 접선의 기울기가 1이므로

$f(2) = 1$, $f'(2) = 1$이다.   ……㉠

실수 전체의 집합에서 증가하고 미분가능한 함수 $f(x)$에 대하여

함수 $f(2x)$의 역함수 $g(x)$가 존재하고 미분가능하므로

$g(f(2x)) = x$에서   ……㉡

$g'(f(2x)) \times f'(2x) \times 2 = 1$이다.   너코 **103**   너코 **106**   ……㉢

㉠에 의하여

㉡에 $x = 1$을 대입하면 $g(1) = 1$이고

㉢에 $x = 1$을 대입하면 $g'(1) \times 1 \times 2 = 1$에서 $g'(1) = \dfrac{1}{2}$이다.

따라서 곡선 $y = g(x)$ 위의 점 $(1, 1)$에서의 접선의 기울기는

$\dfrac{1}{2}$이다.

$\therefore 10(a + b) = 10\left(1 + \dfrac{1}{2}\right) = 15$

답   15

K12-09

$0 < x < \dfrac{\pi}{2}$일 때

$f(x) = \ln(\tan x)$에서

$f'(x) = \dfrac{\sec^2 x}{\tan x}$ 이다.   너코 **102**   너코 **103**

또한 $f\left(\dfrac{\pi}{4}\right) = 0$에 의하여 $g(0) = \dfrac{\pi}{4}$이므로

$g'(0) = \dfrac{1}{f'(g(0))} = \dfrac{1}{f'\left(\dfrac{\pi}{4}\right)} = \dfrac{1}{\dfrac{2}{1}} = \dfrac{1}{2}$이다.   너코 **106**

$$\therefore \lim_{h \to 0} \frac{4g(8h) - \pi}{h} = \lim_{h \to 0} \frac{g(8h) - \frac{\pi}{4}}{\frac{h}{4}}$$

$$= \lim_{h \to 0} \left\{ \frac{g(8h) - g(0)}{8h} \times 32 \right\}$$

$$= 32g'(0) \quad \boxed{\text{너코 033}} \quad \boxed{\text{너코 041}}$$

$$= 32 \times \frac{1}{2} = 16$$

답 16

K 12-10

$f(x) = 3e^{5x} + x + \sin x$에서

$$f'(x) = 3e^{5x} \times (5x)' + 1 + \cos x \quad \boxed{\text{너코 101}} \quad \boxed{\text{너코 103}}$$

$$= 15e^{5x} + 1 + \cos x$$

이다.

이때 함수 $f(x)$의 역함수 $g(x)$에 대하여

$g(3) = 0$이라 주어졌으므로

$$g'(3) = \frac{1}{f'(g(3))} = \frac{1}{f'(0)} = \frac{1}{17}$$이다. $\boxed{\text{너코 106}}$

$$\therefore \lim_{x \to 3} \frac{x-3}{g(x) - g(3)} = \lim_{x \to 3} \frac{1}{\frac{g(x) - g(3)}{x-3}}$$

$$= \frac{1}{g'(3)} = 17 \quad \boxed{\text{너코 041}}$$

답 17

K 12-11

$f(x) = 3x \ln x$에서

$$f'(x) = 3 \times \ln x + 3x \times \frac{1}{x} = 3\ln x + 3$$이다. $\boxed{\text{너코 045}}$ $\boxed{\text{너코 098}}$

한편 $f(e) = 3e$이므로

역함수 $g(x)$에 대하여 $g(3e) = e$이다.

따라서 $g'(3e) = \dfrac{1}{f'(g(3e))} = \dfrac{1}{f'(e)} = \dfrac{1}{6}$이다. $\boxed{\text{너코 106}}$

$$\therefore \lim_{h \to 0} \frac{g(3e+h) - g(3e-h)}{h}$$

$$= \lim_{h \to 0} \left\{ \frac{g(3e+h) - g(3e)}{h} + \frac{g(3e-h) - g(3e)}{-h} \right\}$$

$$= g'(3e) + g'(3e) \quad \boxed{\text{너코 033}} \quad \boxed{\text{너코 041}}$$

$$= 2g'(3e) = 2 \times \frac{1}{6} = \frac{1}{3}$$

답 ①

K 12-12

$\displaystyle\lim_{x \to -2} \frac{g(x)}{x+2} = b$에서 $x \to -2$일 때 (분모)$\to 0$이므로

(분자)$\to 0$이다. $\boxed{\text{너코 034}}$

즉, $\displaystyle\lim_{x \to -2} g(x) = 0$에서 $g(-2) = 0$이므로 $f(0) = -2$이다.

또한 $f(x) = \ln\left(\dfrac{\sec x + \tan x}{a}\right)$에서 $f(0) = \ln\dfrac{1}{a}$이므로

$-2 = \ln\dfrac{1}{a}$에서 $\dfrac{1}{a} = e^{-2}$, 즉 $a = e^2$이다. $\boxed{\text{너코 097}}$

따라서

$f(x) = -2 + \ln(\sec x + \tan x)$에서

$$f'(x) = \frac{\sec x \tan x + \sec^2 x}{\sec x + \tan x} = \sec x$$이므로 $\boxed{\text{너코 102}}$ $\boxed{\text{너코 103}}$

$f'(0) = 1$이고

$$\lim_{x \to -2} \frac{g(x)}{x+2} = \lim_{x \to -2} \frac{g(x) - g(-2)}{x+2}$$

$$= g'(-2) = \frac{1}{f'(0)} = 1 = b \quad \boxed{\text{너코 106}}$$

이다.

$$\therefore ab = e^2 \times 1 = e^2$$

답 ③

K 12-13

$\boxed{\text{풀이 1}}$

곡선 $y = g(x)$ 위의 점 $(0, g(0))$에서의 접선이 x 축이므로

접점 $(0, g(0))$은 x축 위에 있고, 접선의 기울기는 0이다.

즉, $g(0) = 0$, $g'(0) = 0$이다.

$g(0) = f(e^0) + e^0 = f(1) + 1 = 0$이므로

$f(1) = -1$ ……㉠

$g'(x) = f'(e^x) \times e^x + e^x$에서 $\boxed{\text{너코 103}}$

$g'(0) = f'(e^0) \times e^0 + e^0 = f'(1) + 1 = 0$이므로

$f'(1) = -1$ ……㉡

한편 함수 $g(x)$가 역함수를 가지려면 함수 $g(x)$가 실수 전체의 집합에서 증가하거나 실수 전체의 집합에서 감소해야 한다.

즉, 모든 실수 x에 대하여 $g'(x) \geq 0$ 또는 $g'(x) \leq 0$이어야 한다. $\boxed{\text{너코 049}}$

이때 $g'(x) = f'(e^x) \times e^x + e^x = e^x\{f'(e^x) + 1\}$에서

$e^x > 0$이고 $f'(x)$는 최고차항의 계수가 3인 이차함수이므로

모든 실수 x에 대하여 $f'(e^x) + 1 \geq 0$이어야 한다.

$t = e^x$이라 하면 $t > 0$이므로 모든 양수 t에 대하여

$f'(t) \geq -1$이어야 한다.

이때 ㉡에서 $f'(1) = -1$이므로

최고차항의 계수가 3인 이차함수 $f'(x)$는 $x = 1$에서 최솟값 -1을 갖는다.

$$\therefore f'(x) = 3(x-1)^2 - 1$$

$$f(x) = \int f'(x) dx = (x-1)^3 - x + C \text{ (단, } C\text{는 적분상수)}$$

$\boxed{\text{너코 054}}$

㉠에 의하여 $f(1) = -1 + C = -1$이므로 $C = 0$

$$\therefore f(x) = (x-1)^3 - x$$

한편 함수 $g(x)$의 역함수가 $h(x)$이므로

$$h'(8) = \frac{1}{g'(h(8))}$$이다. $\boxed{\text{너코 106}}$

$h(8) = k$라 하면 $g(k) = 8$이므로

$f(e^k)+e^k=8$, 즉 $(e^k-1)^3=8$

$e^k-1=2$에서 $e^k=3$, $k=\ln 3$

$\therefore h'(8)=\dfrac{1}{g'(\ln 3)}=\dfrac{1}{e^{\ln 3}\{f'(e^{\ln 3})+1\}}$

$\qquad\qquad =\dfrac{1}{3\{f'(3)+1\}}$

$\qquad\qquad =\dfrac{1}{3(3\times 2^2-1+1)}=\dfrac{1}{36}$

풀이 2

곡선 $y=g(x)$ 위의 점 $(0,\,g(0))$에서의 접선이 x축이므로
접점 $(0,\,g(0))$은 x축 위에 있고, 접선의 기울기는 0이다.
즉, $g(0)=0$, $g'(0)=0$이다.

$g(0)=f(e^0)+e^0=f(1)+1=0$ $\qquad\qquad$ ……㉠

$g'(x)=f'(e^x)\times e^x+e^x$에서 [너코 103]

$g'(0)=f'(e^0)\times e^0+e^0=f'(1)+1=0$ ……㉡

이때 $i(x)=f(x)+x$라 하면 $i'(x)=f'(x)+1$이므로
㉠, ㉡에 의하여 $i(1)=i'(1)=0$이다.

$i(x)=f(x)+x$는 최고차항의 계수가 1인 삼차함수이므로
$f(x)+x=(x-1)^2(x-k)$ (k는 실수)이다.

또한 함수 $g(x)=f(e^x)+e^x$가 역함수를 가지므로
$x>0$에서 함수 $f(x)+x$가 실수 전체의 집합에서 증가해야
한다.

이를 만족시키는 경우는 $k=1$일 때뿐이다. [너코 050]

따라서 $f(x)+x=(x-1)^3$이므로

$f(x)=(x-1)^3-x$, $f'(x)=3(x-1)^2-1$이다.

한편 함수 $g(x)$의 역함수가 $h(x)$이므로

$h'(8)=\dfrac{1}{g'(h(8))}$이다. [너코 106]

$h(8)=k$라 하면 $g(k)=8$이므로

$f(e^k)+e^k=8$, 즉 $(e^k-1)^3=8$

$e^k-1=2$에서 $e^k=3$, $k=\ln 3$

$\therefore h'(8)=\dfrac{1}{g'(\ln 3)}=\dfrac{1}{e^{\ln 3}\{f'(e^{\ln 3})+1\}}$

$\qquad\qquad =\dfrac{1}{3\{f'(3)+1\}}$

$\qquad\qquad =\dfrac{1}{3(3\times 2^2-1+1)}=\dfrac{1}{36}$

답 ①

K 12-14

$h(t)=t\times\{f(t)-g(t)\}$에서

$h'(t)=\{f(t)-g(t)\}+t\times\{f'(t)-g'(t)\}$이다. [너코 045]

$\qquad\qquad\qquad\qquad\qquad\qquad\qquad\qquad$ ……㉠

한편 $i(x)=x^3+2x^2-15x+5$라 하면

$i'(x)=3x^2+4x-15$이다.

방정식 $i'(x)=0$, 즉 $(x+3)(3x-5)=0$은

$x=-3$ 또는 $x=\dfrac{5}{3}$를 해로 갖고, $i(-3)=41$이고

$i\left(\dfrac{5}{3}\right)<0$이므로

함수 $y=i(x)$의 그래프는 다음 그림과 같이 x축과 서로 다른
세 점에서 만난다.
이때 세 점의 x좌표를 각각 α, β, γ $(\alpha<\beta<\gamma)$라 하자.

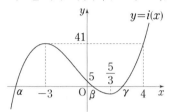

$0<t<41$인 실수 t에 대하여
곡선 $y=i(x)$와 직선 $y=t$가 만나는 점 중
x좌표가 가장 큰 점의 좌표가 $(f(t),\,t)$이고
x좌표가 가장 작은 점의 좌표가 $(g(t),\,t)$이므로

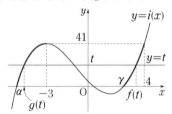

$\gamma<f(t)<4$일 때 $i(f(t))=t$에서 $i'(f(t))\times f'(t)=1$이고
$\alpha<g(t)<-3$일 때 $i(g(t))=t$에서
$i'(g(t))\times g'(t)=1$이다. [너코 103]

한편 삼차방정식 $i(x)=5$의 세 실근 중 가장 큰 것이 $f(5)$,
가장 작은 것이 $g(5)$이므로

$x^3+2x^2-15x+5=5$,

$x^3+2x^2-15x=0$,

$x(x+5)(x-3)=0$에서

$f(5)=3$, $g(5)=-5$이다. $\qquad\qquad$ ……㉡

따라서

$f'(5)=\dfrac{1}{i'(f(5))}=\dfrac{1}{i'(3)}=\dfrac{1}{24}$,

$g'(5)=\dfrac{1}{i'(g(5))}=\dfrac{1}{i'(-5)}=\dfrac{1}{40}$이다. [너코 106] ……㉢

㉠에 $t=5$를 대입하면 ㉡, ㉢에 의하여

$\therefore h'(5)=\{3-(-5)\}+5\times\left(\dfrac{1}{24}-\dfrac{1}{40}\right)=\dfrac{97}{12}$

답 ④

K 12-15

$g(x)=x^3+x+1$에서

$g'(x)=3x^2+1$이고 [너코 044]

모든 실수 x에 대하여 $g'(x) > 0$이므로

모든 실수 x에 대하여 $(g^{-1})'(x) > 0$이다. ……㉠

따라서 $g^{-1}(x) = a$인 x의 값은 유일하고 이를 t라 하면

$x < t$에서 $g^{-1}(x) < a$이므로 $h(x) < 0$이고,

$x > t$에서 $g^{-1}(x) > a$이므로 $h(x) \geq 0$이다.

따라서

$(x-1)|h(x)| = \begin{cases} -(x-1)h(x) & (x < t) \\ (x-1)h(x) & (x \geq t) \end{cases}$ 에서

$\{(x-1)|h(x)|\}' = \begin{cases} -h(x)-(x-1)h'(x) & (x < t) \\ h(x)+(x-1)h'(x) & (x > t) \end{cases}$ 이다.

너코 045

함수 $(x-1)|h(x)|$가 $x = t$에서 미분가능하려면

$x = t$에서의 좌미분계수와 우미분계수가 서로 같아야 하므로

$-(t-1)h'(t) = (t-1)h'(t)$이다.

$(\because\ h(t) = f(g^{-1}(t)) = f(a) = 0)$ 너코 046

즉, $(t-1)h'(t) = 0$이고,

$h'(t) = f'(g^{-1}(t))(g^{-1})'(t) = f'(a)(g^{-1})'(t)$ 너코 103

에서 $f'(a) \neq 0$, $(g^{-1})'(t) \neq 0$이므로 $(\because$ ㉠$)$

$t-1 = 0$, 즉 $t = 1$이다.

따라서 $g^{-1}(1) = a$에서 $g(a) = 1$이므로

$a^3 + a + 1 = 1$

$a(a^2+1) = 0$

$a = 0$이다.

한편 조건 (나)에 의하여

$h'(3) = f'(g^{-1}(3))(g^{-1})'(3) = 2$이다.

이때 $g^{-1}(3) = k$라 하면 $g(k) = 3$이므로

$k^3 + k + 1 = 3$에서

$(k-1)(k^2+k+2) = 0$, 즉 $k = 1$이므로

$g^{-1}(3) = 1$이고,

$(g^{-1})'(3) = \dfrac{1}{g'(1)} = \dfrac{1}{4}$이다. 너코 106

따라서

$h'(3) = f'(1) \times \dfrac{1}{4} = 2$에서 $f'(1) = 8$이다.

$f(x) = x(x-b)^2\ (b>0)$에서

$f'(x) = (x-b)^2 + 2x(x-b)$이고

$f'(1) = (1-b)^2 + 2(1-b)$

$\quad\quad = b^2 - 4b + 3 = 8$

에서

$b^2 - 4b - 5 = 0$, $(b+1)(b-5) = 0$

$b = 5\ (\because\ b > 0)$

$f(x) = x(x-5)^2$이므로

$f(8) = 72$

답 72

K12-16

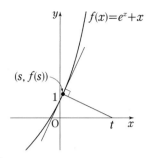

양수 t에 대하여

점 $(t, 0)$과 점 $(x, f(x))$ 사이의 거리가 $x = s$에서

최소이므로 곡선 $y = f(x)$ 위의 점 $(s, f(s))$에서의 접선과 두

점 $(t, 0)$, $(s, f(s))$를 지나는 직선은 서로 수직이다.

즉, $f'(s) \times \dfrac{f(s)}{s-t} = -1$이 성립한다. ……㉠

$f(x) = e^x + x$에서 $f'(x) = e^x + 1$이므로 너코 098

㉠에서

$(e^s+1) \times \dfrac{e^s+s}{s-t} = -1$

$(e^s+1)(e^s+s) = t-s$

$\therefore\ t = (e^s+s)(e^s+1) + s$

따라서 $t = i(s)$라 하면 함수 $g(t)$의 정의에서

$g(i(s)) = f(s)$이다. ……㉡

한편 $h(t)$는 함수 $g(t)$의 역함수이므로 역함수의 미분법에

의하여 구하는 값은

$h'(1) = \dfrac{1}{g'(h(1))}$이다. 너코 106

먼저 $h(1) = a$라 하면 $g(a) = 1$이므로 ㉡에 의하여

$f(s_1) = 1$인 s_1에 대하여 $a = i(s_1)$이다.

$f(s_1) = e^{s_1} + s_1 = 1$에서 $s_1 = 0$이므로

$a = i(0) = (e^0+0)(e^0+1) + 0 = 2$

$\therefore\ h(1) = 2$

또한 ㉡의 양변을 s에 대하여 미분하면

$g'(i(s)) \times i'(s) = f'(s)$ 너코 103

양변에 $s = 0$을 대입하면

$g'(2) \times i'(0) = f'(0)\ (\because\ i(0) = 2)$ ……㉢

이때 $i(s) = (e^s+s)(e^s+1) + s$에서

$i'(s) = (e^s+1)(e^s+1) + (e^s+s) \times e^s + 1$이므로 너코 045

$i'(0) = (e^0+1)(e^0+1) + (e^0+0) \times e^0 + 1 = 6$이고

$f'(0) = e^0 + 1 = 2$이므로 ㉢에 대입하면

$g'(2) \times 6 = 2$

$\therefore\ g'(2) = \dfrac{1}{3}$

$\therefore\ h'(1) = \dfrac{1}{g'(h(1))} = \dfrac{1}{g'(2)} = \dfrac{1}{\dfrac{1}{3}} = 3$

답 3

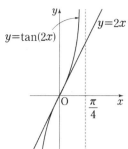

K 13-01

$y=\ln(x-3)+1$에서

$y'=\dfrac{(x-3)'}{x-3}=\dfrac{1}{x-3}$이다. 너코 103

곡선 $y=\ln(x-3)+1$ 위의 점 $(4,1)$에서의 접선의 기울기는
1이므로

접선의 방정식은 $y=1\times(x-4)+1$, 즉 $y=x-3$이다.

너코 108

$\therefore a+b=1+(-3)=-2$

답 ①

K 13-02

$e^y\ln x=2y+1$을 x에 대하여 미분하면 음함수의 미분법에
의하여

$\left(e^y\times\dfrac{dy}{dx}\right)\times\ln x+e^y\times\dfrac{1}{x}=2\times\dfrac{dy}{dx}$, 너코 105

$(e^y\ln x-2)\dfrac{dy}{dx}=-\dfrac{e^y}{x}$

$x=e$, $y=0$을 대입하면

$(-1)\times\dfrac{dy}{dx}=-\dfrac{1}{e}$

$\therefore \dfrac{dy}{dx}=\dfrac{1}{e}$

따라서 점 $(e,0)$에서의 접선의 방정식은

$y=\dfrac{1}{e}(x-e)+0$, 즉 $y=\dfrac{1}{e}x-1$이다. 너코 108

$\therefore ab=\dfrac{1}{e}\times(-1)=-\dfrac{1}{e}$

답 ⑤

K 13-03

$0<x<\dfrac{\pi}{4}$인 모든 x에 대하여 부등식 $\tan(2x)>ax$를
만족시키는 a의 최댓값은

$0<x<\dfrac{\pi}{4}$에서 곡선 $y=\tan(2x)$가 직선 $y=ax$보다 위에
위치하도록 하는 a의 최댓값과 같다.

이때 $\{\tan(2x)\}'=\sec^2(2x)\times2=2\sec^2(2x)$이므로

너코 103

곡선 $y=\tan(2x)$ 위의 점 $(0,0)$에서의 접선의 기울기는
$2\sec^2 0=2$이고, 접선의 방정식은 $y=2x$이다. 너코 108

i) $a>2$일 때

곡선 $y=\tan(2x)$과 직선 $y=ax$는 원점에서 만나고

$0<x<\dfrac{\pi}{4}$에서 1개의 교점을 갖는다.

ii) $a\leq2$일 때

곡선 $y=\tan(2x)$과 직선 $y=ax$는 원점에서만 만나고

$0<x<\dfrac{\pi}{4}$에서 만나지 않는다.

i), ii)에 의하여 $a\leq2$이면 $0<x<\dfrac{\pi}{4}$에서 곡선

$y=\tan(2x)$가 직선 $y=ax$보다 위에 위치하므로 구하는 a의
최댓값은 2이다.

답 ④

K 13-04

$y=e^x$에서 $y'=e^x$이다. 너코 098

곡선 $y=e^x$ 위의 점 $(1,e)$에서의 접선의 기울기는 e이므로
접선의 방정식은 $y=e(x-1)+e$, 즉 $y=ex$이다. 너코 108

한편 $f(x)=2\sqrt{x-k}$라 하면

$f'(x)=\left\{2(x-k)^{\frac{1}{2}}\right\}'=(x-k)^{-\frac{1}{2}}=\dfrac{1}{\sqrt{x-k}}$이다.

너코 103

직선 $y=ex$가 곡선 $y=f(x)$에 접하는 점의 좌표를 (a,ae)라
하면 곡선 $y=f(x)$ 위의 점 (a,ae)에서의 접선의 기울기가
e이어야 하므로

$f(a)=ae$이고 $f'(a)=e$이어야 한다.

즉,

$2\sqrt{a-k}=ae$이고 ······㉠

$\dfrac{1}{\sqrt{a-k}}=e$이어야 한다. ······㉡

㉡을 ㉠에 대입하면

$\dfrac{2}{e}=ae$에서 $a=\dfrac{2}{e^2}$이고 이를 다시 ㉠에 대입하면

$2\sqrt{\dfrac{2}{e^2}-k}=\dfrac{2}{e}$,

$4\left(\dfrac{2}{e^2}-k\right)=\dfrac{4}{e^2}$

$\therefore k=\dfrac{1}{e^2}$

답 ②

K 13-05

$f(x) = 3^x$, $g(x) = a^{x-1}$이라 하자. (단, $a > 3$)

이때 두 곡선 $y = f(x)$, $y = g(x)$의 교점 P의 x좌표를 k라 하면

$$3^k = a^{k-1} \qquad \cdots\cdots \text{㉠}$$

또한

$f'(x) = 3^x \ln 3$이고

$g'(x) = a^{x-1}\ln a$이므로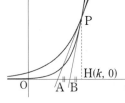

$f'(k) = 3^k \ln 3$, $g'(k) = a^{k-1}\ln a$이다. $\qquad \cdots\cdots \text{㉡}$

한편 점 P에서 두 곡선 $y = f(x)$,

$y = g(x)$에 각각 접하는 직선이

x축과 만나는 점을 각각 A, B라

할 때

점 $H(k, 0)$에 대하여

$\overline{AH} = 2\overline{BH}$라 주어졌으므로

점 P에서 두 곡선 $y = f(x)$,

$y = g(x)$에 각각 접하는 직선의 기울기는 각각

$f'(k) = \dfrac{\overline{PH}}{\overline{AH}} = \dfrac{\overline{PH}}{2\overline{BH}}$, $g'(k) = \dfrac{\overline{PH}}{\overline{BH}}$이다. 너코 108

즉, $2f'(k) = g'(k)$이다. $\qquad \cdots\cdots \text{㉢}$

따라서 ㉡을 ㉢에 대입하면

$2 \times 3^k \ln 3 = a^{k-1}\ln a$,

$2\ln 3 = \ln a$ ($\because$ ㉠),

$\therefore a = 3^2 = 9$ 너코 010

답 ④

K 13-06

직선 $y = g(x)$가 점 $A(1, 2)$를 지나고

닫힌구간 $[0, 4]$에서 $f(x) \le g(x)$를 만족시키므로

직선 $y = g(x)$는 곡선 $y = f(x)$ 위의 점 $(1, 2)$에서의 접선과

일치해야 한다.

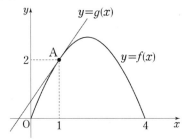

$f(x) = 2\sqrt{2}\sin\left(\dfrac{\pi}{4}x\right)$에서

$f'(x) = 2\sqrt{2}\cos\left(\dfrac{\pi}{4}x\right) \times \dfrac{\pi}{4} = \dfrac{\pi}{\sqrt{2}}\cos\left(\dfrac{\pi}{4}x\right)$이다. 너코 103

곡선 $y = f(x)$ 위의 점 $(1, 2)$에서의 접선의 기울기가

$\dfrac{\pi}{\sqrt{2}} \times \dfrac{\sqrt{2}}{2} = \dfrac{\pi}{2}$이므로

접선의 방정식은 $y = \dfrac{\pi}{2}(x-1) + 2$이다. 너코 108

따라서 $g(x) = \dfrac{\pi}{2}(x-1) + 2$이다.

$\therefore g(3) = \pi + 2$

답 ③

K 13-07

미분가능한 함수 $f(x)$에 대하여

$$\lim_{x \to 1} \frac{f(x) - \dfrac{\pi}{6}}{x - 1} = k$$에서 극한값이 존재하고

$x \to 1$일 때 (분모)$\to 0$이므로 (분자)$\to 0$이다. 너코 034

즉, $\lim\limits_{x \to 1}\left\{f(x) - \dfrac{\pi}{6}\right\} = 0$이므로 $f(1) = \dfrac{\pi}{6}$이다.

따라서 $\lim\limits_{x \to 1}\dfrac{f(x) - f(1)}{x - 1} = k$이므로 $f'(1) = k$이다. 너코 041

한편 $g(x) = \sin x$에서 $g'(x) = \cos x$이고 너코 101

$\{g(f(x))\}' = g'(f(x)) \times f'(x)$이다. 너코 103

따라서 곡선 $y = g(f(x))$ 위의 점 $\left(1, \dfrac{1}{2}\right)$에서의

접선의 기울기는 $g'\left(\dfrac{\pi}{6}\right) \times k = \dfrac{\sqrt{3}}{2}k$이므로

접선의 방정식은 $y = \dfrac{\sqrt{3}}{2}k(x-1) + \dfrac{1}{2}$이다. 너코 108

이 직선이 원점을 지나므로 $x = 0$, $y = 0$을 대입하면

$0 = \dfrac{\sqrt{3}}{2}k(0-1) + \dfrac{1}{2}$에서 $k = \dfrac{1}{\sqrt{3}}$이다.

$\therefore 30k^2 = 10$

답 10

K 13-08

$f(x) = ke^x + 1$, $g(x) = x^2 - 3x + 4$라 하면

$f'(x) = ke^x$, $g'(x) = 2x - 3$이다. 너코 044 너코 098

두 곡선 $y = f(x)$, $y = g(x)$의 교점 P의 x좌표를 p라 하면

$f(p) = g(p)$에서 $ke^p + 1 = p^2 - 3p + 4$이고, $\qquad \cdots\cdots \text{㉠}$

두 곡선에 접하는 두 직선이 서로 수직이므로

$f'(p) \times g'(p) = -1$에서 $ke^p \times (2p - 3) = -1$이다. 너코 041

$$\cdots\cdots \text{㉡}$$

㉡에서 $ke^p = \dfrac{1}{3 - 2p}$이므로

㉠에 이를 대입한 후 정리하면

$\dfrac{1}{3 - 2p} + 1 = p^2 - 3p + 4$,

$4 - 2p = (p^2 - 3p + 4)(3 - 2p)$,

$4 - 2p = -2p^3 + 9p^2 - 17p + 12$,

$2p^3 - 9p^2 + 15p - 8 = 0$,

$(p - 1)(2p^2 - 7p + 8) = 0$이므로 $p = 1$이다.

($\because$ 이차방정식 $2p^2 - 7p + 8 = 0$의 판별식을 D라 하면

$D < 0$이므로 이 방정식은 실근을 갖지 않는다.)

ⓛ에 $p=1$을 대입하면 $-ke=-1$이다.

$$\therefore \ k=\frac{1}{e}$$

답 ①

K 13-09

곡선 $y=e^{|x|}=\begin{cases}e^{-x} \ (x<0) \\ e^x \ (x\geq 0)\end{cases}$ 은

y축에 대하여 대칭이므로 원점에서 곡선 $y=e^x$에 그은 접선과

y축의 양의 방향이 이루는 각의 크기는 $\dfrac{\theta}{2}$이다.

$(e^x)'=e^x$이므로 `너코 098`

제1사분면에서 곡선에 접하는 직선의 접점의 좌표를

(t, e^t)이라 하면 접선의 방정식은

$y-e^t=e^t(x-t)$ `너코 108`

이 직선이 점 $(0, 0)$을 지나므로

$-e^t=-te^t \quad \therefore \ t=1$

따라서 다음 그림과 같이 $\tan\dfrac{\theta}{2}=\dfrac{1}{e}$이다.

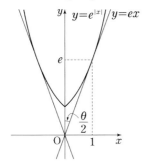

$$\therefore \ \tan\theta=\tan\left(\frac{\theta}{2}+\frac{\theta}{2}\right)=\frac{2\tan\dfrac{\theta}{2}}{1-\tan^2\dfrac{\theta}{2}} \ \text{너코 099}$$

$$=\frac{\dfrac{2}{e}}{1-\dfrac{1}{e^2}}=\frac{2e}{e^2-1}$$

답 ④

K 13-10

방정식 $f(x)=g(x)$의 서로 다른 양의 실근의 개수가 3이려면

두 곡선 $y=f(x)$, $y=g(x)$가 그림과 같이 접해야 한다.

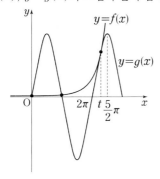

즉, 두 곡선이 접하는 접점의 x좌표를 t라 하면

$$f(t)=g(t), \ f'(t)=g'(t)$$

이어야 하고, 이때 $2\pi<t<\dfrac{5}{2}\pi$이다.

$f(x)=e^x$, $g(x)=k\sin x$이므로

$f(t)=g(t)$에서 $e^t=k\sin t$ ……ⓐ

$f'(x)=e^x$, $g'(x)=k\cos x$이므로 `너코 098` `너코 101`

$f'(t)=g'(t)$에서 $e^t=k\cos t$ ……ⓑ

ⓐ, ⓑ에서 $k\sin t=k\cos t$

양변을 $k\cos t$로 나누면 $\tan t=1$

$$\therefore \ t=2\pi+\frac{\pi}{4}=\frac{9}{4}\pi \ \left(\because \ 2\pi<t<\frac{5}{2}\pi\right) \ \text{너코 018} \ \text{너코 021}$$

이를 ⓐ에 대입하면 양수 k의 값은

$$k=\frac{e^t}{\sin t}=\frac{e^{\frac{9}{4}\pi}}{\dfrac{\sqrt{2}}{2}}=\sqrt{2}\,e^{\frac{9}{4}\pi}=\sqrt{2}\,e^{\frac{9\pi}{4}}$$

답 ④

K 13-11

실수 k에 대하여 함수 $f(x)$는

$$f(x)=\begin{cases}x^2+k & (x\leq 2) \\ \ln(x-2) & (x>2)\end{cases}$$

이다. 실수 t에 대하여 직선 $y=x+t$와 함수 $y=f(x)$의
그래프가 만나는 점의 개수를 $g(t)$라 하자. 함수 $g(t)$가
$t=a$에서 불연속인 a의 값이 한 개일 때, k의 값은? [4점]

① -2 ② $-\dfrac{9}{4}$ ③ $-\dfrac{5}{2}$

④ $-\dfrac{11}{4}$ ⑤ -3

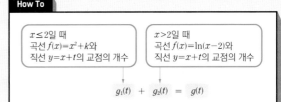

How To

$x\leq 2$일 때
곡선 $f(x)=x^2+k$와
직선 $y=x+t$의 교점의 개수 | $x>2$일 때
곡선 $f(x)=\ln(x-2)$와
직선 $y=x+t$의 교점의 개수

$$g_1(t) \ + \ g_2(t) \ = \ g(t)$$

$x\leq 2$일 때 곡선 $f(x)=x^2+k$와 직선 $y=x+t$의 교점의
개수를 $g_1(t)$,

$x>2$일 때 곡선 $f(x)=\ln(x-2)$와 직선 $y=x+t$의 교점의
개수를 $g_2(t)$라 하면

$g(t)=g_1(t)+g_2(t)$이다.

ⅰ) $x\leq 2$일 때

곡선 $f(x)=x^2+k$에 직선 $y=x+t$가 접할 때 t의 값을 t_1,
직선 $y=x+t$가 점 $(2, f(2))$를 지날 때 t의 값을 t_2라 하자.

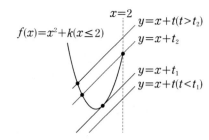

$$g_1(t)=\begin{cases}0 & (t<t_1)\\ 1 & (t=t_1)\\ 2 & (t_1<t\le t_2)\\ 1 & (t>t_2)\end{cases}\text{이므로}$$

함수 $g_1(t)$는 $t=t_1$, $t=t_2$에서 불연속이다. 너코 037

ii) $x>2$일 때

곡선 $f(x)=\ln(x-2)$에 직선 $y=x+t$가 접할 때 t의 값을 t_3이라 하자.

$f(x)=\ln(x-2)$에서 $f'(x)=\dfrac{1}{x-2}$이므로 너코 103

$f'(x)=1$, 즉 $\dfrac{1}{x-2}=1$에서 $x=3$이다.

따라서 접점의 좌표가 $(3,0)$이며

직선 $y=x+t_3$가 이 점을 지나므로 $t_3=-3$이고

곡선 $y=f(x)$에 접하는 기울기가 1인 직선의 방정식은 $y=x-3$이다. 너코 108

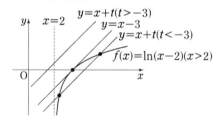

$$g_2(t)=\begin{cases}2 & (t<-3)\\ 1 & (t=-3)\\ 0 & (t>-3)\end{cases}\text{이므로 함수 } g_2(t)\text{는 } t=-3\text{에서}$$

불연속이다.

함수 $g(t)=g_1(t)+g_2(t)$가 $t=a$에서 불연속인 a의 값은

$t_1=-3$일 때 t_2로 1개이고

$t_2=-3$일 때 t_1, -3으로 2개이고

$t_1\ne-3$이고 $t_2\ne-3$일 때 t_1, t_2, -3으로 3개이다.

따라서 a의 값이 1개이려면 $t_1=-3$이어야 한다.

즉, 다음 그림과 같이 곡선 $y=x^2+k$에 직선 $y=x-3$이 접해야 한다.

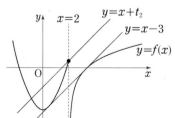

이때 이차방정식 $x^2+k=x-3$, 즉 $x^2-x+k+3=0$의 판별식을 D라 하면

$D=1-4(k+3)=0$이어야 한다.

$$\therefore k=-\frac{11}{4}$$

답 ④

K 13-12

함수 $f(x)=\begin{cases}\ln x & (1\le x<e)\\ -t+\ln x & (x\ge e)\end{cases}$의 그래프는

$1\le x<e$에서는 곡선 $y=\ln x\,(1\le x<e)$와 같고

$x\ge e$에서는 곡선 $y=\ln x\,(x\ge e)$를 y축의 방향으로 $-t$만큼 평행이동시킨 것이다.

한편 $x=e$일 때는 $(x-e)\{g(x)-f(x)\}=0$이 성립하고

$1\le x<e$일 때 $x-e<0$이므로 주어진 조건을 만족시키려면 $g(x)\le f(x)$이어야 하고

$x>e$일 때 $x-e>0$이므로 주어진 조건을 만족시키려면 $g(x)\ge f(x)$이어야 한다.

따라서 다음 그림의 어두운 부분을 지나는 직선 중에서 기울기가 최소인 것을 찾아야 하고, 기울기가 최소인 직선은 점 $(1,0)$을 지난다.

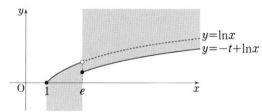

일단 곡선 $y=-t+\ln x$ 위의 점 $(e,-t+1)$에서의 접선이 점 $(1,0)$을 지나는 경우의 t의 값을 구해보자.

함수 $y=-t+\ln x$의 도함수는 $y'=\dfrac{1}{x}$이므로 너코 098 ······㉠

접선의 방정식은 $y=\dfrac{1}{e}(x-e)-t+1$, 즉 $y=\dfrac{1}{e}x-t$이다.

너코 108

이 직선이 점 $(1,0)$을 지나야 하므로

$0=\dfrac{1}{e}-t$에서 $t=\dfrac{1}{e}$이다.

그러므로 함수 $h(t)$는 t의 값 $\dfrac{1}{e}$을 경계로 나누어 생각해야 하고

$0<t<\dfrac{1}{e}$일 때 $h(t)>\dfrac{1}{e}$,

$t>\dfrac{1}{e}$일 때 $0<h(t)<\dfrac{1}{e}$임을 알 수 있다. ······㉡

i) $0<t<\dfrac{1}{e}$일 때

어두운 부분을 지나는 직선 중에서 두 점 $(1,0)$, $(e,-t+1)$을 지나는 직선의 기울기가 최소이므로

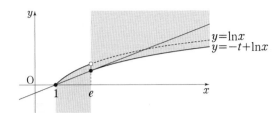

$h(t) = \dfrac{(-t+1)-0}{e-1} = \dfrac{1-t}{e-1}$ 이다.

따라서 $0 < t < \dfrac{1}{e}$ 일 때 $h'(t) = -\dfrac{1}{e-1}$ 이다.

ii) $t > \dfrac{1}{e}$ 일 때

어두운 부분을 지나는 직선 중에서 곡선 $y = -t + \ln x$ 에 접하고 점 $(1, 0)$ 을 지나는 직선의 기울기가 최소이다.

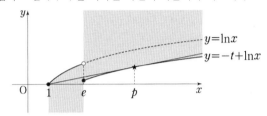

접점의 좌표를 $(p, -t + \ln p)$ 라 하면 ㉠에 의하여

$h(t) = \dfrac{1}{p}$ 이다.　　　　 …… ㉡

따라서 접선의 방정식은 $y = \dfrac{1}{p}(x-p) - t + \ln p$ 이다.

이 직선이 점 $(1, 0)$ 을 지나야 하므로

$0 = \dfrac{1}{p}(1-p) - t + \ln p$ 이고 ㉡을 대입하면

$0 = h(t) - 1 - t - \ln\{h(t)\}$ 이고 양변을 t에 대하여 미분하면

$0 = h'(t) - 1 - \dfrac{h'(t)}{h(t)}$ 이다. [너코 103]

따라서 $t > \dfrac{1}{e}$ 일 때 $1 = h'(t)\left\{1 - \dfrac{1}{h(t)}\right\}$ 이다.

i)에 의하여 $\dfrac{1}{2e} < \dfrac{1}{e}$ 이므로 $h'\left(\dfrac{1}{2e}\right) = -\dfrac{1}{e-1}$ 이다.

$h(a) = \dfrac{1}{e+2}$ 인 a의 값은 $a > \dfrac{1}{e}$ 이므로 ($\because$ ㉡)

ii)에 의하여

$1 = h'(a) \times \{1 - (e+2)\}$,

즉 $h'(a) = -\dfrac{1}{e+1}$ 이다.

$\therefore \ h'\left(\dfrac{1}{2e}\right) \times h'(a) = \left(-\dfrac{1}{e-1}\right) \times \left(-\dfrac{1}{e+1}\right)$

$\qquad\qquad\qquad\qquad\quad = \dfrac{1}{(e-1)(e+1)}$

　　　　　　　　　　　　　　　　　　　　답 ④

K 13-13

$g(x) = t^3 \ln(x-t)$, $h(x) = 2e^{x-a}$ 이라 하면

$g'(x) = \dfrac{t^3}{x-t}$, $h'(x) = 2e^{x-a}$ 이다. [너코 103]

곡선 $y = g(x)$ 는 위로 볼록하고,
곡선 $y = h(x)$ 는 아래로 볼록하므로
두 곡선이 오직 한 점에서 만나면 두 곡선은 교점에서 접한다.
즉, 두 곡선 위의 교점에서의 접선의 기울기가 서로 같다.

　　　　　　　　　　　[너코 108]　…… ㉠

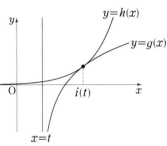

두 곡선이 오직 한 점에서 만나도록 하는 실수 a의 값을 $f(t)$ 라 하고 교점의 x좌표를 $i(t)$ 라 하면 (단, $i(t) > t$)

$g(i(t)) = h(i(t))$ 에서 $t^3 \ln\{i(t) - t\} = 2e^{i(t) - f(t)}$ 이고,

㉠에 의하여

$g'(i(t)) = h'(i(t))$ 에서 $\dfrac{t^3}{i(t) - t} = 2e^{i(t) - f(t)}$ 이다. …… ㉡

따라서 $t^3 \ln\{i(t) - t\} = \dfrac{t^3}{i(t) - t}$ 이므로

$\ln\{i(t) - t\} = \dfrac{1}{i(t) - t}$ 이다. ($\because \ t > 0$)

이때 양변을 t에 대하여 미분해도 등식이 성립하므로

$\dfrac{i'(t) - 1}{i(t) - t} = \dfrac{-i'(t) + 1}{\{i(t) - t\}^2}$, [너코 102]

$\dfrac{i'(t) - 1}{i(t) - t}\left\{1 + \dfrac{1}{i(t) - t}\right\} = 0$,

$i'(t) = 1$ 이고 ($\because \ i(t) - t > 0$),

$i(t) = t + C$ 이다. (단, C는 적분상수이고 $C > 0$이다.)

　　　　　　　　　[너코 053]　… 빈출 QnA

이를 ㉡에 대입하면

$\dfrac{t^3}{C} = 2e^{t + C - f(t)}$,

$e^{t + C - f(t)} = \dfrac{t^3}{2C}$,

$t + C - f(t) = \ln \dfrac{t^3}{2C}$, [너코 004]

$f(t) = t + C - \ln \dfrac{t^3}{2C}$

$f'(t) = 1 - \dfrac{\dfrac{3t^2}{2C}}{\dfrac{t^3}{2C}} = 1 - \dfrac{3}{t}$ 이므로 $f'\left(\dfrac{1}{3}\right) = -8$ 이다.

$\therefore \ \left\{f'\left(\dfrac{1}{3}\right)\right\}^2 = 64$

　　　　　　　　　　　　　　　　　　　　답 64

Q. C의 값에 대해서 설명해 주세요.

A. $\ln\{i(t)-t\}=\dfrac{1}{i(t)-t}$ 에 $i(t)=t+C$를 대입하면

$\ln C=\dfrac{1}{C}$ 이므로 C의 값은 두 곡선 $y=\ln x$, $y=\dfrac{1}{x}$의 교점의

x좌표입니다.

K13-14

$x>0$일 때 $f(x)=\dfrac{\ln(x+b)}{x}$ 에서

$$f'(x)=\dfrac{\dfrac{1}{x+b}\times x-\ln(x+b)\times 1}{x^2}$$

$$=\dfrac{\dfrac{x}{x+b}-\ln(x+b)}{x^2}$$ 너코 102 너코 103 ......㉠

이때

$h_1(x)=\dfrac{x}{x+b}=1-\dfrac{b}{x+b}$, $h_2(x)=\ln(x+b)$라 하면

함수 $y=h_1(x)$의 그래프는 직선 $y=1$을 점근선으로 갖고

$h_1(0)=0$이다.

또한 $\lim\limits_{x\to\infty}h_2(x)=\infty$이고 $h_2(0)<0$이다. $(\because\ 0<b<1)$

따라서 [그림 1]과 같이

$x>0$에서 두 함수 $y=h_1(x)$, $y=h_2(x)$의 그래프는 한 점에서

만나고

이 교점의 x좌표를 β라 하면

$x=\beta$의 좌우 근방에서 $f'(x)$의 부호가 양에서 음으로 바뀌므로

함수 $f(x)$는 $x=\beta$에서 극값을 갖는다. 너코 049

또한 $\lim\limits_{x\to 0+}f(x)=-\infty$, $\lim\limits_{x\to\infty}f(x)=0$이므로

함수 $y=f(x)$의 그래프는 [그림 2]와 같다.

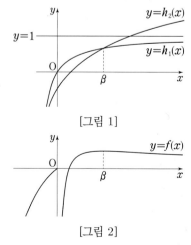

[그림 1]

[그림 2]

원점에서 곡선 $y=f(x)$ $(x\le 0)$에 그은 접선의 기울기를 m_1,

원점에서 곡선 $y=f(x)$ $(x>0)$에 그은 접선의 기울기를 m_2라

하고

양수 m에 대하여 직선 $y=mx$가

두 곡선 $y=f(x)$ $(x\le 0)$, $y=f(x)$ $(x>0)$와 만나는

교점의 개수를 각각 $g_1(m)$, $g_2(m)$이라 하자.

$$g_1(m)=\begin{cases}1 & (0<m\le m_1)\\2 & (m>m_1)\end{cases},$$

$$g_2(m)=\begin{cases}2 & (0<m<m_2)\\1 & (m=m_2)\\0 & (m>m_2)\end{cases}$$ 이므로

$g(m)=g_1(m)+g_2(m)$이고,

$\lim\limits_{x\to\alpha-}g(m)-\lim\limits_{x\to\alpha+}g(m)=1$을 만족시키는 양수 α가 오직

하나 존재하려면

$m_1=m_2=\alpha$이어야 한다.

즉, $g(m)=\begin{cases}3 & (0<m<\alpha)\\2 & (m\ge\alpha)\end{cases}$이다.

이 α에 대하여 점 $(b, f(b))$는 직선 $y=\alpha x$와 곡선 $y=f(x)$의

교점이므로

[그림 3]과 같이

곡선 $y=-x^2+ax$ 위의 점 $(0, 0)$에서의 접선과

곡선 $f(x)=\dfrac{\ln(x+b)}{x}$ $(x>0)$ 위의 점 $(b, f(b))$에서의

접선은 일치해야 한다.

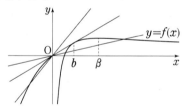

[그림 3]

즉, $f_1(x)=-x^2+ax$라 할 때 다음 두 조건을 만족시켜야 한다.

i) $f_1{}'(0)=f'(b)$

$f_1{}'(x)=-2x+a$에서 $f_1{}'(0)=a$이고

$f'(b)=\dfrac{\dfrac{1}{2}-\ln 2b}{b^2}$이므로 $(\because ㉠)$

$f_1{}'(0)=f'(b)$에서 $a=\dfrac{\dfrac{1}{2}-\ln 2b}{b^2}$, 즉

$ab^2=\dfrac{1}{2}-\ln 2b$이다. 너코 108 ......㉡

ii) 두 점 $(0, 0)$, $(b, f(b))$를 지나는 직선의 기울기와

곡선 $y=f(x)$ $(x>0)$ 위의 점 $(b, f(b))$에서의 접선의

기울기는 같다.

$\dfrac{f(b)-0}{b-0}=f'(b)$에서

$\dfrac{\ln 2b}{b^2}=\dfrac{\dfrac{1}{2}-\ln 2b}{b^2}$, 즉 $\ln 2b=\dfrac{1}{4}$이다. ......㉢

©을 ©에 대입하면 $ab^2 = \dfrac{1}{2} - \dfrac{1}{4} = \dfrac{1}{4}$ 이다.

$\therefore\ p+q = 4+1 = 5$

답 5

K13-15

$-e^{-x+1} \le ax+b \le e^{x-2}$ 에서

$f(x) = -e^{-x+1}$, $g(x) = e^{x-2}$ 이라 하자.

곡선 $y = f(x)$는 곡선 $y = e^x$을 원점에 대하여 대칭이동시킨

후, x축의 방향으로 1만큼 평행이동시킨 것이다.

곡선 $y = g(x)$는 곡선 $y = e^x$을 x축의 방향으로 2만큼

평행이동시킨 것이다. 너코 009

또한 모든 실수 x에 대하여 $g(x) = -f(3-x)$이므로

두 곡선 $y = f(x)$, $y = g(x)$는 점 $\left(\dfrac{3}{2}, 0\right)$에 대하여 서로

대칭이고, 모두 x축을 점근선으로 갖는다.

이때 주어진 부등식

$-e^{-x+1} \le ax+b \le e^{x-2}$, 즉

$f(x) \le ax+b \le g(x)$

를 만족시키려면

직선 $y = ax+b$가 오른쪽 그림의

어두운 부분에 그려져야 한다.

따라서 직선의 기울기인 a의 값은

0 이상이어야 하므로

ab의 최댓값은 b가 양수일 때,

ab의 최솟값은 b가 음수일 때 고려하면 된다.

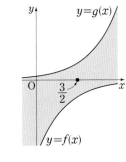

i) b가 양수일 때 ab의 최댓값 M 구하기

b의 값에 따른 a의 값의 최댓값은

점 $(0, b)$를 지나고 곡선 $y = g(x)$에 접하는 접선 중

기울기가 큰 접선의 기울기이다.

이때 $g'(x) = e^{x-2}$이므로 너코 103

곡선 $y = g(x)$ 위의 점 (t, e^{t-2}) $(t \ge 0)$에서의 접선의

방정식은

$y = e^{t-2}(x-t) + e^{t-2}$,

즉 $y = e^{t-2}x + (1-t)e^{t-2}$이다. 너코 108

따라서 $b = (1-t)e^{t-2}$일 때, a의 최댓값은 접선의

기울기인 e^{t-2}이다.

또한 가능한 b의 값의 범위는

$0 < b \le g(0)$, 즉 $0 < (1-t)e^{-2} \le e^{-2}$이므로

t의 값의 범위는 $0 \le t < 1$이다.

즉,

$h(t) = e^{t-2} \times (1-t)e^{t-2}$

$\qquad = (1-t)e^{2t-4}$ $(0 \le t < 1)$

이라 할 때 ab의 최댓값 M은 함수 $h(t)$의 최댓값과 같다.

$h'(t) = (-1) \times e^{2t-4} + (1-t) \times 2e^{2t-4}$

$\qquad = (1-2t)e^{2t-4}$

이므로 $0 \le t < 1$에서 함수 $h(t)$의 증가, 감소를 표로

나타내면 다음과 같다.

t	0	$\cdots$	$\dfrac{1}{2}$	$\cdots$	(1)
$h'(t)$		$+$	0	$-$	
$h(t)$	$\dfrac{1}{e^4}$	↗	$\dfrac{1}{2e^3}$	↘	

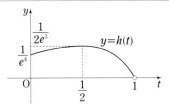

함수 $h(t)$는 $t = \dfrac{1}{2}$에서 극대이자 최대이므로

$M = h\left(\dfrac{1}{2}\right) = \dfrac{1}{2e^3}$ 이다.

ii) b가 음수일 때 ab의 최솟값 m 구하기

직선 $y = ax+b$가 두 곡선 $y = f(x)$, $y = g(x)$에 동시에

접하는 경우를 생각해 보자.

두 곡선 $y = f(x)$와 $y = g(x)$가 점 $\left(\dfrac{3}{2}, 0\right)$에 대하여

대칭이므로

다음 그림과 같이 점 $\left(\dfrac{3}{2}, 0\right)$을 지나고 곡선 $y = g(x)$에

접하는 직선은 곡선 $y = f(x)$에도 접한다.

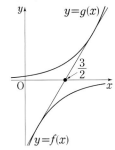

이 직선보다 기울기가 크거나 y절편이 작으면 첫 번째

그림의 어두운 부분 밖에 직선 $y = ax+b$가 그려지므로

조건을 만족시키지 않는다.

즉, 직선 $y = ax+b$가 두 곡선에 동시에 접할 때

기울기인 a의 값이 양수이면서 최대이고, y절편인 b의 값이

음수이면서 최소이므로 ab의 값이 최소가 된다.

이때의 곡선 $y = g(x)$ 위의 접점의 좌표를 (s, e^{s-2})이라

하면

접선 $y = e^{s-2}(x-s) + e^{s-2}$이 점 $\left(\dfrac{3}{2}, 0\right)$을 지나므로

$0 = e^{s-2}\left(\dfrac{3}{2} - s\right) + e^{s-2}$, 즉 $e^{s-2}\left(\dfrac{5}{2} - s\right) = 0$에서

$s = \dfrac{5}{2}$이다. $(\because\ e^{s-2} > 0)$

따라서 $a = e^{s-2} = e^{\frac{1}{2}}$, $b = (1-s)e^{s-2} = -\dfrac{3}{2}e^{\frac{1}{2}}$일 때

ab는 최솟값 $m = -\dfrac{3}{2}e$를 갖는다.

i), ii)에 의하여

$|M \times m^3| = \left| \dfrac{1}{2e^3} \times \left(-\dfrac{27}{8}e^3 \right) \right| = \dfrac{27}{16}$ 이다.

$\therefore p+q = 43$

답 43

빈출 QnA

Q. 두 함수의 그래프의 대칭성을 판단하는 방법에 대하여 정리해 주세요.

A. ❶ 모든 실수 x에 대하여 $g(x) = f(2\alpha - x)$이다.
⇔ 두 함수 $y=f(x)$, $y=g(x)$의 그래프는 직선 $x=\alpha$에 대하여 대칭이다.
❷ 모든 실수 x에 대하여 $g(x) = 2\beta - f(x)$이다.
⇔ 두 함수 $y=f(x)$, $y=g(x)$의 그래프는 직선 $y=\beta$에 대하여 대칭이다.
❸ 모든 실수 x에 대하여 $g(x) = 2\beta - f(2\alpha - x)$이다.
⇔ 두 함수 $y=f(x)$, $y=g(x)$의 그래프는 점 (α, β)에 대하여 대칭이다.
따라서 이 문제에서 모든 실수 x에 대하여
$g(x) = -f(3-x)$이므로
❸에 의하여 두 함수의 그래프는 점 $\left(\dfrac{3}{2}, 0 \right)$에 대하여 대칭임을
알 수 있습니다.

K14-01

$f(x) = \dfrac{1}{2}x^2 - a\ln x$ 에서

$f'(x) = x - \dfrac{a}{x}$ 이다. (단, $a>0$) 너코 098

따라서 방정식 $f'(x)=0$, 즉 $x^2 - a = 0$의 해는 $x = \sqrt{a}$ 이다.
또한 $x = \sqrt{a}$ 의 좌우에서 $f'(x)$의 부호가 음에서 양으로
바뀌므로
함수 $f(x)$는 $x = \sqrt{a}$ 에서 극솟값을 갖는다. 너코 110

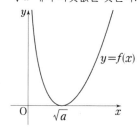

이때 함수 $f(x)$의 극솟값이 0이라 주어졌으므로
$f(\sqrt{a}) = 0$,

$\dfrac{1}{2}a - a\ln \sqrt{a} = 0$,

$\ln \sqrt{a} = \dfrac{1}{2}$,

$\dfrac{1}{2}\ln a = \dfrac{1}{2}$

$\therefore a = e$

답 ④

K14-02

$f(x) = (x^2 - 3)e^{-x}$ 에서
$f'(x) = 2x \times e^{-x} + (x^2-3) \times (-e^{-x})$ 너코 098 너코 103
$\quad = -(x^2 - 2x - 3)e^{-x} = -(x+1)(x-3)e^{-x}$

따라서 방정식 $f'(x)=0$의 해는 $x=-1$, $x=3$이다.
함수 $f(x)$의 증가와 감소를 표로 나타내면 다음과 같다.

x	$\cdots$	-1	$\cdots$	3	$\cdots$
$f'(x)$	$-$	0	$+$	0	$-$
$f(x)$	↘	극소	↗	극대	↘

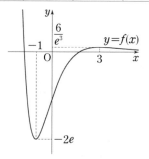

따라서 함수 $f(x)$는 $x=-1$에서 극솟값, $x=3$에서 극댓값을
가지므로 너코 110

$a = f(3) = \dfrac{6}{e^3}$, $b = f(-1) = -2e$ 이다.

$\therefore a \times b = -\dfrac{12}{e^2}$

답 ④

K14-03

$f(x) = (x^2 - 2x - 7)e^x$ 에서
$f'(x) = (2x-2)e^x + (x^2 - 2x - 7)e^x$ 너코 098
$\quad = (x^2 - 9)e^x = (x+3)(x-3)e^x$

$f'(x)=0$에서 $x=-3$ 또는 $x=3$
이때 함수 $f(x)$의 증가와 감소를 표로 나타내면 다음과 같다.

x	$\cdots$	-3	$\cdots$	3	$\cdots$
$f'(x)$	$+$	0	$-$	0	$+$
$f(x)$	↗	극대	↘	극소	↗

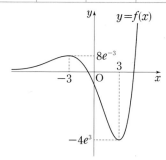

따라서 함수 $f(x)$는 $x=-3$에서 극댓값, $x=3$에서 극솟값을
가지므로 너코 110

$a = f(-3) = 8e^{-3}$, $b = f(3) = -4e^3$이다.

$\therefore a \times b = 8e^{-3} \times (-4e^3) = -32$

답 ①

K 14-04

$y=2e^{-x}$에서 $y'=-2e^{-x}$이므로 [너코 103]

곡선 $y=2e^{-x}$ 위의 점 $\mathrm{P}(t, 2e^{-t})$ $(t>0)$에서의 접선의 기울기는

$-2e^{-t}=-\dfrac{\overline{\mathrm{AB}}}{\overline{\mathrm{AP}}}$이다.

이때 $\overline{\mathrm{AP}}=t$이므로 $\overline{\mathrm{AB}}=2te^{-t}$이다.

따라서 삼각형 APB의 넓이를 $S(t)$라 하면

$S(t)=\dfrac{1}{2}\times\overline{\mathrm{AP}}\times\overline{\mathrm{AB}}=t^2e^{-t}$이고

$S'(t)=2t\times e^{-t}+t^2\times(-e^{-t})$
$\qquad = t(2-t)e^{-t}$

이다.

따라서 함수 $S(t)$의 증가, 감소를 표로 나타내면 다음과 같다.

t	(0)	$\cdots$	2	$\cdots$
$S'(t)$		$+$	0	$-$
$S(t)$		↗	극대	↘

$t>0$에서 정의된 함수 $S(t)$는 $t=2$일 때 극대이면서 최대이다. [너코 110]

따라서 구하는 t의 값은 2이다.

답 ④

K 14-05

$y=a^x$에서 $y'=a^x\ln a$이다. [너코 098]

곡선 $y=a^x$ 위의 점 $\mathrm{A}(t, a^t)$에서의 접선 l의 기울기는 $a^t\ln a$이므로 [너코 041]

점 $\mathrm{A}(t, a^t)$을 지나고 직선 l에 수직인 직선의 방정식은

$y=-\dfrac{1}{a^t\ln a}(x-t)+a^t$이다.

이 직선의 x절편을 구하면 $0=-\dfrac{1}{a^t\ln a}(x-t)+a^t$에서

$x=t+a^{2t}\ln a$이므로 [너코 003]

점 B의 좌표는 $(t+a^{2t}\ln a, 0)$이다.

점 A에서 x축에 내린 수선의 발을 H라 하자.

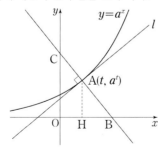

원점 O에 대하여 $\dfrac{\overline{\mathrm{AC}}}{\overline{\mathrm{AB}}}=\dfrac{\overline{\mathrm{OH}}}{\overline{\mathrm{HB}}}=\dfrac{t}{a^{2t}\ln a}$이다.

$f(t)=\dfrac{t}{a^{2t}\ln a}$라 하면 $f(t)=\dfrac{1}{\ln a}ta^{-2t}$에서

$f'(t)=\dfrac{1}{\ln a}\{1\times a^{-2t}+t\times a^{-2t}\times(-2\ln a)\}$ [너코 103]
$\qquad = \dfrac{1}{\ln a}a^{-2t}(1-2t\ln a)$

이다.

$f'(t)=0$이 되는 t의 값은 $1-2t\ln a=0$에서 $t=\dfrac{1}{2\ln a}$이고,

$t=\dfrac{1}{2\ln a}$의 좌우에서 $f'(t)$의 부호가 양에서 음으로 바뀌므로

함수 $f(t)$는 $t=\dfrac{1}{2\ln a}$에서 극대이면서 최대이다. [너코 110]

따라서 $\dfrac{1}{2\ln a}=1$이므로 $\ln a=\dfrac{1}{2}$이다.

$\therefore\ a=\sqrt{e}$

답 ②

K 14-06

함수 $f(x)=\dfrac{x-5}{(x-5)^2+36}$에 대하여

$g(x)=f(x+5)$, 즉 $g(x)=\dfrac{x}{x^2+36}$라 하면

구간 $[-a, a]$에서의 함수 $f(x)$의 최댓값 M, 최솟값 m은 구간 $[-a-5, a-5]$에서의 함수 $g(x)$의 최댓값, 최솟값과 같다.

모든 실수 x에 대하여 $g(-x)=-g(x)$이므로
함수 $y=g(x)$의 그래프는 원점에 대하여 대칭이고 $\qquad\cdots\cdots\ \bigcirc$

$g'(x)=\dfrac{1\times(x^2+36)-x\times 2x}{(x^2+36)^2}$ [너코 102]
$\qquad = \dfrac{36-x^2}{(x^2+36)^2}=\dfrac{(6-x)(6+x)}{(x^2+36)^2}$

이다.

따라서 함수 $g(x)$는 $x=-6$에서 극소, $x=6$에서 극대이며 $g(-6)+g(6)=0$이다.

또한 $\lim\limits_{x\to-\infty}g(x)=0$, $\lim\limits_{x\to\infty}g(x)=0$이므로 함수 $y=g(x)$의 그래프는 다음과 같다. [너코 110]

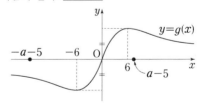

구간 $[-a-5, a-5]$에서
극값, 양 끝 값인 $g(-a-5)$, $g(a-5)$ 중
가장 큰 값이 함수 $g(x)$의 최댓값, 가장 작은 값이 함수 $g(x)$의 최솟값이다.

이때 양수 a에 대하여 $(-a-5)+(a-5)\neq 0$이므로
$g(-a-5)+g(a-5)\neq 0$이다. ($\because\ \bigcirc$)

따라서 $M+m=0$을 만족시키려면

구간 $[-a-5, a-5]$에서 함수 $g(x)$는 극대, 극소를 모두 가져야 한다. ($\because$ $M=$(극댓값), $m=$(극솟값))

즉, $-a-5 \leq -6$이고 $6 \leq a-5$이어야 하므로 정리하면 $a \geq 11$이다.

따라서 구하는 a의 최솟값은 11이다.

답 11

K 14-07

$f(x) = kx^2 e^{-x}$에서

$f'(x) = 2kx \times e^{-x} + kx^2 \times (-e^{-x})$ [너코 045] [너코 103]

$\quad\quad = kx(2-x)e^{-x}$

이다.

따라서 방정식 $f'(x) = 0$의 해는 $x=0$ 또는 $x=2$이고 함수 $f(x)$의 증가와 감소를 표로 나타내면 다음과 같다.

x	$\cdots$	0	$\cdots$	2	$\cdots$
$f'(x)$	$-$	0	$+$	0	$-$
$f(x)$	$\searrow$	0	$\nearrow$	$\dfrac{4k}{e^2}$	$\searrow$

또한 $f(0) = 0$이고 $\lim\limits_{x \to \infty} f(x) = 0$, $\lim\limits_{x \to -\infty} f(x) = \infty$ 이므로

함수 $f(x) = kx^2 e^{-x}$의 그래프의 개형은 [그림 1]과 같다.

[너코 110]

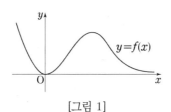

[그림 1]

모든 실수 x에 대하여 $f(x) \geq 0$이므로

곡선 $y = f(x)$ 위의 점$(t, f(t))$에서 x축까지의 거리는 $|f(t)| = f(t)$이고, y축까지의 거리는 $|t|$이다.

따라서 함수 $g(t)$의 식이 바뀌는 경계가 되는 점은 곡선 $y = f(x)$와 함수 $y = |x|$의 그래프의 교점이다.

이때 $f(0) = 0$, $f'(0) = 0$이므로 [그림 2]와 같이 $x < 0$에서 곡선 $y = f(x)$와 함수 $y = |x|$의 그래프는 k의 값에 관계없이 한 점에서 만나고 이 점을 $(\alpha, -\alpha)$라 하자. (단, $\alpha < 0$)

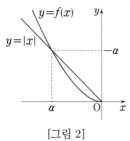

[그림 2]

$t < 0$에서

$g(t) = \begin{cases} -t & (t < \alpha) \\ f(t) & (\alpha \leq t < 0) \end{cases}$ 이므로

$g'(t) = \begin{cases} -1 & (t < \alpha) \\ f'(t) & (\alpha < t < 0) \end{cases}$ 이다.

이때 $f'(\alpha) \neq -1$이므로 함수 $g(t)$는 $t = \alpha$에서 미분가능하지 않다.

$\cdots$ 빈출 QnA

한편 함수 $g(t)$가 한 점에서만 미분가능하지 않아야 하므로 $t \neq \alpha$인 모든 실수 t에 대하여 미분가능해야 한다. $\cdots\cdots$ ㉠

[그림 3] 또는 [그림 4]와 같이 $x > 0$에서 곡선 $y = f(x)$와 함수 $y = |x|$의 그래프가 만나지 않거나 한 점에서 만나면

$g(t) = \begin{cases} -t & (t < \alpha) \\ f(t) & (t \geq \alpha) \end{cases}$ 이므로 ㉠을 만족시킨다.

[그림 5]와 같이 $x > 0$에서 곡선 $y = f(x)$와 함수 $y = |x|$의 그래프가 두 점에서 만나는 경우 ㉠을 만족시키지 않는다.

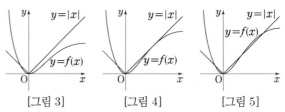

[그림 3]   [그림 4]   [그림 5]

이때 k $(k > 0)$의 값이 커질수록 곡선 $y = f(x)$는 x축으로부터 멀어지므로

㉠을 만족시키는 k의 최댓값은 [그림 4]인 경우이다.

[그림 4]에서 접점의 좌표를 (β, β)라 하면

곡선 $y = f(x)$ 위의 점 (β, β)에서의 접선의 기울기가 1이어야 하므로

$g(\beta) = \beta$이고 $g'(\beta) = 1$이어야 한다. [너코 108]

즉, $k\beta^2 e^{-\beta} = \beta$이고 $\cdots\cdots$ ㉡

$k\beta(2-\beta)e^{-\beta} = 1$이어야 한다. $\cdots\cdots$ ㉢

㉡에서 $k\beta e^{-\beta} = 1$이므로 이를 ㉢에 대입하면

$2 - \beta = 1$에서 $\beta = 1$이고 다시 ㉡에 대입하면

$ke^{-1} = 1$에서 $k = e$이다.

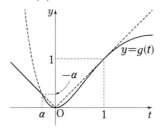

따라서 구하는 k의 최댓값은 e이다.

답 ⑤

빈출 QnA

Q. $f'(\alpha) \neq -1$인 이유를 잘 모르겠어요. 자세하게 설명해 주세요.

A. 함수 $f(x)$는 닫힌구간 $[\alpha, 0]$에서 연속이고 열린구간 $(\alpha, 0)$에서 미분가능한 함수입니다.

따라서 평균값 정리에 의하여

$f'(c) = \dfrac{f(0) - f(\alpha)}{0 - \alpha} = -1$인 c가 구간 $(\alpha, 0)$에 적어도 하나

존재합니다. [너코 048]

한편 $f''(x) = k\{(x-2)^2 - 2\}e^{-x}$에 대하여

$x < 0$에서 $f''(x) > 0$이므로 $\alpha < c$이면

$f'(\alpha) < f'(c) = -1$임을 알 수 있습니다.

[그림 5]에서도 마찬가지 방법으로 교점에서 곡선 $y = f(x)$ 위의 접선의 기울기가 -1이 아님을 구할 수 있습니다.

K14-08

풀이 1

두 점 $A(s, s^2 + s)$, $B(t, t^2 + t)$에 대하여

두 직선 OA, OB와 곡선 $y = x^2 + x$로 둘러싸인 부분은 다음 그림에서 어둡게 칠해진 부분과 같다.

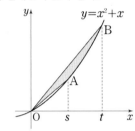

곡선 $y = x^2 + x$와 직선 OA로 둘러싸인 부분의 넓이는

$\dfrac{1}{6} \times (s-0)^3 = \dfrac{s^3}{6}$이고

곡선 $y = x^2 + x$와 직선 OB로 둘러싸인 부분의 넓이는

$\dfrac{1}{6} \times (t-0)^3 = \dfrac{t^3}{6}$이므로 너코 059

어둡게 칠해진 부분의 넓이가 k이면 $\dfrac{t^3}{6} - \dfrac{s^3}{6} = k$이다.

따라서 점 (s, t)가 나타내는 곡선 C의 방정식은

$\dfrac{y^3}{6} - \dfrac{x^3}{6} = k,$

$y^3 = x^3 + 6k,$

$y = (x^3 + 6k)^{\frac{1}{3}} \ (x > 0)$이다.

한편 곡선 C 위의 점 $\left(x, (x^3 + 6k)^{\frac{1}{3}}\right)$과 점 $(1, 0)$ 사이의 거리를 d라 하면

$d = \sqrt{(x-1)^2 + (x^3 + 6k)^{\frac{2}{3}}}$이고

$d^2 = (x-1)^2 + (x^3 + 6k)^{\frac{2}{3}}$이므로

d^2이 최소일 때 d도 최소이다.

이때 $f(x) = (x-1)^2 + (x^3 + 6k)^{\frac{2}{3}} \ (x > 0)$이라 하면

$f'(x) = 2(x-1) + \dfrac{2}{3}(x^3 + 6k)^{-\frac{1}{3}} \times 3x^2$ 너코 103

$\qquad = 2(x-1) + 2x^2(x^3 + 6k)^{-\frac{1}{3}}$

이다.

$f(x)$는 $x = \dfrac{2}{3}$에서 최솟값을 갖는다고 했으므로 $x = \dfrac{2}{3}$에서 극솟값을 갖는다.

따라서 $f'\left(\dfrac{2}{3}\right) = 0$이므로

$-\dfrac{2}{3} + \dfrac{8}{9}\left(\dfrac{8}{27} + 6k\right)^{-\frac{1}{3}} = 0,$

$\left(\dfrac{8}{27} + 6k\right)^{-\frac{1}{3}} = \dfrac{3}{4}, \ \dfrac{8}{27} + 6k = \left(\dfrac{3}{4}\right)^{-3},$

$6k = \dfrac{56}{27}, \ k = \dfrac{28}{81}$

$\therefore \ p + q = 81 + 28 = 109$

풀이 2

두 점 $A(s, s^2 + s)$, $B(t, t^2 + t)$에 대하여

두 직선 OA, OB와 곡선 $y = x^2 + x$로 둘러싸인 부분은 다음 그림에서 어둡게 칠해진 부분과 같다.

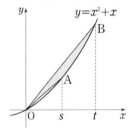

곡선 $y = x^2 + x$와 직선 OA로 둘러싸인 부분의 넓이는

$\dfrac{1}{6} \times (s-0)^3 = \dfrac{s^3}{6}$이고

곡선 $y = x^2 + x$와 직선 OB로 둘러싸인 부분의 넓이는

$\dfrac{1}{6} \times (t-0)^3 = \dfrac{t^3}{6}$이므로 너코 059

어둡게 칠해진 부분의 넓이가 k이면 $\dfrac{t^3}{6} - \dfrac{s^3}{6} = k$이다.

따라서 점 (s, t)가 나타내는 곡선 C의 방정식은

$\dfrac{y^3}{6} - \dfrac{x^3}{6} = k,$

$y^3 = x^3 + 6k,$

$y = (x^3 + 6k)^{\frac{1}{3}} \ (x > 0)$이다.

$f(x) = (x^3 + 6k)^{\frac{1}{3}} \ (x > 0)$이라 하면

$f'(x) = \dfrac{1}{3}(x^3 + 6k)^{-\frac{2}{3}} \times 3x^2 = x^2(x^3 + 6k)^{-\frac{2}{3}},$ 너코 103

$f''(x) = 2x(x^3 + 6k)^{-\frac{2}{3}} + x^2 \times \left\{-\dfrac{2}{3}(x^3 + 6k)^{-\frac{5}{3}} \times 3x^2\right\}$

$\qquad = 12kx(x^3 + 6k)^{-\frac{5}{3}}$ 너코 107

이다.

$x > 0$에서 $f'(x) > 0$, $f''(x) > 0$이므로

함수 $f(x)$는 양의 실수 전체의 집합에서 증가하고 그 그래프는 아래로 볼록하며 너코 109

함수 $y = f(x)$의 그래프는 다음과 같다.

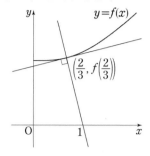

이때 곡선 $y = f(x)$ 위의 점 중에서 점 $(1, 0)$과의 거리가

최소인 점의 x좌표가 $\dfrac{2}{3}$라 주어졌으므로

곡선 $y = f(x)$ 위의 점 $\left(\dfrac{2}{3}, f\left(\dfrac{2}{3}\right)\right)$에서의 접선과

두 점 $\left(\dfrac{2}{3}, f\left(\dfrac{2}{3}\right)\right)$, $(1, 0)$을 지나는 직선이 수직으로 만나야

한다.

즉, 두 직선의 기울기의 곱이 -1이어야 하므로

$$f'\left(\dfrac{2}{3}\right) \times \dfrac{0 - f\left(\dfrac{2}{3}\right)}{1 - \dfrac{2}{3}} = -1,$$

$$\dfrac{4}{9}\left(\dfrac{8}{27} + 6k\right)^{-\frac{2}{3}} \times \dfrac{-\left(\dfrac{8}{27} + 6k\right)^{\frac{1}{3}}}{\dfrac{1}{3}} = -1,$$

$$\dfrac{4}{3}\left(\dfrac{8}{27} + 6k\right)^{-\frac{1}{3}} = 1,$$

$$\dfrac{8}{27} + 6k = \left(\dfrac{4}{3}\right)^3,$$

$$6k = \dfrac{56}{27},$$

$$k = \dfrac{28}{81}$$

$$\therefore p + q = 81 + 28 = 109$$

답 109

K 14-09

최고차항의 계수가 1인 사차함수 $f(x)$는 실수 전체의 집합에서
연속인 이계도함수 $f''(x)$를 갖는다.
한편
$g(x) = |2\sin(x + 2|x|) + 1|$

$$= \begin{cases} |-2\sin x + 1| & (x \le 0) \\ |2\sin(3x) + 1| & (x \ge 0) \end{cases}$$ 너코 020

에서

$i(x) = \begin{cases} -2\sin x + 1 & (x \le 0) \\ 2\sin(3x) + 1 & (x \ge 0) \end{cases}$ 이라 하면

$i'(x) = \begin{cases} -2\cos x & (x < 0) \\ 6\cos(3x) & (x > 0) \end{cases}$이다. 너코 103

이때 $\lim\limits_{x \to 0} i(x) = i(0) = 1$이므로 ⋯⋯⋯ ㉠

함수 $i(x)$는 $x = 0$에서 연속이고 실수 전체의 집합에서
연속이다.
함수 $i(x)$의 $x = 0$에서의 좌미분계수가 -2, 우미분계수가
6으로 서로 다르므로 ⋯⋯⋯ ㉡
함수 $i(x)$는 $x = 0$에서만 미분가능하지 않다. 너코 046

또한 함수 $y = g(x)$, 즉 $y = |i(x)|$의 그래프는 함수 $y = i(x)$의
그래프에서 x축보다 위에 그려진 부분은 그대로 두고, x축보다
아래에 그려진 부분을 x축에 대하여 대칭이동시킨 것과 같다.

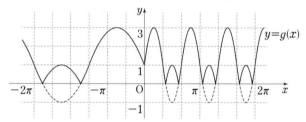

따라서 $g(a) = 0$인 모든 실수 a에 대하여
함수 $g(x)$의 $x = a$에서의 좌미분계수와 우미분계수는 서로
절댓값이 서로 같고 부호는 서로 다르므로 $x = a$에서
미분가능하지 않다. ⋯⋯⋯ ㉢
즉, 함수 $g(x)$는 $x \ne 0$이고 $g(x) \ne 0$인 모든 실수 x에서
$g'(x)$의 값과 $g''(x)$의 값이 정의된다.

한편 $h(x) = f(g(x))$가 실수 전체의 집합에서 연속인
이계도함수 $h''(x)$를 갖는다고 했으므로
특히 $x = 0$ 또는 $g(x) = 0$인 모든 실수 x에 대해서도
도함수 $h'(x)$와 이계도함수 $h''(x)$는 연속이어야 한다.

⋯ 빈출 QnA ①

이때 함수 $h(x) = f(g(x))$는 합성함수의 미분법에 의해
$g'(x)$의 값이 정의되는 모든 실수 x에 대하여
$h'(x) = f'(g(x))g'(x)$가 성립하고
$g'(x)$, $g''(x)$의 값이 정의되는 모든 실수 x에 대하여
$h''(x) = f''(g(x))\{g'(x)\}^2 + f'(g(x))g''(x)$가 너코 107
성립한다는 것을 이용하여 함수 $f'(x)$에 대한 정보를 얻으면
다음과 같다.

ⅰ) $h'(x)$가 $x = 0$에서 연속이므로 $x = 0$에서 극한값이
존재한다.

$$\lim_{x \to 0-} h'(x) = \lim_{x \to 0+} h'(x),$$ 너코 037

즉 $\lim\limits_{x \to 0-} f'(g(x))g'(x) = \lim\limits_{x \to 0+} f'(g(x))g'(x)$에서

㉠, ㉡에 의하여

$f'(1) \times (-2) = f'(1) \times 6$이다.

$$\therefore f'(1) = 0$$

ⅱ) $g(a) = 0$인 실수 a에 대하여 $h'(x)$가 $x = a$에서
연속이므로 $x = a$에서 극한값이 존재한다.
㉢에 의하여 $x = a$에서의 함수 $g(x)$의 우미분계수를
$k\,(k > 0)$라 하면 좌미분계수는 $-k$이므로

$$\lim_{x \to a-} h'(x) = \lim_{x \to a+} h'(x),$$ 즉

$$\lim_{x \to a-} f'(g(x))g'(x) = \lim_{x \to a+} f'(g(x))g'(x)$$에서

$f'(0) \times (-k) = f'(0) \times k$이다.

$\therefore f'(0) = 0$

iii) $h''(x)$가 $x=0$에서 연속이므로 $x=0$에서 극한값이

존재한다. ··· 빈출 QnA ②

$\lim_{x \to 0-} h''(x) = \lim_{x \to 0+} h''(x)$, 즉

$\lim_{x \to 0-} [f''(g(x))\{g'(x)\}^2 + f'(g(x))g''(x)]$

$= \lim_{x \to 0+} [f''(g(x))\{g'(x)\}^2 + f'(g(x))g''(x)]$에서

㉠, ㉡과 i)에 의하여

$f''(1) \times (-2)^2 + 0 = f''(1) \times 6^2 + 0$이다.

$\therefore f''(1) = 0$

i)~iii)에 의하여 최고차항의 계수가 4인 삼차함수 $f'(x)$가

$f'(1) = 0$, $f'(0) = 0$, $f''(1) = 0$을 만족시키므로

$f'(x) = 4x(x-1)^2$이다.

$\therefore f'(3) = 48$

답 48

빈출 QnA ①

Q. i)~iii)만 따져주고, $g(a) = 0$인 실수 a에 대하여
이계도함수 $h''(x)$는 $x=a$에서 연속이어야 한다는 조건은 왜
따져주지 않았나요?

A. 최고차항의 계수가 4로 주어진 삼차함수 $f'(x)$의 식을
구하는 것이므로 조건 3개만을 살펴보았습니다.
물론 추가로 다음과 같이 따져주어도 됩니다.
㉡에 의하여 $x=a$에서의 함수 $g(x)$의 우미분계수를
$k(k>0)$라 하면 좌미분계수는 $-k$이므로

$\lim_{x \to a-} h''(x) = \lim_{x \to a+} h''(x)$, 즉

$\lim_{x \to a-} [f''(g(x))\{g'(x)\}^2 + f'(g(x))g''(x)]$

$= \lim_{x \to a+} [f''(g(x))\{g'(x)\}^2 + f'(g(x))g''(x)]$에서

$f''(0) \times (-k)^2 + 0 = f''(0) \times k^2 + 0$이며 $f''(0)$의 값에

관계없이 성립함을 알 수 있습니다.

빈출 QnA ②

Q. iii)에서 '$h''(0)$이 존재'만으로 답을 구할 수 있나요?

A. 네 iii)보다 더 완화된 조건인 '$h''(0)$이 존재', 즉 함수
$h'(x)$가 $x=0$에서 미분가능하다는 것을 이용해도 됩니다.
이는 $\lim_{x \to 0-} \dfrac{h'(x) - h'(0)}{x-0} = \lim_{x \to 0+} \dfrac{h'(x) - h'(0)}{x-0}$을 이용하여
풀이하는 것을 말합니다.
실제로 계산해 보면 iii)의 풀이보다 좀 더 복잡한 과정을 수반하기
때문에 풀이 소요시간 등을 감안하여 출제자가 조건을 조금 더
많이 부여한 것으로 생각됩니다.

K 14-10

조건 (가)에 의하여

$x > a$에서 $f(x) = \dfrac{g(x)}{x-a}$이고 몫의 미분법에 의하여 ······㉠

$x > a$에서 $f'(x) = \dfrac{g'(x)(x-a) - g(x)}{(x-a)^2}$이다. 너코 102

이때 $f'(x)$의 부호는 $g'(x)(x-a) - g(x)$의 부호와 일치한다.

······㉡

조건 (나)에 의하여 $f'(\alpha) = 0$, $f(\alpha) = M$이므로

㉡으로부터 $g'(\alpha)(\alpha - a) - g(\alpha) = 0$,

㉠으로부터 $\dfrac{g(\alpha)}{\alpha - a} = M$이다.

$\therefore g'(\alpha) = \dfrac{g(\alpha)}{\alpha - a} = M$

마찬가지로 $f'(\beta) = 0$, $f(\beta) = M$이므로

㉡으로부터 $g'(\beta)(\beta - a) - g(\beta) = 0$,

㉠으로부터 $\dfrac{g(\beta)}{\beta - a} = M$이다.

$\therefore g'(\beta) = \dfrac{g(\beta)}{\beta - a} = M$

이를 좌표평면에서 생각해보면

곡선 $y = g(x)$ 위의 점 $(\alpha, g(\alpha))$에서의 접선의 기울기는
M이고
두 점 $(\alpha, g(\alpha))$, $(a, 0)$을 연결한 직선의 기울기도 M이며
곡선 $y = g(x)$ 위의 점 $(\beta, g(\beta))$에서의 접선의 기울기는
M이고
두 점 $(\beta, g(\beta))$, $(a, 0)$을 연결한 직선의 기울기도 M이다.
즉, 점 $(a, 0)$을 지나고 기울기가 M인 직선은 곡선 $y = g(x)$와
두 점 $(\alpha, g(\alpha))$, $(\beta, g(\beta))$에서 만난다.
이때 $\beta - \alpha = 6\sqrt{3}$이므로 $a < \alpha < \beta$이고, M은 양수라
주어졌으므로
직선 $y = M(x-a)$와 최고차항의 계수가 -1인 사차함수
$g(x)$는 [그림 1]과 같이 그려진다.

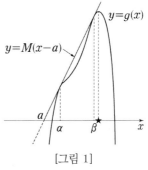

[그림 1]

따라서 $x > a$에서

$M(x-a) - g(x) = (x-\alpha)^2 (x-\beta)^2$ 너코 050 ······㉢

한편 ㉡과 조건 (나)에 의하여 함수 $g'(x)(x-a) - g(x)$의
부호는 $x = \alpha$, $x = \beta$의 좌우에서 모두 양에서 음으로 바뀌어야
하므로 너코 049
사차함수 $y = g'(x)(x-a) - g(x)$의 그래프의 개형으로
가능한 것은 다음과 같다.

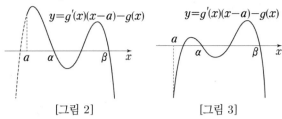

[그림 2]   [그림 3]

[그림 2]는 함수 $f(x)$가 극대 또는 극소가 되는 x의 개수가 3이고,

[그림 3]은 함수 $f(x)$가 극대 또는 극소가 되는 x의 개수가 4이다.

한편 ㉠, ㉢에 의하여

$$f(x) = \frac{g(x)}{x-a} = M - \frac{(x-\alpha)^2(x-\beta)^2}{x-a}$$ 이므로

$$\lim_{x \to a+} f(x) = -\infty$$ 이다.

따라서 $x > a$에서 정의된 함수 $f(x)$는 $x = a$의 근방에서 증가하므로

[그림 2]가 조건을 만족시키고, [그림 3]은 조건을 만족시키지 않는다.

즉, 함수 $f(x)$가 극대 또는 극소가 되는 x의 개수는 3이다.

그러면 조건 (다)에 의하여 함수 $g(x)$가 극대 또는 극소가 되는 x의 개수는 3 미만이어야 하는데

모든 사차함수는 극대 또는 극소가 되는 x의 개수가 1 아니면 3이므로

결론적으로 사차함수 $g(x)$가 극대 또는 극소가 되는 x의 개수는 1이다.

이때 $g(x)$는 최고차항의 계수가 음수이므로 정확히는 극대인 점 하나뿐(그림의 별 표시)이다.   ⋯⋯㉣

㉣의 양변을 x로 미분하여 정리하면

$$M - g'(x) = 2(x-\alpha)(x-\beta)^2 + 2(x-\alpha)^2(x-\beta)$$ 너코 103

$$g'(x) = M - 4(x-\alpha)\left(x - \frac{\alpha+\beta}{2}\right)(x-\beta)$$

삼차함수 $y = g'(x)$의 그래프는 [그림 4]와 같다.

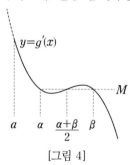

[그림 4]

$\beta - \alpha = 6\sqrt{3}$ 이므로 $\beta - \frac{\alpha+\beta}{2} = \frac{\alpha+\beta}{2} - \alpha = 3\sqrt{3}$ 이고

편의상 $\frac{\alpha+\beta}{2}$ 를 k라 하면 α는 $k - 3\sqrt{3}$, β는 $k + 3\sqrt{3}$ 이라 나타낼 수 있으므로

$$g'(x) = M - 4(x-k+3\sqrt{3})(x-k)(x-k-3\sqrt{3})$$ 이다.

⋯ 빈출 QnA

이때 ㉣을 만족시키려면 [그림 5]와 같이 함수 $g'(x)$의 극솟값이 0 이상이어야 한다.

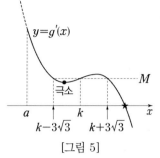

[그림 5]

또한 함수 $g'(x)$의 극솟값은 함수 $y = g'(x)$의 그래프를 x축의 방향으로 $-k$만큼 평행이동시킨 함수

$$h(x) = M - 4(x+3\sqrt{3})x(x-3\sqrt{3})$$ 의 극솟값과 같고

$$h(x) = M - 4(x^3 - 27x)$$ 에서

$$h'(x) = -4(3x^2 - 27) = -12(x+3)(x-3)$$

이므로 함수 $h(x)$는 $x = -3$에서 극솟값 $M - 216$을 갖는다.

따라서 함수 $g'(x)$의 극솟값도 $M - 216$이므로

$M - 216 \geq 0$이어야 한다.

따라서 구하는 M의 최솟값은 216이다.

답 216

빈출 QnA

Q. 삼차함수의 그래프의 특징을 이용하여 빠르게 계산할 수 있는 방법도 알려주세요.

A. 삼차함수의 그래프의 특징을 이용하여 풀이의 후반의 계산을 수월하게 할 수 있습니다.

모든 삼차함수에 대하여 다음이 성립합니다.

❶ 삼차함수의 그래프는 반드시 단 하나의 변곡점을 갖는다. 또한 그 변곡점에 대하여 삼차함수의 그래프는 대칭이다.

❷ 삼차함수가 극값을 가지는 경우, 항상 그림과 같은 길이 관계를 갖는다. 직사각형 8개는 서로 합동이며, 하단에 표시한 길이는 $1 : \sqrt{3} : 2$의 비를 갖는다.

이 문항에서는 삼차함수 $y = g'(x)$의 그래프와 직선 $y = M$의 두 교점 (k, M), $(k-3\sqrt{3}, M)$의 x좌표의 차가 $3\sqrt{3}$이므로

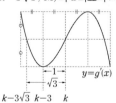

$1 : \sqrt{3} = ($변곡점과 극소인 점의 x좌표의 차$) : 3\sqrt{3}$ 으로부터 변곡점과 극소인 점의 x좌표의 차가 3임을 알 수 있습니다.

따라서 극소점인 점의 x좌표는 $k-3$이고

$g'(k-3) \geq 0$을 만족시키는 M의 최솟값을 구하면 됩니다.

K 14-11

$B(2, 0)$이라 할 때

반원에 대한 원주각의 크기는 $\angle OQB = \dfrac{\pi}{2}$이므로

직각삼각형 OQB에서

$\overline{OQ} = \overline{OB} \cos\theta = 2\cos\theta$이고

$\overline{PQ} = 1$이라 주어졌으므로

$\overline{OP} = \overline{OQ} - \overline{PQ} = 2\cos\theta - 1$이다.

또한 점 P에서 x축에 내린 수선의 발을 H라 하고, 점 P의
y좌표를 $f(\theta)$라 하자.

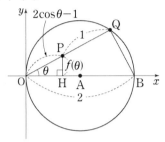

$f(\theta) = \overline{PH} = \overline{OP}\sin\theta = (2\cos\theta - 1)\sin\theta$

$f'(\theta) = (-2\sin\theta) \times \sin\theta + (2\cos\theta - 1) \times \cos\theta$ ┗코 101

$\qquad = -2(1 - \cos^2\theta) + 2\cos^2\theta - \cos\theta$

$\qquad\qquad\qquad (\because \sin^2\theta + \cos^2\theta = 1)$ ┗코 018

$\qquad = 4\cos^2\theta - \cos\theta - 2$ ……㉠

$f''(\theta) = -8\sin\theta\cos\theta + \sin\theta$

$\qquad = \sin\theta(1 - 8\cos\theta)$ ┗코 107 ……㉡

㉠에서 방정식 $f'(\theta) = 0$의 해를 $\theta_1 \left(0 < \theta_1 < \dfrac{\pi}{3}\right)$이라 하면

$\cos\theta_1 = \dfrac{1 + \sqrt{33}}{8}$이다.

㉡에서 $0 < \theta < \dfrac{\pi}{3}$일 때 $\sin\theta > 0$, $1 - 8\cos\theta < 0$이므로

$f''(\theta) < 0$이다.

즉, $0 < \theta < \dfrac{\pi}{3}$에서 함수 $y = f(\theta)$의 그래프는 위로 볼록하다.

┗코 109

따라서 함수 $f(\theta)$는 $\theta = \theta_1$에서 극대이면서 최대이다.

$\therefore a + b = 1 + 33 = 34$

답 34

K 14-12

함수 $f(x) = \ln(e^x + 1) + 2e^x$에 대하여 이차함수
$g(x)$와 실수 k는 다음 조건을 만족시킨다.

> 함수 $h(x) = |g(x) - f(x - k)|$는 $x = k$에서
> 최솟값 $g(k)$를 갖고, 닫힌구간 $[k-1, k+1]$에서
> 최댓값 $2e + \ln\dfrac{1+e}{\sqrt{2}}$를 갖는다.

$g'\left(k - \dfrac{1}{2}\right)$의 값을 구하시오. (단, $\dfrac{5}{2} < e < 3$이다.) [4점]

How To

❶ $h(x) = |g(x) - f(x - k)|$는 $x = k$에서 **최솟값 $g(k)$를**
갖는다.
$h(k) = |g(k) - f(0)| = g(k)$이므로 $f(0) = 2g(k)$이고
$h(x) = f(x - k) - g(x)$이다. $(\because f(0) > 0)$

❷ $h(x)$는 **닫힌구간 $[k-1, k+1]$에서 최댓값 $2e + \ln\dfrac{1+e}{\sqrt{2}}$를**
갖는다.
닫힌구간 $[k-1, k+1]$에서 극값, $h(k-1)$, $h(k+1)$ 중 가장 큰
값이 $2e + \ln\dfrac{1+e}{\sqrt{2}}$이다.

$f(x) = \ln(e^x + 1) + 2e^x$에서

$f'(x) = \dfrac{e^x}{e^x + 1} + 2e^x$, $f''(x) = \dfrac{e^x}{(e^x + 1)^2} + 2e^x$이므로

┗코 098 ┗코 102 ┗코 103 ┗코 107

모든 실수 x에 대하여 $f'(x) > 0$이고 $f''(x) > 0$이다.

즉, 함수 $f(x)$는 실수 전체의 집합에서 증가하고 그 그래프는
아래로 볼록하므로

함수 $f(x - k)$도 실수 전체의 집합에서 증가하고 그 그래프는
아래로 볼록하다. ┗코 109

한편 함수 $h(x) = |g(x) - f(x - k)|$가 $x = k$에서 최솟값
$g(k)$를 갖는다고 주어졌으므로 $|g(k) - f(0)| = g(k)$이다.

이때 $f(0) = 2 + \ln 2 \neq 0$이므로 $g(k) - f(0) = -g(k)$이어야
한다.

즉, $g(k) = \dfrac{f(0)}{2} = 1 + \ln\sqrt{2}$이다. ……㉠

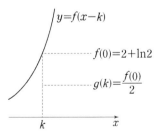

함수 $h(x)$의 최솟값이 0보다 크므로

함수 $y = f(x - k)$의 그래프와 이차함수 $y = g(x)$의 그래프가
만나지 않아야 한다.

따라서 이차함수 $y = g(x)$의 그래프는 다음 그림과 같이 위로
볼록하고

$h(x) = |g(x) - f(x - k)| = f(x - k) - g(x)$이다.

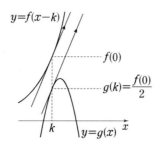

이때 두 함수 $f(x-k)$, $g(x)$의 함숫값의 차를 이용하여 함수 $y=h(x)$의 그래프를 그려보면
아래로 볼록하고 $x=k$에서 극솟값을 갖는다.
함수 $h(x)$는 실수 전체의 집합에서 미분가능한 함수이므로
$h'(k)=0$, 즉 $f'(0)-g'(k)=0$이며
$f'(0)=\dfrac{e^0}{e^0+1}+2e^0=\dfrac{5}{2}$이므로 $g'(k)=\dfrac{5}{2}$이다. ...... ㉡

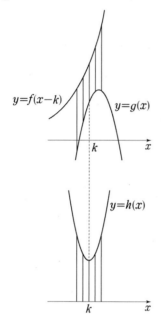

또한 함수 $h(x)$가 닫힌구간 $[k-1,\,k+1]$에서 최댓값
$2e+\ln\dfrac{1+e}{\sqrt{2}}$ 를 갖는다고 주어졌으므로
닫힌구간 $[k-1,\,k+1]$의 양 끝 값인 $h(k-1)$와 $h(k+1)$
중에서 큰 값이 $2e+\ln\dfrac{1+e}{\sqrt{2}}$이다. ▶ 051

두 값 $h(k-1)$, $h(k+1)$의 대소 관계를 비교해 보면
$h(k+1)-h(k-1)$
$=\{\ln(e+1)+2e-g(k+1)\}$
$\qquad\qquad -\{\ln(e^{-1}+1)+2e^{-1}-g(k-1)\}$
$=\left(\ln\dfrac{e+1}{e^{-1}+1}+2e-\dfrac{2}{e}\right)-\{g(k+1)-g(k-1)\}$
$=\left(1+2e-\dfrac{2}{e}\right)-2g'(k)$

$\quad$ ($\because$ 이차함수 $g(x)$에 대하여 $\dfrac{g(k+1)-g(k-1)}{2}=g'(k)$,
$\quad$ 즉 $g(k+1)-g(k-1)=2g'(k)$이다.)

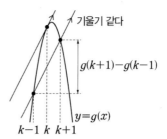

$=\left(1+2e-\dfrac{2}{e}\right)-5$ ($\because$ ㉡)
$=2\left(-2+e-\dfrac{1}{e}\right)>0$ ($\because$ $\dfrac{5}{2}<e<3$)
이므로 $h(k+1)>h(k-1)$이다.

따라서 함수 $h(x)$의 최댓값은 $h(k+1)$이므로
$\ln(e+1)+2e-g(k+1)=2e+\ln\dfrac{1+e}{\sqrt{2}}$에서
$g(k+1)=\ln\sqrt{2}$이다. ...... ㉢

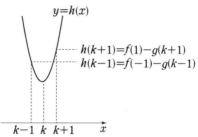

㉠, ㉡, ㉢에 의하여 함수 $g(x)$가
$g(k)=1+\ln\sqrt{2}$, $g'(k)=\dfrac{5}{2}$, $g(k+1)=\ln\sqrt{2}$를
만족시킬 때 $g'\left(k-\dfrac{1}{2}\right)$의 값은
함수 $g_1(x)=g(x+k)-\ln\sqrt{2}$의 $g_1'\left(-\dfrac{1}{2}\right)$의 값과 같다.

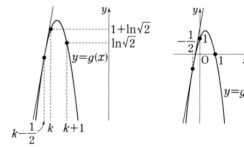

이때 함수 $g_1(x)$는 $g_1(0)=1$, $g_1'(0)=\dfrac{5}{2}$, $g_1(1)=0$을
만족시키므로
먼저 $g_1(0)=1$에 의하여
$g_1(x)=ax^2+bx+1$이라 하면 (a, b는 상수)
$g_1'(x)=2ax+b$이므로
$g_1(1)=0$에서 $a+b+1=0$이고
$g_1'(0)=\dfrac{5}{2}$에서 $b=\dfrac{5}{2}$이므로 $a=-\dfrac{7}{2}$이다.

따라서 $g_1'(x)=-7x+\dfrac{5}{2}$이므로 $g_1'\left(-\dfrac{1}{2}\right)=6$이다.

$$\therefore g'\left(k-\frac{1}{2}\right)=6$$

답 6

K 14-13

함수 $f(x)=\begin{cases}2\sin^3 x & \left(-\dfrac{\pi}{2}<x<\dfrac{\pi}{4}\right)\\ \cos x & \left(\dfrac{\pi}{4}\le x<\dfrac{3\pi}{2}\right)\end{cases}$ 에 대하여

$$f'(x)=\begin{cases}6\sin^2 x\times\cos x & \left(-\dfrac{\pi}{2}<x<\dfrac{\pi}{4}\right)\\ -\sin x & \left(\dfrac{\pi}{4}<x<\dfrac{3\pi}{2}\right)\end{cases}$$ 이다. 너코 103

이때 두 함수 $2\sin^3 x$, $\cos x$는 실수 전체의 집합에서 미분가능한 함수이므로

함수 $f(x)$는 $x\ne\dfrac{\pi}{4}$인 모든 실수 x에 대하여 미분가능하다.

함수 $f(x)$의 $x=\dfrac{\pi}{4}$에서의 연속성, 미분가능성을 판단하면 다음과 같다.

$$\lim_{x\to\frac{\pi}{4}^-}f(x)=2\sin^3\frac{\pi}{4}=\frac{\sqrt{2}}{2},$$

$$\lim_{x\to\frac{\pi}{4}^+}f(x)=f\left(\frac{\pi}{4}\right)=\cos\frac{\pi}{4}=\frac{\sqrt{2}}{2}$$ 이므로 $x=\dfrac{\pi}{4}$에서

연속이다. 너코 037

함수 $f(x)$의 $x=\dfrac{\pi}{4}$에서의

좌미분계수는 $6\sin^2\left(\dfrac{\pi}{4}\right)\cos\dfrac{\pi}{4}=\dfrac{3}{2}\sqrt{2}$,

우미분계수는 $-\sin\dfrac{\pi}{4}=-\dfrac{\sqrt{2}}{2}$이므로 $x=\dfrac{\pi}{4}$에서

미분가능하지 않다.

즉, 함수 $f(x)$는 실수 전체의 집합에서 연속이고

$x=\dfrac{\pi}{4}$에서만 미분가능하지 않다.

또한 $-\dfrac{\pi}{2}<x<\dfrac{\pi}{4}$에서 방정식 $f'(x)=0$의 해는 $x=0$이고

$\dfrac{\pi}{4}<x<\dfrac{3\pi}{2}$에서 방정식 $f'(x)=0$의 해는 $x=\pi$이므로

함수 $f(x)$의 증가와 감소를 표로 나타내면 다음과 같다.

x	$-\dfrac{\pi}{2}$	$\cdots$	0	$\cdots$	$\dfrac{\pi}{4}$	$\cdots$	π	$\cdots$	$\dfrac{3\pi}{2}$
$f'(x)$		$+$	0	$+$		$-$	0	$+$	
$f(x)$		$\nearrow$	0	$\nearrow$	$\dfrac{\sqrt{2}}{2}$	$\searrow$	-1	$\nearrow$	

따라서 함수 $f(x)$는 $x=\dfrac{\pi}{4}$에서 극대, $x=\pi$에서 극소이며

$\displaystyle\lim_{x\to-\frac{\pi}{2}^+}f(x)=-2$, $\displaystyle\lim_{x\to\frac{3\pi}{2}^-}f(x)=0$이므로 함수 $y=f(x)$의

그래프는 다음과 같다. 너코 110

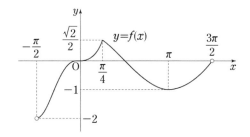

한편 $\sqrt{|f(x)-t|}$에서 $i(x)=|f(x)-t|$, $j(x)=\sqrt{x}$ 라 하자.

함수 $\sqrt{|f(x)-t|}$, 즉 $j(i(x))$가 미분가능하지 않은 점을 구하기에 앞서

함수 $i(x)$, $j(x)$가 미분가능하지 않은 점을 구하면 다음과 같다.

함수 $y=i(x)$의 그래프는 함수 $y=f(x)$의 그래프에서 직선 $y=t$보다 아래쪽에 그려진 부분을 직선 $y=t$를 기준으로 위쪽으로 접어 올린 것과 같다.

따라서 $\alpha\left(-\dfrac{\pi}{2}<\alpha<\dfrac{3\pi}{2}\right)$의 값이 '$\alpha=\dfrac{\pi}{4}$' 또는

'$f(\alpha)-t=0$이고 $f'(\alpha)\ne0$'을 만족시킬 때

함수 $i(x)$는 $x=\alpha$에서 미분가능하지 않다. 너코 042 너코 046

$j(x)=\sqrt{x}$에서 $j'(x)=\dfrac{1}{2\sqrt{x}}$이므로

함수 $j(x)$는 $x=0$에서만 미분가능하지 않다.

이때

함수 $i(x)$가 $x=k$에서 미분가능하고 ······㉠

함수 $j(x)$가 $x=i(k)$에서 미분가능하면 ······㉡

함수 $j(i(x))$는 $x=k$에서 미분가능하다.

㉠, ㉡을 모두 만족시키는 경우, 즉 $k\ne\dfrac{\pi}{4}$이고 $f(k)-t\ne0$인

경우에는 함수 $j(i(x))$는 $x=k$에서 미분가능하다.

그러나 ㉠ 또는 ㉡를 만족시키지 않는 경우, 즉 $k=\dfrac{\pi}{4}$ 또는

$f(k)-t=0$인 경우에는 함수 $j(i(x))$가 $x=k$에서 미분가능한지는 바로 알 수 없고 확인해 보아야 한다.

ⅰ) $k=\dfrac{\pi}{4}$ 또는 '$f(k)-t=0$, $f'(k)\ne0$'인 경우

함수 $j(i(x))$가 $x=k$에서 미분가능하려면 $\displaystyle\lim_{x\to k^-}j'(i(x))\times i'(x)$, $\displaystyle\lim_{x\to k^+}j'(i(x))\times i'(x)$의 값이

각각 존재하고 서로 같은 값을 가져야 한다.

그러나 $\displaystyle\lim_{x\to k^-}i'(x)$, $\displaystyle\lim_{x\to k^+}i'(x)$는 서로 다른 값을 갖고,

$j'(x)=\dfrac{1}{2\sqrt{x}}$이므로 $\displaystyle\lim_{x\to k^-}j'(i(x))$, $\displaystyle\lim_{x\to k^+}j'(i(x))$의

값은 '0보다 큰 값으로 수렴'하거나 '발산'한다.

따라서 $\displaystyle\lim_{x\to k^-}j'(i(x))\times i'(x)$, $\displaystyle\lim_{x\to k^+}j'(i(x))\times i'(x)$의

값은 '각각 서로 다른 값으로 수렴'하거나 '발산'한다.

즉, 함수 $j(i(x))$는 $x=k$에서 미분가능하지 않다.

ⅱ) '$f(k)-t=0$, $f'(k)=0$'인 경우

$t\ne0$, -1일 때 '$f(k)-t=0$, $f'(k)=0$'인 k의 값은 존재하지 않는다.

$t=0$일 때 '$f(k)-t=0$, $f'(k)=0$'을 만족시키는 k의
값은 0이다.

함수 $j(i(x))$의 $x=0$에서의 좌미분계수는

$$\lim_{x \to 0-} \frac{j(i(x))-j(i(0))}{x-0}$$

$$= \lim_{x \to 0-} \frac{\sqrt{|2\sin^3 x - 0|}-0}{x}$$

$$= \lim_{x \to 0-} \frac{\sqrt{-2\sin^3 x}}{-\sqrt{x^2}}$$

$$= -\lim_{x \to 0-} \sqrt{\left(\frac{\sin x}{x}\right)^2 \times (-2\sin x)}$$

$$= -\sqrt{1^2 \times 0} = 0 \quad \boxed{\text{너코 033}} \quad \boxed{\text{너코 100}}$$

함수 $j(i(x))$의 $x=0$에서의 우미분계수는

$$\lim_{x \to 0+} \frac{j(i(x))-j(i(0))}{x-0} = \lim_{x \to 0+} \frac{\sqrt{|2\sin^3 x - 0|}-0}{x}$$

$$= \lim_{x \to 0+} \frac{\sqrt{2\sin^3 x}}{\sqrt{x^2}}$$

$$= \lim_{x \to 0+} \sqrt{\left(\frac{\sin x}{x}\right)^2 \times 2\sin x}$$

$$= \sqrt{1^2 \times 0} = 0$$

따라서 $t=0$일 때의 함수 $j(i(x))$는 $x=0$에서
미분가능하다.

$t=-1$일 때 '$f(k)-t=0$, $f'(k)=0$'을 만족시키는 k의
값은 π이다.

함수 $j(i(x))$의 $x=\pi$에서의 좌미분계수는

$$\lim_{x \to \pi-} \frac{j(i(x))-j(i(\pi))}{x-\pi}$$

$$= \lim_{x \to \pi-} \frac{\sqrt{|\cos x - (-1)|}-0}{x-\pi}$$

$$= \lim_{\theta \to 0-} \frac{\sqrt{-\cos\theta + 1}}{\theta} \quad (x-\pi=\theta \ \text{치환})$$

$$= \lim_{\theta \to 0-} \frac{\sqrt{1-\cos\theta}}{-\sqrt{\theta^2}} = -\lim_{\theta \to 0-} \sqrt{\frac{1-\cos\theta}{\theta^2}} = -\sqrt{\frac{1}{2}}$$

함수 $j(i(x))$의 $x=\pi$에서의 우미분계수는

$$\lim_{x \to \pi+} \frac{j(i(x))-j(i(\pi))}{x-\pi}$$

$$= \lim_{x \to \pi+} \frac{\sqrt{|\cos x - (-1)|}-0}{x-\pi}$$

$$= \lim_{\theta \to 0+} \frac{\sqrt{-\cos\theta + 1}}{\theta} \quad (x-\pi=\theta \ \text{치환})$$

$$= \lim_{\theta \to 0+} \frac{\sqrt{1-\cos\theta}}{\sqrt{\theta^2}}$$

$$= \lim_{\theta \to 0+} \sqrt{\frac{1-\cos\theta}{\theta^2}} = \sqrt{\frac{1}{2}}$$

따라서 $t=-1$일 때의 함수 $j(i(x))$는 $x=\pi$에서
미분가능하지 않다.

따라서 함수 $j(i(x)) = \sqrt{|f(x)-t|}$는
모든 실수 t에 대하여 함수 $i(x)$가 미분가능하지 않은 점에서

미분가능하지 않고,
$t=-1$인 경우에는 예외적으로 $x=\pi$에서도 미분가능하지
않다.

이때 t의 값의 범위에 따른 함수 $j(i(x))$의 미분가능하지 않은
점을 나타내면 다음 그림과 같다.

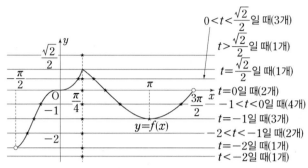

즉, 함수 $g(t)$는 $t=-2$, -1, 0, $\frac{\sqrt{2}}{2}$에서 불연속이고 함수
$y=g(t)$의 그래프는 다음 그림과 같다.

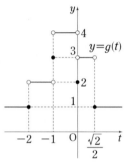

이때 함수 $(h \circ g)(t)$가 실수 전체의 집합에서 연속이 되려면
다음 4개의 조건을 만족시켜야 한다.

$\displaystyle\lim_{t \to -2-} h(g(t)) = \lim_{t \to -2+} h(g(t))$에서 $h(1)=h(2)$

$\displaystyle\lim_{t \to -1-} h(g(t)) = \lim_{t \to -1+} h(g(t))$에서 $h(2)=h(4)$

$\displaystyle\lim_{t \to 0-} h(g(t)) = \lim_{t \to 0+} h(g(t))$에서 $h(4)=h(3)$

$\displaystyle\lim_{t \to \frac{\sqrt{2}}{2}-} h(g(t)) = \lim_{t \to \frac{\sqrt{2}}{2}+} h(g(t))$에서 즉 $h(3)=h(1)$

즉, 최고차항의 계수가 1인 사차함수 $h(x)$는
$h(1)=h(2)=h(3)=h(4)$를 만족시켜야 하므로
$h(x) = (x-1)(x-2)(x-3)(x-4)+d$ (단, d는 상수)라
할 수 있다.

이때 $a=g\left(\frac{\sqrt{2}}{2}\right)=1$, $b=g(0)=2$, $c=g(-1)=3$이므로

$\therefore \ h(a+5)-h(b+3)+c = h(6)-h(5)+3$

$$= (120+d)-(24+d)+3 = 99$$

답 ④

K 14-14

$g(x) = \dfrac{1}{2+\sin f(x)}$ 에서

$g'(x) = -\dfrac{\{2+\sin f(x)\}'}{\{2+\sin f(x)\}^2} = -\dfrac{\cos f(x) \times f'(x)}{\{2+\sin f(x)\}^2}$ 이다.

$\boxed{\text{너코 102}} \quad \boxed{\text{너코 103}}$

이때 방정식 $g'(x)=0$, 즉 $\cos f(x) \times f'(x)=0$의 해는

방정식 $f(x)=\dfrac{2k-1}{2}\pi$ 또는 방정식 $f'(x)=0$의 해와 같다.

너코 020 (단, k는 정수)

따라서 함수 $g(x)$가 $x=\alpha$에서 극값을 가지면

$f(\alpha)=\dfrac{2k-1}{2}\pi$ 또는 $f'(\alpha)=0$이다. 너코 049 ······㉠

$\alpha \geq 0$인 모든 α를 작은 수부터 크기순으로 나열한 것을

α_1, α_2, α_3, α_4, α_5, $\cdots$라 할 때

조건 (가)에 의하여

$\alpha_1=0$이므로 $f'(\alpha_1)=0$, 즉 $f'(0)=0$이고

$g(\alpha_1)=\dfrac{2}{5}$, 즉 $g(0)=\dfrac{2}{5}$이므로 $\dfrac{1}{2+\sin f(0)}=\dfrac{2}{5}$에서

$f(0)=\dfrac{\pi}{6}$이다. $\left(\because 0 < f(0) < \dfrac{\pi}{2} \right)$

$f'(0)=0$, $f(0)=\dfrac{\pi}{6}$를 만족시키는 최고차항의 계수가 6π인

삼차함수 $f(x)$는 다음과 같다.

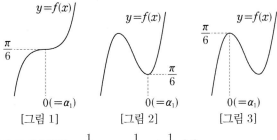

[그림 1]   [그림 2]   [그림 3]

한편 조건 (나)의 $\dfrac{1}{g(\alpha_5)}=\dfrac{1}{g(\alpha_2)}+\dfrac{1}{2}$에서

$2+\sin f(\alpha_5)=2+\sin f(\alpha_2)+\dfrac{1}{2}$, 즉

$\sin f(\alpha_5)-\sin f(\alpha_2)=\dfrac{1}{2}$이다. ······㉡

$f'(\alpha_2) \neq 0$이면 ㉠에 의하여 $\sin f(\alpha_2)$의 값은 1 아니면

-1이고

$f'(\alpha_5) \neq 0$이면 ㉠에 의하여 $\sin f(\alpha_5)$의 값은 1 아니면

-1이므로

$f'(\alpha_2) \neq 0$이고 $f'(\alpha_5) \neq 0$이면 ㉡을 만족시킬 수 없다.

따라서 $f'(\alpha_2)=0$ 또는 $f'(\alpha_5)=0$이어야 하므로 [그림 3]만

가능하다.

ⅰ) $f'(\alpha_2)=0$인 경우

　$\alpha_1 < \alpha_2 < \alpha_3 < \alpha_4 < \alpha_5$를 만족시키려면 ㉠에 의하여

　[그림 4]와 같이

　$\dfrac{-1}{2}\pi \leq f(\alpha_2) < \dfrac{\pi}{6}$이고 $f(\alpha_3)=\dfrac{1}{2}\pi$, $f(\alpha_4)=\dfrac{3}{2}\pi$,

　$f(\alpha_5)=\dfrac{5}{2}\pi$이어야 한다.

　그런데 $\sin f(\alpha_5)-\sin f(\alpha_2)=1-\sin f(\alpha_2) > \dfrac{1}{2}$이므로

　㉡을 만족시킬 수가 없다. $\left(\because -1 \leq \sin f(\alpha_2) < \dfrac{1}{2} \right)$

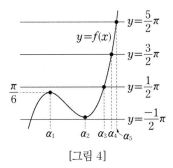

[그림 4]

ⅱ) $f'(\alpha_5)=0$인 경우

　$\alpha_1 < \alpha_2 < \alpha_3 < \alpha_4 < \alpha_5$를 만족시키려면 ㉠에 의하여

　[그림 5]와 같이

　$f(\alpha_2)=\dfrac{-1}{2}\pi$, $f(\alpha_3)=\dfrac{-3}{2}\pi$, $f(\alpha_4)=\dfrac{-5}{2}\pi$이고

　$-\dfrac{7}{2}\pi \leq f(\alpha_5) < -\dfrac{5}{2}\pi$이어야 한다.

　또한 ㉡을 만족시키려면

　$\sin f(\alpha_5)=\sin f(\alpha_2)+\dfrac{1}{2}=-\dfrac{1}{2}$이어야 하므로

　$f(\alpha_5)=-\dfrac{17}{6}\pi$이다.

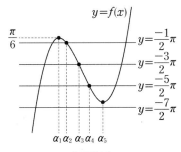

[그림 5]

ⅰ), ⅱ)에 의하여 최고차항의 계수가 6π인 삼차함수 $f(x)$는

$f(0)=\dfrac{\pi}{6}$, $f'(0)=0$, $f(\alpha_5)=-\dfrac{17}{6}\pi$, $f'(\alpha_5)=0$을

만족시킨다. ··· 빈출 QnA

먼저 $f(0)=\dfrac{\pi}{6}$, $f'(0)=0$에 의하여

$f(x)-\dfrac{\pi}{6}=6\pi x^2(x+p)$, 즉 $f(x)=6\pi(x^3+px^2)+\dfrac{\pi}{6}$라

할 수 있으므로 (단, p는 상수)

$f'(x)=6\pi(3x^2+2px)$

$\quad\ =6\pi x(3x+2p)$

이다.

이때 $f(\alpha_5)=-\dfrac{17}{6}\pi$, $f'(\alpha_5)=0$을 만족시키려면

$\alpha_5=-\dfrac{2}{3}p$이고 $f\left(-\dfrac{2}{3}p\right)=-\dfrac{17}{6}\pi$이어야 한다.

$6\pi\left(-\dfrac{8}{27}p^3+\dfrac{4}{9}p^3\right)=-3\pi$,

$\dfrac{4}{27}p^3=-\dfrac{1}{2}$,

$p^3=-\dfrac{27}{8}$

K

미분법

$$\therefore p = -\frac{3}{2}$$

즉, $f(x) = 6\pi\left(x^3 - \frac{3}{2}x^2\right) + \frac{\pi}{6}$ 이고

$f'(x) = 18\pi x(x-1)$ 이므로

$f\left(-\frac{1}{2}\right) = -\frac{17}{6}\pi$ 이고 $f'\left(-\frac{1}{2}\right) = \frac{27}{2}\pi$ 이다.

$$g'\left(-\frac{1}{2}\right) = -\frac{\cos\left(-\frac{17}{6}\pi\right) \times \frac{27}{2}\pi}{\left\{2 + \sin\left(-\frac{17}{6}\pi\right)\right\}^2}$$

$$= -\frac{\left(-\frac{\sqrt{3}}{2}\right) \times \frac{27}{2}\pi}{\left(2 - \frac{1}{2}\right)^2} = 3\sqrt{3}\pi$$

이다.

$$\therefore a^2 = (3\sqrt{3})^2 = 27$$

답 27

빈출 QnA

Q. 삼차함수의 그래프의 특징을 이용하여 바르게 계산할 수 있는 방법도 알려주세요.

A. 삼차함수의 그래프의 특성을 인지하고 있다면 풀이의 후반의 계산을 좀 더 쉽게 할 수 있습니다.
모든 삼차함수에 대하여 다음이 성립합니다.

❶ 삼차함수의 그래프는 반드시 단 하나의 변곡점을 갖는다. 또한 그 변곡점에 대하여 삼차함수의 그래프는 대칭이다.
❷ 삼차함수가 극값을 가지는 경우, 항상 그림과 같은 길이 관계를 갖는다. 직사각형 8개는 서로 합동이며, 하단에 표시한 길이는 $1 : \sqrt{3} : 2$의 비를 갖는다.

이 문항에서는 삼차함수 $y = f(x)$의 그래프와 직선 $y = \frac{\pi}{6}$의 서로 다른 두 교점의 x좌표를 0, 3β라 하면 $\alpha_5 : 3\beta = 2 : 3$으로부터 $\alpha_5 = 2\beta$임을 알 수 있습니다.

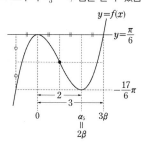

따라서 $f(x) = 6\pi x^2(x - 3\beta) + \frac{\pi}{6}$에 대하여

$f(2\beta) = -\frac{17}{6}\pi$를 만족시키면 되므로

$-24\beta^3\pi + \frac{\pi}{6} = -\frac{17}{6}\pi$에서 양수 β의 값은 $\frac{1}{2}$로 쉽게 구할 수 있습니다.

K 14-15

풀이 1

$f(x) = \frac{\ln x}{x}$에서

$f'(x) = \frac{\frac{1}{x} \times x - \ln x \times 1}{x^2} = \frac{1 - \ln x}{x^2}$, 【너코 098】 【너코 102】

$f''(x) = \frac{-\frac{1}{x} \times x^2 - (1 - \ln x) \times 2x}{(x^2)^2} = \frac{2\ln x - 3}{x^3}$ 이다.

【너코 107】

또한 기울기가 t $(t > 0)$인 직선이 곡선 $y = f(x)$에 접할 때 접점의 x좌표를 $g(t)$라 하면
$f'(g(t)) = t$이고 양변을 t에 대하여 미분하면 【너코 041】
$f''(g(t)) \times g'(t) = 1$이다. 【너코 103】 ……㉠
한편 원점에서 곡선 $y = f(x)$에 그은 접선의 기울기가 a일 때, 접점의 x좌표를 k라 하면
점 $(k, f(k))$에서의 접선의 기울기 $f'(k)$와
두 점 $(0, 0)$, $(k, f(k))$를 지나는 직선의 기울기
$\frac{f(k) - 0}{k - 0} = \frac{f(k)}{k}$가 서로 같으므로

$f'(k) = \frac{f(k)}{k}$, 즉 $\frac{1 - \ln k}{k^2} = \frac{\ln k}{k^2}$에서

$1 - \ln k = \ln k$,

$\ln k = \frac{1}{2}$,

$k = \sqrt{e}$이다.

따라서 $a = f'(\sqrt{e}) = \frac{1 - \frac{1}{2}}{e} = \frac{1}{2e}$이므로 ……㉡

㉠에 $t = a$를 대입하면

$f''(\sqrt{e}) \times g'(a) = 1$,

$\frac{2 \times \frac{1}{2} - 3}{e\sqrt{e}} \times g'(a) = 1$에서

$g'(a) = \frac{e\sqrt{e}}{-2}$이다. ……㉢

㉡, ㉢에 의하여

$$\therefore a \times g'(a) = \frac{1}{2e} \times \frac{e\sqrt{e}}{-2} = -\frac{\sqrt{e}}{4}$$

풀이 2

$f(x) = \frac{\ln x}{x}$에서

$$f'(x) = \frac{\frac{1}{x} \times x - \ln x \times 1}{x^2} = \frac{1 - \ln x}{x^2}$$ 이다. 너코098 너코102

이때 기울기가 $t\,(t>0)$인 직선이 곡선 $y=f(x)$에 접할 때 접점의 x좌표를 $g(t)$라 하면

$$t = \frac{1 - \ln\{g(t)\}}{\{g(t)\}^2}$$ 이다.

양변을 t에 대하여 미분하고 정리하면

$$1 = \frac{\left\{ -\dfrac{g'(t)}{g(t)} \right\} \times \{g(t)\}^2 - [1 - \ln\{g(t)\}] \times 2g'(t)g(t)}{\{g(t)\}^4},$$

너코103

$$1 = \frac{2g'(t)\ln\{g(t)\} - 3g'(t)}{\{g(t)\}^3},$$

$$g'(t) = \frac{\{g(t)\}^3}{2\ln\{g(t)\} - 3}$$ 이다. ......㉠

한편 원점에서 곡선 $y=f(x)$에 그은 접선의 접점의 x좌표를 k라 하면 접선의 방정식은

$$y = f'(k)(x-k) + f(k),$$ 너코108

즉 $$y = \frac{1 - \ln k}{k^2}(x-k) + \frac{\ln k}{k}$$ 이고 ......㉡

이 직선이 원점을 지나면

$$0 = \frac{\ln k - 1}{k} + \frac{\ln k}{k}$$ 이므로 정리하면

$$2\ln k - 1 = 0,$$

$$\ln k = \frac{1}{2},$$

$$k = \sqrt{e}$$ 이다.

따라서 ㉡에서 접선의 기울기는

$$a = \frac{1 - \ln\sqrt{e}}{e} = \frac{1}{2e}$$ 이고,

㉠에서 $$g'(a) = \frac{e\sqrt{e}}{2\ln\sqrt{e} - 3} = \frac{e\sqrt{e}}{-2}$$ 이다.

$$\therefore a \times g'(a) = -\frac{\sqrt{e}}{4}$$

답 ②

K 14-16

i) 조건 (가)에서 모든 실수 x에 대하여

$$\{f(x)\}^2 + 2f(x) = a\cos^3 \pi x \times e^{\sin^2 \pi x} + b$$

가 성립하므로 양변에 $x=0$, $x=2$를 각각 대입하면

$$\{f(0)\}^2 + 2f(0) = a+b, \quad \{f(2)\}^2 + 2f(2) = a+b$$

이때 두 식을 변끼리 빼면

$$\{f(0)\}^2 - \{f(2)\}^2 + 2\{f(0) - f(2)\} = 0$$

$$\{f(0) - f(2)\}\{f(0) + f(2) + 2\} = 0$$

이고, 조건 (나)에서 $f(0) \neq f(2)$이므로

$$f(0) + f(2) + 2 = 0$$ 이다. ......㉠

㉠과 조건 (나)의 식을 연립하여 풀면

$$f(0) = -\frac{1}{2}, \quad f(2) = -\frac{3}{2}$$

이를 $\{f(0)\}^2 + 2f(0) = a+b$에 대입하면

$$a + b = -\frac{3}{4}$$ 이다. ......㉡

ii) 조건 (가)의 식의 좌변을 $g(x)$라 하면

$$g(x) = \{f(x)\}^2 + 2f(x) = \{f(x) + 1\}^2 - 1$$

이므로 $g(x)$는 $f(x) = -1$을 만족시키는 x에서 최솟값 -1을 갖는다. ($\because$ $f(2) < -1 < f(0)$이므로 $f(x) = -1$을 만족시키는 x의 값이 반드시 존재한다.)

너코040

또한 조건 (가)의 식의 우변을 $h(x)$라 하면

$$h(x) = a\cos^3 \pi x \times e^{\sin^2 \pi x} + b$$는 주기가 2인 주기함수이고 모든 실수 x에서 미분가능하다.

$$h'(x) = 3a\cos^2 \pi x \times (-\pi \sin \pi x) \times e^{\sin^2 \pi x}$$
$$+ a\cos^3 \pi x \times e^{\sin^2 \pi x} \times 2\sin \pi x \times \pi \cos \pi x$$

너코045 너코103

$$= a\pi \cos^2 \pi x \sin \pi x \{-3 + 2\cos^2 \pi x\} \times e^{\sin^2 \pi x}$$

이므로 $\cos \pi x = 0$ 또는 $\sin \pi x = 0$일 때 $h'(x) = 0$이다.

($\because$ 모든 x에 대하여 $-3 + 2\cos^2 \pi x < 0$, $e^{\sin^2 \pi x} > 0$)

이때 $h'(x) = 0$을 만족시키는 x의 값은

$$x = \cdots,\ -\frac{1}{2},\ 0,\ \frac{1}{2},\ 1,\ \frac{3}{2},\ 2,\ \frac{5}{2},\ \cdots$$

이므로 0과 2를 포함하는 구간에서 함수 $h(x)$의 증가와 감소를 표로 나타내면 다음과 같다.

x	$\cdots$	0	$\cdots$	$\frac{1}{2}$	$\cdots$	1	$\cdots$	$\frac{3}{2}$	$\cdots$	2	$\cdots$
$h'(x)$	+	0	−	0	−	0	+	0	+	0	−
$h(x)$	↗	극대	↘		↘	극소	↗		↗	극대	↘

즉, 함수 $h(x)$는 $x=1$일 때 극소이자 최소이고, 최솟값은

$$h(1) = -a + b$$ 너코110

좌변의 최솟값과 우변의 최솟값이 같아야 하므로

$$-a + b = -1$$ 이다. ......㉢

i), ii)에 의하여 ㉡, ㉢을 연립하여 풀면

$$a = \frac{1}{8}, \quad b = -\frac{7}{8}$$

$$\therefore a \times b = \frac{1}{8} \times \left(-\frac{7}{8}\right) = -\frac{7}{64}$$

답 ②

K 14-17

곡선 $y = \frac{1}{e^x} + e^t$, 즉 $y = e^{-x} + e^t$과 접선의 접점의 좌표를

$P(g(t),\ e^{-g(t)} + e^t)$이라 하면

$y = e^{-x} + e^t$에서 $y' = -e^{-x}$이므로 너코098 너코103

$$f(t) = -e^{-g(t)}$$ 이다. ......㉠

이때 $f(a) = -e\sqrt{e}$, 즉 $f(a) = -e^{\frac{3}{2}}$이므로

$$-e^{-g(a)} = -e^{\frac{3}{2}} \quad \therefore g(a) = -\frac{3}{2}$$

한편 곡선 위의 점 P에서의 접선의 방정식은

$y = -e^{-g(t)}\{x - g(t)\} + e^{-g(t)} + e^t$ 너코 047

이고, 이 직선이 원점을 지나므로

$e^{-g(t)}g(t) + e^{-g(t)} + e^t = 0$

$\therefore e^{-g(t)}\{g(t) + 1\} + e^t = 0$ ······ㄴ

이 식에 $t = a$를 대입하면 $e^{-g(a)}\{g(a) + 1\} + e^a = 0$에서

$e^{\frac{3}{2}} \times \left(-\frac{3}{2} + 1\right) + e^a = 0$ $\therefore e^a = \frac{1}{2}e^{\frac{3}{2}}$

또한 ㄴ의 양변을 t에 대하여 미분하면

$-g'(t)e^{-g(t)}\{g(t) + 1\} + e^{-g(t)}g'(t) + e^t = 0$ 너코 045

$\therefore -g'(t)e^{-g(t)}g(t) + e^t = 0$

이 식에 $t = a$를 대입하면 $-g'(a)e^{-g(a)}g(a) + e^a = 0$에서

$-g'(a)e^{\frac{3}{2}} \times \left(-\frac{3}{2}\right) + \frac{1}{2}e^{\frac{3}{2}} = 0$ $\therefore g'(a) = -\frac{1}{3}$

이때 ㄱ에서 $f'(t) = g'(t)e^{-g(t)}$이므로

$f'(a) = g'(a)e^{-g(a)} = \left(-\frac{1}{3}\right) \times e^{\frac{3}{2}} = -\frac{1}{3}e\sqrt{e}$

답 ①

K14-18

$f_1(x) = (x - a - 2)^2 e^x$, $f_2(x) = e^{2a}(x - a) + 4e^a$이라 하자.

$f_1'(x) = 2(x - a - 2)e^x + (x - a - 2)^2 e^x$ 너코 098

$\quad = (x - a - 2)(x - a)e^x$

이때 $x \geq a$에서 함수 $f_1(x)$의 증가, 감소를 표로 나타내면 다음과 같다.

x	a	$\cdots$	$a+2$	$\cdots$
$f_1'(x)$	0	$-$	0	$+$
$f_1(x)$	$4e^a$	$\searrow$	0	$\nearrow$

또한 함수 $y = f_2(x)$의 그래프는 점 $(a, 4e^a)$을 지나고 기울기가 e^{2a}인 직선이므로 함수 $y = f(x)$의 그래프는 다음과 같다. 너코 110

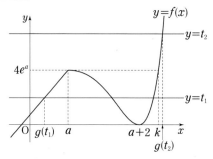

$f(x) = t$를 만족시키는 x의 최솟값이 $g(t)$이므로

$t \leq 4e^a$이면 $g(t)$는 함수 $y = f_2(x)$의 그래프와 직선 $y = t$의 교점의 x좌표이고,

$t > 4e^a$이면 $g(t)$는 함수 $y = f_1(x)$의 그래프와 직선 $y = t$의 교점의 x좌표이다.

따라서

$t \leq 4e^a$이면 $f_2(g(t)) = t$ ······ㄱ

$t > 4e^a$이면 $f_1(g(t)) = t$ ······ㄴ

이다.

이때 $f(x) = 4e^a$을 만족시키는 x의 값 중 a가 아닌 값을 k라 하면

$\lim\limits_{t \to 4e^a-} g(t) = a$, $\lim\limits_{t \to 4e^a+} g(t) = k$ 너코 032

이므로 함수 $g(t)$는 $t = 4e^a$에서 불연속이다. 너코 037

따라서 $4e^a = 12$이므로 $e^a = 3$이다.

한편 ㄱ의 양변을 미분하면 $f_2'(g(t))g'(t) = 1$이므로 너코 103

$t \leq 12$이면 $g'(t) = \dfrac{1}{f_2'(g(t))}$이다.

이때 모든 실수 x에 대하여 $f_2'(x) = e^{2a} = 3^2 = 9$이므로

너코 003

$t \leq 12$이면 $g'(t) = \dfrac{1}{9}$이다.

따라서 $f(a+2) = 0 \leq 12$이므로 $g'(f(a+2)) = \dfrac{1}{9}$이다.

또한 ㄴ의 양변을 미분하면 $f_1'(g(t))g'(t) = 1$이므로

$t > 12$이면 $g'(t) = \dfrac{1}{f_1'(g(t))}$이다.

$f(a+6) = 16e^{a+6} = 16 \times 3e^6 = 48e^6 > 12$이고, 너코 097

$g(f(a+6)) = a + 6$이므로

$g'(f(a+6)) = \dfrac{1}{f_1'(a+6)} = \dfrac{1}{24e^{a+6}} = \dfrac{1}{72e^6}$이다.

$\therefore \dfrac{g'(f(a+2))}{g'(f(a+6))} = \dfrac{\dfrac{1}{9}}{\dfrac{1}{72e^6}} = 8e^6$

답 ④

K14-19

풀이 1

조건 (가)에 의하여

$f(0) = \sin(b + \sin 0) = \sin b = 0$,

$f(2\pi) = \sin(2\pi a + b + \sin 2\pi) = \sin(2\pi a + b) = 2\pi a + b$

이다.

곡선 $y = \sin x$와 직선 $y = x$의 교점은 $(0, 0)$뿐이므로

($\because$ 참고)

방정식 $\sin x = x$의 실근은 0뿐이다.

따라서 $\sin(2\pi a + b) = 2\pi a + b$이려면 $2\pi a + b = 0$이므로

$b = -2\pi a$이다.

$1 \leq a \leq 2$에서 $-4\pi \leq b \leq -2\pi$이고, $\sin b = 0$이므로

$b = -4\pi$, $a = 2$ 또는 $b = -3\pi$, $a = \dfrac{3}{2}$ 또는 $b = -2\pi$,

$a = 1$이다. 너코 021

$f'(x) = (a + \cos x)\cos(ax + b + \sin x)$이므로 너코 103

(a, b)	$f'(x)$	$f'(0)$	$f'(4\pi)$	$f'(2\pi)$
$(1, -2\pi)$	$(1+\cos x)\cos(x+\sin x)$	2	2	2
$\left(\dfrac{3}{2}, -3\pi\right)$	$-\left(\dfrac{3}{2}+\cos x\right)\cos\left(\dfrac{3}{2}x+\sin x\right)$	$-\dfrac{5}{2}$	$-\dfrac{5}{2}$	$\dfrac{5}{2}$
$(2, -4\pi)$	$(2+\cos x)\cos(2x+\sin x)$	3	3	3

[너코 020] ··· **빈출 QnA ❶**

$a=1, b=-2\pi$ 또는 $a=2, b=-4\pi$일 때
$f'(0)=f'(2\pi)$이므로 조건 (나)를 만족시키지 않는다.

따라서 조건을 모두 만족시키려면 $a=\dfrac{3}{2}, b=-3\pi$이다.

$$\therefore\ f(x)=\sin\left(\dfrac{3}{2}x-3\pi+\sin x\right)=-\sin\left(\dfrac{3}{2}x+\sin x\right)$$

이때 $y=\dfrac{3}{2}x+\sin x$에서 $y'=\dfrac{3}{2}+\cos x>0$이므로

함수 $y=\dfrac{3}{2}x+\sin x$는 실수 전체의 집합에서 증가하는

함수이다. [너코 049]

따라서 $0<\alpha<4\pi$일 때 $0<\dfrac{3}{2}\alpha+\sin\alpha<6\pi$이고,

구간 $(0, 6\pi)$에서 함수 $y=-\sin x$가 $x=\dfrac{3}{2}\pi, \dfrac{7}{2}\pi, \dfrac{11}{2}\pi$에서

극대이므로

함수 $f(x)=-\sin\left(\dfrac{3}{2}x+\sin x\right)$가 $x=\alpha\ (0<\alpha<4\pi)$에서

극대일 때는

$\dfrac{3}{2}\alpha+\sin\alpha$의 값이 $\dfrac{3}{2}\pi$ 또는 $\dfrac{7}{2}\pi$ 또는 $\dfrac{11}{2}\pi$일 때이다.

$\qquad\qquad\qquad\qquad\qquad\cdots\cdots\ \text{㉠}$

함수 $y=\dfrac{3}{2}x+\sin x$가 실수 전체의 집합에서 증가하는

함수이므로 함숫값이 $\dfrac{3}{2}\pi, \dfrac{7}{2}\pi, \dfrac{11}{2}\pi$가 되는 x의 값이 각각

오직 한 개씩 존재한다.

즉, ㉠을 만족시키는 α의 값이 3개 존재한다.

$\therefore\ n=3$

또한 조건을 만족시키는 가장 작은 α의 값이 α_1이므로

α_1은 방정식 $\dfrac{3}{2}x+\sin x=\dfrac{3}{2}\pi$의 실근이다.

$x=\pi$일 때 방정식을 만족시키고, 이는 유일한 실근이므로

$\alpha_1=\pi$이다. ··· **빈출 QnA ❷**

$$\therefore\ n\alpha_1-ab=3\times\pi-\dfrac{3}{2}\times(-3\pi)=\dfrac{15}{2}\pi$$

$$\therefore\ p+q=17$$

풀이 2

조건 (가)에 의하여
$f(0)=\sin(b+\sin 0)=\sin b=0$,
$f(2\pi)=\sin(2\pi a+b+\sin 2\pi)=\sin(2\pi a+b)=2\pi a+b$
이다.

곡선 $y=\sin x$와 직선 $y=x$의 교점은 $(0, 0)$뿐이므로
$\qquad\qquad\qquad\qquad\qquad\qquad(\because\ \text{참고})$

방정식 $\sin x=x$의 실근은 0뿐이다.

따라서 $\sin(2\pi a+b)=2\pi a+b$이려면 $2\pi a+b=0$이므로
$b=-2\pi a$이다.

$1\le a\le 2$에서 $-4\pi\le b\le -2\pi$이고, $\sin b=0$이므로

$b=-4\pi, a=2$ 또는 $b=-3\pi, a=\dfrac{3}{2}$ 또는 $b=-2\pi$,

$a=1$이다. [너코 021]

$f'(x)=(a+\cos x)\cos(ax+b+\sin x)$에서 [너코 103]

$f'(0)=(a+1)\cos b$이다.

ⅰ) $a=1, b=-2\pi$일 때
$\quad f'(0)=f'(t)$에서
$\quad 2\cos(-2\pi)=(1+\cos t)\cos(t-2\pi+\sin t)$,
$\quad$즉 $2=(1+\cos t)\cos(t+\sin t)$이다. [너코 020]
$\quad$이때 $0\le 1+\cos t\le 2$, $-1\le\cos(t+\sin t)\le 1$이므로
$\quad 1+\cos t=2$, $\cos(t+\sin t)=1$이어야 한다.
$\quad$양수 t의 값은 $2\pi, 4\pi, 6\pi, \cdots$이므로 조건 (나)를
$\quad$만족시키지 않는다.

ⅱ) $a=2, b=-4\pi$일 때
$\quad f'(0)=f'(t)$에서
$\quad 3\cos(-4\pi)=(2+\cos t)\cos(2t-4\pi+\sin t)$,
$\quad$즉 $3=(2+\cos t)\cos(2t+\sin t)$이다.
$\quad$이때 $1\le 2+\cos t\le 3$,
$\quad -1\le\cos(2t+\sin t)\le 1$이므로
$\quad 2+\cos t=3$, $\cos(2t+\sin t)=1$이어야 한다.
$\quad$양수 t의 값은 $2\pi, 4\pi, 6\pi, \cdots$이므로 조건 (나)를
$\quad$만족시키지 않는다.

ⅲ) $a=\dfrac{3}{2}, b=-3\pi$일 때
$\quad f'(0)=f'(t)$에서
$\quad -\dfrac{5}{2}=\left(\dfrac{3}{2}+\cos t\right)\cos\left(\dfrac{3}{2}t-3\pi+\sin t\right)$,
$\quad$즉 $\dfrac{5}{2}=\left(\dfrac{3}{2}+\cos t\right)\cos\left(\dfrac{3}{2}t+\sin t\right)$이다.
$\quad$이때 $\dfrac{1}{2}\le\dfrac{3}{2}+\cos t\le\dfrac{5}{2}$,
$\quad -1\le\cos\left(\dfrac{3}{2}t+\sin t\right)\le 1$이므로
$\quad \dfrac{3}{2}+\cos t=\dfrac{5}{2}$, $\cos\left(\dfrac{3}{2}t+\sin t\right)=1$이어야 한다.
$\quad$양수 t의 값은 $4\pi, 8\pi, 12\pi, \cdots$이므로 조건 (나)를
$\quad$만족시킨다.

ⅰ)~ⅲ)에 의하여 $a=\dfrac{3}{2}, b=-3\pi$이다.

$$\therefore\ f(x)=\sin\left(\dfrac{3}{2}x-3\pi+\sin x\right)=-\sin\left(\dfrac{3}{2}x+\sin x\right)$$

$f'(x)=-\left(\dfrac{3}{2}+\cos x\right)\cos\left(\dfrac{3}{2}x+\sin x\right)=0$에서

$\dfrac{3}{2}+\cos x>0$이므로 $\cos\left(\dfrac{3}{2}x+\sin x\right)=0$, 즉

$\dfrac{3}{2}x+\sin x=\dfrac{m}{2}\pi\ (m$은 정수)이다.

이때 $y=\dfrac{3}{2}x+\sin x$에서 $y'=\dfrac{3}{2}+\cos x>0$이므로

함수 $y=\dfrac{3}{2}x+\sin x$는 실수 전체의 집합에서 증가하는

함수이다. 너코 049

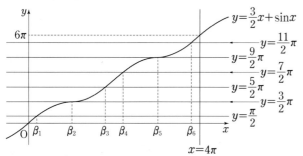

따라서 $0<x<4\pi$일 때 $0<\dfrac{3}{2}x+\sin x<6\pi$이므로

$f'(x)=0$에서 $\dfrac{3}{2}x+\sin x=\dfrac{\pi}{2},\ \dfrac{3}{2}\pi,\ \dfrac{5}{2}\pi,\ \cdots,\ \dfrac{11}{2}\pi$이다.

이를 만족시키는 x의 값을 각각 $\beta_1,\ \beta_2,\ \beta_3,\ \cdots,\ \beta_6$이라 하면

$x=\beta_1,\ \beta_3,\ \beta_5$의 각각의 좌우에서 $f'(x)$의 부호는 음에서

양으로 바뀌므로 함수 $f(x)$는 $x=\beta_1,\ \beta_3,\ \beta_5$에서 극소이고,

$x=\beta_2,\ \beta_4,\ \beta_6$의 각각의 좌우에서 $f'(x)$의 부호는 양에서

음으로 바뀌므로 함수 $f(x)$는 $x=\beta_2,\ \beta_4,\ \beta_6$에서 극대이다.

너코 110

$\therefore\ n=3$

또한 $\alpha_1=\beta_2$이므로 α_1은 방정식 $\dfrac{3}{2}x+\sin x=\dfrac{3}{2}\pi$의

실근이다.

$x=\pi$일 때 방정식을 만족시키고, 이는 유일한 실근이므로

$\alpha_1=\pi$이다. $\cdots$ 빈출 QnA ②

$\therefore\ n\alpha_1-ab=3\times\pi-\dfrac{3}{2}\times(-3\pi)=\dfrac{15}{2}\pi$

$\therefore\ p+q=17$

답 17

참고

$y=\sin x$에서 $y'=\cos x$이므로 곡선 $y=\sin x$ 위의 점
$(0,0)$에서의 접선의 기울기는 $\cos 0=1$이다.

따라서 곡선 $y=\sin x$와 직선 $y=x$는 그림과 같이 점
$(0,0)$에서만 만난다.

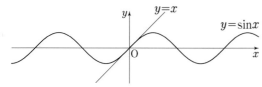

빈출 QnA ①

Q. 왜 $f'(4\pi)$와 $f'(2\pi)$의 값을 확인하나요?

A. 조건 (가)에서 $a=1$, $b=-2\pi$ 또는 $a=\dfrac{3}{2}$, $b=-3\pi$ 또는

$a=2$, $b=-4\pi$의 세 가지 경우가 가능합니다. 이 중 조건 (나)를
만족시키지 않는 경우가 있는지 찾기 위해서입니다.

만약 등식 $f'(0)=f'(t)$가 $t=4\pi$일 때 성립하지 않거나
4π보다 작은 어떤 양수 t에 대해서 성립한다면 $f'(0)=f'(t)$인
양수 t의 최솟값이 4π가 아니므로 조건을 만족시키지 않습니다.
따라서 이 경우를 제외시킬 수 있습니다.

세 가지 경우 모두 $f'(0)=f'(4\pi)$를 만족하고, 삼각함수의
주기를 생각해볼 때, 4π보다 작은 양수 중 2π인 경우도
만족하는지 확인해볼 수 있습니다. 두 가지 경우에서
$f'(0)=f'(2\pi)$가 되어 조건 (나)를 만족시키지 않으므로
이 두 경우를 제외하면 나머지 하나의 경우가 조건을
만족시킨다는 것을 유추할 수 있습니다. 실전적인 풀이에서는
이처럼 반례가 되는 경우를 찾아 문제를 해결할 수 있습니다.

빈출 QnA ②

Q. $\dfrac{3}{2}x+\sin x=\dfrac{3}{2}\pi$를 만족시키는 x의 값을 어떻게 찾나요?

A. $x=\pi$를 대입했을 때 성립함이 쉽게 보이기는 하지만,
정확하게는 그래프를 그려서 확인할 수 있습니다. 방정식은

$\sin x=-\dfrac{3}{2}(x-\pi)$와 같고, 두 함수 $y=\sin x$,

$y=-\dfrac{3}{2}(x-\pi)$의 그래프의 교점의 x좌표를 찾으면 됩니다.

이때 곡선 $y=\sin x$ 위의 점 $(\pi,0)$에서의 접선의 기울기는

-1이고, 직선 $y=-\dfrac{3}{2}(x-\pi)$는 점 $(\pi,0)$을 지나고 기울기가

$-\dfrac{3}{2}$인 직선이므로 두 그래프는 그림과 같이 점 $(\pi,0)$에서만

만납니다. 따라서 방정식의 실근이 $x=\pi$임을 알 수 있습니다.

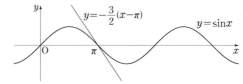

K 15-01

$f(x)=xe^x$에서

$f'(x)=e^x+xe^x=(1+x)e^x$, 너코 045 너코 098

$f''(x)=e^x+(1+x)e^x=(2+x)e^x$이다. 너코 107

$f''(x)=0$에서 $x=-2$이다.

$x=-2$의 좌우에서 $f''(x)$의 부호가 바뀌므로

곡선 $y=f(x)$의 변곡점의 좌표는 $(-2,f(-2))$,

즉 $\left(-2,\ -\dfrac{2}{e^2}\right)$이다. 너코 109

$\therefore\ ab=(-2)\times\left(-\dfrac{2}{e^2}\right)=\dfrac{4}{e^2}$

답 ④

K 15-02

$f(x) = \cos^n x \ (0 < x < \dfrac{\pi}{2},\ n = 2,\ 3,\ 4,\ \cdots)$라 하면

$f'(x) = n\cos^{n-1}x \times (-\sin x)$ 너코 103

$f''(x) = n(n-1)\cos^{n-2}x \times \sin^2 x + n\cos^{n-1}x \times (-\cos x)$

$\qquad = n(n-1)\cos^{n-2}x\sin^2 x - n\cos^n x$

$\qquad = n\cos^{n-2}x(n\sin^2 x - \sin^2 x - \cos^2 x)$

$\qquad = n\cos^{n-2}x(n\sin^2 x - 1)$ 너코 018 너코 107 ......㉠

곡선 $y = f(x)$의 변곡점의 좌표를 $(b_n,\ a_n)$이라 하면

$f(b_n) = a_n$, 즉 $\cos^n b_n = a_n$이고 ......㉡

$f''(b_n) = 0$, 즉 $\sin^2 b_n = \dfrac{1}{n}$이다. 너코 109 ......㉢

$\left(\because ㉠에서\ 0 < b_n < \dfrac{\pi}{2}이면\ \cos b_n \neq 0\right)$

㉢에서

$\cos b_n = \sqrt{1 - \sin^2 b_n} \ \left(\because 0 < b_n < \dfrac{\pi}{2}\right)$

$\qquad = \sqrt{1 - \dfrac{1}{n}} = \left(1 - \dfrac{1}{n}\right)^{\frac{1}{2}}$

이므로 이를 ㉡에 대입하면 $a_n = \left(1 - \dfrac{1}{n}\right)^{\frac{n}{2}}$이다.

$\displaystyle\lim_{n\to\infty} a_n = \lim_{n\to\infty}\left\{\left(1 - \dfrac{1}{n}\right)^{-n}\right\}^{-\frac{1}{2}}$에서 $-\dfrac{1}{n} = t$라 하면 너코 003

$n \to \infty$일 때 $t \to 0-$이므로

$\therefore \displaystyle\lim_{n\to\infty} a_n = \lim_{t\to 0-}\left\{(1+t)^{\frac{1}{t}}\right\}^{-\frac{1}{2}} = e^{-\frac{1}{2}} = \dfrac{1}{\sqrt{e}}$ 너코 097

답 ③

K 15-03

$a > 0$이므로 로그의 진수조건에 의하여 $x > 0$이다.

$y = (-\ln ax)^2 = (\ln ax)^2$에서

$y' = 2\ln ax \times \dfrac{a}{ax} = \dfrac{2\ln ax}{x}$ 너코 103

$y'' = \dfrac{\dfrac{2a}{ax} \times x - 2\ln ax \times 1}{x^2} = \dfrac{2(1 - \ln ax)}{x^2}$ 너코 102 너코 107

$y'' = 0$에서

$1 - \ln ax = 0$,

$x = \dfrac{e}{a}$이다.

이때 $x = \dfrac{e}{a}$의 좌우에서 y''의 부호가 바뀌므로

점 $\left(\dfrac{e}{a},\ 1\right)$은 곡선 $y = \left(\ln\dfrac{1}{ax}\right)^2$의 변곡점이다. 너코 109

이 점이 직선 $y = 2x$ 위에 있다고 주어졌으므로 $1 = \dfrac{2e}{a}$이다.

$\therefore a = 2e$

답 ⑤

K 15-04

ㄱ. $f(x) = x^n e^{-x}$에서 $f\left(\dfrac{n}{2}\right) = \left(\dfrac{n}{2}\right)^n e^{-\frac{n}{2}}$이고

$\quad f'(x) = nx^{n-1} \times e^{-x} + x^n \times (-e^{-x})$ 너코 103

$\qquad\quad = (nx^{n-1} - x^n)e^{-x}$

$\qquad\quad = (n-x)x^{n-1}e^{-x}$

에서 $f'\left(\dfrac{n}{2}\right) = \left(\dfrac{n}{2}\right)^n e^{-\frac{n}{2}}$이다.

$\therefore f\left(\dfrac{n}{2}\right) = f'\left(\dfrac{n}{2}\right)$ (참)

ㄴ. $f'(x) = (n-x)x^{n-1}e^{-x}$에서

$\quad f'(n) = 0$이고 $x = n$의 좌우에서 $f'(x)$의 부호가 양에서 음으로 바뀐다.

$\quad$따라서 함수 $f(x)$는 $x = n$에서 극댓값을 갖는다. 너코 049

(참)

ㄷ. $f''(x) = \{n(n-1)x^{n-2} - nx^{n-1}\} \times e^{-x}$

$\qquad\qquad\qquad + (nx^{n-1} - x^n) \times (-e^{-x})$

$\qquad\quad = (x^2 - 2nx + n^2 - n)x^{n-2}e^{-x}$ 너코 107

에서 n이 3 이상의 짝수인 경우

$x = 0$의 좌우에서 $f''(x)$의 부호는 바뀌지 않으므로

점 $(0,\ 0)$은 곡선 $y = f(x)$의 변곡점이 아니다. 너코 109

(거짓)

따라서 옳은 것은 ㄱ, ㄴ이다.

답 ③

K 15-05

$f(x) = \dfrac{2}{x^2 + b} \ (b > 0)$라 하면

$f'(x) = \dfrac{-2 \times 2x}{(x^2 + b)^2} = -\dfrac{4x}{(x^2 + b)^2}$ 너코 102

$f''(x) = -\dfrac{4 \times (x^2 + b)^2 - 4x \times \{2(x^2 + b) \times 2x\}}{(x^2 + b)^4}$

너코 103 너코 107

$\qquad\quad = -\dfrac{4(x^2 + b) - 16x^2}{(x^2 + b)^3}$

이다.

미분가능한 함수 $f(x)$의 변곡점이 $(2,\ a)$이므로

$f(2) = a$, 즉 $\dfrac{2}{4+b} = a$이고 ......㉠

$f''(2) = 0$, 즉 $4(4+b) - 64 = 0$이다. 너코 109 ......㉡

㉡에서 $b = 12$이므로 이를 ㉠에 대입하면

$a = \dfrac{2}{4 + 12} = \dfrac{1}{8}$이다.

$\therefore \dfrac{b}{a} = 96$

답 96

K 15-06

$f(x) = 3\sin(kx) + 4x^3$에서

$f'(x) = 3\cos(kx) \times k + 12x^2$ 너코 103

$\quad = 3k\cos(kx) + 12x^2$,

$f''(x) = -3k\sin(kx) \times k + 24x$ 너코 107

$\quad = -3\{k^2\sin(kx) - 8x\}$

이다.

이때 함수 $y = f(x)$의 그래프가 오직 하나의 변곡점을 가지려면 $f''(x)$의 부호가 한 번만 바뀌어야 한다. 너코 109

즉, $g(x) = k^2\sin(kx)$, $h(x) = 8x$라 할 때

두 함수 $g(x)$, $h(x)$의 대소 관계가 한 번만 바뀌어야 한다.

$\qquad\qquad\qquad\qquad\qquad\qquad$ ……㉠

이때 곡선 $y = g(x)$와 직선 $y = h(x)$는 모두 원점을 지나므로 곡선 $y = g(x)$ 위의 점 $(0, 0)$에서의 접선의 기울기에 따라 ㉠을 만족시키는지 여부를 판단할 수 있다.

$g'(x) = k^3\cos(kx)$에서 $g'(0) = k^3$,

$h'(x) = 8$에서 $h'(0) = 8$이므로

$g'(0) = h'(0)$에서 $k^3 = 8$, 즉 $k = 2$인 경우

두 함수 $g(x)$, $h(x)$의 대소 관계가 한 번만 바뀌므로 ㉠을 만족시킨다.

$g'(0) > h'(0)$에서 $k^3 > 8$, 즉 $k > 2$인 경우

두 함수 $g(x)$, $h(x)$의 대소 관계가 적어도 세 번 이상 바뀌므로 ㉠을 만족시키지 않는다.

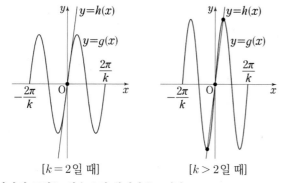

따라서 구하는 실수 k의 최댓값은 2이다.

답 2

K 15-07

$f(x) = ax^2 - 2\sin(2x)$라 하면

$f'(x) = 2ax - 4\cos(2x)$,

$f''(x) = 2a + 8\sin(2x)$이다.

곡선 $y = f(x)$가 변곡점을 가지려면

함수 $f''(x)$의 부호가 바뀌어야 하므로 너코 109

$8\sin(2x)$, $-2a$의 대소 관계가 바뀌면 된다.

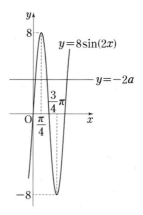

함수 $8\sin(2x)$의 최솟값이 -8, 최댓값이 8이므로 너코 019

$-8 < -2a < 8$, 즉 $-4 < a < 4$이다.

따라서 조건을 만족시키는 정수 a의 개수는

$-3, -2, -1, \cdots, 3$으로 7이다.

답 ④

K 15-08

ㄱ. 미분가능한 함수 $f(x)$가 $x = a$에서 극값을 가지려면 $f'(a) = 0$이고 $x = a$의 좌우에서 $f'(x)$의 값의 부호가 바뀌어야 한다. 너코 049

주어진 그래프에서 이를 만족시키는 a의 값은 2개이므로 $f(x)$는 서로 다른 두 점에서 극값을 갖는다. (거짓)

ㄴ. 이계도함수가 존재하는 함수 $f(x)$에 대하여

구간 $(4, 6)$에서 $f'(x)$가 증가하므로 $f''(x) > 0$이다. 너코 107

따라서 구간 $(4, 6)$에서 함수 $f(x)$는 아래로 볼록이므로

$4 < x_1 < x_2 < 6$인 x_1, x_2에 대하여

$f\left(\dfrac{x_1 + x_2}{2}\right) < \dfrac{f(x_1) + f(x_2)}{2}$이다. 너코 109 (참)

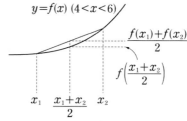

ㄷ. 방정식 $f'(x) = 0$의 해를 α, 4, β라 할 때 (단, $\alpha < 4 < \beta$)

함수 $f(x)$의 증가와 감소를 표로 나타내면 다음과 같다.

x	$\cdots$	α	$\cdots$	4	$\cdots$	β	$\cdots$
$f'(x)$	$-$	0	$+$	0	$+$	0	$-$
$f(x)$	↘	극소	↗	변곡점	↗	극대	↘

또한 $f(0) = 0$이므로 함수 $y = f(x)$의 그래프는 다음과 같다. 너코 110

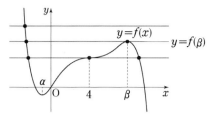

함수 $y = f(x)$의 그래프와 직선 $y = a$의 교점은

$0 < a < f(\beta)$일 때 3개,

$a = f(\beta)$일 때 2개,

$a > f(\beta)$일 때 1개이다.

이때 양의 실수 a에 대하여 함수 $y = f(x)$의 그래프와

직선 $y = a$가 서로 다른 두 점에서 만나면

$a = f(\beta)$이므로 $f(x)$의 극댓값은 a이다. (참)

따라서 옳은 것은 ㄴ, ㄷ이다.

답 ⑤

K 15-09

다항함수 $f(x)$에 대하여 다음 표는 x의 값에 따른 $f(x)$, $f'(x)$, $f''(x)$의 변화 중 일부를 나타낸 것이다.

x	$x < 1$	$x = 1$	$1 < x < 3$	$x = 3$
$f'(x)$		0		1
$f''(x)$	+		+	0
$f(x)$		$\dfrac{\pi}{2}$		π

함수 $g(x) = \sin f(x)$에 대하여 〈보기〉에서 옳은 것만을 있는 대로 고른 것은? [4점]

〈보 기〉

ㄱ. $g'(3) = -1$

ㄴ. $1 < a < b < 3$이면 $-1 < \dfrac{g(b) - g(a)}{b - a} < 0$이다.

ㄷ. 점 $P(1, 1)$은 곡선 $y = g(x)$의 변곡점이다.

① ㄱ ② ㄷ ③ ㄱ, ㄴ

④ ㄴ, ㄷ ⑤ ㄱ, ㄴ, ㄷ

How To

❶ $\dfrac{g(b) - g(a)}{b - a}$

곡선 $y = g(x)$ 위의 두 점 $(a, g(a))$, $(b, g(b))$를 지나는 기울기로 해석

❷ 점 $P(1, 1)$은 곡선 $y = g(x)$의 변곡점이다.

$g''(x)$의 부호가 $x = 1$의 좌우에서 바뀌는지 확인

ㄱ. $g(x) = \sin f(x)$에서

$g'(x) = \cos f(x) \times f'(x)$이다. 너코 103

$\therefore g'(3) = \cos f(3) \times f'(3)$

$= \cos \pi \times f'(3) = (-1) \times 1 = -1$ (참)

ㄴ. $g'(x) = \cos f(x) \times f'(x)$에서

$g''(x) = -\sin f(x) \times \{f'(x)\}^2 + \cos f(x) \times f''(x)$이다. 너코 107

$x < 1$ 또는 $1 < x < 3$에서의 $g'(x)$, $g''(x)$의 부호를 구하려면

먼저 주어진 표를 통해 $f'(x)$의 부호와 $f(x)$의 값의 범위를 구해야 한다.

$x < 1$ 또는 $1 < x < 3$에서 $f''(x) > 0$이므로 $f'(x)$는 증가한다.

또한 $f'(1) = 0$이므로 $x < 1$에서 $f'(x) < 0$이고, $1 < x < 3$에서 $f'(x) > 0$이다.

따라서 $f(c) = \pi$라 하면 (단, $c < 1$)

$c < x < 1$ 또는 $1 < x < 3$에서 $\dfrac{\pi}{2} < f(x) < \pi$이다.

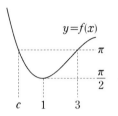

이를 표로 정리하면 다음과 같다.

	$c < x < 1$	$1 < x < 3$
$\sin f(x)$	+	+
$\cos f(x)$	−	−
$f'(x)$	−	+
$f''(x)$	+	+
$g'(x)$	+	
$g''(x)$	−	−

따라서 $1 < x < 3$에서 $g'(x) < 0$이고 $g''(x) < 0$이므로 이때의 함수 $y = g(x)$의 그래프는 다음 그림과 같이 감소하면서 위로 볼록하다. 너코 109

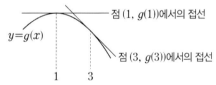

점 $(1, g(1))$에서의 접선

$y = g(x)$

점 $(3, g(3))$에서의 접선

$1 < a < b < 3$이면

$\dfrac{g(b) - g(a)}{b - a}$, 즉 두 점 $(a, g(a))$, $(b, g(b))$를 지나는 직선의 기울기는

곡선 $y = g(x)$ 위의

점 $(1, g(1))$에서의 접선의 기울기

$g'(1) = \cos f(1) \times f'(1) = 0$보다 작고

점 $(3, g(3))$에서의 접선의 기울기

$g'(3) = \cos f(3) \times f'(3) = -1$보다 크므로

$-1 < \dfrac{g(b) - g(a)}{b - a} < 0$이다. (참)

ㄷ. ㄴ의 표에 의하여 $x = 1$의 좌우에서 $g''(x)$의 부호가 바뀌지 않으므로

점 $P(1, 1)$은 곡선 $y = g(x)$의 변곡점이 아니다. 너코 109

(거짓)

따라서 옳은 것은 ㄱ, ㄴ이다.

답 ③

K 15-10

ㄱ. $f(x) = \dfrac{1}{27}(x^4 - 6x^3 + 12x^2 + 19x)$ 에서

$$f'(x) = \dfrac{1}{27}(4x^3 - 18x^2 + 24x + 19),$$ 너코 044

$$f''(x) = \dfrac{1}{27}(12x^2 - 36x + 24) = \dfrac{4}{9}(x-1)(x-2) \text{이다.}$$ 너코 107

$f''(2) = 0$ 이며 $x = 2$ 의 좌우에서 $f''(x)$ 의 부호가 바뀌므로
점 $(2, f(2))$, 즉 $(2, 2)$ 는 곡선 $y = f(x)$ 의 변곡점이다. 너코 109 (참)

ㄴ. 방정식 $f(x) = x$ 에서

$$\dfrac{1}{27}(x^4 - 6x^3 + 12x^2 + 19x) = x$$

$$x^4 - 6x^3 + 12x^2 + 19x = 27x$$

$$x^4 - 6x^3 + 12x^2 - 8x = 0$$

$$x(x-2)^3 = 0 \text{이므로}$$

방정식 $f(x) = x$ 의 실근 중 양수인 것은 $x = 2$ 하나뿐이다. (참)

ㄷ. ㄱ에 의하여 함수 $f(x)$ 의 증가, 감소와 볼록성을 표로 나타내면 다음과 같고, 너코 110

x	1	$\cdots$	2	$\cdots$
$f'(x)$		$+$		$+$
$f''(x)$	0	$-$	0	$+$
$f(x)$		$\nearrow$		$\nearrow$

ㄴ에 의하여 곡선 $y = f(x)$ 와 직선 $y = x$ 는 점 $(2, 2)$ 에서만 만난다.
따라서 다음 그림과 같이 양의 실수 전체의 집합에서 증가하고, $x = 2$ 의 좌우에서 위로 볼록이었다가 아래로 볼록한 곡선 $y = f(x)$ 는 직선 $y = x$ 와 점 $(2, 2)$ 에서 접한다.
즉, $f'(2) = 1$ 이고 $g'(2) = \dfrac{1}{f'(g(2))} = 1$ 이다. 너코 106

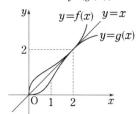

이때 $h(x) = f(x) - g(x)$ 라 하면
$h(2) = 2 - 2 = 0$ 이고
$h'(2) = 1 - 1 = 0$ 이므로
함수 $|h(x)|$ 는 $x = 2$ 에서 미분가능하다. 너코 046 (참)
따라서 옳은 것은 ㄱ, ㄴ, ㄷ이다.

답 ⑤

K 15-11

최고차항의 계수가 1인 삼차함수 $f(x)$ 가 역함수 $g(x)$ 를

가지면 함수 $f(x)$ 는 실수 전체의 집합에서 증가한다.
또한 다음 그림과 같이 곡선 $y = f(x)$ 위의 점에서의 접선의 기울기는 변곡점의 좌우에서 감소했다 증가하므로 $f'(x)$ 의 최솟값은 변곡점에서의 접선의 기울기와 같다. 너코 109

이때 조건 (가)에 의하여 $g'(x) \leq \dfrac{1}{3}$ 이므로

역함수의 미분법에 의하여 $f'(x) = \dfrac{1}{g'(f(x))} \geq 3$ 이다. 너코 106

따라서 곡선 $y = f(x)$ 의 접선의 기울기의 최솟값, 즉 변곡점에서의 접선의 기울기가 3 이상이다. ......㉠

한편 조건 (나)에서 $x \to 3$ 일 때 (분모) $\to 0$ 이므로 (분자) $\to 0$ 이다. 너코 034
즉, $\displaystyle\lim_{x \to 3}\{f(x) - g(x)\} = 0$ 에서 $f(3) = g(3)$ 이다.
이때 두 함수 $y = f(x)$, $y = g(x)$ 의 그래프의 교점은 직선 $y = x$ 위에 존재하므로 $f(3) = g(3) = 3$ 이다.
따라서 다시 조건 (나)에서

$$\lim_{x \to 3} \dfrac{f(x) - g(x)}{(x-3)g(x)}$$

$$= \lim_{x \to 3}\left[\left\{\dfrac{f(x)-f(3)}{x-3} - \dfrac{g(x)-g(3)}{x-3}\right\} \times \dfrac{1}{g(x)}\right]$$

$$= \{f'(3) - g'(3)\} \times \dfrac{1}{g(3)}$$ 너코 033 너코 041

$$= \left\{f'(3) - \dfrac{1}{f'(3)}\right\} \times \dfrac{1}{3} = \dfrac{8}{9}$$

이다.
즉, $f'(3) - \dfrac{1}{f'(3)} = \dfrac{8}{3}$ 이므로 정리하면

$$3\{f'(3)\}^2 - 8f'(3) - 3 = 0,$$

$$\{3f'(3) + 1\}\{f'(3) - 3\} = 0,$$

$$f'(3) = 3 \text{이다.} \ (\because f'(x) \geq 0) \quad ......㉡$$

㉠, ㉡에 의하여 곡선 $y = f(x)$ 는 점 $(3, 3)$ 을 변곡점으로 갖는다.
따라서 최고차항의 계수가 1인 삼차함수 $f(x)$ 는 $f(3) = 3$, $f'(3) = 3$, $f''(3) = 0$ 을 만족시킨다.
먼저 $f(3) = 3$ 에 의하여

$$f(x) = (x-3)(x^2 + ax + b) + 3 \text{ (단, } a, b \text{는 상수)}$$

이라 할 수 있고

$$f'(x) = x^2 + ax + b + (x-3)(2x+a)$$

$$= 3x^2 + (2a-6)x - 3a + b,$$

$$f''(x) = 6x + 2a - 6 \text{이다.}$$ 너코 107

$f'(3)=3$에서 $3a+b+9=3$이고

$f''(3)=0$에서 $18+2a-6=0$이므로

정리하면 $a=-6$, $b=12$이다.

즉, $f(x)=(x-3)(x^2-6x+12)+3$이다.

$\therefore f(1)=-11$

답 ①

K 15-12

풀이 1

$f(x)=ax^2+bx+c$ 라 하면 (단, a, b, c는 상수, $a\neq 0$)

$f'(x)=2ax+b$, $f''(x)=2a$이고 너코 107

$g(x)=f(x)e^{-x}$이므로

$g'(x)=f'(x)\times e^{-x}+f(x)\times(-e^{-x})$ 너코 103

$\qquad =\{f'(x)-f(x)\}e^{-x}$

$\qquad =\{-ax^2+(2a-b)x+b-c\}e^{-x}$

$g''(x)=\{ax^2+(b-4a)x+2a-2b+c\}e^{-x}$이다.

조건 (가)에 의하여 $g''(1)=0$, $g''(4)=0$이므로 너코 109

이차방정식 $ax^2+(b-4a)x+2a-2b+c=0$은

두 실근 1, 4를 갖는다.

따라서 근과 계수의 관계에 의하여

$\dfrac{4a-b}{a}=5$이고 ......㉠

$\dfrac{2a-2b+c}{a}=4$이다. ......㉡

㉠에서 $b=-a$이므로 이를 ㉡에 대입하면 $c=0$이다.

즉,

$g(x)=a(x^2-x)e^{-x}$,

$g'(x)=a(-x^2+3x-1)e^{-x}$,

$g''(x)=a(x-1)(x-4)e^{-x}$이다.

한편 점 $(0, k)$에서 곡선 $y=g(x)$에 그은 접선의 개수가 3이라는 것은

곡선 $y=g(x)$ 위의 점 $(t, g(t))$에서의 접선이 점 $(0, k)$를 지나도록 하는 실수 t의 개수가 3이라는 것이다.

즉, 접선의 방정식 $y=g'(t)(x-t)+g(t)$에 너코 108

$x=0$, $y=k$를 대입하여 얻은

t에 대한 방정식 $k=-tg'(t)+g(t)$가

서로 다른 3개의 실근을 갖도록 하는 k의 값의 범위가

$-1<k<0$이어야 한다. ......㉢

이때 $h(t)=-tg'(t)+g(t)$라 하면

$h(t)=a(t^3-3t^2+t)e^{-t}+a(t^2-t)e^{-t}$

$\qquad =a(t^3-2t^2)e^{-t}$,

$h'(t)=a(3t^2-4t)e^{-t}+a(t^3-2t^2)\times(-e^{-t})$

$\qquad =a(-t^3+5t^2-4t)e^{-t}$

$\qquad =-at(t-1)(t-4)e^{-t}$

이다.

ⅰ) $a>0$인 경우

함수 $h(t)$의 증가, 감소를 표로 나타내면 다음과 같다.

t	$\cdots$	0	$\cdots$	1	$\cdots$	4	$\cdots$
$h'(t)$	+	0	−	0	+	0	−
$h(t)$	↗	0	↘	$-ae^{-1}$	↗	$32ae^{-4}$	↘

또한 $\lim\limits_{t\to\infty}h(t)=0$, $\lim\limits_{t\to-\infty}h(t)=-\infty$이므로

함수 $y=h(t)$의 그래프는 다음과 같다. 너코 110

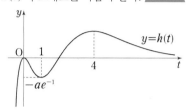

따라서 직선 $y=k$와 함수 $y=h(t)$의 그래프의 서로 다른

교점의 개수가 3인 k의 값의 범위는 $-ae^{-1}<k<0$이므로

㉢을 만족시키려면 $-ae^{-1}=-1$, 즉 $a=e$이어야 한다.

ⅱ) $a<0$인 경우

함수 $y=h(t)$의 그래프는 ⅰ)에서 얻은 그래프를 x축에

대하여 대칭시킨 것과 같다.

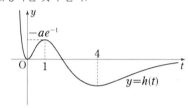

따라서 직선 $y=k$와 함수 $y=h(t)$의 그래프의 서로 다른

교점의 개수가 3인 k의 값의 범위는 $0<k<-ae^{-1}$이므로

㉢을 만족시키지 않는다.

ⅰ), ⅱ)에 의하여 $g(x)=(x^2-x)e^{1-x}$이다.

$\therefore g(-2)\times g(4)=6e^3\times 12e^{-3}=72$

풀이 2

$f(x)=ax^2+bx+c$ 라 하면 (단, a, b, c는 상수, $a\neq 0$)

$f'(x)=2ax+b$, $f''(x)=2a$이고 너코 107

$g(x)=f(x)e^{-x}$이므로

$g'(x)=f'(x)\times e^{-x}+f(x)\times(-e^{-x})$ 너코 103

$\qquad =\{f'(x)-f(x)\}e^{-x}$

$\qquad =\{-ax^2+(2a-b)x+b-c\}e^{-x}$

$g''(x)=\{ax^2+(b-4a)x+2a-2b+c\}e^{-x}$이다.

조건 (가)에 의하여 $g''(1)=0$, $g''(4)=0$이므로

이차방정식 $ax^2+(b-4a)x+2a-2b+c=0$은 두 실근 1, 4를 갖는다.

따라서 근과 계수의 관계에 의하여

$\dfrac{4a-b}{a}=5$이고 ......㉠

$\dfrac{2a-2b+c}{a}=4$이다. ......㉡

㉠에서 $b=-a$이므로 이를 ㉡에 대입하면 $c=0$이다.

즉,

$g(x) = a(x^2 - x)e^{-x}$,

$g'(x) = a(-x^2 + 3x - 1)e^{-x}$,

$g''(x) = a(x-1)(x-4)e^{-x}$이다.

$g''(x) = 0$에서 $x = 1$, $x = 4$이고

$x = 1$의 좌우에서 $g''(x)$의 부호가 바뀌고,

$x = 4$의 좌우에서 $g''(x)$의 부호가 바뀌므로

곡선 $y = g(x)$는 두 점 $(1, 0)$, $(4, g(4))$를 변곡점으로 갖는다.

너코 109

또한 $\lim_{x \to \infty} g(x) = 0$이고

$a > 0$이면 $\lim_{x \to -\infty} g(x) = \infty$,

$a < 0$이면 $\lim_{x \to -\infty} g(x) = -\infty$이므로 너코 110

a의 값의 부호에 따른 함수 $y = g(x)$의 그래프는 다음과 같다.

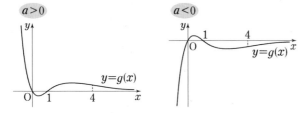

$a < 0$일 경우 음수 k에 대하여 점 $(0, k)$에서 곡선 $y = g(x)$에 그은 접선은 많아야 2개이므로 조건 (나)를 만족시키지 않는다. 따라서 $a > 0$이어야 하고 이때 곡선 $y = g(x)$ 위의 변곡점 $(1, 0)$에서의 접선의 y절편을 k_1이라 하자.

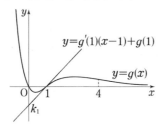

점 $(0, k)$에서 곡선 $y = g(x)$에 그은 접선은

$k_1 < k < 0$일 때 3개,

$k = k_1$일 때 2개,

$k < k_1$일 때 1개이다.

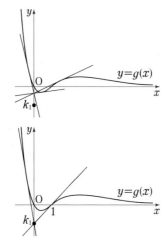

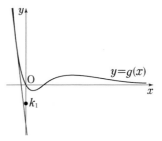

이때 점 $(0, k)$에서 곡선 $y = g(x)$에 그은 접선의 개수가 3인 k의 값의 범위는 $k_1 < k < 0$이므로

조건 (나)에 의하여 $k_1 = -1$이다.

따라서 점 $(1, 0)$에서의 접선의 기울기 $g'(1) = ae^{-1}$은

두 점 $(1, 0)$, $(0, -1)$을 지나는 직선의 기울기

$\dfrac{(-1) - 0}{0 - 1} = 1$과 같으므로

$ae^{-1} = 1$에서 $a = e$이다.

즉, $g(x) = (x^2 - x)e^{1-x}$이다.

$\therefore g(-2) \times g(4) = 6e^3 \times 12e^{-3} = 72$

답 72

K 15-13

ㄱ. 조건 (가), (나)에서 모든 실수 x에 대하여
$f(x) \neq 1$이고 $f(-x) = -f(x)$이므로 $f(-x) \neq -1$이다.
즉, 모든 실수 x에 대하여 $f(x) \neq -1$이다. (참)

ㄴ. ㄱ에서 모든 실수 x에 대하여 $|f(x)| \neq 1$이고,
조건 (나)에 의하여 $f(0) = 0$이다.
이때 함수 $f(x)$는 연속함수이므로
모든 실수 x에 대하여 $-1 < f(x) < 1$이다. ······㉠
한편 조건 (다)에서
$\begin{aligned} f'(x) &= \{1 + f(x)\}\{1 + f(-x)\} \\ &= \{1 + f(x)\}\{1 - f(x)\} \\ &= 1 - \{f(x)\}^2 \end{aligned}$
이다. ······㉡
㉠, ㉡에 의하여 모든 실수 x에 대하여 $f'(x) > 0$이므로
함수 $f(x)$는 실수 전체의 집합에서 증가한다. (거짓)

ㄷ. ㄴ에서 $f'(x) = 1 - \{f(x)\}^2$이고 ··· 빈출 QnA
함수 $f(x)$는 실수 전체의 집합에서 미분가능하므로
함수 $f'(x)$도 실수 전체의 집합에서 미분가능하다.
따라서 $f''(x) = -2f(x)f'(x)$이다. 너코 103 너코 107
조건 (나)에서 $f(0) = 0$이고 ㄴ에서 $f'(x) > 0$이므로
방정식 $f(x) = 0$을 만족시키는 x의 값은 0뿐이고
방정식 $f''(x) = 0$을 만족시키는 x의 값도 0뿐이다.
이때 $x = 0$의 좌우에서 $f''(x)$의 부호가 바뀌므로
곡선 $y = f(x)$는 한 개의 변곡점 $(0, 0)$을 갖는다. 너코 109
(거짓)

따라서 옳은 것은 ㄱ이다.

답 ①

Q. 함수 $f(x)$의 식을 구할 수도 있나요?

A. 네 주어진 조건으로 함수 $f(x)$의 식을 다음과 같이 구할 수 있습니다.

조건 (다)에 의하여

$\dfrac{f'(x)}{1-\{f(x)\}^2}=1$이므로 양변을 적분하면

$\displaystyle\int \dfrac{f'(x)}{1-\{f(x)\}^2}\,dx = x+C$이다. (단, C는 적분상수)

이때 $f(x)=t\,(|t|<1)$라 하면

$f'(x)dx=dt$이므로

(좌변)$=\displaystyle\int \dfrac{1}{1-t^2}\,dt = \dfrac{1}{2}\int\left(\dfrac{1}{1+t}+\dfrac{1}{1-t}\right)dt$

$=\dfrac{1}{2}\{\ln(1+t)-\ln(1-t)\}=\dfrac{1}{2}\ln\dfrac{1+t}{1-t}$ 너코 115

따라서 $\dfrac{1}{2}\ln\dfrac{1+f(x)}{1-f(x)}=x+C$이고 $f(0)=0$이므로

$\dfrac{1}{2}\ln\dfrac{1+0}{1-0}=0+C$에서 $C=0$

즉, $\dfrac{1}{2}\ln\dfrac{1+f(x)}{1-f(x)}=x$이고 정리하면

$\ln\dfrac{1+f(x)}{1-f(x)}=2x,\ \dfrac{1+f(x)}{1-f(x)}=e^{2x}$,

$1+f(x)=e^{2x}\{1-f(x)\}$

$(e^{2x}+1)f(x)=e^{2x}-1$

$\therefore f(x)=\dfrac{e^{2x}-1}{e^{2x}+1}$

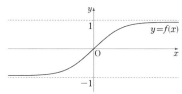

양수 a와 실수 b에 대하여 함수 $f(x)=ae^{3x}+be^x$이 다음 조건을 만족시킬 때, $f(0)$의 값은? [4점]

> (가) $x_1 < \ln\dfrac{2}{3} < x_2$를 만족시키는 모든 실수 $x_1,\ x_2$에 대하여 $f''(x_1)f''(x_2)<0$이다.
> (나) 구간 $[k,\infty)$에서 함수 $f(x)$의 역함수가 존재하도록 하는 실수 k의 최솟값을 m이라 할 때, $f(2m)=-\dfrac{80}{9}$이다.

① -15 ② -12 ③ -9
④ -6 ⑤ -3

How To

❶ $x_1 < \ln\dfrac{2}{3} < x_2$를 만족시키는 모든 실수 $x_1,\ x_2$에 대하여 $f''(x_1)f''(x_2)<0$이다.
함수 $f(x)$는 $x=\ln\dfrac{2}{3}$에서 변곡점을 갖는다.

❷ 구간 $[k,\infty)$에서 함수 $f(x)$의 역함수가 존재하도록 하는 실수 k의 최솟값을 m이라 하자.
$\displaystyle\lim_{x\to\infty}f(x)=\infty$이므로 함수 $f(x)$는 $x=m$에서 극솟값을 갖는다.

$f(x)=ae^{3x}+be^x$에서 (단, a는 양수, b는 실수)

$f'(x)=3ae^{3x}+be^x=3ae^x\left(e^{2x}+\dfrac{b}{3a}\right)$이고 너코 103

$f''(x)=9ae^{3x}+be^x=9ae^x\left(e^{2x}+\dfrac{b}{9a}\right)$이다. 너코 107

$f'(x)=0$, 즉 $e^{2x}+\dfrac{b}{3a}=0$에서

$x=\dfrac{1}{2}\ln\left(-\dfrac{b}{3a}\right)$이고

$f''(x)=0$, 즉 $e^{2x}+\dfrac{b}{9a}=0$에서

$x=\dfrac{1}{2}\ln\left(-\dfrac{b}{9a}\right)$이다.

이때 $\dfrac{1}{2}\ln\left(-\dfrac{b}{9a}\right)<\dfrac{1}{2}\ln\left(-\dfrac{b}{3a}\right)$이므로

$\left(\because \dfrac{1}{2}\ln\left(-\dfrac{b}{3a}\right)-\dfrac{1}{2}\ln\left(-\dfrac{b}{9a}\right)=\dfrac{1}{2}\ln 3>0\right)$

함수 $f(x)$의 증가, 감소와 위로 볼록, 아래로 볼록을 표로 나타내면 다음과 같다. 너코 110

x	$\cdots$	$\dfrac{1}{2}\ln\left(-\dfrac{b}{9a}\right)$	$\cdots$	$\dfrac{1}{2}\ln\left(-\dfrac{b}{3a}\right)$	$\cdots$
$f''(x)$	$-$	0	$+$		$+$
$f'(x)$	$-$		$-$	0	$+$
$f(x)$	$\searrow$	변곡점	$\searrow$	극소	$\nearrow$

또한 $\displaystyle\lim_{x\to\infty}f(x)=\infty$, $\displaystyle\lim_{x\to-\infty}f(x)=0$이므로 함수 $y=f(x)$의 그래프는 다음과 같다.

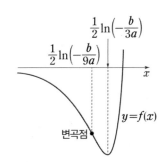

$f''(x)$의 부호는 $x=\dfrac{1}{2}\ln\left(-\dfrac{b}{9a}\right)$의 좌우에서만 바뀌므로

조건 (가)에 의하여

$\dfrac{1}{2}\ln\left(-\dfrac{b}{9a}\right)=\ln\dfrac{2}{3}$이고 정리하면

$\ln\left(-\dfrac{b}{9a}\right)=\ln\left(\dfrac{2}{3}\right)^2$,

$-\dfrac{b}{9a}=\dfrac{4}{9}$

$\therefore b=-4a$

즉, $f(x)=ae^{3x}-4ae^x$이다.

또한 함수 $f(x)$는 구간 $\left(-\infty,\ \dfrac{1}{2}\ln\dfrac{4}{3}\right)$에서 감소하고,

구간 $\left(\dfrac{1}{2}\ln\dfrac{4}{3},\ 0\right)$에서 증가하므로

구간 $[k,\ \infty)$에서 함수 $f(x)$의 역함수가 존재하려면

$\dfrac{1}{2}\ln\dfrac{4}{3}\le k$이어야 한다.

따라서 실수 k의 최솟값은 $m=\dfrac{1}{2}\ln\dfrac{4}{3}$이고

조건 (나)에 의하여

$f\left(\ln\dfrac{4}{3}\right)=-\dfrac{80}{9}$, 즉 $a\times\left(\dfrac{4}{3}\right)^3-4a\times\dfrac{4}{3}=-\dfrac{80}{9}$이다.

$-\dfrac{80}{27}a=-\dfrac{80}{9}$ $\therefore a=3$

따라서 $f(x)=3e^{3x}-12e^x$이다.

$\therefore f(0)=-9$

답 ③

K 15-15

ㄱ. $f(x)=\cos x+2x\sin x$에서

$f'(x)=\sin x+2x\cos x$이다. [너코 101]

이때 함수 $f(x)$가 $x=\alpha$, $x=\beta$에서 극값을 가지므로

$f'(\alpha)=0$, $f'(\beta)=0$이다.

$\sin\alpha+2\alpha\cos\alpha=0$에서 양변을 $\cos\alpha$로 나누면

$\tan\alpha+2\alpha=0$, [너코 018]

$\tan\alpha=-2\alpha$이다.

또한 함수 $\tan x$의 주기는 π이므로 [너코 019]

$\therefore \tan(\alpha+\pi)=\tan\alpha=-2\alpha$ (참)

ㄴ. ㄱ에 의하여 $f'(\alpha)=0$, $f'(\beta)=0$이므로

열린구간 $(0,\ 2\pi)$에서 α, β는

방정식 $\sin x+2x\cos x=0$, 즉 $\tan x=-2x$의 실근이다.

따라서 $g(x)=\tan x$라 하면

다음 그림과 같이 구간 $(0,\ 2\pi)$에서

함수 $y=g(x)$의 그래프와 직선 $y=-2x$의 교점의 x좌표가

α, β $\left(\dfrac{\pi}{2}<\alpha<\pi,\ \dfrac{3\pi}{2}<\beta<2\pi\right)$이다.

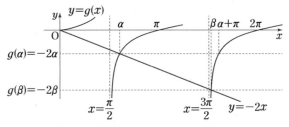

또한 구간 $\left(\dfrac{3\pi}{2},\ 2\pi\right)$에서 함수 $y=g(x)$의 그래프는 위로

볼록하므로 함수 $g'(x)$는 감소한다. [너코 109]

이때 $\dfrac{3\pi}{2}<\beta<\alpha+\pi<2\pi$이므로

$g'(\alpha+\pi)<g'(\beta)$이다. (참)

ㄷ. ㄴ에 의하여

$\dfrac{2(\beta-\alpha)}{\alpha+\pi-\beta}=\dfrac{(-2\alpha)-(-2\beta)}{(\alpha+\pi)-\beta}=\dfrac{g(\alpha+\pi)-g(\beta)}{(\alpha+\pi)-\beta}$이므로

$\dfrac{2(\beta-\alpha)}{\alpha+\pi-\beta}$는 곡선 $y=g(x)$ 위의 두 점

$(\alpha+\pi,\ g(\alpha+\pi))$, $(\beta,\ g(\beta))$를 지나는 직선의 기울기와

같다.

한편 $g'(x)=\sec^2 x$이고 $\sec^2\alpha=\sec^2(\alpha+\pi)$이므로 [너코 102]

$\sec^2\alpha$는 곡선 $y=g(x)$ 위의 점 $(\alpha+\pi,\ g(\alpha+\pi))$에서의

접선의 기울기와 같다.

이때 구간 $\left(\dfrac{3\pi}{2},\ 2\pi\right)$에서 함수 $y=g(x)$의 그래프는 위로

볼록하므로

두 점 $(\alpha+\pi,\ g(\alpha+\pi))$, $(\beta,\ g(\beta))$를 지나는 직선의

기울기는 점 $(\alpha+\pi,\ g(\alpha+\pi))$에서의 접선의 기울기보다

크다.

$\therefore \dfrac{2(\beta-\alpha)}{\alpha+\pi-\beta}>\sec^2\alpha$ (거짓)

따라서 옳은 것은 ㄱ, ㄴ이다.

답 ③

K 15-16

ㄱ. $y=\sin x$에서 $y'=\cos x$이므로 [너코 101]

곡선 $y=\sin x$ 위의 점 $(a_n,\ \sin a_n)$에서의 접선의 방정식은

$y=(\cos a_n)(x-a_n)+\sin a_n$이다. [너코 108]

이 접선은 점 $\left(-\dfrac{\pi}{2},\ 0\right)$을 지나므로

$0=(\cos a_n)\left(-\dfrac{\pi}{2}-a_n\right)+\sin a_n$이고 정리하면

$\sin a_n=(\cos a_n)\left(\dfrac{\pi}{2}+a_n\right)$이다.

이때 양변을 $\cos a_n$으로 나누면 $\tan a_n = a_n + \dfrac{\pi}{2}$이다.

너코 018 (참)

ㄴ. ㄱ에 의하여 수열 $\{a_n\}$은 함수 $y = \tan x \,(x > 0)$의 그래프와 직선 $y = x + \dfrac{\pi}{2}$가 만나는 점의 x좌표를 작은 순으로 나열한 것과 같다.

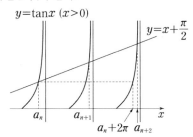

이때 함수 $\tan x$는 주기가 π인 함수이므로 모든 자연수 n에 대하여 $a_n + 2\pi < a_{n+2}$이다. 너코 019

따라서

$$\tan a_{n+2} - \tan a_n = \left(a_{n+2} + \dfrac{\pi}{2}\right) - \left(a_n + \dfrac{\pi}{2}\right)$$
$$= a_{n+2} - a_n$$
$$> (a_n + 2\pi) - a_n = 2\pi \ \text{(참)}$$

ㄷ. 함수 $\tan x$는 주기가 π인 함수이므로 모든 자연수 n에 대하여

$$\tan(a_n + 3\pi) = \tan a_n = a_n + \dfrac{\pi}{2},$$

$$\tan(a_{n+1} + 2\pi) = \tan a_{n+1} = a_{n+1} + \dfrac{\pi}{2},$$

$$\tan(a_{n+2} + \pi) = \tan a_{n+2} = a_{n+2} + \dfrac{\pi}{2} \text{이고}$$

$$a_n + 3\pi < a_{n+1} + 2\pi < a_{n+2} + \pi < a_{n+3} \text{이다.}$$

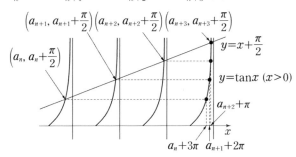

이때 함수 $\tan x$는 구간 $(a_n + 3\pi, \ a_{n+3})$에서 아래로 볼록하므로

두 점 $\left(a_n + 3\pi, \ a_n + \dfrac{\pi}{2}\right)$, $\left(a_{n+1} + 2\pi, \ a_{n+1} + \dfrac{\pi}{2}\right)$를 지나는 직선의 기울기는

두 점 $\left(a_{n+2} + \pi, \ a_{n+2} + \dfrac{\pi}{2}\right)$, $\left(a_{n+3}, \ a_{n+3} + \dfrac{\pi}{2}\right)$를 지나는 직선의 기울기보다 작다. 너코 109

즉, $\dfrac{a_{n+1} - a_n}{a_{n+1} - a_n - \pi} < \dfrac{a_{n+3} - a_{n+2}}{a_{n+3} - a_{n+2} - \pi}$이므로 부등식을 정리하면

$$\dfrac{a_{n+1} - a_n - \pi}{a_{n+1} - a_n} > \dfrac{a_{n+3} - a_{n+2} - \pi}{a_{n+3} - a_{n+2}},$$

$$1 - \dfrac{\pi}{a_{n+1} - a_n} > 1 - \dfrac{\pi}{a_{n+3} - a_{n+2}},$$

$$\dfrac{1}{a_{n+1} - a_n} < \dfrac{1}{a_{n+3} - a_{n+2}},$$

$$a_{n+1} - a_n > a_{n+3} - a_{n+2}$$

$$\therefore \ a_{n+1} + a_{n+2} > a_n + a_{n+3} \ \text{(참)}$$

따라서 옳은 것은 ㄱ, ㄴ, ㄷ이다.

답 ⑤

K 15-17

실수 t에 대하여 곡선 $y = f(x)$ 위의 점 $(t, f(t))$에서의 접선의 방정식이 $y = f'(t)(x - t) + f(t)$이므로 x에 대한 방정식 $f(x) = f'(t)(x - t) + f(t)$의 서로 다른 실근의 개수 $g(t)$는 곡선 $y = f(x)$와 접선 $y = f'(t)(x - t) + f(t)$의 서로 다른 교점의 개수와 같다.

$f(x) = \dfrac{x^2 - ax}{e^x} = (x^2 - ax)e^{-x}$에서

$$f'(x) = (2x - a)e^{-x} - (x^2 - ax)e^{-x}$$
$$= -\{x^2 - (a+2)x + a\}e^{-x} \quad \text{너코 098} \ \text{너코 103}$$

$$f''(x) = -\{2x - (a+2)\}e^{-x} + \{x^2 - (a+2)x + a\}e^{-x}$$
$$= \{x^2 - (a+4)x + 2a + 2\}e^{-x} \quad \text{너코 107}$$

이때 $f'(x) = 0$에서 $x^2 - (a+2)x + a = 0$ ⋯⋯ ㉠

이 이차방정식의 판별식을 D_1이라 하면

$$D_1 = (a+2)^2 - 4a = a^2 + 4 > 0$$

이므로 $f'(x) = 0$은 서로 다른 두 실근을 갖고, 이 값들의 좌우에서 $f'(x)$의 부호는 바뀐다.

또한 $f''(x) = 0$에서 $x^2 - (a+4)x + 2a + 2 = 0$ ⋯⋯ ㉡

이 이차방정식의 판별식을 D_2라 하면

$$D_2 = (a+4)^2 - 8a - 8 = a^2 + 8 > 0$$

이므로 $f''(x) = 0$도 서로 다른 두 실근을 갖고, 이 값들의 좌우에서 $f''(x)$의 부호는 바뀐다.

즉, 함수 $f(x)$는 극댓값과 극솟값을 각각 1개씩 갖고 변곡점을 2개 가지므로 $a_1 < a_2 < a_3 < a_4$인 네 실수 a_1, a_2, a_3, a_4에 대하여 $f'(a_1) = f'(a_3) = 0$, $f''(a_2) = f''(a_4) = 0$이라 하고 함수 $f(x)$의 증가와 감소를 표로 나타내면 다음과 같다.

x	$\cdots$	a_1	$\cdots$	a_2	$\cdots$	a_3	$\cdots$	a_4	$\cdots$
$f'(x)$	$-$	0	$+$	$+$	$+$	0	$-$	$-$	$-$
$f''(x)$	$+$	$+$	$+$	0	$-$	$-$	$-$	0	$+$
$f(x)$	↘	극소	↗		↗	극대	↘		↘

또한 $f(0) = f(a) = 0$, $\displaystyle\lim_{x \to -\infty} f(x) = +\infty$이고 $x > 0$에서 $f(x) > 0$이므로 함수 $y = f(x)$의 그래프의 개형은 그림과 같다. 너코 110

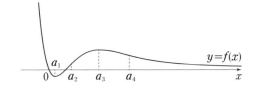

위의 그래프에 대하여 $x=t$인 점에서 접선을 그어 보면서
그래프와 접선의 교점의 개수 $g(t)$를 찾고, $y=g(t)$의
그래프를 그리면 다음과 같다.

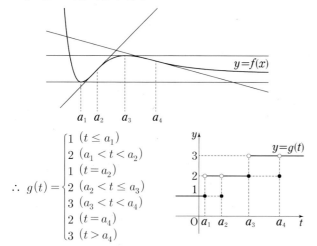

$$\therefore g(t) = \begin{cases} 1 & (t \le a_1) \\ 2 & (a_1 < t < a_2) \\ 1 & (t = a_2) \\ 2 & (a_2 < t \le a_3) \\ 3 & (a_3 < t < a_4) \\ 2 & (t = a_4) \\ 3 & (t > a_4) \end{cases}$$

이때 $g(5) + \lim\limits_{t \to 5} g(t) = 5$이려면

$g(5)$의 값과 $\lim\limits_{t \to 5} g(t)$의 값은 모두 정수이므로

$g(5) \ne \lim\limits_{t \to 5} g(t)$이어야 하고,

$\lim\limits_{t \to 5} g(t)$의 값이 존재해야 하므로

$\lim\limits_{t \to 5-} g(t) = \lim\limits_{t \to 5+} g(t)$이어야 한다. 너코 **032**

따라서 이를 만족시키려면 $a_4 = 5$이다.

즉, $f''(5) = 0$이므로 ⓛ에 $x = 5$를 대입하면

$25 - 5(a+4) + 2a + 2 = 0$

$-3a + 7 = 0$ $\quad \therefore a = \dfrac{7}{3}$

한편 $\lim\limits_{t \to k-} g(t) \ne \lim\limits_{t \to k+} g(t)$를 만족시키는 k의 값은

a_1, a_3이고, 이는 ⓖ의 두 실근이다.

ⓖ에 $a = \dfrac{7}{3}$을 대입하면 $x^2 - \dfrac{13}{3}x + \dfrac{7}{3} = 0$이므로

이차방정식의 근과 계수의 관계에 의하여

$a_1 + a_3 = \dfrac{13}{3}$

즉, 구하는 모든 실수 k의 값의 합은 $\dfrac{13}{3}$이므로

$p + q = 3 + 13 = 16$

답 16

K 16-01

두 함수 $f(x)$, $g(x)$가 모두 실수 전체의 집합에서 이계도함수를
가지므로

$h(x) = f(x) - g(x)$도 실수 전체의 집합에서 이계도함수를
갖고

$h'(x) = f'(x) - g'(x)$,

$h''(x) = f''(x)$이다. ($\because g(x)$는 일차함수) 너코 **107**

ㄱ. 함수 $y = f(x)$의 그래프와 직선 $y = g(x)$가
점 $B(b, f(b))$에서 접하므로
$f(b) = g(b)$, $f'(b) = g'(b)$이다.
따라서 $h(b) = f(b) - g(b) = 0$,
$h'(b) = f'(b) - g'(b) = 0$이다. (참)

ㄴ. 함수 $y = f(x)$의 그래프와 직선 $y = g(x)$가
점 $A(a, f(a))$와 점 $B(b, f(b))$에서 접하므로
$f(a) = g(a)$, $f'(a) = g'(a)$, $f(b) = g(b)$, $f'(b) = g'(b)$
이다.
따라서 $h(a) = 0$, $h'(a) = 0$, $h(b) = 0$, $h'(b) = 0$이다.
이때 $h(a) = 0$, $h(b) = 0$이므로 롤의 정리에 의하여
$h'(c) = 0$인 실수 c가 a와 b 사이에 1개 이상 존재한다.

너코 **048**

따라서 $h'(a) = 0$, $h'(b) = 0$, $h'(c) = 0$이므로
방정식 $h'(x) = 0$은 3개의 이상의 실근을 갖는다. (참)

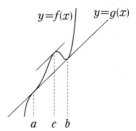

ㄷ. $h''(x) = f''(x)$이므로
곡선 $y = f(x)$의 변곡점 $(a, h(a))$는 곡선 $y = h(x)$의
변곡점이다. (참)
따라서 옳은 것은 ㄱ, ㄴ, ㄷ이다.

답 ⑤

K 16-02

ㄱ. $f(x) = x + \sin x$에서
$f'(x) = 1 + \cos x$, $f''(x) = -\sin x$이다.

너코 **101** 너코 **107**

따라서 $0 < x < \pi$일 때 $f''(x) < 0$이므로
함수 $f(x)$의 그래프는 열린구간 $(0, \pi)$에서 위로 볼록하다.

너코 **109** (참)

ㄴ. $g(x) = (f \circ f)(x)$에서
$g'(x) = f'(f(x))f'(x)$ 너코 **103**
$\quad\quad = \{1 + \cos f(x)\}(1 + \cos x)$
이다.
이때 $0 < x < \pi$에서 $1 + \cos f(x)$, $1 + \cos x$의 부호를
구하면 다음과 같다.
$0 < x < \pi$에서 $f'(x) > 0$, 즉 함수 $f(x)$가 증가하고
$0 < f(x) < \pi$이므로 $0 < 1 + \cos f(x) < 2$이다.
$0 < x < \pi$에서 $0 < 1 + \cos x < 2$이다.

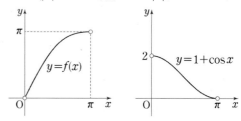

즉, $0 < x < \pi$에서 $1 + \cos f(x) > 0$, $1 + \cos x > 0$으로
부호가 서로 같으므로 $g'(x) > 0$이다.
따라서 함수 $g(x)$는 열린구간 $(0, \pi)$에서 증가한다. (참)

ㄷ. 함수 $f(x)$는 실수 전체의 집합에서 미분가능하므로
함수 $g(x)$도 실수 전체의 집합에서 미분가능하다.
또한
$g(0) = f(f(0)) = f(0) = 0$이고
$g(\pi) = f(f(\pi)) = f(\pi) = \pi$이므로
평균값 정리에 의하여
$g'(c) = \dfrac{g(\pi) - g(0)}{\pi - 0}$, 즉 $g'(c) = 1$인 실수 c가 열린구간
$(0, \pi)$에 적어도 하나 존재한다. 너코 048 (참)

따라서 옳은 것은 ㄱ, ㄴ, ㄷ 이다.

답 ⑤

K16-03

ㄱ. $0 \le x \le \pi$에서 정의된 함수 $f(x) = 2x \cos x$에 대하여
$$f'(x) = 2 \times \cos x + 2x \times (-\sin x) \quad \text{너코 101}$$
$$= 2\cos x - 2x \sin x$$
$f'(a) = 0$이면
$2\cos a - 2a \sin a = 0$,
$\cos a = a \sin a$,
$1 = a \tan a \ (\because \cos a \ne 0)$ 너코 018
$\therefore \tan a = \dfrac{1}{a}$ (참)

ㄴ. $0 < x < \dfrac{\pi}{2}$에서
$f'(x) = 2x \cos x \left(\dfrac{1}{x} - \tan x \right)$이므로
$g(x) = \dfrac{1}{x} - \tan x$라 하자.
$0 < x < \dfrac{\pi}{2}$에서 $2x \cos x > 0$이므로 $f'(x)$의 부호는
$g(x)$의 부호와 일치한다. $\quad\quad$ ······㉠
함수 $g(x) = \dfrac{1}{x} - \tan x \ \left(0 < x < \dfrac{\pi}{2} \right)$에 대하여
$g\left(\dfrac{\pi}{4} \right) = \dfrac{4}{\pi} - 1 > 0$, $g\left(\dfrac{\pi}{3} \right) = \dfrac{3}{\pi} - \sqrt{3} < 0$이므로
다음 그림과 같이 $g(a) = 0$인 $x = a$가 구간 $\left(\dfrac{\pi}{4}, \dfrac{\pi}{3} \right)$에
있다.

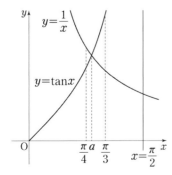

이때 $\dfrac{\pi}{4} < x < a$에서 $\dfrac{1}{x} > \tan x$, 즉 $g(x) > 0$이고
$a < x < \dfrac{\pi}{3}$에서 $\dfrac{1}{x} < \tan x$, 즉 $g(x) < 0$이므로
㉠에 의하여 함수 $f(x)$는 $x = a \left(\dfrac{\pi}{4} < a < \dfrac{\pi}{3} \right)$에서
극댓값을 갖는다. 너코 049 (참)

ㄷ. 구간 $\left[0, \dfrac{\pi}{2} \right]$에서 방정식 $f(x) = 1$의 서로 다른 실근의
개수는
구간 $\left[0, \dfrac{\pi}{2} \right]$에서 함수 $y = f(x)$의 그래프와 직선 $y = 1$의
서로 다른 교점의 개수와 같다.
ㄴ에 의하여 함수 $f(x)$는 구간 $(0, a)$에서 증가하고, 구간
$\left(a, \dfrac{\pi}{2} \right)$에서 감소한다.
이때 $a < \dfrac{\pi}{3}$이므로 $f(a) > f\left(\dfrac{\pi}{3} \right) = 2 \times \dfrac{\pi}{3} \times \dfrac{1}{2} = \dfrac{\pi}{3}$이다.
즉, 함수 $f(x)$의 극댓값은 1보다 크다.
또한 $f(0) = 0$, $f\left(\dfrac{\pi}{2} \right) = 0$이므로 다음 그림과 같이
구간 $\left[0, \dfrac{\pi}{2} \right]$에서 함수 $y = f(x)$의 그래프와 직선 $y = 1$은
서로 다른 두 교점을 갖는다.

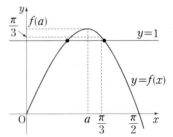

따라서 방정식 $f(x) = 1$은 서로 다른 두 실근을 갖는다. (참)
따라서 옳은 것은 ㄱ, ㄴ, ㄷ이다.

답 ⑤

K16-04

ㄱ. 함수 $f(x)$의 한 부정적분을 $F(x)$라 하면
$$F(b) - F(a) = \int_a^b f(x)dx = 3$$이다. (참)

ㄴ. 함수 $f(x)$는 삼차함수이므로 미분가능한 함수이다.
$F''(x) = f'(x)$이고 $f'(c) \ne 0$이므로 너코 107
점 $(c, F(c))$는 곡선 $y = F(x)$의 변곡점이 아니다. 너코 109
(거짓)

ㄷ. ㄱ에서 $F(b) = F(a) + 3$이고,
$$F(c) - F(a) = \int_a^c f(x)dx = 0$$에서 $F(c) = F(a)$이다.
한편 삼차함수 $y = f(x)$의 그래프에 의하여
함수 $F(x)$는 $x = a$, $x = c$에서 극솟값을 갖고,
$x = b$에서 극댓값을 갖는다.
이때 $-3 < F(a) < 0$이면
극댓값은 $F(b) > 0$이고 극솟값은 $F(c) = F(a) < 0$이므로

함수 $y=F(x)$의 그래프는 다음 그림과 같이 직선 $y=0$과 서로 다른 네 점에서 만난다.

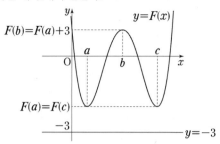

따라서 방정식 $F(x)=0$은 서로 다른 네 실근을 갖는다. (참)
따라서 옳은 것은 ㄱ, ㄷ이다.

답 ③

K16-05

x에 대한 방정식 $x^2-5x+2\ln x=t$의 서로 다른 실근의 개수가 2이려면 곡선 $y=x^2-5x+2\ln x$와 직선 $y=t$가 서로 다른 두 점에서 만나야 한다. ㄴ코 050 ······㉠

$f(x)=x^2-5x+2\ln x$라 하면

$f'(x)=2x-5+\dfrac{2}{x}$ ㄴ코 044 ㄴ코 098 ㄴ코 102

$\qquad =\dfrac{2x^2-5x+2}{x}$

$\qquad =\dfrac{(2x-1)(x-2)}{x}$

이므로 $x=\dfrac{1}{2}$ 또는 $x=2$일 때 $f'(x)=0$이다.

이때 $x>0$에서 함수 $f(x)$의 증가와 감소를 표로 나타내면 다음과 같다.

x	(0)	$\cdots$	$\dfrac{1}{2}$	$\cdots$	2	$\cdots$
$f'(x)$		$+$	0	$-$	0	$+$
$f(x)$		↗	극대	↘	극소	↗

$\lim\limits_{x\to\infty}f(x)=\infty$, $\lim\limits_{x\to 0+}f(x)=-\infty$이므로 함수 $f(x)$는

$x=\dfrac{1}{2}$에서 극댓값 $f\left(\dfrac{1}{2}\right)=-\dfrac{9}{4}-2\ln 2$를 갖고,

$x=2$에서 극솟값 $f(2)=-6+2\ln 2$를 갖는다. ㄴ코 110

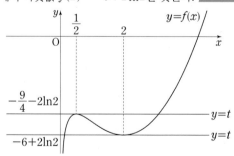

㉠을 만족시키려면 그림과 같이 t의 값이 $f(x)$의 극댓값 또는 극솟값이어야 하므로 모든 실수 t의 값의 합은

$\left(-\dfrac{9}{4}-2\ln 2\right)+(-6+2\ln 2)=-\dfrac{33}{4}$

답 ②

K16-06

ㄱ. 함수 $f(x)=4\ln x+\ln(10-x)$에서 로그의 진수 조건에 의하여 $0<x<10$이다.

$f(x)=4\ln x+\ln(10-x)=\ln\{x^4(10-x)\}$에 대하여

구간 $(0, 10)$에서 정의된 함수를 $g(x)=x^4(10-x)$라 하면

$f(x)=\ln g(x)$이고 함수 $\ln x$는 증가하는 함수이므로 함수 $g(x)$가 최댓값을 가질 때 함수 $f(x)$도 최댓값을 갖는다.

$g'(x)=40x^3-5x^4=5x^3(8-x)$이므로

$g'(x)=0$에서 $x=8$이고

구간 $(0, 8)$에서 $g'(x)>0$, 구간 $(8, 10)$에서 $g'(x)<0$이다.

따라서 함수 $g(x)$는 $x=8$에서 극댓값이자 최댓값

$g(8)=8^4\times 2=2^{13}$을 가지므로

함수 $f(x)$의 최댓값은

$f(8)=\ln g(8)=\ln 2^{13}=13\ln 2$이다. ㄴ코 049 (참)

ㄴ. ㄱ에 의하여 방정식 $f(x)=0$의 실근의 개수는 방정식 $g(x)=1$의 실근의 개수, 즉 함수 $y=g(x)$의 그래프와 직선 $y=1$의 교점의 개수와 같다.

이때 함수 $y=g(x)$의 그래프와 직선 $y=1$은 오른쪽 그림과 같이 서로 다른 2개의 교점을 갖는다.

따라서 방정식 $f(x)=0$은 서로 다른 두 실근을 갖는다. (참)

ㄷ. $e^{f(x)}=e^{\ln g(x)}=g(x)$이고

$g'(x)=40x^3-5x^4$,

$g''(x)=120x^2-20x^3=20x^2(6-x)$이다. ㄴ코 107

$g''(x)=0$에서 $x=6$이고, $x=6$의 좌우에서 $g''(x)$의 부호가 양에서 음으로 바뀌므로

함수 $y=e^{f(x)}$의 그래프는 구간 $(0, 6)$에서 아래로 볼록하고, 구간 $(6, 8)$에서 위로 볼록하다. ㄴ코 109 (거짓)

따라서 옳은 것은 ㄱ, ㄴ이다.

답 ③

K16-07

$f(x)=e^{x+1}\{x^2+(n-2)x-n+3\}+ax$에서

$f'(x)=e^{x+1}\{x^2+(n-2)x-n+3\}+e^{x+1}(2x+n-2)+a$

$\qquad =e^{x+1}(x^2+nx+1)+a$이다. ㄴ코 103

함수 $f(x)$가 역함수를 가지려면
함수 $f(x)$가 실수 전체의 집합에서 증가하거나 실수 전체의 집합에서 감소해야 한다.

이때 $\lim\limits_{x\to\infty}f(x)=\infty$이므로 모든 실수 x에 대하여

$f'(x)\geq 0$이면 된다. ㄴ코 049 ······㉠

$$f''(x) = e^{x+1}(x^2 + nx + 1) + e^{x+1}(2x + n)$$
$$= e^{x+1}\{x^2 + (n+2)x + n + 1\}$$
$$= e^{x+1}(x+n+1)(x+1) \quad \text{너코 107}$$

이므로 $f''(x) = 0$에서 $x = -n-1$ 또는 $x = -1$이다.

따라서 함수 $f'(x)$의 증가, 감소를 표로 나타내면 다음과 같다.

너코 110

x	$\cdots$	$-n-1$	$\cdots$	-1	$\cdots$
$f''(x)$	$+$	0	$-$	0	$+$
$f'(x)$	↗	극대	↘	극소	↗

또한 $\lim\limits_{x \to -\infty} f'(x) = a$, $\lim\limits_{x \to \infty} f'(x) = \infty$이고

함수 $f'(x)$는 극솟값 $f'(-1) = a - n + 2$를 가지므로

$a \geq 0$이고 $a - n + 2 \geq 0$이면 ㉠을 만족시킨다.

이를 만족시키는 실수 a의 최솟값은

$g(n) = n - 2 \ (n \geq 2)$이고

$a = n - 2$일 때 함수 $y = f'(x)$의 그래프는 다음 그림과 같다.

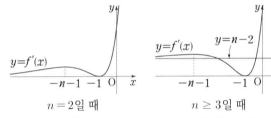

$n = 2$일 때 / $n \geq 3$일 때

따라서 $1 \leq g(n) \leq 8$, 즉 $1 \leq n - 2 \leq 8$을 만족시키는 자연수 n의 값의 합은 $3 + 4 + 5 + \cdots + 10 = 52$이다.

답 ④

K 16-08

양수 a와 두 실수 b, c에 대하여 함수
$f(x) = (ax^2 + bx + c)e^x$은 다음 조건을 만족시킨다.

> (가) $f(x)$는 $x = -\sqrt{3}$과 $x = \sqrt{3}$에서 극값을 갖는다.
> (나) $0 \leq x_1 < x_2$인 임의의 두 실수 x_1, x_2에 대하여
> $f(x_2) - f(x_1) + x_2 - x_1 \geq 0$이다.

세 수 a, b, c의 곱 abc의 최댓값을 $\dfrac{k}{e^3}$라 할 때, $60k$의 값을 구하시오. [4점]

How To

❶ $f(x)$는 $x = -\sqrt{3}$과 $x = \sqrt{3}$에서 극값을 갖는다.
$f'(-\sqrt{3}) = 0$, $f'(\sqrt{3}) = 0$

❷ $0 \leq x_1 < x_2$인 임의의 두 실수 x_1, x_2에 대하여
$f(x_2) - f(x_1) + x_2 - x_1 \geq 0$이다.
$f(x_1) + x_1 \leq f(x_2) + x_2$이므로
$x > 0$에서 함수 $f(x) + x$는 증가, 즉 $f'(x) + 1 \geq 0$이다.

$f(x) = (ax^2 + bx + c)e^x$에서
$f'(x) = (2ax + b)e^x + (ax^2 + bx + c)e^x$

너코 044 너코 045 너코 098

$$= \{ax^2 + (2a+b)x + b + c\}e^x$$

이다.

조건 (가)에 의하여 $f'(-\sqrt{3}) = 0$, $f'(\sqrt{3}) = 0$이므로

이차방정식 $ax^2 + (2a+b)x + b + c = 0$의 해는

$-\sqrt{3}$, $\sqrt{3}$이다.

따라서 근과 계수의 관계에 의하여

$$-\frac{2a+b}{a} = 0 \text{이고} \qquad \cdots\cdots ㉠$$

$$\frac{b+c}{a} = -3 \text{이다.} \qquad \cdots\cdots ㉡$$

㉠에서 $b = -2a$이므로 ㉡에 대입하면 $c = -a$이다.

따라서 양수 a에 대하여

$f(x) = a(x^2 - 2x - 1)e^x$,

$f'(x) = a(x^2 - 3)e^x$,

$f''(x) = a(x^2 + 2x - 3)e^x = a(x+3)(x-1)e^x$ 너코 107

이다.

한편 조건 (나)에서 $0 \leq x_1 < x_2$인 임의의 두 실수 x_1, x_2에 대하여

$f(x_1) + x_1 \leq f(x_2) + x_2$이고

··· 빈출 QnA

어떤 구간을 잡더라도 함수 $f(x) + x$는 상수함수가 아니므로

$0 \leq x_1 < x_2$이면 $f(x_1) + x_1 < f(x_2) + x_2$이다.

즉, 구간 $(0, \infty)$에서 미분가능한 함수 $f(x) + x$는 증가하므로

$f'(x) + 1 \geq 0$이다. 너코 049

따라서 구간 $(0, \infty)$에서 함수 $f'(x)$의 최솟값이

-1 이상이어야 한다. $\qquad \cdots\cdots ㉢$

이때 함수 $f'(x)$의 증가, 감소를 표로 나타내면 다음과 같다.

너코 110

x	(0)	$\cdots$	1	$\cdots$
$f''(x)$		$-$	0	$+$
$f'(x)$		↘	극소	↗

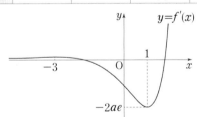

따라서 구간 $(0, \infty)$에서 함수 $f'(x)$는 최솟값 $f'(1) = -2ae$를 갖는다.

㉢에 의하여 $-2ae \geq -1$, 즉 $a \leq \dfrac{1}{2e}$이다.

따라서 $abc = a \times (-2a) \times (-a) = 2a^3 \leq \dfrac{1}{4e^3}$이므로 abc의

최댓값은 $\dfrac{1}{4e^3}$이다.

$\therefore 60k = 60 \times \dfrac{1}{4} = 15$

답 15

Q. 조건 (나)의 부등식을 $\dfrac{f(x_2)-f(x_1)}{x_2-x_1} \geq -1$로 변형했을 때 접근하는 방법을 알려주세요.

A. $\dfrac{f(x_2)-f(x_1)}{x_2-x_1} \geq -1$는 임의의 두 점 $(x_1, f(x_1))$, $(x_2, f(x_2))$을 지나는 직선의 기울기가 -1 이상이라는 것을 의미합니다.

한편 $x > 0$에서의 함수 $f(x)$의 증가, 감소와 볼록성을 표로 나타내면 다음과 같으므로

곡선 $y = f(x)$ 위의 점에서의 접선의 기울기 중 변곡점 $(1, f(1))$에서의 접선의 기울기가 가장 작습니다.

x	(0)	$\cdots$	1	$\cdots$	$\sqrt{3}$	$\cdots$
$f'(x)$		$-$	$-$	$-$	0	$+$
$f''(x)$		$-$	0	$+$	$+$	$+$
$f(x)$		$\searrow$	변곡점	$\searrow$	극소	$\nearrow$

따라서 조건 (나)를 만족시키려면 $f'(1) \geq -1$이어야 함을 이끌어 낼 수 있습니다.

K16-09

$g(x) = 2x^4 e^{-x}$에서

$g'(x) = 8x^3 e^{-x} - 2x^4 e^{-x}$ `너코 044` `너코 045` `너코 103`

$\qquad = 2x^3(4-x)e^{-x}$

이다.

함수 $g(x)$의 증가, 감소를 표로 나타내면 다음과 같다.

x	$\cdots$	0	$\cdots$	4	$\cdots$
$g'(x)$	$-$	0	$+$	0	$-$
$g(x)$	$\searrow$	0	$\nearrow$	$512e^{-4}$	$\searrow$

함수 $g(x)$는 $x = 0$에서 극솟값 0, $x = 4$에서 극댓값 $512e^{-4}$을 갖고 `너코 049`

$\lim\limits_{x \to \infty} g(x) = 0$이므로 함수 $y = g(x)$의 그래프는 다음 그림과 같다. `너코 110`

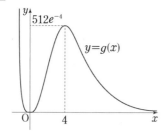

따라서 실수 t에 대하여 x에 대한 방정식 $g(x) = t$의 서로 다른 실근의 개수는

$t < 0$일 때 0개, $t = 0$일 때 1개, $0 < t < 512e^{-4}$일 때 3개, $t = 512e^{-4}$일 때 2개, $t > 512e^{-4}$일 때 1개이다. $\qquad \cdots\cdots \bigcirc$

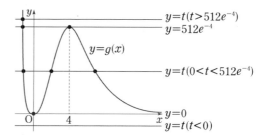

한편 최고차항의 계수가 $\dfrac{1}{2}$인 사차함수 $f(x)$의 최솟값이 0이면 극솟값도 0이다.

따라서 방정식 $f(x) = 0$의 실근의 개수는 1 또는 2이다.

방정식 $f(x) = 0$의 실근이 1개이면 $\bigcirc$에 의하여 방정식 $h(x) = 0$의 실근은 많아야 3개이다.

따라서 조건 (가)를 만족시키기 위해서는

방정식 $f(x) = 0$의 실근이 2개이어야 하고, 그 두 실근을 α, β ($\alpha < \beta$)라 할 때

$f(x) = \dfrac{1}{2}(x-\alpha)^2(x-\beta)^2$이며

$\alpha = 0 < \beta < 512e^{-4}$ 또는 $0 < \alpha < 512e^{-4} < \beta$이어야 한다.

이때 조건 (나)에 의하여 함수 $h(x)$는 $x = 0$에서 극소이므로

$x = 0$의 좌우에서 $h'(x) = f'(g(x))g'(x)$의 부호가 음에서 양으로 바뀌어야 하는데

$x = 0$의 좌우에서 $g'(x)$의 부호가 음에서 양으로 바뀌므로

$x = 0$의 좌우에서 $f'(g(x))$의 부호가 양수이면 된다.

$x = 0$의 좌우에서 $g(x)$는 0보다 크면서 0에 가까운 값을 가지므로

$\alpha = 0 < \beta < 512e^{-4}$인 경우 $x = 0$의 좌우에서 $f'(g(x))$의 부호는 양수이고

$0 < \alpha < 512e^{-4} < \beta$인 경우 $x = 0$의 좌우에서 $f'(g(x))$의 부호는 음수이다.

따라서 조건 (나)를 만족시키려면 $\alpha = 0 < \beta < 512e^{-4}$이어야 한다. $\qquad \cdots\cdots \bigcirc$

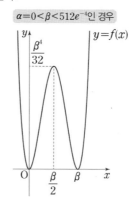
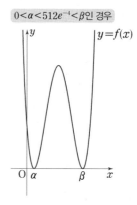

즉, $f(x) = \dfrac{1}{2}x^2(x-\beta)^2$이고

$f'(x) = x(x-\beta)(2x-\beta)$이므로

함수 $f(x)$는 $x = \dfrac{\beta}{2}$에서 극댓값 $\dfrac{\beta^4}{32}$을 갖는다.

따라서 방정식 $f(x) = 8$의 서로 다른 실근은

$\dfrac{\beta^4}{32} < 8$, 즉 $\beta < 4$인 경우 2개,

$\dfrac{\beta^4}{32}=8$, 즉 $\beta=4$인 경우 3개,

$\dfrac{\beta^4}{32}>8$, 즉 $\beta>4$인 경우 4개이다.

ⅰ) $\beta<4$인 경우

방정식 $f(x)=8$의 서로 다른 두 실근을 각각

p_1, p_2 $(p_1<0<p_2)$라 할 때

방정식 $h(x)=8$, 즉 $f(g(x))=8$의 서로 다른 실근의

개수는

함수 $y=g(x)$의 그래프와 직선 $y=p_2$의 서로 다른 교점의

개수와 같다.

다음 그림과 같이 서로 다른 교점의 개수는 많아야 3이므로

조건 (다)를 만족시키지 않는다.

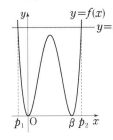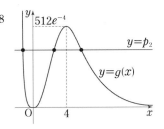

ⅱ) $\beta=4$인 경우

방정식 $f(x)=8$의 서로 다른 세 실근은 $x=2-2\sqrt{2}$,

$x=2$, $x=2+2\sqrt{2}$이다.

방정식 $h(x)=8$, 즉 $f(g(x))=8$의 서로 다른 실근의

개수는

함수 $y=g(x)$의 그래프와 두 직선 $y=2$, $y=2+2\sqrt{2}$의

서로 다른 교점의 개수의 합과 같다.

이때 $g(4)=512e^{-4}>2+2\sqrt{2}$이므로

다음 그림과 같이 서로 다른 교점의 개수의 합이 6이 되어

조건 (다)를 만족시킨다.

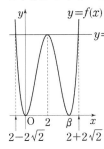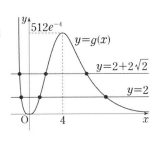

ⅲ) $\beta>4$인 경우

방정식 $f(x)=8$의 서로 다른 실근을 각각

q_1, q_2, q_3, q_4 $(q_1<0<q_2<q_3<q_4)$라 할 때

방정식 $h(x)=8$, 즉 $f(g(x))=8$의 서로 다른 실근의

개수는

함수 $y=g(x)$의 그래프와 세 직선 $y=q_2$, $y=q_3$, $y=q_4$의

서로 다른 교점의 개수의 합과 같다.

이때 ⓒ에 의하여 $q_2<q_3<512e^{-4}$이 되어

다음 그림과 같이 서로 다른 교점의 개수의 합이 적어도

7이므로 조건 (다)를 만족시키지 않는다.

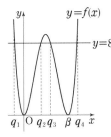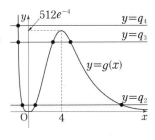

ⅰ)~ⅲ)에 의하여

$f(x)=\dfrac{1}{2}x^2(x-4)^2$에서

$f'(x)=x(x-4)(2x-4)$이다.

$\therefore f'(5)=30$

답 30

K 17-01

$x=t-\dfrac{2}{t}$, $y=2t+\dfrac{1}{t}$에서

$\dfrac{dx}{dt}=1+\dfrac{2}{t^2}$, $\dfrac{dy}{dt}=2-\dfrac{1}{t^2}$이다. `너코 102` `너코 104`

따라서 시각 $t=1$에서의 점 P의 속도는 $(3,1)$이므로

시각 $t=1$에서의 점 P의 속력은 $\sqrt{3^2+1^2}=\sqrt{10}$이다.

`너코 111`

답 ③

K 17-02

$x=3t-\sin t$, $y=4-\cos t$에서

$\dfrac{dx}{dt}=3-\cos t$, $\dfrac{dy}{dt}=\sin t$이다. `너코 101` `너코 104`

따라서 점 P의 시각 t에서의 속력은

$\sqrt{(3-\cos t)^2+\sin^2 t}$ `너코 111`

$=\sqrt{9-6\cos t+\cos^2 t+\sin^2 t}$

$=\sqrt{10-6\cos t}$ $(\because \sin^2 t+\cos^2 t=1)$ `너코 018`

이다.

이때 $-1\leq\cos t\leq1$이므로 `너코 019`

$\cos t=-1$일 때 최댓값 $M=\sqrt{16}=4$를 갖고,

$\cos t=1$일 때 최솟값 $m=\sqrt{4}=2$를 갖는다.

$\therefore M+m=6$

답 ④

K 17-03

$x=1-\cos(4t)$, $y=\dfrac{1}{4}\sin(4t)$에서

$\dfrac{dx}{dt}=4\sin(4t)$, $\dfrac{dy}{dt}=\cos(4t)$이고, `너코 103` `너코 104`

$\dfrac{d^2x}{dt^2}=16\cos(4t)$, $\dfrac{d^2y}{dt^2}=-4\sin(4t)$이다. `너코 107`

따라서 점 P의 시각 t에서의 속력은

$$\sqrt{16\sin^2(4t)+\cos^2(4t)}=\sqrt{15\sin^2(4t)+1}$$ 이다.

너코 018 너코 111

이때 $0 \leq |\sin(4t)| \leq 1$이므로 너코 019

$|\sin(4t)|=1$일 때 최댓값을 갖는다.

점 P의 시각 t에서의 가속도의 크기는

$$\sqrt{16^2\cos^2(4t)+16\sin^2(4t)}$$ 이다.

점 P의 속력이 최대, 즉 $|\sin(4t)|=1$일 때

$\cos(4t)=0$이므로

이때의 가속도의 크기는 $\sqrt{0+16}=4$이다.

답 4

K17-04

$x=2\sqrt{t+1}$, $y=t-\ln(t+1)$에서

$$\frac{dx}{dt}=\frac{2}{2\sqrt{t+1}}=\frac{1}{\sqrt{t+1}},\ \frac{dy}{dt}=1-\frac{1}{t+1}$$ 이다.

너코 103 너코 104

따라서 점 P의 시각 $t\,(t>0)$에서의 속력은

$$\sqrt{\left(\frac{1}{\sqrt{t+1}}\right)^2+\left(1-\frac{1}{t+1}\right)^2}$$

$$=\sqrt{\frac{1}{t+1}+1-\frac{2}{t+1}+\frac{1}{(t+1)^2}}$$

$$=\sqrt{\frac{1}{(t+1)^2}-\frac{1}{t+1}+1}$$

$$=\sqrt{\left(\frac{1}{t+1}-\frac{1}{2}\right)^2+\frac{3}{4}}$$ 너코 111

이다.

따라서 점 P는 $\frac{1}{t+1}=\frac{1}{2}$, 즉 $t=1$일 때 최솟값

$\sqrt{\frac{3}{4}}=\frac{\sqrt{3}}{2}$ 을 갖는다.

답 ⑤

K17-05

$x=t+\sin t\cos t$, $y=\tan t$에서

$$\frac{dx}{dt}=1+\cos^2 t-\sin^2 t=2\cos^2 t,\ \frac{dy}{dt}=\sec^2 t$$ 이다.

너코 018 너코 101 너코 104

점 P의 시각 $t\,(0<t<\frac{\pi}{2})$에서의 속력은

$$\sqrt{(2\cos^2 t)^2+(\sec^2 t)^2}=\sqrt{4\cos^4 t+\sec^4 t}$$ 이다. 너코 111

이때 $0<t<\frac{\pi}{2}$에서 $4\cos^4 t>0$, $\sec^4 t>0$이므로 너코 099

산술평균과 기하평균의 관계에 의하여

$4\cos^4 t+\sec^4 t \geq 2\sqrt{4\cos^4 t\times\sec^4 t}=2\sqrt{4}=4$이다.

(단, 등호는 $4\cos^4 t=\sec^4 t$일 때 성립한다.)

따라서 $\sqrt{4\cos^4 t+\sec^4 t}\geq\sqrt{4}=2$이므로

점 P의 속력의 최솟값은 2이다.

답 ③

정답과 풀이

L

적분법

L01-01

$$\int_0^1 3\sqrt{x}\,dx = \int_0^1 3x^{\frac{1}{2}}\,dx = \left[3 \times \frac{2}{3}x^{\frac{3}{2}}\right]_0^1 = 2 \quad \boxed{\text{너코 112}}$$

답 ②

L01-02

$$\int_1^{16} \frac{1}{\sqrt{x}}\,dx = \int_1^{16} x^{-\frac{1}{2}}\,dx = \left[2x^{\frac{1}{2}}\right]_1^{16}$$
$$= 8 - 2 = 6 \quad \boxed{\text{너코 112}}$$

답 6

L01-03

$$\int_0^e \frac{5}{x+e}\,dx = \left[5\ln|x+e|\right]_0^e \quad \boxed{\text{너코 112}}$$
$$= 5\ln 2e - 5\ln e$$
$$= 5\ln \frac{2e}{e} = 5\ln 2 \quad \boxed{\text{너코 005}}$$

답 ⑤

L01-04

$$\int_0^{\ln 3} e^{x+3}\,dx = e^3 \int_0^{\ln 3} e^x\,dx$$
$$= e^3 \left[e^x\right]_0^{\ln 3} = e^3(e^{\ln 3} - 1) \quad \boxed{\text{너코 113}}$$
$$= e^3(3 - 1) = 2e^3 \quad \boxed{\text{너코 004}}$$

답 ④

L01-05

$$\int_{-\frac{\pi}{2}}^{\pi} \sin x\,dx = \left[-\cos x\right]_{-\frac{\pi}{2}}^{\pi} = 1 - 0 = 1 \quad \boxed{\text{너코 114}}$$

답 ④

L01-06

$x > 0$에서 $f'(x) = 2 - \dfrac{3}{x^2}$이므로

$f(x) = 2x + \dfrac{3}{x} \ (\because f(1) = 5)$ $\boxed{\text{너코 112}}$

조건 (가)에서 $x < 0$일 때 양변을 x에 대하여 적분하면
$g(x) = -f(-x) + C$ (단, C는 적분상수)
$f(-x) + g(x) = C$이고

적분법

L

조건 (나)에서
$f(2)+g(-2)=9$이므로 $C=9$
$\therefore g(-3)=-f(3)+9=-7+9=2$

답 ②

L01-07

실수 전체의 집합에서 미분가능한 함수 $f(x)$가
조건 (가), (다)에 의하여
$f(0)=1$, $f'(0)=1$이고
구간 $(0,1)$에서 $f''(x)=e^x$이므로 [너코 107]
$f'(x)=e^x+C_1$에서 $1=1+C_1$, 즉 $C_1=0$이고
$f(x)=e^x+C_2$에서 $1=1+C_2$, 즉 $C_2=0$이다. [너코 113]

(단, C_1과 C_2는 적분상수)

따라서 구간 $[0,1]$에서 $f(x)=e^x$이고
$f(1)=e$, $f'(1)=e$이다.

조건 (나)에 의하여
$1\le x<2$에서 $f'(1)\le f'(x)$, 즉 $e\le f'(x)$이므로
양변을 적분하여 정리하면
$$\int_1^x e\,dt\le \int_1^x f'(t)dt,$$
$$\Big[et\Big]_1^x \le \Big[f(t)\Big]_1^x,$$
$$ex-e\le f(x)-f(1),$$
$$ex\le f(x)$$이다.
따라서 그림과 같이 구간 $[1,2]$에서
함수 $y=f(x)$의 그래프는 직선 $y=ex$와
일치하거나 위에 놓여 있으므로

$$\int_0^2 f(x)dx=\int_0^1 f(x)dx+\int_1^2 f(x)dx$$
[너코 056]
$$\ge \int_0^1 e^x dx+\int_1^2 ex\,dx$$
$$=\Big[e^x\Big]_0^1+\Big[\frac{e}{2}x^2\Big]_1^2$$
$$=(e-1)+\frac{3}{2}e=\frac{5}{2}e-1$$
이다.

따라서 구하는 최솟값은 $\dfrac{5}{2}e-1$이다.

답 ③

L01-08

양의 실수 전체의 집합에서 감소하고 연속인 함수 $f(x)$는
조건 (가)에 의해 임의의 양의 실수 t에 대하여
$f(t)>f(t+1)>0$이다.
따라서 세 점 $(0,0)$, $(t,f(t))$, $(t+1,f(t+1))$을 꼭짓점으로
하는 삼각형은 다음 그림과 같다.

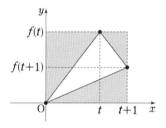

따라서 이 삼각형의 넓이 $\dfrac{t+1}{t}$은
사각형의 넓이 $(t+1)f(t)$에서
색칠된 세 삼각형의 넓이의 합을 뺀 것과 같으므로
$$\frac{t+1}{t}=(t+1)f(t)-\frac{1}{2}\Big[tf(t)+(t+1)f(t+1)$$
$$+1\times\{f(t)-f(t+1)\}\Big]$$
$$=\frac{1}{2}\{(t+1)f(t)-tf(t+1)\}$$
이다. 이때 조건 (다)를 적용하기 위한 꼴로 변형하기 위해
양변에 $\dfrac{2}{t(t+1)}$를 곱하면
$$\frac{2}{t^2}=\frac{f(t)}{t}-\frac{f(t+1)}{t+1}$$이다.　　　……㉠

한편 $g(t)=\dfrac{f(t)}{t}$라 하고, $g(t)$의 한 부정적분을 $G(t)$라 하면
㉠에서 $g(t)-g(t+1)=\dfrac{2}{t^2}$이고
양변을 적분하면
$$G(t)-G(t+1)=-\frac{2}{t}+C,$$ [너코 112]
$$G(t+1)-G(t)=\frac{2}{t}-C$$이다. (단, C는 적분상수)

따라서 조건 (다)에 의하여
$$\int_1^2 \frac{f(x)}{x}dx=\int_1^2 g(x)dx=G(2)-G(1)=\frac{2}{1}-C=2$$
이므로 $C=0$이다.

즉, $\displaystyle\int_t^{t+1}\frac{f(x)}{x}dx=G(t+1)-G(t)=\frac{2}{t}$이다.
$$\int_{\frac{7}{2}}^{\frac{11}{2}}\frac{f(x)}{x}dx=\int_{\frac{7}{2}}^{\frac{9}{2}}g(x)dx+\int_{\frac{9}{2}}^{\frac{11}{2}}g(x)dx$$ [너코 056]
$$=\frac{2}{\frac{7}{2}}+\frac{2}{\frac{9}{2}}$$
$$=\frac{4}{7}+\frac{4}{9}=\frac{64}{63}$$
$$\therefore p+q=63+64=127$$

답 127

L01-09

조건 (나)에서 $0 \leq k \leq 7$인 각각의 정수 k에 대하여

$0 < t \leq 1$일 때 $f(k+t) = f(k)$ 또는 $f(k+t) = 2^t \times f(k)$라

했으므로

$k+t = x$라 하면

$k < x \leq k+1$일 때

㉠ $f(x) = f(k)$ 또는 ㉡ $f(x) = 2^{x-k}f(k)$이다.

또한 조건 (가)에서 $f(0) = 1$이라 주어졌으므로

$k = 0, 1, 2, \cdots$일 때 가능한 모든 함수식과 함수 $y = f(x)$의

그래프는 다음과 같다.

$0 \leq x \leq 1$	$1 \leq x \leq 2$	$2 \leq x \leq 3$	$\cdots$
㉠ $f(x) = 1$	㉠ $f(x) = 1$	㉠ $f(x) = 1$	
		㉡ $f(x) = 2^{x-2}$	
	㉡ $f(x) = 2^{x-1}$	㉠ $f(x) = 2$	$\cdots$
		㉡ $f(x) = 2^{x-1}$	
㉡ $f(x) = 2^x$	㉠ $f(x) = 2$	㉠ $f(x) = 2$	
		㉡ $f(x) = 2^{x-1}$	
	㉡ $f(x) = 2^x$	㉠ $f(x) = 4$	
		㉡ $f(x) = 2^x$	

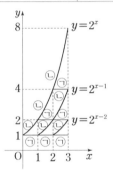

$k < x \leq k+2$에서 (단, $0 \leq k \leq 6$)

함수 $f(x)$가 ㉠, ㉠ 또는 ㉡, ㉡의 순서일 때

함수 $f(x)$는 $x = k+1$에서 미분가능하고,

함수 $f(x)$가 ㉠, ㉡ 또는 ㉡, ㉠의 순서일 때

함수 $f(x)$는 $x = k+1$에서 가능하지 않다.

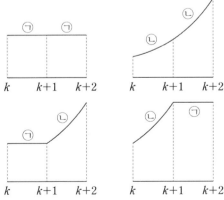

따라서 조건 (다)를 만족시키기 위해서는

함수 $f(x)$가 ㉠ → ㉡ → ㉠ 순서로 두 번 바뀌거나,

㉡ → ㉠ → ㉡ 순서로 두 번 바뀌어야 한다.

한편 조건 (가)에서 $f(8) \leq 100$이고

$2^6 < 100 < 2^7$이므로 ㉡은 최대 6번까지 나올 수 있다.

따라서 정적분 $\displaystyle\int_0^8 f(x)dx$의 값, 즉 함수 $y = f(x)$의

그래프와 x축 및 두 직선 $x = 0$, $x = 8$로 둘러싸인 부분의

넓이가 최대이려면 ㉡을 6번 선택한 뒤 최대한 먼저 배치하는

다음의 두 가지 경우를 고려하면 충분하다. `너료 058`

i) 함수 $f(x)$의 식이 ㉠ → ㉡㉡㉡㉡㉡㉡ → ㉠의 순서일 때

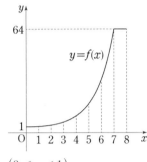

$f(x) = \begin{cases} 1 & (0 \leq x < 1) \\ 2^{x-1} & (1 \leq x < 7) \\ 64 & (7 \leq x \leq 8) \end{cases}$ 에서

$\displaystyle\int_0^8 f(x)dx = 1 + \int_1^7 2^{x-1}dx + 64$ `너료 056`

$\displaystyle = 65 + \left[\frac{2^{x-1}}{\ln 2}\right]_1^7$ `너료 113`

$\displaystyle = 65 + \frac{2^6 - 1}{\ln 2} = 65 + \frac{63}{\ln 2}$

ii) 함수 $f(x)$의 식이 ㉡㉡㉡㉡㉡ → ㉠㉠ → ㉡의 순서일 때

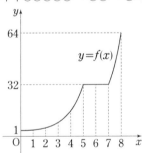

$f(x) = \begin{cases} 2^x & (0 \leq x < 5) \\ 32 & (5 \leq x < 7) \\ 2^{x-2} & (7 \leq x \leq 8) \end{cases}$ 에서

$\displaystyle\int_0^8 f(x)dx = \int_0^5 2^x dx + 2 \times 32 + \int_7^8 2^{x-2}dx$

$\displaystyle = \left[\frac{2^x}{\ln 2}\right]_0^5 + 64 + \left[\frac{2^{x-2}}{\ln 2}\right]_7^8$

$\displaystyle = \frac{2^5 - 1}{\ln 2} + 64 + \frac{2^6 - 2^5}{\ln 2} = 64 + \frac{63}{\ln 2}$

i), ii)에서 $\displaystyle\int_0^8 f(x)dx$의 최댓값은 $65 + \dfrac{63}{\ln 2}$ 이다.

$\therefore p + q = 128$

답 128

L01-10

$0 \le x \le \dfrac{3}{2}\pi$에서 정의된 연속함수 $f(x)$가

$$f'(x) = \begin{cases} l\cos x & \left(0 < x < \dfrac{\pi}{2}\right) \\ m\cos x & \left(\dfrac{\pi}{2} < x < \pi\right) \\ n\cos x & \left(\pi < x < \dfrac{3}{2}\pi\right) \end{cases}$$ 이므로

$$f(x) = \begin{cases} l\sin x + C_1 & \left(0 \le x < \dfrac{\pi}{2}\right) \\ m\sin x + C_2 & \left(\dfrac{\pi}{2} \le x < \pi\right) \\ n\sin x + C_3 & \left(\pi \le x \le \dfrac{3}{2}\pi\right) \end{cases}$$ 이다. <small>너코 114</small>

(단, C_1, C_2, C_3은 적분상수)

주어진 조건에 의하여

$f(0) = 0$이므로 $C_1 = 0$이고

$f\left(\dfrac{3}{2}\pi\right) = 1$이므로 $-n + C_3 = 1$, 즉 $C_3 = n+1$이다.

또한

$\displaystyle\lim_{x \to \frac{\pi}{2}^-} f(x) = f\left(\dfrac{\pi}{2}\right)$에서 $l = m + C_2$이고

$\displaystyle\lim_{x \to \pi^-} f(x) = f(\pi)$에서 $C_2 = n+1$이다. <small>너코 037</small>

따라서 $l = m + n + 1$이고 ……㉠

$$f(x) = \begin{cases} l\sin x & \left(0 \le x < \dfrac{\pi}{2}\right) \\ m\sin x + n+1 & \left(\dfrac{\pi}{2} \le x < \pi\right) \\ n\sin x + n+1 & \left(\pi \le x \le \dfrac{3}{2}\pi\right) \end{cases}$$ 이다.

한편 $\displaystyle\int_0^{\frac{\pi}{2}} \sin x\, dx = \int_{\frac{\pi}{2}}^{\pi} \sin x\, dx = 1$이고

$\displaystyle\int_{\pi}^{\frac{3}{2}\pi} \sin x\, dx = -1$이므로

$$\int_0^{\frac{3}{2}\pi} f(x)\,dx = l\int_0^{\frac{\pi}{2}}\sin x\,dx + \int_{\frac{\pi}{2}}^{\pi}(m\sin x + n+1)\,dx$$
$$+ \int_{\pi}^{\frac{3}{2}\pi}(n\sin x + n+1)\,dx \quad \text{<small>너코 056</small>}$$
$$= l\int_0^{\frac{\pi}{2}}\sin x\,dx + m\int_{\frac{\pi}{2}}^{\pi}\sin x\,dx$$
$$+ n\int_{\pi}^{\frac{3}{2}\pi}\sin x\,dx + \int_{\frac{\pi}{2}}^{\frac{3}{2}\pi}(n+1)\,dx$$
$$= l + m - n + (n+1)\pi$$

이다.

따라서 구하는 l, m, n의 값은 ㉠에 의하여

0이 아닌 정수 m, n이 $|m+n+1| + |m| + |n| \le 10$을 만족시킬 때

$2m + n\pi + \pi + 1$의 값이 최대가 되도록 하는 l, m, n의 값과 같다. ……㉡

이때 $2 < \pi$이므로

'$0 < m < n$인 경우' 또는 '$m < 0 < n$, $m+n > 0$인 경우'에 대해서

$2m + n\pi + \pi + 1$의 최댓값의 대소 관계를 비교해도 충분하다.

i) $0 < m < n$인 경우

자연수 m, n이 $2m + 2n \le 9$를 만족시킬 때

㉡은 $m = 1$, $n = 3$이면 최댓값 $3 + 4\pi$를 갖는다.

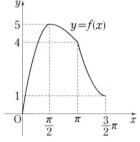

ii) $m < 0 < n$, $m+n > 0$인 경우

음의 정수 m, 자연수 n이 $2n + 1 \le 10$을 만족시킬 때

㉡은 $m = -1$, $n = 4$이면 최댓값 $5\pi - 1$을 갖는다.

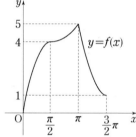

i), ii)에 의하여 $\displaystyle\int_0^{\frac{3}{2}\pi} f(x)\,dx$는 $l = 5$, $m = 1$, $n = 3$일 때 최댓값을 갖는다.

$\therefore l + 2m + 3n = 16$

답 ⑤

L02-01

풀이 1

$2x + 1 = t$라 하면 $x = 0$일 때 $t = 1$, $x = 3$일 때 $t = 7$이고

$2 = \dfrac{dt}{dx}$, 즉 $2dx = dt$이므로

$$\int_0^3 \frac{2}{2x+1}\,dx = \int_1^7 \frac{1}{t}\,dt = \Big[\ln|t|\Big]_1^7 = \ln 7 \quad \text{<small>너코 112 너코 115</small>}$$

풀이 2

$\{\ln(2x+1)\}' = \dfrac{2}{2x+1}$이고 적분은 미분의 역연산이므로

<small>너코 103</small>

$$\int_0^3 \frac{2}{2x+1}\,dx = \Big[\ln(2x+1)\Big]_0^3 = \ln 7$$

답 ③

L 02-02

풀이 1

$2x-4=t$라 하면 $x=2$일 때 $t=0$, $x=4$일 때 $t=4$이고

$2=\dfrac{dt}{dx}$, 즉 $2dx=dt$이므로

$$\int_2^4 2e^{2x-4}dx=\int_0^4 e^t dt=\Big[e^t\Big]_0^4=e^4-1 \quad \boxed{너코 113} \quad \boxed{너코 115}$$

따라서 $k=e^4-1$이다.

$$\therefore \ln(k+1)=\ln e^4=4 \quad \boxed{너코 005}$$

풀이 2

$(e^{2x-4})'=2e^{2x-4}$이고 적분은 미분의 역연산이므로 $\boxed{너코 103}$

$$\int_2^4 2e^{2x-4}dx=\Big[e^{2x-4}\Big]_2^4=e^4-1$$

따라서 $k=e^4-1$이다.

$$\therefore \ln(k+1)=\ln e^4=4 \quad \boxed{너코 005}$$

답 4

L 02-03

$\ln x=t$라 하면 $x=1$일 때 $t=0$, $x=e$일 때 $t=1$이고

$\dfrac{1}{x}=\dfrac{dt}{dx}$, 즉 $\dfrac{1}{x}dx=dt$이므로

$$\int_1^e \dfrac{3(\ln x)^2}{x}dx=\int_0^1 3t^2 dt=\Big[t^3\Big]_0^1=1 \quad \boxed{너코 054} \quad \boxed{너코 115}$$

답 ①

L 02-04

$f(x)=t$, 즉 $x+\ln x=t$라 하면 $\left(1+\dfrac{1}{x}\right)dx=dt$이고

$x=1$일 때 $t=1$, $x=e$일 때 $t=e+1$이므로

$$\int_1^e \left(1+\dfrac{1}{x}\right)f(x)dx=\int_1^{e+1} t\,dt$$

$$=\Big[\dfrac{1}{2}t^2\Big]_1^{e+1}$$

$$=\dfrac{1}{2}\{(e+1)^2-1^2\}$$

$$=\dfrac{1}{2}(e^2+2e)$$

$$=\dfrac{e^2}{2}+e \quad \boxed{너코 054} \quad \boxed{너코 115}$$

답 ②

L 02-05

풀이 1

곡선 $y=f(x)$ 위의 점 $(t,\,f(t))$에서의 접선의 기울기는 $f'(t)$이므로

$$f'(t)=\dfrac{1}{t}+4e^{2t}\text{이다.} \quad \boxed{너코 043}$$

$$f(t)=\int\left(\dfrac{1}{t}+4e^{2t}\right)dt=\int\dfrac{1}{t}dt+\int 4e^{2t}dt \quad\cdots\cdots\ \bigcirc$$

$$\boxed{너코 053} \quad \boxed{너코 054}$$

$2t=x$라 하면 $2=\dfrac{dx}{dt}$, 즉 $2dt=dx$이므로

$$\int 4e^{2t}dt=\int 2e^x dx=2e^x+C \quad \boxed{너코 113} \quad \boxed{너코 115}$$

$$=2e^{2t}+C \text{ (단, C는 적분상수)}$$

$\bigcirc$에서 $f(t)=\ln t+2e^{2t}+C\ (\because t>0)$ $\boxed{너코 112}$

이때 $f(1)=2e^2+1$이므로 $0+2e^2+C=2e^2+1$에서

$C=1$이다.

따라서 $f(t)=\ln t+2e^{2t}+1$이다.

$$\therefore\ f(e)=1+2e^{2e}+1=2e^{2e}+2$$

풀이 2

곡선 $y=f(x)$ 위의 점 $(t,\,f(t))$에서의 접선의 기울기는 $f'(t)$이므로

$$f'(t)=\dfrac{1}{t}+4e^{2t}\text{이다.} \quad \boxed{너코 043}$$

$(2e^{2t})'=4e^{2t}$이고 적분은 미분의 역연산이므로 $\boxed{너코 103}$

$$f(t)=\int\left(\dfrac{1}{t}+4e^{2t}\right)dt$$

$$=\int\dfrac{1}{t}dt+\int 4e^{2t}dt \quad \boxed{너코 053} \quad \boxed{너코 054}$$

$$=\ln t+2e^{2t}+C\ (\because t>0) \text{ (단, C는 적분상수)} \quad \boxed{너코 112}$$

이때 $f(1)=2e^2+1$이므로 $0+2e^2+C=2e^2+1$에서

$C=1$이다.

따라서 $f(t)=\ln t+2e^{2t}+1$이다.

$$\therefore\ f(e)=1+2e^{2e}+1=2e^{2e}+2$$

답 ④

L 02-06

풀이 1

$$\int_0^{10}\dfrac{x+2}{x+1}dx=\int_0^{10}\left(1+\dfrac{1}{x+1}\right)dx$$

$x+1=t$라 하면 $x=0$일 때 $t=1$, $x=10$일 때 $t=11$이고

$1=\dfrac{dt}{dx}$, 즉 $dx=dt$이므로

$$\int_0^{10}\left(1+\dfrac{1}{x+1}\right)dx=\int_0^{10}1dx+\int_0^{10}\dfrac{1}{x+1}dx \quad \boxed{너코 056}$$

$$=\int_0^{10}1dx+\int_1^{11}\dfrac{1}{t}dt \quad \boxed{너코 115}$$

$$=\Big[x\Big]_0^{10}+\Big[\ln|t|\Big]_1^{11} \quad \boxed{너코 112}$$

$$=10+\ln 11$$

풀이 2

$$\int_0^{10}\dfrac{x+2}{x+1}dx=\int_0^{10}\left(1+\dfrac{1}{x+1}\right)dx$$

$\{\ln(x+1)\}' = \dfrac{1}{x+1}$ 이고 적분은 미분의 역연산이므로

너코 103

$$\int_0^{10}\left(1+\dfrac{1}{x+1}\right)dx = \Big[x+\ln|x+1|\Big]_0^{10}$$
$$= 10+\ln 11$$

답 ④

L02-07

$\ln x = t$ 라 하면 $x=1$일 때 $t=0$, $x=a$일 때 $t=\ln a$이고

$\dfrac{1}{x} = \dfrac{dt}{dx}$, 즉 $\dfrac{1}{x}dx = dt$이므로

$$f(a) = \int_0^{\ln a}\sqrt{t}\,dt = \int_0^{\ln a} t^{\frac{1}{2}}dt = \left[\dfrac{2}{3}t^{\frac{3}{2}}\right]_0^{\ln a} = \dfrac{2}{3}(\ln a)^{\frac{3}{2}}$$

너코 112　너코 115

$$f(a^4) = \dfrac{2}{3}(\ln a^4)^{\frac{3}{2}} = \dfrac{2}{3}(4\ln a)^{\frac{3}{2}}$$
$$= 4^{\frac{3}{2}}\left\{\dfrac{2}{3}(\ln a)^{\frac{3}{2}}\right\} = 8f(a)$$

답 ②

L02-08

연속함수 $f(x)$가 $f(x)=e^{x^2}+\displaystyle\int_0^1 tf(t)\,dt$를 만족시킬 때,

$\displaystyle\int_0^1 xf(x)\,dx$의 값은? [3점]

① $e-2$ ② $\dfrac{e-1}{2}$ ③ $\dfrac{e}{2}$

④ $e-1$ ⑤ $\dfrac{e+1}{2}$

How To

$f(x) = e^{x^2} + \displaystyle\int_0^1 tf(t)dt$ ◀ 상수

적분구간이 모두 상수인 정적분이 포함된 함수는 다음의 순서대로 풀이한다.

[1단계] $\displaystyle\int_0^1 tf(t)\,dt = k$로 바꾼다. (단, k는 상수)

즉, $f(x) = e^{x^2}+k$

[2단계] $\displaystyle\int_0^1 tf(t)\,dt = k$에 [1단계]에서 정리된 $f(t)=e^{t^2}+k$를 대입한다.

즉, $k = \displaystyle\int_0^1 t(e^{t^2}+k)\,dt$

풀이 1

$f(x) = e^{x^2}+\displaystyle\int_0^1 tf(t)dt$에서 $\displaystyle\int_0^1 tf(t)\,dt = k$라 하면

$f(x) = e^{x^2}+k$이므로

$$k = \int_0^1 tf(t)\,dt = \int_0^1 t(e^{t^2}+k)\,dt$$
$$= \int_0^1 te^{t^2}\,dt + \int_0^1 kt\,dt$$

너코 056

이때 $\displaystyle\int_0^1 te^{t^2}\,dt$에서

$t^2 = s$라 하면 $t=0$일 때 $s=0$, $t=1$일 때 $s=1$이고

$2t = \dfrac{ds}{dt}$, 즉 $2t\,dt = ds$이므로

$$\int_0^1 te^{t^2}\,dt = \dfrac{1}{2}\int_0^1 e^s\,ds = \dfrac{1}{2}\Big[e^s\Big]_0^1 = \dfrac{e}{2}-\dfrac{1}{2}\text{이다.}$$

너코 113　너코 115

또한 $\displaystyle\int_0^1 kt\,dt = \left[\dfrac{k}{2}t^2\right]_0^1 = \dfrac{k}{2}$이다. 너코 054

따라서 $k = \left(\dfrac{e}{2}-\dfrac{1}{2}\right)+\dfrac{k}{2}$이므로 $k=e-1$이다.

$$\therefore \int_0^1 xf(x)\,dx = e-1$$

풀이 2

$f(x) = e^{x^2}+\displaystyle\int_0^1 tf(t)\,dt$에서 $\displaystyle\int_0^1 tf(t)\,dt=k$라 하면

$f(x) = e^{x^2}+k$이므로

$$k = \int_0^1 tf(t)\,dt = \int_0^1 t(e^{t^2}+k)\,dt = \int_0^1 (te^{t^2}+kt)\,dt$$

이때 $\left(\dfrac{1}{2}e^{t^2}+\dfrac{k}{2}t^2\right)' = te^{t^2}+kt$이고 적분은 미분의 역연산이므로

너코 103

$$k = \left[\dfrac{1}{2}e^{t^2}+\dfrac{k}{2}t^2\right]_0^1 = \dfrac{e}{2}+\dfrac{k}{2}-\dfrac{1}{2}\text{에서 } k=e-1\text{이다.}$$

$$\therefore \int_0^1 xf(x)\,dx = e-1$$

답 ④

L02-09

풀이 1

$\dfrac{1}{1+e^{-t}}$ 의 분자와 분모에 각각 e^t을 곱하면 $\dfrac{e^t}{e^t+1}$ 이므로

$f(x) = \displaystyle\int_0^x \dfrac{e^t}{e^t+1}dt$이다.

$e^t+1 = k$라 하면 $t=0$일 때 $k=2$, $t=x$일 때 $k=e^x+1$이고

$e^t = \dfrac{dk}{dt}$, 즉 $e^t dt = dk$이므로

$$f(x) = \int_2^{e^x+1}\dfrac{1}{k}dk = \Big[\ln|k|\Big]_2^{e^x+1} = \ln(e^x+1)-\ln 2$$

너코 112　너코 115

따라서 $f(f(a)) = \ln 5$를 만족시키는 실수 a는

$\ln\{e^{f(a)}+1\}-\ln 2 = \ln 5,$

$\ln\{e^{f(a)}+1\}=\ln 10$, _{너코} **005**

$e^{f(a)}=9$,

$f(a)=\ln 9$를 만족시킨다.

이를 정리하면

$\ln(e^a+1)-\ln 2=\ln 9$,

$\ln(e^a+1)=\ln 18$,

$e^a+1=18$

$\therefore a=\ln 17$

풀이 2

$\dfrac{1}{1+e^{-t}}$ 의 분자와 분모에 각각 e^t을 곱하면 $\dfrac{e^t}{e^t+1}$ 이므로

$f(x)=\displaystyle\int_0^x \dfrac{e^t}{e^t+1}dt$이다.

$\dfrac{d}{dt}\{\ln(e^t+1)\}=\dfrac{e^t}{e^t+1}$ 이고 적분은 미분의 역연산이므로

_{너코} **103**

$f(x)=\displaystyle\int_0^x \dfrac{e^t}{e^t+1}dt=\Big[\ln(e^t+1)\Big]_0^x=\ln(e^x+1)-\ln 2$

따라서 $f(f(a))=\ln 5$를 만족시키는 실수 a는

$\ln\{e^{f(a)}+1\}-\ln 2=\ln 5$,

$\ln\{e^{f(a)}+1\}=\ln 10$, _{너코} **005**

$e^{f(a)}=9$,

$f(a)=\ln 9$를 만족시킨다.

이를 정리하면

$\ln(e^a+1)-\ln 2=\ln 9$,

$\ln(e^a+1)=\ln 18$,

$e^a+1=18$

$\therefore a=\ln 17$

답 ④

L 02-10

$x^2-1=t$라 하면 $x=1$일 때 $t=0$, $x=\sqrt{2}$일 때 $t=1$이고

$2x=\dfrac{dt}{dx}$, 즉 $2xdx=dt$이므로

$\displaystyle\int_1^{\sqrt{2}} x^3\sqrt{x^2-1}\,dx=\int_1^{\sqrt{2}}(x^2\sqrt{x^2-1}\times x)dx$

$=\displaystyle\int_0^1\Big\{(t+1)\sqrt{t}\times\dfrac{1}{2}\Big\}dt$ _{너코} **115**

$=\dfrac{1}{2}\displaystyle\int_0^1(t\sqrt{t}+\sqrt{t})dt$

$=\dfrac{1}{2}\displaystyle\int_0^1\Big(t^{\frac{3}{2}}+t^{\frac{1}{2}}\Big)dt$

$=\dfrac{1}{2}\Big[\dfrac{2}{5}t^{\frac{5}{2}}+\dfrac{2}{3}t^{\frac{3}{2}}\Big]_0^1=\dfrac{8}{15}$ _{너코} **112**

답 ②

L 02-11

$\displaystyle\int_0^{\frac{\pi}{2}}(\cos x+3\cos^3 x)dx$

$=\displaystyle\int_0^{\frac{\pi}{2}}\{\cos x+3\cos x(1-\sin^2 x)\}dx$ _{너코} **018**

$=\displaystyle\int_0^{\frac{\pi}{2}}(4\cos x-3\cos x\sin^2 x)dx$

$=4\displaystyle\int_0^{\frac{\pi}{2}}\cos x\,dx-3\int_0^{\frac{\pi}{2}}\cos x\sin^2 x\,dx$ _{너코} **056**

$\displaystyle\int_0^{\frac{\pi}{2}}\cos x\,dx=\Big[\sin x\Big]_0^{\frac{\pi}{2}}=1$이며 _{너코} **114**

$\sin x=t$라 하면 $x=0$일 때 $t=0$, $x=\dfrac{\pi}{2}$일 때 $t=1$이고

$\cos x=\dfrac{dt}{dx}$, 즉 $\cos x\,dx=dt$이므로

$\displaystyle\int_0^{\frac{\pi}{2}}\cos x\sin^2 x\,dx=\int_0^1 t^2 dt=\Big[\dfrac{1}{3}t^3\Big]_0^1=\dfrac{1}{3}$이다.

_{너코} **054** _{너코} **115**

$\therefore \displaystyle\int_0^{\frac{\pi}{2}}(\cos x+3\cos^3 x)dx=4\times 1-3\times\dfrac{1}{3}=3$

답 3

L 02-12

풀이 1

$x>0$에서 정의된 연속함수 $f(x)$가 모든 양수 x에 대하여

$2f(x)=\dfrac{1}{x}+\dfrac{1}{x^2}-\dfrac{1}{x^2}f\Big(\dfrac{1}{x}\Big)$을 만족시키므로

양변을 적분하여도 등식

$2\displaystyle\int_{\frac{1}{2}}^2 f(x)dx=\int_{\frac{1}{2}}^2\Big(\dfrac{1}{x}+\dfrac{1}{x^2}\Big)dx-\int_{\frac{1}{2}}^2\Big\{\dfrac{1}{x^2}f\Big(\dfrac{1}{x}\Big)\Big\}dx$를

만족시킨다.   ……㉠

$\displaystyle\int_{\frac{1}{2}}^2\Big(\dfrac{1}{x}+\dfrac{1}{x^2}\Big)dx=\Big[\ln|x|-\dfrac{1}{x}\Big]_{\frac{1}{2}}^2=2\ln 2+\dfrac{3}{2}$이고 _{너코} **112**

……㉡

$\displaystyle\int_{\frac{1}{2}}^2\Big\{\dfrac{1}{x^2}f\Big(\dfrac{1}{x}\Big)\Big\}dx$에서 $\dfrac{1}{x}=t$라 하면

$x=\dfrac{1}{2}$일 때 $t=2$, $x=2$일 때 $t=\dfrac{1}{2}$이고

$-\dfrac{1}{x^2}=\dfrac{dt}{dx}$, 즉 $-\dfrac{1}{x^2}dx=dt$이므로

$\displaystyle\int_{\frac{1}{2}}^2\dfrac{1}{x^2}f\Big(\dfrac{1}{x}\Big)dx=-\int_2^{\frac{1}{2}}f(t)dt=\int_{\frac{1}{2}}^2 f(t)dt$이다. _{너코} **115**

……㉢

따라서 ㉠에 ㉡, ㉢을 대입하면

$2\displaystyle\int_{\frac{1}{2}}^2 f(x)dx=\Big(2\ln 2+\dfrac{3}{2}\Big)-\int_{\frac{1}{2}}^2 f(x)dx$이다.

$$\therefore \int_{\frac{1}{2}}^{2} f(x)dx = \frac{2\ln2}{3} + \frac{1}{2}$$

풀이 2

$x > 0$에서 정의된 연속함수 $f(x)$가 모든 양수 x에 대하여

$2f(x) + \frac{1}{x^2}f\left(\frac{1}{x}\right) = \frac{1}{x} + \frac{1}{x^2}$ 을 만족시킨다. ……㉠

이때 함수 $f(x)$의 한 부정적분을 $F(x)$라 하면

$\left\{2F(x) - F\left(\frac{1}{x}\right)\right\}' = 2f(x) + \frac{1}{x^2}f\left(\frac{1}{x}\right)$, 너코 102

$\left\{\ln x - \frac{1}{x}\right\}' = \frac{1}{x} + \frac{1}{x^2}$ 이고 적분은 미분의 역연산이므로

너코 098

㉠의 양변을 적분하면

$2F(x) - F\left(\frac{1}{x}\right) = \ln x - \frac{1}{x} + C$가 성립한다.

(단, C는 적분상수)

$x = 2$를 대입하면 $2F(2) - F\left(\frac{1}{2}\right) = \ln 2 - \frac{1}{2} + C$ ……㉡

$x = \frac{1}{2}$을 대입하면 $2F\left(\frac{1}{2}\right) - F(2) = \ln\frac{1}{2} - 2 + C$ ……㉢

㉡, ㉢을 같은 변끼리 빼면

$3F(2) - 3F\left(\frac{1}{2}\right) = 2\ln 2 + \frac{3}{2}$ 이다.

$\therefore \int_{\frac{1}{2}}^{2} f(x)dx = F(2) - F\left(\frac{1}{2}\right) = \frac{2\ln2}{3} + \frac{1}{2}$

답 ②

L 02-13

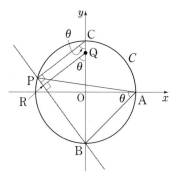

원 C와 y축의 다른 한 교점을 $C(0, 2)$라 하면

$\angle PCB = \angle PAB = \theta$ (∵ 호 BP에 대한 원주각)

$\angle CPB = \frac{\pi}{2}$ (∵ 반원 CB에 대한 원주각)

따라서 직각삼각형 CPB에서

$\overline{PB} = \overline{CB}\sin\theta = 4\sin\theta$ 너코 018

또한 직각삼각형 QRB에서

$\overline{BQ} = 2 + 2\cos\theta$, $\angle RQB = \angle PCB = \theta$이므로

$\overline{RB} = \overline{BQ}\sin\theta = (2 + 2\cos\theta)\sin\theta$

$\quad = 2\sin\theta + 2\sin\theta\cos\theta$

따라서 두 점 P와 R 사이의 거리 $f(\theta)$는

$f(\theta) = \overline{PB} - \overline{RB}$

$\quad = 4\sin\theta - (2\sin\theta + 2\sin\theta\cos\theta)$

$\quad = 2\sin\theta - 2\sin\theta\cos\theta$

$\therefore \int_{\frac{\pi}{6}}^{\frac{\pi}{3}} f(\theta)d\theta = \int_{\frac{\pi}{6}}^{\frac{\pi}{3}} (2\sin\theta - 2\sin\theta\cos\theta)\,d\theta$

$\quad = \left[-2\cos\theta - \sin^2\theta\right]_{\frac{\pi}{6}}^{\frac{\pi}{3}}$ 너코 114 너코 115

$\quad = \left(-1 - \frac{3}{4}\right) - \left(-\sqrt{3} - \frac{1}{4}\right)$

$\quad = \frac{2\sqrt{3} - 3}{2}$

참고 1

선분 PB의 길이는 사인법칙을 이용하여 다음과 같이 구할 수도 있다.

즉, 삼각형 APB의 외접원 C의 반지름의 길이가 2이므로 사인법칙에 의하여

$\frac{\overline{PB}}{\sin\theta} = 2 \times 2$

$\therefore \overline{PB} = 4\sin\theta$ 너코 023

참고 2

$f(\theta) = 2\sin\theta - 2\sin\theta\cos\theta$

$\quad = 2\sin\theta - \sin 2\theta$

이므로 $\int_{\frac{\pi}{6}}^{\frac{\pi}{3}} f(\theta)d\theta$의 값은 다음과 같이 구할 수도 있다.

$\int_{\frac{\pi}{6}}^{\frac{\pi}{3}} f(\theta)d\theta = \int_{\frac{\pi}{6}}^{\frac{\pi}{3}} (2\sin\theta - \sin 2\theta)d\theta$

$\quad = \left[-2\cos\theta + \frac{1}{2}\cos 2\theta\right]_{\frac{\pi}{6}}^{\frac{\pi}{3}}$ 너코 114

$\quad = \left(-1 - \frac{1}{4}\right) - \left(-\sqrt{3} + \frac{1}{4}\right)$

$\quad = \frac{2\sqrt{3} - 3}{2}$

답 ①

L 02-14

두 함수 $f(x)$, $g(x)$가 양의 실수 전체의 집합에서 정의되고 서로 역함수 관계이므로

$f(x) > 0$이고 $g(f(x)) = x$이다.

등식의 양변을 x에 대하여 미분하면

$g'(f(x))f'(x) = 1$ 너코 044 너코 103

이때 $g'(x)$가 양의 실수 전체의 집합에서 연속이므로

$x > 0$인 모든 x에 대하여 $f'(x) \neq 0$이다.

$\therefore g'(f(x)) = \frac{1}{f'(x)}$ 너코 106 ……㉠

$$\therefore \int_1^a \frac{1}{g'(f(x))f(x)}dx = \int_1^a \frac{f'(x)}{f(x)}dx$$
$$= \Big[\ln f(x)\Big]_1^a \ (\because f(x)>0)$$
$$= \ln f(a) - \ln f(1)$$ 너코 115

이때 $\ln f(a) - \ln f(1) = 2\ln a + \ln(a+1) - \ln 2$이므로

$\ln\frac{f(a)}{8} = \ln\frac{a^2(a+1)}{2}$ $(\because f(1)=8)$ 너코 005

$\frac{f(a)}{8} = \frac{a^2(a+1)}{2}$, $f(a) = 4a^2(a+1)$

$\therefore f(2) = 4\times4\times3 = 48$

답 ④

L02-15

$g(e^x) = \begin{cases} f(x) & (0 \le x < 1) \\ g(e^{x-1}) + 5 & (1 \le x \le 2) \end{cases}$에서 $e^x = t$라 하면

$g(t) = \begin{cases} f(\ln t) & (1 \le t < e) \\ g\left(\frac{t}{e}\right) + 5 & (e \le t \le e^2) \end{cases}$이므로

$$\int_1^{e^2} g(x)dx = \int_1^e g(x)dx + \int_e^{e^2} g(x)dx$$ 너코 056
$$= \int_1^e f(\ln x)dx + \int_e^{e^2}\left\{g\left(\frac{x}{e}\right)+5\right\}dx$$
$$= 6e^2 + 4 \quad \cdots\cdots ㉠$$

이다.

이때 $\frac{x}{e} = k$라 하면 $x = e$일 때 $k = 1$, $x = e^2$일 때 $k = e$이고

$\frac{1}{e} = \frac{dk}{dx}$, 즉 $\frac{1}{e}dx = dk$이므로

$$\int_e^{e^2}\left\{g\left(\frac{x}{e}\right)+5\right\}dx = \int_e^{e^2} g\left(\frac{x}{e}\right)dx + \int_e^{e^2} 5dx$$
$$= e\int_1^e g(k)dk + 5(e^2 - e)$$ 너코 115
$$= e\int_1^e f(\ln k)dk + 5e^2 - 5e$$

이를 ㉠에 대입한 후 정리하면

$\int_1^e f(\ln x)dx + e\int_1^e f(\ln k)dk + 5e^2 - 5e = 6e^2 + 4$,

$(e+1)\int_1^e f(\ln x)dx = (e+1)(e+4)$,

$\int_1^e f(\ln x)dx = e + 4$이다.

$\therefore a^2 + b^2 = 1^2 + 4^2 = 17$

답 17

L02-16

풀이 1

조건 (가)에서 주어진 식의 양변을 적분하여도 등식은 성립한다.

$f(x) = t$라 하면 $f'(x) = \frac{dt}{dx}$, 즉 $f'(x)dx = dt$이므로

$$\int \{f(x)\}^2 f'(x)dx = \int t^2 dt = \frac{1}{3}t^3 + C_1$$ 너코 054 너코 115
$$= \frac{\{f(x)\}^3}{3} + C_1 \text{ (단, } C_1\text{은 적분상수)}$$

위와 같은 방법으로

$2x+1 = s$라 하면 $2 = \frac{ds}{dx}$, 즉 $2dx = ds$이므로

$$\int \{f(2x+1)\}^2 f'(2x+1)dx = \frac{1}{2}\int \{f(s)\}^2 f'(s)ds$$
$$= \frac{\{f(2x+1)\}^3}{6} + C_2$$

(단, C_2는 적분상수)

따라서 $\frac{2}{3}\{f(x)\}^3 = \frac{\{f(2x+1)\}^3}{6} + C$가 성립하며

(단, C는 적분상수)

정리하면 $4\{f(x)\}^3 = \{f(2x+1)\}^3 + 6C$이다. ……㉠

조건 (나)를 이용하기 위해

㉠의 양변에 $x = -\frac{1}{8}$을 대입하면

$4\times1^3 = \left\{f\left(\frac{3}{4}\right)\right\}^3 + 6C$에서 $\left\{f\left(\frac{3}{4}\right)\right\}^3 = 4 - 6C$

㉠의 양변에 $x = \frac{3}{4}$을 대입하면

$4(4-6C) = \left\{f\left(\frac{5}{2}\right)\right\}^3 + 6C$에서 $\left\{f\left(\frac{5}{2}\right)\right\}^3 = 16 - 30C$

㉠의 양변에 $x = \frac{5}{2}$를 대입하면

$4(16-30C) = 2^3 + 6C$에서 $C = \frac{4}{9}$이다.

따라서 ㉠의 양변에 $x = -1$을 대입하면

$4\{f(-1)\}^3 = \{f(-1)\}^3 + \frac{8}{3}$,

$\{f(-1)\}^3 = \frac{8}{9}$

$\therefore f(-1) = \frac{2\sqrt[3]{3}}{3}$

풀이 2

조건 (가)에서 주어진 식의 양변을 적분하여도 등식은 성립한다.

이때 $\left[\frac{2}{3}\{f(x)\}^3\right]' = 2\{f(x)\}^2 \times f'(x)$,

$\left[\frac{1}{6}\{f(2x+1)\}^3\right]' = \frac{1}{2}\{f(2x+1)\}^2 \times 2f'(2x+1)$이고

너코 103

적분은 미분의 역연산이므로
모든 실수 x에 대하여

$\frac{2}{3}\{f(x)\}^3 = \frac{1}{6}\{f(2x+1)\}^3 + C$이며 (단, C는 적분상수)

정리하면 $4\{f(x)\}^3 = \{f(2x+1)\}^3 + 6C$이다. ……㉠

조건 (나)를 이용하기 위해

L 적분법

㉠의 양변에 $x=-\dfrac{1}{8}$을 대입하면

$4 \times 1^3 = \left\{f\left(\dfrac{3}{4}\right)\right\}^3 + 6C$에서 $\left\{f\left(\dfrac{3}{4}\right)\right\}^3 = 4-6C$

㉠의 양변에 $x=\dfrac{3}{4}$을 대입하면

$4(4-6C) = \left\{f\left(\dfrac{5}{2}\right)\right\}^3 + 6C$에서 $\left\{f\left(\dfrac{5}{2}\right)\right\}^3 = 16-30C$

㉠의 양변에 $x=\dfrac{5}{2}$를 대입하면

$4(16-30C) = 2^3 + 6C$에서 $C=\dfrac{4}{9}$이다.

따라서 ㉠의 양변에 $x=-1$을 대입하면

$4\{f(-1)\}^3 = \{f(-1)\}^3 + \dfrac{8}{3}$,

$\{f(-1)\}^3 = \dfrac{8}{9}$

$\therefore f(-1) = \dfrac{2\sqrt[3]{3}}{3}$

답 ④

L02-17

$f(x) = a\sin^3 x + b\sin x$에 대하여

$f\left(\dfrac{\pi}{4}\right) = 3\sqrt{2}$이므로

$\dfrac{\sqrt{2}}{4}a + \dfrac{\sqrt{2}}{2}b = 3\sqrt{2}$, 즉 $a+2b=12$이고 ······㉠

$f\left(\dfrac{\pi}{3}\right) = 5\sqrt{3}$이므로

$\dfrac{3\sqrt{3}}{8}a + \dfrac{\sqrt{3}}{2}b = 5\sqrt{3}$, 즉 $3a+4b=40$이다. ······㉡

㉡$-$㉠$\times 2$에서 $a=16$이고

이를 ㉠에 대입하면

$16+2b=12$에서 $b=-2$이다.

즉, $f(x)=16\sin^3 x - 2\sin x$이다.

$f'(x) = 48\sin^2 x \cos x - 2\cos x$ 너코 103
$\qquad = 2\cos x(24\sin^2 x - 1)$

이고,

$x=\dfrac{\pi}{2}$의 좌우에서 $f'(x)$의 부호가 양에서 음으로 바뀌므로

함수 $f(x)$는 $x=\dfrac{\pi}{2}$에서 극댓값 14를 갖는다.

한편 모든 실수 x에 대하여

$f(\pi-x) = 16\sin^3(\pi-x) - 2\sin(\pi-x)$
$\qquad = 16\sin^3 x - 2\sin x = f(x)$ 너코 020

이므로 함수 $y=f(x)$의 그래프는 직선 $x=\dfrac{\pi}{2}$에 대하여

대칭이다. ······㉢

또한 함수 $f(x)$의 주기가 2π이므로

함수 $y=f(x)$의 그래프와 직선 $y=t\ (1<t<14)$가 만나는

점의 x좌표 중 양수인 x_1, x_2, x_3, $\cdots$을 좌표평면 위에 나타내면 다음과 같다.

··· 빈출 QnA

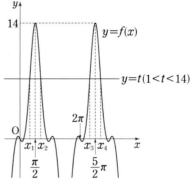

n이 홀수이면 $f'(x_n) = f'(x_1)$이고

n이 짝수이면 $f'(x_n) = -f'(x_1)$이므로 ($\because$ ㉢)

$c_3 = c_5 = \cdots = c_{101} = c_1$이고

$c_2 = c_4 = \cdots = c_{100} = -c_1$이다.

따라서

$\displaystyle \sum_{n=1}^{101} c_n = c_1 + (c_2+c_3) + (c_4+c_5) + \cdots + (c_{100}+c_{101})$

$\qquad = c_1 + 0 + 0 + \cdots + 0 = c_1$

이다.

함수 $y=f(x)\ \left(\dfrac{\pi}{4} \le x \le \dfrac{\pi}{3}\right)$의 그래프와 직선 $y=t$가 만나는

점의 x좌표를 $g(t)$라 하자.

$f(g(t))=t$이므로 양변을 t에 대하여 미분하면

$f'(g(t)) \times g'(t) = 1$이다.

$c_1 = \displaystyle\int_{3\sqrt{2}}^{5\sqrt{3}} \dfrac{t}{f'(x_1)}dt$

$\quad = \displaystyle\int_{3\sqrt{2}}^{5\sqrt{3}} \dfrac{f(g(t))}{f'(g(t))}dt$

$\quad = \displaystyle\int_{3\sqrt{2}}^{5\sqrt{3}} f(g(t)) \times g'(t)dt$

에서

$g(t)=\alpha$라 하면

$t=3\sqrt{2}$일 때 $\alpha=\dfrac{\pi}{4}$, $t=5\sqrt{3}$일 때 $\alpha=\dfrac{\pi}{3}$이고

$g'(t)dt = d\alpha$이므로

$c_1 = \displaystyle\int_{\frac{\pi}{4}}^{\frac{\pi}{3}} f(\alpha)d\alpha$ 너코 115

$\quad = \displaystyle\int_{\frac{\pi}{4}}^{\frac{\pi}{3}} 2\sin\alpha(8\sin^2\alpha - 1)d\alpha$

$\quad = \displaystyle\int_{\frac{\pi}{4}}^{\frac{\pi}{3}} 2\sin\alpha(8\sin^2\alpha - 8 + 7)d\alpha$

$\quad = \displaystyle\int_{\frac{\pi}{4}}^{\frac{\pi}{3}} 2\sin\alpha(7 - 8\cos^2\alpha)d\alpha$ 너코 018

$\cos\alpha = k$라 하면

$\alpha=\dfrac{\pi}{4}$일 때 $k=\dfrac{\sqrt{2}}{2}$, $\alpha=\dfrac{\pi}{3}$일 때 $k=\dfrac{1}{2}$이고

$-\sin\alpha\,d\alpha = dk$이므로

$$c_1 = \int_{\frac{\sqrt{2}}{2}}^{\frac{1}{2}} 2(8k^2 - 7)\,dk$$

$$= \left[\frac{16}{3}k^3 - 14k\right]_{\frac{\sqrt{2}}{2}}^{\frac{1}{2}} \quad \boxed{\text{너코 054}}$$

$$= -\frac{19}{3} + \frac{17}{3}\sqrt{2}$$

이다.

$$\therefore q - p = \frac{17}{3} - \left(-\frac{19}{3}\right) = 12$$

답 12

빈출 QnA

Q. 함수 $y = f(x)$의 그래프와 직선 $y = t\,(1 < t < 14)$의 교점에 대해서 자세히 설명해 주세요.

A. $f'(x) = 2\cos x(24\sin^2 x - 1)$에 대하여

$\sin\beta = -\dfrac{1}{2\sqrt{6}}$ 라 하면 $x = \beta$의 좌우에서

$f'(x)$의 부호가 양에서 음으로 바뀌므로 함수 $f(x)$는

$x = \beta$에서 또 다른 극댓값

$16 \times \left(-\dfrac{1}{48\sqrt{6}}\right) - 2 \times \left(-\dfrac{1}{2\sqrt{6}}\right) = \dfrac{\sqrt{6}}{9}$ 을 갖습니다.

이때 $\dfrac{\sqrt{6}}{9} < 1$이므로 함수 $y = f(x)$의 그래프와 직선

$y = t\,(1 < t < 14)$는 구간 $[0,\,2\pi)$에서 풀이의 그림과 같이 2개의 교점만 가지게 됩니다.

또한 함수 $f(x)$의 주기가 2π이므로 나머지 구간에서도 마찬가지로 생각해 주면 됩니다.

L 02-18

조건 (가) $\displaystyle\lim_{x \to 0} \frac{\sin(\pi \times f(x))}{x} = 0$에서

$h(x) = \sin(\pi \times f(x))$라 하면

$\displaystyle\lim_{x \to 0} \frac{h(x)}{x} = 0$이므로 $h(0) = 0$, $h'(0) = 0$이다. $\boxed{\text{너코 043}}$

먼저 $h(0) = 0$에서 $\sin(\pi \times f(0)) = 0$이므로

$f(0)$은 정수이어야 한다. $\qquad\qquad$ ……㉠

또한 $h'(x) = \pi \times f'(x)\cos(\pi \times f(x))$이므로 $\boxed{\text{너코 103}}$

$h'(0) = 0$에서

$h'(0) = \pi \times f'(0)\cos(\pi \times f(0)) = 0$

그런데 $f(0)$은 정수이므로 $\cos(\pi \times f(0)) \neq 0$이다.

즉, $f'(0) = 0$이어야 한다. $\qquad\qquad$ ……㉡

㉠, ㉡에 의하여 최고차항의 계수가 9인 삼차함수 $f(x)$를

$f(x) = 9x^3 + ax^2 + b$ (a는 상수, b는 정수)

라 할 수 있다.

한편 $0 \leq x < 1$일 때 $g(x) = f(x)$이고 모든 실수 x에 대하여

$g(x+1) = g(x)$를 만족시키는 함수 $g(x)$가 실수 전체의

집합에서 연속이므로 $f(0) = f(1)$이어야 한다.

즉, $b = 9 + a + b$에서 $a = -9$

$\therefore f(x) = 9x^3 - 9x^2 + b$ (단, b는 정수)

$\qquad f'(x) = 27x^2 - 18x = 9x(3x - 2)$

$x = 0$ 또는 $x = \dfrac{2}{3}$에서 $f'(x) = 0$이므로

함수 $f(x)$는 $x = 0$에서 극대, $x = \dfrac{2}{3}$에서 극소이다. $\boxed{\text{너코 049}}$

이때 조건 (나)에서 극댓값과 극솟값의 곱이 5이므로

$f(0)f\left(\dfrac{2}{3}\right) = b\left(\dfrac{8}{3} - 4 + b\right) = 5$에서

$b^2 - \dfrac{4}{3}b - 5 = 0$, $3b^2 - 4b - 15 = 0$

$(3b + 5)(b - 3) = 0 \qquad \therefore b = 3$ ($\because b$는 정수)

$\therefore f(x) = 9x^3 - 9x^2 + 3$

$$\therefore \int_0^5 xg(x)\,dx$$

$$= \int_0^1 xg(x)\,dx + \int_1^2 xg(x)\,dx + \int_2^3 xg(x)\,dx$$
$$+ \int_3^4 xg(x)\,dx + \int_4^5 xg(x)\,dx \quad \boxed{\text{너코 056}}$$

$$= \int_0^1 xg(x)\,dx + \int_0^1 (x+1)g(x+1)\,dx$$
$$+ \int_0^1 (x+2)g(x+2)\,dx + \int_0^1 (x+3)g(x+3)\,dx$$
$$+ \int_0^1 (x+4)g(x+4)\,dx$$

$$= \int_0^1 xf(x)\,dx + \int_0^1 (x+1)f(x)\,dx$$
$$+ \int_0^1 (x+2)f(x)\,dx + \int_0^1 (x+3)f(x)\,dx$$
$$+ \int_0^1 (x+4)f(x)\,dx$$

($\because n$이 정수일 때 $g(x+n) = g(x)$이고,
$0 \leq x \leq 1$에서 $g(x) = f(x)$이다.)

$$= \int_0^1 (5x + 10)f(x)\,dx$$

$$= \int_0^1 (5x + 10)(9x^3 - 9x^2 + 3)\,dx$$

$$= 15\int_0^1 (3x^4 + 3x^3 - 6x^2 + x + 2)\,dx$$

$$= 15\left[\frac{3}{5}x^5 + \frac{3}{4}x^4 - 2x^3 + \frac{1}{2}x^2 + 2x\right]_0^1 \quad \boxed{\text{너코 054}}$$

$$= 15 \times \left(\frac{3}{5} + \frac{3}{4} - 2 + \frac{1}{2} + 2\right) = \frac{111}{4}$$

따라서 $p = 4$, $q = 111$이므로

$p + q = 4 + 111 = 115$

참고

적분 과정에서 변형된 식을 치환적분법을 이용하여 확인해 보면 다음과 같다.

모든 정수 n에 대하여
$g(x) = f(x-n)$ $(n \leq x \leq n+1)$이므로
$$\int_n^{n+1} xg(x)dx = \int_n^{n+1} xf(x-n)dx$$
$x-n=t$라 하면 $dx=dt$이고
$x=n$일 때 $t=0$, $x=n+1$일 때 $t=1$이므로
$$\int_n^{n+1} xg(x)dx = \int_0^1 (t+n)f(t)dt \quad \boxed{\text{너코 115}}$$

답 115

L02-19

조건 (가)에서 함수 $f(x)$가 $x \leq -3$인 모든 실수 x에 대하여
$f(x) \geq f(-3)$을 만족시키므로
$x \leq -3$일 때 함수 $f(x)$의 최솟값은 $f(-3)$이다.
또한 조건 (나)에서 두 함수 $f(x)$, $g(x)$가 $x > -3$인 모든
실수 x에 대하여
$$g(x+3)\{f(x)-f(0)\}^2 = f'(x) \quad \cdots\cdots \text{㉠}$$
를 만족시키고, 이 구간에서
$g(x+3) \geq 0$, $\{f(x)-f(0)\}^2 \geq 0$이므로
$f'(x) \geq 0$이다.
이때 ㉠의 양변에 $x=0$을 대입하면
$$g(3)\{f(0)-f(0)\}^2 = f'(0)$$
$$\therefore f'(0) = 0$$
즉, $x > -3$일 때 함수 $f(x)$는 증가하고 $f'(0)=0$이다.
따라서 조건 (가), (나)를 만족시키는 최고차항의 계수가 1인
사차함수 $y=f(x)$의 그래프의 개형은 다음 그림과 같고,
이때 $f(x)$는 $x=-3$에서 극소이므로 $f'(-3)=0$이다.

$\boxed{\text{너코 049}}$

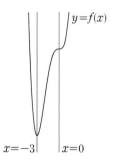

$f(x)-f(0) = x^3(x+\alpha)$ (α는 상수)라 하면
$$f'(x) = 3x^2(x+\alpha) + x^3 \quad \boxed{\text{너코 045}}$$
이때 $f'(-3) = 27(-3+\alpha) - 27 = 0$이므로
$\alpha = 4$
따라서 $f(x)-f(0) = x^3(x+4)$이므로
$$\int_4^5 g(x)dx = \int_1^2 g(x+3)\,dx \ (\because \boxed{\text{참고}})$$
$$= \int_1^2 \frac{f'(x)}{\{f(x)-f(0)\}^2}\,dx \ (\because \text{㉠})$$

$f(x)-f(0) = t$라 하면
$x=1$일 때 $t=1\times5 = 5$, $x=2$일 때 $t=8\times6 = 48$이고

$f'(x) \times \dfrac{dx}{dt} = 1$, 즉 $f'(x)\,dx = dt$이므로
$$\int_1^2 \frac{f'(x)}{\{f(x)-f(0)\}^2}\,dx = \int_5^{48} \frac{1}{t^2}\,dt \quad \boxed{\text{너코 115}}$$
$$= \left[-\frac{1}{t}\right]_5^{48} \quad \boxed{\text{너코 112}}$$
$$= -\frac{1}{48} + \frac{1}{5} = \frac{43}{240}$$
$$\therefore p+q = 240+43 = 283$$

$\boxed{\text{참고}}$

적분 과정에서 $\displaystyle\int_4^5 g(x)\,dx = \int_1^2 g(x+3)\,dx$는 그래프의
평행이동에 의하여 자연스럽게 성립하는 성질이다.
이를 치환적분법으로 설명해 보면 다음과 같다.
$\displaystyle\int_4^5 g(x)\,dx$에서 $x=t+3$이라 하면
$x=4$일 때 $t=1$, $x=5$일 때 $t=2$이고
$\dfrac{dx}{dt} = 1$, 즉 $dx=dt$이므로
$$\int_4^5 g(x)\,dx = \int_1^2 g(t+3)\,dt$$

답 283

L02-20

양수 t에 대하여 x에 대한 방정식 $f(x)=t$의 서로 다른 두
실근 $g(t)$, $h(t)$ $(g(t) < h(t))$는
함수 $y=f(x)$의 그래프와 직선 $y=t$의 서로 다른 두 교점의
x좌표와 같다. $\boxed{\text{너코 050}}$
$x < 0$일 때 $f(x) = -4xe^{4x^2}$이므로
$$f'(x) = -4e^{4x^2} - 4x \times 8xe^{4x^2} \quad \boxed{\text{너코 045}} \ \boxed{\text{너코 103}}$$
$$= -4(8x^2+1)e^{4x^2}$$
이고, 이 범위에서 $f'(x) < 0$이다.
또한 $\displaystyle\lim_{x\to 0} f(x) = 0$이므로 $x<0$일 때 함수 $y=f(x)$의
그래프는 다음 그림과 같고, $g(t)$는 직선 $y=t$와 이 그래프의
교점 P의 x좌표이다. $\boxed{\text{너코 110}}$

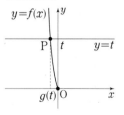

따라서 $x > 0$일 때 함수 $y=f(x)$의 그래프와 직선 $y=t$의
교점을 Q라 하면 점 Q의 x좌표가 $h(t)$이므로
$g(t) < 0 < h(t)$이다.

한편 $g(t)$는 방정식 $t = -4xe^{4x^2}$ $(x<0)$의 실근이고
$2g(t) + h(t) = k$, 즉 $g(t) = \dfrac{-h(t)+k}{2}$이므로

$h(t)$는 $t=-4xe^{4x^2}$ $(x<0)$에 x 대신 $\dfrac{-x+k}{2}$를 대입하여

얻은 방정식 $t=2(x-k)e^{(x-k)^2}$ $(x>k)$의 실근이다. 참고

즉, 점 Q는 곡선 $y=2(x-k)e^{(x-k)^2}$ $(x>k)$ 위의 점이고,

점 Q의 x좌표는 양수이므로 $k>0$이다.

또한 $f(x)$는 모든 실수 x에 대하여 $f(x)\ge 0$인 연속함수이고

방정식 $f(x)=t$의 실근이 2개이어야 하므로

$0\le x\le k$일 때 $f(x)=0$이다.

$$\therefore\ f(x)=\begin{cases}-4xe^{4x^2} & (x<0)\\ 0 & (0\le x\le k)\\ 2(x-k)e^{(x-k)^2} & (x>k)\end{cases}$$

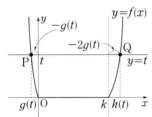

이때 $\displaystyle\int_0^7 f(x)dx$의 값이 양수이므로 $k<7$이고,

$\dfrac{d}{dx}e^{(x-k)^2}=2(x-k)e^{(x-k)^2}$이므로

$$\int_0^7 f(x)dx=\int_0^k f(x)dx+\int_k^7 f(x)dx$$
$$=\int_0^k 0\,dx+\int_k^7 2(x-k)e^{(x-k)^2}dx$$
$$=\int_k^7 2(x-k)e^{(x-k)^2}dx$$
$$=\Big[e^{(x-k)^2}\Big]_k^7=e^{(7-k)^2}-1 \quad \text{너코 115}$$

에서 $e^{(7-k)^2}-1=e^4-1$이다.

즉, $(7-k)^2=4$이므로 $7-k=2$ $(\because\ k<7)$

$\therefore\ k=5$

따라서 $x>5$일 때 $y=2(x-5)e^{(x-5)^2}$이므로

$$\dfrac{f(9)}{f(8)}=\dfrac{2\times 4\times e^{4^2}}{2\times 3\times e^{3^2}}=\dfrac{4}{3}e^7$$

참고

α가 방정식 $f(x)=0$의 실근이고 $\alpha=\dfrac{-\beta+k}{2}$이면

$f(\alpha)=0$이므로 $f\!\left(\dfrac{-\beta+k}{2}\right)=0$이다.

즉, β는 방정식 $f\!\left(\dfrac{-x+k}{2}\right)=0$의 실근이다.

답 ②

L03-01

$$\int_2^6 \ln(x-1)\,dx=\int_1^5 \ln x\,dx$$

$$\int \ln x\,dx=\int 1\times \ln x\,dx$$
$$=x\ln x-\int\left(x\times\dfrac{1}{x}\right)dx \quad \text{너코 098}\ \text{너코 116}$$
$$=x\ln x-\int 1\,dx$$
$$=x\ln x-x+C\ (\text{단, } C\text{는 적분상수})$$

$$\therefore\ \int_1^5 \ln x\,dx=\Big[x\ln x-x\Big]_1^5=5\ln 5-4$$

답 ③

L03-02

$$\int x\cos(\pi-x)\,dx=\int x\times(-\cos x)\,dx \quad \text{너코 020}$$
$$=-x\sin x-\int(-\sin x)\,dx$$
$$\text{너코 101}\ \text{너코 116}$$
$$=-x\sin x-\cos x+C\ (\text{단, } C\text{는 적분상수})$$

$$\therefore\ \int_0^\pi x\cos(\pi-x)\,dx=\Big[-x\sin x-\cos x\Big]_0^\pi$$
$$=1-(-1)=2$$

답 2

L03-03

$$\int x^3\ln x\,dx=\dfrac{x^4}{4}\times\ln x-\int\left(\dfrac{x^4}{4}\times\dfrac{1}{x}\right)dx \quad \text{너코 098}\ \text{너코 116}$$
$$=\dfrac{x^4}{4}\ln x-\dfrac{x^4}{16}+C\ (\text{단, } C\text{는 적분상수})$$

$$\therefore\ \int_1^e x^3\ln x\,dx=\left[\dfrac{x^4}{4}\ln x-\dfrac{x^4}{16}\right]_1^e$$
$$=\dfrac{3e^4}{16}-\left(-\dfrac{1}{16}\right)=\dfrac{3e^4+1}{16}$$

답 ②

L03-04

$$\int_e^{e^2}\dfrac{\ln x-1}{x^2}\,dx$$
$$=\left[(\ln x-1)\left(-\dfrac{1}{x}\right)\right]_e^{e^2}-\int_e^{e^2}\left\{\dfrac{1}{x}\times\left(-\dfrac{1}{x}\right)\right\}dx$$
$$\text{너코 098}\ \text{너코 116}$$
$$=-\dfrac{1}{e^2}-\left[\dfrac{1}{x}\right]_e^{e^2}$$
$$=-\dfrac{1}{e^2}-\left(\dfrac{1}{e^2}-\dfrac{1}{e}\right)=\dfrac{e-2}{e^2}$$

답 ⑤

L03-05

$$\int_1^2 (x-1)e^{-x}\,dx$$

$$= \left[(x-1)\times(-e^{-x})\right]_1^2 - \int_1^2 1\times(-e^{-x})\,dx$$

너코 113 너코 116

$$= -\frac{1}{e^2} - \left[e^{-x}\right]_1^2$$

$$= -\frac{1}{e^2} - \left(\frac{1}{e^2} - \frac{1}{e}\right) = \frac{1}{e} - \frac{2}{e^2}$$

답 ①

L03-06

$$\int_0^\pi x\cos\left(\frac{\pi}{2}-x\right)dx$$

$$= \int_0^\pi x\sin x\,dx \quad \text{너코 020}$$

$$= \left[-x\cos x\right]_0^\pi + \int_0^\pi \cos x\,dx \quad \text{너코 101} \quad \text{너코 116}$$

$$= \pi + \left[\sin x\right]_0^\pi = \pi$$

답 ②

L03-07

$f'(x) = \dfrac{1}{(1+x^3)^2}$, $g(x) = x^2$이고

$\displaystyle\int_0^1 f(x)g'(x)\,dx = \dfrac{1}{6}$이므로

$$\int_0^1 f(x)g'(x)\,dx = \left[f(x)g(x)\right]_0^1 - \int_0^1 f'(x)g(x)\,dx \text{에서}$$

너코 116

$\dfrac{1}{6} = \{f(1)\times 1 - f(0)\times 0\} - \displaystyle\int_0^1 \dfrac{x^2}{(1+x^3)^2}\,dx$이고, 정리하면

$f(1) = \dfrac{1}{6} + \displaystyle\int_0^1 \dfrac{x^2}{(1+x^3)^2}\,dx$이다.

이때 $1+x^3 = t$라 하면

$x=0$일 때 $t=1$, $x=1$일 때 $t=2$이고

$3x^2 = \dfrac{dt}{dx}$, 즉 $3x^2\,dx = dt$이므로

$$\int_0^1 \frac{x^2}{(1+x^3)^2}\,dx = \int_1^2 \frac{1}{3t^2}\,dt = \left[-\frac{1}{3t}\right]_1^2 \quad \text{너코 112} \quad \text{너코 115}$$

$$= -\frac{1}{6} - \left(-\frac{1}{3}\right) = \frac{1}{6}$$

이다.

$$\therefore f(1) = \frac{1}{6} + \frac{1}{6} = \frac{1}{3}$$

답 ④

L03-08

$$\int x(1-\ln x)\,dx = \frac{x^2}{2}\times(1-\ln x) + \int \frac{x^2}{2}\times\frac{1}{x}\,dx$$

너코 098 너코 116

$$= \frac{x^2}{2}(1-\ln x) + \frac{x^2}{4}$$

$$\therefore \int_1^e x(1-\ln x)\,dx = \left[\frac{x^2}{2}(1-\ln x) + \frac{x^2}{4}\right]_1^e$$

$$= \frac{e^2}{4} - \frac{3}{4} = \frac{1}{4}(e^2-3)$$

답 ⑤

L03-09

조건 (가)에서 양변을 미분하면

$f'(x)g(x) + f(x)g'(x) = 4x^3$에서 너코 045

$f(x)g'(x) = 4x^3 - f'(x)g(x)$이다.

이를 이용하여 조건 (나)에서의 $\{f(x)\}^2 g'(x)$의 식을 정리하면

$$\{f(x)\}^2 g'(x) = f(x)\times f(x)g'(x)$$
$$= 4x^3 f(x) - f'(x)f(x)g(x)$$
$$= 4x^3 f(x) - (x^4-1)f'(x)$$

이다. 따라서 조건 (나)에 이 식을 대입하면

$$4\int_{-1}^1 x^3 f(x)\,dx - \int_{-1}^1 (x^4-1)f'(x)\,dx = 120 \quad \text{너코 056}$$

이고, 정리하면

$$\int_{-1}^1 x^3 f(x)\,dx$$

$$= 30 + \frac{1}{4}\int_{-1}^1 (x^4-1)f'(x)\,dx$$

$$= 30 + \frac{1}{4}\left\{\left[(x^4-1)f(x)\right]_{-1}^1 - \int_{-1}^1 4x^3 f(x)\,dx\right\} \quad \text{너코 116}$$

$$= 30 - \int_{-1}^1 x^3 f(x)\,dx$$

이다.

$$\therefore \int_{-1}^1 x^3 f(x)\,dx = 15$$

답 ②

L03-10

ㄱ. $\displaystyle\int_0^1 \{f(x)g'(1-x) - g(x)f'(1-x)\}\,dx$에서

$1-x = t$라 하면 $x=0$일 때 $t=1$, $x=1$일 때 $t=0$이고

$-1 = \dfrac{dt}{dx}$, 즉 $-dx = dt$이다.

따라서

$$-\int_1^0 \{f(1-t)g'(t) - g(1-t)f'(t)\}dt \quad \boxed{\text{너코 115}}$$

$$= \int_0^1 \{f(1-t)g'(t) - g(1-t)f'(t)\}dt \quad \boxed{\text{너코 055}}$$

$$= -\int_0^1 \{f'(t)g(1-t) - g'(t)f(1-t)\}dt = -k \text{ (참)}$$

ㄴ. $k = \int_0^1 f'(x)g(1-x)\,dx - \int_0^1 g'(x)f(1-x)\,dx$

$$= \left[f(x)g(1-x)\right]_0^1 - \int_0^1 f(x)\{-g'(1-x)\}\,dx$$

$$\quad - \left[g(x)f(1-x)\right]_0^1 + \int_0^1 g(x)\{-f'(1-x)\}\,dx$$

$$\quad\quad\quad\quad\quad \boxed{\text{너코 116}}$$

$$= 2\{f(1)g(0) - f(0)g(1)\}$$

$$\quad + \int_0^1 \{f(x)g'(1-x) - g(x)f'(1-x)\}\,dx$$

$$= 2\{f(1)g(0) - f(0)g(1)\} - k \ (\because \ \text{ㄱ})$$

이다.

따라서 $k = f(1)g(0) - f(0)g(1)$이므로

$f(0) = f(1)$이고 $g(0) = g(1)$이면 $k = 0$이다. (참)

ㄷ. $f(x) = \ln(1+x^4)$이면 $f(0) = 0$이고

$g(x) = \sin(\pi x)$이면 $g(0) = 0$이다.

따라서 ㄴ에 의하여

$k = f(1)g(0) - f(0)g(1) = 0$이다. (참)

따라서 옳은 것은 ㄱ, ㄴ, ㄷ이다.

답 ⑤

ㄴ03-11

모든 실수 x에 대하여 $f(2x) = 2f(x)f'(x)$이므로 ......㉠

$f(a) = 0$에 의하여 $f(2a) = 0$이다. ......㉡

따라서

$$\int_a^{2a} \{f(x)\}^2 \frac{1}{x^2}\,dx$$

$$= \left[\{f(x)\}^2\left(-\frac{1}{x}\right)\right]_a^{2a} - \int_a^{2a} \left\{2f(x)f'(x) \times \left(-\frac{1}{x}\right)\right\}dx$$

$$\quad\quad\quad\quad\quad \boxed{\text{너코 112}} \ \boxed{\text{너코 116}}$$

$$= \left[\{f(x)\}^2\left(-\frac{1}{x}\right)\right]_a^{2a} - \int_a^{2a} f(2x)\left(-\frac{1}{x}\right)dx \ (\because \ ㉠)$$

$$= \int_a^{2a} \frac{f(2x)}{x}\,dx \ (\because \ ㉡)$$

이다.

이때 $2x = t$라 하면

$x = a$일 때 $t = 2a$, $x = 2a$일 때 $t = 4a$이고

$2 = \dfrac{dt}{dx}$, 즉 $2dx = dt$이므로

$$\int_a^{2a} \frac{f(2x)}{x}\,dx = \int_a^{2a} \left\{\frac{f(2x)}{2x} \times 2\right\}dx$$

$$= \int_{2a}^{4a} \frac{f(t)}{t}\,dt = k \quad \boxed{\text{너코 115}}$$

이다.

$$\therefore \int_a^{2a} \frac{\{f(x)\}^2}{x^2}\,dx = k$$

답 ④

ㄴ03-12

ㄱ. 조건 (가), (나)에 의하여

$-1 \le x \le 1$인 모든 실수 x에 대하여

$f(-x) = f(x)$이고 ......㉠

함수 $f(x)$의 주기는 2이다. ......㉡

따라서 함수 $y = f(x)$의 그래프의 개형은 다음 그림과 같이 $-1 \le x \le 1$에서 y축에 대하여 대칭을 이루고, 이 모양이 반복되어 나타난다.

$$\int_{-2}^2 f(x)dx = \int_{-2}^{-1} f(x)dx + \int_{-1}^0 f(x)dx$$

$$\quad + \int_0^1 f(x)dx + \int_1^2 f(x)dx \quad \boxed{\text{너코 056}}$$

$$= 4\int_0^1 f(x)dx \text{ (참)}$$

ㄴ. $-1 < x < 0$일 때

$$f'(x) = \frac{4x(x^2-1)(x^4+1) - (x^2-1)^2 \times 4x^3}{(x^4+1)^2} \quad \boxed{\text{너코 102}}$$

$$= \frac{4x(x^2-1)\{x^4+1 - x^2(x^2-1)\}}{(x^4+1)^2}$$

$$= \frac{4x(x^2-1)(x^2+1)}{(x^4+1)^2} > 0$$

이다.

조건 (나)에 의하여 모든 실수 x에 대하여

$f'(x+2) = f'(x)$이므로 $\boxed{\text{너코 103}}$

$1 < x < 2$일 때 $f'(x) > 0$이다. (참)

ㄷ. ㉠에 의하여 $-1 < x < 1$인 모든 실수 x에 대하여

$f'(-x) = -f'(x)$이고, $\boxed{\text{너코 103}}$

ㄴ에 의하여 $-1 < x < 0$일 때 $f'(x) > 0$이므로

$0 < x < 1$일 때 $f'(x) < 0$이다.

이때 함수 $f(x)$의 주기가 2이므로

$2 < x < 3$일 때도 $f'(x) < 0$이다.

따라서

$$\int_1^3 x|f'(x)|\,dx$$

$$= \int_1^2 xf'(x)dx - \int_2^3 xf'(x)dx \quad \boxed{\text{너코 056}}$$

$$= \left[xf(x)\right]_1^2 - \int_1^2 f(x)dx - \left\{\left[xf(x)\right]_2^3 - \int_2^3 f(x)dx\right\}$$

$$\quad\quad\quad\quad\quad \boxed{\text{너코 116}}$$

$$= 2f(2) - f(1)$$
$$-\int_1^2 f(x)dx - 3f(3) + 2f(2) + \int_2^3 f(x)dx$$

이때 ㉠, ㉡에 의하여

$$\int_1^2 f(x)dx = \int_2^3 f(x)dx \text{이고}$$

$$f(2) = f(0) = 1, \ f(3) = f(1) = f(-1) = 0 \text{이므로}$$

$$\int_1^3 x|f'(x)|dx$$

$$= 2 \times 1 - 0 - \int_1^2 f(x)dx - 3 \times 0 + 2 \times 1 + \int_1^2 f(x)dx$$

$$= 4 \ (\text{참})$$

따라서 옳은 것은 ㄱ, ㄴ, ㄷ이다.

답 ⑤

L 03-13

조건 (나)의 $g(x) = \dfrac{4}{e^4}\displaystyle\int_1^x e^{t^2}f(t)dt$에 $x = 2$를 대입하면

$$g(2) = \frac{4}{e^4}\int_1^2 e^{t^2}f(t)dt = \frac{2}{e^4}\int_1^2 \left\{ 2te^{t^2} \times \frac{f(t)}{t} \right\}dt$$

이때 조건 (가)에 의하여 $\left\{ \dfrac{f(x)}{x} \right\}' = x^2 e^{-x^2}$이고

함수 $2te^{t^2}$의 한 부정적분이 e^{t^2}이므로
부분적분법을 이용하면

$$\int_1^2 \left\{ 2te^{t^2} \times \frac{f(t)}{t} \right\}dt$$

$$= \left[e^{t^2} \times \frac{f(t)}{t} \right]_1^2 - \int_1^2 (e^{t^2} \times t^2 e^{-t^2})dt \quad \boxed{\text{너코 116}}$$

$$= \left\{ \frac{e^4 f(2)}{2} - 1 \right\} - \int_1^2 t^2 dt \ \left(\because f(1) = \frac{1}{e} \right)$$

$$= \frac{e^4 f(2)}{2} - 1 - \left[\frac{t^3}{3} \right]_1^2 = \frac{e^4 f(2)}{2} - \frac{10}{3}$$

따라서 $g(2) = \dfrac{2}{e^4}\left\{ \dfrac{e^4 f(2)}{2} - \dfrac{10}{3} \right\} = f(2) - \dfrac{20}{3e^4}$ 이다.

$$\therefore f(2) - g(2) = \frac{20}{3e^4}$$

답 ③

L 03-14

실수 t에 대하여 함수

$$f(x) = \begin{cases} x - t + 1 & (t-1 \le x \le t) \\ -x + t + 1 & (t \le x \le t+1) \\ 0 & (x \le t-1 \text{ 또는 } x \ge t+1) \end{cases}$$ 의 그래프는

다음 그림과 같다.

어떤 홀수 k에 대하여 $\sin(\pi k) = 0$, $\cos(\pi k) = -1$이고
모든 실수 t에 대하여 $\cos(\pi t + \pi) = -\cos(\pi t)$,

$\cos(\pi t - \pi) = -\cos(\pi t)$임을 고려하여 $\boxed{\text{너코 020}}$
실수 t의 값의 범위에 따른 함수

$$g(t) = \int_k^{k+8} f(x)\cos(\pi x)dx \text{를 구해보자.}$$

i) $t \le k-1$ 또는 $t \ge k+9$일 때
$k \le x \le k+8$인 모든 실수 x에 대하여 $f(x) = 0$이므로

$$g(t) = \int_k^{k+8} f(x)\cos(\pi x)dx = 0 \text{이다.}$$

ii) $k-1 \le t \le k$일 때
$t+1 \le x \le k+8$인 모든 실수 x에 대하여 $f(x) = 0$이다.

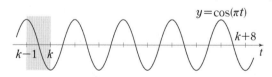

따라서 부분적분법에 의하여

$$g(t) = \int_k^{t+1} f(x)\cos(\pi x)dx + \int_{t+1}^{k+8} f(x)\cos(\pi x)dx$$

$$\boxed{\text{너코 056}}$$

$$= \int_k^{t+1} (-x+t+1)\cos(\pi x)dx \ + 0$$

$$= \left[(-x+t+1) \times \frac{1}{\pi}\sin(\pi x) \right]_k^{t+1}$$

$$\qquad - \int_k^{t+1} (-1) \times \frac{1}{\pi}\sin(\pi x)\,dx \quad \boxed{\text{너코 116}}$$

$$= 0 - \left[\frac{1}{\pi^2}\cos(\pi x) \right]_k^{t+1} = -\frac{1}{\pi^2}\cos(\pi t + \pi) - \frac{1}{\pi^2}$$

$$= \frac{1}{\pi^2}\{\cos(\pi t) - 1\}$$

이때 $k-1 \le t \le k$에서 함수 $\cos(\pi t)$는 감소하므로
$$(\because k\text{는 홀수})$$

$k-1 \le t \le k$에서 함수 $g(t) = \dfrac{1}{\pi^2}\{\cos(\pi t) - 1\}$은

감소한다.

iii) $k \le t \le k+1$일 때
$t+1 \le x \le k+8$인 모든 실수 x에 대하여 $f(x) = 0$이다.

따라서 부분적분법에 의하여

$$g(t) = \int_k^{t+1} f(x)\cos(\pi x)dx + \int_{t+1}^{k+8} f(x)\cos(\pi x)dx$$

$$= \left\{ \int_k^t (x-t+1)\cos(\pi x)dx \right.$$

$$\left. + \int_t^{t+1} (-x+t+1)\cos(\pi x)\,dx \right\} + 0$$

$$= \left[(x - t + 1) \times \frac{1}{\pi} \sin(\pi x) \right]_k^t$$
$$- \int_k^t 1 \times \frac{1}{\pi} \sin(\pi x)\,dx$$
$$+ \left[(-x + t + 1) \times \frac{1}{\pi} \sin(\pi x) \right]_t^{t+1}$$
$$- \int_t^{t+1} (-1) \times \frac{1}{\pi} \sin(\pi x)\,dx$$
$$= \frac{1}{\pi} \sin(\pi t) - \left[-\frac{1}{\pi^2} \cos(\pi x) \right]_k^t$$
$$+ \left\{ -\frac{1}{\pi} \sin(\pi t) \right\} - \left[\frac{1}{\pi^2} \cos(\pi x) \right]_t^{t+1}$$
$$= \left\{ \frac{1}{\pi^2} \cos(\pi t) + \frac{1}{\pi^2} \right\}$$
$$- \left\{ \frac{1}{\pi^2} \cos(\pi t + \pi) - \frac{1}{\pi^2} \cos(\pi t) \right\}$$
$$= \frac{1}{\pi^2} \{ 3\cos(\pi t) + 1 \}$$

이때 $k \le t \le k+1$에서 함수 $\cos(\pi t)$는 증가하므로

$$(\because k\text{는 홀수})$$

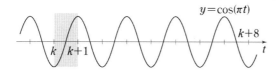

$k \le t \le k+1$에서 함수 $g(t) = \frac{1}{\pi^2} \{ 3\cos(\pi t) + 1 \}$은

증가한다.

그러면 ii), iii)에 의하여 함수 $g(t)$는 $t = k$에서 극소이고

$g(k) = -\frac{2}{\pi^2} < 0$이다. ······㉠

iv) $k + 1 \le t \le k + 7$일 때

$t - 1 < x < t + 1$인 실수 x를 제외하면 항상 $f(x) = 0$이다.

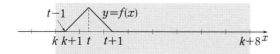

따라서 부분적분법에 의하여

$$g(t) = \int_k^{t-1} f(x) \cos(\pi x)\,dx$$
$$+ \int_{t-1}^{t+1} f(x) \cos(\pi x)\,dx + \int_{t+1}^{k+8} f(x) \cos(\pi x)\,dx$$
$$= 0 + \left\{ \int_{t-1}^t (x - t + 1) \cos(\pi x)\,dx \right.$$
$$\left. + \int_t^{t+1} (-x + t + 1) \cos(\pi x)\,dx \right\} + 0$$
$$= \left[(x - t + 1) \times \frac{1}{\pi} \sin(\pi x) \right]_{t-1}^t$$
$$- \int_{t-1}^t 1 \times \frac{1}{\pi} \sin(\pi x)\,dx$$
$$+ \left[(-x + t + 1) \times \frac{1}{\pi} \sin(\pi x) \right]_t^{t+1}$$
$$- \int_t^{t+1} (-1) \times \frac{1}{\pi} \sin(\pi x)\,dx$$

$$= \frac{1}{\pi} \sin(\pi t) - \left[-\frac{1}{\pi^2} \cos(\pi x) \right]_{t-1}^t$$
$$+ \left\{ -\frac{1}{\pi} \sin(\pi t) \right\} - \left[\frac{1}{\pi^2} \cos(\pi x) \right]_t^{t+1}$$
$$= \left\{ \frac{1}{\pi^2} \cos(\pi t) - \frac{1}{\pi^2} \cos(\pi t - \pi) \right\}$$
$$- \left\{ \frac{1}{\pi^2} \cos(\pi t + \pi) - \frac{1}{\pi^2} \cos(\pi t) \right\}$$
$$= \frac{4}{\pi^2} \cos(\pi t)$$

이때 $k + 1 \le t \le k + 7$에서 함수 $\cos(\pi t)$의 그래프는 다음과 같으므로

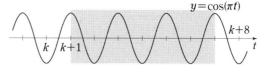

함수 $g(t)$는 $t = k+2$, $t = k+4$, $t = k+6$에서 극소이고

$g(k+2) = g(k+4) = g(k+6) = -\frac{4}{\pi^2} < 0$이다. ······㉡

v) $k + 7 \le t \le k + 8$일 때

iii)과 유사한 방식으로 계산해 보면

$k + 7 \le t \le k + 8$에서 함수 $g(t) = \frac{1}{\pi^2} \{ 3\cos(\pi t) + 1 \}$은

감소함을 알 수 있다.

vi) $k + 8 \le t \le k + 9$일 때

ii)와 유사한 방식으로 계산해 보면

$k + 8 \le t \le k + 9$에서 함수 $g(t) = \frac{1}{\pi^2} \{ \cos(\pi t) - 1 \}$은

증가함을 알 수 있다.

그러면 v), vi)에 의하여 함수 $g(t)$는 $t = k+8$에서 극소이고

$g(k+8) = -\frac{2}{\pi^2} < 0$이다. ······㉢

i)~vi)에 의하여 함수 $g(t) = \int_k^{k+8} f(x) \cos(\pi x)\,dx$는 직선

$t = k+4$에 대하여 대칭이고

㉠, ㉡, ㉢에 의하여

$\alpha_1 = k$, $\alpha_2 = k+2$, $\alpha_3 = k+4$, $\alpha_4 = k+6$,

$\alpha_5 = k+8$이므로 $m = 5$이며

$\sum_{i=1}^{m} \alpha_i = k + (k+2) + (k+4) + (k+6) + (k+8) = 45$를

만족시키는 홀수 k는 5이다.

$$\therefore k - \pi^2 \sum_{i=1}^{m} g(\alpha_i)$$
$$= 5 - \pi^2 \left\{ \left(-\frac{2}{\pi^2} \right) + \left(-\frac{4}{\pi^2} \right) + \left(-\frac{4}{\pi^2} \right) + \left(-\frac{4}{\pi^2} \right) + \left(-\frac{2}{\pi^2} \right) \right\}$$
$$= 21$$

답 21

L03-15

곡선 $y=f(x)$ 위의 점 $(t, f(t))$에서의 접선 $y=f'(t)(x-t)+f(t)$의 y절편은 <kbd>너코 108</kbd>

$g(t)=f(t)-tf'(t)$이다.

따라서

$$\int_t^{t+1} g(x)dx = \int_t^{t+1}\{f(x)-xf'(x)\}dx$$

$$=\int_t^{t+1}f(x)dx$$

$$-\left\{\left[xf(x)\right]_t^{t+1}-\int_t^{t+1}f(x)dx\right\}$$

<kbd>너코 056</kbd> <kbd>너코 116</kbd>

$$=2\int_t^{t+1}f(x)dx-\left[xf(x)\right]_t^{t+1} \quad\cdots\cdots\,\text{㉠}$$

이다.

한편 모든 실수 t에 대하여 $g(t+1)-g(t)=\dfrac{2t}{1+t^2}$이므로

양변을 적분하면

$$\int_t^{t+1}g(x)dx=\ln(1+t^2)+C \ (\text{단, }C\text{는 적분상수})\ \ \text{<kbd>너코 115</kbd>}$$

$$\cdots\cdots\,\text{㉡}$$

이다.

㉠, ㉡에 의하여

$$2\int_t^{t+1}f(x)dx=\left[xf(x)\right]_t^{t+1}+\ln(1+t^2)+C\text{이므로}$$

$t=-4$를 대입하면 $2\displaystyle\int_{-4}^{-3}f(x)dx=\left[xf(x)\right]_{-4}^{-3}+\ln17+C$

$t=-3$을 대입하면 $2\displaystyle\int_{-3}^{-2}f(x)dx=\left[xf(x)\right]_{-3}^{-2}+\ln10+C$

$t=-2$를 대입하면 $2\displaystyle\int_{-2}^{-1}f(x)dx=\left[xf(x)\right]_{-2}^{-1}+\ln5+C$

$t=-1$을 대입하면 $2\displaystyle\int_{-1}^{0}f(x)dx=\left[xf(x)\right]_{-1}^{0}+\ln2+C$

$t=0$을 대입하면 $2\displaystyle\int_{0}^{1}f(x)dx=\left[xf(x)\right]_{0}^{1}+C \quad\cdots\cdots\,\text{㉢}$

$t=1$을 대입하면 $2\displaystyle\int_{1}^{2}f(x)dx=\left[xf(x)\right]_{1}^{2}+\ln2+C$

$t=2$를 대입하면 $2\displaystyle\int_{2}^{3}f(x)dx=\left[xf(x)\right]_{2}^{3}+\ln5+C$

$t=3$을 대입하면 $2\displaystyle\int_{3}^{4}f(x)dx=\left[xf(x)\right]_{3}^{4}+\ln10+C$

이때 좌변끼리 모두 더하면

$$2\left\{\int_{-4}^{-3}f(x)dx+\int_{-3}^{-2}f(x)dx+\cdots\right.$$

$$\left.+\int_{2}^{3}f(x)dx+\int_{3}^{4}f(x)dx\right\}=2\int_{-4}^{4}f(x)dx$$

이고

우변끼리 모두 더하면

$4f(4)+4f(-4)+4\ln10+\ln17+8C$이므로

$2\displaystyle\int_{-4}^{4}f(x)dx=4f(4)+4f(-4)+4\ln10+\ln17+8C$이다.

즉,

$$2\{f(4)+f(-4)\}-\int_{-4}^{4}f(x)dx=-2\ln10-\frac{\ln17}{2}-4C$$

이다.

한편 주어진 조건 $\displaystyle\int_0^1 f(x)dx=-\dfrac{\ln10}{4}$, $f(1)=4+\dfrac{\ln17}{8}$ 을

㉢에 대입하면

$$C=2\times\left(-\frac{\ln10}{4}\right)-\left(4+\frac{\ln17}{8}\right)$$

$$=-\frac{\ln10}{2}-4-\frac{\ln17}{8}$$

이다.

$$\therefore\ 2\{f(4)+f(-4)\}-\int_{-4}^{4}f(x)dx$$

$$=-2\ln10-\frac{\ln17}{2}-4\left(-\frac{\ln10}{2}-4-\frac{\ln17}{8}\right)=16$$

답 16

L03-16

$$\{f(x^2+x+1)\}'=(2x+1)f'(x^2+x+1)\text{이므로} \quad\cdots\cdots\,\text{㉠}$$

<kbd>너코 103</kbd>

$f'(x^2+x+1)=\pi f(1)\sin(\pi x)+f(3)x+5x^2$의

양변에 $2x+1$을 곱하면

$$(2x+1)f'(x^2+x+1)$$

$$=\pi f(1)(2x+1)\sin(\pi x)+f(3)(2x^2+x)+10x^3+5x^2$$

이다.

좌변을 x에 대하여 부정적분하면

$$\int(2x+1)f'(x^2+x+1)\,dx=f(x^2+x+1)\ (\because\ \text{㉠})$$

<kbd>너코 053</kbd> $\cdots\cdots\,\text{㉡}$

우변을 x에 대하여 부정적분하면

$$f(1)\int(2x+1)\pi\sin(\pi x)dx+f(3)\int(2x^2+x)dx$$

$$+\int(10x^3+5x^2)dx$$

$$=f(1)\left[(2x+1)\times\{-\cos(\pi x)\}+\int 2\cos(\pi x)\,dx\right]$$

<kbd>너코 116</kbd>

$$+\left(\frac{2}{3}x^3+\frac{x^2}{2}\right)f(3)+\frac{5}{2}x^4+\frac{5}{3}x^3$$

$$=\left\{\frac{2}{\pi}\sin(\pi x)-(2x+1)\cos(\pi x)\right\}f(1)$$

$$+\left(\frac{2}{3}x^3+\frac{x^2}{2}\right)f(3)+\frac{5}{2}x^4+\frac{5}{3}x^3 \quad\cdots\cdots\,\text{㉢}$$

㉡, ㉢에 의하여

$$f(x^2+x+1)$$

$$=\left\{\frac{2}{\pi}\sin(\pi x)-(2x+1)\cos(\pi x)\right\}f(1)$$

$$+\left(\frac{2}{3}x^3+\frac{x^2}{2}\right)f(3)+\frac{5}{2}x^4+\frac{5}{3}x^3+C \quad\cdots\cdots\,\text{㉣}$$

이다. (단, C는 적분상수)

$f(1)$, $f(3)$, C의 값을 구하기 위하여
방정식 $x^2+x+1=1$의 해 $x=0$ 또는 $x=-1$,
방정식 $x^2+x+1=3$의 해 $x=1$ 또는 $x=-2$를
㉣에 대입해 보자.
㉣의 양변에 $x=0$을 대입하면
$f(1)=-f(1)+C$에서
$C=2f(1)$이다. $\qquad$ ……㉤
㉣의 양변에 $x=-1$을 대입하면
$f(1)=-f(1)-\dfrac{1}{6}f(3)+\dfrac{5}{6}+2f(1)$에서
$f(3)=5$이다.
㉣의 양변에 $x=1$을 대입하면
$5=3f(1)+\dfrac{7}{6}\times5+\dfrac{25}{6}+2f(1)$에서
$f(1)=-1$이므로
㉤에서 $C=-2$이다.

즉, 정리하면
$$f(x^2+x+1)=(2x+1)\cos(\pi x)-\dfrac{2}{\pi}\sin(\pi x)$$
$$+\dfrac{5}{2}x^4+5x^3+\dfrac{5}{2}x^2-2 \quad ……㉥$$
이다.
$f(7)$의 값을 구하기 위하여
㉥의 양변에 $x=2$를 대입하면
$f(7)=5+40+40+10-2=93$이다.

답 93

L03-17

$f(nx)=\pi\sin2n\pi x$이므로 주기가 $\dfrac{2\pi}{2n\pi}=\dfrac{1}{n}$이고,
함수 $y=f(nx)$의 그래프는 다음 그림과 같다. **너코 019**

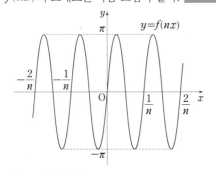

또한 모든 정수 k에 대하여
방정식 $f(nx)=0$의 해는 $x=\dfrac{k}{2n}$이므로
함수 $h(x)=f(nx)g(x)$가 실수 전체의 집합에서 연속이려면
구간 $\left[\dfrac{k}{2n}, \dfrac{k+1}{2n}\right]$에서 $g(x)=0$ 또는 $g(x)=1$이어야 한다.

너코 037

즉, 모든 정수 k에 대하여
구간 $\left[\dfrac{k}{2n}, \dfrac{k+1}{2n}\right]$에서 $h(x)=0$ 또는 $h(x)=f(nx)$이다.

$$\int_0^{\frac{1}{2n}} f(nx)dx=\int_0^{\frac{1}{2n}}\pi\sin2n\pi x\,dx$$에서
$2n\pi x=t$라 하면
$x=0$일 때 $t=0$, $x=\dfrac{1}{2n}$일 때 $t=\pi$이고
$2n\pi=\dfrac{dt}{dx}$, 즉 $2n\pi\,dx=dt$이므로

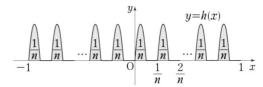

$$\int_0^{\frac{1}{2n}}\pi\sin2n\pi x\,dx=\dfrac{1}{2n}\int_0^{\pi}\sin t\,dt \quad \text{너코 115}$$
$$=\dfrac{1}{2n}\Big[-\cos t\Big]_0^{\pi} \quad \text{너코 114}$$
$$=\dfrac{2}{2n}=\dfrac{1}{n}$$

또한 구간 $[-1, 1]$ 중 $f(nx)\geq0$인 구간에서의
함수 $f(nx)$의 정적분의 값의 합은 $\dfrac{1}{n}\times2n=2$이므로
$$\int_{-1}^{1} h(x)dx=2$$를 만족시키려면
$$g(x)=\begin{cases}0\ (f(nx)\leq0)\\1\ (f(nx)>0)\end{cases}$$이고,
함수 $y=h(x)$의 그래프는 다음 그림과 같다.

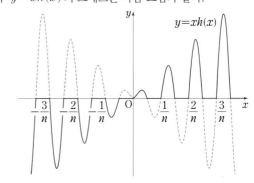

한편 $i(x)=xf(nx)$라 하면
모든 실수 x에 대하여
$i(-x)=-xf(-nx)=xf(nx)$이므로
함수 $y=i(x)$의 그래프는 y축에 대하여 대칭이고,
함수 $y=xh(x)$의 그래프는 다음 그림과 같다.

따라서
$$\int_{-\frac{1}{n}}^{-\frac{1}{2n}} xh(x)dx=\int_{\frac{1}{2n}}^{\frac{1}{n}} xf(nx)dx$$
$$\int_{-\frac{2}{n}}^{-\frac{3}{2n}} xh(x)dx=\int_{\frac{3}{2n}}^{\frac{2}{n}} xf(nx)dx$$
$\vdots$

$$\int_{-1}^{-\frac{2n-1}{2n}} xh(x)dx = \int_{\frac{2n-1}{2n}}^{1} xf(nx)dx$$

이므로

$$\int_{-1}^{1} xh(x)\,dx$$

$$= \int_{0}^{1} xf(nx)dx$$

$$= \int_{0}^{1} \pi x \sin 2n\pi x\,dx$$

$$= \left[-\frac{1}{2n}x\cos 2n\pi x\right]_{0}^{1} - \int_{0}^{1}\left(-\frac{1}{2n}\cos 2n\pi x\right)dx \quad \text{너코 116}$$

$$= \left(-\frac{1}{2n}\right) + \frac{1}{4n^2\pi}\left[\sin 2n\pi x\right]_{0}^{1}$$

$$= \left(-\frac{1}{2n}\right) + 0 = -\frac{1}{2n}$$

이다.

따라서 $-\dfrac{1}{2n} = -\dfrac{1}{32}$ 에서

$n=16$

답 ⑤

L03-18

조건 (가), (나)에 의하여

$f(1)=1$

$g(2)=2f(1)=2$에서 $f(2)=2$

$g(4)=2f(2)=4$에서 $f(4)=4$

$g(8)=2f(4)=8$에서 $f(8)=8$

이고, 부분적분법에 의하여

$$\int_{1}^{8} xf'(x)dx = \left[xf(x)\right]_{1}^{8} - \int_{1}^{8} f(x)dx \quad \text{너코 116}$$

$$= 8f(8) - f(1) - \int_{1}^{8} f(x)dx$$

$$= 8^2 - 1^2 - \int_{1}^{8} f(x)dx$$

이므로 $\displaystyle\int_{1}^{8} xf'(x)dx$의 값은 다음 그림에서 어두운 부분의

넓이, 즉 $\displaystyle\int_{1}^{8} g(x)dx$의 값을 의미한다.

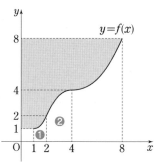

조건 (가)에서 ❶ $\displaystyle\int_{1}^{2} f(x)dx = \frac{5}{4}$ 이므로

$$\int_{1}^{2} g(x)dx = 2^2 - 1^2 - \frac{5}{4} = \frac{7}{4}$$

이고, 조건 (나)에서 $g(2x)=2f(x)$이므로

$$\int_{1}^{2} f(x)dx = \frac{1}{2}\int_{1}^{2} g(2x)dx \quad\quad\quad \cdots\cdots \text{㉠}$$

가 성립한다.

이때 $\displaystyle\int_{1}^{2} g(2x)dx$에서 $2x=t$라 하면 $2dx=dt$이고

$x=1$일 때 $t=2$, $x=2$일 때 $t=4$이므로

치환적분법에 의하여

$$\int_{1}^{2} f(x)dx = \frac{1}{4}\int_{2}^{4} g(t)dt \quad \text{너코 115}$$

$$\therefore \int_{2}^{4} g(t)dt = 4\int_{1}^{2} f(x)dx = 4\times\frac{5}{4} = 5$$

또한 위의 그림에서

❷ $\displaystyle\int_{2}^{4} f(x)dx = 4^2 - 2^2 - 5 = 7$

이고 ㉠에서와 같이

$$\int_{2}^{4} f(x)dx = \frac{1}{2}\int_{2}^{4} g(2x)dx$$

가 성립하므로 치환적분법에 의하여

$$\int_{2}^{4} f(x)dx = \frac{1}{4}\int_{4}^{8} g(t)dt$$

$$\therefore \int_{4}^{8} g(t)dt = 4\int_{2}^{4} f(x)dx = 4\times 7 = 28$$

$$\therefore \int_{1}^{8} xf'(x)dx = \int_{1}^{8} g(x)dx$$

$$= \int_{1}^{2} g(x)dx + \int_{2}^{4} g(x)dx + \int_{4}^{8} g(x)dx$$

$$= \frac{7}{4} + 5 + 28 = \frac{139}{4}$$

따라서 $p=4$, $q=139$이므로

$p+q = 4+139 = 143$

답 143

L03-19

$g(x) = f'(2x)\sin\pi x + x$에서 $\quad\quad \cdots\cdots \text{㉠}$

$g(0)=0$, $g(1)=1$이다.

이때 함수 $g(x)$가 연속함수이고 역함수가 존재하므로 실수

전체의 집합에서 증가한다.

따라서 $\displaystyle\int_{0}^{1} g^{-1}(x)\,dx$의 값은 다음 그림에서 어두운 부분의

넓이와 같다.

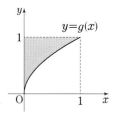

즉, $\int_0^1 g^{-1}(x)\,dx = 1 - \int_0^1 g(x)\,dx$이므로 _{너코 058}

주어진 조건에 의하여

$$2\int_0^1 f'(2x)\sin\pi x\,dx + \frac{1}{4} = 1 - \int_0^1 g(x)\,dx\text{이다.}$$

㉠에 의하여

$$2\int_0^1 f'(2x)\sin\pi x\,dx + \frac{1}{4} = 1 - \int_0^1 \{f'(2x)\sin\pi x + x\}\,dx$$

$$3\int_0^1 f'(2x)\sin\pi x\,dx = \frac{3}{4} - \int_0^1 x\,dx \quad \text{너코 056}$$

$$\int_0^1 f'(2x)\sin\pi x\,dx = \frac{1}{4} - \frac{1}{3}\left[\frac{1}{2}x^2\right]_0^1$$

$$= \frac{1}{4} - \frac{1}{6} = \frac{1}{12}$$

이때 $2x = t$라 하면 $x = 0$일 때 $t = 0$, $x = 1$일 때 $t = 2$이고

$2 = \dfrac{dt}{dx}$, 즉 $2dx = dt$이므로

$$\int_0^1 f'(2x)\sin\pi x\,dx$$

$$= \frac{1}{2}\int_0^2 f'(t)\sin\frac{\pi}{2}t\,dt \quad \text{너코 115}$$

$$= \frac{1}{2}\left(\left[f(t)\sin\frac{\pi}{2}t\right]_0^2 - \int_0^2 \frac{\pi}{2}f(t)\cos\frac{\pi}{2}t\,dt\right) \quad \text{너코 116}$$

$$= -\frac{\pi}{4}\int_0^2 f(t)\cos\frac{\pi}{2}t\,dt$$

따라서 $-\dfrac{\pi}{4}\displaystyle\int_0^2 f(t)\cos\dfrac{\pi}{2}t\,dt = \dfrac{1}{12}$이다.

$$\therefore \int_0^2 f(x)\cos\frac{\pi}{2}x\,dx = -\frac{1}{3\pi}$$

답 ③

L 03-20

$f(x) = (k-|x|)e^{-x} = \begin{cases} (k+x)e^{-x} & (x < 0) \\ (k-x)e^{-x} & (x \geq 0) \end{cases}$이고,

$F'(x) = f(x)$이므로 $F(x) = \displaystyle\int f(x)\,dx$이다. _{너코 053}

$$\int (k+x)e^{-x}\,dx = -(k+x)e^{-x} - \int -e^{-x}\,dx \quad \text{너코 116}$$

$$= -(k+x)e^{-x} - e^{-x} + C$$

$$= -(x+k+1)e^{-x} + C \text{ (단, } C\text{는 적분상수)}$$

$$\int (k-x)e^{-x}\,dx = -(k-x)e^{-x} - \int e^{-x}\,dx$$

$$= -(k-x)e^{-x} + e^{-x} + D$$

$$= (x-k+1)e^{-x} + D \text{ (단, } D\text{는 적분상수)}$$

따라서

$$F(x) = \begin{cases} -(x+k+1)e^{-x} + C & (x < 0) \\ (x-k+1)e^{-x} + D & (x \geq 0) \end{cases}\text{이다.}$$

함수 $F(x)$는 실수 전체의 집합에서 미분가능하므로 연속이다.

_{너코 042}

즉, 함수 $F(x)$는 $x = 0$에서 연속이므로

$\displaystyle\lim_{x\to 0^-}F(x) = \lim_{x\to 0^+}F(x) = F(0)$에서 _{너코 037}

$-(k+1) + C = (-k+1) + D$, 즉 $D = C - 2$이다.

$$\therefore F(x) = \begin{cases} -(x+k+1)e^{-x} + C & (x < 0) \\ (x-k+1)e^{-x} + C - 2 & (x \geq 0) \end{cases}$$

한편 모든 실수 x에 대하여 $F(x) \geq f(x)$이므로

$G(x) = F(x) - f(x)$라 하면

모든 실수 x에 대하여 $G(x) \geq 0$이다. $\qquad$ ……㉠

$G(x) = \begin{cases} -(2x+2k+1)e^{-x} + C & (x < 0) \\ (2x-2k+1)e^{-x} + C - 2 & (x \geq 0) \end{cases}$에서

$G'(x) = \begin{cases} (2x+2k-1)e^{-x} & (x < 0) \\ (-2x+2k+1)e^{-x} & (x > 0) \end{cases}$이다.

_{너코 045} _{너코 103}

$G'(x) = 0$을 만족시키는 x의 값을 구해보면 다음과 같다.

$x < 0$일 때 $2x+2k-1 = 0$에서 $x = \dfrac{1}{2} - k$이므로

$\dfrac{1}{2} - k < 0$, 즉 $k > \dfrac{1}{2}$이면 함수 $G(x)$는 $x = \dfrac{1}{2} - k$에서

극소이고, _{너코 110}

$\dfrac{1}{2} - k \geq 0$, 즉 $k \leq \dfrac{1}{2}$이면 함수 $G(x)$는 $x < 0$에서

감소한다.

$x > 0$일 때 $-2x+2k+1 = 0$에서 $x = k + \dfrac{1}{2}$이므로 함수

$G(x)$는 $x = k + \dfrac{1}{2}$에서 극대이다.

또한

$\displaystyle\lim_{x\to\infty}G(x) = \lim_{x\to\infty}\{(2x-2k+1)e^{-x} + C - 2\} = C - 2$이다.

_{너코 033}

$\left(\because \displaystyle\lim_{x\to\infty}e^{-x} = 0, \lim_{x\to\infty}xe^{-x} = 0\right)$ _{너코 097}

양수 k의 값에 따라 함수 $y = G(x)$의 그래프와 $F(0)$의

최솟값을 구해보면 다음과 같다.

ⅰ) $k \leq \dfrac{1}{2}$인 경우

x	$\cdots$	0	$\cdots$	$k+\dfrac{1}{2}$	$\cdots$
$G'(x)$	$-$		$+$	0	$-$
$G(x)$	$\searrow$	극소	$\nearrow$	극대	$\searrow$

극솟값인 $G(0) = C - 2k - 1$과 $\displaystyle\lim_{x\to\infty}G(x) = C - 2$의 값을

비교하면 $k \leq \dfrac{1}{2}$일 때 $C - 2k - 1 \geq C - 2$이므로 함수

$y = G(x)$의 그래프는 다음과 같다.

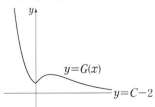

⊙을 만족시키려면 $C-2 \geq 0$이어야 하므로 $C \geq 2$이다.

따라서 $F(0) = C - k - 1 \geq 1 - k$이므로

$g(k) = 1 - k$이다.

ii) $k > \dfrac{1}{2}$인 경우

x	$\cdots$	$\dfrac{1}{2}-k$	$\cdots$	$k+\dfrac{1}{2}$	$\cdots$
$G'(x)$	$-$	0	$+$	0	$-$
$G(x)$	$\searrow$	극소	$\nearrow$	극대	$\searrow$

극솟값인 $G\left(\dfrac{1}{2}-k\right) = C - 2e^{k-\frac{1}{2}}$과 $\displaystyle\lim_{x \to \infty} G(x) = C - 2$의

값을 비교하면 $k > \dfrac{1}{2}$일 때 $C - 2e^{k-\frac{1}{2}} < C - 2$이므로

함수 $y = G(x)$의 그래프는 다음과 같이 $x = \dfrac{1}{2} - k$에서

최솟값 $C - 2e^{k-\frac{1}{2}}$를 갖는다.

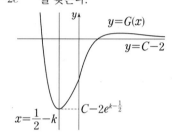

⊙을 만족시키려면 $C - 2e^{k-\frac{1}{2}} \geq 0$이어야 하므로

$C \geq 2e^{k-\frac{1}{2}}$이다.

따라서 $F(0) = C - k - 1 \geq 2e^{k-\frac{1}{2}} - k - 1$이므로

$g(k) = 2e^{k-\frac{1}{2}} - k - 1$이다.

ⅰ), ⅱ)에 의하여

$$g(k) = \begin{cases} 1 - k & \left(0 < k \leq \dfrac{1}{2}\right) \\ 2e^{k-\frac{1}{2}} - k - 1 & \left(k > \dfrac{1}{2}\right) \end{cases}$$

이므로 $g\left(\dfrac{1}{4}\right) + g\left(\dfrac{3}{2}\right) = \dfrac{3}{4} + \left(2e - \dfrac{5}{2}\right) = 2e - \dfrac{7}{4}$이다.

$\therefore 100(p+q) = 100 \times \left(2 - \dfrac{7}{4}\right) = 25$

답 25

참고

$(k - |x|)e^{-x}$의 부정적분을 다음과 같이 구할 수 있다.

$i(x)e^{-x}$을 미분하면 $\{-i(x) + i'(x)\}e^{-x}$이므로 다항식

$i(x)$에 대하여 $\{i(x)e^{-x}\}' = j(x)e^{-x}$라 하면 $i(x)$, $j(x)$는

차수가 같고 최고차항의 계수가 반대인 다항식임을 알 수 있다.

이를 이용하여 $(k+x)e^{-x}$의 한 부정적분을 $(-x+a)e^{-x}$로

놓으면 이를 미분한 식이 $(x - a - 1)e^{-x} = (k+x)e^{-x}$임을

이용하여 $a = -k - 1$, 즉

$$\int (k+x)e^{-x}dx = (-x - k - 1)e^{-x} + C로 구할 수 있다.$$

마찬가지 방법으로 $(k-x)e^{-x}$의 한 부정적분을 $(x+b)e^{-x}$로

놓으면 이를 미분한 식이 $(-x-b+1)e^{-x} = (k-x)e^{-x}$임을

이용하여 $b = 1 - k$, 즉

$$\int (k-x)e^{-x}dx = (x - k + 1)e^{-x} + D로 구할 수 있다.$$

L04-01

양의 실수 전체의 집합에서 연속인 함수 $f(x)$가 $x > 0$에서

$\displaystyle\int_1^x f(t)dt = x^2 - a\sqrt{x}$를 만족시키므로

양변에 $x = 1$을 대입하면 $0 = 1 - a$, 즉 $a = 1$이다. 너코 117

따라서 $\displaystyle\int_1^x f(t)dt = x^2 - \sqrt{x}$이고

양변을 x에 대하여 미분하면 $f(x) = 2x - \dfrac{1}{2\sqrt{x}}$이다. 너코 103

$\therefore f(1) = 2 - \dfrac{1}{2} = \dfrac{3}{2}$

답 ②

L04-02

$f(x) = \displaystyle\int_a^x \{2 + \sin(t^2)\}dt$이므로

$f'(x) = 2 + \sin(x^2)$, 너코 117

$f''(x) = \cos(x^2) \times 2x$이다. 너코 103 너코 107

이때 $f''(a) = \sqrt{3}\,a$라 주어졌으므로

$2a\cos(a^2) = \sqrt{3}\,a$, 즉 $\cos(a^2) = \dfrac{\sqrt{3}}{2}$이고

a는 $0 < a < \sqrt{\dfrac{\pi}{2}}$, 즉 $0 < a^2 < \dfrac{\pi}{2}$인 상수이므로 $a^2 = \dfrac{\pi}{6}$이다.

너코 021

한편 모든 실수 x에 대하여 $f'(x) > 0$이므로

함수 $f(x)$는 증가하는 함수이고, 일대일대응이다.

따라서 $f(a) = 0$에 의하여 $f^{-1}(0) = a$이다.

$\therefore (f^{-1})'(0) = \dfrac{1}{f'(a)} = \dfrac{1}{2 + \sin(a^2)}$ 너코 106

$= \dfrac{1}{2 + \sin\dfrac{\pi}{6}} = \dfrac{1}{2 + \dfrac{1}{2}} = \dfrac{2}{5}$

답 ④

L04-03

풀이 1

$f(x) = \displaystyle\int_0^x \dfrac{1}{1+t^6}\,dt$ 에 대하여

양변에 $x=0$ 을 대입하면 $f(0)=0$ 이고,

양변을 x에 대하여 미분하면 $f'(x) = \dfrac{1}{1+x^6}$ 이다. 너코 **117**

따라서 $\displaystyle\int_0^a \dfrac{e^{f(x)}}{1+x^6}\,dx = \int_0^a \{e^{f(x)} \times f'(x)\}\,dx$ 에서

$f(x) = t$ 라 하면

$x=0$ 일 때 $t=f(0)=0$, $x=a$ 일 때 $t=f(a)=\dfrac{1}{2}$ 이고

$f'(x) = \dfrac{dt}{dx}$, 즉 $f'(x)\,dx = dt$ 이므로

$$\int_0^a \dfrac{e^{f(x)}}{1+x^6}\,dx = \int_0^{\frac{1}{2}} e^t\,dt$$ 너코 **115**

$$= \left[e^t \right]_0^{\frac{1}{2}}$$ 너코 **113**

$$= \sqrt{e} - 1$$

풀이 2

$f(x) = \displaystyle\int_0^x \dfrac{1}{1+t^6}\,dt$ 에 대하여

양변에 $x=0$ 을 대입하면 $f(0)=0$ 이다. 너코 **117**

또한 $f'(x) = \dfrac{1}{1+x^6}$ 이므로

$\{e^{f(x)}\}' = e^{f(x)} \times f'(x) = \dfrac{e^{f(x)}}{1+x^6}$ 이다. 너코 **103**

적분은 미분의 역연산이므로

$$\therefore \int_0^a \dfrac{e^{f(x)}}{1+x^6}\,dx = \left[e^{f(x)} \right]_0^a$$

$$= e^{f(a)} - e^{f(0)}$$

$$= e^{\frac{1}{2}} - e^0 \ \left(\because f(a) = \dfrac{1}{2} \right)$$

$$= \sqrt{e} - 1$$

답 ②

L04-04

$\displaystyle\int_0^2 xf(tx)\,dx = 4t^2$ 에서

$tx=k$ 라 하면 $x=0$ 일 때 $k=0$, $x=2$ 일 때 $k=2t$ 이고

$t = \dfrac{dk}{dx}$, 즉 $t\,dx = dk$ 이므로

$$\int_0^2 xf(tx)\,dx = \dfrac{1}{t^2} \int_0^2 \{txf(tx) \times t\}\,dx$$

$$= \dfrac{1}{t^2} \int_0^{2t} kf(k)\,dk = 4t^2$$ 너코 **115**

이다.

즉, $\displaystyle\int_0^{2t} kf(k)\,dk = 4t^4$ 이므로

함수 $kf(k)$ 의 한 부정적분을 $F(k)$ 라 할 때

$F(2t) - F(0) = 4t^4$ 이고, 양변을 t에 대하여 미분하면

$2tf(2t) \times 2 = 16t^3$ 이다. 너코 **103** 너코 **117**

따라서 양변에 $t=1$ 을 대입하면 $4f(2) = 16$ 이다.

$$\therefore f(2) = 4$$

답 ④

L04-05

$f(t)$ 의 한 부정적분을 $F(t)$ 라 하면

$$\lim_{x \to 0} \left\{ \dfrac{x^2+1}{x} \int_1^{x+1} f(t)\,dt \right\}$$

$$= \lim_{x \to 0} \left\{ (x^2+1) \times \dfrac{F(x+1)-F(1)}{x} \right\}$$ 너코 **117**

$$= \lim_{x \to 0} (x^2+1) \times \lim_{x \to 0} \dfrac{F(1+x)-F(1)}{x}$$ 너코 **033**

$$= 1 \times F'(1)$$ 너코 **041**

$$= f(1) = 3$$

이다.

이때 $f(x) = a\cos(\pi x^2)$ 이라 주어졌으므로 $-a = 3$ 이다.

즉, $f(x) = -3\cos(\pi x^2)$ 이다.

$$\therefore f(-3) = 3$$

답 ⑤

L04-06

풀이 1

조건 (나)의 양변을 x에 대하여 미분하면

$$(-\sin x) \times \int_0^x f(t)\,dt + \cos x \times f(x)$$

$$= \cos x \times \int_x^{\frac{\pi}{2}} f(t)\,dt + \sin x \times \{-f(x)\}$$ 너코 **101** 너코 **117**

양변에 $x = \dfrac{\pi}{4}$ 를 대입하면

$$-\dfrac{\sqrt{2}}{2} \int_0^{\frac{\pi}{4}} f(t)\,dt + \dfrac{\sqrt{2}}{2} f\left(\dfrac{\pi}{4} \right)$$

$$= \dfrac{\sqrt{2}}{2} \int_{\frac{\pi}{4}}^{\frac{\pi}{2}} f(t)\,dt - \dfrac{\sqrt{2}}{2} f\left(\dfrac{\pi}{4} \right)$$

정리하면 조건 (가)에 의하여

$$\sqrt{2}\, f\left(\dfrac{\pi}{4} \right) = \dfrac{\sqrt{2}}{2} \int_0^{\frac{\pi}{2}} f(t)\,dt,$$

$f\left(\dfrac{\pi}{4} \right) = \dfrac{1}{2} \times 1$ 이다.

$$\therefore f\left(\dfrac{\pi}{4} \right) = \dfrac{1}{2}$$

풀이 2

조건 (가)에 의하여

$$\int_x^{\frac{\pi}{2}} f(t)dt = \int_0^{\frac{\pi}{2}} f(t)dt - \int_0^x f(t)dt \quad \boxed{\text{너코 056}}$$

$$= 1 - \int_0^x f(t)dt$$

이므로 이를 조건 (나)에 대입하면

$$\cos x \int_0^x f(t)dt = \sin x \left\{ 1 - \int_0^x f(t)dt \right\}$$

$$(\cos x + \sin x) \int_0^x f(t)dt = \sin x,$$

$$\int_0^x f(t)dt = \frac{\sin x}{\cos x + \sin x}$$ 이므로

양변을 x에 대하여 미분하면

$$f(x) = \frac{\cos x(\cos x + \sin x) - \sin x(-\sin x + \cos x)}{(\cos x + \sin x)^2}$$

$\boxed{\text{너코 101}}$ $\boxed{\text{너코 102}}$ $\boxed{\text{너코 117}}$

$$= \frac{1}{(\cos x + \sin x)^2} \quad \boxed{\text{너코 018}}$$

이다.

$$\therefore f\left(\frac{\pi}{4}\right) = \frac{1}{\sqrt{2}^2} = \frac{1}{2}$$

답 ④

L04-07

풀이 1

$F(x) = \int_0^x f(t)dt$ 에 대하여

$F'(x) = f(x) = 3(x-1)^2 + 5 > 0$ 이므로 $\boxed{\text{너코 117}}$

$F(x)$는 실수 전체에서 증가하는 함수이며 일대일대응이다.

$\boxed{\text{너코 049}}$ ······㉠

한편 모든 실수 x에 대하여 $F(g(x)) = \frac{1}{2}F(x)$를 만족시키므로

······㉡

㉡의 양변에 $x = 2$를 대입하면 $F(g(2)) = \frac{1}{2}F(2)$이다.

······㉢

이때 그림과 같이 함수 $y = f(x)$의 그래프는 직선 $x = 1$에 대하여 대칭이므로

$F(2)$의 값은 어두운 부분의 넓이와 같고,

$\frac{1}{2}F(2)$의 값은 빗금 친 부분의 넓이, 즉 함수 $y = f(x)$의

그래프와 x축 및 두 직선 $x = 0$, $x = 1$로 둘러싸인 부분의

넓이인 $F(1) = \int_0^1 f(t)dt$의 값과 같다. $\boxed{\text{너코 058}}$

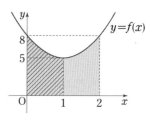

따라서 ㉢에서 $F(g(2)) = F(1)$이므로 ㉠에 의하여 $g(2) = 1$이다.

한편 ㉡의 양변을 미분하면

$$F'(g(x)) \times g'(x) = \frac{1}{2}F'(x), \quad \boxed{\text{너코 103}}$$

즉 $f(g(x))g'(x) = \frac{1}{2}f(x)$이고

양변에 $x = 2$를 대입하면

$f(1)g'(2) = \frac{1}{2}f(2)$이고 정리하면

$5g'(2) = \frac{1}{2} \times 8$에서 $g'(2) = \frac{4}{5}$이다.

$$\therefore 30p = 30 \times \frac{4}{5} = 24$$

풀이 2

함수 $f(x) = 3(x-1)^2 + 5$ 에 대하여

$$F(x) = \int_0^x f(t)dt = \int_0^x (3t^2 - 6t + 8)dt$$

$$= \left[t^3 - 3t^2 + 8t \right]_0^x \quad \boxed{\text{너코 034}}$$

$$= x^3 - 3x^2 + 8x$$

이다.

모든 실수 x에 대하여 $F(g(x)) = \frac{1}{2}F(x)$를 만족시키므로

······㉠

㉠의 양변에 $x = 2$를 대입하면

$F(g(2)) = \frac{1}{2} \times 12 = 6$이다.

이때 $g(2) = t$라 하면

$F(t) = 6$을 만족시키는 t의 값은

$t^3 - 3t^2 + 8t = 6$,

$(t-1)(t^2 - 2t + 6) = 0$에서 $t = 1$이다.

즉, $g(2) = 1$이다.

㉠의 양변을 x에 대하여 미분하면

$$F'(g(x))g'(x) = \frac{1}{2}F'(x), \quad \boxed{\text{너코 103}}$$

즉 $f(g(x))g'(x) = \frac{1}{2}f(x)$이고

양변에 $x = 2$를 대입하면

$f(g(2))g'(2) = \frac{1}{2}f(2)$이고 정리하면

$5g'(2) = \frac{1}{2} \times 8$에서 $g'(2) = \frac{4}{5}$이다.

$$\therefore 30p = 30 \times \frac{4}{5} = 24$$

답 24

L04-08

$F(x) = \int_0^x t f(x-t) dt$에서 $x - t = k$라고 하면

$t = 0$일 때 $k = x$, $t = x$일 때 $k = 0$이고

$-1 = \dfrac{dk}{dt}$, 즉 $-dt = dk$이므로

$$F(x) = \int_0^x t f(x-t) dt$$
$$= -\int_x^0 (x-k) f(k) dk$$
$$= \int_0^x (x-k) f(k) dk$$
$$= x \int_0^x f(k) dk - \int_0^x k f(k) dk$$

이다. 너코 117

따라서 양변을 x에 대하여 미분하면 $x > 0$에서

$$F'(x) = \int_0^x f(k) dk + x f(x) - x f(x)$$
$$= \int_0^x f(k) dk = \int_0^x \frac{1}{1+k} dk$$
$$= \Big[\ln|1+k| \Big]_0^x \quad \text{너코 115}$$
$$= \ln(1+x)$$

이다.

따라서 $F'(a) = \ln 10$을 만족시키는 상수 a의 값은

$\ln(1+a) = \ln 10$,

$1 + a = 10$

$\therefore a = 9$

답 9

L04-09

$f(x) = \dfrac{\pi}{2} \int_1^{x+1} f(t) dt$의 ......㉠

양변을 x에 대하여 미분하면

$f'(x) = \dfrac{\pi}{2} f(x+1)$이므로 $f(x+1) = \dfrac{2}{\pi} f'(x)$이다. 너코 117

구하고자 하는 값에 이를 대입하면

$$\pi^2 \int_0^1 x f(x+1) dx = \pi^2 \int_0^1 \left\{ x \times \frac{2}{\pi} f'(x) \right\} dx$$
$$= 2\pi \int_0^1 x f'(x) dx$$
$$= 2\pi \Big[x f(x) \Big]_0^1 - 2\pi \int_0^1 f(x) dx \quad \text{너코 116}$$
$$= 2\pi f(1) - 2\pi \int_0^1 f(x) dx \quad \cdots\cdots ㉡$$

한편 ㉠의 양변에 $x = -1$을 대입하면

$$f(-1) = \frac{\pi}{2} \int_1^0 f(t) dt,$$

즉 $\displaystyle\int_0^1 f(t) dt = -\frac{2 f(-1)}{\pi}$이다.

또한 주어진 조건에 의하여 $f(1) = 1$이고 ......㉢

연속함수 $y = f(x)$의 그래프가 원점에 대하여 대칭이므로

$f(-1) = -f(1) = -1$에 의하여

$$\int_0^1 f(t) dt = \frac{2}{\pi} \text{이다.} \quad \cdots\cdots ㉣$$

㉢, ㉣을 ㉡에 대입하면

$$\therefore \pi^2 \int_0^1 x f(x+1) dx = 2\pi \times 1 - 2\pi \times \frac{2}{\pi}$$
$$= 2\pi - 4 = 2(\pi - 2)$$

답 ①

L05-01

$-\dfrac{7}{2}\pi \le x < 0$에서

$\sin x < 0$일 때 $f(x) = -2\sin x$,

$\sin x \ge 0$일 때 $f(x) = 0$이고,

$0 \le x \le \dfrac{7}{2}\pi$에서

$\sin x < 0$일 때 $f(x) = 2\sin x$,

$\sin x \ge 0$일 때 $f(x) = 0$이므로

함수 $y = f(x)$의 그래프는 다음과 같다.

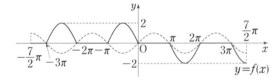

한편 $F(x) = \displaystyle\int_a^x f(t) dt$라 하면 $F'(x) = f(x)$이므로 너코 117

함수 $f(x)$의 부호로 함수 $F(x)$의 증가와 감소를 알 수 있고,

함수 $y = F(x)$의 그래프는 다음과 같다. 너코 049 ··· 빈출 QnA

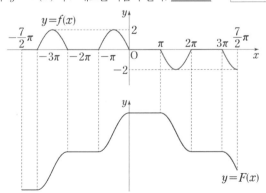

이때 $F(a) = \displaystyle\int_a^a f(t) dt = 0$이므로

닫힌구간 $\left[-\dfrac{7}{2}\pi, \dfrac{7}{2}\pi \right]$에 속하는 모든 실수 x에 대하여

$\int_a^x f(t)dt = F(x) \geq 0$, 즉 $F(x) \geq F(a)$가 되려면

이 구간에서 함수 $F(x)$의 최솟값이 $F(a)$이어야 한다.

따라서 함수 $y = F(x)$의 그래프에 의하여

최솟값이 $F(a)$가 되도록 하는 실수 a의 값의 범위는

$-\dfrac{7}{2}\pi \leq a \leq -3\pi$이다.

$\therefore \beta - \alpha = (-3\pi) - \left(-\dfrac{7}{2}\pi\right) = \dfrac{\pi}{2}$

답 ①

빈출 QnA

Q. 함수 $y = F(x)$의 그래프를 그리는 방법에 대해서 좀 더 자세하게 설명해 주세요.

A. 함수 $\sin x$는 주기함수이므로

함수 $y = f(x)$의 그래프와 x축 및 두 직선 $x = -\pi$, $x = 0$으로 둘러싸인 부분의 넓이를 A라 할 때

다음 그림과 같이 색칠된 부분의 넓이를 나타낼 수 있습니다.

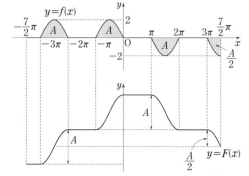

따라서 함수 $F(x) = \int_a^x f(t)dt$에 대하여 함숫값의 차는

$F(\pi) - F(2\pi) = A$,

$F(3\pi) - F\left(\dfrac{7}{2}\pi\right) = \dfrac{A}{2}$,

$F(0) - F(-\pi) = A$,

$F(-2\pi) - F(-3\pi) = A$입니다.

이를 통해 함수 $y = F(x)$의 그래프를 보다 정확하게 그려낼 수 있으므로 $F\left(-\dfrac{7}{2}\pi\right) < F\left(\dfrac{7}{2}\pi\right)$임을 알 수 있습니다.

L05-02

조건 (나)에서 모든 실수 x에 대하여

$f(x) = \int_0^x \sqrt{4 - 2f(t)}\, dt$이므로 ······㉠

$f'(x) = \sqrt{4 - 2f(x)}$이고, $f'(x) \geq 0$이다. 너코 117 ······㉡

또한 모든 실수 x에 대하여

$4 - 2f(x) \geq 0$, 즉 $f(x) \leq 2$이고

㉠에 $x = 0$을 대입하면 $f(0) = 0$이므로

㉡에 의하여 $x > 0$일 때 $0 \leq f(x) \leq 2$, $x < 0$일 때

$f(x) \leq 0$이어야 한다. ······㉢

한편 ㉡의 양변을 제곱하면

모든 실수 x에 대하여 $\{f'(x)\}^2 = 4 - 2f(x)$이고, ······㉣

조건 (가)에 의하여

$x \leq b$일 때 $f(x) = a(x - b)^2 + c$,

$x < b$일 때 $f'(x) = 2a(x - b)$이므로 너코 103

이를 ㉣에 대입했을 때

$x < b$인 모든 실수 x에 대하여

$\{2a(x - b)\}^2 = 4 - 2\{a(x - b)^2 + c\}$,

$4a^2(x - b)^2 = -2a(x - b)^2 + 4 - 2c$,

$2a(x - b)^2(2a + 1) = 4 - 2c$이어야 한다.

따라서 $a = 0$, $c = 2$ 또는 $a = -\dfrac{1}{2}$, $c = 2$이다.

$a = 0$, $c = 2$인 경우 $x \leq b$일 때 $f(x) = 2$인데

이는 ㉢의 $x < 0$일 때 $f(x) \leq 0$인 것에 모순이다.

따라서 $a = -\dfrac{1}{2}$, $c = 2$이므로 $x \leq b$일 때

$f(x) = -\dfrac{1}{2}(x - b)^2 + 2$이다.

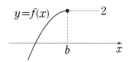

이때 $b \leq 0$이면 ㉡에 의하여 $f(0) \geq f(b) = 2$인데

이는 ㉢의 $f(0) = 0$인 것에 모순이다.

따라서 $b > 0$이므로 $f(0) = -\dfrac{1}{2}(0 - b)^2 + 2 = 0$에서

$b = 2$이다.

그러므로 $x \leq 2$일 때 $f(x) = -\dfrac{1}{2}(x - 2)^2 + 2$이다.

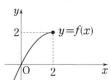

또한 연속함수 $f(x)$가 ㉢을 만족시키려면

$x > 2$일 때 $f(x) = 2$이어야 한다.

따라서 $f(x) = \begin{cases} -\dfrac{1}{2}x^2 + 2x & (x \leq 2) \\ 2 & (x > 2) \end{cases}$이므로

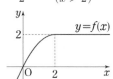

$\displaystyle\int_0^6 f(x)\,dx = \int_0^2 \left(-\dfrac{1}{2}x^2 + 2x\right)dx + \int_2^6 2\,dx$

$= \left[-\dfrac{1}{6}x^3 + x^2\right]_0^2 + \left[2x\right]_2^6$ 너코 056

$= \dfrac{8}{3} + 8 = \dfrac{32}{3}$

$\therefore p + q = 3 + 32 = 35$

답 35

L05-03

$h(a) = \int_0^a f(x)dx + \int_a^8 g(x)dx$라 할 때

닫힌구간 $[0, 8]$에서의 함수 $h(a)$의 최솟값을 구하면 된다.

$h'(a) = f(a) - g(a)$이므로 너코 117

주어진 그래프에 의하여 $a=1$ 또는 $a=6$일 때 $f(a)=g(a)$,

즉 $h'(a)=0$이다.

따라서 $0 \le a \le 8$에서 함수 $h(a)$의 증가와 감소를 표로

나타내면 다음과 같다.

a	0	$\cdots$	1	$\cdots$	6	$\cdots$	8
$h'(a)$		$+$	0	$-$	0	$+$	
$h(a)$	$h(0)$	$\nearrow$	$h(1)$	$\searrow$	$h(6)$	$\nearrow$	$h(8)$

따라서 닫힌구간 $[0, 8]$에서 함수 $h(a)$는

$h(0)$, $h(6)$의 값 중에서 더 작은 값을 최솟값으로 갖는다.

너코 051

$h(0) = \int_0^0 f(x)dx + \int_0^8 g(x)dx = \frac{1}{2} \times 8 \times 2 = 8$

$h(6) = \int_0^6 f(x)dx + \int_6^8 g(x)dx$

$\quad = \int_0^6 \left(\frac{5}{2} - \frac{10x}{x^2+4}\right)dx + \left(\frac{1}{2} \times 2 \times 1\right)$

$\quad = \left[\frac{5}{2}x - 5\ln|x^2+4|\right]_0^6 + 1$ 너코 115

$\quad = 16 - 5\ln 10$

이때

$h(0) - h(6) = 8 - (16 - 5\ln 10)$

$\qquad\qquad = 5\ln 10 - 8 > 0$

이므로 $h(0) > h(6)$이다.

($\because e = 2.718\cdots$이므로

$\qquad \ln 10 > \ln e^2 = 2$이다.)

따라서 구하는 최솟값은

$h(6) = 16 - 5\ln 10$이다.

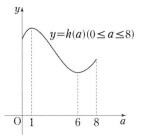

$h(a) = \int_0^a f(x)dx + \int_a^8 g(x)dx$라 할 때

닫힌구간 $[0, 8]$에서의 함수 $h(a)$의 최솟값을 구하면 된다.

이때 $g(x) = \begin{cases} \dfrac{x}{2} & (x \le 4) \\ 4 - \dfrac{x}{2} & (x > 4) \end{cases}$ 이므로

$a=4$일 때를 경계로 나누어 함수 $h(a)$의 식을 구하면 다음과 같다.

i) $0 \le a \le 4$일 때

$h(a) = \int_0^a \left(\frac{5}{2} - \frac{10x}{x^2+4}\right)dx + \int_a^4 \frac{x}{2}dx$

$\qquad\qquad + \int_4^8 \left(4 - \frac{x}{2}\right)dx$

$\qquad = \left[\frac{5}{2}x - 5\ln(x^2+4)\right]_0^a + \left[\frac{x^2}{4}\right]_a^4 + \left[4x - \frac{x^2}{4}\right]_4^8$

너코 115

$\qquad = \frac{5}{2}a - 5\ln(a^2+4) + 5\ln 4 + 8 - \frac{a^2}{4}$

$h'(a) = \frac{5}{2} - \frac{10a}{a^2+4} - \frac{a}{2} = \frac{-(a-1)(a^2-4a+20)}{2(a^2+4)}$

너코 103

$a=1$의 좌우에서 함수 $h'(a)$의 부호가 양에서 음으로

바뀐다.

ii) $4 < a \le 8$일 때

$h(a) = \int_0^a \left(\frac{5}{2} - \frac{10x}{x^2+4}\right)dx + \int_a^8 \left(4 - \frac{x}{2}\right)dx$

$\qquad = \left[\frac{5}{2}x - 5\ln(x^2+4)\right]_0^a + \left[4x - \frac{x^2}{4}\right]_a^8$

$\qquad = \frac{5}{2}a - 5\ln(a^2+4) + 5\ln 4 + \frac{(a-8)^2}{4}$

$h'(a) = \frac{5}{2} - \frac{10a}{a^2+4} + \frac{a-8}{2} = \frac{(a-6)(a+1)(a+2)}{2(a^2+4)}$

$a=6$의 좌우에서 함수 $h'(a)$의 부호가 음에서 양으로

바뀐다.

i), ii)에 의하여 닫힌구간 $[0, 8]$에서 함수 $h(a)$는

$h(0)$, $h(6)$의 값 중에서 더 작은 값을 최솟값으로 갖는다.

너코 051

$h(0) - h(6) = 8 - (16 - 5\ln 10) = 5\ln 10 - 8 > 0$이므로

$h(0) > h(6)$이다.

$\qquad$ ($\because e = 2.718\cdots$이므로 $\ln 10 > \ln e^2 = 2$이다.)

따라서 구하는 최솟값은 $h(6) = 16 - 5\ln 10$이다.

답 ④

L05-04

조건 (가)에서 $f(x) = f(-x)$이므로 $\qquad\qquad \cdots\cdots \ominus$

양변을 x에 대하여 미분하면 모든 실수 x에 대하여

$f'(x) = -f'(-x)$이다. 너코 103 $\qquad\qquad \cdots\cdots \ominus$

조건 (나)에서 $\int_x^{x+a} f(t)dt = \sin\left(x + \frac{\pi}{3}\right)$이므로 $\cdots\cdots \ominus$

함수 $f(t)$의 한 부정적분을 $F(t)$라 하면

$F(x+a) - F(x) = \sin\left(x + \frac{\pi}{3}\right)$이다.

양변을 x에 대하여 미분하면 모든 실수 x에 대하여

$f(x+a) - f(x) = \cos\left(x + \frac{\pi}{3}\right)$이고 너코 117 $\cdots\cdots \ominus$

한 번 더 양변을 x에 대하여 미분하면 모든 실수 x에 대하여

$f'(x+a) - f'(x) = -\sin\left(x + \frac{\pi}{3}\right)$이다. $\cdots\cdots \ominus$

$\ominus$을 이용하기 위해 $\ominus$에 $x = -\frac{a}{2}$를 대입하면

$f\left(\frac{a}{2}\right) - f\left(-\frac{a}{2}\right) = \cos\left(-\frac{a}{2} + \frac{\pi}{3}\right)$에서

$0 = \cos\left(-\dfrac{a}{2} + \dfrac{\pi}{3}\right)$ 이다.

이때 $0 < a < 2\pi$에 의하여 $-\dfrac{2}{3}\pi < -\dfrac{a}{2} + \dfrac{\pi}{3} < \dfrac{\pi}{3}$이므로

$-\dfrac{a}{2} + \dfrac{\pi}{3} = -\dfrac{\pi}{2}$, 즉 $a = \dfrac{5}{3}\pi$이다. **너코 021**

㉠을 이용하기 위해 ㉢에 $a = \dfrac{5}{3}\pi$, $x = -\dfrac{5}{6}\pi$를 대입하면

$\displaystyle\int_{-\frac{5}{6}\pi}^{\frac{5}{6}\pi} f(t)\,dt = \sin\left(-\dfrac{\pi}{2}\right)$에서

$2\displaystyle\int_{0}^{\frac{5}{6}\pi} f(t)\,dt = -1$, 즉 $\displaystyle\int_{0}^{\frac{5}{6}\pi} f(t)\,dt = -\dfrac{1}{2}$이다. ······ ㉥

㉡을 이용하기 위해 ㉥에 $a = \dfrac{5}{3}\pi$, $x = -\dfrac{5}{6}\pi$를 대입하면

$f'\left(\dfrac{5}{6}\pi\right) - f'\left(-\dfrac{5}{6}\pi\right) = -\sin\left(-\dfrac{\pi}{2}\right)$에서

$2f'\left(\dfrac{5}{6}\pi\right) = 1$, 즉 $f'\left(\dfrac{5}{6}\pi\right) = \dfrac{1}{2}$이다. ······ ㉦

이때 닫힌구간 $\left[0, \dfrac{5}{6}\pi\right]$에서

$f(x) = b\cos(3x) + c\cos(5x)$이고

$f'(x) = -3b\sin(3x) - 5c\sin(5x)$이므로

㉥에서

$\displaystyle\int_{0}^{\frac{5}{6}\pi} f(t)\,dt = \left[\dfrac{b}{3}\sin(3t) + \dfrac{c}{5}\sin(5t)\right]_{0}^{\frac{5}{6}\pi}$

$= \dfrac{b}{3}\sin\left(\dfrac{5}{2}\pi\right) + \dfrac{c}{5}\sin\left(\dfrac{25}{6}\pi\right)$

$= \dfrac{b}{3} + \dfrac{c}{10} = -\dfrac{1}{2}$,

㉦에서

$f'\left(\dfrac{5}{6}\pi\right) = -3b\sin\left(\dfrac{5}{2}\pi\right) - 5c\sin\left(\dfrac{25}{6}\pi\right)$

$= -3b - \dfrac{5}{2}c = \dfrac{1}{2}$

이다.

따라서 연립방정식 $\begin{cases} \dfrac{b}{3} + \dfrac{c}{10} = -\dfrac{1}{2} \\ -3b - \dfrac{5}{2}c = \dfrac{1}{2} \end{cases}$ 을 풀면

$b = -\dfrac{9}{4}$, $c = \dfrac{5}{2}$이므로

$abc = \dfrac{5}{3}\pi \times \left(-\dfrac{9}{4}\right) \times \dfrac{5}{2} = -\dfrac{75}{8}\pi$

$\therefore p + q = 8 + 75 = 83$

답 83

L05-05

ㄱ. $0 < x < \sqrt{\pi}$, 즉 $0 < x^2 < \pi$일 때

$\sin(x^2) > 0$이므로 $\displaystyle\int_{0}^{\sqrt{\pi}} \sin(t^2)\,dt > 0$이고,

모든 실수 x에 대하여 $e^{-x} > 0$이므로 $e^{-\sqrt{\pi}} > 0$이다.

$\therefore f(\sqrt{\pi}) = e^{-\sqrt{\pi}} \displaystyle\int_{0}^{\sqrt{\pi}} \sin(t^2)\,dt > 0$ (참)

ㄴ. $f(x) = e^{-x}\displaystyle\int_{0}^{x} \sin(t^2)\,dt$의 양변에 $x = 0$을 대입하면

$f(0) = 0$이다. **너코 055**

또한 ㄱ에서 $f(\sqrt{\pi}) > 0$이므로

$\dfrac{f(\sqrt{\pi}) - f(0)}{\sqrt{\pi} - 0} > 0$이다. ······ ㉠

한편 두 함수 e^{-x}, $\displaystyle\int_{0}^{x} \sin(t^2)\,dt$가 실수 전체의 집합에서

미분가능하므로

함수 $f(x) = e^{-x}\displaystyle\int_{0}^{x} \sin(t^2)\,dt$도 실수 전체의 집합에서

미분가능하다.

따라서 평균값 정리에 의하여

$\dfrac{f(\sqrt{\pi}) - f(0)}{\sqrt{\pi} - 0} = f'(a)$인 a가 열린구간 $(0, \sqrt{\pi})$에

적어도 하나 존재한다. **너코 048** ······ ㉡

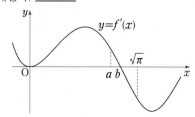

㉠, ㉡에 의하여 $f'(a) > 0$을 만족시키는 a가 열린구간 $(0, \sqrt{\pi})$에 적어도 하나 존재한다. (참)

ㄷ. $f(x) = e^{-x}\displaystyle\int_{0}^{x} \sin(t^2)\,dt$의 양변을 x에 대하여 미분하면

$f'(x) = -e^{-x}\displaystyle\int_{0}^{x} \sin(t^2)\,dt + e^{-x}\sin(x^2)$ **너코 117**

······ ㉢

이 식의 양변에 $x = \sqrt{\pi}$를 대입하면 ㄱ에 의하여

$f'(\sqrt{\pi}) = -e^{-\sqrt{\pi}}\displaystyle\int_{0}^{\sqrt{\pi}} \sin(t^2)\,dt = -f(\sqrt{\pi}) < 0$이다.

ㄴ에서 $f'(a) > 0$을 만족시키는 a가 열린구간 $(0, \sqrt{\pi})$에 적어도 하나 존재한다.

또한 함수 $f'(x)$는 실수 전체의 집합에서 연속이므로

사잇값의 정리에 의하여

$f'(b) = 0$을 만족시키는 b가 열린구간 $(a, \sqrt{\pi})$에 적어도 하나 존재한다. **너코 040**

즉, $f'(b) = 0$을 만족시키는 b가 열린구간 $(0, \sqrt{\pi})$에 적어도 하나 존재한다. (참)

따라서 옳은 것은 ㄱ, ㄴ, ㄷ이다.

답 ⑤

L 05-06

풀이 1

함수 $f(x)$가 닫힌구간 $[0, 1]$에서 증가하고

$$\int_0^1 f(x)\,dx = 2, \quad \int_0^1 |f(x)|\,dx = 2\sqrt{2} \text{ 에 의하여} \qquad \cdots\cdots\text{㉠}$$

$$\int_0^1 f(x)\,dx \neq \int_0^1 |f(x)|\,dx \text{이므로}$$

함수 $y = f(x)$의 그래프는 다음 그림과 같이 x축과 한 점에서 만난다.

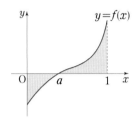

이 점의 x좌표를 $a\,(0 < a < 1)$이라 하면 ㉠에 의하여

$$\int_0^1 f(x)dx = \int_0^a f(x)dx + \int_a^1 f(x)dx = 2 \quad \boxed{\text{너코 056}} \quad \cdots\cdots\text{㉡}$$

$$\int_0^1 |f(x)|dx = -\int_0^a f(x)dx + \int_a^1 f(x)dx = 2\sqrt{2} \quad \cdots\cdots\text{㉢}$$

㉡, ㉢을 연립하여 풀면 $\displaystyle\int_0^a f(x)dx = 1 - \sqrt{2} \qquad \cdots\cdots\text{㉣}$

한편 $F(x) = \displaystyle\int_0^x |f(t)|\,dt\,(0 \le x \le 1)$에 대하여

$$F(1) = \int_0^1 |f(t)|dt = 2\sqrt{2} \ (\because \text{㉢}),$$

$$F(a) = \int_0^a \{-f(t)\}dt = \sqrt{2} - 1 \ (\because \text{㉣}),$$

$$F(0) = \int_0^0 |f(t)|dt = 0,$$

$$F'(x) = |f(x)| = \begin{cases} -f(x) & (0 < x < a) \\ f(x) & (a \le x < 1) \end{cases} \text{이다.} \quad \boxed{\text{너코 117}}$$

이를 이용하여

$$\int_0^1 f(x)F(x)dx = \int_0^a f(x)F(x)dx + \int_a^1 f(x)F(x)dx \text{를}$$

나누어 계산하면 다음과 같다.

i) $\displaystyle\int_0^a f(x)F(x)dx$에서 $F(x) = k$라 하면

$x = 0$일 때 $k = F(0) = 0$,

$x = a$일 때 $k = F(a) = \sqrt{2} - 1$이고

$-f(x) = \dfrac{dk}{dx}$, 즉 $-f(x)dx = dk$이므로

$$\int_0^a f(x)F(x)dx = -\int_0^{\sqrt{2}-1} k\,dk \quad \boxed{\text{너코 115}}$$

$$= -\left[\frac{k^2}{2}\right]_0^{\sqrt{2}-1} = \frac{-3 + 2\sqrt{2}}{2}$$

ii) $\displaystyle\int_a^1 f(x)F(x)dx$에서 $F(x) = k$라 하면

$x = a$일 때 $k = F(a) = \sqrt{2} - 1$,

$x = 1$일 때 $k = F(1) = 2\sqrt{2}$이고

$f(x) = \dfrac{dk}{dx}$, 즉 $f(x)dx = dk$이므로

$$\int_a^1 f(x)F(x)dx = \int_{\sqrt{2}-1}^{2\sqrt{2}} k\,dk$$

$$= \left[\frac{k^2}{2}\right]_{\sqrt{2}-1}^{2\sqrt{2}} = \frac{5 + 2\sqrt{2}}{2}$$

i), ii)에 의하여

$$\int_0^1 f(x)F(x)dx = \frac{-3 + 2\sqrt{2}}{2} + \frac{5 + 2\sqrt{2}}{2} = 1 + 2\sqrt{2}$$

이다.

풀이 2

함수 $f(x)$가 닫힌구간 $[0, 1]$에서 증가하고

$$\int_0^1 f(x)\,dx = 2, \quad \int_0^1 |f(x)|\,dx = 2\sqrt{2} \text{ 에 의하여} \qquad \cdots\cdots\text{㉠}$$

$$\int_0^1 f(x)\,dx \neq \int_0^1 |f(x)|\,dx \text{이므로}$$

함수 $y = f(x)$의 그래프는 다음 그림과 같이 x축과 한 점에서 만난다.

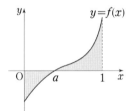

이 점의 x좌표를 $a\,(0 < a < 1)$이라 하면 ㉠에 의하여

$$\int_0^1 f(x)dx = \int_0^a f(x)dx + \int_a^1 f(x)dx = 2 \quad \boxed{\text{너코 056}} \quad \cdots\cdots\text{㉡}$$

$$\int_0^1 |f(x)|dx = -\int_0^a f(x)dx + \int_a^1 f(x)dx = 2\sqrt{2} \quad \cdots\cdots\text{㉢}$$

㉡, ㉢을 연립하여 풀면 $\displaystyle\int_0^a f(x)dx = 1 - \sqrt{2} \qquad \cdots\cdots\text{㉣}$

한편 $F(x) = \displaystyle\int_0^x |f(t)|\,dt\,(0 \le x \le 1)$에 대하여

$$F(1) = \int_0^1 |f(t)|dt = 2\sqrt{2} \ (\because \text{㉢}),$$

$$F(a) = \int_0^a \{-f(t)\}dt = \sqrt{2} - 1 \ (\because \text{㉣}),$$

$$F(0) = \int_0^0 |f(t)|dt = 0 \text{이고}$$

$$F'(x) = |f(x)| = \begin{cases} -f(x) & (0 < x < a) \\ f(x) & (a \le x < 1) \end{cases} \text{에 의하여} \quad \boxed{\text{너코 117}}$$

$0 < x < a$일 때 $\left[\dfrac{1}{2}\{F(x)\}^2\right]' = -f(x)F(x)$,

$a < x < 1$일 때 $\left[\dfrac{1}{2}\{F(x)\}^2\right]' = f(x)F(x)$이다. $\boxed{\text{너코 103}}$

적분은 미분의 역연산이므로

$$\int_0^1 f(x)F(x)\,dx = \int_0^a f(x)F(x)\,dx + \int_a^1 f(x)F(x)\,dx$$

$$= \left[-\frac{1}{2}\{F(x)\}^2\right]_0^a + \left[\frac{1}{2}\{F(x)\}^2\right]_a^1$$

$$= -\{F(a)\}^2 + \frac{1}{2}\{F(0)\}^2 + \frac{1}{2}\{F(1)\}^2$$

$$= -(\sqrt{2}-1)^2 + 0 + \frac{1}{2}\times(2\sqrt{2})^2$$

$$= 1 + 2\sqrt{2}$$

답 ④

L 05-07

함수 $f(x) = \ln(x^4+1) - c\,(c>0$인 상수$)$는
모든 실수 x에 대하여 $f(-x) = f(x)$를 만족시키므로
함수 $y = f(x)$의 그래프는 y축에 대하여 대칭이다.　……㉠

이때 $g(x) = \displaystyle\int_a^x f(t)dt$의 양변을 x에 대하여 미분하면

$g'(x) = f(x)$이므로　너코117

㉠에 의하여 함수 $y = g(x)$의 그래프는 점 $(0, g(0))$에 대하여
대칭이다.　……㉡
또한 조건 (가)에 의하여 $g'(1) = f(1) = 0$이므로
$f(1) = \ln 2 - c = 0$, 즉 $c = \ln 2$이다.　……㉢

함수 $f(x) = \ln(x^4+1) - \ln 2$의 도함수는

$f'(x) = \dfrac{4x^3}{x^4+1}$이고　너코103

$x = 0$의 좌우에서 $f'(x)$의 부호가 음에서 양으로 바뀌므로
함수 $f(x)$는 $x = 0$에서 극솟값을 갖는다.
또한 $x = -1$ 또는 $x = 1$일 때 $f(x) = 0$이므로
함수 $f(x)$를 도함수로 갖는 함수 $g(x)$는 $x = -1$에서
극대이고 $x = 1$에서 극소이다.

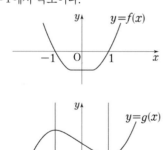

함수 $y = g(x)$의 그래프가 x축과 만나는 서로 다른 점의
개수가 2가 되려면
[그림 1]과 같이 함수 $g(x)$의 극솟값이 0이거나
[그림 2]와 같이 함수 $g(x)$의 극댓값이 0이어야 하고,
$g(a) = 0$이므로

[그림 1]과 [그림 2]에 표시한 총 4개의 점의 x좌표를
크기순으로 작은 것부터 나열하면
$\alpha_1,\ \alpha_2(=-1),\ \alpha_3(=1),\ \alpha_4$가 되어 $m = 4$이다.　……㉣

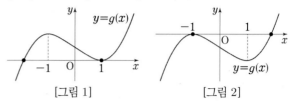

[그림 1]　　　　　[그림 2]

특히 $a = \alpha_1$일 때, 즉 $g(\alpha_1) = 0$일 때의 함수 $y = g(x)$의
그래프는 [그림 1]이다.

한편 조건 (나)의 $\displaystyle\int_{\alpha_1}^{\alpha_4} g(x)dx = k\alpha_4 \int_0^1 |f(x)|dx$에서

좌변 $\displaystyle\int_{\alpha_1}^{\alpha_4} g(x)dx = \int_{\alpha_1}^{0} g(x)dx + \int_0^{\alpha_4} g(x)dx$를 구하면
다음과 같다.

$\displaystyle\int_{\alpha_1}^{0} g(x)dx$의 값은 [그림 3]에서 색칠한 부분의 넓이이고,
이는 빗금 친 부분의 넓이와 같으므로 $(\because \text{㉡})$
좌변은 가로의 길이가 α_4, 세로의 길이가 $2g(0)$인 직사각형의
넓이 $2\alpha_4 g(0)$이다.　……㉤

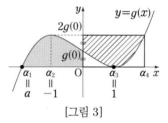

[그림 3]

또한 우변 $k\alpha_4 \displaystyle\int_0^1 |f(x)|dx = -k\alpha_4 \int_0^1 f(x)\,dx$를 구하면
다음과 같다.

$$\int_0^1 f(x)\,dx = \int_a^1 f(x)\,dx - \int_a^0 f(x)\,dx\quad \text{너코056}$$

$$= g(1) - g(0) = -g(0)$$

이므로 우변은 $k\alpha_4 g(0)$이다.　……㉥
㉤, ㉥에 의하여 $2\alpha_4 g(0) = k\alpha_4 g(0)$이고
$\alpha_4 \neq 0$, $g(0) \neq 0$이므로 $k = 2$이다.　……㉦

㉢, ㉣, ㉦에 의하여
$mk \times e^c = 4 \times 2 \times 2 = 16$이다.

답 16

수열 $\{a_n\}$이

$$a_1 = -1, \ a_n = 2 - \frac{1}{2^{n-2}} \ (n \geq 2)$$

이다. 구간 $[-1, 2)$에서 정의된 함수 $f(x)$가 모든 자연수 n에 대하여

$$f(x) = \sin(2^n \pi x) \ (a_n \leq x \leq a_{n+1})$$

이다. $-1 < \alpha < 0$인 실수 α에 대하여 $\int_{\alpha}^{t} f(x) dx = 0$을 만족시키는 $t \ (0 < t < 2)$의 값의 개수가 103일 때, $\log_2 \{1 - \cos(2\pi\alpha)\}$의 값은? [4점]

① -48 ② -50 ③ -52

④ -54 ⑤ -56

How To

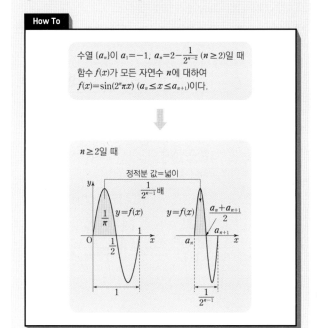

수열 $\{a_n\}$이 $a_1 = -1$, $a_n = 2 - \frac{1}{2^{n-2}}$ ($n \geq 2$)일 때 함수 $f(x)$가 모든 자연수 n에 대하여 $f(x) = \sin(2^n \pi x)$ ($a_n \leq x \leq a_{n+1}$)이다.

$n \geq 2$일 때

수열 $\{a_n\}$이 $a_1 = -1$, $a_n = 2 - \frac{1}{2^{n-2}}$ $(n \geq 2)$이므로

$$a_2 = 2 - \frac{1}{2^{2-2}} = 1,$$

$$a_3 = 2 - \frac{1}{2^{3-2}} = \frac{3}{2} = 1 + \frac{1}{2^1},$$

$$a_4 = 2 - \frac{1}{2^{4-2}} = \frac{7}{4} = 1 + \frac{1}{2^1} + \frac{1}{2^2},$$

$$a_5 = 2 - \frac{1}{2^{5-2}} = \frac{15}{8} = 1 + \frac{1}{2^1} + \frac{1}{2^2} + \frac{1}{2^3},$$

$\vdots$

이므로 수열 $\{a_n\}$을 수직선 위에 나타내면 [그림 1]과 같다.

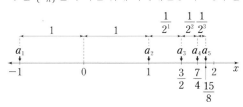

[그림 1]

모든 자연수 n에 대하여

$f(x) = \sin(2^n \pi x) \ (a_n \leq x \leq a_{n+1})$일 때

$f(x) = \sin(2^1 \pi x) \ (-1 \leq x \leq 1)$의 주기는 $\dfrac{2\pi}{2\pi} = 1$,

$f(x) = \sin(2^2 \pi x) \ (1 \leq x \leq \dfrac{3}{2})$의 주기는 $\dfrac{2\pi}{2^2 \pi} = \dfrac{1}{2^1}$,

$f(x) = \sin(2^3 \pi x) \ (\dfrac{3}{2} \leq x \leq \dfrac{7}{4})$의 주기는 $\dfrac{2\pi}{2^3 \pi} = \dfrac{1}{2^2}$,

$f(x) = \sin(2^4 \pi x) \ (\dfrac{7}{4} \leq x \leq \dfrac{15}{8})$의 주기는 $\dfrac{2\pi}{2^4 \pi} = \dfrac{1}{2^3}$,

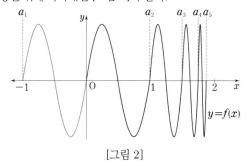

$\vdots$

이므로 [그림 1]을 바탕으로 함수 $y = f(x)$의 그래프를 좌표평면 위에 나타내면 [그림 2]와 같다.

[그림 2]

이때 $F(x) = \displaystyle\int_{-1}^{x} f(k) dk$라 하면 $F'(x) = f(x)$이고 $F(-1) = 0$이다. 너코117

따라서 $-1 < \alpha < 0$인 실수 α에 대하여

$\displaystyle\int_{\alpha}^{t} f(x) dx = 0$을 만족시키는 $t \ (0 < t < 2)$의 값의 개수는

$$\int_{-1}^{t} f(k) dk - \int_{-1}^{\alpha} f(k) dk = 0, \quad \text{너코056}$$

즉 $F(t) = F(\alpha)$를 만족시키는 $t \ (0 < t < 2)$의 값의 개수와 같으므로

$0 < x < 2$에서 곡선 $y = F(x)$와 직선 $y = F(\alpha)$의 교점이 103개이어야 한다. $\cdots\cdots$ ㉠

함수 $F(x)$는 함수 $f(x)$의 부호가 음에서 양으로 바뀌는 $x = 0$, $x = a_n \ (n \geq 2)$에서 극솟값을 가지며

$$F(0) = \int_{-1}^{0} f(x) dx = 0$$이고

$$F(a_n) = \int_{-1}^{a_n} f(x) dx = 0$$이므로 극솟값은 항상 0이다. $\cdots\cdots$ ㉡

함수 $F(x)$는 함수 $f(x)$의 부호가 양에서 음으로 바뀌는 $x = -\dfrac{1}{2}$, $x = \dfrac{1}{2}$, $x = \dfrac{a_n + a_{n+1}}{2} \ (n \geq 2)$에서 극댓값을 가지며 각각의 극댓값을 구하면 다음과 같다.

$$F\left(-\frac{1}{2}\right) = \int_{-1}^{-\frac{1}{2}} f(x) dx = \int_{-1}^{-\frac{1}{2}} \sin(2\pi x) dx$$

$$= \left[-\frac{1}{2\pi} \cos(2\pi x) \right]_{-1}^{-\frac{1}{2}} = \frac{1}{\pi}, \quad \text{너코115}$$

$$F\left(\frac{1}{2}\right)=\int_{-1}^{\frac{1}{2}}f(x)dx$$

$$=\int_{-1}^{-\frac{1}{2}}f(x)dx+\int_{-\frac{1}{2}}^{\frac{1}{2}}f(x)dx$$

$$=\frac{1}{\pi}+0=\frac{1}{\pi}$$

$$F\left(\frac{a_n+a_{n+1}}{2}\right)=\int_{-1}^{\frac{a_n+a_{n+1}}{2}}f(x)dx$$

$$=\int_{-1}^{a_n}f(x)dx+\int_{a_n}^{\frac{a_n+a_{n+1}}{2}}f(x)dx$$

에서 $\int_{-1}^{a_n}f(x)dx=0$이고

$$\int_{a_n}^{\frac{a_n+a_{n+1}}{2}}\sin(2^n\pi x)dx=\int_{0}^{\frac{1}{2^n}}\sin(2^n\pi x)dx$$

$$=\frac{1}{2^{n-1}}\int_{0}^{\frac{1}{2}}\sin(2\pi x)dx$$

$$=\frac{1}{2^{n-1}}\times\frac{1}{\pi} \quad \text{··· 빈출 QnA}$$

이므로 $F\left(\frac{a_n+a_{n+1}}{2}\right)=\frac{1}{2^{n-1}}\times\frac{1}{\pi}$ 이다. ······ ㉢

따라서 함수 $y=F(x)$의 그래프는 [그림 3]과 같으며 ㉠을 만족시키려면

곡선 $y=F(x)$와 직선 $y=F(\alpha)$가

$0<x<a_2$에서 2×1개,

$0<x<a_3$에서 2×2개,

$0<x<a_4$에서 2×3개,

$0<x<a_5$에서 2×4개,

$\qquad\vdots$

$0<x<a_{52}$에서 $2\times51=102$개의 교점을 최대로 가질 수 있으므로

[그림 3]의 일부를 확대한 [그림 4]와 같이

$a_{52}<x<a_{53}$에서 1개의 교점만 더 추가되면 된다.

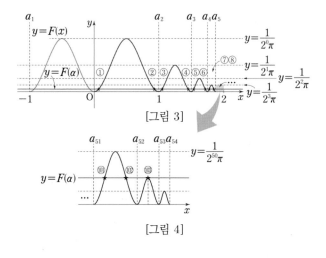

[그림 3]

[그림 4]

㉡, ㉢에 의하여 $F(\alpha)$의 값은 $F\left(\frac{a_{52}+a_{53}}{2}\right)$의 값과 같아야 한다.

$$F(\alpha)=\int_{-1}^{\alpha}f(k)dk$$

$$=-\frac{1}{2\pi}\Big[\cos(2\pi k)\Big]_{-1}^{\alpha}$$

$$=\frac{1-\cos(2\pi\alpha)}{2\pi}$$

이고

$F\left(\frac{a_{52}+a_{53}}{2}\right)=\frac{1}{2^{51}\pi}$ 이므로

$\frac{1-\cos(2\pi\alpha)}{2\pi}=\frac{1}{2^{51}\pi}$에서 $1-\cos(2\pi\alpha)=\frac{1}{2^{50}}$ 이다.

$\therefore \log_2\{1-\cos(2\pi\alpha)\}=-50$

답 ②

빈출 QnA

Q. 이 부분의 계산 과정을 좀 더 자세히 설명해주세요.

A. 함수 $\sin(2^n\pi x)$의 주기성에 의하여 다음 그림에서 색칠된 두 부분의 넓이가 같습니다.

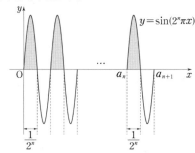

즉, $\int_{a_n}^{\frac{a_n+a_{n+1}}{2}}\sin(2^n\pi x)dx=\int_{0}^{\frac{1}{2^n}}\sin(2^n\pi x)dx$입니다.

이때 $2^{n-1}x=t$라 하면

$x=0$일 때 $t=0$, $x=\frac{1}{2^n}$일 때 $t=\frac{1}{2}$이고

$2^{n-1}=\frac{dt}{dx}$, 즉 $2^{n-1}dx=dt$이므로

$$\int_{a_n}^{\frac{a_n+a_{n+1}}{2}}\sin(2^n\pi x)dx=\frac{1}{2^{n-1}}\int_{0}^{\frac{1}{2}}\sin(2\pi t)dt$$

$$=\frac{1}{2^{n-1}}\times\frac{1}{\pi}$$

로 계산할 수 있습니다.

L05-09

ㄱ. 실수 전체의 집합에서 미분가능한 함수 $f(x)$가 조건 (나)에 의하여

$$\ln f(x)+2\int_{0}^{x}(x-t)f(t)dt=0,$$

즉 $\ln f(x) + 2x\int_0^x f(t)dt - 2\int_0^x tf(t)dt = 0$을 너코 056

만족시키므로 양변을 x에 대하여 미분하면

$$\frac{f'(x)}{f(x)} + 2\int_0^x f(t)dt + 2xf(x) - 2xf(x) = 0$$이고

너코 103 너코 117

정리하면

$$f'(x) = -2f(x)\int_0^x f(t)dt$$이다. $\cdots\cdots$ ㉠

이때 조건 (가)에 의하여

$x > 0$일 때 $f(x) > 0$, $\int_0^x f(t)dt > 0$이므로

$f'(x) < 0$이다.

따라서 $x > 0$에서 함수 $f(x)$는 감소한다. 너코 049 (참)

ㄴ. ㉠에서 $x < 0$일 때 $f(x) > 0$, $\int_0^x f(t)dt < 0$이므로

$f'(x) > 0$이다.

즉, $x < 0$에서 함수 $f(x)$는 증가하고 ㄱ에 의하여

$x > 0$에서 함수 $f(x)$는 감소한다.

따라서 함수 $f(x)$는 $x = 0$에서 극대이자 최대이다.

이때 조건 (나)에 $x = 0$을 대입하면

$\ln f(0) + 2 \times 0 = 0$이므로 $f(0) = 1$이다.

따라서 함수 $f(x)$의 최댓값은 1이다. (참)

ㄷ. ㉠에서 $F(x) = \int_0^x f(t)dt$라 하면

$f'(x) = -2f(x)F(x)$이고 양변을 적분하면

$f(x) = -\{F(x)\}^2 + C$이다. (단, C는 적분상수)

$(\because [\{F(x)\}^2]' = 2f(x)F(x))$

이때 양변에 $x = 0$을 대입하면

$1 = 0 + C$이므로 $C = 1$이다.

즉, $f(x) + \{F(x)\}^2 = 1$이다.

$\therefore f(1) + \{F(1)\}^2 = 1$ (참)

따라서 옳은 것은 ㄱ, ㄴ, ㄷ이다.

답 ⑤

빈출 QnA

Q. ㄷ에서 $f(1) + \{F(1)\}^2 = 1$임을 다른 방법으로 구할 수는 없나요?

A. 정적분의 치환적분법 또는 부분적분법으로 판단할 수도 있습니다.

$f'(x) = -2f(x)F(x)$의 양변을 0부터 1까지 적분하면

$$\int_0^1 f'(x)dx = \int_0^1 \{-2f(x)F(x)\}dx$$

(좌변) $= \Big[f(x)\Big]_0^1 = f(1) - f(0) = f(1) - 1$입니다.

(우변)을 계산할 때 치환적분법으로 계산하면 다음과 같습니다.

$F(x) = t$라 하면

$x = 0$일 때 $t = 0$, $x = 1$일 때 $t = F(1)$이고

$f(x)dx = dt$이므로

(우변) $= \int_0^{F(1)} -2t\,dt = \Big[-t^2\Big]_0^{F(1)} = -\{F(1)\}^2$입니다.

(우변)을 계산할 때 부분적분법으로 계산하면 다음과 같습니다.

$$\int_0^1 -2f(x)F(x)dx$$

$$= \Big[-2\{F(x)\}^2\Big]_0^1 - \int_0^1 -2f(x)F(x)dx,$$

$2\int_0^1 -2f(x)F(x)dx = -2\{F(1)\}^2$이므로

(우변) $= -\{F(1)\}^2$입니다.

따라서 두 방법으로 모두 $f(1) - 1 = -\{F(1)\}^2$,

즉 $f(1) + \{F(1)\}^2 = 1$임을 알 수 있습니다.

L 05-10

$f(x) = e^x + x - 1$에서 $f'(x) = e^x + 1$이다. 너코 098

이때 모든 실수 x에 대하여 $f'(x) > 0$이므로

함수 $f(x)$는 실수 전체의 집합에서 증가하는 함수이고,

역함수가 존재한다. 너코 049

한편 함수 $F(x) = \int_0^x \{t - f(s)\}ds$의 양변을 x에 대하여

미분하면

$F'(x) = t - f(x)$이므로 너코 117

함수 $F(x)$가 $x = \alpha$에서 최댓값을 가지려면 $\cdots$ 빈출 QnA

$F'(\alpha) = 0$, 즉 $F'(g(t)) = t - f(g(t)) = 0$이어야 한다.

따라서 $f(g(t)) = t$이므로

$f'(g(t)) \times g'(t) = 1$이고, 너코 106 $\cdots\cdots$ ㉠

$t > 0$에서 두 함수 $f(t)$, $g(t)$는 서로 역함수 관계이다.

$\int_{f(1)}^{f(5)} \frac{g(t)}{1 + e^{g(t)}} dt$에서 $g(t) = k$라 하면

$g'(t)dt = dk$이고 ㉠에서 $f'(k) = \dfrac{1}{g'(t)}$이며

$t = f(1)$일 때 $k = g(f(1)) = 1$,

$t = f(5)$일 때 $k = g(f(5)) = 5$이다.

$$\therefore \int_{f(1)}^{f(5)} \frac{g(t)}{1 + e^{g(t)}} dt = \int_{f(1)}^{f(5)} \frac{g(t)}{g'(t)\{1 + e^{g(t)}\}} g'(t)\, dt$$

$$= \int_1^5 \frac{kf'(k)}{1 + e^k} dk \quad \text{너코 115}$$

$$= \int_1^5 \frac{k(1 + e^k)}{1 + e^k} dk$$

$$= \int_1^5 k\,dk = \Big[\frac{1}{2}k^2\Big]_1^5 = 12$$

답 12

빈출 QnA

Q. 함수 $F(x)$가 $x = \alpha$에서 최댓값을 가지려면 $F'(\alpha) = 0$이어야 한다는 것을 자세히 설명해 주세요.

A. $F'(x) = t - f(x)$에서

함수 $f(x)$는 실수 전체의 집합에서 증가하므로

곡선 $y = f(x)$와 직선 $y = t$는 한 점에서만 만납니다.

이때 $F'(\alpha) = 0$이라 하면

$x < \alpha$에서 $t > f(x)$이고

$x > \alpha$에서 $t < f(x)$입니다.

즉, $x = \alpha$의 좌우에서 $F'(x)$의 부호가 양에서 음으로 바뀌므로

$F'(\alpha) = 0$이면 함수 $F(x)$는 $x = \alpha$에서 극대이면서 최대임을 알 수 있습니다.

L05-11

$f(x) = \begin{cases} 0 & (x \le 0) \\ \{\ln(1+x^4)\}^{10} & (x > 0) \end{cases}$ 에서

$f(0) = 0$이고,

$f'(x) = 10 \times \{\ln(1+x^4)\}^9 \times \dfrac{4x^3}{1+x^4}$ $(x > 0)$이므로 너코 103

구간 $(0, \infty)$에서 함수 $f(x)$는 증가하고 $f(x) > 0$이다. ……㉠

따라서 함수 $y = f(x)$의 그래프와

이를 직선 $x = \dfrac{1}{2}$에 대하여 대칭이동시킨 함수 $y = f(1-x)$의

그래프는 다음과 같다.

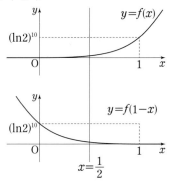

ㄱ. 구간 $(-\infty, 0]$에서 $f(x) = 0$이므로

$f(x)f(1-x) = 0$이다.

따라서 $x \le 0$인 모든 실수 x에 대하여

$g(x) = \displaystyle\int_0^x f(t)f(1-t)\,dt = \int_0^x 0\,dt = 0$이다. (참)

ㄴ. $h(x) = f(x)f(1-x)$라 하면

모든 실수 x에 대하여 $h(1-x) = h(x)$이므로

함수 $y = h(x)$의 그래프는 직선 $x = \dfrac{1}{2}$에 대하여 대칭이다.

$\therefore g(1) = \displaystyle\int_0^1 f(t)f(1-t)\,dt = 2\int_0^{\frac{1}{2}} f(t)f(1-t)\,dt$

$= 2g\left(\dfrac{1}{2}\right)$ 너코 056 (참)

ㄷ. 구간 $[1, \infty)$에서 $f(1-x) = 0$이므로

$f(x)f(1-x) = 0$이다.

따라서 $x \ge 1$인 모든 실수 x에 대하여

$g(x) = \displaystyle\int_0^x f(t)f(1-t)\,dt$

$= \displaystyle\int_0^1 f(t)f(1-t)\,dt + \int_1^x 0\,dt = g(1)$ 너코 056

이다.

즉, $g(x) = \begin{cases} 0 & (x \le 0) \\ \displaystyle\int_0^x f(t)f(1-t)\,dt & (0 < x < 1) \\ g(1) & (x \ge 1) \end{cases}$ 이다. (∵ ㉠)

이때 ㉠에 의하여 구간 $(0, 1)$에서

$g'(x) = f(x)f(1-x) > 0$이므로 함수 $g(x)$의 최댓값은

$g(1)$이다. 너코 057

또한 $f(1) = (\ln 2)^{10} < 1$에 의해 $(\because 0 < \ln 2 < \ln e = 1)$

너코 097

$0 < x < 1$인 모든 실수 x에 대하여

$0 < f(x) < 1$이고, $0 < f(1-x) < 1$이므로

$0 < f(x)f(1-x) < 1$이다.

즉, $g(1) = \displaystyle\int_0^1 f(t)f(1-t)\,dt < \int_0^1 1\,dt = 1$이므로

너코 059

모든 실수 x에 대하여 $g(x) < 1$이다.

따라서 $g(a) \ge 1$인 실수 a가 존재하지 않는다. (거짓)

따라서 옳은 것은 ㄱ, ㄴ이다.

답 ②

빈출 QnA

Q. 함수의 그래프의 대칭성을 알아차리지 못했을 경우 어떤 방법으로 접근해야 할까요?

A. ㄴ에서 함수 $y = f(x)f(1-x)$의 그래프가 직선 $x = \dfrac{1}{2}$에

대하여 대칭임을 알지 못했더라도

다음과 같이 치환적분법을 통해 ㄴ의 참/거짓을 판단할 수 있습니다.

$g(1) = \displaystyle\int_0^1 f(t)f(1-t)\,dt$

$= \displaystyle\int_0^{\frac{1}{2}} f(t)f(1-t)\,dt + \int_{\frac{1}{2}}^1 f(t)f(1-t)\,dt$

이때 $\displaystyle\int_{\frac{1}{2}}^1 f(t)f(1-t)\,dt$에서 $1 - t = s$라 하면

$t = \dfrac{1}{2}$일 때 $s = \dfrac{1}{2}$, $t = 1$일 때 $s = 0$이고

$-1 = \dfrac{ds}{dt}$, 즉 $-dt = ds$이므로

$\displaystyle\int_{\frac{1}{2}}^1 f(t)f(1-t)\,dt = -\int_{\frac{1}{2}}^0 f(1-s)f(s)\,ds$

$= \displaystyle\int_0^{\frac{1}{2}} f(s)f(1-s)\,ds$

이다. 즉,

$g(1) = \displaystyle\int_0^{\frac{1}{2}} f(t)f(1-t)\,dt + \int_0^{\frac{1}{2}} f(t)f(1-t)\,dt = 2g\left(\dfrac{1}{2}\right)$

이다.

L05-12

$g(x) = \displaystyle\int_0^x tf(x-t)\,dt$ 에서 $x-t=s$라 하면

$t=0$일 때 $s=x$, $t=x$일 때 $s=0$이고

$-1 = \dfrac{ds}{dt}$, 즉 $-dt=ds$이므로

$g(x) = -\displaystyle\int_x^0 (x-s)f(s)\,ds$ 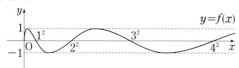(너코 115)

$\quad = \displaystyle\int_0^x (x-s)f(s)\,ds$

$\quad = x\displaystyle\int_0^x f(s)\,ds - \int_0^x sf(s)\,ds$

이다. 따라서 양변을 x에 대하여 미분하면 $x>0$에서

$g'(x) = \displaystyle\int_0^x f(s)\,ds + xf(x) - xf(x)$ (너코 117)

$\quad = \displaystyle\int_0^x f(s)\,ds$

$\quad = \displaystyle\int_0^x \sin(\pi\sqrt{s})\,ds$

이다.

이때 함수 $f(x) = \sin(\pi\sqrt{x})$의 그래프의 개형을 그리면
다음과 같다.

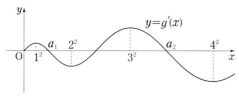

이를 통하여 함수 $y=g'(x)$의 그래프의 개형을 그리면 다음과
같다.

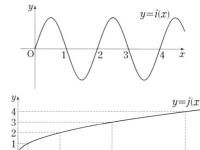

따라서 함수 $g(x)$가 $x=a$에서 극대인 모든 a의 값은 작은
수부터 크기순으로 나열하면

$1^2 < a_1 < 2^2$,

$3^2 < a_2 < 4^2$,

$5^2 < a_3 < 6^2$,

$7^2 < a_4 < 8^2$,

$9^2 < a_5 < 10^2$,

$11^2 < a_6 < 12^2$이다.

즉, 구하는 자연수 k의 값은 11이다.

답 ①

빈출 QnA

Q. 함수 $y=f(x)$의 그래프를 그리는 방법에 대해서 설명해
주세요.

A. 함수 $f(x)$는 두 함수 $i(x) = \sin(\pi x)$, $j(x) = \sqrt{x}$가
합성된 $f(x) = i(j(x))$로 볼 수 있습니다.

이때 함수 $i(x)$의 주기는 $\dfrac{2\pi}{\pi} = 2$이며 $x = m$ (m은 자연수)

에서 함수 $i(x)$의 부호가 바뀐다는 것과

함수 $j(x)$는 증가하는 함수라는 것에 주목하면 함수
$y = i(j(x))$의 그래프를 쉽게 그릴 수 있습니다.

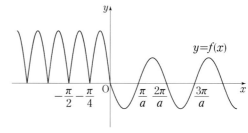

즉, 함수 $y=f(x)$의 그래프는

$0 \le x < 1^2$일 때 $0 \le x < 1$에서의 함수 $y=i(x)$의 개형,

$1^2 \le x < 2^2$일 때 $1 \le x < 2$에서의 함수 $y=i(x)$의 개형,

$2^2 \le x < 3^2$일 때 $2 \le x < 3$에서의 함수 $y=i(x)$의 개형

$\qquad\qquad\vdots$

과 비슷하게 그려집니다.

L05-13

$g(x) = \left| \displaystyle\int_{-a\pi}^x f(t)\,dt \right|$ 에서 $F(x) = \displaystyle\int_{-a\pi}^x f(t)\,dt$ ......㉠

라 하면 $F'(x) = f(x)$이므로 (너코 117)

함수 $F(x)$는 모든 실수 x에서 미분가능하다.

이때 함수 $y=g(x)$의 그래프는 함수 $y=F(x)$의 그래프에서

$F(x) \ge 0$인 부분은 그대로 두고

$F(x) < 0$인 부분은 x축 위로 대칭이동한 형태이므로

함수 $g(x)$가 모든 실수 x에서 미분가능하려면

함수 $y=g(x)$의 그래프에서 꺾인점이 없어야 한다. ......㉡

먼저 함수 $f(x) = \begin{cases} 2|\sin 4x| & (x<0) \\ -\sin ax & (x \ge 0) \end{cases}$ 에서 $y=2|\sin 4x|$의

주기는 $\dfrac{\pi}{4}$, $y=-\sin ax$의 주기는 $\dfrac{2\pi}{a}$ ($0<a<2$)이므로

함수 $y=f(x)$의 그래프는 다음 그림과 같다.

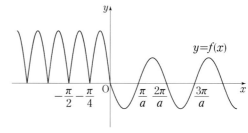

㉠에서 $F(-a\pi)=0$이고, $x<0$인 구간에서 $f(x) \ge 0$이므로
함수 $y=F(x)$의 그래프는 이 구간에서 x축과 점
$(-a\pi,\,0)$에서만 만나는 증가하는 그래프이다. (너코 110)

이때 자연수 n에 대하여 $x = -\dfrac{\pi}{4}n$일 때 $f(x) = 0$이므로

$x < 0$인 구간에서 ⓒ을 만족시키려면

$-a\pi = -\dfrac{\pi}{4}n$ $\therefore a = \dfrac{n}{4}$ (단, $0 < n < 8$)   ......ⓒ

한편

$$\int_{-\frac{\pi}{4}}^{0} f(x)dx = \int_{-\frac{\pi}{4}}^{0} (-2\sin 4x)dx$$

$$= \left[\dfrac{1}{2}\cos 4x \right]_{-\frac{\pi}{4}}^{0} = \dfrac{1}{2}(1+1) = 1 \quad \boxed{\text{너코 114}}$$

이므로 ㉠, ⓒ에서

$$F(x) = \int_{-\frac{n}{4}\pi}^{x} f(t)dt$$

$$= \int_{-\frac{n}{4}\pi}^{0} f(t)dt + \int_{0}^{x} f(t)dt \quad \boxed{\text{너코 056}}$$

$$= n\int_{-\frac{\pi}{4}}^{0} f(t)dt + \int_{0}^{x} \left(-\sin\dfrac{n}{4}t \right)dt$$

$$= n + \left[\dfrac{4}{n}\cos\dfrac{n}{4}t \right]_{0}^{x}$$

$$= n + \dfrac{4}{n}\left(\cos\dfrac{n}{4}x - 1 \right)$$

이때 $F(0) = n$이고 $x > 0$인 구간에서 함수 $F(x)$의

최솟값(극솟값)은 $\cos\dfrac{n}{4}x = -1$일 때 $n - \dfrac{8}{n}$,

최댓값(극댓값)은 $\cos\dfrac{n}{4}x = 1$일 때 n이므로 $\boxed{\text{너코 019}}$

이 구간에서 ⓒ을 만족시키려면

$n - \dfrac{8}{n} \geq 0$이어야 한다.

즉, $n^2 \geq 8$에서 $n \geq 3$ ($\because n$은 자연수)   ......ⓔ

따라서 ⓒ, ⓔ에서 n의 최솟값이 3이므로 a의 최솟값은

$a = \dfrac{1}{4} \times 3 = \dfrac{3}{4}$

탑 ②

L 05-14

$h(x) = \int_{0}^{x} \{f(t) - g(t)\}dt$의 양변을 x에 대하여 미분하면

$h'(x) = f(x) - g(x)$ $\boxed{\text{너코 117}}$

이므로 함수 $h(x)$가 $x = a$ $(a > 0)$에서 극대 또는 극소를 가지기 위해서는

$h'(a) = 0$, 즉 $f(a) = g(a)$이고 $x = a$의 좌우에서 $h'(x)$, 즉 $f(x) - g(x)$의 부호가 바뀌어야 한다. $\boxed{\text{너코 049}}$

이때 직선 $y = g(x)$는 곡선 $y = f(x)$ 위의 점 $(a, f(a))$의 접선이므로 $x = a$의 좌우에서 함수 $f(x) - g(x)$의 부호가 바뀌기 위해서는 $x = a$가 곡선 $y = f(x)$의 변곡점의 x좌표이어야 한다. $\boxed{\text{너코 109}}$ ......㉠

정수 n에 대하여

$2n\pi \leq x \leq (2n+1)\pi$일 때 $\sin x \geq 0$이므로

$f'(x) = \sin x \cos x = \dfrac{1}{2}\sin 2x$ $\boxed{\text{너코 099}}$

$(2n+1)\pi < x < (2n+2)\pi$일 때 $\sin x < 0$이므로

$f'(x) = -\sin x \cos x = -\dfrac{1}{2}\sin 2x$

이고, 함수 $y = \sin 2x$의 주기는 π이므로

$x > a$에서 함수 $y = f'(x)$의 그래프와 이를 이용하여 곡선 $y = f(x)$의 개형을 그리면 다음과 같다.

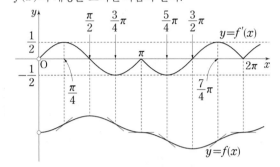

이때 곡선 $y = f(x)$의 변곡점이 되는 x의 값은 함수 $y = f'(x)$의 그래프가 극대, 극소가 되는 x의 값이므로 양수 a를 작은 수부터 크기순으로 나열하면

$\dfrac{\pi}{4}$, $\dfrac{3}{4}\pi$, π, $\dfrac{5}{4}\pi$, $\dfrac{7}{4}\pi$, 2π, $\cdots$

$\therefore a_2 = \dfrac{3}{4}\pi$, $a_6 = 2\pi$

$\therefore \dfrac{100}{\pi} \times (a_6 - a_2) = \dfrac{100}{\pi} \times \left(2\pi - \dfrac{3}{4}\pi \right)$

$$= \dfrac{100}{\pi} \times \dfrac{5}{4}\pi = 125$$

탑 125

2 정적분의 활용

L 06-01

$m + \dfrac{k}{n} = x$라 할 때

적분구간은 $[m, m+1]$이고 $\dfrac{1}{n}$을 dx로 바꾸면

$\displaystyle\lim_{n \to \infty} \dfrac{1}{n}\sum_{k=1}^{n} f\left(m + \dfrac{k}{n} \right) = \int_{m}^{m+1} f(x)dx$이다. $\boxed{\text{너코 118}}$

주어진 사차함수 $y = f(x)$의 그래프에 의하여 정수 m의 값이 $-3, -2, -1, 2, 3, 4, 5$일 때,

$\displaystyle\int_{m}^{m+1} f(x)dx < 0$을 만족시킨다.

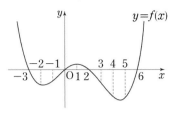

따라서 구하는 정수 m의 개수는 7이다.

답 ⑤

L06-02

주어진 이차함수 $y = f(x)$의 그래프가 위로 볼록하고,
$f(0) = f(3) = 0$이므로
$f(x) = ax(x-3)$이라 할 수 있다. (단, $a < 0$)

$\dfrac{k}{n} = x$라 할 때

적분구간은 $[0, 1]$이고 $\dfrac{1}{n}$을 dx로 바꾸면

$$\lim_{n \to \infty} \frac{1}{n} \sum_{k=1}^{n} f\left(\frac{k}{n}\right) = \int_0^1 f(x)\,dx \quad \boxed{\text{너코 118}}$$

$$= \int_0^1 (ax^2 - 3ax)\,dx$$

$$= \left[\frac{a}{3}x^3 - \frac{3}{2}ax^2\right]_0^1 \quad \boxed{\text{너코 054}}$$

$$= \frac{a}{3} - \frac{3}{2}a = \frac{7}{6}$$

즉, $a = -1$이므로

$f(x) = -x^2 + 3x$이고

$f'(x) = -2x + 3$이다. $\boxed{\text{너코 044}}$

$\therefore f'(0) = 3$

답 ②

L06-03

$\dfrac{k}{n} = x$라 할 때

적분구간은 $[0, 1]$이고 $\dfrac{1}{n}$을 dx로 바꾸면

$$\lim_{n \to \infty} \sum_{k=1}^{n} \frac{k}{n^2} f\left(\frac{k}{n}\right) = \lim_{n \to \infty} \sum_{k=1}^{n} \left\{\frac{1}{n} \times \frac{k}{n} \times f\left(\frac{k}{n}\right)\right\}$$

$$= \int_0^1 x f(x)\,dx \quad \boxed{\text{너코 118}}$$

$$= \int_0^1 (4x^3 + 6x^2 + 32x)\,dx$$

$$= \left[x^4 + 2x^3 + 16x^2\right]_0^1 \quad \boxed{\text{너코 044}}$$

$$= 19$$

답 19

L06-04

$\dfrac{k}{n} = x$라 할 때

적분구간은 $[0, 1]$이고 $\dfrac{1}{n}$을 dx로 바꾸면

$$\lim_{n \to \infty} \sum_{k=1}^{n} \frac{1}{n+k} f\left(\frac{k}{n}\right) = \lim_{n \to \infty} \sum_{k=1}^{n} \left\{\frac{1}{n} \times \frac{1}{1+\frac{k}{n}} \times f\left(\frac{k}{n}\right)\right\}$$

$$= \int_0^1 \frac{f(x)}{1+x}\,dx \quad \boxed{\text{너코 118}}$$

$$= \int_0^1 \frac{4x^3(x+1)}{x+1}\,dx$$

$$= \int_0^1 4x^3\,dx$$

$$= \left[x^4\right]_0^1 = 1 \quad \boxed{\text{너코 054}}$$

답 ①

L06-05

$\dfrac{2k}{n} = x$라 할 때

적분구간은 $[0, 2]$이고 $\dfrac{2}{n}$를 dx로 바꾸면

$$\lim_{n \to \infty} \sum_{k=1}^{n} \frac{1}{n} f\left(\frac{2k}{n}\right) = \frac{1}{2} \lim_{n \to \infty} \sum_{k=1}^{n} \frac{2}{n} f\left(\frac{2k}{n}\right)$$

$$= \frac{1}{2} \int_0^2 f(x)\,dx \quad \boxed{\text{너코 118}}$$

$$= \frac{1}{2} \int_0^2 (4x^3 + x)\,dx$$

$$= \frac{1}{2} \left[x^4 + \frac{x^2}{2}\right]_0^2 \quad \boxed{\text{너코 054}}$$

$$= \frac{1}{2} \times 18 = 9$$

답 ④

L06-06

$1 + \dfrac{2k}{n} = x$라 할 때

적분구간은 $[1, 3]$이고 $\dfrac{2}{n}$를 dx로 바꾸면

$$\lim_{n \to \infty} \sum_{k=1}^{n} \frac{2}{n}\left(1 + \frac{2k}{n}\right)^4 = \int_1^3 x^4\,dx = \left[\frac{1}{5}x^5\right]_1^3 \quad \boxed{\text{너코 054}} \boxed{\text{너코 118}}$$

$$= \frac{242}{5} = a$$

$\therefore 5a = 242$

답 242

L06-07

$$\lim_{n\to\infty}\frac{1}{n}\sum_{k=1}^{n}\sqrt{\frac{3n}{3n+k}}=\lim_{n\to\infty}\frac{1}{n}\sum_{k=1}^{n}\sqrt{\frac{3}{3+\dfrac{k}{n}}}$$

$\dfrac{k}{n}=x$라 할 때

적분구간은 $[0,1]$이고 $\dfrac{1}{n}$을 dx로 바꾸면

$$\lim_{n\to\infty}\frac{1}{n}\sum_{k=1}^{n}\sqrt{\frac{3}{3+\dfrac{k}{n}}}=\int_{0}^{1}\sqrt{\frac{3}{3+x}}\,dx \quad \boxed{\text{너코 118}}$$

$$=\sqrt{3}\int_{0}^{1}(3+x)^{-\frac{1}{2}}dx$$

$$=\sqrt{3}\times\left[2(3+x)^{\frac{1}{2}}\right]_{0}^{1} \quad \boxed{\text{너코 112}}$$

$$=\sqrt{3}\times(4-2\sqrt{3})$$

$$=4\sqrt{3}-6$$

답 ①

L06-08

$$\lim_{n\to\infty}\sum_{k=1}^{n}\frac{k^2+2kn}{k^3+3k^2n+n^3}=\lim_{n\to\infty}\sum_{k=1}^{n}\frac{\dfrac{1}{n}\left(\dfrac{k^2}{n^2}+2\times\dfrac{k}{n}\right)}{\dfrac{k^3}{n^3}+3\times\dfrac{k^2}{n^2}+1}$$

$$=\lim_{n\to\infty}\sum_{k=1}^{n}\frac{\left(\dfrac{k}{n}\right)^2+2\left(\dfrac{k}{n}\right)}{\left(\dfrac{k}{n}\right)^3+3\left(\dfrac{k}{n}\right)^2+1}\times\frac{1}{n}$$

$\dfrac{k}{n}=x$, $f(x)=\dfrac{x^2+2x}{x^3+3x^2+1}$라 할 때

적분구간은 $[0,1]$이고 $\dfrac{1}{n}$을 dx로 바꾸면

$$\lim_{n\to\infty}\sum_{k=1}^{n}\frac{k^2+2kn}{k^3+3k^2n+n^3}=\lim_{n\to\infty}\frac{1}{n}\sum_{k=1}^{n}f\left(\frac{k}{n}\right)$$

$$=\int_{0}^{1}f(x)dx \quad \boxed{\text{너코 118}}$$

이때 $g(x)=x^3+3x^2+1$이라 하면

$g'(x)=3x^2+6x=3(x^2+2x)$이므로

$$\int_{0}^{1}f(x)dx=\int_{0}^{1}\frac{x^2+2x}{x^3+3x^2+1}dx$$

$$=\frac{1}{3}\int_{0}^{1}\frac{g'(x)}{g(x)}dx \quad \boxed{\text{너코 115}}$$

$$=\frac{1}{3}\left[\ln(x^3+3x^2+1)\right]_{0}^{1}$$

$$=\frac{\ln 5}{3}$$

답 ③

L06-09

$1+\dfrac{3k}{n}=x$라 할 때

적분구간은 $[1,4]$이고 $\dfrac{3}{n}$을 dx로 바꾸면

$$\lim_{n\to\infty}\frac{1}{n}\sum_{k=1}^{n}\sqrt{1+\frac{3k}{n}}=\frac{1}{3}\lim_{n\to\infty}\sum_{k=1}^{n}\frac{3}{n}\sqrt{1+\frac{3k}{n}}$$

$$=\frac{1}{3}\int_{1}^{4}\sqrt{x}\,dx \quad \boxed{\text{너코 118}}$$

$$=\frac{1}{3}\left[\frac{2}{3}x\sqrt{x}\right]_{1}^{4} \quad \boxed{\text{너코 115}}$$

$$=\frac{1}{3}\times\left(\frac{16}{3}-\frac{2}{3}\right)=\frac{14}{9}$$

답 ③

L06-10

ㄱ. S_k는 구간 $\left[\dfrac{k-1}{2n},\dfrac{k}{2n}\right]$를 밑변으로 하고 높이가 $f\left(\dfrac{k}{2n}\right)$인

직사각형의 넓이 $\dfrac{1}{2n}f\left(\dfrac{k}{2n}\right)$이다.

따라서 $\displaystyle\lim_{n\to\infty}\sum_{k=1}^{n}S_k=\lim_{n\to\infty}\sum_{k=1}^{n}\frac{1}{2n}f\left(\frac{k}{2n}\right)$에서

$\dfrac{k}{2n}=x$라 할 때

적분구간은 $\left[0,\dfrac{1}{2}\right]$이고 $\dfrac{1}{2n}$을 dx로 바꾸면

$$\lim_{n\to\infty}\sum_{k=1}^{n}\frac{1}{2n}f\left(\frac{k}{2n}\right)=\int_{0}^{\frac{1}{2}}f(x)dx=\int_{0}^{\frac{1}{2}}x^2dx \quad \boxed{\text{너코 118}}$$

(참)

ㄴ. 두 직사각형의 넓이의 차 $S_{2k}-S_{2k-1}$를 나타내면 다음 그림과 같고,

이 직사각형들의 넓이의 합 $\displaystyle\sum_{k=1}^{n}(S_{2k}-S_{2k-1})$은 S_{2n}의 값보다 작다.

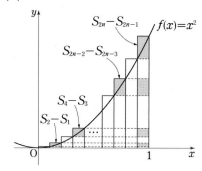

따라서 $0<\displaystyle\sum_{k=1}^{n}(S_{2k}-S_{2k-1})<S_{2n}=\frac{1}{2n}\times1$이고

$\displaystyle\lim_{n\to\infty}0=0$, $\displaystyle\lim_{n\to\infty}\frac{1}{2n}=0$이므로

수열의 극한의 대소 관계에 의하여

$$\lim_{n \to \infty} \sum_{k=1}^{n} (S_{2k} - S_{2k-1}) = 0$$ 이다. 너코 091 (참)

ㄷ. ㄱ에 의하여 $S_{2k} = \dfrac{1}{2n} f\left(\dfrac{k}{n}\right)$ 이므로

$$\lim_{n \to \infty} \sum_{k=1}^{n} S_{2k} = \lim_{n \to \infty} \sum_{k=1}^{n} \frac{1}{2n} f\left(\frac{k}{n}\right)$$ 에서

$\dfrac{k}{n} = x$ 라 할 때

적분구간은 $[0,\,1]$ 이고 $\dfrac{1}{n}$ 을 dx 로 바꾸면

$$\lim_{n \to \infty} \sum_{k=1}^{n} \frac{1}{2n} f\left(\frac{k}{n}\right) = \frac{1}{2} \lim_{n \to \infty} \sum_{k=1}^{n} \frac{1}{n} f\left(\frac{k}{n}\right)$$

$$= \frac{1}{2} \int_{0}^{1} f(x)\,dx$$

$$= \frac{1}{2} \int_{0}^{1} x^2\,dx \text{ (참)}$$

따라서 옳은 것은 ㄱ, ㄴ, ㄷ이다.

답 ⑤

L06-11

열린구간 $(0,\,1)$ 에서 이계도함수를 갖는 함수 $f(x)$ 가
$f'(x) > 0$, $f''(x) > 0$ 이므로
이 구간에서 함수 $f(x)$ 는 증가하며 함수 $y = f(x)$ 의 그래프는
아래로 볼록하다. 너코 109
또한 $f(0) = 0$, $f(1) = 1$ 이므로
직선 $y = x$ 에 대하여 대칭인 두 함수 $y = f(x)$, $y = f^{-1}(x)$ 의
그래프는 모두 두 점 $(0,\,0)$, $(1,\,1)$ 을 지난다.

따라서 다음과 같이 닫힌구간 $[0,\,1]$ 에서
$f(x) \le x \le f^{-1}(x)$ 를 만족시키므로

$\displaystyle\int_{0}^{1} \{f^{-1}(x) - f(x)\}\,dx$ 의 값은 곡선 $y = f(x)$ 와 직선

$y = x$ 로 둘러싸인 부분의 넓이의 2배와 같다.

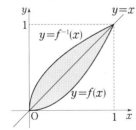

이때 구간 $[0,\,1]$ 에서 곡선 $y = f(x)$ 와 직선 $y = x$ 로 둘러싸인
부분의 넓이는

$$\int_{0}^{1} \{x - f(x)\}\,dx = \lim_{n \to \infty} \sum_{k=1}^{n} \left\{ \frac{k}{n} - f\left(\frac{k}{n}\right) \right\} \frac{1}{n}$$ 이다. 너코 118

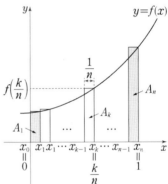

$$\therefore \int_{0}^{1} \{f^{-1}(x) - f(x)\}\,dx = 2 \int_{0}^{1} \{x - f(x)\}\,dx$$

$$= \lim_{n \to \infty} \sum_{k=1}^{n} \left\{ \frac{k}{n} - f\left(\frac{k}{n}\right) \right\} \frac{2}{n}$$

답 ②

L06-12

닫힌구간 $[x_{k-1},\, x_k]$ 를 밑변으로 하고 높이가 $f(x_k)$ 인
직사각형의 넓이는

$$A_k = (x_k - x_{k-1}) \times f(x_k) = \frac{1}{n} \times f\left(\frac{k}{n}\right)$$ 이다.

이때

$$A_1 + A_n = \frac{1}{n} f\left(\frac{1}{n}\right) + \frac{1}{n} f(1)$$

$$= \frac{1}{n} \left\{ \left(\frac{1}{n^2} + \frac{a}{n} + b \right) + (1 + a + b) \right\}$$

$$= \frac{(a + 2b + 1)n^2 + an + 1}{n^3} = \frac{7n^2 + 1}{n^3}$$

이다.
따라서 $a + 2b + 1 = 7$, $a = 0$ 이어야 하므로 $b = 3$ 이다.
즉, $f(x) = x^2 + 3$ 이다.

$$\lim_{n \to \infty} \sum_{k=1}^{n} \frac{8k}{n} A_k = \lim_{n \to \infty} \sum_{k=1}^{n} \left\{ \frac{8k}{n} \times \frac{1}{n} \times f\left(\frac{k}{n}\right) \right\}$$

$$= 8 \lim_{n \to \infty} \sum_{k=1}^{n} \left\{ \frac{1}{n} \times \frac{k}{n} f\left(\frac{k}{n}\right) \right\}$$

에서 $\dfrac{k}{n} = x$ 라 할 때

적분구간은 $[0,\,1]$ 이고 $\dfrac{1}{n}$ 을 dx 로 바꾸면

$$\therefore \lim_{n \to \infty} \sum_{k=1}^{n} \frac{8k}{n} A_k = 8 \int_0^1 x f(x) dx \quad \boxed{\text{너코 118}}$$

$$= \int_0^1 (8x^3 + 24x) dx$$

$$= \left[2x^4 + 12x^2 \right]_0^1 = 14 \quad \boxed{\text{너코 044}}$$

답 14

∟06-13

세 점 $(0, 0)$, $(x_k, 0)$, $(x_k, f(x_k))$를 꼭짓점으로 하는 삼각형의

밑변의 길이는 $x_k = 1 + \dfrac{k}{n}$, 높이는 $f\left(1 + \dfrac{k}{n}\right)$이므로

넓이는 $A_k = \dfrac{1}{2}\left(1 + \dfrac{k}{n}\right) f\left(1 + \dfrac{k}{n}\right)$이다.

$$\lim_{n \to \infty} \frac{1}{n} \sum_{k=1}^{n} A_k = \lim_{n \to \infty} \frac{1}{n} \sum_{k=1}^{n} \frac{1}{2}\left(1 + \frac{k}{n}\right) f\left(1 + \frac{k}{n}\right) \text{에서}$$

$1 + \dfrac{k}{n} = x$라 할 때

적분구간은 $[1, 2]$이고 $\dfrac{1}{n}$을 dx로 바꾸면

$$\lim_{n \to \infty} \frac{1}{n} \sum_{k=1}^{n} A_k = \frac{1}{2} \int_1^2 x f(x) dx \quad \boxed{\text{너코 118}}$$

$$= \frac{1}{2} \int_1^2 x e^x dx$$

$$= \frac{1}{2} \left\{ \left[x e^x \right]_1^2 - \int_1^2 e^x dx \right\} \quad \boxed{\text{너코 116}}$$

$$= \frac{1}{2} \left\{ (2e^2 - e) - (e^2 - e) \right\} = \frac{1}{2} e^2$$

답 ③

∟06-14

호 AB를 $2n$등분하므로 $1 \le k \le n$인 자연수 k에 대하여

$$\angle P_k O P_{k+1} = \frac{\frac{\pi}{2}}{2n} = \frac{\pi}{4n} \text{이다.}$$

따라서 삼각형 $OP_{n-k}P_{n+k}$에 대하여

$$\angle P_{n-k} O P_{n+k} = \frac{\pi}{4n} \times 2k = \frac{k\pi}{2n} \text{이므로}$$

넓이는 $S_k = \dfrac{1}{2} \times 1 \times 1 \times \sin \dfrac{k\pi}{2n} = \dfrac{1}{2} \sin \dfrac{k\pi}{2n}$이다. $\boxed{\text{너코 018}}$

$$\lim_{n \to \infty} \frac{1}{n} \sum_{k=1}^{n} S_k = \lim_{n \to \infty} \sum_{k=1}^{n} \left(\frac{1}{n} \times \frac{1}{2} \sin \frac{k\pi}{2n} \right)$$

$$= \lim_{n \to \infty} \sum_{k=1}^{n} \left(\frac{1}{2n} \sin \frac{k\pi}{2n} \right)$$

에서 $\dfrac{k}{2n} = x$라 할 때

적분구간은 $\left[0, \dfrac{1}{2}\right]$이고 $\dfrac{1}{2n}$을 dx로 바꾸면

$$\lim_{n \to \infty} \frac{1}{n} \sum_{k=1}^{n} S_k = \int_0^{\frac{1}{2}} \sin(\pi x) dx \quad \boxed{\text{너코 118}}$$

$$= \left[-\frac{1}{\pi} \cos(\pi x) \right]_0^{\frac{1}{2}} = \frac{1}{\pi} \quad \boxed{\text{너코 114}}$$

답 ①

∟06-15

풀이 1

함수 $f(x)$와 역함수 $g(x)$에 대하여

곡선 $y = g(x)$는 곡선 $y = f(x)$를 직선 $y = x$에 대하여

대칭이동시킨 것과 같다. ……㉠

[그림 1]의 직사각형은

세로의 길이가 $g\left(\dfrac{k}{n}\right) - g\left(\dfrac{k-1}{n}\right)$, 가로의 길이가 $\dfrac{k}{n}$이므로

$\displaystyle\lim_{n \to \infty} \sum_{k=1}^{n} \left\{ g\left(\dfrac{k}{n}\right) - g\left(\dfrac{k-1}{n}\right) \right\} \dfrac{k}{n}$ 는 [그림 2]의 색칠된 부분의

넓이와 같다.

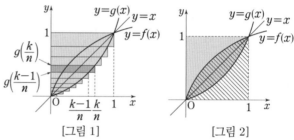

[그림 1]　　　　[그림 2]

또한 이 넓이는 ㉠에 의하여 빗금 친 부분의 넓이, 즉 곡선

$y = f(x)$와 x축 및 두 직선 $x = 0$, $x = 1$로 둘러싸인 부분의

넓이와 같다.

$$\therefore \lim_{n \to \infty} \sum_{k=1}^{n} \left\{ g\left(\frac{k}{n}\right) - g\left(\frac{k-1}{n}\right) \right\} \frac{k}{n} = \int_0^1 f(x) dx \quad \boxed{\text{너코 118}}$$

풀이 2

$$\sum_{k=1}^{n} \left\{ g\left(\frac{k}{n}\right) - g\left(\frac{k-1}{n}\right) \right\} \frac{k}{n}$$

$$= \frac{1}{n}\left\{ g\left(\frac{1}{n}\right) - g(0) \right\} + \frac{2}{n}\left\{ g\left(\frac{2}{n}\right) - g\left(\frac{1}{n}\right) \right\}$$

$$+ \frac{3}{n}\left\{ g\left(\frac{3}{n}\right) - g\left(\frac{2}{n}\right) \right\} + \cdots + \frac{n}{n}\left\{ g\left(\frac{n}{n}\right) - g\left(\frac{n-1}{n}\right) \right\}$$

$$= \left\{ \frac{1}{n} g\left(\frac{1}{n}\right) - \frac{1}{n} g(0) \right\} + \left\{ \frac{2}{n} g\left(\frac{2}{n}\right) - \frac{1}{n} g\left(\frac{1}{n}\right) - \frac{1}{n} g\left(\frac{1}{n}\right) \right\}$$

$$+ \left\{ \frac{3}{n} g\left(\frac{3}{n}\right) - \frac{2}{n} g\left(\frac{2}{n}\right) - \frac{1}{n} g\left(\frac{2}{n}\right) \right\} + \cdots$$

$$+ \left\{ \frac{n}{n} g\left(\frac{n}{n}\right) - \frac{n-1}{n} g\left(\frac{n-1}{n}\right) - \frac{1}{n} g\left(\frac{n-1}{n}\right) \right\}$$

$$= g(1) - \frac{1}{n}\left\{ g(0) + g\left(\frac{1}{n}\right) + g\left(\frac{2}{n}\right) + \cdots + g\left(\frac{n-1}{n}\right) \right\}$$

$$= 1 - \sum_{k=0}^{n-1} g\left(\frac{k}{n}\right) \frac{1}{n} \quad (\because g(1) = 1)$$

$$\lim_{n \to \infty}\sum_{k=1}^{n}\left\{g\left(\frac{k}{n}\right)-g\left(\frac{k-1}{n}\right)\right\}\frac{k}{n}=1-\lim_{n \to \infty}\sum_{k=0}^{n-1}g\left(\frac{k}{n}\right)\frac{1}{n}$$

너코 033

$$=1-\int_{0}^{1}g(x)dx$$ 너코 118

이때 함수 $f(x)$와 역함수 $g(x)$에 대하여

두 곡선 $y=f(x)$, $y=g(x)$는 서로 직선 $y=x$에 대하여

대칭이므로

$\int_{0}^{1}g(x)dx$는 [그림 1], [그림 2]에서 색칠된 부분의 넓이와

같다.

따라서 $1-\int_{0}^{1}g(x)dx$는 한 변의 길이가 1인 직사각형의

넓이에서 [그림 2]의 색칠된 부분의 넓이를 뺀 것과 같다.

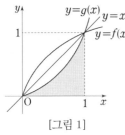
[그림 1]

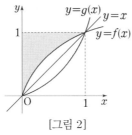
[그림 2]

$$\therefore \lim_{n \to \infty}\sum_{k=1}^{n}\left\{g\left(\frac{k}{n}\right)-g\left(\frac{k-1}{n}\right)\right\}\frac{k}{n}=1-\int_{0}^{1}g(x)dx$$

$$=\int_{0}^{1}f(x)dx$$

답 ③

L06-16

ㄱ. [반례] $f(x)=-x+1$

$n=2m$이면 $\dfrac{1}{m}=\dfrac{2}{n}$이므로

$\displaystyle\sum_{k=0}^{m-1}\dfrac{f(x_{2k})}{m}$는 가로의 길이가 $\dfrac{2}{n}$, 세로의 길이가

$f(x_{2k})=f\left(\dfrac{2k}{n}\right)$인 직사각형의 넓이의 합이다.

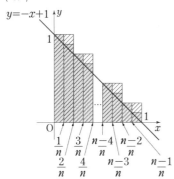

따라서 $\displaystyle\sum_{k=0}^{m-1}\dfrac{f(x_{2k})}{m}$는 그림에서 빗금 친 부분의 넓이와 같고,

$\displaystyle\sum_{k=0}^{n-1}\dfrac{f(x_{k})}{n}$는 가로의 길이가 $\dfrac{1}{n}$, 세로의 길이가

$f(x_{k})=f\left(\dfrac{k}{n}\right)$인 직사각형의 넓이의 합이므로

그림에서 색칠된 부분의 넓이와 같다.

$$\therefore \sum_{k=0}^{m-1}\dfrac{f(x_{2k})}{m}>\sum_{k=0}^{n-1}\dfrac{f(x_{k})}{n} \text{ (거짓)}$$

ㄴ. $\displaystyle\lim_{n \to \infty}\sum_{k=1}^{n}\dfrac{1}{n}\left\{\dfrac{f(x_{k-1})+f(x_{k})}{2}\right\}$

$$=\lim_{n \to \infty}\dfrac{1}{2}\sum_{k=1}^{n}\left\{\dfrac{1}{n}f\left(\dfrac{k-1}{n}\right)+\dfrac{1}{n}f\left(\dfrac{k}{n}\right)\right\}$$

$$=\lim_{n \to \infty}\dfrac{1}{2}\left\{\sum_{k=0}^{n-1}\dfrac{1}{n}f\left(\dfrac{k}{n}\right)+\sum_{k=1}^{n}\dfrac{1}{n}f\left(\dfrac{k}{n}\right)\right\}$$

$$=\dfrac{1}{2}\left\{\int_{0}^{1}f(x)dx+\int_{0}^{1}f(x)dx\right\}$$

$$=\int_{0}^{1}f(x)dx$$ 너코 118 (참)

ㄷ. [반례] $f(x)=-x+1$, $n=2$

다음 그림에서

$\displaystyle\sum_{k=0}^{1}\dfrac{f(x_{k})}{2}$는 색칠된 두 직사각형의 넓이의 합과 같고,

$\int_{0}^{1}f(x)dx$는 직선 $y=f(x)$와 x축 및 y축으로 둘러싸인

부분, 즉 빗금 친 직각삼각형의 넓이와 같다.

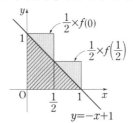

$$\therefore \sum_{k=0}^{1}\dfrac{f(x_{k})}{2}>\int_{0}^{1}f(x)dx \text{ (거짓)}$$

따라서 옳은 것은 ㄴ이다.

답 ②

L07-01

함수 $y=\cos(2x)$의 그래프와 x축, y축 및 직선 $x=\dfrac{\pi}{12}$로

둘러싸인 영역의 넓이는

$$\int_{0}^{\frac{\pi}{12}}\cos(2x)dx=\left[\dfrac{1}{2}\sin(2x)\right]_{0}^{\frac{\pi}{12}}$$ 너코 114 너코 119

$$=\dfrac{1}{2}\left(\sin\dfrac{\pi}{6}-\sin0\right)=\dfrac{1}{4}$$

이다.

이 넓이가 직선 $y=a$에 의하여 이등분되므로

이 넓이는 다음 그림의 빗금 친 직사각형의 넓이의 2배이다.

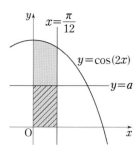

즉, $\dfrac{1}{4}=\left(\dfrac{\pi}{12}\times a\right)\times 2$이다.

$\therefore a=\dfrac{3}{2\pi}$

답 ③

L07-02

두 곡선 $y=2^x-1$, $y=\left|\sin\left(\dfrac{\pi}{2}x\right)\right|$가 원점 O와 점 $(1,1)$에서 만나고

$0\le x\le 1$에서 $\left|\sin\left(\dfrac{\pi}{2}x\right)\right|=\sin\left(\dfrac{\pi}{2}x\right)\ge 2^x-1$이므로

두 곡선 $y=2^x-1$, $y=\left|\sin\left(\dfrac{\pi}{2}x\right)\right|$로 둘러싸인 부분의 넓이는

$\displaystyle\int_0^1\left\{\sin\left(\dfrac{\pi}{2}x\right)-(2^x-1)\right\}dx$

$=\left[-\dfrac{2}{\pi}\cos\left(\dfrac{\pi}{2}x\right)-\dfrac{2^x}{\ln 2}+x\right]_0^1$ 너코113 너코114 너코119

$=\dfrac{2}{\pi}-\dfrac{1}{\ln 2}+1$

답 ②

L07-03

모든 실수 x에 대하여 $e^{2x}>0$이므로

곡선 $y=e^{2x}$과 x축 및 두 직선 $x=\ln\dfrac{1}{2}=-\ln 2$, $x=\ln 2$로 둘러싸인 부분의 넓이는

$\displaystyle\int_{-\ln 2}^{\ln 2}e^{2x}dx=\left[\dfrac{1}{2}e^{2x}\right]_{-\ln 2}^{\ln 2}$ 너코113 너코119

$\qquad=\dfrac{1}{2}(e^{2\ln 2}-e^{-2\ln 2})$

$\qquad=\dfrac{1}{2}(2^{2\ln e}-2^{-2\ln e})$ 너코005

$\qquad=\dfrac{1}{2}\left(4-\dfrac{1}{4}\right)=\dfrac{15}{8}$

답 ②

L07-04

다음 그림에서 곡선 $y=f(x)$와 x축으로 둘러싸인 두 부분 A, B의 넓이가 각각 α, β이므로

$\displaystyle\int_0^p f(x)=\alpha$, $\displaystyle\int_p^{2p^2} f(x)=-\beta$이다. 너코119

한편 $\displaystyle\int_0^p xf(2x^2)dx$에서 $2x^2=t$라 하면

$x=0$일 때 $t=0$, $x=p$일 때 $t=2p^2$이고

$4x=\dfrac{dt}{dx}$, 즉 $4x\,dx=dt$이다.

$\therefore \displaystyle\int_0^p xf(2x^2)dx=\int_0^{2p^2}\dfrac{1}{4}f(t)dt$ 너코115

$\qquad=\dfrac{1}{4}\int_0^p f(t)\,dt+\dfrac{1}{4}\int_p^{2p^2}f(t)\,dt$ 너코056

$\qquad=\dfrac{\alpha}{4}-\dfrac{\beta}{4}=\dfrac{1}{4}(\alpha-\beta)$

답 ⑤

L07-05

$f(x)=3\sqrt{x-9}=3(x-9)^{\frac{1}{2}}$이라 하면

$f'(x)=\dfrac{3}{2}(x-9)^{-\frac{1}{2}}$이다. 너코103

따라서 곡선 $y=3\sqrt{x-9}$ 위의 점 $(18,9)$에서의 접선의 기울기는

$f'(18)=\dfrac{3}{2}\times 9^{-\frac{1}{2}}=\dfrac{1}{2}$이므로

접선의 방정식은 $y=\dfrac{1}{2}(x-18)+9$, 즉 $y=\dfrac{1}{2}x$이다. 너코108

따라서 곡선 $y=f(x)$와 직선 $y=\dfrac{1}{2}x$ 및 x축으로 둘러싸인 영역의 넓이를 S라 하면 S는

세 점 $(0,0)$, $(18,9)$, $(18,0)$을 꼭짓점으로 가지는 직각삼각형의 넓이에서

곡선 $y=f(x)$와 직선 $x=18$ 및 x축으로 둘러싸인 영역의 넓이를 뺀 것과 같다.

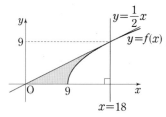

$\therefore S=\dfrac{1}{2}\times 18\times 9-\displaystyle\int_9^{18}3\sqrt{x-9}\,dx$ 너코119

$\qquad=81-\left[2(x-9)^{\frac{3}{2}}\right]_9^{18}$ 너코112

$\qquad=81-54=27$

답 27

└07-06

함수 $y=|\sin x|$는 주기가 π이므로
모든 자연수 n에 대하여

$$\int_{(n-1)\pi}^{n\pi}|\sin x|\,dx = \int_0^\pi \sin x\,dx$$

$$= \Big[-\cos x\Big]_0^\pi \quad \text{너코 114}$$

$$= 1+1 = 2$$

이다.

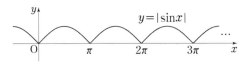

따라서

$$S_n = \int_{(n-1)\pi}^{n\pi}\left|\left(\frac{1}{2}\right)^n \sin x\right|dx \quad \text{너코 119}$$

$$= \left(\frac{1}{2}\right)^n \int_{(n-1)\pi}^{n\pi}|\sin x|\,dx$$

$$= \left(\frac{1}{2}\right)^n \times 2 = \left(\frac{1}{2}\right)^{n-1}$$

이므로

$$\sum_{n=1}^{\infty} S_n = \sum_{n=1}^{\infty}\left(\frac{1}{2}\right)^{n-1} = \frac{1}{1-\frac{1}{2}} = 2 = \alpha \text{이다.} \quad \text{너코 096}$$

$$\therefore\ 50\alpha = 100$$

답 100

└07-07

풀이 1

그림과 같이 곡선 $y=x\sin x$와 x축 및 두 직선 $x=k$, $x=\frac{\pi}{2}$로
둘러싸인 영역을 C라 하자.

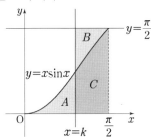

A의 넓이와 B의 넓이가 같다고 주어졌으므로
A, C의 넓이의 합과 B, C의 넓이의 합이 서로 같다. ······㉠
이때

$$(A,\ C\text{의 넓이의 합}) = \int_0^{\frac{\pi}{2}} x\sin x\,dx \quad \text{너코 119}$$

$$= \Big[-x\cos x\Big]_0^{\frac{\pi}{2}} + \int_0^{\frac{\pi}{2}}\cos x\,dx \quad \text{너코 116}$$

$$= 0 + \Big[\sin x\Big]_0^{\frac{\pi}{2}} = 1$$

이고

$$(B,\ C\text{의 넓이의 합}) = \left(\frac{\pi}{2}-k\right)\times\frac{\pi}{2}\text{이므로}$$

㉠에 의하여 $1 = \left(\frac{\pi}{2}-k\right)\times\frac{\pi}{2}$이다.

$$\therefore\ k = \frac{\pi}{2}-\frac{2}{\pi}$$

풀이 2

$$(A\text{의 넓이}) = \int_0^k x\sin x\,dx,$$

$$(B\text{의 넓이}) = \int_k^{\frac{\pi}{2}}\left(\frac{\pi}{2}-x\sin x\right)dx$$

$$= \frac{\pi}{2}\left(\frac{\pi}{2}-k\right) - \int_k^{\frac{\pi}{2}} x\sin x\,dx \quad \text{너코 119}$$

이때 두 영역 A, B의 넓이가 서로 같다고 주어졌으므로

$$\int_0^k x\sin x\,dx = \frac{\pi}{2}\left(\frac{\pi}{2}-k\right) - \int_k^{\frac{\pi}{2}} x\sin x\,dx\text{이고 정리하면}$$

$$\int_0^k x\sin x\,dx + \int_k^{\frac{\pi}{2}} x\sin x\,dx = \frac{\pi}{2}\left(\frac{\pi}{2}-k\right),$$

$$\int_0^{\frac{\pi}{2}} x\sin x\,dx = \frac{\pi}{2}\left(\frac{\pi}{2}-k\right)\text{이다.} \quad \text{너코 056}$$

이때 부분적분법에 의하여

$$\int_0^{\frac{\pi}{2}} x\sin x\,dx = \Big[-x\cos x\Big]_0^{\frac{\pi}{2}} + \int_0^{\frac{\pi}{2}}\cos x\,dx \quad \text{너코 116}$$

$$= 0 + \Big[\sin x\Big]_0^{\frac{\pi}{2}} = 1$$

이므로

$$1 = \frac{\pi}{2}\left(\frac{\pi}{2}-k\right)\text{이다.}$$

$$\therefore\ k = \frac{\pi}{2}-\frac{2}{\pi}$$

답 ③

└07-08

풀이 1

그림과 같이 두 곡선 $y=e^x$, $y=xe^x$과 직선 $x=2$, x축으로
둘러싸인 부분을 C라 하고
A, B, C의 넓이를 각각 a, b, c라 하자.

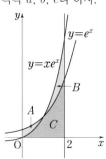

$$\therefore\ b-a=(b+c)-(a+c)$$

$$=\int_0^2 xe^x dx-\int_0^2 e^x dx \quad \text{너코 119}$$

$$=\int_0^2 (x-1)e^x dx \quad \text{너코 056}$$

$$=\Big[(x-1)e^x\Big]_0^2-\int_0^2 e^x dx \quad \text{너코 116}$$

$$=e^2+1-\Big[e^x\Big]_0^2=2$$

풀이 2

두 곡선 $y=e^x$, $y=xe^x$의 교점의 x좌표를 구하면
$e^x=xe^x$, $(1-x)e^x=0$, $x=1$이다. $(\because\ e^x>0)$
따라서
$0\le x\le 1$에서 $e^x\ge xe^x$이고
$1\le x\le 2$에서 $e^x\le xe^x$이므로
A, B의 각각의 넓이 a, b를 구하면

$$a=\int_0^1(e^x-xe^x)dx=\int_0^1(1-x)e^x dx \quad \text{너코 119}$$

$$=\Big[(1-x)e^x\Big]_0^1+\int_0^1 e^x dx \quad \text{너코 116}$$

$$=-1+\Big[e^x\Big]_0^1=e-2,$$

$$b=\int_1^2(xe^x-e^x)dx=\int_1^2(x-1)e^x dx$$

$$=\Big[(x-1)e^x\Big]_1^2-\int_1^2 e^x dx$$

$$=e^2-\Big[e^x\Big]_1^2=e$$

$$\therefore\ b-a=e-(e-2)=2$$

답 ③

L07-09

$n=3$일 때 $A(8,0)$, $B(8,8)$, $C(0,8)$이다.
두 함수 2^x, $\log_2 x$는 서로 역함수 관계이므로
두 곡선 $y=2^x$, $y=\log_2 x$는 직선 $y=x$에 대하여 대칭이다.
따라서 다음 그림과 같이 정사각형 OABC의 내부 중 색칠되지
않은 두 부분의 넓이는 서로 같다.

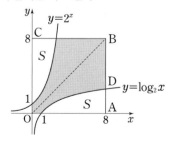

이때 두 부분의 넓이를 각각 S라 하면

$$S=\int_1^8\log_2 x\,dx=\frac{1}{\ln 2}\int_1^8\ln x\,dx \quad \text{너코 006}\quad\text{너코 119}$$

$$=\frac{1}{\ln 2}\Big[x\ln x-x\Big]_1^8 \quad \text{너코 116}$$

$$=\frac{1}{\ln 2}(24\ln 2-7)=24-\frac{7}{\ln 2}$$

이다.

$$\therefore\ (\text{색칠된 부분의 넓이})=(\text{정사각형 OABC의 넓이})-2S$$

$$=8^2-2\Big(24-\frac{7}{\ln 2}\Big)$$

$$=16+\frac{14}{\ln 2}$$

답 ②

L07-10

곡선 $y=f(x)$ 위의 점 $A(1,2)$를 지나고 x축에 평행한 직선은
$g(x)=2$이다.

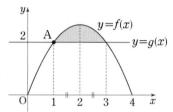

또한 곡선 $y=f(x)$가 직선 $x=2$에 대하여 대칭이므로
곡선 $y=f(x)$와 직선 $y=g(x)$에 의해 둘러싸인 부분의 넓이를
S라 하면

$$S=2\int_1^2\{f(x)-g(x)\}dx \quad \text{너코 119}$$

$$=2\int_1^2\Big\{2\sqrt{2}\sin\Big(\frac{\pi}{4}x\Big)-2\Big\}dx$$

$$=4\int_1^2\Big\{\sqrt{2}\sin\Big(\frac{\pi}{4}x\Big)-1\Big\}dx$$

$$=4\Big[-\frac{4\sqrt{2}}{\pi}\cos\Big(\frac{\pi}{4}x\Big)-x\Big]_1^2 \quad \text{너코 114}$$

$$=4\Big(\frac{4}{\pi}-1\Big)=\frac{16}{\pi}-4$$

답 ①

L07-11

곡선 $y=f(x)$ 위의 점 $A(t,f(t))$ $(t>0)$에서의 접선의
기울기는 $f'(t)$이므로
점 A를 지나고 점 A에서의 접선과 수직인 직선의 방정식은
$$y=-\frac{1}{f'(t)}(x-t)+f(t)\text{이다.}\quad\text{너코 108}$$
이때 $f(0)=0$이고
모든 실수 x에 대하여 $f'(x)>0$이므로 함수 $f(x)$는 실수
전체의 집합에서 증가한다. 너코 049

따라서 함수 $y=f(x)$의 그래프와

직선 $y=-\dfrac{1}{f'(t)}(x-t)+f(t)$는 다음 그림과 같다.

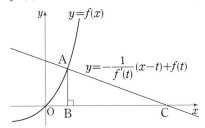

이 직선이 x축과 만나는 점 C의 x좌표를 α라 하면

$0=-\dfrac{1}{f'(t)}(\alpha-t)+f(t)$, 즉 $\alpha-t=f'(t)f(t)$이므로

(삼각형 ABC의 넓이)$=\dfrac{1}{2}\times\overline{AB}\times\overline{BC}$

$$=\dfrac{1}{2}\times f(t)\times(\alpha-t)$$

$$=\dfrac{1}{2}\times f'(t)\{f(t)\}^2$$

이다.

한편 모든 양수 t에 대하여 삼각형 ABC의 넓이가

$\dfrac{1}{2}(e^{3t}-2e^{2t}+e^t)$라 주어졌으므로

$t>0$일 때 $f'(t)\{f(t)\}^2=e^{3t}-2e^{2t}+e^t$이다. ……㉠

이때 함수 $f(x)$가 실수 전체의 집합에서 연속이므로

㉠의 양변을 적분하면 모든 양수 t에 대하여

$\dfrac{1}{3}\{f(t)\}^3=\dfrac{1}{3}e^{3t}-e^{2t}+e^t+C$이고 (단, C는 적분상수)

너코 113

$t=0$에서도 등식이 성립하므로

$0=\dfrac{1}{3}-1+1+C$에서 $C=-\dfrac{1}{3}$이다.

즉, $t\ge 0$에서

$\dfrac{1}{3}\{f(t)\}^3=\dfrac{1}{3}e^{3t}-e^{2t}+e^t-\dfrac{1}{3}$,

$\{f(t)\}^3=(e^t-1)^3$,

$f(t)=e^t-1$이다.

따라서 곡선 $y=f(x)$와 x축 및 직선 $x=1$로 둘러싸인 부분의
넓이는

$\displaystyle\int_0^1(e^x-1)dx=\Big[e^x-x\Big]_0^1=e-2$이다. 너코 119

답 ①

L07-12

풀이 1

그림과 같이 곡선 $y=e^{2x}$과 x축 및 세 직선 $x=0$, $x=1$,

$y=-2x+a$로 둘러싸인 영역을 C라 하고

A, B, C의 넓이를 각각 S_1, S_2, S_3이라 하자.

$S_1=S_2$라 주어졌으므로 $S_1+S_3=S_2+S_3$이다. ……㉠

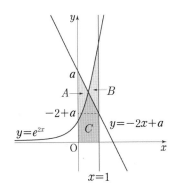

이때

$S_1+S_3=\dfrac{a+(-2+a)}{2}\times 1=a-1$이고

$S_2+S_3=\displaystyle\int_0^1 e^{2x}dx=\Big[\dfrac{1}{2}e^{2x}\Big]_0^1=\dfrac{e^2-1}{2}$이므로

너코 113 너코 119

㉠에서 $a-1=\dfrac{e^2-1}{2}$이다.

$\therefore a=\dfrac{e^2+1}{2}$

풀이 2

곡선 $y=e^{2x}$과 직선 $y=-2x+a$의 교점의 x좌표를 k라 하자.
(단, $0<k<1$)

$0\le x\le k$에서 $e^{2x}\le-2x+a$이고

$k\le x\le 1$에서 $e^{2x}\ge-2x+a$이므로

(A의 넓이)$=\displaystyle\int_0^k\{(-2x+a)-e^{2x}\}dx$,

(B의 넓이)$=\displaystyle\int_k^1\{e^{2x}-(-2x+a)\}dx$이다. 너코 119

이때 A의 넓이, B의 넓이가 같다고 주어졌으므로

$\displaystyle\int_0^k\{(-2x+a)-e^{2x}\}dx=\int_k^1\{e^{2x}-(-2x+a)\}dx$이고

정리하면

$\displaystyle\int_0^k(-2x+a)dx-\int_0^k e^{2x}dx$

$\displaystyle=\int_k^1 e^{2x}dx-\int_k^1(-2x+a)dx$,

$\displaystyle\int_0^k(-2x+a)dx+\int_k^1(-2x+a)dx$

$\displaystyle=\int_0^k e^{2x}dx+\int_k^1 e^{2x}dx$, 너코 056

$\displaystyle\int_0^1(-2x+a)dx=\int_0^1 e^{2x}dx$,

$\Big[-x^2+ax\Big]_0^1=\Big[\dfrac{1}{2}e^{2x}\Big]_0^1$, 너코 113

$-1+a=\dfrac{e^2-1}{2}$이다.

$\therefore a=\dfrac{e^2+1}{2}$

답 ①

L07-13

풀이 1

함수 $y=|\sin(2x)|+1$의 그래프는 다음 그림과 같고, 직선 $x=\dfrac{n\pi}{4}$ (n은 정수)에 대하여 대칭이다.

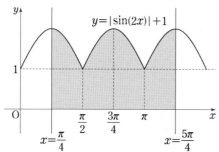

따라서 곡선 $y=|\sin(2x)|+1$과 x축 및 두 직선 $x=\dfrac{\pi}{4}$, $x=\dfrac{5\pi}{4}$로 둘러싸인 영역의 넓이는

$$\int_{\frac{\pi}{4}}^{\frac{5\pi}{4}}\{|\sin(2x)|+1\}\,dx=4\int_{0}^{\frac{\pi}{4}}\{|\sin(2x)|+1\}dx \quad \text{너코 119}$$

$$=4\int_{0}^{\frac{\pi}{4}}\{\sin(2x)+1\}dx$$

$$=4\left[-\frac{1}{2}\cos(2x)+x\right]_{0}^{\frac{\pi}{4}} \quad \text{너코 114}$$

$$=4\left(\frac{\pi}{4}+\frac{1}{2}\right)=\pi+2$$

풀이 2

$$|\sin(2x)|=\begin{cases}\sin(2x) & \left(\dfrac{\pi}{4}\le x \le \dfrac{\pi}{2}\text{ 또는 } \pi \le x \le \dfrac{5\pi}{4}\right)\\ -\sin(2x) & \left(\dfrac{\pi}{2}< x < \pi\right)\end{cases}$$

이므로 곡선 $y=|\sin(2x)|+1$과 x축 및 두 직선 $x=\dfrac{\pi}{4}$, $x=\dfrac{5\pi}{4}$로 둘러싸인 영역의 넓이는

$$\int_{\frac{\pi}{4}}^{\frac{5\pi}{4}}\{|\sin(2x)|+1\}\,dx \quad \text{너코 119}$$

$$=\int_{\frac{\pi}{4}}^{\frac{5\pi}{4}}|\sin(2x)|\,dx+\pi$$

$$=\int_{\frac{\pi}{4}}^{\frac{\pi}{2}}\sin(2x)\,dx+\int_{\frac{\pi}{2}}^{\pi}\{-\sin(2x)\}dx$$

$$\qquad\qquad +\int_{\pi}^{\frac{5\pi}{4}}\sin(2x)\,dx+\pi$$

$$=\left[-\frac{1}{2}\cos(2x)\right]_{\frac{\pi}{4}}^{\frac{\pi}{2}}+\left[\frac{1}{2}\cos(2x)\right]_{\frac{\pi}{2}}^{\pi}$$

$$\qquad\qquad +\left[-\frac{1}{2}\cos(2x)\right]_{\pi}^{\frac{5\pi}{4}}+\pi \quad \text{너코 114}$$

$$=\frac{1}{2}+1+\frac{1}{2}+\pi=\pi+2$$

답 ③

L07-14

$f(x)=x\ln(x^2+1)$이라 하면

$$f'(x)=\ln(x^2+1)+x\times\frac{2x}{x^2+1}=\ln(x^2+1)+\frac{2x^2}{x^2+1}>0$$

이므로 너코 045   너코 103

함수 $f(x)$는 실수 전체의 집합에서 증가한다.
또한 $f(0)=0$이므로 $x\ge 0$에서 $f(x)\ge 0$이다.

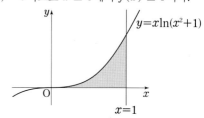

따라서 곡선 $y=f(x)$와 x축 및 직선 $x=1$로 둘러싸인 부분의 넓이는

$$\int_{0}^{1}f(x)\,dx=\int_{0}^{1}x\ln(x^2+1)\,dx\text{이다.} \quad \text{너코 119}$$

이때 $x^2+1=t$라 하면 $2x\,dx=dt$이고
$x=0$일 때 $t=1$, $x=1$일 때 $t=2$이므로

$$\int_{0}^{1}x\ln(x^2+1)\,dx=\frac{1}{2}\int_{1}^{2}\ln t\,dt \quad \text{너코 115}$$

$$=\frac{1}{2}\left[t\ln t-t\right]_{1}^{2} \quad \text{너코 116}$$

$$=\frac{1}{2}(2\ln 2-1)$$

$$=\ln 2-\frac{1}{2}$$

답 ①

L07-15

ㄱ. 함수 $f(x)=e^{-x}$는 모든 실수 x에 대하여 $f(x)>0$이므로 $P_n(n,\,f(n))$, $Q_n(n+1,\,f(n))$, $R_n(n,\,0)$이라 하면

(직사각형 $P_nQ_nR_{n+1}R_n$의 넓이)

$$=\int_{n}^{n+1}f(x)\,dx+A_n+B_n \quad \text{너코 119}$$

이다.

$$\therefore \int_{n}^{n+1}f(x)\,dx$$

$$=(\text{직사각형 } P_nQ_nR_{n+1}R_n\text{의 넓이})-(A_n+B_n)$$

$$=\overline{P_nQ_n}\times\overline{P_nR_n}-(A_n+B_n)$$

$$=1\times f(n)-(A_n+B_n)$$

$$=f(n)-(A_n+B_n) \text{ (참)}$$

ㄴ. 삼각형 $P_nP_{n+1}Q_n$의 넓이는

$$A_n=\frac{1}{2}\times\overline{P_nQ_n}\times\overline{Q_nP_{n+1}}$$

$$=\frac{1}{2}\times 1\times\{f(n)-f(n+1)\}$$

$$= \frac{1}{2}(e^{-n} - e^{-n-1})$$

$$= \frac{1}{2e^n}\left(1 - \frac{1}{e}\right)$$

이다.

$$\therefore \sum_{n=1}^{\infty} A_n = \left(1 - \frac{1}{e}\right) \times \sum_{n=1}^{\infty} \frac{1}{2e^n}$$

$$= \left(1 - \frac{1}{e}\right) \times \frac{\frac{1}{2e}}{1 - \frac{1}{e}} = \frac{1}{2e} \quad \boxed{\text{너코 096}} \text{ (참)}$$

ㄷ. ㄱ, ㄴ에 의하여

$$B_n = f(n) - A_n - \int_n^{n+1} f(x)dx$$

$$= \frac{1}{e^n} - \frac{1}{2e^n}\left(1 - \frac{1}{e}\right) - \left[-e^{-x}\right]_n^{n+1} \quad \boxed{\text{너코 113}}$$

$$= \frac{1}{e^n} - \frac{e-1}{2e^{n+1}} + \left(\frac{1}{e^{n+1}} - \frac{1}{e^n}\right)$$

$$= \frac{3-e}{2e^{n+1}}$$

$$\therefore \sum_{n=1}^{\infty} B_n = \frac{3-e}{2e} \sum_{n=1}^{\infty} \frac{1}{e^n}$$

$$= \frac{3-e}{2e} \times \frac{\frac{1}{e}}{1 - \frac{1}{e}}$$

$$= \frac{3-e}{2e(e-1)} \text{ (참)}$$

따라서 옳은 것은 ㄱ, ㄴ, ㄷ이다.

답 ⑤

L07-16

$f(x) = \dfrac{xe^{x^2}}{e^{x^2}+1}$, $g(x) = \dfrac{2}{3}x$라 하자.

두 곡선 $y = f(x)$, $y = g(x)$의 교점의 x좌표를 구하면

$$\frac{xe^{x^2}}{e^{x^2}+1} = \frac{2}{3}x,$$

$$3xe^{x^2} = 2x(e^{x^2}+1),$$

$$x(e^{x^2}-2) = 0,$$

$x = -\sqrt{\ln 2}$ 또는 $x = 0$ 또는 $x = \sqrt{\ln 2}$ 이다.

이때

$$f'(x) = \frac{(e^{x^2}+2x^2e^{x^2})(e^{x^2}+1) - xe^{x^2} \times 2xe^{x^2}}{(e^{x^2}+1)^2}, \quad \boxed{\text{너코 102}}$$

$g'(x) = \dfrac{2}{3}$에서 $f'(0) < g'(0)$이므로

다음 그림과 같이 구간 $(-\sqrt{\ln 2}, 0)$에서 $f(x) > g(x)$, 구간 $(0, \sqrt{\ln 2})$에서 $f(x) < g(x)$이다.

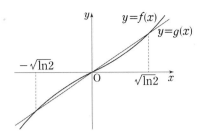

또한 모든 실수 x에 대하여

$f(-x) = -f(x)$, $g(-x) = -g(x)$이므로

두 함수 $y = f(x)$, $y = g(x)$의 그래프 모두 원점에 대하여 대칭이다.

따라서 구하는 부분의 넓이는

$$\int_{-\sqrt{\ln 2}}^{\sqrt{\ln 2}} |f(x) - g(x)| dx \quad \boxed{\text{너코 119}}$$

$$= 2\int_0^{\sqrt{\ln 2}} \{g(x) - f(x)\} dx$$

$$= 2\left\{\int_0^{\sqrt{\ln 2}} \frac{2}{3}x dx - \int_0^{\sqrt{\ln 2}} \frac{xe^{x^2}}{e^{x^2}+1} dx\right\} \quad \boxed{\text{너코 056}}$$

$$= 2\left[\frac{1}{3}x^2\right]_0^{\sqrt{\ln 2}} - 2\left[\frac{1}{2}\ln(e^{x^2}+1)\right]_0^{\sqrt{\ln 2}} \quad \boxed{\text{너코 115}}$$

$$= \frac{2}{3}\ln 2 - (\ln 3 - \ln 2) = \frac{5}{3}\ln 2 - \ln 3$$

답 ①

L07-17

ㄱ. $0 < x < 1$일 때 $x^2 < 1$이므로 양변에 $\sin\dfrac{x^2}{2}(>0)$을 곱하면 $x^2\sin\dfrac{x^2}{2} < \sin\dfrac{x^2}{2}$이다.

$0 < x < 1$일 때 $\dfrac{x^2}{2} < \dfrac{\pi}{4}$이므로 $\sin\dfrac{x^2}{2} < \cos\dfrac{x^2}{2}$이다.

따라서 $x^2\sin\dfrac{x^2}{2} < f(x) < \cos\dfrac{x^2}{2}$이다. (참)

ㄴ. $f(x) = \sin\dfrac{x^2}{2}$에서

$$f'(x) = x\cos\frac{x^2}{2}, \quad \boxed{\text{너코 103}}$$

$$f''(x) = \cos\frac{x^2}{2} - x^2\sin\frac{x^2}{2}$$이므로 $\boxed{\text{너코 107}}$

ㄱ에 의하여 구간 $(0, 1)$에서 $f''(x) > 0$이므로 곡선 $y = f(x)$는 아래로 볼록하다. $\boxed{\text{너코 109}}$ (거짓)

ㄷ. $f(0) = 0$, $f(1) = \sin\dfrac{1}{2}$이고

ㄴ에 의하여 구간 $(0, 1)$에서 함수 $f(x)$는 증가하고 곡선 $y = f(x)$가 아래로 볼록하므로 함수 $y = f(x)$의 그래프는 다음 그림과 같다.

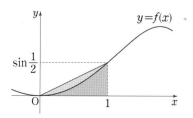

이때 $\dfrac{1}{2}\sin\dfrac{1}{2}$ 은 밑변의 길이가 1이고 높이가 $\sin\dfrac{1}{2}$ 인

직각삼각형의 넓이와 같고,

$\displaystyle\int_0^1 f(x)dx$ 는 곡선 $y=f(x)$ 와 x축 및 두 직선 $x=0$,

$x=1$로 둘러싸인 부분의 넓이와 같다. 너코119

$\therefore \displaystyle\int_0^1 f(x)dx \le \dfrac{1}{2}\sin\dfrac{1}{2}$ (참)

따라서 옳은 것은 ㄱ, ㄷ이다.

답 ④

L07-18

$f(x)=\displaystyle\int_0^x (a-t)e^t dt$ 의 양변을 x에 대하여 미분하면

$f'(x)=(a-x)e^x$ 이다. 너코117

방정식 $f'(x)=0$의 해는 $x=a$뿐이고 ($\because e^x>0$)

$x=a$의 좌우에서 $f'(x)$의 부호가 양에서 음으로 바뀌므로

함수 $f(x)$는 $x=a$에서 극대이면서 최대이다.

이때 함수 $f(x)$의 최댓값이 32라 주어졌으므로

$\begin{aligned}
f(a) &= \int_0^a (a-t)e^t dt \\
&= \Big[(a-t)e^t\Big]_0^a - \int_0^a (-e^t)dt \quad \text{너코116} \\
&= -a + \Big[e^t\Big]_0^a \quad \text{너코113} \\
&= e^a - a - 1 = 32 \qquad \cdots\cdots \text{㉠}
\end{aligned}$

이다.

한편 곡선 $y=3e^x$과 두 직선 $x=a$, $y=3$으로 둘러싸인 부분의

넓이는 $\displaystyle\int_0^a (3e^x-3)dx$ 이다. 너코119

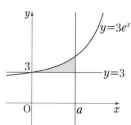

$\begin{aligned}
\therefore \int_0^a (3e^x-3)dx &= \Big[3e^x-3x\Big]_0^a \\
&= 3e^a - 3a - 3 \\
&= 3(e^a - a - 1) = 96 \ (\because \text{㉠})
\end{aligned}$

답 96

L07-19

$y=e^x$에서 $y'=e^x$이므로 너코098

곡선 $y=e^x$ 위의 점 (t, e^t)에서의 접선의 방정식은

$f(x)=e^t(x-t)+e^t$이다. 너코108

한편 함수 $y=|f(x)+k-\ln x|$가 양의 실수 전체의 집합에서

미분가능하려면

직선 $y=f(x)+k$와 곡선 $y=\ln x$가 서로 만나지 않거나

접해야 한다. $\qquad \cdots\cdots$ ㉠

따라서 ㉠을 만족시키는 k의 최솟값은

직선 $y=f(x)+k$와 곡선 $y=\ln x$가 접할 때이다.

이때 접점의 x좌표를 p라 하면

직선 $y=f(x)+k$의 기울기와

곡선 $y=\ln x$ 위의 점 $(p, \ln p)$에서의 접선의 기울기가 같아야

한다.

이때 $\{f(x)+k\}'=e^t$이고, $(\ln x)'=\dfrac{1}{x}$이므로

$e^t=\dfrac{1}{p}$에서 $p=e^{-t}$이다.

이때 점 $(e^{-t}, -t)$는 직선 $y=f(x)+g(t)$ 위의 점이기도

하므로

$-t = e^t(e^{-t}-t)+e^t+g(t)$에 의하여

$g(t)=(t-1)e^t-(t+1)$이다.

ㄱ. $g'(t)=te^t-1$에 의하여

$g'(0)=-1$, $\displaystyle\lim_{t\to-\infty} g'(t)=-1$, $\displaystyle\lim_{t\to\infty} g'(t)=\infty$이다.

$g''(t)=(t+1)e^t$에 의하여 너코107

$t=-1$의 좌우에서 함수 $g''(t)$의 부호가 음에서 양으로

바뀌므로

함수 $g'(t)$는 $t=-1$에서 극솟값을 갖는다.

따라서 함수 $y=g'(t)$의 그래프는 다음 그림과 같다.

너코110

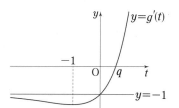

이때 곡선 $y=g'(t)$가 t축과 점 $(q, 0)$에서 만난다고 하면

$t=q$의 좌우에서 함수 $g'(t)$의 부호가 음에서 양으로

바뀌므로

함수 $g(t)$는 $t=q$에서 극솟값을 갖고,

함수 $y=g(t)$의 그래프는 다음 그림과 같다.

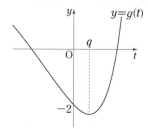

따라서 $\displaystyle\int_a^b g(t)dt = m < 0$이 되도록 하는

두 실수 a, $b\ (a < b)$는 반드시 존재한다. (참)

ㄴ. $g(t) = (t-1)e^t - (t+1)$에서

실수 c에 대하여 $g(c) = 0$, 즉 $(c-1)e^c - (c+1) = 0$이면

양변에 e^{-c}을 곱했을 때 $(c-1) - (c+1)e^{-c} = 0$이다.

$\therefore\ g(-c) = (-c-1)e^{-c} - (-c+1)$

$\qquad\qquad = (c-1) - (c+1)e^{-c} = 0$ (참)

ㄷ. ㄴ에 의하여 함수 $y = g(t)$의 그래프가 t축과 만나는 점의

좌표를 $(-c, 0)$, $(c, 0)$이라 할 수 있다.

따라서 $\alpha = -c$, $\beta = c$일 때 $\displaystyle\int_{-c}^{c} g(t)dt$의 값은

함수 $y = g(t)$의 그래프와 t축으로 둘러싸인 부분의 넓이와

부호만 반대이므로 _{너코} 119

이때 m은 최솟값을 갖는다.

따라서

$\dfrac{1 + g'(\beta)}{1 + g'(\alpha)} = \dfrac{1 + g'(c)}{1 + g'(-c)} = \dfrac{1 + (ce^c - 1)}{1 + (-ce^{-c} - 1)} = -e^{2c}$이며

$g(1) = -2 < 0$이므로 $c > 1$이다.

$\therefore\ \dfrac{1 + g'(\beta)}{1 + g'(\alpha)} = -e^{2c} < -e^2$ (참)

따라서 옳은 것은 ㄱ, ㄴ, ㄷ이다.

답 ⑤

ㄴ 07-20

조건 (가)에서

$\displaystyle\lim_{x \to -\infty} \dfrac{f(x) + 6}{e^x} = \lim_{x \to -\infty} \dfrac{ae^{2x} + be^x + c + 6}{e^x} = 1$

이때 $e^x = t$라 하면 $x \to -\infty$일 때 $t \to 0+$이므로

$\displaystyle\lim_{t \to 0+} \dfrac{at^2 + bt + c + 6}{t} = 1$ ......㉠

주어진 극한값이 존재하고 $t \to 0+$일 때 (분모)$\to 0$이므로

(분자)$\to 0$이어야 한다. _{너코} 034

즉, $\displaystyle\lim_{t \to 0+}(at^2 + bt + c + 6) = c + 6 = 0$에서 $c = -6$

$c = -6$을 ㉠에 대입하면

$\displaystyle\lim_{t \to 0+} \dfrac{at^2 + bt}{t} = \lim_{t \to 0+}(at + b) = b = 1$

또한 조건 (나)에서 $f(\ln 2) = 0$이므로

$f(\ln 2) = ae^{2\ln 2} + be^{\ln 2} + c = 4a + 2 - 6 = 0$ _{너코} 005

에서 $a = 1$

$\therefore\ f(x) = e^{2x} + e^x - 6$

한편 함수 $g(x)$는 함수 $f(x)$의 역함수이므로

$g(0) = k_1$, $g(14) = k_2$라 하면 $f(k_1) = 0$, $f(k_2) = 14$이다.

$f(k_1) = 0$에서 $e^{2k_1} + e^{k_1} - 6 = 0$

$(e^{k_1} + 3)(e^{k_1} - 2) = 0$, $e^{k_1} = 2$ ($\because\ e^{k_1} + 3 > 0$)

$\therefore\ k_1 = \ln 2$

$f(k_2) = 14$에서 $e^{2k_2} + e^{k_2} - 6 = 14$, $e^{2k_2} + e^{k_2} - 20 = 0$

$(e^{k_2} + 5)(e^{k_2} - 4) = 0$, $e^{k_2} = 4$ ($\because\ e^{k_2} + 5 > 0$)

$\therefore\ k_2 = \ln 4 = 2\ln 2$

즉, 함수 $y = f(x)$의 그래프는 다음 그림과 같고

$\displaystyle\int_0^{14} g(x)\,dx$의 값은 어두운 부분의 넓이를 의미한다.

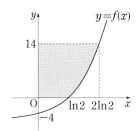

$\therefore\ \displaystyle\int_0^{14} g(x)dx = 14 \times 2\ln 2 - \int_{\ln 2}^{2\ln 2} f(x)\,dx$

$\qquad\qquad = 28\ln 2 - \displaystyle\int_{\ln 2}^{2\ln 2} (e^{2x} + e^x - 6)\,dx$

$\qquad\qquad = 28\ln 2 - \displaystyle\int_{\ln 2}^{2\ln 2} e^x(e^x + 1)\,dx + \int_{\ln 2}^{2\ln 2} 6\,dx$

......㉡

$\displaystyle\int_{\ln 2}^{2\ln 2} e^x(e^x + 1)\,dx$에서 $e^x + 1 = s$라 하면

$x = \ln 2$일 때 $s = 3$, $x = 2\ln 2$일 때 $s = 5$이고

$e^x dx = ds$이므로

$\displaystyle\int_{\ln 2}^{2\ln 2} e^x(e^x + 1)\,dx = \int_3^5 s\,ds = \left[\dfrac{1}{2}s^2\right]_3^5 = \dfrac{25}{2} - \dfrac{9}{2} = 8$

_{너코} 115

또한 $\displaystyle\int_{\ln 2}^{2\ln 2} 6\,dx = \left[6x\right]_{\ln 2}^{2\ln 2} = 6(2\ln 2 - \ln 2) = 6\ln 2$이다.

따라서 ㉡에서

$\displaystyle\int_0^{14} g(x)dx = 28\ln 2 - 8 + 6\ln 2 = -8 + 34\ln 2$

$\therefore\ p + q = -8 + 34 = 26$

답 26

ㄴ 07-21

[풀이 1]

$f'(x) = -x + e^{1-x^2}$에서

$f''(x) = -1 - 2xe^{1-x^2}$이다. _{너코} 103

$x > 0$일 때 $f''(x) < 0$이므로 곡선 $y = f(x)$는 $x > 0$에서

위로 볼록하다. _{너코} 109

곡선 $y = f(x)$ 위의 점 $(t, f(t))$에서의 접선의 방정식은

$y = f'(t)(x - t) + f(t)$이고, _{너코} 108

곡선 $y = f(x)$가 $x > 0$에서 위로 볼록하므로

$x > 0$일 때 $f'(t)(x-t) + f(t) \geq f(x)$를 항상 만족시킨다.

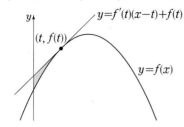

따라서 접선과 곡선 $y = f(x)$ 및 y축으로 둘러싸인 부분의 넓이는

$$g(t) = \int_0^t \{f'(t)(x-t) + f(t) - f(x)\}dx \quad \boxed{\text{너코 119}}$$

$$= f'(t)\int_0^t x\,dx + \{-tf'(t) + f(t)\}\int_0^t dx - \int_0^t f(x)dx \quad \boxed{\text{너코 054}}$$

$$= \frac{1}{2}t^2 f'(t) - t^2 f'(t) + tf(t) - \int_0^t f(x)dx$$

$$= -\frac{1}{2}t^2 f'(t) + tf(t) - \int_0^t f(x)dx \quad \boxed{\text{너코 117}}$$

$$= -\frac{1}{2}t^2 f'(t) + tf(t) - \left\{\left[xf(x)\right]_0^t - \int_0^t xf'(x)dx\right\}$$
$$\boxed{\text{너코 116}}$$

$$= -\frac{1}{2}t^2 f'(t) + tf(t) - \left\{tf(t) - \int_0^t (-x^2 + xe^{1-x^2})dx\right\}$$

$$= -\frac{1}{2}t^2 f'(t) + \left[-\frac{x^3}{3} - \frac{1}{2}e^{1-x^2}\right]_0^t \quad \boxed{\text{너코 115}}$$

$$= -\frac{1}{2}t^2 f'(t) - \frac{t^3}{3} - \frac{1}{2}e^{1-t^2} + \frac{1}{2}e$$

$$g'(t) = -tf'(t) - \frac{1}{2}t^2 f''(t) - t^2 + te^{1-t^2}$$

$f'(1) = 0$, $f''(1) = -3$이므로

$$g(1) = \frac{1}{2}e - \frac{5}{6}, \quad g'(1) = \frac{3}{2}$$

$$\therefore \ g(1) + g'(1) = \frac{1}{2}e + \frac{2}{3}$$

$\boxed{\text{풀이 2}}$

$f'(x) = -x + e^{1-x^2}$에서 $f''(x) = -1 - 2xe^{1-x^2}$이다.
$$\boxed{\text{너코 103}}$$

$x > 0$일 때 $f''(x) < 0$이므로 곡선 $y = f(x)$는 $x > 0$에서 위로 볼록하다. $\boxed{\text{너코 109}}$

곡선 $y = f(x)$ 위의 점 $(t, f(t))$에서의 접선의 방정식은 $y = f'(t)(x-t) + f(t)$이고, $\boxed{\text{너코 108}}$

곡선 $y = f(x)$가 $x > 0$에서 위로 볼록하므로 $x > 0$일 때 $f'(t)(x-t) + f(t) \geq f(x)$를 항상 만족시킨다.

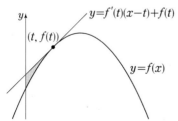

따라서 접선과 곡선 $y = f(x)$ 및 y축으로 둘러싸인 부분의 넓이는

$$g(t) = \int_0^t \{f'(t)(x-t) + f(t) - f(x)\}dx \quad \boxed{\text{너코 119}}$$

$$= f'(t)\int_0^t x\,dx + \{-tf'(t) + f(t)\}\int_0^t dx - \int_0^t f(x)dx \quad \boxed{\text{너코 054}}$$

$$= \frac{1}{2}t^2 f'(t) - t^2 f'(t) + tf(t) - \int_0^t f(x)dx$$

$$= -\frac{1}{2}t^2 f'(t) + tf(t) - \int_0^t f(x)dx \quad \boxed{\text{너코 117}}$$

$$g'(t) = -tf'(t) - \frac{1}{2}t^2 f''(t) + f(t) + tf'(t) - f(t)$$

$$= -\frac{t^2 f''(t)}{2}$$

$$\therefore \ g'(1) = -\frac{f''(1)}{2} = \frac{3}{2}$$

$f'(1) = 0$이므로 곡선 $y = f(x)$ 위의 점 $(1, f(1))$에서의 접선과 곡선 $y = f(x)$ 및 y축으로 둘러싸인 부분의 넓이는 다음과 같다.

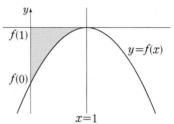

$0 < x < 1$에서 $f'(x) > 0$이므로 함수 $y = f(x)$ $(0 \leq x \leq 1)$의 역함수가 존재하고, 이를 $y = h(x)$라 하면 $g(1) = \int_{f(0)}^{f(1)} h(x)dx$이다.

$h(x) = t$라 하면 $x = f(t)$에서 $dx = f'(t)dt$이고, $x = f(0)$일 때 $t = 0$, $x = f(1)$일 때 $t = 1$이므로

$$g(1) = \int_0^1 tf'(t)dt = \int_0^1 (-t^2 + te^{1-t^2})dt \quad \boxed{\text{너코 115}}$$

$$= \left[-\frac{1}{3}t^3 - \frac{1}{2}e^{1-t^2}\right]_0^1$$

$$= -\frac{1}{3} - \frac{1}{2} + \frac{1}{2}e = \frac{1}{2}e - \frac{5}{6}$$

$$\therefore \ g(1) + g'(1) = \frac{1}{2}e - \frac{5}{6} + \frac{3}{2} = \frac{1}{2}e + \frac{2}{3}$$

$\boxed{\text{답}}$ ②

L08-01

단면인 정사각형의 한 변의 길이가 $\sqrt{\dfrac{3x+1}{x^2}}$ 이므로

넓이는 $\left(\sqrt{\dfrac{3x+1}{x^2}}\right)^2$ 이다.

따라서 구하는 입체도형의 부피는

$$\int_1^2 \left(\sqrt{\frac{3x+1}{x^2}}\right)^2 dx = \int_1^2 \left(\frac{3}{x} + \frac{1}{x^2}\right) dx \quad \text{너크 120}$$

$$= \left[3\ln x - \frac{1}{x}\right]_1^2 \quad \text{너크 112}$$

$$= \left(3\ln 2 - \frac{1}{2}\right) - (0 - 1)$$

$$= \frac{1}{2} + 3\ln 2$$

답 ②

L08-02

단면인 원의 반지름의 길이가 $5\sqrt{\ln(x+1)}$ 이므로
넓이는 $\pi \times 25\ln(x+1)$ 이다.
따라서 물의 깊이가 $e-1$일 때 물의 부피는

$$V(e-1) = 25\pi \int_0^{e-1} \ln(x+1)dx \text{이다.} \quad \text{너크 120}$$

이때 $x+1 = t$라 하면
$x=0$일 때 $t=1$, $x=e-1$일 때 $t=e$이고
$1 = \dfrac{dt}{dx}$, 즉 $dx = dt$이므로

$$V(e-1) = 25\pi \int_1^e \ln t\, dt \quad \text{너크 115}$$

$$= 25\pi\left[t\ln t - t\right]_1^e \quad \text{너크 116}$$

$$= 25\pi$$

이다.

$$\therefore \ \frac{V(e-1)}{\pi} = 25$$

답 25

L08-03

단면인 정삼각형의 한 변의 길이가 $2\sqrt{x}\,e^{kx^2}$ 이므로
넓이는 $\dfrac{\sqrt{3}}{4} \times (2\sqrt{x}\,e^{kx^2})^2 = \sqrt{3}\,xe^{2kx^2}$ 이다.

이때 입체도형의 부피 $\displaystyle\int_{\frac{1}{\sqrt{2k}}}^{\frac{1}{\sqrt{k}}} \sqrt{3}\,xe^{2kx^2}dx$에서 $\quad \text{너크 120}$

$2kx^2 = t$라 하면
$x = \dfrac{1}{\sqrt{2k}}$일 때 $t=1$, $x=\dfrac{1}{\sqrt{k}}$일 때 $t=2$이고

$4kx = \dfrac{dt}{dx}$, 즉 $4kx\,dx = dt$이므로

$$\int_{\frac{1}{\sqrt{2k}}}^{\frac{1}{\sqrt{k}}} \sqrt{3}\,xe^{2kx^2}dx = \frac{\sqrt{3}}{4k}\int_1^2 e^t\, dt \quad \text{너크 115}$$

$$= \frac{\sqrt{3}}{4k}\left[e^t\right]_1^2 \quad \text{너크 113}$$

$$= \frac{\sqrt{3}(e^2 - e)}{4k}$$

이다.

이때 입체도형의 부피가 $\sqrt{3}(e^2-e)$라 주어졌으므로

$$\frac{\sqrt{3}(e^2-e)}{4k} = \sqrt{3}(e^2-e)\text{에서 } k = \frac{1}{4}\text{이다.}$$

답 ③

L08-04

단면인 정사각형의 한 변의 길이가 $\sqrt{\dfrac{e^x}{e^x+1}}$ 이므로

넓이는 $\dfrac{e^x}{e^x+1}$ 이다.

따라서 구하는 입체도형의 부피는 $\displaystyle\int_0^k \frac{e^x}{e^x+1}dx$이다. $\quad \text{너크 120}$

이때 $e^x + 1 = t$라 하면
$x=0$일 때 $t=2$, $x=k$일 때 $t=e^k+1$이고
$e^x = \dfrac{dt}{dx}$, 즉 $e^x\,dx = dt$이므로

$$\int_0^k \frac{e^x}{e^x+1}dx = \int_2^{e^k+1} \frac{1}{t}dt \quad \text{너크 115}$$

$$= \left[\ln|t|\right]_2^{e^k+1} \quad \text{너크 112}$$

$$= \ln(e^k+1) - \ln 2$$

$$= \ln\frac{e^k+1}{2} = \ln 7$$

이다.

따라서 $\dfrac{e^k+1}{2} = 7$에서 $e^k = 13$이다.

$$\therefore \ k = \ln 13 \quad \text{너크 004}$$

답 ②

L08-05

단면인 정사각형의 한 변의 길이가 $\sqrt{\dfrac{kx}{2x^2+1}}$ 이므로

넓이는 $\dfrac{kx}{2x^2+1}$ 이다.

이때 입체도형의 부피 $\displaystyle\int_1^2 \frac{kx}{2x^2+1}dx$에서 $\quad \text{너크 120}$

$2x^2 + 1 = t$라 하면
$x=1$일 때 $t=3$, $x=2$일 때 $t=9$이고
$4x = \dfrac{dt}{dx}$, 즉 $4x\,dx = dt$이므로

$$\int_1^2 \frac{kx}{2x^2+1}dx = \frac{k}{4}\int_3^9 \frac{1}{t}dt \quad \text{너크 115}$$

$$= \frac{k}{4}\left[\ln|t|\right]_3^9 \quad \text{너크 112}$$

$$= \frac{k}{4}(\ln 9 - \ln 3)$$

$$= \frac{k}{4}\ln 3$$

이다.

이때 입체도형의 부피가 $2\ln 3$이라 주어졌으므로

$\dfrac{k}{4}=2$에서 $k=8$이다.

답 ③

L08-06

단면인 정사각형의 한 변의 길이가 $\sqrt{\sec^2 x + \tan x}$ 이므로 넓이는 $\sec^2 x + \tan x$이다.

이때 입체도형의 부피

$$\int_0^{\frac{\pi}{3}} (\sec^2 x + \tan x)\,dx = \int_0^{\frac{\pi}{3}} \sec^2 x\,dx + \int_0^{\frac{\pi}{3}} \tan x\,dx$$에서

너코 120

$$\int_0^{\frac{\pi}{3}} \sec^2 x\,dx = \Big[\tan x\Big]_0^{\frac{\pi}{3}} = \sqrt{3} \qquad \cdots\cdots\ \text{㉠}$$

$$\int_0^{\frac{\pi}{3}} \tan x\,dx = \int_0^{\frac{\pi}{3}} \dfrac{\sin x}{\cos x}\,dx$$에서 $\cos x = t$라 하면

$x=0$일 때 $t=1$, $x=\dfrac{\pi}{3}$일 때 $t=\dfrac{1}{2}$이고

$-\sin x = \dfrac{dt}{dx}$, 즉 $-\sin x\,dx = dt$이므로

$$\int_0^{\frac{\pi}{3}} \dfrac{\sin x}{\cos x}\,dx = -\int_1^{\frac{1}{2}} \dfrac{1}{t}\,dt$$ 너코 115

$$= -\Big[\ln|t|\Big]_1^{\frac{1}{2}}$$ 너코 112

$$= -\ln\dfrac{1}{2} = \ln 2 \qquad \cdots\cdots\ \text{㉡}$$

㉠, ㉡에서 구하는 입체도형의 부피는

$$\int_0^{\frac{\pi}{3}} (\sec^2 x + \tan x)\,dx = \sqrt{3} + \ln 2$$

답 ④

L08-07

단면인 정사각형의 한 변의 길이가 $\sqrt{(1-2x)\cos x}$ 이므로 넓이는 $(1-2x)\cos x$이다.

따라서 구하는 입체도형의 부피는

$$\int_{\frac{3}{4}\pi}^{\frac{5}{4}\pi} (1-2x)\cos x\,dx$$이다. 너코 120

이때 $u = 1-2x$, $v' = \cos x$라 하면

$u' = -2$, $v = \sin x$이므로 너코 114

$$\int_{\frac{3}{4}\pi}^{\frac{5}{4}\pi} (1-2x)\cos x\,dx$$

$$= \Big[(1-2x)\sin x\Big]_{\frac{3}{4}\pi}^{\frac{5}{4}\pi} - \int_{\frac{3}{4}\pi}^{\frac{5}{4}\pi} (-2\sin x)\,dx$$ 너코 116

$$= \left(1 - \dfrac{5}{2}\pi\right)\times\left(-\dfrac{\sqrt{2}}{2}\right) - \left(1 - \dfrac{3}{2}\pi\right)\times\dfrac{\sqrt{2}}{2} - \Big[2\cos x\Big]_{\frac{3}{4}\pi}^{\frac{5}{4}\pi}$$

$$= (4\pi - 2)\times\dfrac{\sqrt{2}}{2} - 0\ (\because\ \boxed{\text{참고}})$$

$$= 2\sqrt{2}\pi - \sqrt{2}$$

참고

함수 $y = -2\sin x$의 그래프가 점 $(\pi,\,0)$에 대하여 대칭임을 이용하면 $\dfrac{5}{4}\pi = \pi + \dfrac{\pi}{4}$, $\dfrac{3}{4}\pi = \pi - \dfrac{\pi}{4}$이므로

$$\int_{\frac{3}{4}\pi}^{\frac{5}{4}\pi} (-2\sin x)\,dx = 0$$으로 빠르게 계산할 수 있다.

답 ③

L08-08

단면인 반원의 지름이 $2x\sqrt{x\sin x^2}$ 이므로 넓이는

$$\dfrac{\pi}{2}\times\left(\dfrac{2x\sqrt{x\sin x^2}}{2}\right)^2 = \dfrac{\pi}{2}x^3\sin x^2$$이다.

따라서 구하는 입체도형의 부피는 $$\int_{\sqrt{\frac{\pi}{6}}}^{\sqrt{\frac{\pi}{2}}} \dfrac{\pi}{2}x^3\sin x^2\,dx$$이다.

너코 120

이때 $x^2 = t$라 하면

$x = \sqrt{\dfrac{\pi}{6}}$일 때 $t = \dfrac{\pi}{6}$, $x = \sqrt{\dfrac{\pi}{2}}$일 때 $t = \dfrac{\pi}{2}$이고

$2x = \dfrac{dt}{dx}$, 즉 $2x\,dx = dt$이므로

$$\int_{\sqrt{\frac{\pi}{6}}}^{\sqrt{\frac{\pi}{2}}} \dfrac{\pi}{2}x^3\sin x^2\,dx = \int_{\frac{\pi}{6}}^{\frac{\pi}{2}} \dfrac{\pi}{4}t\sin t\,dt$$이다. 너코 115

이때 $u = t$, $v' = \sin t$라 하면

$u' = 1$, $v = -\cos t$이므로 너코 114

$$\int_{\frac{\pi}{6}}^{\frac{\pi}{2}} \dfrac{\pi}{4}t\sin t\,dt$$

$$= \dfrac{\pi}{4}\Big[-t\cos t\Big]_{\frac{\pi}{6}}^{\frac{\pi}{2}} - \dfrac{\pi}{4}\int_{\frac{\pi}{6}}^{\frac{\pi}{2}} -\cos t\,dt$$ 너코 116

$$= \dfrac{\pi}{4}\times\dfrac{\pi}{6}\times\dfrac{\sqrt{3}}{2} + \dfrac{\pi}{4}\Big[\sin t\Big]_{\frac{\pi}{6}}^{\frac{\pi}{2}}$$

$$= \dfrac{\sqrt{3}\,\pi^2}{48} + \dfrac{\pi}{4}\left(1 - \dfrac{1}{2}\right)$$

$$= \dfrac{\sqrt{3}\,\pi^2 + 6\pi}{48}$$

답 ③

L08-09

단면인 정사각형의 한 변의 길이가 $\sqrt{\dfrac{x+1}{x(x+\ln x)}}$ 이므로 넓이는 $\dfrac{x+1}{x(x+\ln x)}$이다.

따라서 구하는 입체도형의 부피는

$$\int_1^e \frac{x+1}{x(x+\ln x)}\,dx = \int_1^e \frac{1+\dfrac{1}{x}}{x+\ln x}\,dx \text{이다.} \boxed{\text{너코 120}}$$

$(x+\ln x)' = 1+\dfrac{1}{x}$ 이므로

$$\int_1^e \frac{1+\dfrac{1}{x}}{x+\ln x}\,dx = \Big[\ln(x+\ln x)\Big]_1^e = \ln(e+1) \boxed{\text{너코 115}}$$

답 ①

L 08-10

실수 전체의 집합에서 연속인 함수 $f(x)$가 모든 양수 x에 대하여
$\int_0^x (x-t)\{f(t)\}^2\,dt = 6\int_0^1 x^3(x-t)^2\,dt$이므로 정리하면

$$x\int_0^x \{f(t)\}^2\,dt - \int_0^x t\{f(t)\}^2\,dt = 6\int_0^1 (x^5 - 2x^4 t + x^3 t^2)\,dt,$$
너코 056

$$x\int_0^x \{f(t)\}^2\,dt - \int_0^x t\{f(t)\}^2\,dt = \Big[6x^5 t - 6x^4 t^2 + 2x^3 t^3\Big]_0^1,$$
너코 054

$$x\int_0^x \{f(t)\}^2\,dt - \int_0^x t\{f(t)\}^2\,dt = 6x^5 - 6x^4 + 2x^3 \text{이다.}$$

양변을 x에 대하여 미분하면

$$\int_0^x \{f(t)\}^2\,dt + x\{f(x)\}^2 - x\{f(x)\}^2 = 30x^4 - 24x^3 + 6x^2,$$
너코 117

$$\int_0^x \{f(t)\}^2\,dt = 30x^4 - 24x^3 + 6x^2 \text{이다.}$$

한편 입체도형을 x축에 수직인 평면으로 자른 단면인
정사각형의 한 변의 길이가 $f(x)$이므로 넓이는 $\{f(x)\}^2$이다.
따라서 구하는 입체도형의 부피는

$$\int_0^1 \{f(x)\}^2\,dx = 30 - 24 + 6 = 12 \boxed{\text{너코 120}}$$

답 12

L 09-01

$\int_0^1 \sqrt{1+\{f'(x)\}^2}\,dx$ 의 값은 $x=0$에서 $x=1$까지 곡선
$y=f(x)$의 길이를 의미한다. $\boxed{\text{너코 121}}$
이때 $f(0)=0$, $f(1)=\sqrt{3}$ 이므로 곡선의 길이의 최솟값은
두 점 $(0,0)$, $(1,\sqrt{3})$을 잇는 선분의 길이이다.

$$\therefore \ \sqrt{1^2 + \sqrt{3}^2} = 2$$

답 ②

L 09-02

$y = \dfrac{1}{3}(x^2+2)^{\frac{3}{2}}$ 에서

$$y' = \frac{1}{3} \times \frac{3}{2}(x^2+2)^{\frac{1}{2}} \times 2x = x(x^2+2)^{\frac{1}{2}} \boxed{\text{너코 103}}$$

따라서 $x=0$에서 $x=6$까지 곡선의 길이는

$$\int_0^6 \sqrt{1+(y')^2}\,dx = \int_0^6 \sqrt{1+x^2(x^2+2)}\,dx \boxed{\text{너코 121}}$$
$$= \int_0^6 \sqrt{x^4 + 2x^2 + 1}\,dx$$
$$= \int_0^6 \sqrt{(x^2+1)^2}\,dx$$
$$= \int_0^6 (x^2+1)\,dx$$
$$= \Big[\frac{1}{3}x^3 + x\Big]_0^6 = 78 \boxed{\text{너코 054}}$$

답 78

L 09-03

$x = 4(\cos t + \sin t)$, $y = \cos(2t)$ 에서

$$\frac{dx}{dt} = 4(-\sin t + \cos t), \boxed{\text{너코 101}}$$
$$\frac{dy}{dt} = -2\sin(2t) \boxed{\text{너코 103}}$$
$$\qquad = -4\sin t \cos t \boxed{\text{너코 099}}$$

이므로

$$\left(\frac{dx}{dt}\right)^2 = 16(\sin^2 t - 2\sin t \cos t + \cos^2 t)$$
$$\qquad = 16(1 - 2\sin t \cos t) \boxed{\text{너코 018}}$$
$$\left(\frac{dy}{dt}\right)^2 = 16\sin^2 t \cos^2 t$$

따라서 점 P가 $t=0$에서 $t=2\pi$까지 움직인 거리는

$$\int_0^{2\pi} \sqrt{16 - 32\sin t \cos t + (4\sin t \cos t)^2}\,dt \boxed{\text{너코 121}}$$
$$= \int_0^{2\pi} \sqrt{(4 - 4\sin t \cos t)^2}\,dt$$
$$= \int_0^{2\pi} (4 - 4\sin t \cos t)\,dt$$
$$= \Big[4t - 2\sin^2 t\Big]_0^{2\pi} = 8\pi \boxed{\text{너코 114}}$$

이다.

$$\therefore \ a^2 = 8^2 = 64$$

답 64

L 09-04

$y = \dfrac{1}{8}e^{2x} + \dfrac{1}{2}e^{-2x}$ 에서

$$y' = \frac{1}{8} \times 2e^{2x} + \frac{1}{2} \times (-2e^{-2x}) = \frac{1}{4}e^{2x} - e^{-2x} \boxed{\text{너코 103}}$$

따라서 $x=0$에서 $x=\ln 2$까지의 곡선의 길이는

$$\int_0^{\ln 2}\sqrt{1+(y')^2}\,dx=\int_0^{\ln 2}\sqrt{1+\left(\frac{1}{4}e^{2x}-e^{-2x}\right)^2}\,dx \quad \boxed{\text{너코 121}}$$

$$=\int_0^{\ln 2}\sqrt{\frac{1}{16}e^{4x}+\frac{1}{2}+e^{-4x}}\,dx$$

$$=\int_0^{\ln 2}\sqrt{\left(\frac{1}{4}e^{2x}+e^{-2x}\right)^2}\,dx$$

$$=\int_0^{\ln 2}\left(\frac{1}{4}e^{2x}+e^{-2x}\right)dx$$

$$=\left[\frac{1}{8}e^{2x}-\frac{1}{2}e^{-2x}\right]_0^{\ln 2}=\frac{3}{4} \quad \boxed{\text{너코 113}}$$

답 ⑤

L09-05

곡선 $y=x^2$과 직선 $y=t^2 x-\dfrac{\ln t}{8}$가 만나는 서로 다른 두 점의

좌표를 $(\alpha,\ \alpha^2),\ (\beta,\ \beta^2)$이라 하면

점 P의 위치는 두 점을 잇는 선분의 중점이므로

점 P의 x좌표는 $\dfrac{\alpha+\beta}{2}$이고,

점 P의 y좌표는 $\dfrac{\alpha^2+\beta^2}{2}$이다.

이때 $\alpha,\ \beta$는 방정식 $x^2=t^2 x-\dfrac{\ln t}{8}$, 즉 이차방정식

$x^2-t^2 x+\dfrac{\ln t}{8}=0$의 서로 다른 두 실근이므로

이차방정식의 근과 계수의 관계에 의하여

$\alpha+\beta=t^2,\ \alpha\beta=\dfrac{\ln t}{8}$

$\therefore\ \alpha^2+\beta^2=(\alpha+\beta)^2-2\alpha\beta=t^4-\dfrac{\ln t}{4}$

즉, 점 P의 위치는 $\left(\dfrac{t^2}{2},\ \dfrac{t^4}{2}-\dfrac{\ln t}{8}\right)$이므로

$\dfrac{dx}{dt}=t,\ \dfrac{dy}{dt}=2t^3-\dfrac{1}{8t} \quad \boxed{\text{너코 098}}\ \boxed{\text{너코 104}}$

따라서 시각 $t=1$에서 $t=e$까지 점 P가 움직인 거리는

$$\int_1^e \sqrt{\left(\frac{dx}{dt}\right)^2+\left(\frac{dy}{dt}\right)^2}\,dt=\int_1^e \sqrt{t^2+\left(2t^3-\frac{1}{8t}\right)^2}\,dt \quad \boxed{\text{너코 121}}$$

$$=\int_1^e \sqrt{4t^6+\frac{1}{2}t^2+\frac{1}{64t^2}}\,dt$$

$$=\int_1^e \sqrt{\left(2t^3+\frac{1}{8t}\right)^2}\,dt$$

$$=\int_1^e \left(2t^3+\frac{1}{8t}\right)dt$$

$$=\left[\frac{t^4}{2}+\frac{\ln t}{8}\right]_1^e \quad \boxed{\text{너코 054}}\ \boxed{\text{너코 112}}$$

$$=\frac{e^4}{2}+\frac{1}{8}-\frac{1}{2}$$

$$=\frac{e^4}{2}-\frac{3}{8}$$

답 ①

L09-06

함수 $y=\dfrac{1}{2}\left(\left|e^x-1\right|-e^{|x|}+1\right)$에서

$x<0$일 때 $y=\dfrac{1}{2}\left(-e^x-e^{-x}+2\right)$이고

$\qquad\qquad y'=\dfrac{1}{2}\left(-e^x+e^{-x}\right)$이다. $\boxed{\text{너코 098}}\ \boxed{\text{너코 103}}$

$x\geq 0$일 때 $y=0$이고 $y'=0$이다.

따라서 $x=-\ln 4$에서 $x=1$까지의 곡선의 길이는

$$\int_{-\ln 4}^1 \sqrt{1+(y')^2}\,dx \quad \boxed{\text{너코 121}}$$

$$=\int_{-\ln 4}^0 \sqrt{1+\frac{1}{4}(-e^x+e^{-x})^2}\,dx+\int_0^1 1\,dx \quad \boxed{\text{너코 056}}$$

$$=\int_{-\ln 4}^0 \sqrt{\frac{1}{4}(e^x+e^{-x})^2}\,dx+\left[x\right]_0^1$$

$$=\frac{1}{2}\int_{-\ln 4}^0 (e^x+e^{-x})\,dx+1 \quad (\because\ e^x+e^{-x}>0)$$

$$=\frac{1}{2}\left[e^x-e^{-x}\right]_{-\ln 4}^0 +1$$

$$=\frac{15}{8}+1=\frac{23}{8} \quad \boxed{\text{너코 113}}$$

답 ①

L09-07

$\boxed{\text{풀이 1}}$

점 P의 시각 $t\ (t\geq 1)$에서의 위치 $(x,\ y)$가 $\begin{cases}x=2\ln t\\ y=f(t)\end{cases}$이므로

$\dfrac{dx}{dt}=\dfrac{2}{t},\ \dfrac{dy}{dt}=f'(t)$이고 $\boxed{\text{너코 104}}$

$t=2$일 때 점 P의 속도의 y성분이 $\dfrac{3}{4}$이므로

$f'(2)=\dfrac{3}{4}$이다. $\qquad\qquad\qquad\cdots\cdots\ \ominus$

$\dfrac{d^2 x}{dt^2}=-\dfrac{2}{t^2},\ \dfrac{d^2 y}{dt^2}=f''(t)$이고

$t=2$일 때 점 P의 가속도의 y성분이 a이므로

$f''(2)=a$이다. $\boxed{\text{너코 111}}\qquad\qquad\cdots\cdots\ \bigcirc$

한편 점 P가 $t=1$에서 $t=\dfrac{s+\sqrt{s^2+4}}{2}$까지 움직인 거리는

$$\int_1^{\frac{s+\sqrt{s^2+4}}{2}}\sqrt{\frac{4}{t^2}+\{f'(t)\}^2}\,dt=s\text{이다.} \quad \boxed{\text{너코 121}}\qquad\cdots\cdots\ \bigodot$$

$\dfrac{s+\sqrt{s^2+4}}{2}=k$라 할 때

$2k-s=\sqrt{s^2+4}$이고 양변을 제곱하여 정리하면

$4k^2-4ks+s^2=s^2+4,\ 4ks=4k^2-4,\ s=k-\dfrac{1}{k}$이다.

따라서 이를 ©에 대입하면

$$\int_1^k \sqrt{\frac{4}{t^2} + \{f'(t)\}^2}\, dt = k - \frac{1}{k}$$

양변을 k에 대하여 미분하면

$$\sqrt{\frac{4}{k^2} + \{f'(k)\}^2} = 1 + \frac{1}{k^2}$$ 이고 [너코 103] [너코 117]

양변을 제곱하여 정리하면

$$\frac{4}{k^2} + \{f'(k)\}^2 = 1 + \frac{2}{k^2} + \frac{1}{k^4}$$

$$\{f'(k)\}^2 = 1 - \frac{2}{k^2} + \frac{1}{k^4}$$ 이고 양변을 k에 대하여 미분하면

$$2f'(k)f''(k) = \frac{4}{k^3} - \frac{4}{k^5}$$ 이다.

이때 $k = 2$를 대입하면 ㉠, ㉡에 의하여

$$2 \times \frac{3}{4} \times a = \frac{4}{8} - \frac{4}{32}$$ 이므로 $a = \frac{1}{4}$ 이다.

$$\therefore\ 60a = 15$$

[풀이 2]

점 P의 시각 $t\ (t \geq 1)$에서의 위치 (x, y)가 $\begin{cases} x = 2\ln t \\ y = f(t) \end{cases}$ 이므로

$$\frac{dx}{dt} = \frac{2}{t},\ \frac{dy}{dt} = f'(t)$$ 이고 [너코 104]

$t = 2$일 때 점 P의 속도의 y성분이 $\frac{3}{4}$이므로

$$f'(2) = \frac{3}{4}$$ 이다. ……㉠

$$\frac{d^2x}{dt^2} = -\frac{2}{t^2},\ \frac{d^2y}{dt^2} = f''(t)$$ 이고

$t = 2$일 때 점 P의 가속도의 y성분이 a이므로

$$f''(2) = a$$ 이다. [너코 111] ……㉡

한편 점 P가 $t = 1$에서 $t = \dfrac{s + \sqrt{s^2 + 4}}{2}$ 까지 움직인 거리는

$$\int_1^{\frac{s + \sqrt{s^2 + 4}}{2}} \sqrt{\frac{4}{t^2} + \{f'(t)\}^2}\, dt = s$$ 이다. [너코 121] ……©

$$\frac{s + \sqrt{s^2 + 4}}{2} = k$$ 라 할 때

$$2k - s = \sqrt{s^2 + 4}$$ 이고 양변을 제곱하여 정리하면

$$4k^2 - 4ks + s^2 = s^2 + 4,\ 4ks = 4k^2 - 4,\ s = k - \frac{1}{k}$$ 이다.

따라서 이를 ©에 대입하면

$$\int_1^k \sqrt{\frac{4}{t^2} + \{f'(t)\}^2}\, dt = k - \frac{1}{k}$$

양변을 k에 대하여 미분하면

$$\sqrt{\frac{4}{k^2} + \{f'(k)\}^2} = 1 + \frac{1}{k^2}$$ 이고 [너코 103] [너코 117]

양변을 제곱하여 정리하면

$$\frac{4}{k^2} + \{f'(k)\}^2 = 1 + \frac{2}{k^2} + \frac{1}{k^4}$$

$$\{f'(k)\}^2 = \left(1 - \frac{1}{k^2}\right)^2$$

함수 $f'(k)$는 양의 실수 전체의 집합에서 연속이고

미분가능하며, ㉠에서 $f'(2) = \frac{3}{4}$이므로

$$f'(k) = 1 - \frac{1}{k^2}$$ 이다.

따라서 $f''(k) = \dfrac{2}{k^3}$ 이므로 ㉡에서 $a = \dfrac{1}{4}$ 이다.

$$\therefore\ 60a = 15$$

답 15

L
적분법